中国国家标准汇编

442

GB 24542～24592

（2009 年制定）

中国标准出版社　编

中国标准出版社

北京

图书在版编目（CIP）数据

中国国家标准汇编：2009年制定.442：GB 24542～24592/中国标准出版社编.—北京：中国标准出版社，2010

ISBN 978-7-5066-6063-1

Ⅰ.①中… Ⅱ.①中… Ⅲ.①国家标准-汇编-中国-2009 Ⅳ.①T-652.1

中国版本图书馆CIP数据核字（2010）第171046号

中国标准出版社出版发行
北京复兴门外三里河北街16号
邮政编码:100045

网址 www.spc.net.cn
电话:68523946 68517548
中国标准出版社秦皇岛印刷厂印刷
各地新华书店经销

*

开本 880×1230 1/16 印张38 字数1 117千字
2010年10月第一版 2010年10月第一次印刷

*

定价 220.00 元

ISBN 978-7-5066-6063-1

出 版 说 明

1.《中国国家标准汇编》是一部大型综合性国家标准全集。自1983年起，按国家标准顺序号以精装本、平装本两种装帧形式陆续分册汇编出版。它在一定程度上反映了我国建国以来标准化事业发展的基本情况和主要成就，是各级标准化管理机构，工矿企事业单位，农林牧副渔系统，科研、设计、教学等部门必不可少的工具书。

2.《中国国家标准汇编》收入我国每年正式发布的全部国家标准，分为“制定”卷和“修订”卷两种编辑版本。

“制定”卷收入上一年度我国发布的、新制定的国家标准，顺延前年度标准编号分成若干分册，封面和书脊上注明“20××年制定”字样及分册号，分册号一直连续。各分册中的标准是按照标准编号顺序连续排列的，如有标准顺序号缺号的，除特殊情况注明外，暂为空号。

“修订”卷收入上一年度我国发布的、修订的国家标准，视篇幅分设若干分册，但与“制定”卷分册号无关联，仅在封面和书脊上注明“20××年修订-1,-2,-3,……”字样。“修订”卷各分册中的标准，仍按标准编号顺序排列(但不连续)；如有遗漏的，均在当年最后一分册中补齐。需提请读者注意的是，个别非顺延前年度标准编号的新制定的国家标准没有收入在“制定”卷中，而是收入在“修订”卷中。

读者配套购买《中国国家标准汇编》“制定”卷和“修订”卷则可收齐上一年度我国制定和修订的全部国家标准。

3. 由于读者需求的变化，自1996年起，《中国国家标准汇编》仅出版精装本。

4. 2009年我国制修订国家标准共3 158项。本分册为“2009年制定”卷第442分册，收入国家标准GB 24542～24592的最新版本。

中国标准出版社
2010年8月

目　录

目　　录

ICS 13.340.99
C 73

中华人民共和国国家标准

GB 24542—2009

坠落防护 带刚性导轨的自锁器

Personal fall protection equipment—
Guided type fall arrester including a rigid anchor line

2009-10-30 发布　　　　2010-09-01 实施

中华人民共和国国家质量监督检验检疫总局
中国国家标准化管理委员会　发布

前　言

本标准 4.2 至 4.7、第 7 章为强制性条款，其余为推荐性条款。

本标准对应于 EN 353-1:2002《带刚性导轨的导向式防坠器》(英文版)。

本标准与 EN 353-1:2002 的一致性程度为非等效。

本标准附录 A 为资料性附录。

本标准由国家安全生产监督管理总局提出。

本标准由全国个体防护装备标准化技术委员会归口。

本标准负责起草单位：北京市劳动保护科学研究所。

本标准参加起草单位：河北沈三开电器制造有限公司、斯博瑞安(中国)安全防护设备有限公司、宁波天弘电力器具有限公司。

本标准主要起草人：杨文芬、陈倬为、刘长庚、吕伟宏、肖义庆、邓宝举、刘宏娟、许超、罗穆夏。

坠落防护　带刚性导轨的自锁器

1　范围

本标准规定了带刚性导轨的自锁器的技术要求、测试方法、检验规则及标识。

本标准适用于体重及负重之和不大于 100 kg 的人员使用的带刚性导轨的自锁器，当使用者的总质量(包括其工具和装备)超过 100 kg 时，应征询制造商的意见，并经测试合格后方可使用。

本标准仅适用于垂直方向的导轨。

注：如存在导轨水平使用的情况，可参考附录 A 中的相关测试方法。

2　规范性引用文件

下列文件中的条款通过本标准的引用而成为本标准的条款。凡是注日期的引用文件，其随后所有的修改单(不包括勘误的内容)或修订版均不适用于本标准，然而，鼓励根据本标准达成协议的各方研究是否可使用这些文件的最新版本。凡是不注日期的引用文件，其最新版本适用于本标准。

GB/T 6096—2009　安全带测试方法

GB/T 10125　人造气氛腐蚀试验　盐雾试验(GB/T 10125—1997，eqv ISO 9227:1990)

GB/T 12903　个体防护装备术语

GB/T 17889.1　梯子　第 1 部分：术语、型式和功能尺寸

GB/T 17889.2　梯子　第 2 部分：要求、试验和标志

GB 24543　坠落防护　安全绳

GB/T 24538　坠落防护　缓冲器

GB/T 23469　坠落防护　连接器

3　术语和定义

GB/T 12903 中确立的及下列术语和定义适用于本标准。

3.1

刚性导轨　rigid anchor line

使用金属支架等装置按一定间隔固定在梯子或其他结构上以限制其横向移动，附着自锁器的刚性部件。

注：自锁器可在导轨上滑动，发生坠落时自锁器可锁止在导轨上。

3.2

自锁器　guided type fall arrester

导向式防坠器

附着在刚性或柔性导轨上，可随使用者的移动沿导轨滑动，由坠落动作引发制动作用的部件。

注：该部件不一定有缓冲能力，但应可重复使用。

3.3

转向器　deflector

连接水平、垂直刚性导轨，可以改变自锁器运动方向的部件。

3.4

安全绳 lanyard

在安全带中连接系带与挂点的绳(带、钢丝绳等)。

注:安全绳一般起扩大或限制佩戴者活动范围、缓解冲击能量的作用。

3.5

缓冲器 energy absorber

串联在系带和挂点之间,发生坠落时吸收部分冲击能量、降低冲击力的部件。

3.6

连接器 Connector

具有常闭活门的连接部件。

注:该部件用于将系带和绳或绳和挂点连接在一起。

3.7

连接绳 connecting line

连接在自锁器上,用来将自锁器与系带挂点相连接的部件。

注:连接绳可以是安全绳、缓冲器、连接器或此三者的任意组合。

3.8

打开点 opening point

导轨上除两端外特殊设计的点,自锁器可在此点安装上导轨或拆下。

3.9

打开装置 opening device

自锁器上的某种装置,使自锁器可在导轨上任一点安装或拆下。

3.10

下滑距离 arrest distance

制动距离,锁止距离 locking distance

在整体动态负荷性能测试中,从坠落开始到停止,自锁器在导轨上的位移。

3.11

坠落距离 fall distance

从坠落起始点或作业面到安全带佩戴者的身体最低点(头或脚)的最大距离。

4 技术要求

4.1 总则

4.1.1 各部件的设计、及其所处位置和防护措施应能避免由于使用者偶然的误操作而引起的保护功能失效。

4.1.2 各部件应表面光滑,无材料和制造缺陷,无毛刺和锋利边缘,避免其割破、磨损绳索,或对使用者造成伤害。

4.1.3 导轨应进行防腐处理,保证在使用期内不会出现影响性能的严重腐蚀现象。

4.1.4 系统中使用的安全绳应符合 GB 24543 的要求,缓冲器应符合 GB/T 24538 的要求,连接器应符合 GB/T 23469 的要求。

4.1.5 如果导轨与梯子做为一体,则应符合 GB/T 17889.1 和 GB/T 17889.2 的相关要求。

4.1.6 自锁器及导轨应能保证在允许作业的冰雪环境下能够正常使用。

4.2 一般要求

4.2.1 导轨应能按照制造商的安装说明,按一定间隔用金属支架等装置固定于梯子、杆塔或其他结构。

4.2.2 应能保证自锁器至少可在导轨的一端安装或拆下。

4.2.3 导轨应保证自锁器可以上下顺畅的运动，并防止自锁器意外脱落。

4.2.4 当自锁器使用打开点或打开装置时，导轨两端应安装档板或类似装置防止自锁器意外滑脱。

4.2.5 打开点或打开装置应设计为必须经过两个连续明确的动作才能打开。安装自锁器时，应设计为自动锁闭，保证在日常使用时，自锁器不会意外脱离导轨。

4.2.6 自锁器应具有自动锁止功能，而不应仅依靠惯性锁止。

4.2.7 自锁器在倾斜导轨上应同样能正常工作。

4.2.8 如自锁器带有手动锁止功能，则此功能不应影响自动锁止功能的正常工作。

4.2.9 自锁器在导轨上的拆下应必须经过两个连续明确的动作才能完成，正常使用时，自锁器不能脱离导轨且仅在规定的方向上移动。

4.2.10 如果自锁器位于导轨的某一端或某一点时，或自锁器安装方向错误时，可能会出现锁止功能削弱或失效的情况。应在设计时尽可能避免此种情况的发生，或将此种危险明确地标示出来，警示使用者。

4.2.11 与刚性导轨连接的连接绳长度不应超过 50 cm。

4.3 整体静态负荷性能

按照 5.1 规定的方法进行测试，不应出现织带撕裂、开线、金属件碎裂、连接器开启，绳断、缓冲器断（允许打开）、导轨、转向器严重变形等现象，卸载后，自锁器应能正常解锁，顺畅滑动，并能正常锁止。

4.4 整体动态负荷性能

按照 5.2 规定的方法进行测试，应满足下列要求：

a) 不应出现织带撕裂、开线、金属件碎裂、连接器开启，绳断、模拟人滑脱、缓冲器断（允许打开）、导轨、转向器严重变形等现象，卸载后，自锁器应能正常解锁，顺畅滑动，并能正常锁止；

b) 模拟人所受最大冲击力不应超过 6 kN；

c) 自锁器下滑距离不应超过 0.2 m；

d) 模拟人坠落距离不应超过 1.2 m。

4.5 导轨静态负荷性能

按照 5.3 规定的方法进行测试，导轨与固定结构之间的连接件不应出现滑移、松脱、金属件撕裂以及导轨严重变形等现象，卸载后，自锁器应能在导轨上正常工作。

4.6 耐腐蚀性能

按照 5.4 规定的方法进行测试，金属部件不应出现肉眼可见的红锈等明显腐蚀，允许出现白斑。

4.7 可靠性

按照 5.5 规定的方法进行测试，自锁器均应正常锁止。

4.8 特殊环境下的锁止性能

按照 5.6 规定的方法进行测试，自锁器应能正常锁止，解锁后可在导轨上顺畅滑动，正常工作。

5 测试方法

5.1 整体静态负荷测试

5.1.1 测试设备

量程不小于 30 kN，精度不低于 1 级的测力装置。

5.1.2 测试步骤

5.1.2.1 整体静态负荷测试如图 1 所示。

5.1.2.2 取足够长度的导轨，按制造商的安装说明固定好，但固定间隔不应小于 1.5 m，将接好连接绳的自锁器安装在上面。

5.1.2.3 施加一定外力，使自锁器锁止。

5.1.2.4 在连接绳末端沿垂直方向以不大于 150 mm/min 的速率施加力至 15 kN 并保持 3 min。

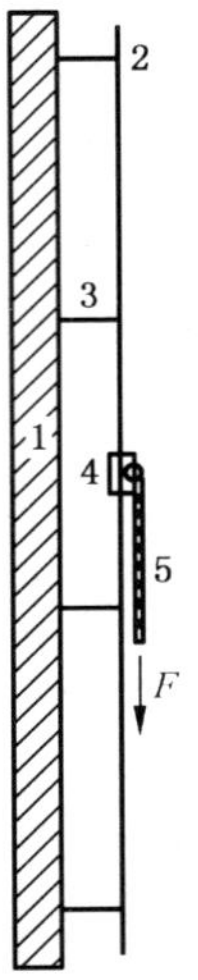

1——固定结构；
2——导轨；
3——固定支架；
4——自锁器；
5——连接绳。

图 1 整体静态负荷测试示意图

5.1.3 测试结果

观察系统情况，应符合 4.3 的要求。

5.2 整体动态负荷性能

按照 GB/T 6096—2009 中 4.8 的相关规定进行测试，结果应符合 4.4 的要求。

5.3 导轨静态负荷性能

5.3.1 测试设备

测试设备同 5.1.1。

5.3.2 测试步骤

5.3.2.1 导轨静态负荷测试如图 2 所示。

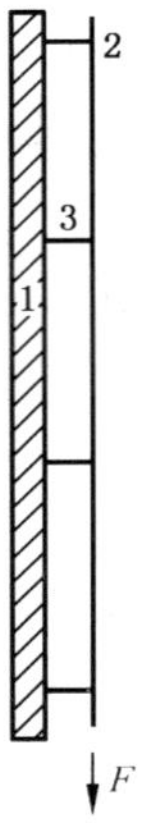

1——固定结构；
2——导轨；
3——固定支架。

图 2 导轨静态负荷测试示意图

5.3.2.2 取足够长度的导轨样品，按制造商的安装说明固定好，但固定间隔不应小于 1.5 m。

5.3.2.3 在导轨上沿垂直方向以不大于 30 mm/min 的速率施加力至 15 kN 并保持 3 min。

5.3.2.4 观察导轨情况，应符合 4.5 的要求。

5.4 耐腐蚀性能测试

取 1 m 长的导轨样品，将连好连接绳的自锁器安装在上面。按 GB/T 10125 中规定的中性盐雾(NSS)测试方法进行，测试周期为 2 d。

5.5 可靠性测试

5.5.1 测试重物的确定

5.5.1.1 取 1 m 长的导轨样品，将连好连接绳的自锁器安装在上面；

5.5.1.2 取 5 kg 的测试重物悬挂在连接绳末端；

5.5.1.3 提升测试重物至自锁器可在导轨上滑动，测试重物与导轨间水平距离不应大于 300 mm；

5.5.1.4 释放测试重物，使其自由下落，观察自锁器是否正常锁止；

5.5.1.5 如自锁器未锁止，或在锁止前反弹数次，则增加测试重物重量，每次增加 1 kg，重复上述步骤，直至自锁器可正常锁止，但测试重物最大重量不应超过 30 kg。

5.5.2 自锁器可靠性测试

5.5.2.1 取 1 m 长的导轨样品，将连好连接绳的自锁器安装在上面；

5.5.2.2 在连接绳末端悬挂 5.5.1 中确定的测试重物；

5.5.2.3 提升测试重物至自锁器可在导轨上滑动，测试重物与导轨间水平距离不应大于 300 mm；

5.5.2.4 释放测试重物，使其自由下落，观察自锁器是否正常锁止；

5.5.2.5 重复 5.5.2.3 至 5.5.2.4 步骤 1 000 次，自锁器均应能正常锁止。

5.6 特殊环境下的锁止性能测试

5.6.1 测试样品

分别取 1 m 长的导轨样品，将连好连接绳的自锁器安装在上面。

5.6.2 环境处理

5.6.2.1 高温

将样品放入温度为(50±2)℃，相对湿度为(85±5)%的高温环境中放置 2 h，取出后在 180 s 内按 5.6.3 要求进行测试。

5.6.2.2 低温

将样品放入温度为(－30±2)℃的低温环境中放置 2 h，取出后在 180 s 内按 5.6.3 要求进行测试。

5.6.2.3 浸水

将样品浸入温度范围为(10～30)℃的水中 2 h，取出后在 180 s 内按 5.6.3 要求进行测试。

5.6.2.4 浸油

将样品浸入温度为(20±2)℃的 0＃柴油中 30 min，取出后自然晾干 24 h，按 5.6.3 要求进行测试。

5.6.2.5 粉尘

5.6.2.5.1 粉尘试验箱

容积为 1 m^3 的试验箱，带有可吹入 0.6 MPa 气流的通气管，箱顶装有一条绳索可与自锁器的连接绳相连，用于调整自锁器在导轨上的位置。试验箱如图 3 所示。

5.6.2.5.2 处理步骤

处理步骤如下：

a) 将样品竖直安装在试验箱中，箱底放置(4.5±0.5)kg 的干燥水泥粉；

b) 每隔 5 min，由通气管吹入 2 s 的气流；

c) 每隔 1 h 改变自锁器在导轨上的位置；

d) 共进行 5 h，完成后静置 15 min，取出样品后在 180 s 内按 5.6.3 要求进行测试。

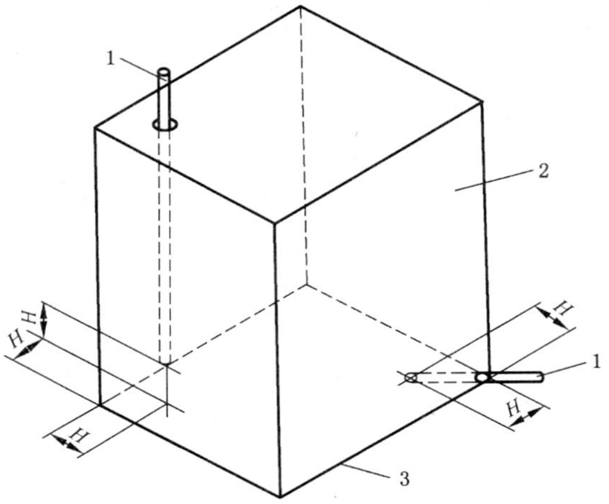

H=200 mm

1——直径为 6 mm 的通气管；

2——容积为 1 m^3 的试验箱；

3——箱底面。

图 3 粉尘试验箱示意图

5.6.3 锁止测试

将导轨固定，装好自锁器，在连接绳末端系上 5.5.1 中确定的测试重物，提升测试重物至自锁器可以自由滑动，测试重物与导轨间水平距离不大于 300 mm，释放测试重物，观察自锁器情况，应符合 4.8 的要求。

6 检验规则

6.1 检验类别

检验类别分为出厂检验和型式检验。

6.2 出厂检验

生产企业应对所生产的产品批次逐批进行出厂检验，检验项目、单项检验样本大小、不合格分类、判定数组见表 1。

表 1 出厂检验要求

检验项目	批量范围	单项检验样本大小	不合格分类	单项判定数组	
				合格判定数	不合格判定数
一般要求 整体静态负荷性能 整体动态负荷性能 导轨静态负荷性能 标识	<500	3	A	0	1
	501～5 000	5			
	≥5 001	8			

6.3 型式检验

6.3.1 有下列情况时需进行型式检验：

——新产品鉴定或老产品转厂生产的试制定型鉴定；

——正式生产后，当原材料、生产工艺、产品结构型式等发生较大变化，可能影响产品性能时；

——停产超过半年后恢复生产时；

——周期检查，每年一次；

——出厂检验结果与上次型式检验结果有较大差异时；

——国家有关主管部门提出型式检验要求时。

6.3.2 样本由提出检验的单位或委托第三方从企业出厂检验合格的产品中随机抽取，样品数量以满足全部测试项目要求为原则。

7 标识

7.1 自锁器上的永久标识应至少包括以下内容：

——产品合格标志；

——本标准号；

——产品名称、规格型号；

——生产单位名称；

——生产日期、有效期限；

——正确使用方向的标志；

——最大允许连接绳长度。

7.2 导轨上的永久标识应至少包括以下内容：

——产品合格标志；

——本标准号；

——产品名称、规格型号；

——生产单位名称、地址；

——生产日期、有效期限；

——产品材质。

7.3 每套自锁器应带有一份产品说明书，随产品到达使用者手中，应至少包括以下内容：

——产品的适用和不适用对象；

——生产单位的名称、地址、联系方式；

——正确安装、使用的方法(包括图示)及注意事项；

——运输、清洁、维护、贮存的方法及注意事项；

——定期检查的方法和部位；

——整体报废或更换零部件的条件或要求。

附　录　A
（资料性附录）
在水平导轨上使用的自锁器测试方法

A.1　总则

在水平导轨上使用的滑动式自锁器应符合相应移动挂点装置标准，可参考本附录规定的方法进行测试。

A.2　水平方向整体静态负荷测试

A.2.1　测试设备

同5.1.1。

A.2.2　测试步骤

A.2.2.1　整体静态负荷测试如图A.1所示。

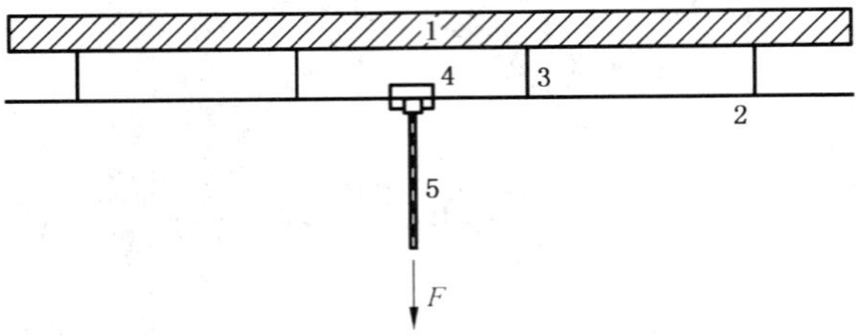

1——固定结构；
2——导轨；
3——固定支架；
4——自锁器；
5——连接绳。

图 A.1　水平导轨整体静态负荷测试示意图

A.2.2.2　取足够长度的导轨，按制造商的安装说明固定好，但固定间隔不应小于1.0 m，将接好连接绳的自锁器安装在上面。

A.2.2.3　在连接绳末端沿垂直方向以不大于150 mm/min的速率施加力至12 kN并保持3 min。

A.2.3　测试结果

不应出现织带撕裂、开线、金属件碎裂、连接器开启，绳断、缓冲器断（允许打开）、导轨、转向器严重变形等现象，卸载后，自锁器应能顺畅滑动。

A.3　水平方向整体动态负荷测试

A.3.1　测试设备

——符合GB/T 6096—2009中4.8.2要求的测试设备；

——符合GB/T 6096—2009中附录A要求的模拟人。

A.3.2　测试步骤

A.3.2.1　整体动态负荷测试如图A.2所示。

A.3.2.2　取足够长度的水平导轨，按制造商的安装说明固定好，但固定间隔不应小于1.0 m，将接好连接绳的自锁器安装在上面，连接穿戴好全身系带的模拟人。

A.3.2.3　将模拟人头部吊环与释放器连接，保证模拟人与导轨水平间距不大于300 mm，提升模拟人至连接绳所允许的最高点。

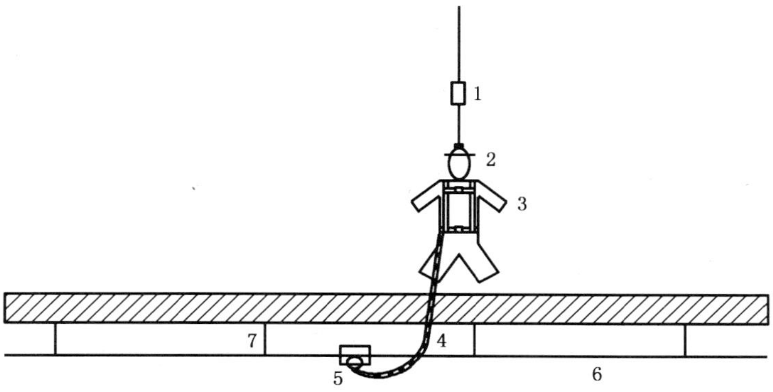

1——释放器；

2——模拟人；

3——全身式系带；

4——连接绳；

5——自锁器；

6——水平导轨；

7——固定支架。

图 A.2　水平方向整体动态负荷测试示意图

A.3.2.4　释放模拟人，使其自由下落。

A.3.2.5　观察系统情况：

——不应出现织带撕裂、开线、金属件碎裂、连接器开启，绳断、模拟人滑脱、缓冲器断(允许打开)、导轨、转向器严重变形等现象，卸载后，自锁器应能顺畅滑动；

——模拟人所受最大冲击力不应超过 6 kN。

A.4　水平方向导轨静态负荷测试

A.4.1　测试设备

测试设备同 5.1.1。

A.4.2　测试步骤

A.4.2.1　导轨静态负荷测试如图 A.3 所示：

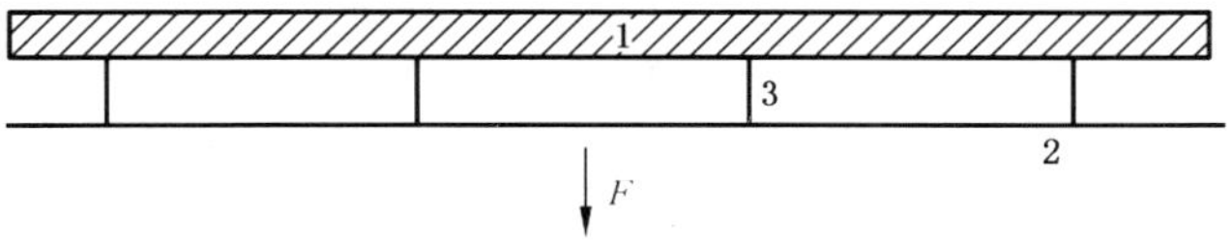

1——固定结构；

2——导轨；

3——固定支架。

图 A.3　水平导轨静态负荷测试示意图

A.4.2.2　取足够长度的导轨样品，按制造商的安装说明固定好，但固定间隔不应小于 1.0 m。

A.4.2.3　在导轨上沿垂直方向以不大于 30 mm/min 的速率施加力至 12 kN 并保持 3 min。

A.4.2.4　导轨与固定结构之间的连接件不应出现滑移、松脱、金属件撕裂以及导轨严重变形等现象，卸载后，自锁器应能在导轨上顺畅滑动。

A.5　耐腐蚀性能测试

按 5.4 规定的方法进行测试，结果应符合 4.6 的规定。

参 考 文 献

[1] ISO 10333-4:2002 Personal fall-arrest systems—Part 4:Vertical rail and vertical lifelines incorporating a sliding-type fall arrester

[2] EN 353-1:2002 Personal protective equipment against falls from a height—Part 1:Guided type fall arresters including a rigid anchor line

[3] EN 353-2:2002 Personal protective equipment against falls from a height—Part 2:Guided type fall arresters including a flexible anchor line

[4] EN 364:1993 Personal protective equipment against falls from a height—Test methods

ICS 13.340.99
C 73

GB

中华人民共和国国家标准

GB 24543—2009

坠落防护 安全绳

Personal fall protection equipment—Lanyards

(ISO 10333-2:2000 Personal fall-arrest systems—
Part 2:Lanyards and energy absorbers,MOD)

2009-10-30 发布　　2010-09-01 实施

中华人民共和国国家质量监督检验检疫总局
中国国家标准化管理委员会　发布

前　言

本标准 5.2～5.5、第 8 章为强制性，其余为推荐性。

本标准修改采用 ISO 10333-2:2000《个体防坠落系统　第 2 部分：安全绳和缓冲器》(英文版)。

本标准根据 ISO 10333-2:2000 重新起草。

本标准与 ISO 10333-2:2000 相比，主要技术性差异如下：

——删除了缓冲器部分；

——ISO 标准中引用的 ISO 9227，在本标准中改为 GB/T 10125；

——ISO 标准中引用的 ISO 1834，在本标准中改为 GB/T 20946；

——ISO 标准中引用的 ISO 10333-5，在本标准中改为 GB/T 23469；

——本标准中只对安全绳专有术语进行了定义，而坠落防护系统中其他术语在本标准中并未定义，在 ISO 10333-2 中同样没有定义，故增加引用标准 GB/T 12903；

——删除了"总重量"、"组件"、"子系统"、"个体防坠落系统"的术语与定义；

——增加了"围杆作业用安全绳"、"区域限制用安全绳"、"坠落悬挂用安全绳"、"末端环眼"的术语与定义；

——增加了"4　分类与标记"，将安全绳按作业类别分为围杆作业用安全绳、区域限制用安全绳、坠落悬挂用安全绳；按材料类别分为织带式安全绳、纤维绳式安全绳、钢丝绳式安全绳、链式安全绳；

——将 ISO 标准对安全绳终端的一般要求拆分成四部分，分别加入织带式安全绳、纤维绳式安全绳、钢丝绳式安全绳、链式安全绳的一般要求中；

——在静态力学性能技术要求中，增加"围杆作业用安全绳"和"区域限制用安全绳"的测试力值要求；

——增加了"7　检验规则"。

为便于使用，本标准还做了下列编辑性修改：

——将 ISO 标准的格式和表述转化为我国标准的格式和表述，根据汉语习惯进行了修改；

——删除了 ISO 前言；

——根据本标准编制情况增加了参考文献的内容。

本标准由国家安全生产监督管理总局提出。

本标准由全国个体防护装备标准化技术委员会归口。

本标准负责起草单位：北京市劳动保护科学研究所。

本标准参加起草单位：河北大城新育织带厂、泰安鲁普耐特塑料有限公司。

本标准主要起草人：杨文芬、刘宏娟、臧兰兰、肖义庆、陈倬为、张占厂、宋维广、邓宝举、许超。

坠落防护　安全绳

1　范围

本标准规定了安全绳的分类与标记、技术要求、测试方法、检验规则及标识。

本标准适用于体重及负重之和不大于 100 kg 的人员高处作业、登高及悬吊作业中使用的安全绳。

本标准不适用于体育运动、消防等用途的安全绳。

2　规范性引用文件

下列文件中的条款通过本标准的引用而成为本标准的条款。凡是注日期的引用文件，其随后所有的修改单（不包括勘误的内容）或修订版均不适用于本标准，然而，鼓励根据本标准达成协议的各方研究是否可使用这些文件的最新版本。凡是不注日期的引用文件，其最新版本适用于本标准。

GB/T 10125　人造气氛腐蚀试验　盐雾试验（GB/T 10125—1997，eqv ISO 9227：1990）

GB/T 12903　个体防护装备术语

GB/T 20946　起重用短环链　验收总则（GB/T 20946—2007，ISO 1834：1999，IDT）

GB/T 23469　坠落防护　连接器

3　术语与定义

GB/T 12903 确立的以及下列术语和定义适用于本标准。

3.1

安全绳　lanyard

在安全带中连接系带与挂点的绳（带、钢丝绳等）。

注：安全绳一般与缓冲器配合使用，起扩大或限制佩戴者活动范围、缓解冲击能量的作用。

3.2

可调安全绳　adjustable lanyard

长度可调整的安全绳。

3.3

围杆作业用安全绳　lanyard for work positioning systems

围杆作业安全带中配备的安全绳。

3.4

区域限制用安全绳　lanyard for restraint systems

区域限制安全带中配备的安全绳。

3.5

坠落悬挂用安全绳　lanyard for fall arrest systems

坠落悬挂安全带中配备的安全绳。

3.6

末端环眼　eye terminations

在安全绳末端采用折回、缝合、编织等方式形成的环或套。

注：末端环眼可装入金属件或直接作吊挂用。

4 分类与标记

4.1 分类

4.1.1 安全绳按作业类别分为围杆作业用安全绳、区域限制用安全绳、坠落悬挂用安全绳。

4.1.2 安全绳按材料类别分为织带式安全绳、纤维绳式安全绳、钢丝绳式安全绳、链式安全绳。

4.2 标记

安全绳的标记由作业类别、材料类别两部分组成。

——作业类别：以字母 W 代表围杆作业用安全绳、字母 Q 代表区域限制用安全绳、字母 Z 代表坠落悬挂用安全绳；

——材料类别：以字母 Z 代表织带式安全绳、以字母 X 代表纤维绳式安全绳、以字母 G 代表钢丝绳式安全绳、以字母 L 代表链式安全绳。

示例：围杆作业、织带式安全绳表示为“W-Z”。

5 技术要求

5.1 一般要求

5.1.1 织带式安全绳

5.1.1.1 应采用高韧性、高强度纤维丝线等材料。

5.1.1.2 织带应加锁边线。

5.1.1.3 织带末端不应留有散丝。

5.1.1.4 织带末端应折缝，不应使用铆钉、胶粘、热合等工艺。

5.1.1.5 织带末端在缝纫前应经燎烫处理，折头缝纫后不应进行燎烫处理。

5.1.1.6 织带末端缝纫部分应加护套，使用材料不能和织带产生化学反应，应尽可能透明。

5.1.1.7 缝纫线应采用同织带相同的材料，线颜色同织带应有明显区别。

5.1.1.8 织带末端连接金属件时，应在末端环眼内部缝合一层加强材料或加护套。

5.1.1.9 绳体在构造上和使用过程中不应打结。

5.1.1.10 接近焊接、切割、热源等场所时，应对安全绳进行隔热保护。

5.1.1.11 所有零部件应顺滑，无材料或制造缺陷，无尖角或锋利边缘。

5.1.2 纤维绳式安全绳

5.1.2.1 若绳索为多股绳，则股数不应少于 3 股。

5.1.2.2 绳头不应留有散丝。

5.1.2.3 绳头编花前应经燎烫处理，编花后不能进行燎烫处理，编花部分应加保护套。

5.1.2.4 绳末端连接金属件时，末端环眼内应加支架。

5.1.2.5 绳体在构造上和使用过程中不应打结。

5.1.2.6 在接近焊接、切割、热源等场所时，应对安全绳进行隔热保护。

5.1.2.7 所有零部件应顺滑，无材料或制造缺陷，无尖角或锋利边缘。

5.1.3 钢丝绳式安全绳

5.1.3.1 应由高强度钢丝搓捻而成，且捻制均匀、紧密、不松散。

5.1.3.2 末端在形成环眼前应使用铜焊或加金属帽(套)将散头收拢。

5.1.3.3 绳末端连接金属件时，末端环眼内应加支架。

注：钢丝绳推荐使用铝支架，不锈钢钢丝绳推荐使用铜支架。

5.1.3.4 应由整根钢丝绳制成，中间不应有接头。

5.1.3.5 绳体在构造上和使用过程中不应扭结，盘绕直径不宜过小。

5.1.3.6 在腐蚀性环境中工作时，应有防腐措施。

5.1.3.7 接近热源工作时，应选用具有特级韧性石棉芯钢丝绳或具有钢芯的钢丝绳。

5.1.3.8 所有零部件应顺滑，无材料或制造缺陷，无尖角或锋利边缘。

5.1.4 链式安全绳

5.1.4.1 链条应符合 GB/T 20946 的要求。

5.1.4.2 下端环、连接环和中间环的数量及内部尺寸应保证各环间转动灵活，链环形状应一致。

5.1.4.3 使用过程中，链条应伸直，不应扭曲、打结或弯折。

5.1.4.4 所有零部件应顺滑，无材料或制造缺陷，无尖角或锋利边缘。

5.2 调节扣滑移性能

可调安全绳按 6.2 测试，调节扣的滑移不应大于 25 mm。

5.3 静态力学性能

按 6.3 测试，安全绳、末端环眼和调节装置在表 1 所列的测试力值下应无撕裂和破断。

表 1 测试力值要求

安全绳作业类别	安全绳材料类别	测试力值/kN
坠落悬挂用安全绳	织带式安全绳、纤维绳式安全绳	22
	钢丝绳式安全绳、链式安全绳	15
围杆作业用安全绳 区域限制用安全绳	织带式安全绳、纤维绳式安全绳、钢丝绳式安全绳、链式安全绳	15
注：因纺织材料比金属更易磨损，所以用于坠落悬挂的织带式、纤维绳式安全绳比钢丝绳式、链式安全绳需更大的测试力。		

5.4 动态力学性能

坠落悬挂用可调安全绳按 6.4 测试，安全绳应无撕裂和破断。

5.5 耐腐蚀性能

按 6.5 测试，所有金属件上应无肉眼可见的铁锈、或其他明显的腐蚀痕迹，允许有白斑。

6 测试方法

6.1 测试设备

6.1.1 测试架

含刚性挂点的测试结构，挂点在承受 20 kN 力时，最大位移小于 1 mm。

注：刚性挂点的高度应能保障动态力学性能测试过程中测试重物不接触地面。

6.1.2 静态力学性能测试装置

量程：小于 50 kN；精度：1 级。

6.1.3 释放装置

可与测试重物的吊环或连接器相连，确保释放测试重物时没有初速度。

6.1.4 测试重物

质量为(100±1)kg 的钢(铁)圆柱体，公称直径为(200±10)mm，顶端中心有吊环。

6.1.5 冲击力测量仪

测量范围：1.2 kN～20 kN；精度：±2%；最小采样频率：1 kHz。

6.2 调节扣滑移测试(可调安全绳)

测试步骤如下：

a) 将调节扣调整至安全绳中部；

b) 在安全绳上沿调节扣做初始标记；

c) 将安全绳安装在静态力学性能测试装置上，施加 6 kN 负荷，保持 3 min；

d) 卸载后测量偏离标记的滑移。

6.3 静态力学性能测试

测试步骤如下：

a) 将安全绳安装在静态力学性能测试装置上，按表 1 加载，加载速度：织带式和纤维绳式安全绳不应超过 100 mm/min，钢丝绳式和链式安全绳不应超过 30 mm/min；

b) 达到负荷后保持 3 min，卸载，观察并记录安全绳的破坏情况。

6.4 动态力学性能测试（坠落悬挂用可调安全绳）

测试步骤如下：

a) 调整调节扣位置，使安全绳长度为(2 000±25)mm；若长度不够，则调节至最大长度；

b) 通过连接器将安全绳一端连接测试重物，另一端连接测试架的刚性挂点，连接器应符合GB/T 23469；

c) 提升测试重物，使得释放前挂点到释放点水平距离不大于 300 mm，且测试重物自由下落距离至少为(4 000±100)mm；若由于可调安全绳的长度不够使测试重物自由下落距离达不到(4 000±100)mm，则提升测试重物至最大高度；

d) 释放测试重物，重物静止后观察并记录可调安全绳的破坏情况。

6.5 耐腐蚀性能测试

按 GB/T 10125 中规定的中性盐雾(NSS)测试方法进行，测试周期为 2 d。

7 检验规则

7.1 检验类别

检验类别分为出厂检验和型式检验。

7.2 出厂检验

生产企业应对所生产的产品批次逐批进行出厂检验，检验项目、单项检验样本大小、不合格分类、判定数组见表 2。

表 2 出厂检验要求

检验项目	批量范围	单项检验样本大小	不合格分类	单项判定数组	
				合格判定数	不合格判定数
调节扣滑移性能 静态力学性能 动态力学性能 耐腐蚀性能 标识	＜500	3	A	0	1
	501～5 000	5			
	≥5 001	8			

7.3 型式检验

7.3.1 有下列情况时需进行型式检验：

a) 新产品鉴定或老产品转厂生产的试制定型鉴定；

b) 正式生产后，当原材料、生产工艺、产品结构形式等发生较大变化，可能影响产品性能时；

c) 停产超过半年后恢复生产时；

d) 周期检查，每年一次；

e) 出厂检验结果与上次型式检验结果有较大差异时；

f) 国家有关主管部门提出型式检验要求时。

7.3.2　样本由提出检验的单位或委托第三方从企业出厂检验合格的产品中随机抽取，样品数量以满足全部测试项目要求为原则。

8　标识

8.1　永久标识

安全绳上的永久标识应至少包括以下内容：

a）　产品名称；

b）　本标准号；

c）　制造厂名、厂址；

d）　生产日期（年、月）、有效期；

e）　总长度；

f）　产品作业类别（围杆作业、区域限制或坠落悬挂）；

g）　产品合格标志；

h）　法律法规要求标注的其他内容。

8.2　产品说明

每条安全绳应带有一份产品说明书，应至少包括以下内容：

a）　安全绳的适用对象；

b）　制造厂名及联系方式；

c）　与其他设备相连接的方法；

d）　对可能影响产品性能的使用环境的说明，如温度（特别是在焊接或切割附近）、锐利边缘、化学试剂、磨损及紫外线照射等；

e）　贮藏、清洁或洗涤说明；

f）　设备的检查方法、周期及报废条件；

g）　法律法规要求的其他需要说明的内容。

参 考 文 献

[1] ISO 10333-2:2000 Personal fall-arrest systems—Lanyards and energy absorbers

[2] EN 354:2002 Personal protective equipment against falls from a height—Lanyards

[3] EN 358:2002 Personal protective equipment for work positioning and prevention of falls from a height—Belts for work positioning and restraint and work positioning lanyards

[4] EN 364:1993 Personal protective equipment against falls from a height—Test methcds

ICS 13.340.99
C 73

中华人民共和国国家标准

GB 24544—2009

坠落防护 速差自控器

Personal fall protection equipment—Retractable type fall arrester

(ISO 10333-3:2000 Personal fall-arrest systems—
Part 3:Self-retracting lifelines,MOD)

2009-10-30 发布 2010-09-01 实施

中华人民共和国国家质量监督检验检疫总局
中国国家标准化管理委员会 发布

前　　言

本标准5.3、第8章为强制性，其余为推荐性。

本标准修改采用ISO 10333-3:2000《个人防坠落系统　第3部分：自动伸缩安全绳》(英文版)。

本标准根据ISO 10333-3:2000重新起草。

本标准与ISO 10333-3相比，主要技术性差异如下：

——部分专业术语和定义按国内专业习惯用语进行了修改；

——增加了速差器的分类和标记；

——删除了ISO标准中4.3.9；

——增加了技术要求总则；

——在ISO标准中引用的ISO 1140、EN 892、EN 891，在本标准5.2.2中改为GB 24543—2009《坠落防护　安全绳》标准；

——在5.2.3中，增加了对速差器内部缓冲器的要求，以及连接在速差器安全绳上的缓冲器应符合GB/T 24538—2009《坠落防护　缓冲器》标准的要求；

——增加了“5.4.1　总则”；

——5.4.4中，将ISO标准中的“淋水性能”改为“浸水性能”；

——6.1.1中，将“包括一个试验架，带有水压拉力机和指示器……测试机件。”改为“测力装置：量程小于50 kN；精度1级”；

——6.1中，将ISO标准中6.10“使用整体救援装置时的静态性能测试”的要求与“静态性能测试”合并；

——6.2.2、6.4.1.3中，将“测试结构，刚性固定点应为一个(20±1)mm孔径的圆环……撞击地面。”及“测力仪器”改为“符合GB/T 6096—2009中4.8.2的规定”；

——ISO标准“防腐蚀性能测试”中引用的ISO 9227:1990，在本标准6.7中改为GB/T 10125；

——6.8.1中，将“自锁可靠性测试装置”的要求改为“应符合GB/T 6096—2009中4.13的规定”；

——6.9中，将“(40±2)℃”改为“(50±2)℃”；

——6.11中，将“淋水性能测试”改为“浸水性能测试”将“淋水3 h”改为“浸入温度为(10～30)℃的水中2 h”；

——增加对检验规则的要求；

——对标识及产品说明书进行修改；

——将ISO标准中的图1改为资料性附录A。

为便于使用，本标准还做了下列编辑性修改：

——将ISO标准的格式和表述转化为我国标准的格式和表述，根据汉语习惯进行了修改；

——删除了ISO前言。

本标准附录A为资料性附录。

本标准由国家安全生产监督管理总局提出。

本标准由全国个体防护装备标准化技术委员会归口。

本标准负责起草单位：北京市劳动保护科学研究所。

本标准参加起草单位：斯博瑞安(中国)安全防护设备有限公司、乐清市华东安全防护器材厂。

本标准主要起草人：杨文芬、许超、章康明、陈倬为、肖义庆、邓宝举、刘宏娟。

坠落防护 速差自控器

1 范围

本标准规定了速差自控器的技术要求、测试方法、检验规则和标识等。

本标准适用于高处作业、登高及悬吊作业中体重及负重之和不大于100 kg的人员使用的速差器。

2 规范性引用文件

下列文件中的条款通过本标准的引用而成为本标准的条款。凡是注日期的引用文件，其随后所有的修改单(不包括勘误的内容)或修订版均不适用于本标准，然而，鼓励根据本标准达成协议的各方研究是否可使用这些文件的最新版本。凡是不注日期的引用文件，其最新版本适用于本标准。

GB/T 6096—2009 安全带测试方法

GB/T 10125 人造气氛腐蚀试验 盐雾试验(GB/T 10125—1997,eqv ISO 9227:1990)

GB/T 12903 个体防护装备术语

GB 24543 坠落防护 安全绳

GB/T 24538 坠落防护 缓冲器

3 术语和定义

GB/T 12903中确立的及下列术语和定义适用于本标准。

3.1

速差自控器 retractable type fall arrester

速差器

收放式防坠器

安装在挂点上，装有可伸缩长度的绳(带、钢丝绳)，串联在系带和挂点之间，在坠落发生时因速度变化引发制动作用的产品。

3.2

整体救援装置 integral-rescue facility

与速差器完全合为一体的机械装置，用于救援人员适当地升起或降低被速差器悬吊于半空无法活动人员的。

3.3

速差器安全绳 life lines

速差器中可伸缩的织带或绳。

3.4

缓冲器 energy absorber

能量吸收器

串联在系带和挂点之间，发生坠落时吸收部分冲击能量、降低冲击力的部件。

3.5

连接器 connector

具有常闭活门的连接部件。

注：该部件用于将系带与安全绳连接在一起。

3.6

坠落指示器　fall indicator

显示速差器是否已启用坠落自锁功能，为使用者提供直观指示的装置。

3.7

最大工作长度　maximum working length

当速差器安全绳达到可伸出的最大长度时，挂点与其末端间的距离。

3.8

最小锁止测试质量　minimum locking test mass

测试时，使速差器启动锁止功能的最小质量。

3.9

坠落距离　fall distance

从坠落起始点或作业面到安全带佩戴者的身体最低点(头或脚)的最大距离。

4　速差器分类和标记

4.1　分类

4.1.1　按速差器安全绳材料及形式分类：织带速差器、纤维绳索速差器、钢丝绳速差器三类。

4.1.2　按功能分类：速差器可分为带有整体救援装置和不带整体救援装置两类(参见附录A)。

4.2　标记

速差器的标记由产品特征、产品性能两部分组成。

——产品特征：以字母Z代表织带速差器、以字母X代表纤维绳索速差器、以字母G代表钢丝绳速差器、以字母J代表速差器带有整体救援装置；以阿拉伯数字代表安全绳最大伸展长度。

——产品性能：以字母J代表基本性能、以字母G代表高温性能、以字母D代表低温性能、以字母S代表浸水性能、以字母F代表抗粉尘性能、以字母Y代表抗油污性能。

示例：具备基本性能的织带速差器，安全绳最大伸展长度为3 m：表示为“Z-J-3”；带有整体救援装置的钢丝绳速差器，同时具备高温、抗粉尘性能和抗油污性能，安全绳最大伸展长度为10 m：表示为“GJ-GFY-10”。

5　技术要求

5.1　总则

5.1.1　与速差器相连的部件应符合相应的产品标准要求。

5.1.2　当制造商标明产品具有5.4中的特殊技术性能时，应符合相应条款要求。

5.2　一般要求

5.2.1　速差器外观和结构

5.2.1.1　速差器的外观应平滑，无材料和制造缺陷，无毛刺和锋利边缘。

5.2.1.2　速差器应带有可防止在下落过程中安全绳被过快抽出的自动锁死装置。

5.2.1.3　在速差器顶端应有合适的装置同挂点连接。

5.2.1.4　速差器顶端挂点或安全绳末端连接器应有可旋转装置。

5.2.1.5　速差器应有安全绳回收装置确保安全绳独立和自动的回收。

5.2.1.6　速差器上安全绳出口处应无尖角或锋利边缘。

5.2.2 **速差器安全绳**

5.2.2.1 速差器使用的安全绳应符合GB 24543的规定。

5.2.2.2 当钢丝绳作为速差器安全绳使用时直径不应小于5 mm。

5.2.2.3 安全绳末端应有专门用于安装连接器的环眼，绳结不能用来作为安全绳环眼使用。

5.2.2.4 与其他零部件的连接强度应满足5.3.1规定的拉力值。

5.2.3 **缓冲器**

5.2.3.1 连接在安全绳上的缓冲器应符合GB/T 24538的规定，并应在安全绳完全收回时位于速差器外部。

5.2.3.2 速差器内部的缓冲装置不应影响速差器正常锁止功能，不应对安全绳产生不正常的磨损。

5.2.4 **整体救援装置**

5.2.4.1 整体救援装置分为单向升高和可升降两种。

5.2.4.2 带有整体救援装置的速差器应有控制装置，使救援人员可以控制受困人员的升降，但不能影响速差器的正常使用。

5.2.4.3 救援装置应有保险功能，避免无意操作。

5.2.4.4 启动救援装置的时间不应超过20 s。

5.3 **基本技术性能**

5.3.1 **静态性能**

按6.1测试，在规定测试力下保持5 min，测试力值见表1，应无任何元件破裂和断裂，连接器不允许打开，不应出现运动机构卡死等使速差器失效的情况。

表1 静态性能测试力值表

速差器种类	测试力/kN
织带速差器	15
纤维绳索速差器	15
钢丝绳速差器	12
注：纺织材料需要更高的力，因为它们更容易磨损，比与它们相接触的金属件更容易损坏。	

注：缓冲器允许展开。

5.3.2 **动态性能**

5.3.2.1 按6.2测试，速差器应能自锁且冲击作用力不大于6.0 kN，坠落距离不大于2.0 m，应无任何元件破裂和断裂，连接器不允许打开，不应出现运动机构卡死等使速差器失效的情况。

5.3.2.2 如果速差器带有坠落指示器，指示器应能正常工作。

注：缓冲器允许展开。

5.3.3 **速差器安全绳全部拉出状态下的动态性能**

5.3.3.1 按6.3测试，速差器应能自锁且冲击作用力不大于6.0 kN，应无任何元件破裂和断裂，连接器不允许打开，不应出现运动机构卡死等使速差器失效的情况。

5.3.3.2 如果速差器带有坠落指示器，指示器应能正常工作。

注：缓冲器允许展开。

5.3.4 **提升和下降性能**

按6.4或6.5测试，救援装置应无脱落和损坏，且滑移距离不大于50 mm。

注：仅限于带有整体救援装置的速差器。

5.3.5 收缩性能

按 6.6 测试，速差器经 25 次操作，每次应能自如收回全部安全绳。

5.3.6 耐腐蚀性能

按 6.7 测试，所有的金属材料不应有肉眼可见的红锈等明显腐蚀痕迹，内部机件，特别是自动锁止装置不能有影响速差器性能的腐蚀现象。允许有白斑。

5.3.7 自锁可靠性

按 6.8 测试，速差器经 1 000 次操作，均能正常自锁，无部件损坏、失效等情况。

5.4 特殊技术性能

5.4.1 总则

5.4.1.1 产品标识声明的特殊性能仅适用于相应的特殊场所。

5.4.1.2 具有特殊性能的速差器在满足特殊性能时，还应具有本标准规定的一般要求和基本技术性能。

5.4.1.3 具有特殊性能的速差器不要求具有全部特殊性能或某种特定组合。

5.4.2 高温性能

速差器应按 6.9 进行高温处理，并按 6.14 测试锁止后应无滑移。

5.4.3 低温性能

速差器应按 6.10 进行低温处理，并按 6.14 测试锁止后应无滑移。

5.4.4 浸水性能

速差器应按 6.11 进行浸水处理，并按 6.14 测试锁止后应无滑移。

5.4.5 抗粉尘性能

速差器应按 6.12 进行粉尘处理，并按 6.14 测试锁止后应无滑移。

5.4.6 抗油污性能

速差器应按 6.13 进行油污处理，并按 6.14 测试锁止后应无滑移。

6 测试方法

6.1 静态负荷测试

6.1.1 测试设备

测力装置：量程小于 50 kN；精度 1 级。

6.1.2 测试步骤

测试步骤如下：

a) 将速差器安全绳完全拉出，并用夹子夹住安全绳避免缩回，距速差器 1.0 m 处切断安全绳；

b) 在速差器顶端与安全绳末端之间施加测试力，并确保自锁功能不启动；

c) 按表 1 加载测试力，织带与纤维绳索速差器拉伸速率不超过 150 mm/min，钢丝绳速差器拉伸速率不超过 30 mm/min；

d) 保持 5 min，观察是否有元件破损或断裂。

6.1.3 如果速差器超过一个挂点，每个挂点用新的样品按 6.1 测试；

6.1.4 带有整体救援装置的速差器，应先按照制造者的说明书启动救援装置，再按 6.1.2 测试。

6.2 动态性能测试

6.2.1 测试图例

速差器动态性能测试示例如图 1。

单位为毫米

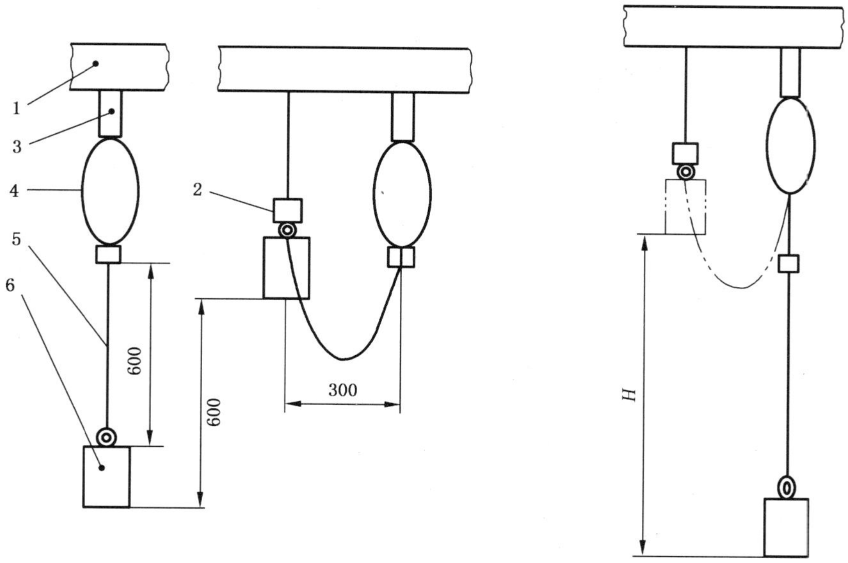

a) 释放前状态　　b)释放后状态

1——测试挂点；

2——释放装置；

3——传感器；

4——速差器；

5——速差器安全绳；

6——测试重物；

H——坠落距离。

图 1　动态性能测试图

6.2.2　测试设备

6.2.2.1　测试重物：质量(100±1)kg 的钢铁圆柱体，公称直径为(200±10)mm，顶端中心有吊环。

6.2.2.2　未说明的测试设备应符合 GB/T 6096—2009 中 4.8.2 的规定。

6.2.3　测试步骤

测试步骤如下：

a)　将速差器安全绳全部收回，安装在试验架上；

b)　将安全绳拉出 600 mm，夹住避免缩回，将 100 kg 测试重物挂在安全绳末端；

c)　将测试重物提升 600 mm，距挂点水平距离不超过 300 mm；

d)　释放测试重物，测量并记录力值和距离 *H*；

e)　测试重物静止后，观察试样情况；

f)　如果速差器带有坠落指示器，观察其是否正常工作。

6.3　安全绳全部拉出状态下的动态性能测试

6.3.1　测试图例

安全绳全部拉出状态下的动态性能测试示例如图 2。

单位为毫米

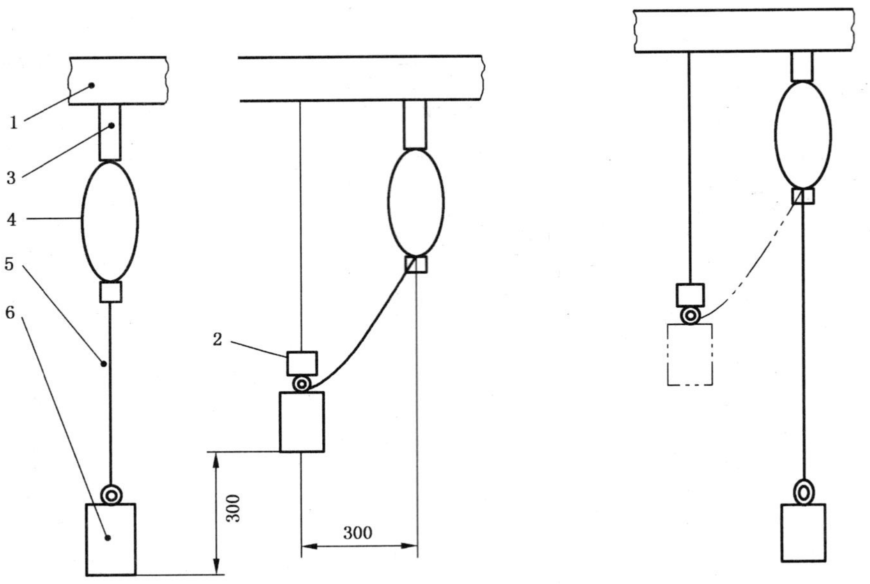

a）释放前状态　　　　b）释放后状态

1——测试挂点；
2——释放装置；
3——传感器；
4——速差器；
5——安全绳；
6——测试重物。

图2　安全绳全部拉出状态下的动态性能测试图

6.3.2　测试设备

测试设备应符合本标准6.2.2要求。

6.3.3　测试步骤

测试步骤如下：

a）将速差器安全绳全部收回，安装在试验架上，安装高度应满足安全绳完全拉出后不接触地面或其他结构；

b）将速差器安全绳全部拉出，将100 kg测试重物挂在其末端，并确保重物不与地面或其他结构接触；

c）将测试重物提升(300±50)mm，保证速差器安全绳缩回相同长度，并且距挂点水平距离不超过300 mm；

d）释放测试重物，测量并记录力值；

e）测试重物静止后，观察试样情况；

f）如果速差器带有坠落指示器，确定其是否正常工作。

6.4　速差器提升性能测试

6.4.1　测试设备

6.4.1.1　测试重物1：质量(100±1)kg的钢铁圆柱体，公称直径为(200±10)mm，顶端中心有吊环。

6.4.1.2 测试重物2：质量(30±1)kg的钢铁圆柱体，公称直径为(100±10)mm，顶端中心有吊环。

6.4.1.3 未说明的测试设备应符合GB/T 6096—2009中4.8.2的规定。

6.4.2 测试步骤

测试步骤如下：

a) 将速差器安装在测试架上，安装高度应不小于速差器工作长度。将速差器安全绳完全拉出，并使其锁止；

b) 连接150 kg测试重物，确保速差器在此过程中保持锁止，并且测试重物完全由速差器承担；

c) 按照制造商的使用说明书启动救援设备，确认是否能在20 s内完成操作；

d) 由控制器提升测试重物后观察速差器安全绳是否被限制和滑移，及救援设备是否有脱离现象；

e) 在提升测试重物的过程中，三次随机松开控制器。观察测试重物是否立即停止，且滑移距离小于50 mm；

f) 用30 kg测试重物，重复a)至e)；

g) 用经6.11处理后的速差器重复a)至f)。

注1：仅适用于具有单向上升整体救援装置的速差器。

注2：如果速差器有超过1个救援装置或超过1个控制器，则应针对每个救援装置或控制器按6.4测试。

6.5 速差器提升及下降性能测试

6.5.1 测试设备

测试设备应符合本标准6.4.1要求。

6.5.2 测试步骤

测试步骤如下：

a) 将速差器安装在测试架上，安装高度不应小于速差器工作长度。将速差器安全绳快速拉出，并使其锁止；

b) 连接150 kg测试重物，确保速差器在此过程中保持锁定，并且测试重物完全由速差器承担；

c) 按照制造者的说明书启动控制器操作救援设备，确认是否能在20 s内完成操作；

d) 由控制器提升测试重物后观察速差器安全绳是否被限制和滑移，及救援设备是否有脱离现象；

e) 在降低测试重物的过程中，在三个随机的间隔松开控制器。观察测试重物是否立即停止，且滑移距离小于50 mm；

f) 继续降低测试重物，直到速差器安全绳完全拉出；

g) 由控制器将测试重物提升，直到速差器安全绳完全收回，在上升过程中在三个随机的间隔松开控制器。观察测试重物是否立即停止，且滑移距离小于50 mm；

h) 用30 kg测试重物，重复a)至h)过程；

i) 用经6.11处理后的速差器重复a)至h)过程。

注1：仅适用于具有可升降整体救援装置的速差器。

注2：如果速差器有超过1个救援装置或超过1个控制器，则应针对每个救援装置或控制器按6.5测试。

6.6 收缩性能测试

6.6.1 测试步骤

测试步骤如下：

a) 安装好速差器，将速差器安全绳全部收回；

b) 将速差器安全绳全部拉出，然后使其在受控状态下完全收回。重复25次，观察速差器在此过程中是否均能自如的收回全部长度。

6.7 耐腐蚀性能测试

按 GB/T 10125 中规定的中性盐雾(NSS)测试方法进行,测试周期为 2 d。

注:速差器在预处理过程中应保持竖直状态。

6.8 自锁可靠性测试

6.8.1 测试设备

重复运动机构:应符合 GB/T 6096—2009 中 4.13 的规定。

6.8.2 最小测试重物的确定

测试步骤如下:

a) 将速差器安装在工作面上方约 2.5 m 处。确保速差器安全绳完全回收;

b) 将 5 kg 测试重物挂在外部端点上,使测试重物下落,观察速差器是否锁止测试重物;

c) 若无法使速差器锁止机构工作,或是测试重物在完全锁止前会上下移动数次。在这种情况下,每次增加测试重物重量 1 kg,直到速差器成功锁止测试重物。

6.8.3 自锁可靠性

测试步骤如下:

a) 将 6.8.2 中确定的最小测试重物连在速差器安全绳末端;

b) 将速差器安全绳拉出 1 m,测试重物距挂点水平距离不超过 300 mm;

c) 释放测试重物;

d) 重复上述步骤 1 000 次,观察并记录速差器每次锁定情况。

6.9 高温性能测试

6.9.1 测试设备

环境模拟装置:温度(50±2)℃,相对湿度(85±5)%。

6.9.2 测试步骤

将速差器安全绳全部拉出并用夹子夹住,在温度(50±2)℃,相对湿度(85±5)%的仓内放置 2 h,取出后在 90 s 内按 6.14 测试。

6.10 低温性能测试

6.10.1 测试设备

环境模拟装置:温度(−30±2)℃。

6.10.2 测试步骤

将速差器安全绳全部拉出并用夹子夹住,在温度(−30±2)℃的仓内放置 2 h,取出后在 90 s 内按照 6.14 进行测试。

6.11 浸水性能测试

将速差器安全绳全部拉出并用夹子夹住,浸入温度为(10~30)℃的水中 2 h,取出后在 90 s 内按 6.14 测试。

6.12 抗粉尘性能测试

6.12.1 测试设备

容积为 1 m^3 的试验箱,带有可吹入 0.6 MPa 气流的通气管,箱外应有可控制速差器安全绳伸缩的装置,试验箱如图 3 所示。

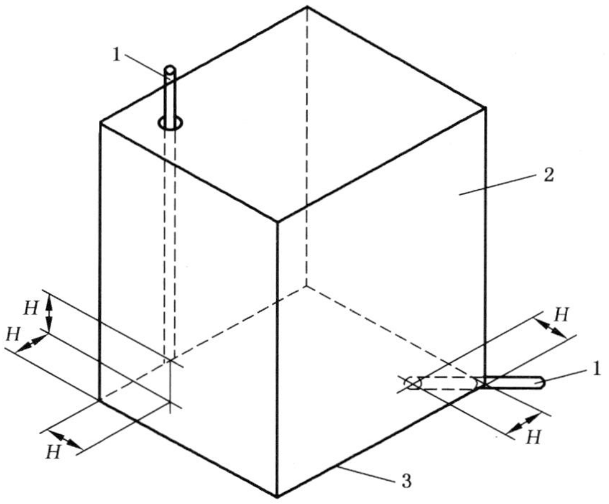

1——直径为 6 mm 的通气管；
2——容积为 1 m^3 的试验箱；
3——箱底面；
H=200 mm。

图 3　粉尘试验箱示意图

6.12.2　测试步骤

测试步骤如下：

a)　将速差器安全绳全部拉出，并放置在箱体底部上方 150 mm 处，箱底放置(4.5±0.5)kg 的干燥水泥粉；

b)　每隔 5 min，由通气管吹入 2 s 的气流；

c)　每隔 1 h 使用箱外的控制装置使速差器安全绳完全收回后再将其全部拉出；

d)　共进行 5 h，完成后静置 15 min，取出后在 90 s 内按 6.14 测试。

6.13　抗油污性能测试

将速差器安全绳全部展开并用夹子夹住，并将其浸在温度为(20±2)℃的 0# 柴油中 30 min，取出后自然晾干 24 h，按 6.14 测试。

6.14　锁止性能测试

测试步骤如下：

a)　将速差器安装在测试架上，使速差器安全绳在受控状态下收回；

b)　将 6.8.2 中确定的最小测试重物连在速差器安全绳末端，释放重物，观察速差器能否锁止；

c)　观察速差器在卸载重物后能否解锁。

7　检验规则

7.1　检验类别

检验类别分为出厂检验、型式检验。

7.2　出厂检验

生产企业应按照生产批次对速差器逐批进行出厂检验。各测试项目、测试样本大小、不合格分类、判定数组见表 2。

表 2　出厂检验

测试项目	批量范围	单项测试样本大小	不合格分类	单项判定数组	
				合格判定数	不合格判定数
静态负荷 动态负荷 自锁可靠性 收缩性能 防腐蚀性能 提升和下降性能	＜500	3	A	0	1
	501～5 000	5			
	＞5 000	8			
一般要求	＜ 500	3	B	1	2
	501～5 000	5			
	＞5 000	8			

7.3　型式检验

7.3.1　有下列情况时须进行型式检验：

a）新产品鉴定或老产品转厂生产的试制定型鉴定；

b）当材料、工艺、结构设计发生变化时；

c）停产超过一年后恢复生产时；

d）周期检查，每年一次；

e）出厂检验结果与上次型式检验结果有较大差异时；

f）国家有关主管部门提出型式检验要求时。

7.3.2　抽样及样品数量由提出检验的单位或委托第三方从企业出厂检验合格的产品中随机抽取，样品数量以满足全部测试项目要求为原则。

8　标识

8.1　永久标识

速差器的永久标识应至少包括以下内容：

a）产品名称及标记；

b）本标准号；

c）制造厂名；

d）生产日期（年、月）、有效期；

e）法律法规要求标注的其他内容。

8.2　产品说明书

每个速差器应配有详细说明书，应至少包括以下内容：

a）厂商名称；

b）厂商地址等其他信息；

c）产品用途、限制，最大工作高度；

d）警告禁止擅自改装；

e）安装使用说明；

f）在使用前的检查步骤；

g）储存、清洗、维护说明；

h）建议依据使用环境，至少一年一次由专业人员按照厂商的说明对产品进行周期性检查；

i）产品报废条件；

j）法律法规要求说明的其他内容。

附 录 A
（资料性附录）
速差式自控器分类

速差器可分为带有整体救援功能的和不带整体救援功能两类，如图 A.1 所示。

a）不带整体救援装置　　b）带有整体救援装置

图 A.1　速差式自控器的分类

参 考 文 献

[1] ISO 10333-3:2002 Personal fall-arrest systems—Part 3:Self-retracting lifelines

[2] EN 360:2002 Personal protective equipment against falls from a height—Retractable type fall arrester

[3] EN 363:2002 Personal protective equipment against falls from a height—Fall-arrest systems

[4] EN 364:1993 Personal protective equipment against falls from a height—Test methods

ICS 43.040.30
T 26

中华人民共和国国家标准

GB/T 24545—2009

车辆车速限制系统技术要求

Requirement of speed limitation system for motor vehicles

2009-10-30 发布　　　　2010-07-01 实施

中华人民共和国国家质量监督检验检疫总局
中国国家标准化管理委员会　发布

前　言

本标准与 ECE R89 号法规(1993)《关于 1.就最高车速限制或其可调车速限制功能方面批准车辆；2.就已批准型式的最高车速限制装置或可调车速限制装置的安装方面批准车辆；3.批准车速限制装置或可调车速限制装置的统一规定》(英文版)及修正本 1(2002)一致性程度为非等效。

本标准与 ECE R89 号法规的主要差异如下：

——取消了认证申请、认证、认证更改和扩展、生产不一致的处置、生产一致性检查等车型认证的管理内容。

——取消了车型认证通知书。

——取消了认证标志的布置。

本标准的附录 A 和附录 B 为规范性附录。

本标准由国家发展和改革委员会提出。

本标准由全国汽车标准化技术委员会归口。

本标准负责起草单位：中国汽车技术研究中心、中国重型汽车集团有限公司、陕西汽车集团有限责任公司、汉阳专用汽车研究所。

本标准主要起草单位：中国第一汽车集团公司、东风汽车有限公司、北汽福田汽车股份有限公司、安徽江淮汽车股份有限公司、江铃汽车股份有限公司、中集车辆(集团)有限公司、国家汽车质量监督检验中心(重庆)、国家汽车质量监督检验中心(襄樊)、包头北方奔驰重型汽车有限责任公司、上汽依维柯红岩汽车有限责任公司、汉阳专用汽车研究所。

本标准其他起草单位：日本五十铃汽车株式会社北京代表处、日野汽车(中国)有限公司、沃尔沃(中国)投资有限公司、戴姆勒东北亚投资有限公司。

本标准主要起草人：耿磊、李玉生、王学平、杨宁、党建国、高发廷、涂怀年、吴跃玲。

本标准参加起草人员：苏玉萍、余博英、张丽丽、李玉刚、杨玉娟、张路丁、赵盈、黄小枚、吴玉芳、张建、范孟柏、贺嘉强、张力、曹立。

车辆车速限制系统技术要求

1 范围

本标准规定了车辆车速限制系统技术要求及其试验方法。

本标准适用于 M_2、M_3、N_2、N_3 类车辆，M_1、N_1 类车辆及三轮汽车和低速货车可参照执行。

2 规范性引用文件

下列文件中的条款通过本标准的引用而成为本标准的条款。凡是注日期的引用文件，其随后所有的修改单(不包括勘误的内容)或修订版均不适用于本标准，然而，鼓励根据本标准达成协议的各方研究是否可使用这些文件的最新版本。凡是不注日期的引用文件，其最新版本适用于本标准。

GB 7258 机动车运行安全技术条件

GB/T 12534 汽车道路试验方法通则

GB/T 15089 机动车辆及挂车分类

GB/T 17619 机动车电子电器组件的电磁辐射抗扰性限值和测量方法

3 术语和定义

GB 7258、GB/T 15089 确立的以及下列术语和定义适用于本标准。

3.1

车速限制系统 speed limitation system

通过控制车辆动力装置的能量供给系统或者车辆及发动机管理系统来限制车辆行驶速度的系统。包括最高车速限制系统和可调车速限制系统。

3.2

最高车速限制系统 maximum speed limitation system

保证车辆的行驶速度不超过出厂时设定速度的系统。该系统的功能可通过最高车速限制装置或者最高车速限制功能来实现。

3.3

可调车速限制系统 adjustable speed limitation system

保证车辆的行驶速度不超过可调限制速度的系统，该可调限制速度由驾驶员设定。该系统的功能可通过可调车速限制装置或者可调车速限制功能来实现。

3.4

最高车速限制装置 maximum speed limitation device

控制车辆动力装置的能量供给或通过发动机管理将车速限制到一个固定的最大值的装置。

3.5

最高车速限制功能 maximum speed limitation function

控制车辆动力装置的能量供给或通过发动机管理将车速限制到一个固定的最大值的功能。

3.6

可调车速限制装置 adjustable speed limitation device

控制车辆动力装置的能量供给或通过发动机管理将车速自动限制到设定值 V_{adj} 的装置。

3.7

可调车速限制功能　adjustable speed limitation function

控制车辆动力装置的能量供给或通过发动机管理将车速自动限制到设定值 V_{adj} 的功能。

3.8

设定速度 V_{set}　set speed V_{set}

在最高车速限制系统中设置的车辆最高行驶速度。

3.9

稳定速度 V_{stab}　stabilized speed V_{stab}

最高车速限制系统或者可调车速限制系统发挥作用、车辆处于稳定状态行驶时的平均速度(即附录 A 中 A.1.1.5.2.3.3 和附录 B 中 B.3.4 规定的平均速度)。

3.10

最大速度 V_{max}　maximum speed V_{max}

附录 A 试验方法中定义的试验曲线第一部分中车辆达到的最大速度。

3.11

可调限制速度 V_{adj}　adjustable limit speed V_{adj}

驾驶员在可调车速限制系统中自主设定的车辆最高行驶速度,驾驶员可随时解除可调限制速度的设置。

4　一般要求

4.1　车辆在正常运行条件下,车速限制系统均应满足本标准的要求。

4.2　车速限制系统的装置和部件的设计、制造和装配应保证其在正常使用环境中具有耐腐蚀和抗老化的能力。

4.3　车速限制系统应在车辆正常电磁环境中运行良好,应满足 GB/T 17619 的规定。

4.4　车速限制系统失效不应影响驾驶员通过加速踏板对发动机的控制。

5　最高车速限制系统的技术要求

5.1　最高车速的设定值 V_{set} 应确保在车辆任何使用情况下不被临时或永久性调高或删除。

5.2　最高车速限制系统应加以防护以防止非授权的任意调整或中断对其供电。

5.3　不应通过行车制动实现最高车速限制功能。当最高车速限制系统已将动力装置的供给限制到最小时,辅助制动装置(如缓速器等)可和最高车速限制系统一起作用。

5.4　车辆以设定速度 V_{set} 行驶时,最高车速限制系统应保证即使采取加速动作,车辆行驶速度不受影响。

5.5　最高车速限制系统应不影响换挡时正常的加速踏板操作。

5.6　对在驾驶员座位可及范围内所有加速装置的操作,最高车速限制系统均应发挥作用。

5.7　车辆运行时,最高车速限制系统必需的所有部件的功能应保证正常。

6　可调车速限制系统的技术要求

6.1　应确保在驾驶员位置始终可看到 V_{adj} 值。出于安全原因或驾驶员要求,可允许暂时中断 V_{adj} 的显示。

6.2　不应通过行车制动实现可调车速限制功能。

6.3　可调车速限制功能的实现应不受发动机或变速箱类型的影响。

6.4　当车速超过 V_{adj} 时,应以警告信号或其他合适方式(车速表显示方式除外)通知驾驶员。

6.5　V_{adj} 的设定

6.5.1 在 30 km/h 和车辆最高设计速度之间，应能够以不大于 10 km/h 的步长设定 V_{adj}。

6.5.2 V_{adj} 的设定应直接由驾驶员通过一个控制装置来实现。

6.6 启用或取消可调车速限制功能

6.6.1 可调车速限制功能应能够随时启用或取消。

6.6.2 关闭发动机时，可调车速限制功能应自动取消。

6.6.3 启用可调车速限制功能时，V_{adj} 的初始设定不应低于当前车辆速度。

附 录 A
（规范性附录）
最高车速限制系统的试验

A.1 限速试验

A.1.1 道路试验

A.1.1.1 车辆准备

A.1.1.1.1 轮胎充气压力应符合该车技术条件的要求。

A.1.1.1.2 车辆应空载。

A.1.1.2 试验道路的特性

A.1.1.2.1 道路表面应适合车辆保持稳定速度，路面应平坦，坡度不应超过2%，坡度变化不应超过1%。

A.1.1.2.2 道路表面不应存水，雪或冰。

A.1.1.3 环境天气条件

在高于地面至少1 m测定的平均风速应不大于3 m/s，阵风风速不应超过10 m/s。

A.1.1.4 其余试验条件和试验准备应满足GB/T 12534的要求。

A.1.1.5 加速试验方法（见图A.1）

A.1.1.5.1 从(V_{set}－10 km/h)开始踩加速踏板到底进行加速，踩加速踏板操作至少持续30 s直至车速稳定。这个过程中记录瞬时车速值以绘制车速-时间图。车速测试准确度为±1%，时间测试准确度为0.1 s。

A.1.1.5.2 试验应满足下列要求：

A.1.1.5.2.1 V_{stab}应小于等于V_{set}。允许V_{stab}不超过1.05×V_{set}或(V_{set}＋5 km/h)两者中的较大值。

A.1.1.5.2.2 速度首次稳定后：

A.1.1.5.2.2.1 V_{max}不应大于1.05×V_{stab}。

A.1.1.5.2.2.2 大于0.1 s的时间内，速度变化率不应超过0.5 m/s^2。

A.1.1.5.2.2.3 应在10 s内首次获得A.1.1.5.2.3规定的稳定速度条件。

A.1.1.5.2.3 获得稳定速度时：

A.1.1.5.2.3.1 速度变化不应超过4%×V_{stab}或2 km/h两者中的较大值。

A.1.1.5.2.3.2 大于0.1 s时间内，速度变化率不应超过0.2 m/s^2。

A.1.1.5.2.3.3 V_{stab}为首次获得稳定速度的10 s后，至少间隔20 s测得的平均速度。

A.1.1.5.2.4 理论最高车速超过设定速度的各个挡位均应进行本项试验。

A.1.1.6 加速试验应满足的时间-速度曲线如图A.1所示：

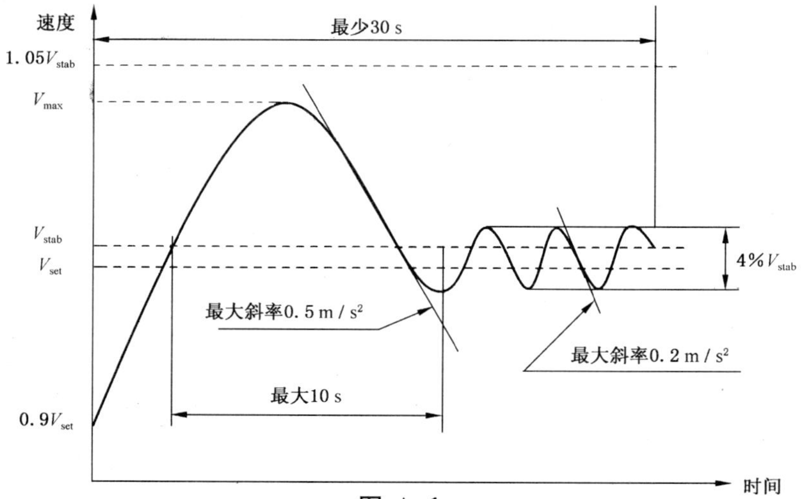

图 A.1

A.1.1.7 稳定速度试验方法

A.1.1.7.1 车辆全速加速到稳定速度，保持稳定速度至少 400 m。该测试中应测出车辆的平均速度。然后再在同一测试路线上采用相同测试程序重复平均速度的测试，只是车辆的行驶方向相反。整个测试的稳定速度认为是上述两次测试的平均速度的平均值。包括计算稳定速度的两次测试一共进行 5 遍（每遍进行两次测试）。车速测试准确度为±1%，时间测试准确度为 0.1 s。

A.1.1.7.2 试验应满足下列要求：

a) V_{stab}不应超过 V_{set}。允许 V_{stab}不超过 $1.05\times V_{set}$或(V_{set}+5 km/h)两者中的较大值；

b) 每次测得的稳定速度差应≤3 km/h；

c) 理论最高车速超过设定速度的各个挡位均应进行本项试验。

A.1.2 底盘测功机试验

A.1.2.1 底盘测功机的特性

车辆质量的等效惯量应用底盘测功机进行模拟，准确度为±10%；车速测试准确度为±1%，时间测试准确度为 0.1 秒。

A.1.2.2 加速试验方法

A.1.2.2.1 测试时，应设置制动功与某一测试速度时车辆的行驶阻力一致。该制动功可由计算得出，准确度设置为±10%。制动功也可设为 $0.4P_{max}$（P_{max}为发动机的最大功率）。从(V_{set}−10 km/h)开始，将加速踏板踩到底进行加速。车速稳定后，踩下加速踏板操作至少保持 20 s。车速限制系统起作用时，记录瞬时车速值以便绘制车速-时间图。

A.1.2.2.2 试验应满足 A.1.1.5.2 及其下属条款的要求。

A.1.2.3 稳定速度试验方法

A.1.2.3.1 将测试车辆装在底盘测功机上。底盘测功机吸收的功率从 P_{max}逐渐减小到 $0.2P_{max}$。在此功率变化范围内记录车速。上述测试进行五次，并记录数值。

A.1.2.3.2 试验应满足 A.1.1.7.2 及其下属条款的要求。

A.2 耐久性试验

A.2.1 最高车速限制装置在台架上模拟其在车辆上的运动进行耐久性试验。由制造商提供控制系统以保持限速装置按图 A.2 所示的循环做耐久性试验：

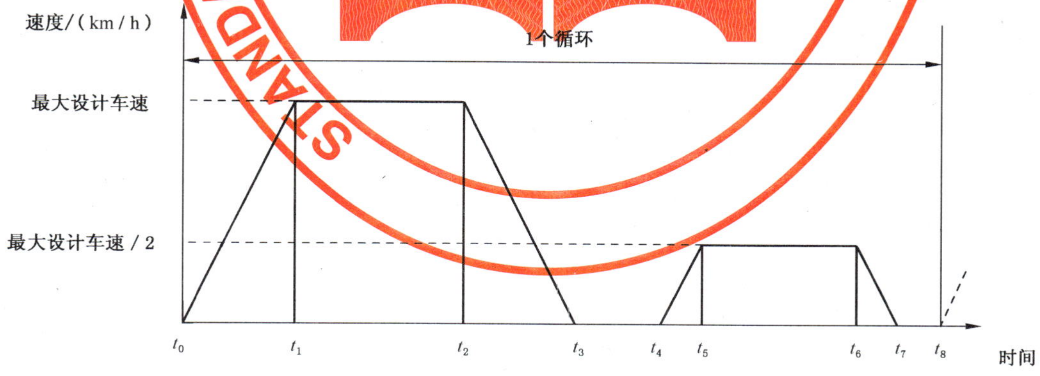

图 A.2

t_1-t_0，t_3-t_2，t_5-t_4，t_7-t_6：完成操作需要的时间。

$t_2-t_1=2$ s；$t_4-t_3=1$ s；$t_6-t_5=2$ s；$t_8-t_7=1$ s。

A.2.2 要进行下列的试验。

A.2.2.1 循环测试

在环境温度下(20 ℃±2 ℃)进行 50 000 个循环测试。

A.2.2.2 高温测试

电子部件：在 65 ℃±5 ℃的恒温箱内进行 12 500 个循环测试。

机械部件：在 100 ℃±5 ℃的恒温箱内进行 12 500 个循环测试。

A.2.2.3 低温测试

在－20 ℃±5 ℃的恒温箱内进行 12 500 个循环测试。

A.2.2.4 盐浴测试(仅测试暴露于周围道路环境下的零件)

在盐浴恒温箱内做循环测试。氯化钠溶液浓度为5%，恒温箱内部温度保持在 35 ℃±2 ℃范围内。循环次数为 12 500 次。

A.2.2.5 振动测试

A.2.2.5.1 车速限制装置的安装方式与车上的安装方式相同。

A.2.2.5.2 三个平面内进行正弦振动。对数扫频为每分钟 1 个倍频程。

第一次测试：振动频率 10 Hz～24 Hz，振幅为±2 mm。

第二次测试：振动频率 24 Hz～1 000 Hz，对于底盘和安装在驾驶室的零件，振动加速度输入 2.5g，发动机上安装的零件振动加速度输入 5g。

A.2.3 耐久性试验的接受原则：

a) 耐久性试验结束后，限速装置性能应无任何变化；
b) 如果耐久性试验中出现测试装置损坏，应制造商的要求，可提供第二套装置进行相应的耐久性试验；

A.3 最大设计车速低于设定速度 V_{set}时，可不做上述试验。

附 录 B
（规范性附录）
可调车速限制系统的试验

B.1 道路试验条件

道路试验条件应满足 A.1.1.1，A.1.1.2，A.1.1.3，A.1.1.4 的要求。

B.2 驾驶员被通知车速超过 V_{adj} 的试验

B.2.1 当车速为（V_{adj}－10 km/h）时，踩下加速踏板使车速超过 V_{adj}。

B.2.2 车速应至少达到（V_{adj}＋10 km/h）。

B.2.3 这一车速至少保持 30 s。

B.2.4 试验时记录瞬时车速，车速测试准确度为±1％。

B.2.5 试验应满足以下条件：当实际车速超过 V_{adj} 多于 3 km/h 时，应以警告信号的形式通知驾驶员，且警告要持续一段时间。

B.3 可调车速限制系统试验

B.3.1 根据每一个需要测试的 V_{adj}，选择全部最高车速能够达到 V_{adj*} 的挡位作为试验挡位。V_{adj*} 为 V_{adj}×1.2 或（V_{adj}＋20 km/h）两者中的较大值。关闭可调车速限制功能，针对各试验挡位，测量车速保持为 V_{adj*} 时的加速踏板力。

B.3.2 启用可调车速限制功能，且车速限制设定为 V_{adj}，车辆先以（V_{adj}－10 km/h）的速度运行，增加踏板力，在 1 s±0.2 s 的时间内将踏板力增加到 V_{adj*} 所对应的踏板力值。车速稳定后，保持上述加速踏板力至少 30 s 时间。

B.3.3 试验时记录瞬时车速以绘制速度-时间图。车速测试准确度为±1％，时间测试准确度小于 0.1 s。

B.3.4 试验应满足下列要求：

a) 车辆达到的 V_{stab} 不应超过（V_{adj}＋3 km/h）。

b) 速度首次稳定后满足下列条件：

  1) V_{max} 不应大于 1.05×V_{stab}；

  2) 大于 0.1 s 的时间内，速度变化率不应超过 0.5 m/s^2；

  3) 在 10 s 内：速度变化不应超过 3 km/h，大于 0.1 s 时间内，速度变化率不应超过 0.2 m/s^2。

c) V_{stab} 为首次获得稳定速度的 10 s 后，至少间隔 20 s 测得的平均速度。

d) 理论最高车速达到 V_{adj*} 的各个挡位均应进行本项试验。

B.4 试验速度的选择

应选择 40 km/h、80 km/h 和 80％的最大车速并且不超过 120 km/h 三个速度进行上述试验。

B.5 应按照 A.2 的要求进行可调车速限制装置的耐久性试验。

ICS 43.140
T 80

中华人民共和国国家标准

GB/T 24546—2009

摩托车重心位置的测量方法

Motorcycles—Measurement method for location of centre of gravity

(ISO 9130:2005,MOD)

2009-10-30 发布　　　　2010-07-01 实施

中华人民共和国国家质量监督检验检疫总局
中国国家标准化管理委员会　发布

前　　言

本标准修改采用国际标准 ISO 9130:2005《摩托车　重心位置的测量方法》(英文版)。

本标准根据 ISO 9130:2005 重新起草。在附录 A 中列出了本标准章条编号与 ISO 9130:2005 章条编号的对照一览表。

考虑到我国国情,在采用 ISO 9130:2005 时,本标准作了一些修改,在附录 B 中给出了这些技术性差异及其原因的一览表以供参考。

为便于使用,对于 ISO 9130:2005 本标准还做了下列编辑性修改:

a) 删除了 ISO 9130:2005 的前言和引言;

b) 在 5.1.2.2 公式的式中增加了 P_{KF}、P_{KR} 的符号解释;

在 5.1.3.2 公式的式中增加了 P_{KL}、P_{KR} 的符号解释;

c) 在资料性附录 C 表 C.1 中增加了摩托车重心位置测量方法 2 的摩托车水平面上重心位置和摩托车重心高位置的测量项目。

本标准的附录 A、附录 B、附录 C 均为资料性附录。

本标准由国家发展和改革委员会提出。

本标准由全国汽车标准化技术委员会归口。

本标准起草单位:隆鑫工业有限公司、上海机动车检测中心。

本标准主要起草人:张映辉、冯本贞、廖亚川、李国强、赵丽娜、王佳佳、陈翔。

引　言

摩托车的稳定性是影响其行驶安全的一个非常重要的因素。摩托车/驾驶员组合体和其所处的环境构成一特有的闭环(closed-loop)系统，然而，由于摩托车本身的稳定性、驾驶员位置的影响以及驾驶员对不断变化的情况的反应等多个因素的相互作用，使评估摩托车/驾驶员组合体稳定性变得非常复杂。

评估摩托车稳定性时确定的摩托车/驾驶员组合体的运动性能参数是车辆设计的重要依据之一。

本标准所述的测量方法只涉及影响运动稳定性能的一个因素——摩托车和摩托车/驾驶员组合体的重心。

用本标准给出方法所获得的测量结果(记录形式见附录C)只涉及到上述非常复杂现象的一个方面，因此不能单独地用于评价车辆的稳定性。

摩托车重心位置的测量方法

1 范围

本标准规定了摩托车和摩托车/驾驶员组合体重心位置的两种测量方法。也可以使用被证实与之等效的其他测量重心位置的方法。

本标准适用于两轮摩托车(以下简称摩托车)。

2 规范性引用文件

下列文件中的条款通过本标准的引用而成为本标准的条款。凡是注日期的引用文件,其随后所有的修改单(不包括勘误的内容)或修订版均不适用于本标准,然而,鼓励根据本标准达成协议的各方研究是否可使用这些文件的最新版本。凡是不注日期的引用文件,其最新版本适用于本标准。

CFR 49:第 572 部分　B 分部　[美联邦法规　美国国家公路交通安全局(NHTSA)发布]　假人

3 术语和定义

下列术语和定义适用于本标准。

3.1

摩托车坐标系(x、y、z)　motorcycle axis system　x,y,z

定在摩托车上的右旋正交坐标系。当摩托车在水平路面上直线行驶时,x 轴水平、指向前方,并在车辆纵向对称平面内;y 轴指向驾驶员左侧;z 轴垂直向上。

注 1:该坐标系统适用于与摩托车一起的其他调节装置和或旋转装置。

注 2:假定摩托车是定在平台上的,该坐标系也适用于此平台。

3.2

地面坐标系(X、Y、Z)　earth-fixed axis system　X,Y,Z

定在地面上的右旋正交坐标系,X 轴和 Y 轴位于水平面内,Z 轴垂直向上。

4 测量条件

4.1 摩托车上无驾驶员时的测量应符合以下条件:

a) 摩托车应无变形,不应沾泥泞,而且操纵正常;应按整车整备质量准备;

b) 按使用维护说明书或整车整备质量要求装满汽油;

c) 按使用维护说明书或整车整备质量要求加入润滑油和冷却液;

d) 按使用维护说明书的规定压力给轮胎充气;

e) 测试装备应安装在指定的位置上(并在测量记录表中说明);

f) 前后悬挂系统应安置在静态的位置;

g) 前轮应沿 X 轴放置。

如果因测量对象的实际情况需要改变测量条件,应在测量记录表中写明。

4.2 摩托车上有驾驶员时的测量应符合以下条件:

a) 摩托车的测试条件按 4.1 的规定;

b) 测试应使用一个 CFR 49:第 572 部分　B 分部规定(AM50 百分位的)试验假人作驾驶员,假人的质量应为 76 kg±2 kg;或者使用相同质量(或相似物理特征)的真人作驾驶员;

c) 摩托车置于地面坐标系内,把假人置于摩托车的中心平面内;

d) 假人坐在摩托车座位上，双手握住方向把的手把，双脚放在脚踏板上；

e) 正确放置假人的目的是为了确定 S 点（指驾驶员手臂、躯干铰接销的中心线）和 H 点（指驾驶员大腿、躯干铰接销的中心线）的连线与 X 轴所形成的角度，这个角度就是假人身体的倾斜角度；

f) 假人坐的位置是指摩托车前轮轴和 H 点连线在 X 轴方向两者之间的距离来确定的。

如果因测量对象的实际情况需要改变测量条件，应在测量记录表中写明。

5 测量方法

5.1 摩托车重心位置测量方法 1

5.1.1 测量设备

5.1.1.1 精密直角尺：量程为 1 m，分辨率为 0.1 mm。

5.1.1.2 钢卷尺：量程不小于 3 m，分辨率为 1 mm。

5.1.1.3 角度计：电子或者机械的角度计，分辨率为 5′。

5.1.1.4 称重台：用于测量重心在 x 轴、y 轴上的投影的位置。分辨率为 0.1 kg。

5.1.1.5 平台：用来放置摩托车。刚度要尽可能高，质量要尽可能轻。

5.1.1.6 支撑：放在称重台上，用来支撑平台。

5.1.1.7 刀形支撑：用于测量重心在 z 轴上的投影的位置。刀形边缘的圆角半径应不大于 1 mm，刀形边缘的尖角应不大于 90°。为保证环绕的载荷施加时反映以刀形支撑为支点的力矩时的灵敏度，刀形边缘的圆角应是尖形、精密、圆正、光滑的。

5.1.1.8 砝码：标准质量。测量重心在 z 轴上的位置时用于改变平台的倾斜角度。

5.1.1.9 抗震台：具抗震能力的工作台，用于测量重心在 z 轴上的位置。

5.1.2 重心位置在 *X* 轴上的测量方法

5.1.2.1 空平台的重心位置在 *X* 轴上的测量方法

空平台的重心在 X 轴上位置（见图 1）的测量方法如下：

a) 把支撑 F、R 放置在左右质量秤的中心，分别测量两支撑产生的载荷 P_{KF} 和 P_{KR}。

b) 把平台放在两个支撑上。这样，平台的重心在 X 轴上的投影就将在两个支撑点的连线上。平台包括所有固定摩托车的支架、夹具和绕线。如果在两个支撑点的连线上难以找到重心，则再新使用一个质量秤和一个支撑，这样重心就位于新的支撑点和 F 、R 支撑点所组成的区域内。

c) 测量距离 x_{PF}：测量平台前端点 A 与前支撑点 F 投影在 X 轴上的距离。
测量距离 x_{PR}：测量平台前端点 A 与后支撑点 R 投影在 X 轴上的距离。

d) 分别测量 F、R 支撑上载荷 P_{FR} 和 P_{RR}。

e) 按公式(1)～(3)计算距离 x_P，即平台前端点 A 与空平台重心投影在 X 轴上的距离。

$$P_{PF}=P_{FR}-P_{KF} \qquad (1)$$

$$P_{PR}=P_{RR}-P_{KR} \qquad (2)$$

$$x_P=\frac{x_{PF}P_{PF}+x_{PR}P_{PR}}{P_{PF}+P_{PR}} \qquad (3)$$

式中：

P_{PF}——平台分配到支撑点 F 上的载荷，单位为牛顿(N)；

P_{PR}——平台分配到支撑点 R 上的载荷，单位为牛顿(N)；

P_{KF}——支撑 F 自身的载荷，单位为牛顿(N)；

P_{KR}——支撑 R 自身的载荷，单位为牛顿(N)；

P_{FR}——$P_{PF}+P_{KF}$，单位为牛顿(N)；

P_{RR}——$P_{PR}+P_{KR}$，单位为牛顿(N)；

x_P——平台前端点 A 与空平台重心投影在 X 轴上的距离，单位为毫米(mm)；

x_{PF}——平台前端点 A 与支撑点 F 投影在 X 轴上的距离，单位为毫米(mm)；

x_{PR}——平台前端点 A 与支撑点 R 投影在 X 轴上的距离，单位为毫米(mm)。

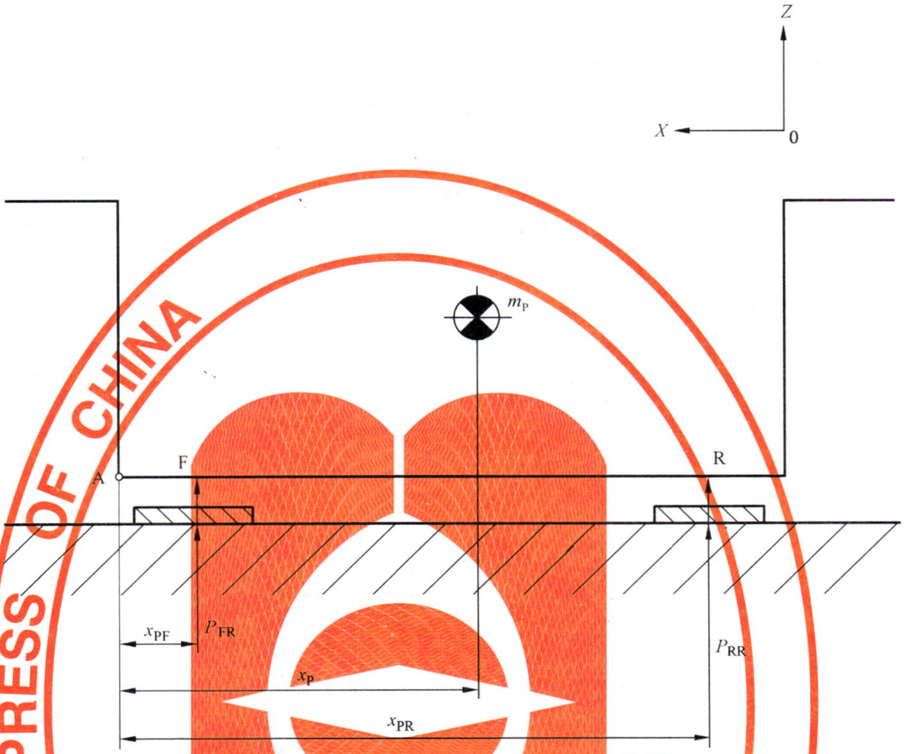

图 1 空平台的重心在 X 轴上的位置

5.1.2.2 摩托车的重心位置在 X 轴上的测量方法

分两种情况测量，即摩托车上无驾驶员（见 4.1）或者有一个驾驶员（假人）坐在摩托车上（见 4.2）的重心在 X 轴上位置（见图 2）的测量方法如下：

a) 摩托车放置于平台上，前、后轮胎与纵向中心平面平行、垂直于两支撑点的连线，并固定它，使之不能移动。摩托车与平台的倾斜角度应在 0°±0.5°范围内。

b) 测量距离 x_F：测量平台前端点 A 与摩托车前轮轴中心投影在 X 轴上的距离。

c) 分别在前后支撑上测量载荷 P_{MF} 和 P_{MR}。

d) 按公式(4)～(9)计算距离 x_g，即摩托车重心与摩托车前轮轴中心投影在 X 轴上的距离。

$$m_m = m_T - m_P \quad \cdots\cdots(4)$$

$$P_{TF} = P_{MF} - P_{KF} \quad \cdots\cdots(5)$$

$$P_{TR} = P_{MR} - P_{KR} \quad \cdots\cdots(6)$$

$$x_T = \frac{x_{PF}P_{TF} + x_{PR}P_{TR}}{P_{TF} + P_{TR}} \quad \cdots\cdots(7)$$

$$x_m = \frac{x_T m_T - x_P m_P}{m_m} \quad \cdots\cdots(8)$$

$$x_g = x_m - x_F \quad \cdots\cdots(9)$$

式中：

m_m——摩托车的质量，单位为千克(kg)；

m_T——摩托车和平台的总质量，单位为千克(kg)；

m_P——平台的质量，单位为千克(kg)；

P_{TF}——摩托车-平台组合分配到 F 点上的载荷，单位为牛顿(N)；

P_{TR}——摩托车-平台组合分配到 R 点上的载荷，单位为牛顿(N)；

P_{KF}——支撑 F 自身的载荷,单位为牛顿(N);

P_{KR}——支撑 R 自身的载荷,单位为牛顿(N);

P_{MF}——$P_{TF}+P_{KF}$,单位为牛顿(N);

P_{MR}——$P_{TR}+P_{KR}$,单位为牛顿(N);

x_T——平台前端点 A 与摩托车-平台组合体重心投影在 X 轴上的距离,单位为毫米(mm);

x_m——平台前端点 A 与摩托车重心投影在 X 轴上的距离,单位为毫米(mm);

x_g——摩托车重心与摩托车前轮轴中心投影在 X 轴上的距离,单位为毫米(mm);

x_F——平台前端点 A 与摩托车前轮轴中心投影在 X 轴上的距离,单位为毫米(mm)。

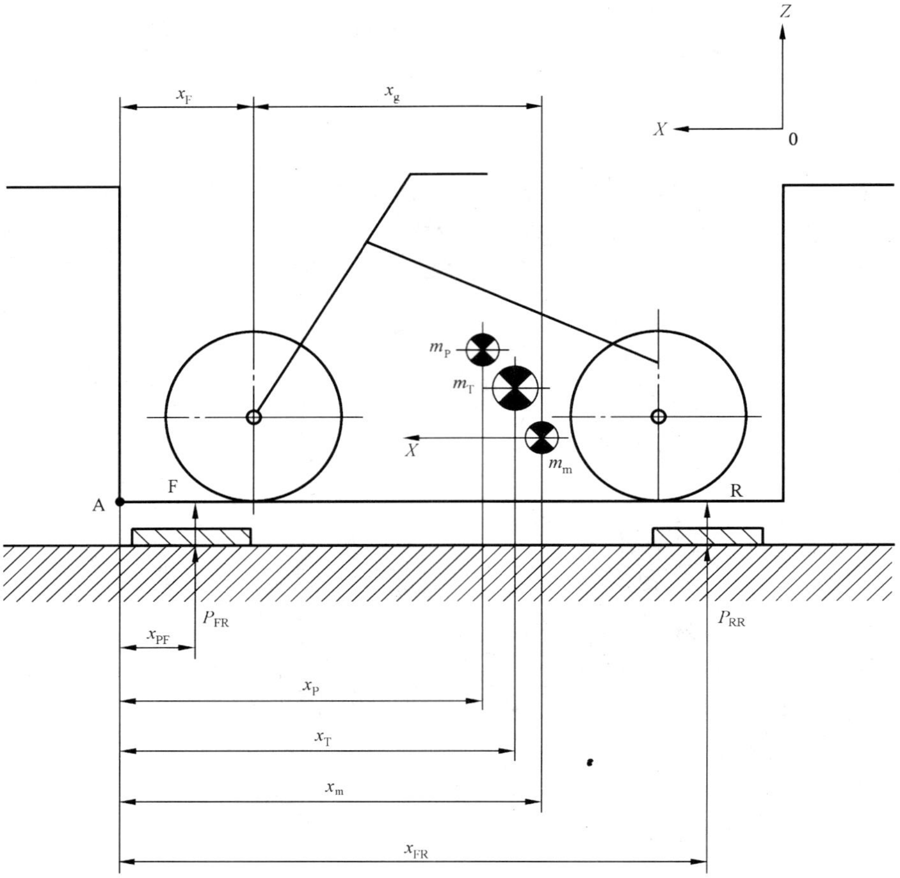

图 2　摩托车的重心在 X 轴上的位置

5.1.3　重心位置在 Y 轴上的测量方法

5.1.3.1　空平台重心位置在 Y 轴上的测量方法

空平台的重心在 Y 轴上位置(见图 3)的测量方法如下:

a)　把两个支撑分别放置在左右质量秤的中心,测量载荷 P_{KL} 和 P_{KR}。

b)　把平台放在两个支撑上。这样,平台的重心在 Y 轴上的投影就将在两个支撑点的连线上。平台包括所有固定摩托车的支架、夹具和绕线。如果在两个支撑点的连线上难以找到重心,则再新使用一个质量秤和一个支撑,这样重心就位于新的支撑点和 L、R 支撑点所组成的区域内。

c)　测量距离 y_{PL}:测量平台左端点 B 与左支撑点 L 投影在 Y 轴上的距离。

测量距离 y_{PR}:测量平台左端点 B 与右支撑点 R 投影在 Y 轴上的距离。

d)　分别在左右支撑上测量载荷 P_L 和 P_R。

e) 按公式(10)~(12)计算:距离 y_P,即平台左端点 B 与空平台重心投影在 Y 轴上的距离。

$$P_{PL} = P_L - P_{KL} \quad \cdots\cdots (10)$$

$$P_{PR} = P_R - P_{KR} \quad \cdots\cdots (11)$$

$$y_P = \frac{y_{PL}P_{PL} + y_{PR}P_{PR}}{P_{PL} + P_{PR}} \quad \cdots\cdots (12)$$

式中:

P_{PL}——平台分配到 L 点上的载荷,单位为牛顿(N);

P_{PR}——平台分配到 R 点上的载荷,单位为牛顿(N);

P_{KL}——支撑 L 自身的载荷,单位为牛顿(N);

P_{KR}——支撑 R 自身的载荷,单位为牛顿(N);

P_L——$P_{PL}+P_{KL}$,单位为牛顿(N);

P_R——$P_{PR}+P_{KR}$,单位为牛顿(N);

y_P——平台左端点 B 与空平台重心投影在 Y 轴上的距离,单位为毫米(mm);

y_{PL}——平台左端点 B 与左支撑点 L 投影在 Y 轴上的距离,单位为毫米(mm);

y_{PR}——平台左端点 B 与右支撑点 R 投影在 Y 轴上的距离,单位为毫米(mm)。

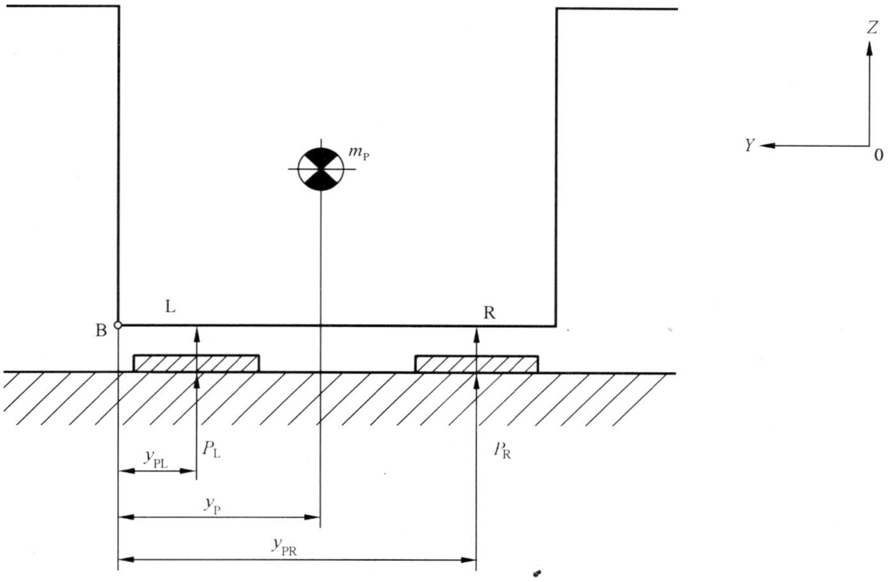

图 3 空平台的重心在 Y 轴上的位置

5.1.3.2 摩托车的重心位置在 Y 轴上的测量方法

分两种情况测量,即摩托车上无驾驶员(见 4.1)或者有一个驾驶员(假人)坐在摩托车上(见 4.2)的重心在 Y 轴上位置(见图 4)的测量方法如下:

a) 摩托车放置于平台上,并使其在 Y 轴上的重心位置直接落在两个支撑点的连线中,两轮胎的纵向中心平面垂直于两支撑点的连线,并固定它,使之不能移动。摩托车与平台的倾斜角度应在 0°±0.5°范围内。

b) 测量距离 y_0:测量平台左端点 B 与摩托车纵向中心平面在 Y 轴上的距离。

c) 分别在左右支撑上测量载荷 P_{ML}、P_{MR}。

d) 按公式(13)~(18)计算距离 y_g,即摩托车重心与摩托车纵向中心平面在 Y 轴上的距离。

$$m_m = m_T - m_P \quad \cdots\cdots(13)$$

$$P_{TL} = P_{ML} - P_{KL} \quad \cdots\cdots(14)$$

$$P_{TR} = P_{MR} - P_{KR} \quad \cdots\cdots(15)$$

$$y_T = \frac{y_{PL}P_{TL} + y_{PR}P_{TR}}{P_{TL} + P_{TR}} \quad \cdots\cdots(16)$$

$$y_m = \frac{y_T m_T - y_P m_P}{m_m} \quad \cdots\cdots(17)$$

$$y_g = y_0 - y_m(y_m - y_0) \quad \cdots\cdots(18)$$

式中：

m_m——摩托车的质量，单位为千克(kg)；

m_T——摩托车和平台的质量的和，单位为千克(kg)；

m_P——平台的质量，单位为千克(kg)；

P_{TL}——摩托车和平台分配在支撑 L 点上的载荷，单位为牛顿(N)；

P_{TR}——摩托车和平台分配在支撑 R 点上的载荷，单位为牛顿(N)；

P_{KL}——支撑 L 自身的载荷，单位为牛顿(N)；

P_{KR}——支撑 R 自身的载荷，单位为牛顿(N)；

P_{ML}——$P_{TL}+P_{KL}$，单位为牛顿(N)；

P_{MR}——$P_{TR}+P_{KR}$，单位为牛顿(N)；

y_T——平台左端点 B 与摩托车-平台组合的重心投影在 y 轴上的距离，单位为毫米(mm)；

y_m——平台左端点 B 与摩托车重心投影在 y 轴上的距离，单位为毫米(mm)；

y_g——摩托车重心与摩托车纵向中心平面在 y 轴上的距离，单位为毫米(mm)；

y_0——平台左端点 B 与摩托车纵向中心平面 在 y 轴上的距离，单位为毫米(mm)。

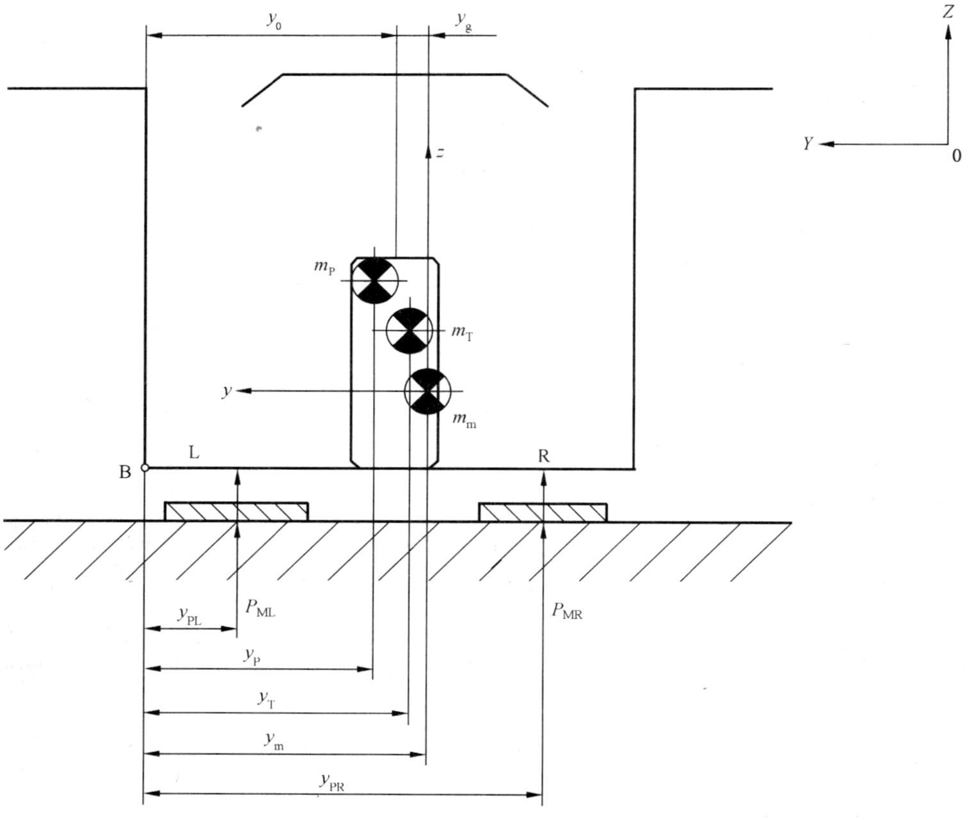

图 4　摩托车的重心在 Y 轴上的位置

5.1.4 重心位置在 Z 轴上的测量方法

5.1.4.1 空平台重心位置在 Z 轴上的测量方法

空平台的重心在 Z 轴上位置(见图 5 和图 6)的测量方法如下:

a) 测量距离 h_0: 测量从放置摩托车的平台底部到刀形支撑点投影在 Z 轴上的距离。

b) 测量距离 a_0 和 b_0:分别测量从刀形支撑点到悬挂质量为 m_{K1} 的砝码的位置上的 C 点投影在 X 轴和 Z 轴上的距离。

c) 把平台放在抗震台的刀形支撑上,平衡后,测量平台底面和水平面所形成的角度 θ_P[见图 5 a)和图 6 a)];在这里,根据下面的 e)款公式计算重心位置,重心位置将会随着平台倾角的大小而变化。

d) 在平台 C 点处悬挂一个质量为 m_{K1} 的砝码,平台 C 点因此下移,平衡后再次测量平台底面和水平面所形成的角度 θ_K[见图 5 b)和图 6 b)];为减少测量误差,θ_K、θ_P 的角度差应不小于 10°。

e) 按公式(19)和(20)计算距离 z_P:即空平台重心与平台底面投影在 Z 轴上的距离。

如果加砝码前,平台 C 点一侧较低[见图 5a)],公式中的"±"符号取负;如果平台 C 点一侧较高[见图 6a)],公式中的"±"符号取正。

$$c_P = \frac{m_{K1}(a_0 + b_0 \tan\theta_K)}{m_P(\tan\theta_K \pm \tan\theta_P)} \quad \cdots\cdots(19)$$

$$z_P = h_0 - c_P \quad \cdots\cdots(20)$$

式中:

c_P——刀形支撑与平台重心投影在 Z 轴上的距离,单位为毫米(mm);

m_{K1}——悬挂在平台 C 点处砝码的质量,单位为千克(kg);

a_0——刀形支撑点与砝码悬挂点 C 投影在 X 轴上的距离,单位为毫米(mm);

b_0——刀形支撑点与砝码悬挂点 C 投影在 Z 轴上的距离,单位为毫米(mm);

θ_K——平台放置在刀形支撑上,在 C 点悬挂砝码 m_{K1} 时,平台底面和水平面所形成的角度,单位为度(°);

m_P——平台质量,单位为千克(kg);

θ_P——平台放置在刀形支撑上,在 C 点未悬挂砝码时,平台底面和水平面所形成的角度,单位为度(°);

z_P——平台重心与平台底面投影在 Z 轴上的距离,单位为毫米(mm);

h_0——刀形支撑点与平台底面投影在 Z 轴上的距离,单位为毫米(mm)。

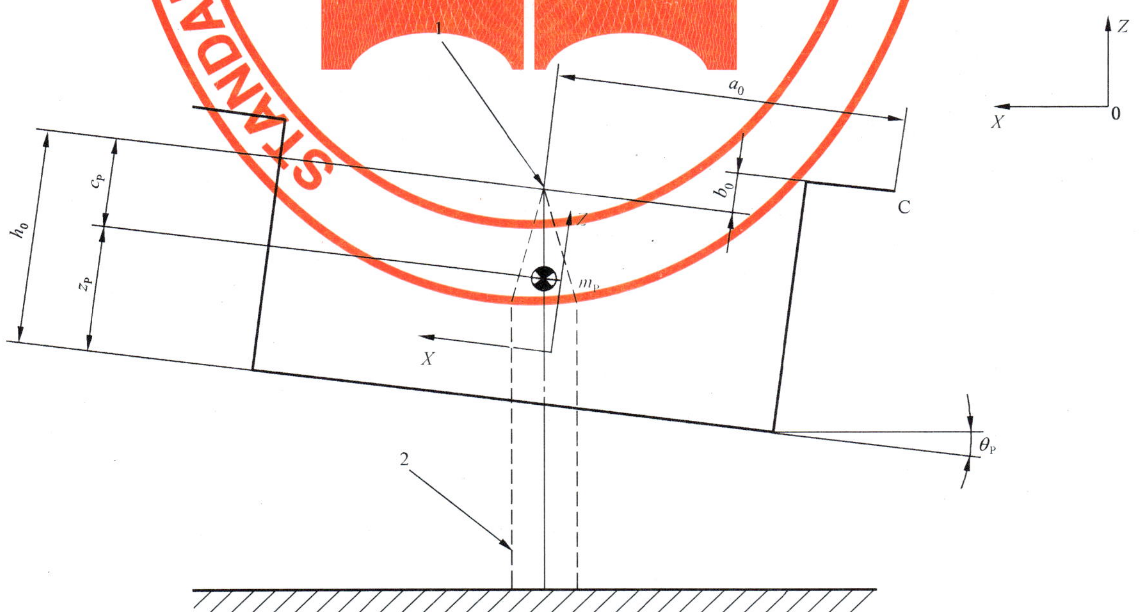

a) θ_P 角的测量(C 点一侧较低)

图 5 空平台的重心在 Z 轴上的位置

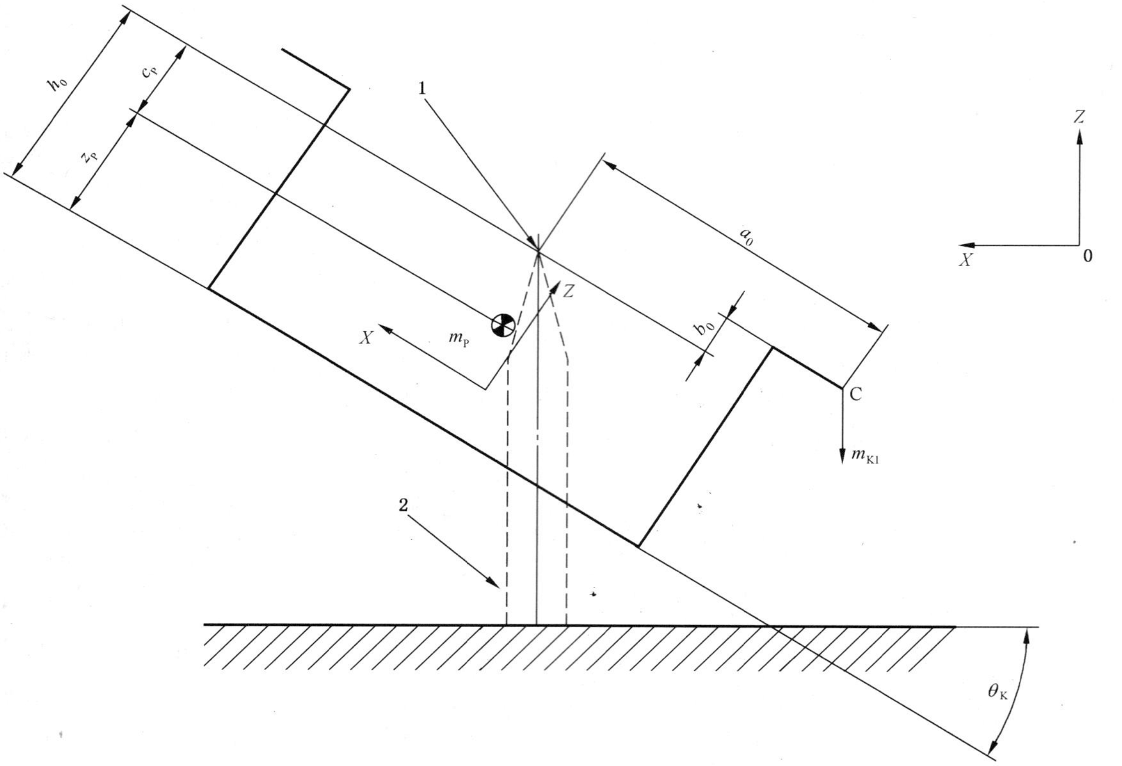

b) θ_K 角的测量

1——刀形支撑；

2——抗震台。

图 5（续）

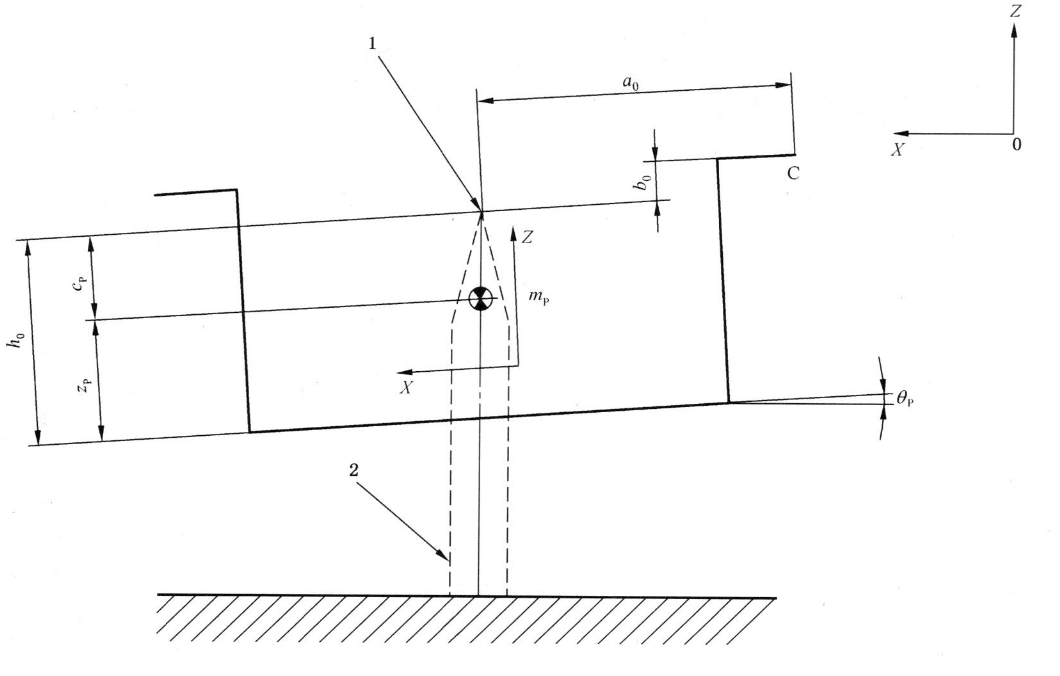

a) θ_P 角的测量(C 点一侧较高)

图 6　空平台的重心在 Z 轴上的位置

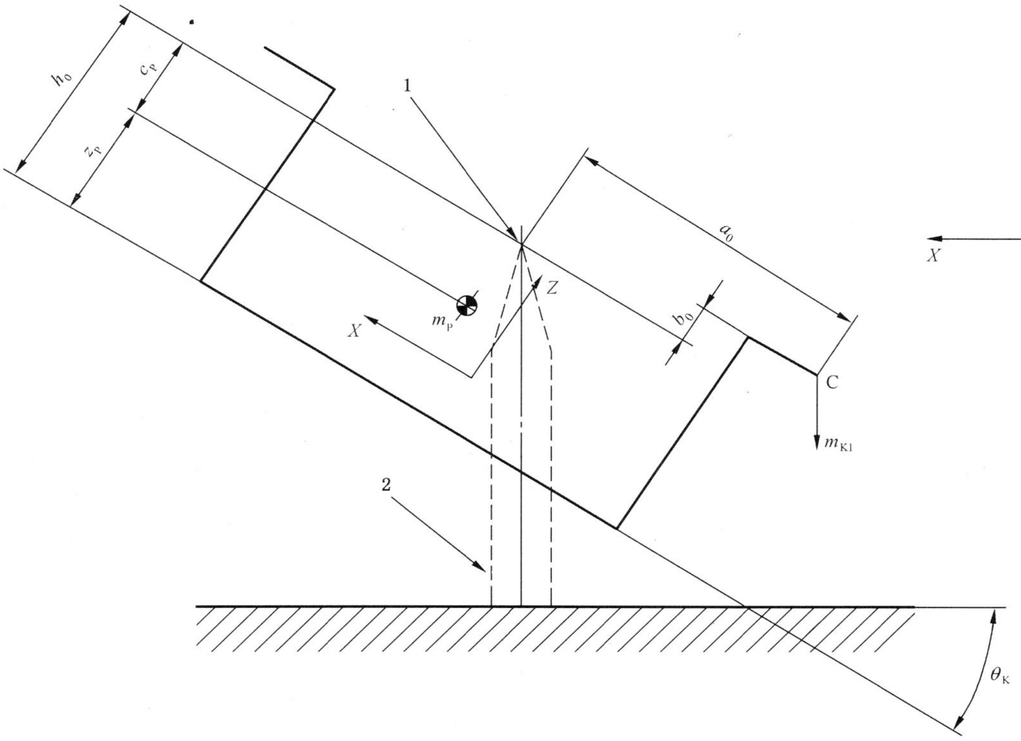

b) θ_K 角的测量

1——刀形支撑；

2——抗震台。

图 6（续）

5.1.4.2 摩托车重心位置在 Z 轴上的测量方法

分两种情况测量，即摩托车上无驾驶员（见 4.1）或者有一个驾驶员（假人）坐在摩托车上（见 4.2）的重心在 Z 轴上位置（见图 7、图 8）的测量方法如下：

a) 把摩托车放置在平台上，并加固定，使之不能移动。摩托车与平台的横向倾斜角度应在 0°±0.5°范围内。

b) 把平台放在抗震台的刀形支撑上，平衡后，测量平台底面和水平面所形成的角度 θ_T[见图 7 a)和图 8 a)]；在这里，根据下面的 e)款公式计算重心位置，重心位置将会随着平台倾角的大小而变化。

c) 调整摩托车的固定位置，使 θ_T 尽可能小。

d) 在平台 C 点悬挂一个质量为 m_{K2} 的砝码，平台 C 点因此下移，平衡后再次测量平台底面和水平面所形成的角度 θ_{TK}[见图 7 b)和图 8 b)]；为减少测量误差，θ_{TK}、θ_T 的角度差应不小于 10°。

e) 按公式(21)～(24)计算距离 z_g，即摩托车重心与摩托车前后轮所触及的平台表面投影在 Z 轴上的距离。

如果加砝码前，平台 C 点一侧较低[见图 7a)]，公式中的"±"符号取负；如果平台 C 点一侧较高[见图 8 a)]，公式中的"±"符号取正。

$$m_T = m_P + m_{K2} + m_m \qquad \cdots\cdots (21)$$

$$c_T = \frac{m_{K2}(a_0 + b_0 \tan\theta_{TK})}{(m_P + m_m)(\tan\theta_{TK} \pm \tan\theta_T)} \qquad \cdots\cdots (22)$$

$$c_m = \frac{m_T c_T + m_{K2} b_0 - m_P c_P}{m_m} \quad \cdots\cdots(23)$$

$$z_g = h_0 - c_m \quad \cdots\cdots(24)$$

式中：

m_T——平台、砝码和摩托车的总质量，单位为千克(kg)；

m_P——平台质量，单位为千克(kg)；

m_{K2}——悬挂在平台C点处砝码的质量，单位为千克(kg)；

m_m——摩托车的质量，单位为千克(kg)；

c_T——刀形支撑点与平台-摩托车组合的重心投影在z轴上的距离，单位为毫米(mm)；

a_0——刀形支撑点与砝码悬挂点C投影在x轴上的距离，单位为毫米(mm)；

b_0——刀形支撑点与砝码悬挂点C投影在z轴上的距离，单位为毫米(mm)；

θ_{TK}——平台放置在刀形支撑上，在C点悬挂砝码m_{K2}时，平台底面和水平面所形成的角度。单位为度(°)；

θ_T——平台放置在刀形支撑上，在C点未悬挂砝码时，平台底面和水平面所形成的角度，单位为度(°)；

c_m——刀形支撑点与摩托车重心投影在z轴上的距离，单位为毫米(mm)；

c_P——刀形支撑与平台重心投影在z轴上的距离，单位为毫米(mm)；

h_0——刀形支撑点与平台底面投影在z轴上的距离，单位为毫米(mm)；

z_g——摩托车重心与摩托车前后轮所触及的平台表面投影在z轴上的距离，单位为毫米(mm)。

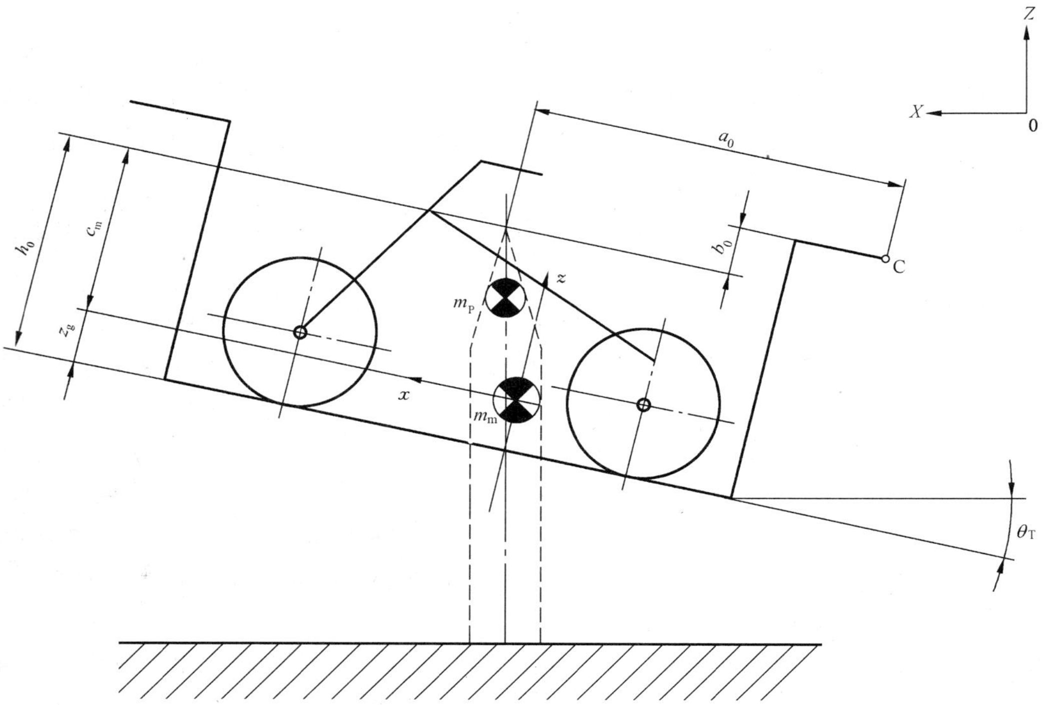

a) θ_T 角的测量(C点一侧较低)

图7 摩托车的重心在Z轴上的位置(C点边下降的情形)

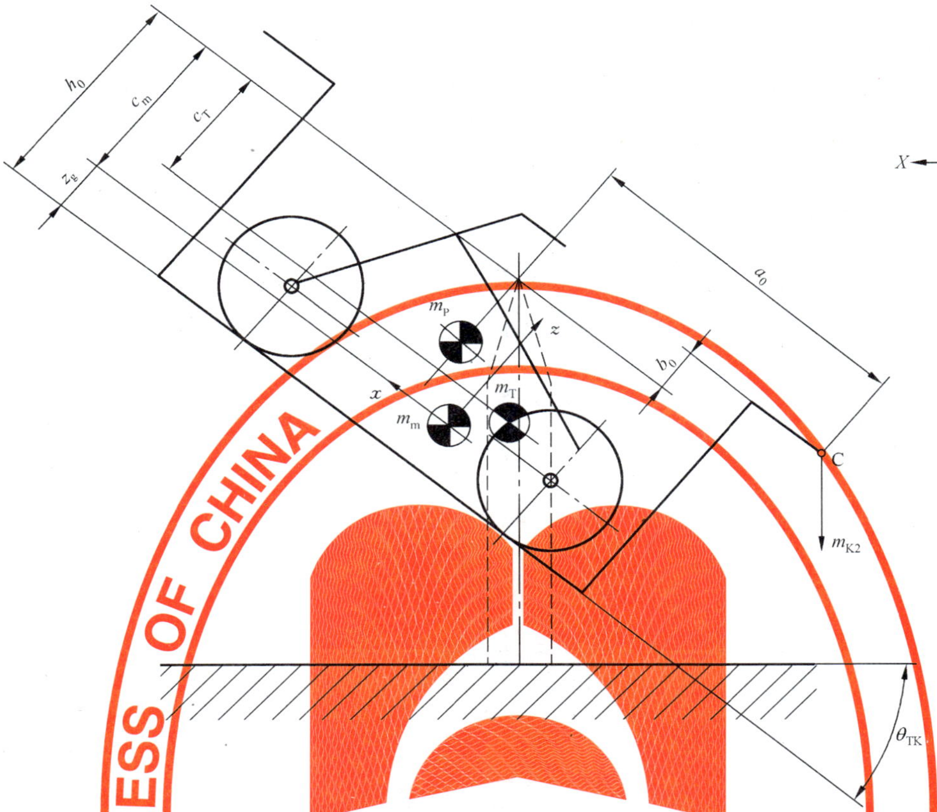

b) θ_{TK} 角的测量

图 7（续）

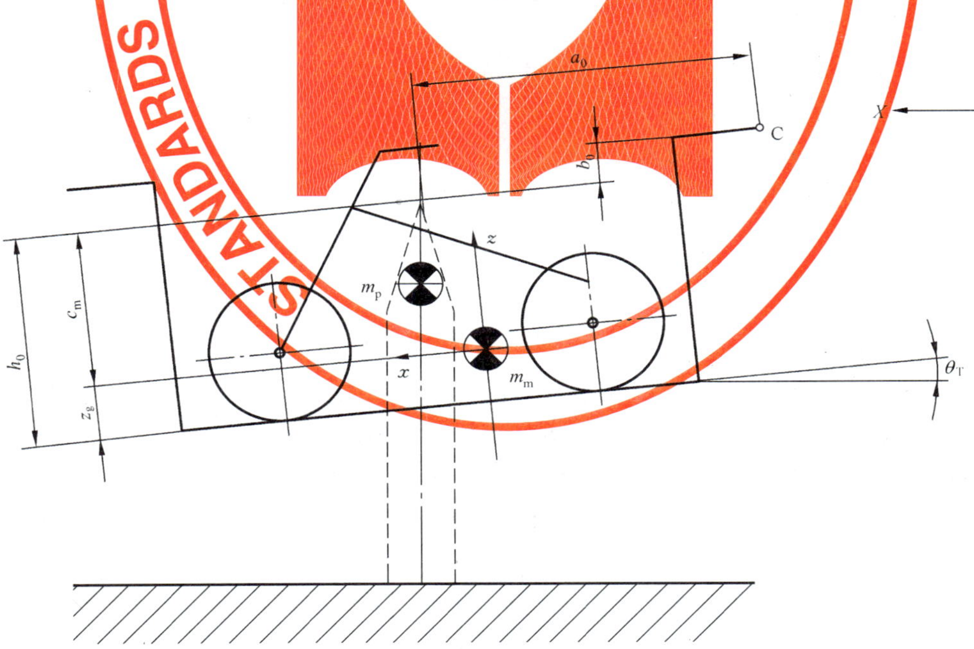

a) θ_T 角的测量(C 点一侧较高)

图 8 摩托车的重心在 Z 轴上的位置(C 点边上升的情形)

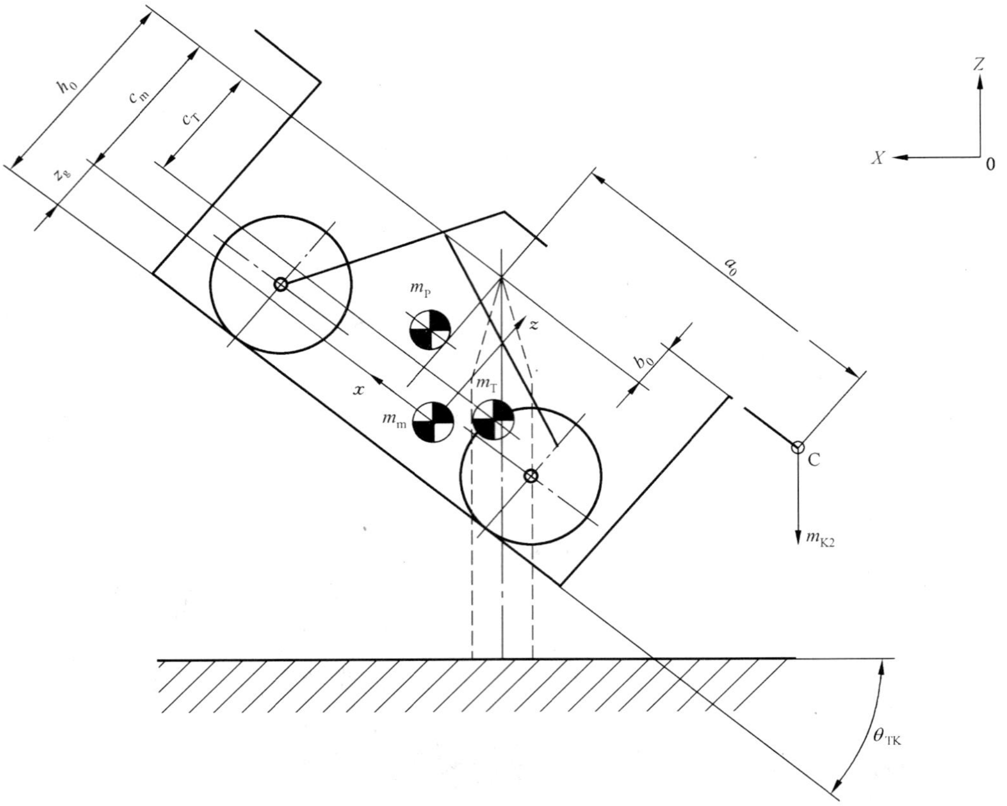

b) θ_{TK}角的测量

图 8（续）

5.2 摩托车重心位置测量方法 2

5.2.1 测量设备

5.2.1.1 精密直角尺：量程为 1 m，分辨率为 0.1 mm。

5.2.1.2 钢卷尺：量程不小于 3 m，分辨率为 1 mm。

5.2.1.3 角度计：电子或者机械的角度计，分辨率为 5′。

5.2.1.4 磅秤或电子秤或车辆负荷计，分辨率为 0.2 kg。

5.2.1.5 垫块。

5.2.1.6 可调整式水平仪。

5.2.1.7 悬架锁紧工具。

5.2.2 摩托车总质量的测量方法

5.2.2.1 测定前、后轮的分布质量：用 2 台磅秤或电子秤（各秤的支撑台面应处于同一水平面）分两种状态测量，即摩托车上无驾驶员（见 4.1）或者有一个驾驶员（假人）坐在摩托车上（见 4.2）分别称出前、后轮的分布质量（前、后轮分布质量应在实际称量读数值中减去前、后轮悬架锁紧工具的质量）。

5.2.2.2 根据前、后轮的分布质量按公式（25）计算整车整备质量或加一个驾驶员（假人）时摩托车的总质量。

$$m = m_1 + m_2 \qquad \cdots\cdots(25)$$

式中：

m——整车整备质量或加一个驾驶员（假人）时摩托车的总质量，单位为千克（kg）；

m_1——整车整备质量或加一个驾驶员（假人）时前轮所测的分布质量，单位为千克（kg）；

m_2——整车整备质量或加一个驾驶员（假人）时后轮所测的分布质量，单位为千克（kg）。

5.2.3 **摩托车水平面上重心位置的测量方法**

根据在同一位置的同一物体，其重心和质心重合的原理，按公式(26)计算整车整备质量或加一个驾驶员(假人)时摩托车在水平坐标上的位置，见图9。

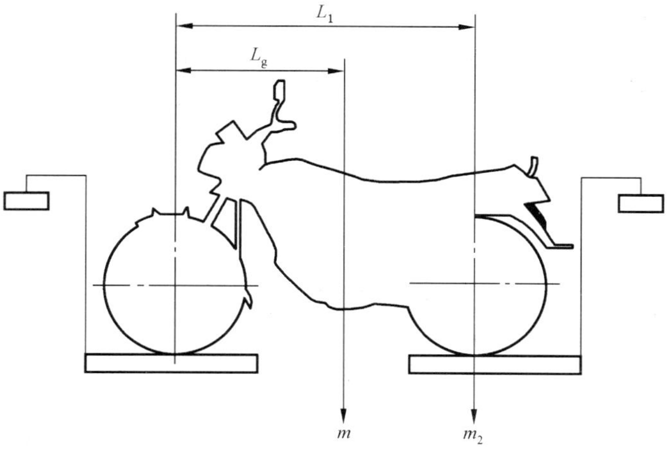

图9 摩托车水平面上重心位置

$$L_g = \frac{m_2}{m} \times L_1 \qquad \cdots\cdots(26)$$

式中：

m——整车整备质量或加一个驾驶员(假人)时摩托车的总质量，单位为千克(kg)；

m_2——整车整备质量或加一个驾驶员(假人)时后轮所测的分布质量，单位为千克(kg)；

L_1——整车整备质量或加一个驾驶员(假人)时前、后轮的轴距，单位为毫米(mm)；

L_g——整车整备质量或加一个驾驶员(假人)时重心距前轮轴线的距离，单位为毫米(mm)。

5.2.4 **摩托车重心高位置的测量方法**

5.2.4.1 称出悬架锁紧工具的质量。

5.2.4.2 在水平状态下，用锁紧工具固定车辆各悬架弹簧的变形位置。

5.2.4.3 测量重心高时，分两种情况测量，即摩托车上无驾驶员(见4.1)或者有一个驾驶员(假人)坐在摩托车上(见4.2)的重心高位置。

5.2.4.4 测量摩托车在水平状态时前轮和后轮分布质量和总质量 m。

5.2.4.5 将摩托车的前轮用垫块垫高，使摩托车分别倾斜10°、12°、14°，见图10，且车轮应处于直线行驶位置，摩托车的纵向中心平面应垂直于支承台面。

5.2.4.6 抬高前轮后，分别测定摩托车后轮分布质量(后轮的分布质量应在实际称量读数值中减去后轮悬架锁紧工具的质量)与水平状态时后轮分布质量的增量 Δm。同时用角度计分别测出三种倾斜状态的实际倾斜角度。

5.2.4.7 按公式(27)～(29)计算整车整备质量或加一个驾驶员(假人)时摩托车的重心高。

$$H_g = r_j \frac{\Delta m}{m} \times \frac{L_1}{\tan\alpha} \qquad \cdots\cdots(27)$$

$$\Delta m = m'_2 - m_2 \qquad \cdots\cdots(28)$$

当前后轮直径规格不相同时，式中 r_{jr} 按下式计算：

$$r_j = r_{j1} + \frac{m'_2}{m} \times (r_{j2} - r_{j1}) \qquad \cdots\cdots(29)$$

式中：

r_j——整车整备质量或加一个驾驶员(假人)时各轮的静力半径,单位为毫米(mm)；

r_{j1}——整车整备质量或加一个驾驶员(假人)时前轮的静力半径,单位为毫米(mm)；

r_{j2}——整车整备质量或加一个驾驶员(假人)时后轮的静力半径,单位为毫米(mm)；

L_1——整车整备质量或加一个驾驶员(假人)时前、后轮的轴距,单位为毫米(mm)；

m——整车整备质量或加一个驾驶员(假人)时摩托车的总质量,单位为千克(kg)；

m_2——整车整备质量或加一个驾驶员(假人)时后轮分布的质量,单位为千克(kg)；

m_2'——抬高前轮后,整车整备质量或加一个驾驶员(假人)时后轮分布的质量,单位为千克(kg)；

Δm——抬高前轮后,整车整备质量或加一个驾驶员(假人)时后轮分布质量的增量,单位为千克(kg)；

α——抬高前轮后,整车整备质量或加一个驾驶员(假人)时实测摩托车的倾斜角,单位为度(°)；

H_g——整车整备质量或加一个驾驶员(假人)时摩托车的重心高,单位为毫米(mm)。

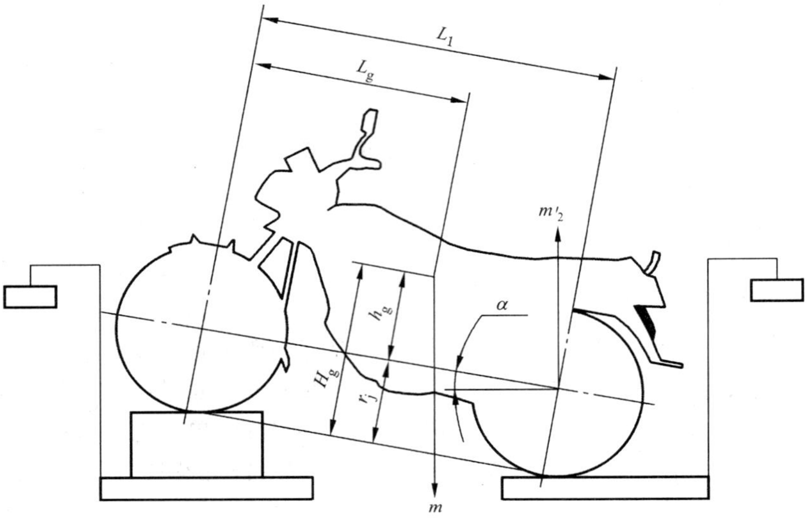

图 10　摩托车重心高位置

6　测量记录

将测量的结果填写在附录 C 表 C.1 所示的表格中。

附 录 A
（资料性附录）
本标准章条编号与 ISO 9130:2005 章条编号对照

A.1 表 A.1 给出了本标准章条编号与 ISO 9130:2005 章条编号对照一览表。

表 A.1 本标准章条编号与 ISO 9130:2005 章条编号对照

本标准章条编号	对应的 ISO 9130:2005 章条编号	本标准章条编号	对应的 ISO 9130:2005 章条编号
1	1	5.1.4.1	6.3.1
2	2	5.1.4.2	6.3.2
3	3	5.2	—
3.1	3.1	5.2.1	—
3.2	3.2	5.2.1.1	—
4	4	5.2.1.2	—
4.1	4.1	5.2.1.3	—
4.2	4.2	5.2.1.4	—
5	5、6	5.2.1.5	—
5.1	—	5.2.1.6	—
5.1.1	5	5.2.1.7	—
5.1.1.1	5.1	5.2.2	—
5.1.1.2	5.2	5.2.2.1	—
5.1.1.3	5.3	5.2.2.2	—
5.1.1.4	5.4	5.2.3	—
5.1.1.5	5.5	5.2.4	—
5.1.1.6	5.6	5.2.4.1	—
5.1.1.7	5.7	5.2.4.2	—
5.1.1.8	5.8	5.2.4.3	—
5.1.1.9	—	5.2.4.4	—
5.1.2	6.1	5.2.4.5	—
5.1.2.1	6.1.1	5.2.4.6	—
5.1.2.2	6.1.2	5.2.4.7	—
5.1.3	6.2	6	7
5.1.3.1	6.2.1	附录 A	—
5.1.3.2	6.2.2	附录 B	—
5.1.4	6.3	附录 C	附录 A

附　录　B
（资料性附录）
本标准与 ISO 9130:2005 技术性差异及其原因

B.1　表 B.1 给出了本标准与 ISO 9130:2005 的技术性差异及其原因的一览表。

表 B.1　本标准与 ISO 9130:2005 技术性差异及其原因

本标准的章条编号	技术性差异	原　　因
1	删除 ISO 9130:2005 的第 1 章中“因本国际标准给出方法所获得的测量结果（记录形式见附录 A）只涉及到上述非常复杂现象的一个方面，因此不能单独地用于评价车辆的稳定性。”的内容 修改增加了：“本标准规定了摩托车和摩托车/驾驶员组合体重心位置的两种测量方法。” “本标准适用于两轮摩托车（以下简称摩托车）。”的内容	按照 GB/T 1.1—2000 标准编制规定编写，并将所删除的 ISO 9130:2005 第 1 章中的内容移至到标准引言中。 根据我国国情增加了一种重心位置的测量方法
2	ISO 3779《道路车辆　车辆识别代码（VIN）　内容与构成》改为 GB 16735—2004《道路车辆　车辆识别代号（VIN）》，列为参考文献	由于是资料性引用
4.2 b)	ISO 9130:2005 的 4.2 条 b）项中为“测试应使用一个 CFR 49：第 572 部分　B 分部规定（A 试验假人作驾驶员，假人的质量应为 73.4 kg；也可以由相同质量的真人充当驾驶员）。” 本标准改为：“测试应使用一个 CFR 49：第 572 部分　B 分部规定（AM50 百分位的）试验假人作驾驶员，假人的质量应为 76 kg±2 kg；或者使用相同质量（或相似物理特征）的真人作驾驶员；”	按照 GB 20074—2006《摩托车和轻便摩托车外部凸出物》标准的要求修改
5	ISO 9130:2005 的第 5 章为“设备和测量器具”；第 6 章为“测量规程”。 本标准将“设备和测量器具”和“测量规程”合并改为：“5　测量方法”；并将 5.1 改为“摩托车重心位置测量方法 1”；5.1.1 改为“测量设备”；修改增加了“5.2　摩托车重心位置测量方法 2”的有关技术内容。	因为与增加的“5.2　摩托车重心位置测量方法 2”中的“测量设备”有所不同，需分别规定
5.1	本标准增加了以下内容： 摩托车重心位置测量方法 1	因为增加了“5.2　摩托车重心位置测量方法 2”，所以将原 ISO 9130:2005 中规定的方法作为“摩托车重心位置测量方法 1”
5.1.1	5.1.1 与 ISO 9130:2005 的第 5 章“测量设备”一致；其中 5.1.1.1～5.1.1.8 与 ISO 9130:2005 的 5.1～5.8 基本一致，增加了 5.1.1.9 抗震台的技术内容	其中测量精度、量值允许误差、称重精度按我国标准统一为：分辨率
5.1.1.4	ISO 9130:2005 的 5.4 条中为“称重台，称重精度为 0.1 kg。” 本标准改为：“称重台：用于测量重心在 x 轴、y 轴上的投影的位置。分辨率为 0.1 kg。”	明确称重台的作用
5.1.1.7	ISO 9130:2005 的 5.7 条中为“刀形边缘的圆角半径应不大于 1 mm，刀形边缘的尖角应不大于 90°。……。” 本标准改为：“刀形支撑：用于测量重心在 z 轴上的投影的位置。刀形边缘的圆角半径应不大于 1 mm，刀形边缘的尖角应不大于 90°。……。”	明确刀形支撑的作用

表 B.1(续)

本标准的章条编号	技术性差异	原　　因
5.1.1.8	ISO 9130:2005 的 5.8 条 中为“砝码:标准质量。” 本标准改为:“砝码:标准质量。测量重心在 z 轴上的位置时用于改变平台的倾斜角度。”	明确砝码的作用
5.1.1.9	ISO 9130:2005 未对“抗震台”作其规定。 本标准增加了“抗震台:具抗震能力的工作台，用于测量重心在 z 轴上的位置。”	标准图形中有抗震台,但 ISO 9130:2005 未作其规定
5.1.2	本标准 5.1.2 重心位置在 X 轴上的测量方法代替了 ISO 9130:2005 的 6.1　重心位置在 X 轴上的测量方法,其后的编号依次变动为:5.1.2.1 和 5.1.2.2	根据标准结构需要变动
5.1.2.2	本标准在公式的式中增加: P_{KF}——支撑 F 自身的载荷,单位为牛顿(N); P_{KR}——支撑 R 自身的载荷,单位为牛顿(N)	在公式中明确各符号的含意
5.1.3	本标准 5.1.3 重心位置在 Y 轴上的测量方法代替了 ISO 9130:2005 的 6.2　重心位置在 Y 轴上的测量方法,其后的编号依次变动为:5.1.3.1 和 5.1.3.2	根据标准结构需要变动
5.1.3.2	本标准在公式的式中增加: P_{KL}——支撑 L 自身的载荷,单位为牛顿(N); P_{KR}——支撑 R 自身的载荷,单位为牛顿(N)	在公式中明确各符号的含意
5.1.4	本标准 5.1.4 重心位置在 Z 轴上的测量方法代替了 ISO 9130:2005 的 6.3　重心位置在 Z 轴上的测量方法,其后的编号依次变动为:5.1.4.1 和 5.1.4.2	根据标准结构需要变动
 5.2 5.2.1 5.2.2 5.2.3 5.2.4	本标准增加了以下内容: 摩托车重心位置测量方法 2 测量设备(含 5.2.1.1～5.2.1.7 有关技术内容) 摩托车总质量的测量方法(含 5.2.2.1～5.2.2.2 有关技术内容) 摩托车水平面上重心位置的测量方法 摩托车重心高位置的测量方法(含 5.2.4.1～5.2.4.7 有关技术内容) 增加了(25)～(29)计算公式和图 9、图 10 等有关内容	摩托车重心位置测量方法 2 设备比较简易、便于操作,适合现时检测的需要,但左右横向方向重心却难以测量
6	ISO 9130:2005 的 7 测试结果,本标准改为:6 测量记录	根据标准结构需要变动

附　录　C
（资料性附录）
测量记录

摩托车重心位置测量记录表见表 C.1。

表 C.1　摩托车重心位置测量记录表

C.1　车辆识别
C.1.1　制造厂、车辆类型、型号
C.1.2　出厂年份
C.1.3　车辆识别代号(VIN)
C.1.4　轮胎压力　前轮胎　　　kPa　/　后轮胎　　　kPa
C.1.5　悬挂安装(如果可调)
C.1.6　悬挂固定位置：前[a]　　　后[b]
C.1.7　其他测量条件[c]
C.2　测量条件
C.2.1　测量日期
C.2.2　测量地点
C.2.3　测量人员
C.2.4　驾驶员　　无 / 假人 / 真人[d]
C.2.5　假人基准（适用于有假人时）
C.2.6　座椅位置[e]　　　mm
C.2.7　坐姿角度[f]　　　(°)
C.3　测量结果
C.3.1　重心投影在 X 轴上的位置 x_g[g]　　　mm
C.3.2　重心投影在 Y 轴上的位置 y_g[h]　　　mm
C.3.3　重心投影在 Z 轴上的位置 z_g[i]　　　mm
C.3.4　摩托车水平面上重心位置 L_g　　　mm
C.3.5　摩托车重心高位置 H_g　　　mm
a 指顶管上端与地面之间的距离。如果不能测量，可以测量摩托车前端弹簧上端与地面之间的距离(但需在记录中说明)。 b 指后悬挂上部的加固螺钉支承的中心与地面之间的距离。如果不能测量，可以测量摩托车后端弹簧上端与地面之间的距离(但需在记录中说明)。 c 指标准正文第 4 章没有提到的和第 4 章规定不相符合情况下，记录增加或者改变的测量条件。 d 删去未测量的部分。 e 指前轮轴与 H 点在 x 轴上(投影)的距离。H 点是假人(驾驶员)躯干和大腿的铰接销中心。 f 指 S 点和 H 点的连线与 x 轴之间的夹角。S 点是假人(驾驶员)躯干和手臂铰接销的中心。 g 摩托车重心与摩托车前轮轴中心投影在 X 轴上的距离。 h 摩托车重心与摩托车纵向中心平面在 Y 轴上的距离。顺摩托车前进方向看，定摩托车纵向中心平面的左边为正。 i 摩托车重心与摩托车前后轮所触及的平台表面投影在 Z 轴上的距离。

参 考 文 献

[1] GB 16735—2004 道路车辆 车辆识别代号(VIN)(ISO 3779:1983 Road vehicles——Vehicle identification number (VIN)——Content and structure,NEQ).

ICS 43.140
T 80

中华人民共和国国家标准

GB/T 24547—2009

轻便摩托车重心位置的测量方法

Mopeds—Measurement method for location of centre of gravity

(ISO 8705:2005,MOD)

2009-10-30 发布　　2010-07-01 实施

中华人民共和国国家质量监督检验检疫总局
中国国家标准化管理委员会　发布

前　　言

本标准修改采用国际标准 ISO 8705:2005《轻便摩托车　重心位置的测量方法》(英文版)。

本标准根据 ISO 8705:2005 重新起草。在附录 A 中列出了本标准章条编号与 ISO 8705:2005 章条编号的对照一览表。

考虑到我国国情，在采用 ISO 8705:2005 时，本标准作了一些修改，在附录 B 中给出了这些技术性差异及其原因的一览表以供参考。

为便于使用，对于 ISO 8705:2005 本标准还做了下列编辑性修改：

a) 删除了 ISO 8705:2005 的前言和引言；

b) 在 5.1.2.2 公式的式中增加了 P_{KF}、P_{KR} 的符号解释；

在 5.1.3.2 公式的式中增加了 P_{KL}、P_{KR} 的符号解释；

c) 在资料性附录 C 表 C.1 中增加了摩托车重心位置测量方法 2 的摩托车水平面上重心位置和摩托车重心高位置的测量项目。

本标准的附录 A 、附录 B 、附录 C 均为资料性附录。

本标准由国家发展和改革委员会提出。

本标准由全国汽车标准化技术委员会归口。

本标准起草单位：隆鑫工业有限公司、上海机动车检测中心。

本标准主要起草人：陈翔、王佳佳、张映辉、冯本贞、廖亚川、李国强、刘清泉。

引　言

轻便摩托车的稳定性是影响其行驶安全的一个非常重要的因素。轻便摩托车/驾驶员组合体和其所处的环境构成一特有的闭环(closed-loop)系统,然而,由于轻便摩托车本身的稳定性、驾驶员位置的影响以及驾驶员对不断变化的情况的反应等多个因素的相互作用,使评估轻便摩托车/驾驶员组合体稳定性变得非常复杂。

评估轻便摩托车稳定性时确定的轻便摩托车/驾驶员组合体的运动性能参数是车辆设计的重要依据之一。

本标准所述的测量方法只涉及影响运动稳定性能的一个因素——轻便摩托车和轻便摩托车/驾驶员组合体的重心。

用本标准给出方法所获得的测量结果(记录形式参见附录C)只涉及到上述非常复杂现象的一个方面,因此不能单独地用于评价车辆的稳定性。

轻便摩托车重心位置的测量方法

1 范围

本标准规定了轻便摩托车和轻便摩托车/驾驶员组合体重心位置的两种测量方法。

本标准适用于两轮轻便摩托车(以下简称摩托车)。

2 规范性引用文件

下列文件中的条款通过本标准的引用而成为本标准的条款。凡是注日期的引用文件,其随后所有的修改单(不包括勘误的内容)或修订版均不适用于本标准,然而,鼓励根据本标准达成协议的各方研究是否可使用这些文件的最新版本。凡是不注日期的引用文件,其最新版本适用于本标准。

CFR 49:572部 B分部 [美联邦法规 美国国家公路交通安全局(NHTSA)发布] 假人

3 术语和定义

下列术语和定义适用于本标准。

3.1

摩托车坐标系(x、y、z) the moped axis system (x,y,z)

定在摩托车上的右旋正交坐标系。当摩托车在水平路面上直线行驶时,x轴实际上是水平的,指向前方,并在车辆纵向对称平面内;y轴指向驾驶员左侧方;z轴指向上方。

注1:该坐标系统适用于与摩托车一起的调节装置和旋转装置。

注2:假定摩托车是定在平台上的,那么该调节系统也适用于此平台。

3.2

地面坐标系(X、Y、Z) the earth-fixed axis system (X,Y,Z)

定在地面上的右旋正交坐标系,X轴和Y轴位于水平面内,Z轴指向上方。

4 测量条件

4.1 摩托车上无驾驶员时的测量条件:

a) 摩托车应无变形,不应沾泥泞,而且操纵正常;应按整车整备质量准备;

b) 按使用维护说明书的要求装满汽油;

c) 按使用维护说明书的要求定量加入润滑油和冷却液;

d) 按使用维护说明书的规定压力给轮胎充气;

e) 测试装备应安装在指定的位置上(并在测量记录表中说明);

f) 前后悬挂系统应该安置在一个静态的位置;

g) 前轮应该沿着X轴放置。

如果测量对象对测量条件有修改,修改的情况应在试验报告中写明。

4.2 摩托车上有驾驶员时的测量应符合以下条件:

a) 摩托车的测试条件按照4.1条规定;

b) 测试应使用一个CFR 49:第572部分 B分部规定(AM50百分位的)试验假人作驾驶员,假人的质量应为76 kg±2 kg;或者使用相同质量(或相似物理特征)的真人作驾驶员;

c) 摩托车置于地面坐标系内,把假人置于摩托车的中心平面内;

d) 假人坐在摩托车座位上,双手握住方向把的手把,双脚放在脚踏板上;

e) 正确放置假人的目的是为了确定S点(指驾驶员手臂、躯干铰接销的中心线)和H点(指驾驶员大腿、躯干铰接销的中心线)的连线与 X 轴所形成的角度,这个角度就是假人身体的倾斜角度;

f) 假人坐的位置是指摩托车前轮轴和H点连线在 X 轴方向两者之间的距离来确定的。

5 测量方法

5.1 摩托车重心位置测量方法1

5.1.1 测量设备

5.1.1.1 精密直角尺:量程为1 m,分辨率为0.1 mm。

5.1.1.2 钢卷尺:量程不小于3 m,分辨率为1 mm。

5.1.1.3 角度计:电子或者机械的角度计,分辨率为5′。

5.1.1.4 称重台:用于测量重心在 x 轴、y 轴上的投影的位置。分辨率为0.1 kg。

5.1.1.5 平台:用来放置摩托车。刚度要尽可能高,质量要尽可能轻。

5.1.1.6 支撑:放在称重台上,用来支撑平台。

5.1.1.7 刀形支撑:用于测量重心在 z 轴上的投影的位置。刀形边缘的圆角半径应不大于1 mm,刀形边缘的尖角应不大于90°。为保证环绕的载荷施加时反映以刀形支撑为支点的力矩时的灵敏度,刀形边缘的圆角应是尖形、精密、圆正、光滑的。

5.1.1.8 砝码:标准质量。测量重心在 z 轴上的位置时用于改变平台的倾斜角度。

5.1.1.9 抗震台:具抗震能力的工作台,用于测量重心在 z 轴上的位置。

5.1.2 重心位置在 *X* 轴上的测量方法

5.1.2.1 空平台重心位置在 *X* 轴上的测量方法

空平台的重心在 X 轴上位置(见图1)的测量方法如下:

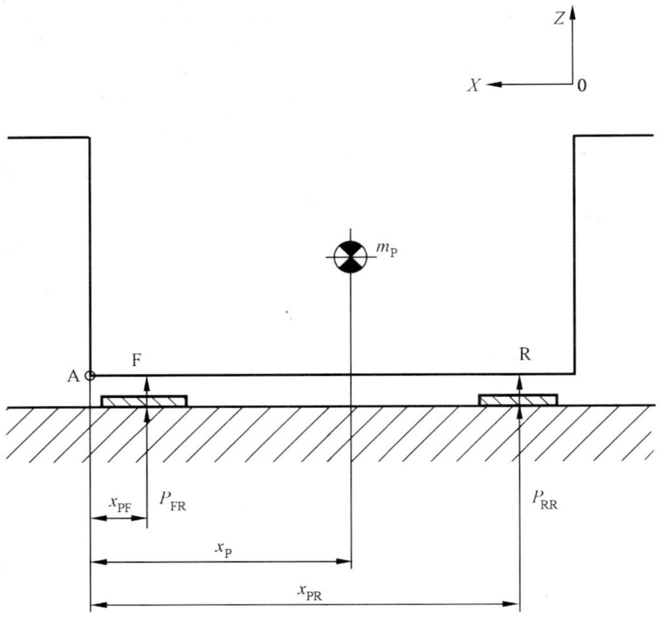

图1 沿着 *X* 轴空平台重心的位置

a) 把支撑放置在左右质量秤的中心,分别测量提供前后支撑(5.5)点的载荷 P_{KF} 和 P_{KR}。

b) 在两个支撑上放置平台(5.6),这样它的重心就直接位于连接两个支撑点的连线上。平台包括所有用来固定摩托车的支架和绕线。如果在两个支撑点的连线上找到重心很难,则再新使用额外的一个质量秤和一个支撑,这样重心就位于额外的支撑点F和R所组成的区域内。

c) 测量距离 x_{PF}：是沿着 X 轴从平台前端的 A 点到前端的支撑点 F 点的距离；测量距离 x_{PR}：是沿着 X 轴从平台前端的 A 点到后端的支撑点 R 点的距离。

d) 分别在前后支撑上测量载荷 P_{FR} 和 P_{RR}。

e) 按公式(1)～(3)计算距离 x_P，即平台前端点 A 与空平台重心投影在 X 轴上的距离：

$$P_{PF} = P_{FR} - P_{KF} \quad \cdots\cdots(1)$$

$$P_{PR} = P_{RR} - P_{KR} \quad \cdots\cdots(2)$$

$$x_P = \frac{x_{PF}P_{PF} + x_{PR}P_{PR}}{P_{PF} + P_{PR}} \quad \cdots\cdots(3)$$

式中：

P_{PF}——是平台载荷分配到支撑点 F 的载荷，单位为牛顿(N)；

P_{PR}——是平台载荷分配到支撑点 R 的载荷，单位为牛顿(N)；

P_{FR}——平台施加的全部载荷和支撑点 F 施加的载荷分配到 F 支撑点上的载荷，单位为牛顿(N)；

P_{RR}——平台施加的全部载荷和支撑点 F 施加的载荷分配到 R 支撑点上的载荷，单位为牛顿(N)；

P_{KF}——支撑点 F 自身的载荷，单位为牛顿(N)；

P_{KR}——支撑点 R 自身的载荷，单位为牛顿(N)；

x_P——平台前端点 A 与空平台重心投影在 X 轴上的距离，单位为毫米(mm)；

x_{PF}——平台前端点 A 与支撑点 F 投影在 X 轴上的距离，单位为毫米(mm)；

x_{PR}——平台前端点 A 与支撑点 R 投影在 X 轴上的距离，单位为毫米(mm)。

5.1.2.2 摩托车重心位置在 *X* 轴上的测量方法

分两种情况测量，即摩托车上无驾驶员（见 4.1)或者有一个驾驶员(假人)坐在摩托车上(见 4.2)的重心在 X 轴上位置(见图 2)的测量方法如下：

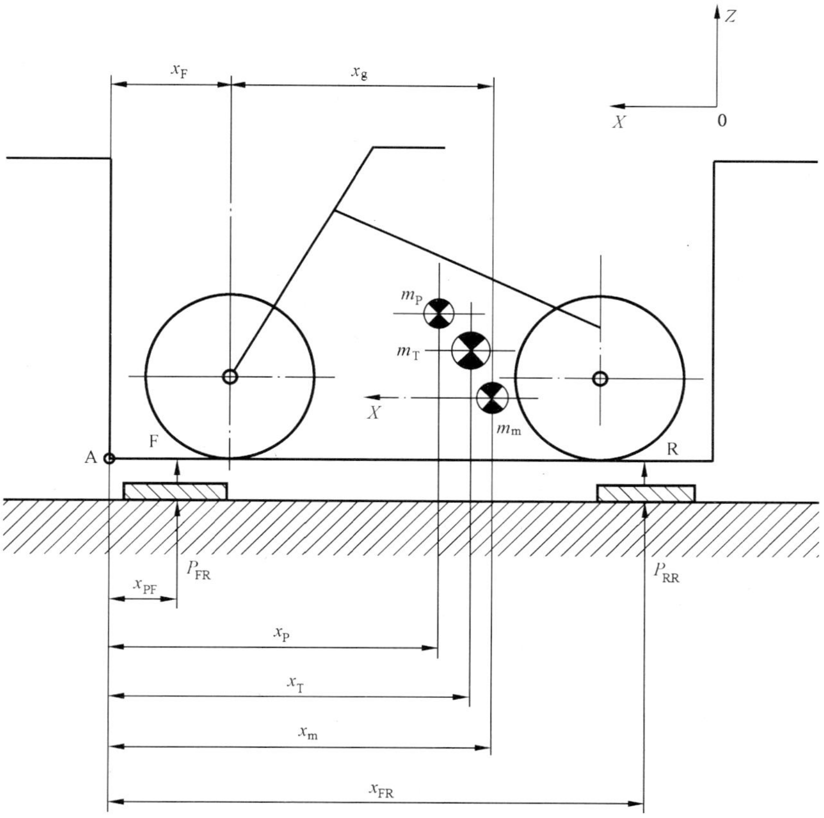

图 2 沿着 *X* 轴摩托车的重心位置

a) 摩托车放置于平台上，两轮胎中心线平行、垂直向上于两支撑点的连线上，并固定它，使之不能移动。摩托车与平台的横向倾斜角度应在0°±0.5°范围内。

b) 测量距离 x_F：是沿着 X 轴从平台前端的A点到摩托车前轴的距离。

c) 分别在前后支撑上测量载荷 P_{MF} 和 P_{MR}。

d) 按公式(4)～(9)计算距离 x_g，即摩托车重心与摩托车前轮轴中心投影在X轴上的距离：

$$m_m = m_T - m_P \quad \cdots\cdots(4)$$

$$P_{TF} = P_{MF} - P_{KF} \quad \cdots\cdots(5)$$

$$P_{TR} = P_{MR} - P_{KR} \quad \cdots\cdots(6)$$

$$x_T = \frac{x_{PF}P_{TF} + x_{PR}P_{TR}}{P_{TF} + P_{TR}} \quad \cdots\cdots(7)$$

$$x_m = \frac{x_T m_T - x_P m_P}{m_m} \quad \cdots\cdots(8)$$

$$x_g = x_m - x_F \quad \cdots\cdots(9)$$

式中：

m_m——摩托车的质量，单位为千克(kg)；

m_T——摩托车和平台的总质量，单位为千克(kg)；

m_P——平台的质量，单位为千克(kg)；

P_{TF}——摩托车-平台组合分配到F点上的载荷，单位为牛顿(N)；

P_{TR}——摩托车-平台组合分配到R点上的载荷，单位为牛顿(N)；

P_{KF}——支撑F自身的载荷，单位为牛顿(N)；

P_{KR}——支撑R自身的载荷，单位为牛顿(N)；

P_{MF}——$P_{TF}+P_{KF}$，单位为牛顿(N)；

P_{MR}——$P_{TR}+P_{KR}$，单位为牛顿(N)；

x_T——平台前端点A与摩托车-平台组合体重心投影在 X 轴上的距离，单位为毫米(mm)；

x_m——平台前端点A与摩托车重心投影在 X 轴上的距离，单位为毫米(mm)；

x_g——摩托车重心与摩托车前轮轴中心投影在 X 轴上的距离，单位为毫米(mm)；

x_F——平台前端点A与摩托车前轮轴中心投影在 X 轴上的距离，单位为毫米(mm)。

5.1.3 重心位置在 *Y* 轴上的测量方法

5.1.3.1 空平台的重心位置在 *Y* 轴上的测量方法

空平台的重心在 Y 轴上位置(见图3)的测量方法如下：

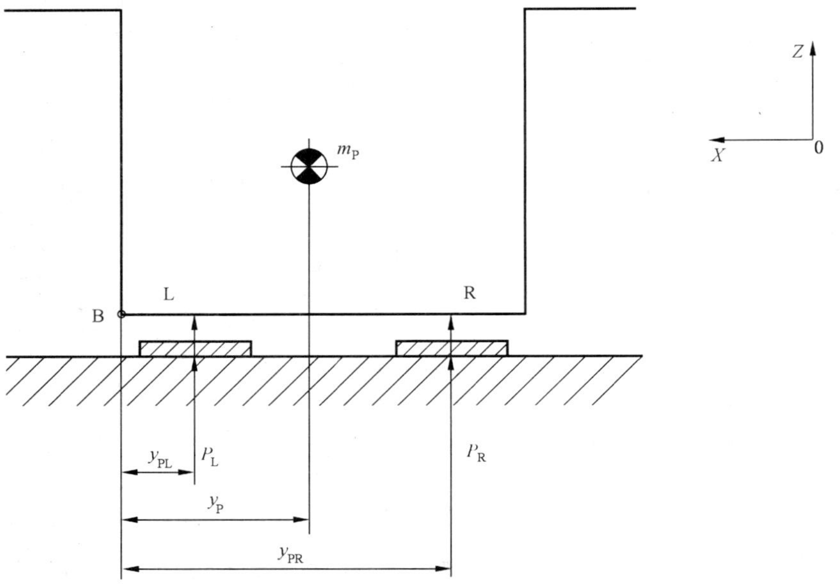

图3 沿着 *Y* 轴空平台重心的位置

a) 把支撑放置在左右质量秤的中心，分别测量载荷 P_{KL} 和 P_{KR}。

b) 把平台放在两个支撑上，这样它的重心就直接位于两个支撑点的连线上。平台包括所有固定摩托车的支架和绕线。如果在两个支撑点的连线上难以找到重心，则再新使用一个质量秤和一个支撑，这样重心就位于新的支撑点 L 和 R 所组成的区域内。

c) 测量距离 y_{PL}：是沿着 Y 轴从平台左端的 B 点到左端的支撑点 L 点的距离。

d) 测量距离 y_{PR}：是沿着 Y 轴从平台左端的 B 点到右端的支撑点 R 点的距离。

e) 分别在左右支撑上测量载荷 P_L 和 P_R。

f) 计算距离 y_P：是沿着 Y 轴从平台左面的 B 点到空平台重心的距离，通过公式(10)～(12) 计算：

$$P_{PL}=P_L-P_{KL} \quad\cdots\cdots(10)$$

$$P_{PR}=P_R-P_{KR} \quad\cdots\cdots(11)$$

$$y_P=\frac{y_{PL}P_{PL}+y_{PR}P_{PR}}{P_{PL}+P_{PR}} \quad\cdots\cdots(12)$$

式中：

P_{PL}——是平台载荷分配到支撑点 L 的载荷，单位为牛顿(N)；

P_{PR}——是平台载荷分配到支撑点 R 的载荷，单位为牛顿(N)；

P_L——平台施加的全部载荷和支撑点 L 施加的载荷分配到 L 支撑点上的载荷，单位为牛顿(N)；

P_R——平台施加的全部载荷和支撑点 R 施加的载荷分配到 R 支撑点上的载荷，单位为牛顿(N)；

P_{KL}——支撑点 L 自身的载荷，单位为牛顿(N)；

P_{KR}——支撑点 R 上自身的载荷，单位为牛顿(N)；

y_P——平台左端点 B 与空平台重心投影在 Y 轴上的距离，单位为毫米(mm)；

y_{PL}——平台左端点 B 与左支撑点 L 投影在 Y 轴上的距离，单位为毫米(mm)；

y_{PR}——平台左端点 B 与右支撑点 R 投影在 Y 轴上的距离，单位为毫米(mm)。

5.1.3.2 **摩托车重心位置在 *y* 轴上的测量方法**

分两种情况测量，即摩托车上无驾驶员（见 4.1)或者有一个驾驶员(假人)坐在摩托车上(见 4.2)的重心位置(见图 4)在 *y* 轴上的测量方法如下：

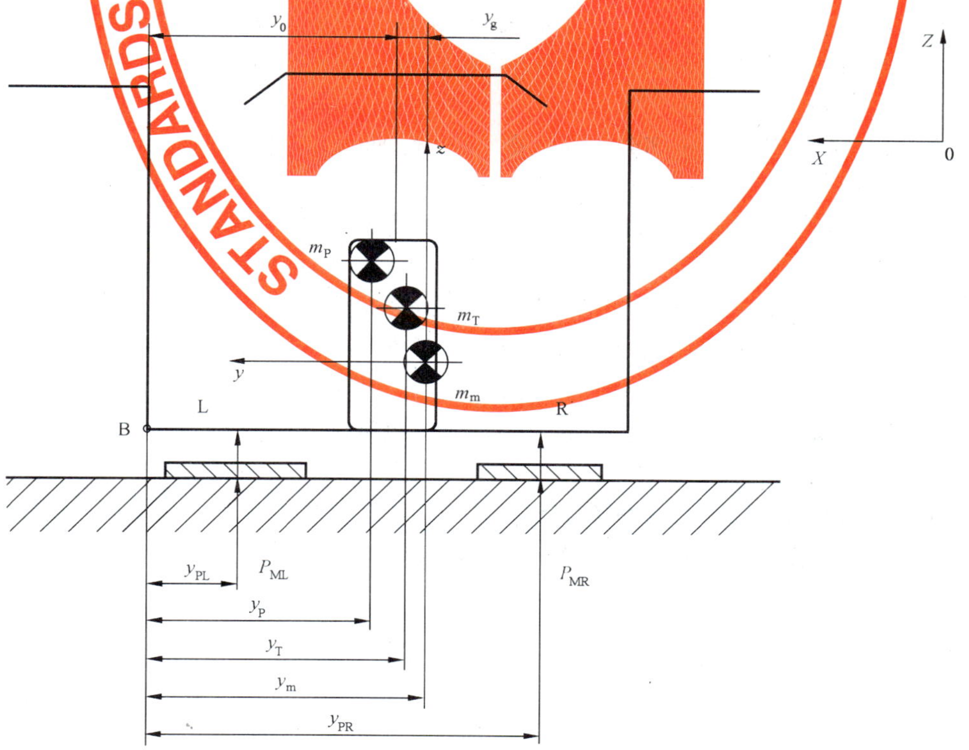

图 4 沿着 *y* 轴摩托车的重心位置

a) 摩托车放置于平台上，沿着 y 轴的重心位置就直接落在两个支撑的连线之上，两轮胎中心线垂直于两支撑点的连线，并固定它，使之不能移动。摩托车与平台的横向倾斜角度应在 $0°\pm0.5°$ 范围内。

b) 测量距离 y_0：是沿着 y 轴从平台左端 B 点到摩托车中垂面的距离。

c) 分别在左右支撑上测量载荷 P_{ML} 和 P_{MR}。

d) 计算距离 y_g：是沿着 y 轴从摩托车中垂面到重心位置的距离，通过公式(13)～(18)计算：

$$m_m = m_T - m_P \quad\cdots\cdots(13)$$

$$P_{TL} = P_{ML} - P_{KL} \quad\cdots\cdots(14)$$

$$P_{TR} = P_{MR} - P_{KR} \quad\cdots\cdots(15)$$

$$y_T = \frac{y_{PL}P_{TL} + y_{PR}P_{TR}}{P_{TL} + P_{TR}} \quad\cdots\cdots(16)$$

$$y_m = \frac{y_T m_T - y_P m_P}{m_m} \quad\cdots\cdots(17)$$

$$y_g = y_0 - y_m(y_m - y_0) \quad\cdots\cdots(18)$$

式中：

m_m——摩托车的质量，单位为千克(kg)；

m_T——摩托车和平台的总质量，单位为千克(kg)；

m_P——平台的质量，单位为千克(kg)；

P_{TL}——摩托车和平台分布在支撑 L 点上的载荷，单位为牛顿(N)；

P_{TR}——摩托车和平台分布在支撑 R 点上的载荷，单位为牛顿(N)；

P_{KL}——支撑 L 自身的载荷，单位为牛顿(N)；

P_{KR}——支撑 R 自身的载荷，单位为牛顿(N)；

P_{ML}——平台和摩托车施加的全部载荷和支撑点 L 施加的载荷分配到 L 支撑点上的载荷，单位为牛顿(N)；

P_{MR}——平台和摩托车施加的全部载荷和支撑点 R 施加的载荷分配到 R 支撑点上的载荷，单位为牛顿(N)；

y_T——沿着 y 轴从平台左端点 B 到摩托车和平台组合体重心的距离，单位为毫米(mm)；

y_m——沿着 y 轴从平台左端点 B 到摩托车重心的距离，单位为毫米(mm)；

y_g——沿着 y 轴摩托车中垂面到重心的距离，单位为毫米(mm)；

y_0——沿着 y 轴从平台左端点 B 到摩托车中垂面的距离，单位为毫米(mm)。

5.1.4 重心位置在 Z 轴上的测量方法

5.1.4.1 空平台重心位置在 Z 轴上的测量方法

空平台的重心在 Z 轴上位置(见图 5 和图 6)的测量方法如下：

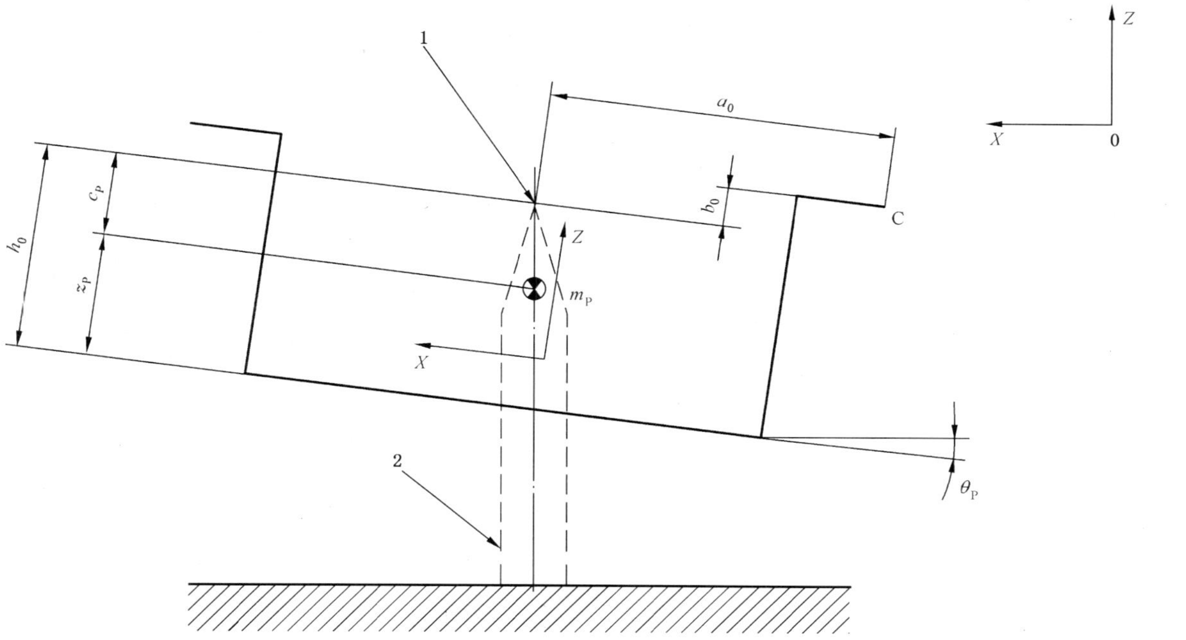

a) θ_P 角的测量方法

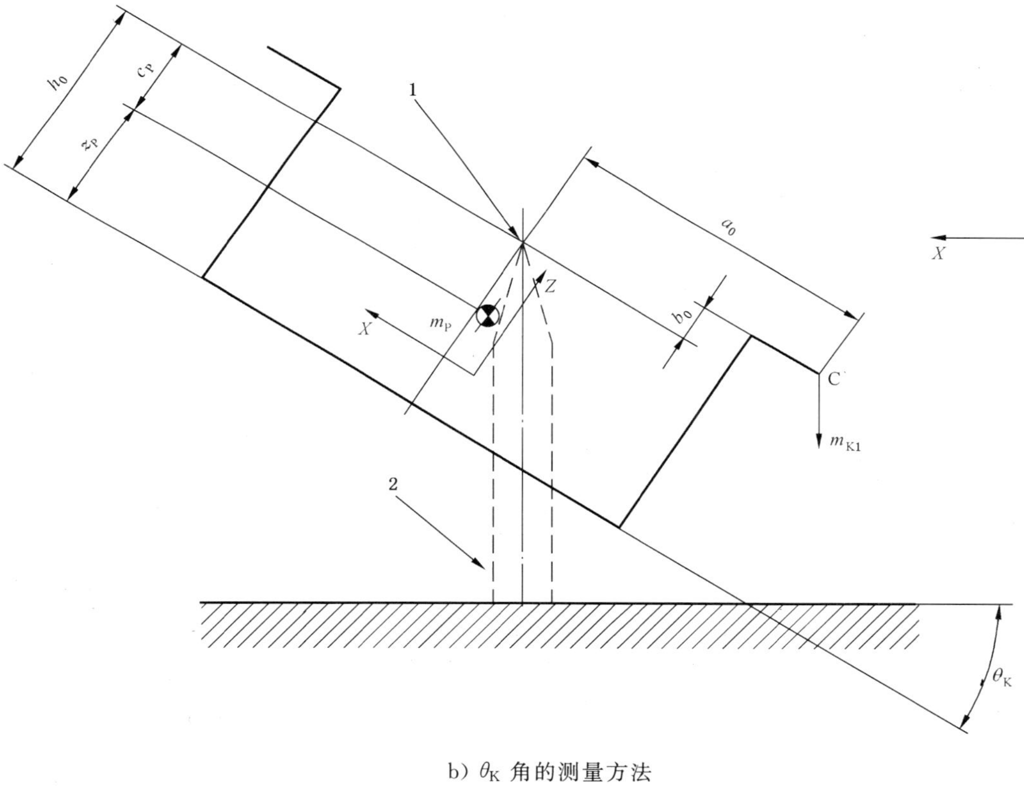

b) θ_K 角的测量方法

1——刀形支撑；

2——抗震台。

图 5　沿着 Z 轴空平台重心的位置(C 点边下降的情形)

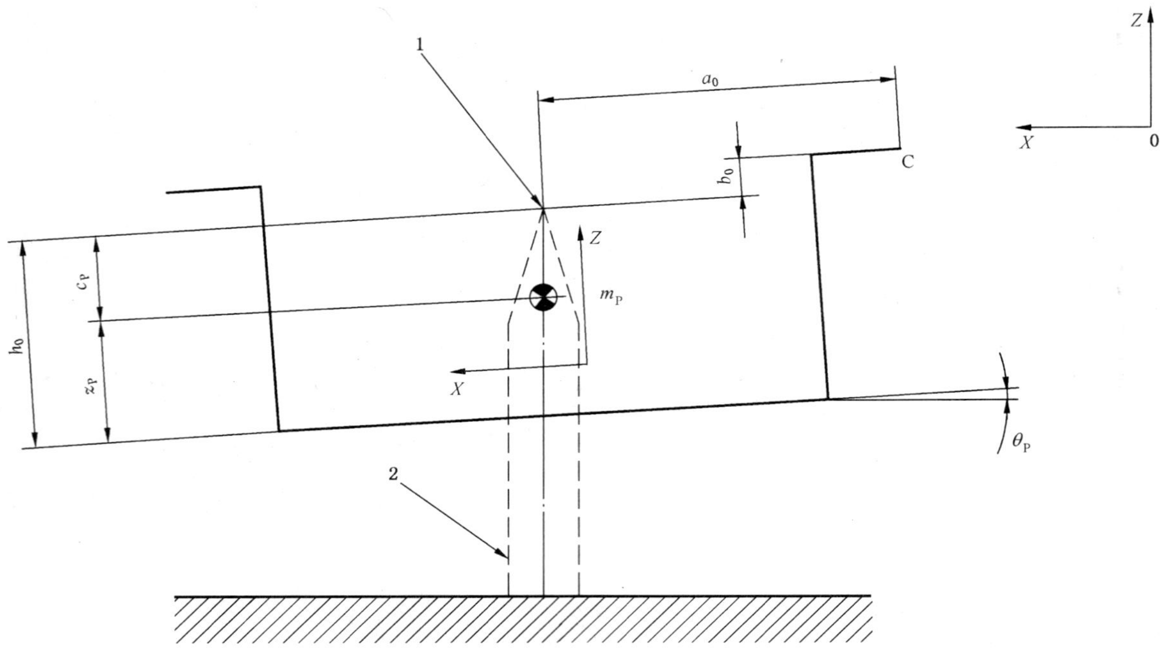

a) θ_P 角的测量方法

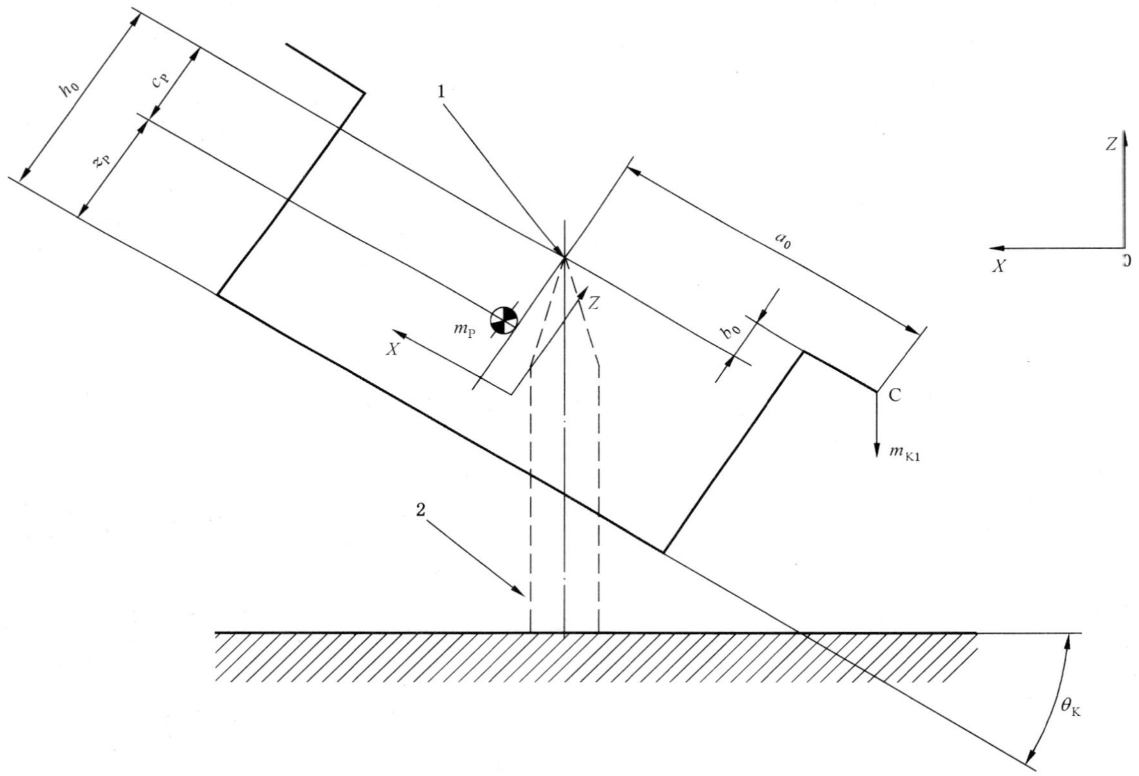

b) 测量 θ_K 角的测量方法

1——刀形支撑；

2——抗震台。

图 6　沿着 Z 轴空平台重心的位置(C 点边上升的情形)

a) 测量距离 h_0：沿着 Z 轴从放置摩托车的平台底部到刀形支撑点的距离。

b) 测量距离 a_0 和 b_0：分别沿着 X 轴和 Z 轴从刀形支撑点到悬挂质量为 m_{K1} 的砝码的位置上的 C 点的距离。

c) 把平台放在防震台的刀形支撑上，测量平台底面和水平面形成的角度 θ_P；在这里，根据下面的 e)款，计算重心位置的公式将会随着平台的倾角方向而变化。

d) 从平台 C 点悬挂一个质量为 m_{K1} 的砝码，这样平台 C 点那一边就会变低，测量平台底面和水平面形成的角度 θ_K[见图 5b)和图 6b)]，随着角度 θ_K 的增加，沿着 Z 轴的重心位置的值将会变得稳定，测量误差也会减少；这个倾角应大于 10°。

e) 计算距离 z_P：沿着 Z 轴从平台底面到重心位置的距离，通过公式(19)和(20)计算。

如果加砝码前，平台近 C 点一侧较低[见图 5a)]，公式中的"±"符号取负；如果平台近 C 点一侧较高[见图 6a)]，公式中的"±"符号取正。

$$c_P = \frac{m_{K1}(a_0 + b_0 \tan\theta_K)}{m_p(\tan\theta_K \pm \tan\theta_P)} \quad \cdots\cdots(19)$$

$$z_P = h_0 - c_p \quad \cdots\cdots(20)$$

式中：

c_P——刀形支撑与平台重心投影在 Z 轴上的距离，单位为毫米(mm)；

m_{K1}——悬挂在平台 C 点处砝码的质量，单位为千克(kg)；

a_0——刀形支撑点与砝码悬挂点 C 投影在 X 轴上的距离，单位为毫米(mm)；

b_0——刀形支撑点与砝码悬挂点 C 投影在 Z 轴上的距离，单位为毫米(mm)；

θ_K——平台放置在刀形支撑上，在 C 点悬挂砝码 m_{K1} 时，平台底面和水平面所形成的角度，单位为度(°)；

m_P——平台质量，单位为千克(kg)；

θ_P——平台放置在刀形支撑上，在 C 点未悬挂砝码时，平台底面和水平面所形成的角度，单位为度(°)；

z_P——平台重心与平台底面投影在 Z 轴上的距离，单位为毫米(mm)；

h_0——刀形支撑点与平台底面投影在 Z 轴上的距离，单位为毫米(mm)。

5.1.4.2 摩托车重心位置在 z 轴上的测量方法

分两种情况测量，即摩托车上无驾驶员(见 4.1)或者有一个驾驶员(假人)坐在摩托车上(见 4.2)的重心在 z 轴上位置(见图 7、图 8)的测量方法如下：

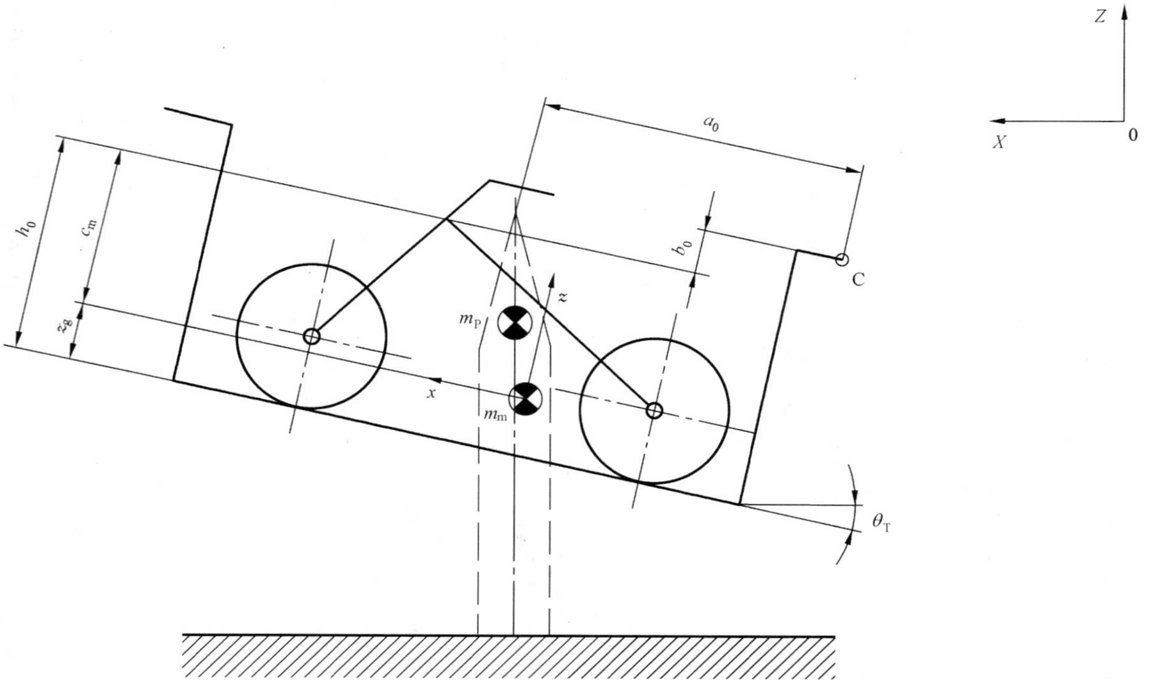

a) θ_T 角的测量方法

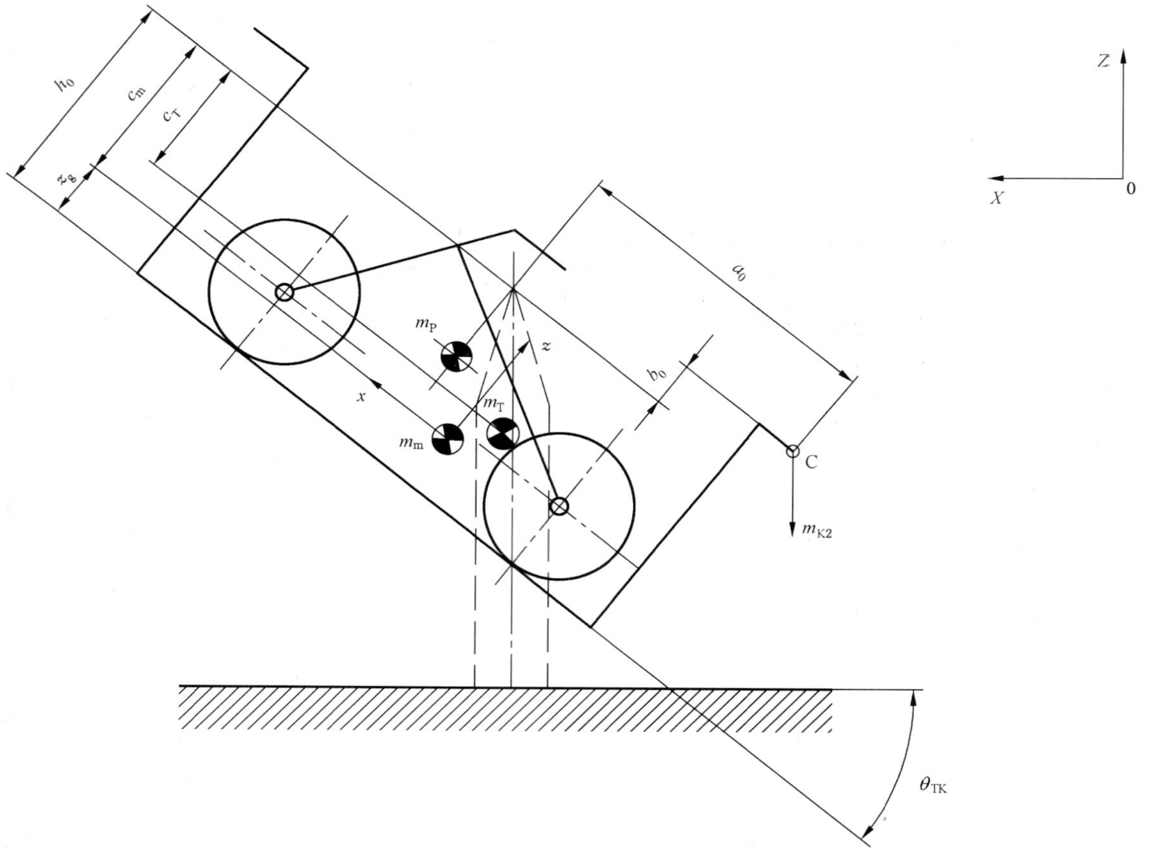

b) θ_{TK} 角的测量方法

图 7　沿着 z 轴摩托车的重心位置(C 点边下降的情形)

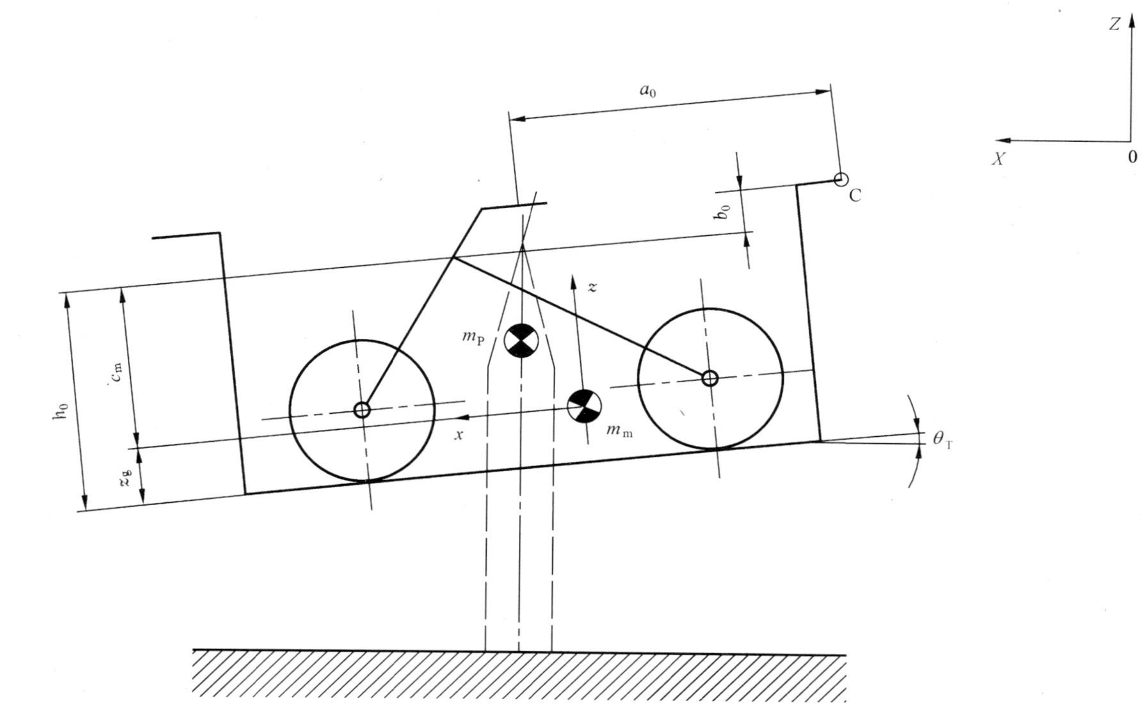

a) θ_T 角的测量方法

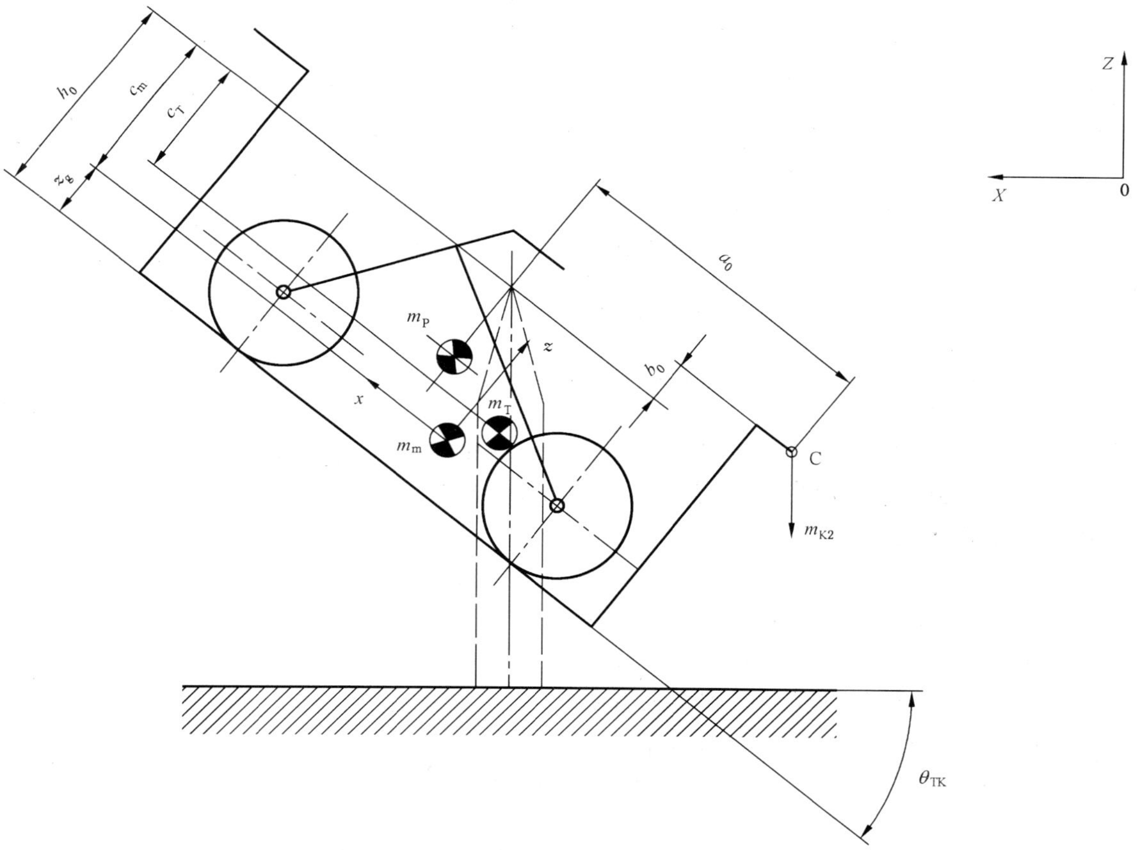

b) θ_{TK} 角的测量方法

图 8 沿着 z 轴摩托车的重心位置(C 点边上升的情形)

a) 把摩托车放置在平台上，并固定好使之不能移动。摩托车与平台的横向倾斜角度应在 0°±0.5°范围内。

b) 把平台放在防震台的刀形支撑上，测量平台底面和水平面形成的角度 θ_T；在这里，根据下面的 e)款公式计算重心位置，重心位置将会随着平台的倾角的大小而变化。

c) 调整摩托车固定位置，使 θ_T 尽可能小。

d) 从平台 C 点悬挂一个质量为 m_{K2} 的砝码，测量平台底面和水平面形成的角度 θ_{TK}[见图 7b)和 8b)]，随着角度 θ_{TK} 的增加，沿着 z 轴重心位置的值将会变得稳定，测量误差也会减少；这个倾角应大于 10°。

e) 计算距离 z_g：沿着 z 轴从摩托车前后轮触地的表面到重心位置的距离，通过公式(21)～(24)计算。

公式中±符号的取舍：测量 θ_T 时，如果 C 点那边是降低的用负号[见图 7a)]，上升的用正号[见图 8a)]。

$$m_T = m_P + m_{K2} + m_m \quad \cdots\cdots(21)$$

$$c_T = \frac{m_{K2}(a_0 + b_0 \tan\theta_{TK})}{(m_P + m_m)(\tan\theta_{TK} \pm \tan\theta_T)} \quad \cdots\cdots(22)$$

$$c_m = \frac{m_T c_T + m_{K2} b_0 - m_P c_P}{m_m} \quad \cdots\cdots(23)$$

$$z_g = h_0 - c_m \quad \cdots\cdots(24)$$

式中：

m_T——平台，砝码和摩托车的总质量，单位为千克(kg)；

m_{K2}——悬挂在平台上砝码的质量，单位为千克(kg)；

m_m——摩托车的质量，单位为千克(kg)；

c_T——沿着 z 轴从刀形支撑点到平台和摩托车组合体重心位置的距离，单位为毫米(mm)；

θ_{TK}——角度：平台放置在刀形支撑且悬挂砝码时，平台底面和水平面形成的角度，取绝对值，单位为度(°)；

θ_T——角度：平台放置在刀形支撑且没有悬挂砝码时平台底面和水平面形成的角度，取绝对值，单位为度(°)；

c_m——沿着 z 轴从刀形支撑点到摩托车重心位置的距离，单位为毫米(mm)；

z_g——沿着 z 轴摩托车前后轮触地表面到重心位置的距离，单位为毫米(mm)。

5.2 摩托车重心位置测量方法 2

5.2.1 测量设备

5.2.1.1 精密直角尺：量程为 1 m，分辨率为 0.1 mm。

5.2.1.2 钢卷尺：量程不小于 3 m，分辨率为 1 mm。

5.2.1.3 角度计：电子或者机械的角度计，分辨率为 5′。

5.2.1.4 磅秤或电子秤或车辆负荷计，分辨率为 0.2 kg。

5.2.1.5 垫块。

5.2.1.6 可调整式水平仪。

5.2.1.7 悬架锁紧工具。

5.2.2 摩托车总质量的测量方法

5.2.2.1 测定前、后轮的分布质量：用 2 台磅秤或电子秤(各秤的支撑台面应处于同一水平面)分两种状态测量，即摩托车上无驾驶员（见4.1）或者有一个驾驶员（假人）坐在摩托车上（见4.2）分别称出前、后轮的分布质量。

5.2.2.2 根据前、后轮的分布质量按公式(25)计算整车整备质量或加一个驾驶员（假人）的状态下的摩托车总质量。

$$m = m_1 + m_2 \quad \cdots\cdots(25)$$

式中：

m——整车整备质量或加一个驾驶员（假人）时摩托车的总质量，单位为千克(kg)；

m_1——整车整备质量或加一个驾驶员（假人）时前轮所测的分布质量，单位为千克(kg)；

m_2——整车整备质量或加一个驾驶员（假人）时后轮所测的分布质量，单位为千克(kg)。

5.2.3 摩托车水平面上重心位置的测量方法

根据在同一位置的同一物体，其重心和质心重合的原理，按公式(26)计算整备质量或加一个驾驶员（假人）时摩托车在水平坐标上的位置，见图9。

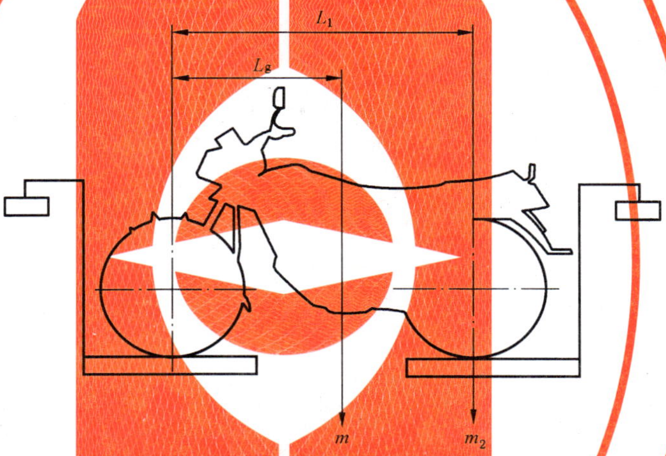

图9 摩托车水平面上重心位置

$$L_g = \frac{m_2}{m} \times L_1 \quad \cdots\cdots(26)$$

式中：

m——整车整备质量或加一个驾驶员（假人）时摩托车的总质量，单位为千克(kg)；

m_2——整车整备质量或加一个驾驶员（假人）时后轮所测的分布质量，单位为千克(kg)；

L_1——整车整备质量或加一个驾驶员（假人）时前、后轮的轴距，单位为毫米(mm)；

L_g——整车整备质量或加一个驾驶员（假人）时重心距前轮轴线的距离，单位为毫米(mm)。

5.2.4 摩托车重心高位置的测量方法

5.2.4.1 称出悬架锁紧工具的质量。

5.2.4.2 在水平状态下，用锁紧工具固定车辆各悬架弹簧的变形位置。

5.2.4.3 测量重心高时，分两种情况测量，即摩托车上无驾驶员（见4.1）或者有一个驾驶员（假人）坐在摩托车上（见4.2）的重心高位置。

5.2.4.4 测量摩托车在水平状态时前轮和后轮分布质量和总质量 m。

5.2.4.5 将摩托车的前轮用垫块垫高，使摩托车分别倾斜10°、12°、14°，见图10，且车轮应处于直线行驶位置，摩托车的纵向中心平面应垂直于支承台面。

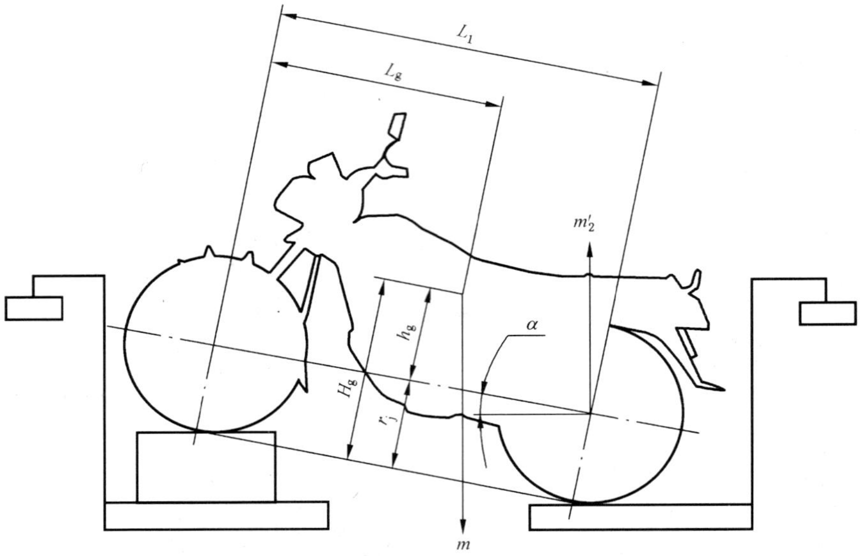

图 10　摩托车重心高位置

5.2.4.6　抬高前轮后，分别测定摩托车后轮分布质量与水平状态时后轮分布质量的增量 Δm。同时用角度尺分别测出三种倾斜状态的实际倾斜角度。

5.2.4.7　按公式(27)～(29)计算整车整备质量或加一个驾驶员(假人)时摩托车的重心高 H_g。

$$H_g = r_j \frac{\Delta m}{m} \times \frac{L_1}{\tan\alpha} \qquad \cdots\cdots(27)$$

$$\Delta m = m'_2 - m_2 \qquad \cdots\cdots(28)$$

当前后轮直径规格不相同时，式中 r_j，按下式计算：

$$r_j = r_{j1} + \frac{m'_2}{m} \times (r_{j2} - r_{j1}) \qquad \cdots\cdots(29)$$

式中：

r_j——整车整备质量或加一个驾驶员(假人)时各轮的静力半径，单位为毫米(mm)；

r_{j1}——整车整备质量或加一个驾驶员(假人)时前轮的静力半径，单位为毫米(mm)；

r_{j2}——整车整备质量或加一个驾驶员(假人)时后轮的静力半径，单位为毫米(mm)；

L_1——整车整备质量或加一个驾驶员(假人)时的轴距，单位为毫米(mm)；

m——整车整备质量或加一个驾驶员(假人)时摩托车的总质量，单位为千克(kg)；

m_2——整车整备质量或加一个驾驶员(假人)时后轮分布的质量，单位为千克(kg)；

m'_2——抬高前轮后，整车整备质量或加一个驾驶员(假人)时后轮分布的质量，单位为千克(kg)；

Δm——抬高前轮后，整车整备质量或加一个驾驶员(假人)时后轮分布质量的增量，单位为千克(kg)；

α——抬高前轮后，整车整备质量或加一个驾驶员(假人)时实测摩托车的倾斜角，单位为度(°)；

H_g——整车整备质量或加一个驾驶员(假人)时摩托车的重心高，单位为毫米(mm)。

6　测量记录

将试验结果填写在附录A(资料性附录)表A.1中。

附 录 A
（资料性附录）
本标准章条编号与 ISO 8705:2005 的章条编号对照

表 A.1 给出了本标准章条编号与 ISO 8705:2005 章条编号对照一览表。

表 A.1 本标准章条编号与 ISO 8705:2005 章条编号对照

本标准章条编号	对应的 ISO 8705:2005 章条编号	本标准章条编号	对应的 ISO 8705:2005 章条编号
1	1	5.1.4.1	6.3.1
2	2	5.1.4.2	6.3.2
3	3	5.2	—
3.1	3.1	5.2.1	—
3.2	3.2	5.2.1.1	—
4	4	5.2.1.2	—
4.1	4.1	5.2.1.3	—
4.2	4.2	5.2.1.4	—
5	5、6	5.2.1.5	—
5.1	—	5.2.1.6	—
5.1.1	5	5.2.1.7	—
5.1.1.1	5.1	5.2.2	—
5.1.1.2	5.2	5.2.2.1	—
5.1.1.3	5.3	5.2.2.2	—
5.1.1.4	5.4	5.2.3	—
5.1.1.5	5.5	5.2.4	—
5.1.1.6	5.6	5.2.4.1	—
5.1.1.7	5.7	5.2.4.2	—
5.1.1.8	5.8	5.2.4.3	—
5.1.1.9	—	5.2.4.4	—
5.1.2	6.1	5.2.4.5	—
5.1.2.1	6.1.1	5.2.4.6	—
5.1.2.2	6.1.2	5.2.4.7	—
5.1.3	6.2	6	7
5.1.3.1	6.2.1	附录 A	—
5.1.3.2	6.2.2	附录 B	—
5.1.4	6.3	附录 C	附录 A

附 录 B
（资料性附录）
本标准与 ISO 8705:2005 技术性差异及其原因

表 B.1 给出了本标准与 ISO 8705:2005 的技术性差异及其原因的一览表。

表 B.1 本标准与 ISO 8705:2005 技术性差异及其原因

本标准的章条编号	技术性差异	原 因
1	删除 ISO 8705:2005 的第 1 章中"因本国际标准给出方法所获得的测量结果（记录形式见附录 A）只涉及到上述非常复杂现象的一个方面，因此不能单独地用于评价车辆的稳定性。"的内容 修改增加了："本标准规定了摩托车和摩托车/驾驶员组合体重心位置的两种测量方法。"、"本标准适用于两轮摩托车（以下简称摩托车）"的内容	按照 GB/T 1.1—2000 标准编制规定编写，并将所删除的 ISO 8705:2005 第 1 章中的内容移至到标准引言中。 根据我国国情增加了一种重心位置的测量方法
2	ISO 3779《道路车辆 车辆识别代码（VIN） 内容与构成》改为 GB 16735—2004《道路车辆 车辆识别代号（VIN）》。列为参考文献	由于是资料性引用
4.2 b)	ISO 8705:2005 的 4.2 条 b）项中为"测试应当使用一个 CFR 49:第 572 部分 B 分部规定（A 试验假人作驾驶员，假人的质量应为 73.4 kg；也可以由相同质量的真人充当驾驶员）。" 本标准改为："测试应当使用一个 CFR 49:第 572 部分 B 分部规定（AM50 百分位的）试验假人作驾驶员，假人的质量应为 76 kg±2 kg；或者使用相同质量（或相似物理特征）的真人作驾驶员；"	按照 GB 20074—2006《摩托车和轻便摩托车外部凸出物》标准的要求修改
5	ISO 8705:2005 的第 5 章为"设备和测量器具"；第 6 章为"测量规程"。 本标准将"设备和测量器具"和"测量规程"合并改为："5 测量方法"；并将 5.1 改为"摩托车重心位置测量方法 1"；5.1.1 改为"测量设备"；修改增加了"5.2 摩托车重心位置测量方法 2"的有关技术内容	因为与增加的"5.2 摩托车重心位置测量方法 2"中的"测量设备"有所不同，需分别规定
5.1.1.7	ISO 8705:2005 的 5.7 条 中为"刀形边缘的圆角半径应不大于 1 mm，刀形边缘的尖角应不大于 90°。……。" 本标准改为："刀形支撑：用于测量重心在 z 轴上的投影的位置。刀形边缘的圆角半径应不大于 1 mm，刀形边缘的尖角应不大于 90°。……。"	明确刀形支撑的作用
5.1.1.8	ISO 8705:2005 的 5.7 条 中为"砝码：标准质量。" 本标准改为："砝码：标准质量。测量重心在 z 轴上的位置时用于改变平台的倾斜角度。"	明确砝码的作用
5.1.1.9	本标准中增加了"5.9 抗震台：具抗震能力的工作台，用于测量重心在 z 轴上的位置。"	标准图形中有抗震台，但 ISO 8705:2005 未作其规定
5.1.1.9	ISO 8705:2005 未对"抗震台"作其规定。 本标准增加了"抗震台：具抗震能力的工作台，用于测量重心在 z 轴上的位置。"	标准图形中有抗震台，但 ISO 8705:2005 未作其规定

表 B.1(续)

本标准的章条编号	技术性差异	原　　因
5.1.2	本标准 5.1.2 重心位置在 X 轴上的测量方法代替了 ISO 8705:2005 的 6.1 重心位置在 X 轴上的测量方法，其后的编号依次变动为：5.1.2.1 和 5.1.2.2	根据标准结构需要变动
5.1.2.2	本标准在公式的式中增加： P_{KF}——支撑 F 自身的载荷，单位为牛顿(N)； P_{KR}——支撑 R 自身的载荷，单位为牛顿(N)	在公式中明确各符号的含意
5.1.3	本标准 5.1.3 重心位置在 Y 轴上的测量方法代替了 ISO 8705:2005 的 6.2 重心位置在 Y 轴上的测量方法，其后的编号依次变动为：5.1.3.1 和 5.1.3.2	根据标准结构需要变动
5.1.3.2	本标准在公式的式中增加： P_{KL}——支撑 L 自身的载荷，单位为牛顿(N)； P_{KR}——支撑 R 自身的载荷，单位为牛顿(N)	在公式中明确各符号的含意
5.1.4	本标准 5.1.4 重心位置在 Z 轴上的测量方法代替了 ISO 8705:2005 的 6.3 重心位置在 Z 轴上的测量方法，其后的编号依次变动为：5.1.4.1 和 5.1.4.2	根据标准结构需要变动
5.2 5.2.1 5.2.2 5.2.3 5.2.4	本标准增加了以下内容： 摩托车重心位置测量方法 2 测量设备(含 5.2.1.1～5.2.1.7 有关技术内容) 摩托车总质量的测量方法(含 5.2.2.1～5.2.2.2 有关技术内容) 摩托车水平面上重心位置的测量方法 摩托车重心高位置的测量方法(含 5.2.4.1～5.2.4.7 有关技术内容) 增加了(25)～(29)计算公式和图 9、图 10 等有关内容	摩托车重心位置测量方法 2　设备比较简易、便于操作，适合现时检测的需要，但左右横向方向重心却难以测量
6	ISO 8705:2005 的第 7 章测试结果，本标准改为：第 6 章测量记录	根据标准结构需要变动
附录 A	本标准中 A.1.3 车辆识别代号(VIN)(见 GB 16735—2004)代替了 ISO 8705:2005 的 1.3 车辆描述(VDS)(见 ISO 3779)。 增加了 A.3.4 摩托车水平面上重心位置 L_g 和 A.3.5 摩托车重心高位置 H_g 的测量内容	因为车辆识别代号(VIN)包含了车辆描述(VDS)的内容，对于检测车辆具有唯一性。 根据 6.2 摩托车重心位置测量方法 2 的需要增加
附录 B	增加了附录 B　本标准与 ISO 8705:2005 的章条编号对照和技术性差异及其原因的有关内容	按照 GB/T 20000.2—2001 采用国际标准编制规定增加

附 录 C
（资料性附录）
测量记录

摩托车重心位置测量记录表见表 C.1。

表 C.1 摩托车重心位置测量记录表

C.1 车辆识别			
C.1.1 制造厂.类型.型号			
C.1.2 年份			
C.1.3 车辆识别代号(VIN)			
C.1.4 轮胎压力：前轮胎	kPa /	后轮胎	kPa
C.1.5 悬挂安装(如果可调)			
C.1.6 悬挂固定位置：前[a]：		后[b]：	
C.1.7 其他条件[c]：			
C.2 测量条件			
C.2.1 测量日期：			
C.2.2 测量地点：			
C.2.3 测量人员：			
C.2.4 驾驶员：无 / 假人 / 人[d]			
C.2.5 假人基准（如果有、可适用)：			
C.2.6 座椅位置[e]：			mm
C.2.7 坐姿角度[f]：			°
C.3 测量结果			
C.3.1 沿着 x 轴的重心位置，x_g[g]：			mm
C.3.2 沿着 y 轴的重心位置，y_g[h]：			mm
C.3.3 沿着 z 轴的重心位置，z_g[i]：			mm
C.3.4 摩托车水平面上重心位置 L_g			mm
C.3.5 摩托车重心高位置，H_g			mm

[a] 从顶管到地面的距离。如果不能测量，记录摩托车前端弹簧部分作为参考点，测量这点到地面的距离。

[b] 后悬挂上部的加固螺钉中心到地面的距离。如果不能测量，记录摩托车后端弹簧部分作为参考点，测量这点到地面的距离。

[c] 在第 4 节的情况下，记录下增加或者改变的条件。

[d] 删去那些不适用的情形。

[e] 前轴到 H 点沿 x 轴的距离。H 点是驾驶员身体躯干和大腿区域的旋转中心。

[f] S 点和 H 点连线和 x 轴形成的夹角。S 点是驾驶员身体躯干和手臂区域的旋转中心。

[g] 前轴和后轴方向沿 x 轴的距离。

[h] 在前进方向上从摩托车垂直中心面方向的左边观察视图应该是正的。

[i] 前后触地表面到上部沿 z 轴的距离。

参 考 文 献

[1] GB 16735—2004 道路车辆 车辆识别代号(VIN)(ISO 3779:1983 Road vehicles—Vehicle identification number (VIN)—Content and structure,NEQ).

ICS 43.020
T 04

中华人民共和国国家标准

GB/T 24548—2009

燃料电池电动汽车　术语

Fuel cell electric vehicles—Terminology

2009-10-30 发布　　2010-07-01 实施

中华人民共和国国家质量监督检验检疫总局
中国国家标准化管理委员会　发布

前　言

本标准由国家发展和改革委员会提出。

本标准由全国汽车标准化技术委员会归口。

本标准起草单位：上海汽车集团股份有限公司、中国汽车技术研究中心、同济大学。

本标准主要起草人：何云堂、吴兵、赵静炜、庄剑波、侯永平、姚洪华。

燃料电池电动汽车　术语

1　范围

本标准规定了与燃料电池电动汽车相关的术语及其定义。

本标准适用于使用气态氢的燃料电池电动汽车整车及部件。

2　规范性引用文件

下列文件中的条款通过本标准的引用而成为本标准的条款。凡是注日期的引用文件，其随后所有的修改单(不包括勘误的内容)或修订版均不适用于本标准，然而，鼓励根据本标准达成协议的各方研究是否可使用这些文件的最新版本。凡是不注日期的引用文件，其最新版本适用于本标准。

GB/T 19596　电动汽车术语

GB/T 20042.1　质子交换膜燃料电池　术语

3　术语和定义

GB/T 19596 和 GB/T 20042.1 中确立的以及下列术语和定义适用于本标准。

3.1　通用术语

3.1.1

燃料电池　fuel cell

将外部供应的燃料和氧化剂中的化学能通过电化学反应直接转化为电能、热能和其他反应产物的发电装置。

3.1.2

燃料电池电动汽车　fuel cell electric vehicle；FCEV

以燃料电池系统作为动力源或主动力源的汽车。

3.1.3

冷启动　cold start

在充分的浸车之后，在标准环境温度进行启动。

注：对于一个测试程序，一般推荐浸车时间应该是在 12 h 到 36 h 之间，浸车(在某一特定的温度范围条件下停放一定的时间)期间车辆不应该启动，且应保持在规定的温度范围内。

3.1.4

热启动　hot start

关机后启动，此时燃料电池系统的温度还在其正常工作温度范围内。

3.1.5

启动时间　start-up time

在启动程序初始化后，燃料电池系统达到规定输出功率的时间。

注：包括热启动时间和冷启动时间。

3.1.6

运行压力　operating pressure

系统在工作时的压力。

3.1.7

减压　depressurize

将高压压力容器或管路中的压力降低至工作所需压力的过程。

3.1.8

燃料放空　defuel

将压力容器或其他管路内的燃料排空的过程。

3.1.9

吹扫　purge

借助外部条件把燃料电池电堆及管路进行排空的过程。

3.1.10

尾气　off gas;tail gas

燃料电池堆里排出的气体,包含未反应气体、生成的气体、和/或惰性气体。

3.1.11

气体净化　gas cleanup

用物理的或化学的方法清除气体中的杂质的过程。

3.1.12

氢脆　hydrogen embrittlement

氢原子进入金属后使晶格应变增大,因而降低韧性及延性,引起脆化的现象。

3.1.13

氢渗透　hydrogen permeation

氢气穿过结构材料,而导致氢的释放。

3.1.14

中毒　poisoning

燃料电池部件,如燃料电池膜电极受到污染,导致催化剂性能衰减,而使燃料电池性能降低。

3.1.15

循环利用　recycle

经过采集、分离和处理等系列活动,将有效成分回收利用的过程。

3.1.16

燃料电池堆额定压力　stack rated pressure

额定功率时,燃料电池堆进气口处的空气压力。

注:推荐使用绝对压力。如果用测量压力,应注明。

3.1.17

开路电压　open circuit voltage

燃料电池堆与外部电路断开时的电压。

3.1.18

额定电压　rated voltage

特定工况条件下,在额定功率时的电堆的端电压。

3.1.19

额定电流　rated current

特定的工况条件下,在额定功率时电堆的电流。

3.1.20

输出特性　output characteristics

燃料电池电压和电流关系的特性。

注:许多情况下,电流表示为燃料电池的电流密度。燃料电池输出电压和输出电流关系曲线也称作极化曲线。

3.1.21

额定功率　rated power

制造厂规定的燃料电池堆在特定工况条件下能够持续工作的功率。

3.1.22

质量比功率　mass specific power

单位质量的额定功率。

3.1.23

体积比功率　volume specific power

单位燃料电池堆体积的输出功率。

3.2　质子交换膜燃料电池(PEMFC)系统

3.2.1　燃料电池堆

3.2.1.1

燃料电池堆　fuel cell stack

由多个单体电池、隔板、冷却板、歧管等构成,而且把富氢气体和空气进行电化学反应生成直流电,并同时产生热、水等其他副产物的总成。

3.2.1.2

增湿器　humidifier

使反应气体湿度增加的装置。

3.2.1.3

质子交换膜　proton exchange membrane;PEM

以质子为导电电荷的膜。燃料电池内的一个独立层,它作为电解质(质子交换膜传导),和阻隔阳极侧富氢气体和阴极侧富氧气体的屏障。

3.2.1.4

气水分离器　gas/ water separator

将燃料电池排出的气体进行冷凝和分离气体中水分的装置。

3.2.2　辅助系统

3.2.2.1

空气供应系统　air supply system

对进入燃料电池的空气进行过滤、增湿、压力调节等方面处理的系统。

3.2.2.2

自动控制系统　automatic control system

包含传感器、执行器、阀、开关、控制逻辑部件的总成,保证燃料电池系统无需人工干预,就可正常工作。

3.2.2.3

燃料处理系统　fuel processing system

把输入的燃料进行增湿等相关处理,从而转变成适于在燃料电池堆内运行的富氢气体。

3.2.2.4

热管理系统　thermal management system

用以维持燃料电池系统的热平衡,可以回收多余的热量,并在燃料电池系统启动时能够进行辅助加热的系统。

3.2.2.5

通风系统　ventilation system

燃料电池系统中借助机械的方法将机壳内的气体排到外部的系统。

3.2.2.6

水处理系统　water treatment system

用于燃料电池系统水处理及生成水的回收和净化的系统。

3.3 车载供氢系统

3.3.1

高压储氢容器 high pressure hydrogen storage cylinder

储存高压氢气的装置。

3.3.2

氢气加注口 hydrogen fueling receptacle

车辆侧的氢气燃料加注连接装置。

3.3.3

额定加注压力 rated refueling pressure

设计加注的、标准状态下的正常工作压力。

3.3.4

最大加注压力 max. refueling pressure

在安全工作范围内的最高加注压力(通常为额定加注压力的1.25倍)。

3.4 燃料电池电动汽车整车系统

3.4.1

整车集成 complete fuel cell vehicle diagram

表明燃料汽车整车各部分构成的框图。见图1。

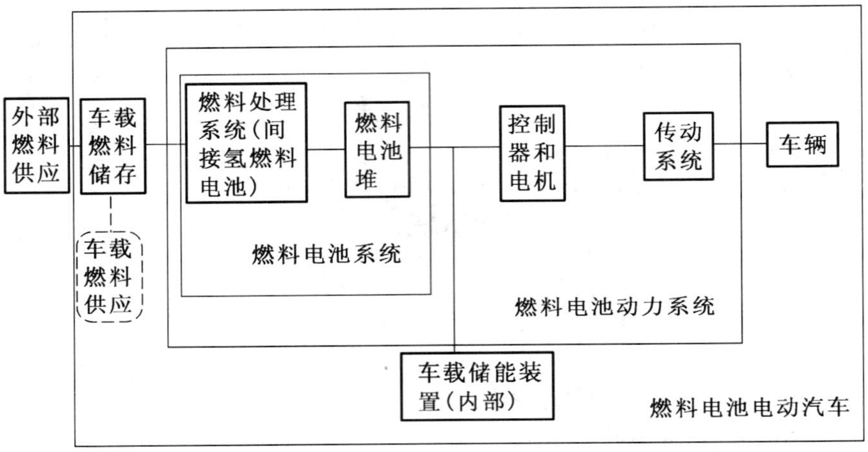

图1 燃料电池电动汽车系统框图

3.4.2

燃料电池动力系统 fuel cell power system

包括燃料电池系统、DC/DC变换器、驱动电机及其控制系统和车载储能装置。

3.4.3

燃料电池系统 fuel cell system

燃料电池发动机 fuel cell system

包括燃料电池堆和燃料电池辅助系统,在外接氢源的条件下可以正常工作。

3.4.4

燃料电池辅助系统 fuel cell auxiliary system

包括:空气供应系统、燃料供应系统(或氢气供应系统)、水/热管理系统、控制系统、安全保障系统等。

3.4.5

车载供氢系统 on-board hydrogen supply system

燃料电池电动汽车上燃料经过的所有零部件的集合,包括:储氢容器、压力调节装置、管路及附件等。

3.5 性能及试验方法

3.5.1 燃料电池安全与性能要求

3.5.1.1

气体泄漏 gas leakage

除正常排气、放空外，供气系统和燃料电池系统中出现的气体外泄现象。

3.5.1.2

低可燃极限 lower flammability limit;LFL

可燃气体可以在空气中燃烧的最低体积浓度值。

注：氢:4%，一氧化碳:12.5%，甲烷:5%，N-戊烷:1.5%，乙炔:2.5%，氨:15%。

3.5.1.3

最大允许工作压力 maximum allowable working pressure;MAWP

由相关法规或指令认证的系统或者部件可以工作的最大表压。

注：在这个数值(或低于这个数值)下设置卸压保护。

3.5.1.4

最大运行压力 maximum operating pressure

由制造商规定的燃料电池可安全连续运行的内部的燃料和氧化剂的最大工作压力。

3.5.1.5

允许最大工作压差 allowable differential working pressure

由制造商规定的各种流体之间的最大压力差，燃料电池模块能承受此压差而不损坏或永久失去功能特性。

3.5.1.6

最大功率 maximum power

系统或部件所能输出的最大功率值。

3.5.1.7

最高运行温度 maximum operating temperature;MOT

系统或者部件可以非失效工作的最高瞬态或稳态温度。

3.5.2 燃料电池系统性能试验方法

3.5.2.1

待机状态 standby state

燃料电池系统已具备开机所需的运行条件，可随时接受启动命令进行启动的状态。

3.5.2.2

冷态 cold state

在环境温度下，燃料电池系统内部温度与外部环境温度相同，且燃料电池系统处于停机状态。

3.5.2.3

怠速状态 idle state

燃料电池系统处于工作状态，其输出的功率全部用于维持自身辅助系统的消耗，净输出功率为零的状态。

3.5.2.4

额定功率响应时间 response time to rated power

在燃料电池系统正常工作状态下，从怠速状态到达额定功率的时间。

3.5.2.5

动态响应时间 dynamic response time

在正常工作状态下，燃料电池系统从一个状态变化到另一个状态的时间。

3.5.2.6

额定功率启动时间　start response time to rated power

燃料电池系统从待机状态进入额定功率状态所需的时间，包括额定功率冷启动和额定功率热启动。

3.5.2.7

怠速启动时间　start response time to idle state

燃料电池系统从待机状态到达怠速状态的时间。到达怠速状态后能够稳定运行，包括怠速冷启动和怠速热启动。

3.5.2.9

热回收效率　heat recovery efficiency (of a fuel cell power system)

在给定的工况下燃料电池系统回收的热能与燃料电池系统供入燃料热值(低热值)的比率。

3.5.2.10

燃料电池系统净输出功率　fuel cell engine net output power

燃料电池系统功率　fuel cell engine net output power

燃料电池堆输出功率减去辅助系统消耗的功率后所剩的功率。

3.5.2.11

燃料电池系统额定功率　fuel cell engine rated power

制造厂规定的燃料电池系统在特定工况条件下能够持续工作的净输出功率。

3.5.2.12

过载功率　overload power

制造厂规定的燃料电池系统在特定工况条件下、在规定时间内工作可输出的最大净输出功率。

3.5.2.13

燃料电池堆效率　fuel cell stack efficiency

在规定的稳定状态运行条件下，燃料电池堆输出功率与进入燃料电池堆的燃料热值(低热值)之比。

3.5.2.14

燃料电池系统效率　fuel cell engine efficiency

在规定的稳定状态运行条件下，燃料电池系统净输出功率与单位时间内进入燃料电池堆的燃料热值(低热值)之比。

3.5.2.15

氢气利用率　hydrogen utilization

在规定的稳定状态运行条件下，氢气的理论消耗量与实际进入燃料电池系统的氢气量之比。

3.5.2.16

燃料消耗率　fuel consumption rate

在特定运行条件下，燃料电池电动汽车运行 100 km 所消耗的燃料量，单位：kg/100 km。

中 文 索 引

英 文 索 引

A

C

D

F

G

H

I

L

M

O

P

R

ICS 43.020
T 09

中华人民共和国国家标准

GB/T 24549—2009

燃料电池电动汽车　安全要求

Fuel cell electric vehicles—Safety requirements

2009-10-30 发布　　2010-07-01 实施

中华人民共和国国家质量监督检验检疫总局
中国国家标准化管理委员会　发布

前　言

本标准由国家发展和改革委员会提出。

本标准由全国汽车标准化技术委员会归口。

本标准起草单位：中国汽车技术研究中心、上海汽车集团股份有限公司、同济大学。

本标准主要起草人：何云堂、冯力中、赵静炜、侯永平、任纪良、方衍。

燃料电池电动汽车　安全要求

1　范围

本标准规定了燃料电池电动汽车特有的燃料系统、燃料电池系统、动力电路系统、功能、故障防护和碰撞等方面的安全要求。

本标准适用于使用气态氢的燃料电池电动汽车。

2　规范性引用文件

下列文件中的条款通过本标准的引用而成为本标准的条款。凡是注日期的引用文件，其随后所有的修改单(不包括勘误的内容)或修订版均不适用于本标准，然而，鼓励根据本标准达成协议的各方研究是否可使用这些文件的最新版本。凡是不注日期的引用文件，其最新版本适用于本标准。

GB 4208　外壳防护等级(IP 代码)(GB 4208—2008,ISO 60529:2001,IDT)

GB/T 18384.3—2001　电动汽车　安全要求　第 3 部分：人员触电防护(eqv ISO/DIS 6469-3:2000)

GB/T 24548　燃料电池电动汽车　术语

3　术语和定义

GB/T 24548 中确立的以及下列术语和定义适用于本标准。

3.1

低可燃极限　lower flammability limit;LFL

可燃气体可以在空气中燃烧的最低体积浓度值。

注：氢气的低可燃极限为 4%。

4　安全要求

4.1　总则

燃料电池电动汽车应符合相关的国家机动车强制性标准要求(碰撞要求除外)和电动汽车安全要求。

燃料电池电动汽车特有安全特性应符合 4.2～4.6 的规定。

燃料电池电动汽车整车外部应设有明显的标识车辆类型的警示标识。

4.2　燃料系统安全要求

4.2.1　部件安装及防护

所有燃料系统的部件和连接管线应安装牢固，避免因汽车振动而导致损坏、泄漏等故障。

所有燃料系统的部件都要采取适当的保护措施，且不应放置在汽车的最外缘，压力释放装置(PRD)、排气管道除外。

可能排出或泄漏出氢气的出口应远离可能产生火花或高热的器件。

4.2.2　燃料加注

汽车燃料系统应包含能够保证燃料加注时切断向燃料电池系统供应燃料的功能。

燃料加注口应具有能够防止尘土、液体和污染物等进入的防尘盖。防尘盖旁边应注明燃料加注口的最大加注压力。燃料加注口应设置在汽车侧面。

燃料加注口应有消除汽车静电的措施。

燃料加注口应能够承受来自任意方向的670 N的载荷，不应影响到燃料系统气密性。

4.2.3 氢气储存与供给

4.2.3.1 储氢容器

储氢罐应使用符合国家相关标准规定的车用储氢压力容器，在无国家标准之前，可参照相关的国际标准执行。

储氢系统应有反映储氢罐内温度的传感器，能够反映罐内气体温度。

4.2.3.2 过压保护

燃料电池电动汽车燃料系统中应设有过压保护装置。应有压力过高安全报警等措施。不允许发生诸如下游压力升高的现象。

4.2.3.3 低压保护

燃料电池电动汽车燃料系统应设有低压保护装置，当储氢罐内部压力低于要求的压力时，其防护装置应能够及时切断燃料的输出。

4.2.3.4 氢气关闭系统

当系统发生氢气泄漏时，燃料系统应能及时关闭氢气总开关。

4.2.4 氢气释放/泄漏

4.2.4.1 车外释放

在启动、行车、停车、关闭等常规操作中，应保证释放、吹扫和其他溢出等情况下，跟氢气有关的危害不会发生。

汽车排气时，不能导致汽车周围氢气浓度超过75%LFL。

应在距离排气口100 mm处气流中心线上进行测量氢气浓度。

4.2.4.2 车内释放

乘客舱、其他舱中的氢气浓度应低于50%LFL。

4.2.4.3 减压装置的放气

当发生故障或意外事故时，燃料系统需要通风放气。气体流动的方位、方向应远离人、电、点火源。放气装置应安装在汽车的高处，且应防止排出的氢气对人员造成危害，避免流向汽车的电气端子、电气开关器件或点火源等部件。

所有PRD排气时应遵循下列原则：

——不应直接排到乘客舱和行李舱；

——不应排向车轮所在的空间；

——不应排向露出的电气端子、电气开关器件及其他着火源；

——不应排向其他氢气容器。

与PRD相连的管道、通道和出口的制造材料使用熔点高于538 ℃(1 000 ℉)的金属材料。

4.2.4.4 燃料排出装置

为了对燃料装置进行维修保养或其他目的，应规定从汽车上排出燃料的方法。

4.3 燃料电池电堆/系统安全要求

4.3.1 总则

燃料电池系统应有故障防护装置，防止因故障引起阀门、管路失效而发生的燃料泄漏。当泄漏发生时，探测器应能及时探测到，同时向驾驶员和/或乘客提供相关的提示，并采取相应的安全措施，如切断气源、电源等。

4.3.2 泄漏

无论何种情况下，燃料电池系统外积聚泄漏导致的氢气的浓度不应超过75%LFL。

4.3.3 泄漏探测

在可能发生泄漏的部位，都应合理地安装氢气泄漏探测器。

在各车舱内，应安装足够数量的探测器，探测器应安装在氢气最易发生积聚的位置，一般为局部最高点，通风不好的地方。

4.3.4 安全措施

汽车应有和氢气浓度探测器联动的安全措施。

氢气积聚浓度达到50%LFL之前，就能够利用声响报警装置或者紧急显示提示等方法，提示驾驶员或者汽车使用者注意；氢气积聚浓度达到75%LFL时，应能自动切断氢气源、电源等。

4.3.5 接地

燃料电池系统部件的导体外壳应同电平台连接，确保在氢气泄漏时，不会因静电而引燃氢气。

4.4 动力电路系统安全要求

4.4.1 电路的电压级

依据电路的最大工作电压 U，划分不同的电压级。如表1。

表1 电路的电压级

电压级别	直流系统/V	交流系统(15 Hz～150 Hz)/V(rms)
A	$0<U\leqslant 60$	$0<U\leqslant 25$
B	$60<U\leqslant 1\,000$	$25<U\leqslant 660$

4.4.2 标识

4.4.2.1 电气设备

在接近B级电压源，如燃料电池电堆、电池、超级电容等的附近应标示图1所示的标志。如果移动覆盖物或外壳，使B级电路的带电部件和/或基本绝缘暴露时，则在覆盖物或外壳上应有该标志。

图1 B级电压设备的标志

4.4.2.2 B级电压配线的识别

B级电压电缆线皮应统一由橙色和/或橙色套管构成。

4.4.3 触电防护要求

4.4.3.1 防止与动力电路系统中带电部件直接接触

A级电压的动力电路系统不做要求。

B级电压动力电路系统应满足下列要求：

4.4.3.1.1 汽车不应含有暴露的导线、接线端、连接单元或者任何直接暴露给人员的B级电压部件。

4.4.3.1.2 动力电路系统的带电部件，应通过绝缘或使用盖、防护栏、金属网板等来防止直接接触。这些防护装置应牢固可靠，并耐机械冲击。在不使用工具或无意识的情况下，它们不能被打开、分离或移开。

4.4.3.1.3 在乘客舱及货舱中，带电部件在任何情况下都应由至少能提供IPXXD防护等级的壳体来防护。

4.4.3.1.4 汽车其他地方的带电部件，应达到IPXXD防护等级。

4.4.3.1.5 前舱中的带电部件应设计为只有在有意接近的情况下，才有可能接触到。

4.4.3.1.6 打开机盖后，与系统连接的部件应具有IPXXB防护等级。

注：IPXXB和IPXXD防护等级分别指通过铰接试指、试验线与危险部件的接触(具体规定见GB 4208)。

4.4.3.2 防止与动力系统中外露可导电部件的间接接触

A级电压的动力电路系统不做要求。

B级电压动力电路系统应满足下列要求：

a） 所有电气的设计、安装应避免绝缘失效；

b） 应通过绝缘的方法来防止间接接触，并且使车载的外露可导电部件电联接在一起，达到电位均衡。

4.4.3.3 绝缘电阻

如果防护是由绝缘提供，电系统的带电部件应全部由绝缘层包住。这种绝缘层只能够通过破坏才能够移开。绝缘材料应满足相应标准要求。

燃料电池电动汽车的每个电路和电平台及其他电路之间应保持绝缘，绝缘电阻的要求应符合GB/T 18384.3—2001 中 6.2.2 的规定。

4.5 功能安全要求

4.5.1 主开关

4.5.1.1 一般要求

主开关应具备操作者能够断开动力电源和切断燃料供给的功能，且便于驾驶员操作。

4.5.1.2 燃料电池动力系统、动力接通/动力关闭程序

对于燃料电池电动汽车动力接通程序，至少经过两个不同的动作才能完成从动力关闭状态到可行驶状态。仅需要一个动作就可从可行驶状态到动力切断状态。

汽车应该通过连续或间断的指示，提示驾驶员燃料电池动力系统处于可行驶状态。

燃料电池动力系统通过自动或手动切断后，只能通过正常的动力接通程序来重新启动。

4.5.2 行驶

4.5.2.1 动力降低指示

如果燃料电池动力系统驱动功率明显降低时，应有清晰的信号提示给驾驶员。

4.5.2.2 倒车

如果是通过改变电机的旋转方向来达到倒车行驶的，前进和倒车两个行驶方向的开关转换应满足下列要求并应防止当汽车移动时开关转到不期望的位置：

——通过驾驶员两个分开的动作完成，或

——如果只能通过驾驶员的一个动作完成，应采用一个安全装置使开关仅能在汽车不能移动时才能转换。

如果倒车行驶不是通过改变电机的旋转方向来实现的，则目前内燃机驱动汽车的有关国家标准适用于燃料电池电动汽车。

4.5.3 停车

当驾驶员离开汽车时，如果燃料电池动力系统仍处于可行驶状态，应提示驾驶员。

如果驾驶员将开关转换到切断模式，汽车不能出现移动。

当汽车加注燃料时，汽车不能通过自身的驱动系统移动。

4.6 紧急情况下的反应

4.6.1 不期望的汽车行为

任何故障的发生都不应导致燃料电池电动汽车不期望的加速和倒车。

4.6.2 汽车起动

当汽车起动过程中有报警信号时，汽车应立即关闭电源、切断燃料源。

4.6.3 汽车停驶

汽车起动但还没有移动，并有报警信号时，则汽车应向驾驶员提出警告。如果在规定的时间内故障没有排除，则即使主开关没有断开，汽车应能自动切断燃料源和动力电源。

4.6.4 汽车行驶

如果汽车行驶过程中有报警信号时，则汽车应立即向驾驶员提出警告。某些故障要求立刻切断高

压或牵引电源和/或燃料。

4.6.5 碰撞反应

如果传感器检测到汽车发生碰撞时，应能够自动切断电源和燃料供应。

5 燃料电池电动汽车使用和保养要求

5.1 用户手册

燃料电池电动汽车制造厂商应该提供用户手册，指明汽车特定的操作、燃料和安全特征。手册中至少包括以下内容：

——汽车安全操作程序，包括操作环境；
——汽车上储存、使用的燃料、冷却剂等物料的注意事项；
——汽车操作系统能显示设备危险情况，并当检测出问题时能采取适当行动；
——应对燃料电池电动汽车的停车场地要求做出说明；
——燃料加注程序和安全设备注意事项；
——操作人员更换部件或释放燃料的注意事项；
——对关系到电池电堆等重要部件的维护进行说明；
——路边紧急救援信息；
——说明紧急情况处理的办法；
——对是否有不适合行车的场所进行说明。

5.2 服务手册

燃料电池电动汽车制造厂应编制与汽车维修、保养相关的信息。推荐至少包括以下内容：

——对用户汽车维修场所进行说明；
——汽车使用的危险材料的化学和物理特性；
——在维修期间，汽车或其系统可能出现的危险；
——汽车发生某种危险时特有的急救程序；
——维护工具、装备和个人保护装备；
——特殊维护工作的方法和程序；
——必需的维护项目、维护周期列表；
——从燃料电池电动汽车中置换燃料的程序。

ICS 43.020
T 09

中华人民共和国国家标准

GB/T 24550—2009

汽车对行人的碰撞保护

The protection of motor vehicle for pedestrians in the event of a collision

2009-10-30 发布　　　　2010-07-01 实施

中华人民共和国国家质量监督检验检疫总局
中国国家标准化管理委员会　发布

前言

本标准修改采用全球技术法规 GTR9《关于机动车碰撞时对行人及弱势道路使用者加强保护和减轻严重伤害的认证统一规定》(2008 年英文版)。本标准与 GTR9 的主要差异及原因如下:

——本标准删除 GTR9 第 1 章目的,其原因是与标准技术内容无关;

——本标准根据全球技术法规特别决议 1(S.R.1)《关于机动车类型　质量和尺寸的统一定义》中附件 3 的第 3 章行车质量、6.1 驾驶员质量和 6.2 乘客质量的内容,在本标准第 3 章中增加了行车质量、驾驶员质量、乘客质量的定义。

本标准与 GTR9 的章条对照,参见附录 A。

本标准的附录 A 为资料性附录。

本标准由国家发展和改革委员会提出。

本标准由全国汽车标准化技术委员会归口。

本标准负责起草单位:中国汽车技术研究中心。

本标准参加起草单位:国家汽车质量监督检验中心(襄樊)、清华大学、上海机动车检测中心、上海大众汽车有限公司、一汽-大众汽车有限公司、一汽技术中心、神龙汽车有限公司、广州本田汽车有限公司、上海泛亚汽车技术中心有限公司、中国汽车工程研究院有限公司、上汽通用五菱汽车股份有限公司、长安汽车(集团)有限责任公司、广州丰田汽车有限公司、东风汽车有限公司东风日产乘用车研发中心、上海汽车集团股份有限公司技术中心、奇瑞汽车公司、中国质量认证中心、南京汽车集团有限公司南汽研究院、德尔福(中国)科技研发中心、奥托立夫(上海)汽车安全系统研发有限公司、延峰百利得(上海)汽车安全系统有限公司、高田(上海)汽车安全装置有限公司、大众汽车(中国)投资有限公司、日产(中国)投资有限公司、丰田汽车技术中心(中国)有限公司、福特汽车(中国)有限公司、通用汽车(中国)投资有限公司、本田技研工业(中国)投资有限公司、欧洲汽车工业协会北京代表处、戴姆勒-克莱斯勒东北亚投资有限公司。

本标准主要起草人员:孙振东、袁健、吴卫、李维菁、张振鼎、史永万、刘玉光。

本标准参加起草人员:李三红、张金换、郑祖丹、于峰、李绍东、肖利寿、卢放、邱少波、凌毅、徐元科、周桂添、沈海东、孙浩、万鑫铭、钟柳华、赵会、赵鸿、欧阳俊、王大志、汤晓东、顾镭、曲艳平、张丙军、陈晓东、马德仁、马叶红、吴水波、顾蔚新、冯星野、龚士军、冯涛、冷雪鹰、彭全平、谢伟、郭钰、蔡燕新、刘恒。

汽车对行人的碰撞保护

1 范围

本标准规定了汽车碰撞时对行人保护方面的技术要求和试验方法。

本标准适用于最大设计总质量大于 500 kg 的 M_1 类汽车。最大设计总质量大于 500 kg 但不大于 4 500 kg 的 M_2 类，以及最大设计总质量大于 500 kg 但不大于 4 500 kg 的 N 类汽车，可参照执行。但不包括驾驶员座椅 R 点与前轴中心的横向平面的水平距离小于 1 000 mm 的 M_2 类和 N 类汽车。

2 规范性引用文件

下列文件中的条款通过本标准的引用而成为本标准的条款。凡是注日期的引用文件，其随后所有的修改单(不包括勘误的内容)或修订版均不适用于本标准，然而，鼓励根据本标准达成协议的各方研究是否可使用这些文件的最新版本。凡是不注日期的引用文件，其最新版本适用于本标准。

ISO 3784 道路车辆 碰撞试验中碰撞速度的测量

ISO 6487 道路车辆 碰撞试验中的测量技术 设备

3 术语和定义

下列术语和定义适用于本标准[1)]。

3.1

成人头型试验区域 adult headform test area

车辆前部结构的外表面区域，该区域的界限是前面至 1 700 mm 的包络线(WAD)，后面至成人头型的后面基准线，两侧至侧面基准线。

3.2

A 柱 A pillar

从车辆地板延伸到顶部的最前、最外端的顶部支撑。

3.3

发动机罩前缘 bonnet leading edge

车辆前上部外侧结构的边缘，包括发动机罩、翼子板、前照灯周围上部和侧面组件以及其他附件。发动机罩前缘位置的基准线是由基准线距离地面基准平面的高度和与保险杠的水平距离确定。

3.4

发动机罩前缘高度 bonnet leading edge height

发动机罩前缘上的任何一点，地面基准平面与该点发动机罩前缘基准线的垂直距离。

3.5

发动机罩前缘基准线 bonnet leading edge reference line

长 1 000 mm 的直尺与发动机罩前表面的接触点的几何轨迹。几何轨迹是由当直尺平行于车辆的纵向垂直平面，且从垂直方向向后倾斜 50°以及直尺底端距地面为 600 mm 时与发动机罩前缘接触点所构成(见图 1)。对于发动机罩上表面倾斜 50°的车辆，直尺是连续接触或多点接触而不是一点接触，此

1) 当车辆进行本标准第 3 章所述的测量时，车辆应处于正常行驶姿态。如果车辆安装了商标、车标或其他结构，施加不大于 100 N 的载荷时，若能弯曲或收缩，则应在进行测量前或过程中施加该载荷。车辆上任何可改变形状或位置的部件，除了车辆的悬架部件和保护行人的主动装置之外，应处于收回位置。

时直尺应从垂直方向向后倾斜40°来确定基准线。如果直尺下端首先与车辆接触，则在侧向位置上这些接触点所构成。如果直尺上端首先与车辆接触，则在侧向位置上包络线（WAD）为1 000 mm的几何轨迹所构成。如果保险杠上缘与直尺接触，那么保险杠上缘认为是发动机罩前缘。

3.6

发动机罩后面基准线　bonnet rear reference line

当直径为165 mm的球与前风窗玻璃保持接触，在车辆前部结构上横向滚动时，球与车辆前部结构的最后接触点所形成的几何轨迹（见图2）。在此过程中，应拆除刮水器的刮片和摆臂。

当发动机罩后面基准线与发动机罩侧面基准线没有交叉时，发动机罩后面基准线应延伸和/或改用半径为100 mm的半圆模板来确定。模板由薄的柔性材料制成，在任何方向可弯曲为单曲面。模板应防止形成双曲面或复杂的曲面，导致模板褶皱。模板材料推荐使用泡沫覆以薄的塑料板，以便模板紧贴车辆表面。将模板放置于水平平面上，在模板上从“A”到“D”标记四个点（见图3）。模板放置在车辆上使“A”和“B”与侧面基准线重合。在保证“A”和“B”与侧面基准线重合的条件下，使模板逐渐向后滑动直到模板的圆弧与发动机罩后面基准线相接触。在全部过程中，模板尽可能沿着车辆发动机罩上部的外部轮廓进行曲线移动，不应使模板产生褶皱或折叠。如果模板与发动机罩后面基准线的接触线是切线并且切点位于点“C”和点“D”所围圆弧的外侧圆弧上，发动机罩后面基准线应延伸和/或改用沿着与发动机罩侧面基准线相接触的模板的圆周圆弧来确定（见图4）。

如果模板点“A”和“B”与发动机罩侧面基准线相接触的同时，模板不能与发动机罩后面基准线相切或模板与发动机罩后面基准线的接触点位于点“C”和点“D”所围的圆弧内，则应使用另外的模板，该模板的半径以20 mm的增量可逐渐增大，直到满足上述所有指标。

3.7

发动机罩上部　bonnet top

由下列线所围成的区域：

——发动机罩前缘基准线；

——发动机罩后面基准线；

——发动机罩侧面基准线。

3.8

保险杠　bumper

车辆前部较低的外侧构件。保险杠包括在低速正面碰撞时保护车辆的所有结构及其附件。保险杠基准高度和侧面界限由保险杠基准线和保险杠角所确定。

3.9

保险杠前缘　bumper lead

车辆的任何纵向剖面，保险杠上部基准线与发动机罩前缘基准线在车辆纵向平面内的水平距离。

3.10

保险杠试验区域　bumper test area

过保险杠角的两个纵向垂直平面分别向内平行移动66 mm后，两个纵向垂直平面之间的保险杠的前表面。

3.11

膝部中心　center of the knee

下腿型冲击器的膝部有效弯曲点。

3.12

儿童头型试验区域　child headform test area

车辆前部结构的外表面区域，区域的界限是前面至儿童头型前基准线，后面至1 700 mm的包络线（WAD），两侧至侧面基准线。

3.13

保险杠角　corner of bumper

与车辆纵向垂直平面成60°角并与保险杠外表面相切的垂直平面与车辆的接触点(见图5)。

3.14

大腿　femur

下腿型冲击器的“大腿”,膝部中心以上的所有部件或部分部件(包括肌肉、皮肤、阻尼器、仪器和支架、滑轮等以及连接于冲击器上用于发射的装置)。

3.15

儿童头型前基准线　front reference line for child headform

使用WAD1000的线,在车辆前部结构上所形成的几何轨迹。当发动机罩前缘基准线上任何点的WAD大于1 000 mm时,则该点的发动机罩前缘基准线即是。

3.16

前部结构　front structure

车辆所有外部结构,不包括前风窗玻璃、前风窗上横梁、A柱以及A柱后面的结构。它包括保险杠、发动机罩、翼子板、流水槽、刮水器转轴、前风窗下横梁等。

3.17

地面基准平面　ground reference plane

在车辆正常行驶姿态下,过车辆所有轮胎最低接触点的水平平面,该平面是真实的或是假想的。如果车辆静止于地面上,则与地面水平面是同一平面。如果车辆从地面上举起以便获得保险杠下部的额外间隙,则高于地面水平面(见图17)。

3.18

头部伤害指标　head injury criterion (HIC)

使用下列公式计算加速度-时间历程的结果:

$$\mathrm{HIC} = (t_2 - t_1)\left[\frac{1}{t_2 - t_1}\int_{t_1}^{t_2} a\,\mathrm{d}t\right]^{2.5} \quad \cdots\cdots(1)$$

a 为测量出的合成加速度,以 g 为单位($1g=9.81\ \mathrm{m/s^2}$);

t_1 和 t_2 为在冲击过程中的两个时刻(以s为单位),表示记录开始与记录结束两个时刻之间的某一段时间间隔,在该时间间隔内HIC取最大值($t_2-t_1\leqslant 15$ ms)。

3.19

冲击点　impact point

试验冲击器与车辆的最初接触点,与目标点的接近程度主要取决于试验冲击器的冲击角度和车辆表面的外形(见图6点B)。

3.20

保险杠下部高度　lower bumper height

车辆处于正常行驶姿态,地面基准平面与保险杠下部基准线的垂直距离。

3.21

保险杠下部基准线　lower bumper reference line (LBRL)

行人与保险杠有效接触点的下部界限。当长700 mm直尺平行于车辆纵向垂直平面并且从垂直方向向前倾斜25°,沿着车辆前部横向移动并保持与地面和保险杠表面相接触时,直尺与保险杠最低接触点所形成的几何轨迹(见图7)。

3.22

正常行驶姿态　normal ride attitude

在行车质量状态下的车辆置于水平面上，轮胎气压为制造厂规定的轮胎气压，前轮处于直线行驶的位置，将一个乘员质量配重放置于前排乘员座椅上。前排座椅放置于中间位置，车辆悬架处于制造厂规定的车辆以 40 km/h 的速度正常行驶时的状态。

3.23

成人头型后基准线　rear reference line for adult headform

使用 WAD2100 的线，在车辆前部结构所形成的几何轨迹。

3.24

侧面基准线　side reference line

当长 700 mm 直尺平行于车辆横向垂直平面且向内倾斜 45°，并保持与车辆前部结构的侧面相接触时，直尺与车辆侧面最高接触点所形成的几何轨迹（见图 8）。

3.25

目标点　target point

头型纵轴线与车辆前表面的交点（见图 6 中点 A）。

3.26

小腿　tibia

下腿型冲击器的"小腿"，膝部中心以下的所有部件或部分部件（包括肌肉、皮肤、仪器和支架、滑轮以及连接于冲击器上用于发射的装置）。所定义的"小腿"包括了脚的补偿，如质量等。

3.27

保险杠上部基准线　upper bumper reference line（UBRL）

行人与保险杠有效接触点的上部界限。对于具有明确保险杠结构的车辆，当长 700 mm 直尺平行于车辆纵向垂直平面且从垂直方向向后倾斜 20°，沿着车辆前部横向移动并保持与保险杠表面相接触时，直尺与保险杠最高接触点所形成的几何轨迹（见图 9）。

对于没有明确保险杠结构的车辆，当长 700 mm 直尺平行于车辆纵向垂直平面且从垂直方向向后倾斜 20°，沿着车辆前部横向移动并保持与地面和保险杠区域表面相接触时，直尺与保险杠最高接触点所形成的几何轨迹（见图 9）。

3.28

包络线　wrap around distance（WAD）

使用柔性卷尺在车辆纵向垂直平面内沿着车辆前部结构横向移动，柔性卷尺的一端在车辆前部结构外表面上所形成的几何轨迹。在全部操作过程中，卷尺处于拉紧状态，卷尺的一端与地面基准平面接触，垂直地落在保险杠前表面的下面，卷尺的另一端与车辆前部结构接触（见图 10），车辆处于正常行驶姿态。选择适当长度的卷尺来确定 1 000 mm（WAD1000）包络线、1 700 mm（WAD1700）包络线、2 100 mm（WAD2100）包络线。

3.29

前风窗玻璃　windscreen

位于车辆 A 柱之间的前玻璃。

3.30

行车质量　mass in running order

整车整备质量和驾驶员质量的总和。对于 M_2 类和 M_3 类车辆，配有乘务员座椅时，还包含乘务员质量，乘务员质量与驾驶员质量相同。

3.31

驾驶员质量　driver mass

驾驶员质量为 75 kg，由座椅上的模拟城垣质量 68 kg 和 7 kg 行李质量组成。

3.32

乘客质量　passenger mass

座椅上的模拟人体质量为 68 kg，对于 M_1 类车辆还包含 7 kg 行李质量，对于不搭乘站立乘客的 M_2 类和 M_3 类车辆还包含 3 kg 手提行李质量。

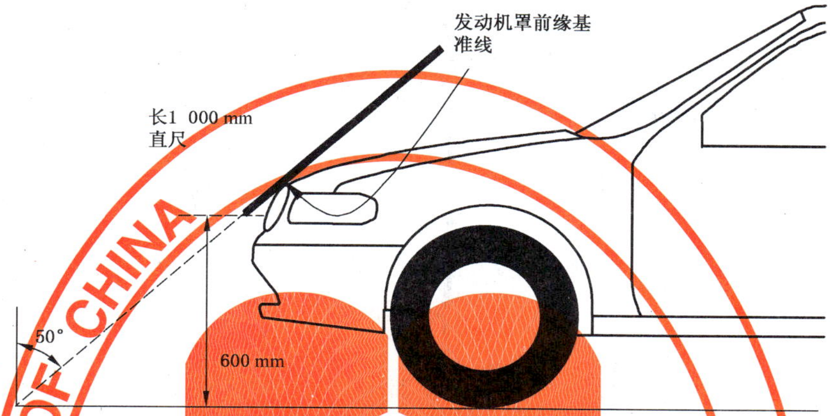

图 1　发动机罩前缘基准线图

图 2　发动机罩后面基准线图

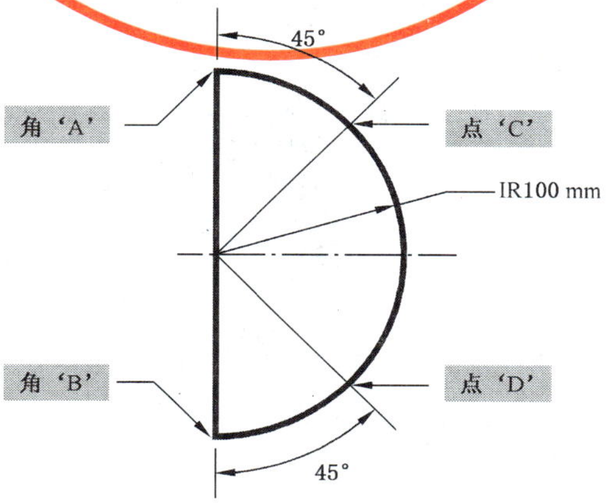

图 3　模板图

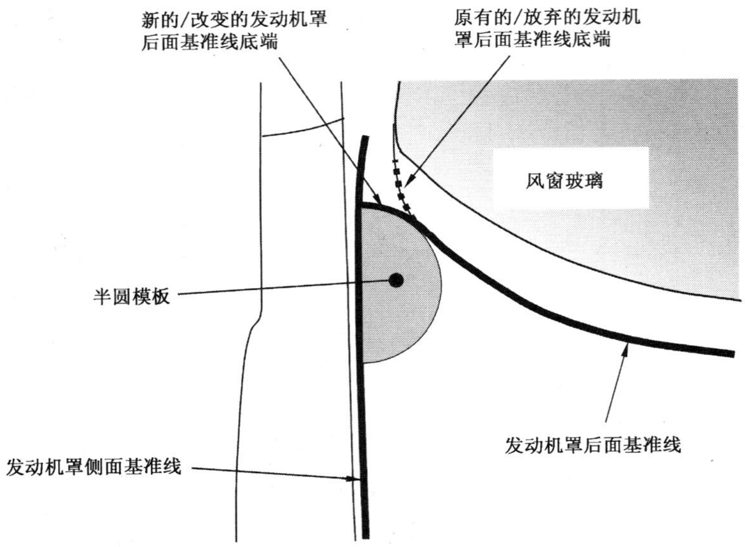

图 4　发动机罩后面和侧面基准线的相交标记图

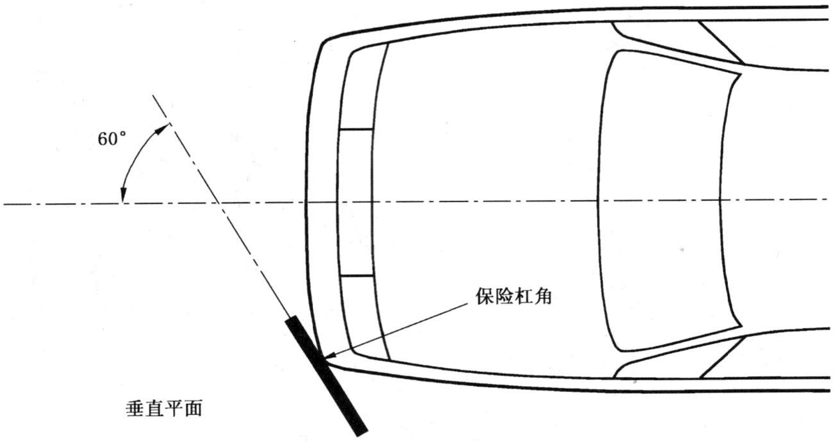

图 5　保险杠角图

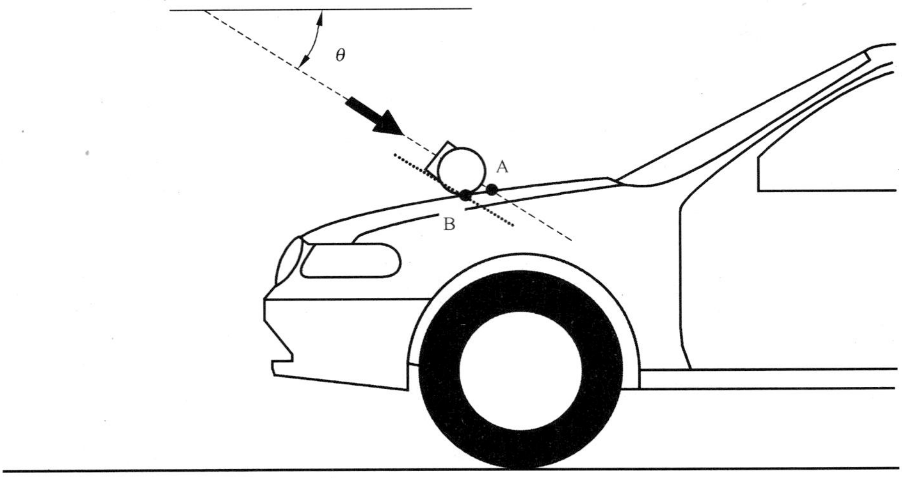

A——目标点；

B——冲击点；

θ——冲击角度。

图 6　冲击点和目标点图

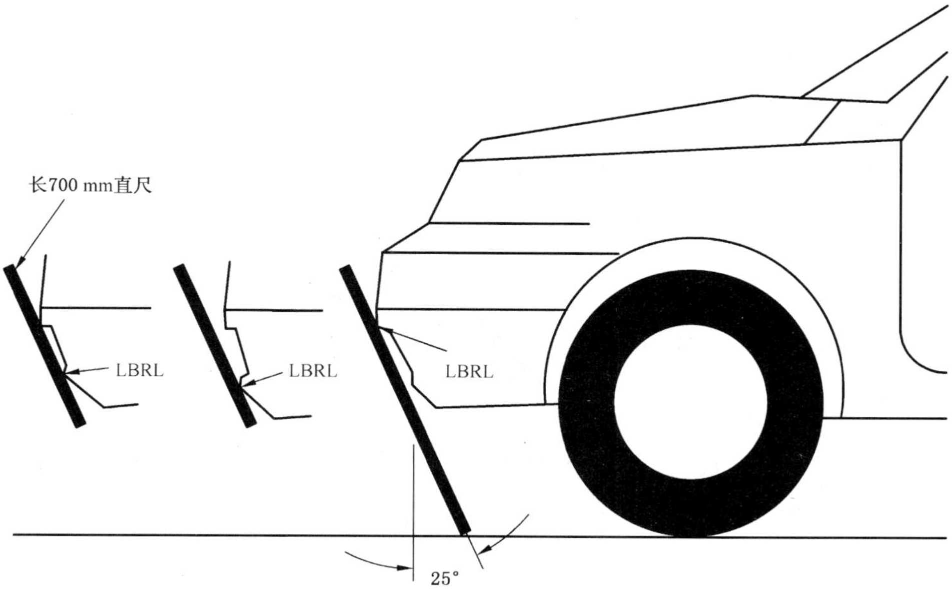

图 7　保险杠下部基准线(LBRL)图

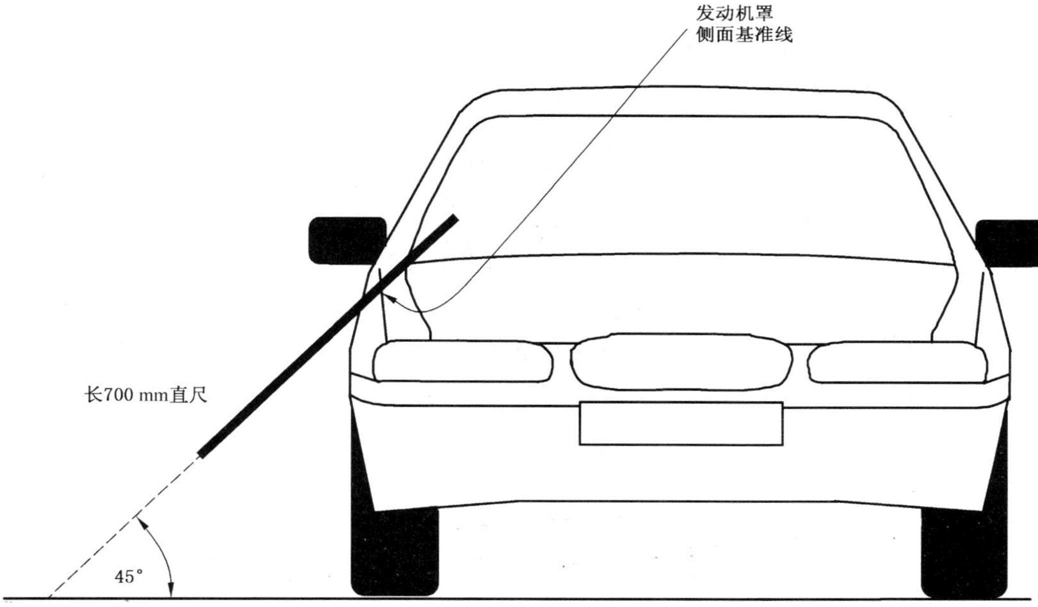

图 8　侧面基准线图

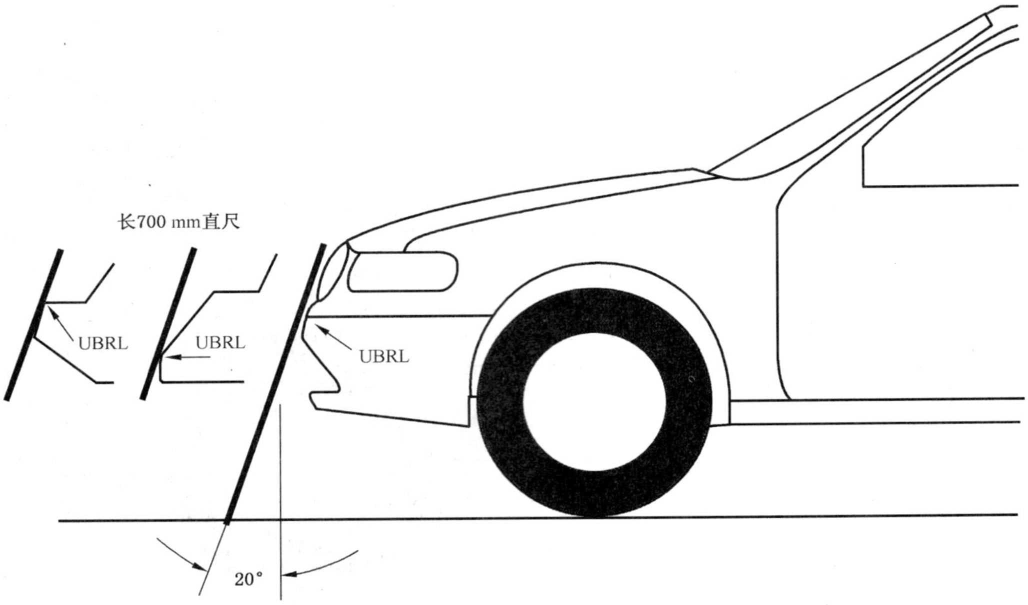

图 9　保险杠上部基准线(UBRL)图

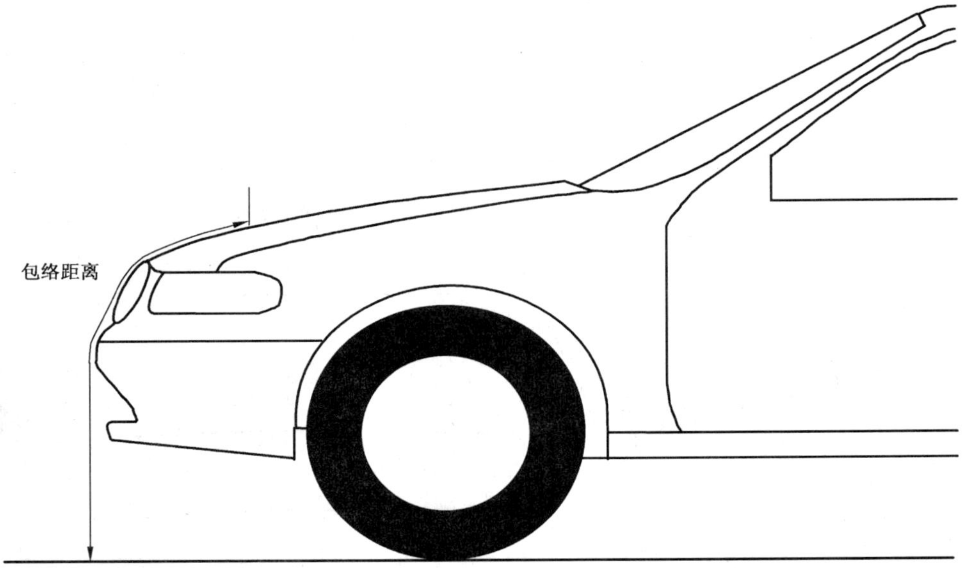

图 10　确定包络线示意图

4　一般要求

本标准规定了下列试验来验证车辆的性能。

4.1　腿型对保险杠的试验

保险杠下部高度小于 425 mm 的车辆应符合 4.1.1 的要求。

保险杠下部高度不小于 425 mm 但小于 500 mm 的车辆应符合 4.1.1 或 4.1.2 的要求,可由制造厂确定。

保险杠下部高度不小于 500 mm 的车辆应符合 4.1.2 的要求。

4.1.1　下腿型对保险杠的试验

为了验证符合 5.1.1 所规定的性能要求,应采用 6.3.1.1 中规定的试验冲击器和 7.1.1 中规定的试验程序。

4.1.2　上腿型对保险杠的试验

为了验证符合 5.1.2 所规定的性能要求，应采用 6.3.1.2 中规定的试验冲击器和 7.1.2 中规定的试验程序。

4.2　儿童头型冲击

为了验证符合 5.2.1 所规定的性能要求，应采用 6.3.2.1 中规定的试验冲击器和 7.2 以及 7.3 中规定的试验程序。

4.3　成人头型冲击

为了验证符合 5.2.2 所规定的性能要求，应采用 6.3.2.2 中规定的试验冲击器和 7.2 以及 7.4 中规定的试验程序。

5　性能要求

5.1　腿型对保险杠的试验

5.1.1　按照 7.1.1(下腿型对保险杠的试验)的规定进行试验时，膝部最大动态弯曲角不大于 19°，膝部最大动态剪切位移不大于 6.0 mm，小腿上端加速度应不大于 170g。制造厂可指定宽度总计最大为 264 mm 的保险杠试验区域，此区域的小腿上端加速度不大于 250g。

5.1.2　按照 7.1.2(上腿型对保险杠的试验)的规定进行试验时，相对于任何时刻的瞬间冲击力总和不大于 7.5 kN，试验冲击器的弯矩不大于 510 N·m。

5.2　头型试验

5.2.1　儿童头型对前部结构的试验，按照 7.2 和 7.3 的规定进行试验时，HIC 应符合 5.2.3 的要求。

5.2.2　成人头型对前部结构的试验，按照 7.2 和 7.4 的规定进行试验时，HIC 应符合 5.2.3 的要求。

5.2.3　至少一半的儿童头型试验区域，HIC 值应不大于 1 000。三分之二以上的成人头型和儿童头型合计的试验区域，HIC 值应不大于 1 000。两个头型剩余区域的 HIC 值不大于 1 700。如果车辆只有儿童头型试验区域，三分之二以上的试验区域 HIC 值不大于 1 000，剩余区域的 HIC 值不大于 1 700。

5.2.4　头型试验区域的划分

5.2.4.1　制造厂应确定 HIC 不大于 1 000(HIC1000 区域)或是不大于 1 700(HIC1700 区域)的发动机罩上部区域(见图 11)。

5.2.4.2　“发动机罩上部”的冲击区域以及 HIC1000 区域和 HIC1700 区域，是基于制造厂提供的车辆俯视图来确定。制造厂应提供足够数量的 x、y 坐标，以便在实际车辆上标出试验区域，同时应考虑车辆在 z 向的外形。

5.2.4.3　HIC1000 区域和 HIC1700 区域可由几部分组成，并且组成部分的数量不受限定。

5.2.4.4　冲击区域以及 HIC1000 区域和 HIC1700 区域表面的计算应基于发动机罩的俯视图进行，即基于制造厂提供的车辆俯视图。

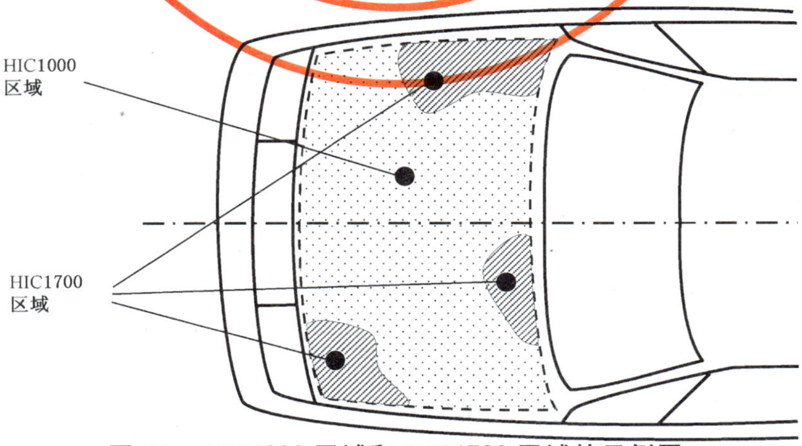

图 11　HIC1000 区域和 HIC1700 区域的示例图

6 试验规定

6.1 一般试验条件

6.1.1 温度和湿度

试验时,试验设备和车辆或其部件应在相对湿度40%±30%和温度20 ℃±4 ℃的环境下。

6.1.2 冲击试验场地

冲击试验场地应由平坦、光滑、坚硬,且不平度不大于1%的平面构成。

6.2 车辆的准备*

6.2.1 对于完整的车辆或切割的车身,应按下列条件调试后进行试验。

6.2.1.1 车辆应处于正常行驶姿态,并且牢固地安放在支撑架上或在驻车制动器制动状态下停在水平平面上。

6.2.1.2 在试验中,切割的车身应包括车辆前部结构的所有部分,所有发动机罩下面的部件和风窗玻璃后面的可能在正面碰撞中与行人等弱势道路使用者有关的所有部件,以体现车辆上所有参与其中部件的性能和相互作用。切割的车身应在车辆正常行驶姿态下牢固地固定。

6.2.2 在与车辆发生碰撞时,所有设计用于保护行人等弱势道路使用者的装置,在相关试验之前应正确启动并保证其在试验中起作用。制造厂应保证所有装置在行人碰撞事故中能按预期起作用。

6.2.3 除了保护行人的主动装置外,对于可改变形状或者位置的车辆部件,以及有不只一种固定形状或位置的部件,则车辆在每种固定形状或位置的部件均应符合要求。

6.3 试验冲击器的规定

6.3.1 腿型冲击器

6.3.1.1 下腿型冲击器

下腿型冲击器应由两个外覆泡沫的刚性件组成,来代表大腿和小腿,由可变形的模拟关节相连接。冲击器的总长应为926 mm±5 mm,试验质量13.4 kg±0.2 kg(见图12)。支架、滑轮等以及连接于冲击器上用于发射的装置可扩展图12所示的尺寸。

6.3.1.1.1 大腿和小腿的直径应为70 mm±1 mm,外覆泡沫肌肉和皮肤。泡沫肌肉的厚度为25 mm的CF-45型泡沫或等效物。皮肤由氯丁橡胶泡沫制成,两面覆盖0.5 mm厚的尼龙布,总厚度为6 mm。

6.3.1.1.2 膝关节是由在标定试验中所使用、相同批次的可变形膝部元件组成。

6.3.1.1.3 大腿和小腿的总质量应分别为8.6 kg±0.1 kg和4.8 kg±0.1 kg。冲击器的总质量为13.4 kg±0.2 kg。大腿和小腿的质心距膝部中心应分别为217 mm±10 mm和233 mm±10 mm。大腿和小腿相对于过各自质心且垂直于冲击方向的水平轴的惯性矩应分别为0.127 kgm^2±0.010 kgm^2和0.120 kgm^2±0.010 kgm^2。

6.3.1.1.4 对于每一次试验,冲击器应安装新的泡沫肌肉,泡沫肌肉来自一张(最多四张连续)CF-45型泡沫肌肉材料或等效物,该材料为生产厂同一批次(从同一块或捆上切得)的,且在这一批次中有一张用于动态标定试验,其他每一张泡沫的质量与标定试验中使用的泡沫质量相差不大于±2%。

6.3.1.1.5 在冲击器用于标定试验之前,冲击器或至少是泡沫肌肉应在受控的贮存区保存至少4 h,贮存区的恒定湿度为35%±15%,温度为20 ℃±4 ℃。从贮存区取出后,冲击器不应暴露在试验区域条件以外的环境。

6.3.1.1.6 下腿型仪器

6.3.1.1.6.1 在小腿的非撞击侧安装单轴的加速度传感器,位置在膝部中心以下66 mm±5 mm处,其测量轴沿撞击方向。

6.3.1.1.6.2 应在剪切位移装置安装阻尼器,并且可安装在冲击器后表面的任一位置或内部。阻尼器的特性应确保冲击器符合静态和动态剪切位移的要求,并防止剪切位移装置的过分振动。

6.3.1.1.6.3 应安装测量膝部弯曲角和膝部剪切位移的传感器。

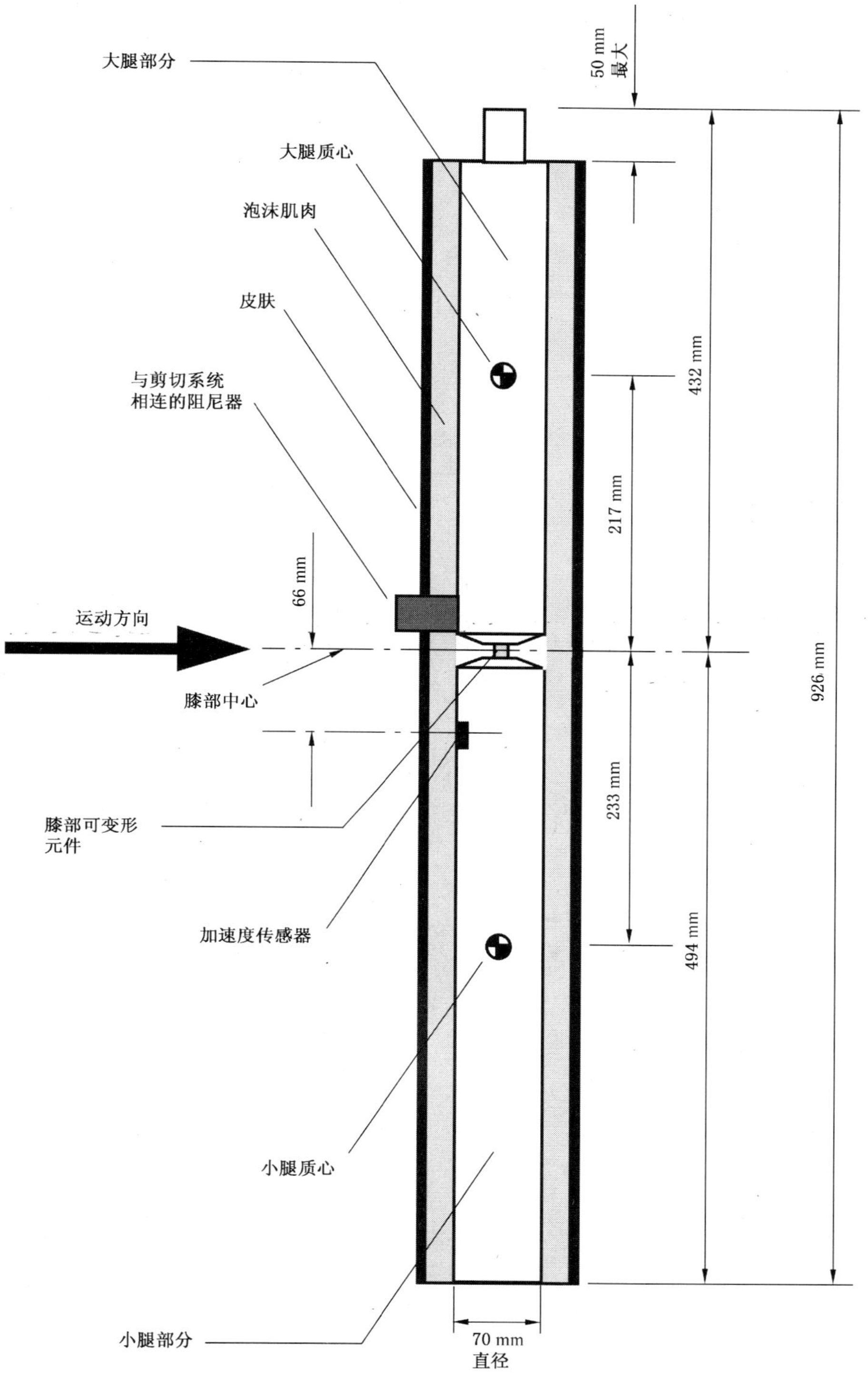

图 12　下腿型冲击器图

6.3.1.1.6.4　仪器响应值通道滤波等级(CFC)的定义见 ISO 6487，所有传感器的 CFC 均应为 180。通道幅值等级(CAC)响应值的定义见 ISO 6487，膝部弯曲角为 50°，剪切位移为 10 mm，加速度为 500g。这并不要求冲击器自身具有弯曲到这一角度或该剪切位移的性能。

6.3.1.1.7　下腿型的标定

6.3.1.1.7.1　下腿型冲击器应符合第 8 章规定的性能要求。

6.3.1.1.7.2　已标定的下腿型冲击器在重新标定前最多可进行 20 次冲击试验。对于每一次试验，应使用新的塑性可变形膝部元件。从上一次标定算起，如果时间超过一年，或冲击器传感器的输出，在某一次冲击时，超过规定的 CAC 或达到下腿型冲击器变形能力的机械限制，冲击器均应重新标定。

6.3.1.2 上腿型冲击器

上腿型冲击器应是刚性的，撞击侧覆以泡沫，长度为 350 mm±5 mm(见图 13)。

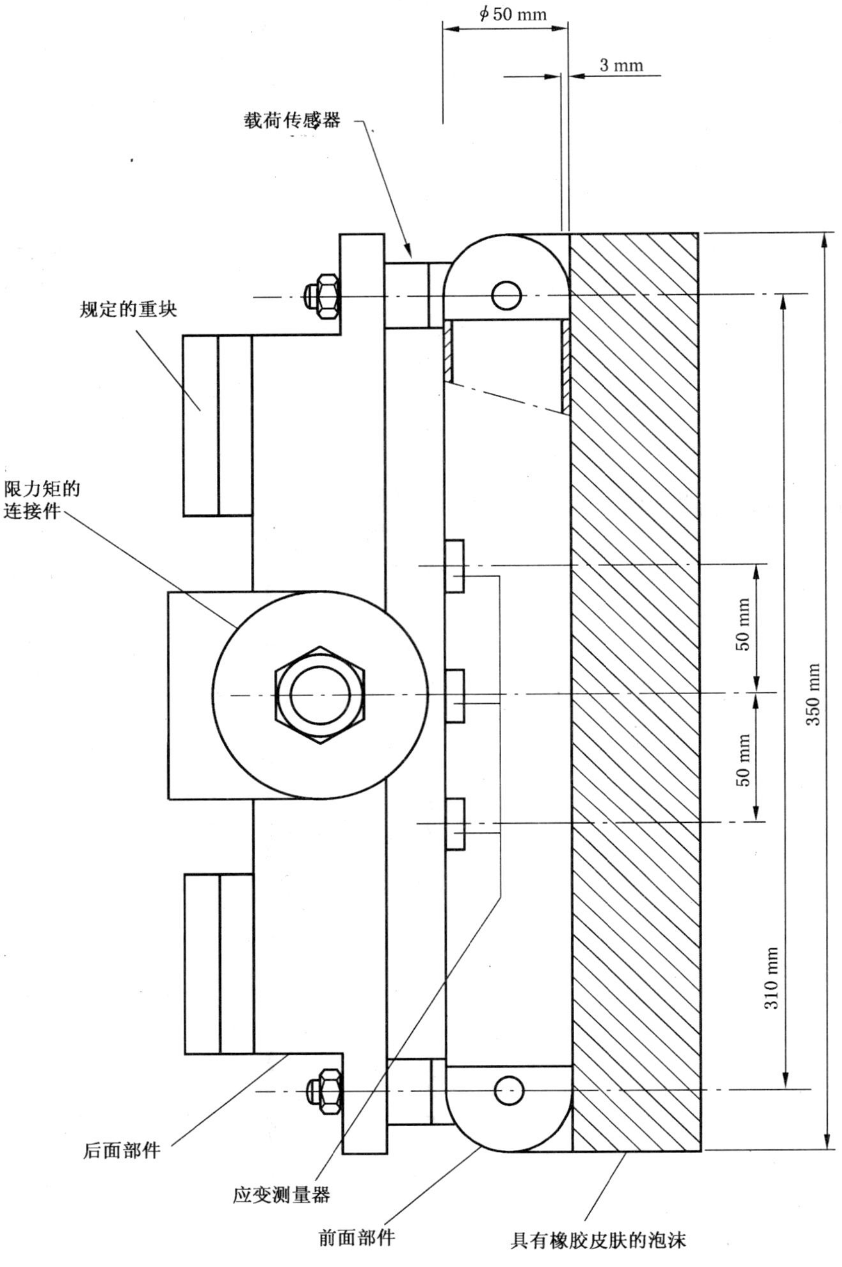

图 13 上腿型冲击器图

6.3.1.2.1 上腿型冲击器总质量应为 9.5 kg±0.1 kg，包括在撞击过程中作为冲击器重要部分的推进和导向的部件。

6.3.1.2.2 前面部件和载荷传感器总成前面的其他部件，加上载荷传感器总成中在启动元件前面那些部件，但不包括泡沫和皮肤的总质量为 1.95 kg±0.05 kg。

6.3.1.2.3 在对保险杠的试验中，上腿型冲击器应通过限力矩的连接件安装在推进系统上，并对非轴向的载荷不敏感。当与车辆接触时，冲击器应仅沿着规定的冲击方向运动，并应防止在其他方向的运动包括绕任何轴的转动。

6.3.1.2.4 限力矩连接件的设置，应保证前面部件的纵向轴在撞击时保持垂直，偏差为±2°，连接件的摩擦力矩设置为 675 N·m±25 N·m。

6.3.1.2.5 在限力矩连接件之前的冲击器部件的质心，包括所有重块，应位于冲击器的纵向中心线，偏差为±10 mm。

6.3.1.2.6 载荷传感器中心线之间的长度为 310 mm±1 mm，前面部件的直径为 50 mm±1 mm。

6.3.1.2.7 每次试验，冲击器应安装两张新的 25 mm 厚 CF-45 型泡沫肌肉或等效物，泡沫肌肉应取自于用于动态标定试验的材料。皮肤是 1.5 mm 厚的纤维加强橡胶层。泡沫和橡胶皮肤总质量为 0.6 kg±0.1 kg（不包括所有用于将橡胶皮肤后边缘连接到后面部件上的固定件和安装件等）。泡沫和橡胶皮肤向后折叠，橡胶皮肤通过衬垫固定在后面部件上，使橡胶皮肤的侧面保持平行。泡沫的尺寸和形状应保证在泡沫和前面部件之后的部件之间保持有足够的间隙，以避免泡沫和这些部件之间传递较大载荷。

6.3.1.2.8 在冲击器用于标定试验之前，试验冲击器或至少是泡沫肌肉应在受控的贮存区保存至少 4 h，贮存区的恒定湿度为 35%±15%，温度为 20 ℃±4 ℃。从贮存区取出后，冲击器不应暴露在试验区域条件以外的环境。

6.3.1.2.9 上腿型仪器

6.3.1.2.9.1 前面部件应由应变测量器在如图 13 所示的三个位置测量弯矩，每一位置使用单独的测量通道。应变测量器应安装在冲击器前面部件的后面。两个外侧应变测量器位于冲击器对称轴 50 mm±1 mm 的位置。中间的应变测量器位于对称轴上，偏差±1 mm。

6.3.1.2.9.2 两个载荷传感器分别测量施加在上腿型冲击器两端的力，应变测量器在上腿型冲击器中心及中心线两侧 50 mm 的位置分别测量弯矩。

6.3.1.2.9.3 仪器响应值 CFC 的定义见 ISO 6487，所有传感器的 CFC 均应为 180。CAC 响应值的定义见 ISO 6487，力为 10 kN，弯矩为 1 000 N·m。

6.3.1.2.10 上腿型的标定

6.3.1.2.10.1 上腿型冲击器应符合第 8 章规定的性能要求。

6.3.1.2.10.2 已标定的冲击器在重新标定前最多可进行 20 次冲击试验（本限制不适用于推进或导向的部件）。从上一次标定算起，如果时间超过一年，或冲击器传感器的输出，在某一次冲击时，超过规定的 CAC，冲击器均应重新标定。

6.3.2 儿童和成人头型冲击器

6.3.2.1 儿童头型冲击器（见图 14）

儿童头型冲击器应为铝制，均质结构，球形。直径为 165 mm±1 mm。质量为 3.5 kg±0.07 kg。相对于过质心且垂直于冲击方向的轴的惯性矩应为 0.008 kgm^2～0.012 kgm^2。包括仪器的头型冲击器的质心应位于球的几何中心，偏差为±2 mm。

球体用 14 mm±0.5 mm 厚的合成皮肤覆盖，覆盖面积至少为球体的一半。

6.3.2.1.1 儿童头型仪器

在球体内凹处可安装一个三轴或三个单轴的加速度传感器，在测量轴方向上传感器质量块与球体中心的偏差在±10 mm 内，在与测量轴垂直方向上传感器质量块与球体中心的偏差在±1 mm 内。

如果使用三个单轴加速度传感器，其中一个加速度传感器的测量轴线应垂直于安装面 A（见图 14），并且其质量块安装位置应处于半径为 1 mm，高度为 20 mm 的圆柱形偏差区域内。偏差区域的中心线应垂直于安装面且它的中点应与头型冲击器的球体中心重合。

其余加速度传感器的测量轴应互相垂直，并且平行于安装面 A，其质量块定位于半径为 10 mm 的球形偏差区域内。偏差区域的中心应与头型冲击器的球体中心重合。

仪器响应值 CFC 的定义见 ISO 6487，CFC 应为 1000。CAC 响应值的定义见 ISO 6487，加速度传感器的 CAC 应为 500g。

6.3.2.1.2 第一固有频率

头型冲击器的第一固有频率应大于 5 000 Hz。

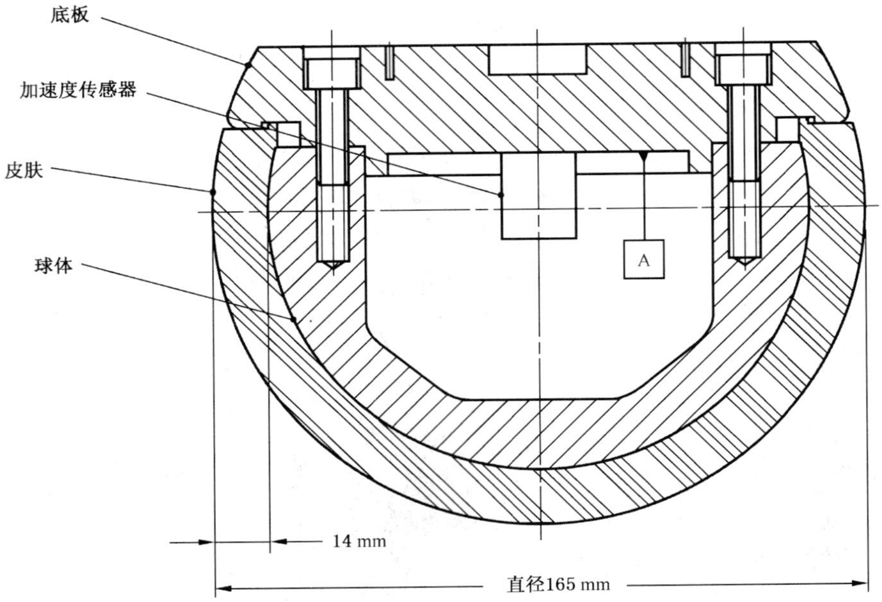

图 14 儿童头型冲击器图

6.3.2.2 成人头型冲击器(见图 15)

成人头型冲击器应为铝制,均质结构,球形。直径为 165 mm±1 mm,如图 15 所示。质量为 4.5 kg ±0.1 kg。相对于过质心且垂直于冲击方向的轴的惯性矩应为 0.010 kgm^2～0.013 kgm^2。包括仪器的头型冲击器的质心应位于球的几何中心,偏差为±5 mm。

球体用 14 mm±0.5 mm 厚的合成皮肤覆盖,覆盖面积至少为球体的一半。

6.3.2.2.1 成人头型仪器

球体凹处应允许安装一个三轴或三个单轴的加速度传感器,在测量轴方向上传感器质量块与球体中心的偏差在±10 mm 内,在与测量轴垂直方向上传感器质量块与球体中心的偏差在±1 mm 内。

如果使用三个单轴加速度传感器,其中一个加速度传感器的测量轴线垂直于安装面 A(见图 15),并且其质量块安装位置应处于半径为 1 mm,高度为 20 mm 的圆柱形偏差区域内。偏差区域的中心线应垂直于安装面且它的中点应与头型冲击器的球体中心重合。

其余加速度传感器的测量轴应互相垂直,并且平行于安装面 A,其质量块定位于半径为 10 mm 的球形偏差区域内。偏差区域的中心应与头型冲击器的球体中心重合。

仪器响应值 CFC 的定义见 ISO 6487, CFC 应为 1000。CAC 响应值的定义见 ISO 6487,加速度传感器的 CAC 应为 500*g*。

6.3.2.2.2 第一固有频率

头型冲击器的第一固有频率应大于 5 000 Hz。

6.3.2.3 头型冲击器的后表面

在头型冲击器的外表面提供一个后部平坦平面,并且垂直于运动方向和其中一个加速度传感器的测量轴,而且作为一个平板能提供方便安装加速度传感器和推进系统的连接点。

6.3.2.4 头型冲击器的标定

头型冲击器应符合第 8 章规定的性能要求。已标定的冲击器在重新标定前最多可进行 20 次冲击试验。从上一次标定算起,如果时间超过一年,或冲击器传感器的输出,在某一次冲击时,超过规定的 CAC,冲击器均应重新标定。

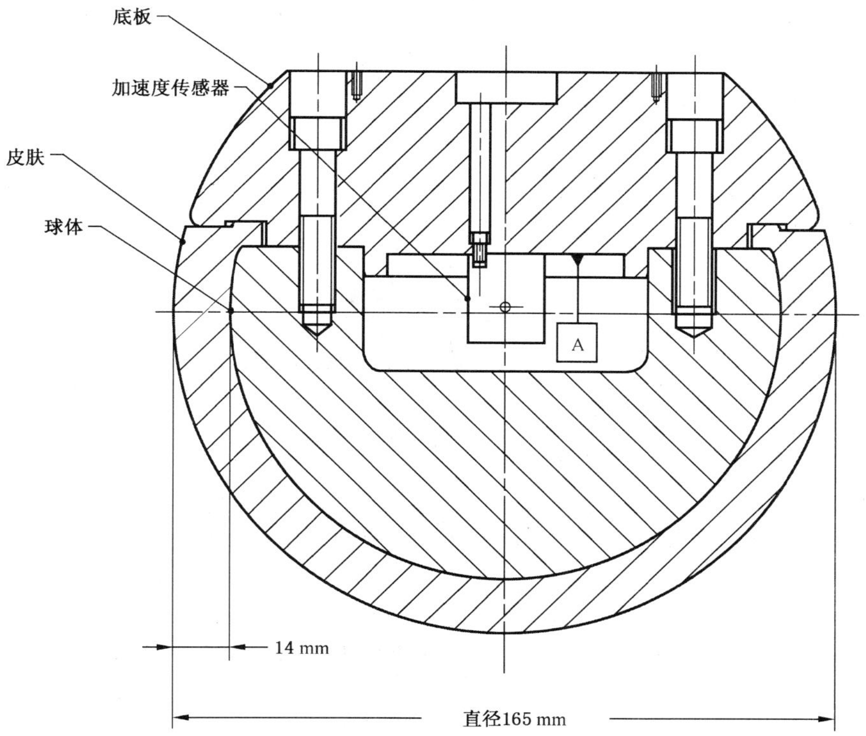

图 15 成人头型冲击器图

7 试验程序

7.1 腿型对保险杠的试验程序

7.1.1 下腿型对保险杠的试验程序

当冲击器从受控的贮存区取出用于试验时，每次试验应在 2 h 内完成。

7.1.1.1 选择的目标点应在保险杠试验区域内。

7.1.1.2 冲击速度的矢量方向应在水平平面内，并平行于车辆纵向垂直平面。在第一接触时刻速度矢量的方向在水平平面和纵向平面的偏差为±2°。冲击器的轴应垂直于水平平面，在侧向平面和纵向平面的偏差为±2°。水平平面，纵向平面和侧向平面互相正交(见图 16)。

7.1.1.3 在第一接触时刻冲击器的底部应在地面基准平面以上 25 mm(见图 17)，偏差为±10 mm。当设置推进系统的高度时，应考虑冲击器在自由飞行期间的重力影响。

7.1.1.3.1 下腿型冲击器对保险杠的试验，在冲击瞬间应处于自由飞行状态。冲击器在与车辆一定的距离释放为自由飞行状态，这个距离的确定应符合在冲击器反弹时，推进系统与冲击器的接触不应影响试验结果。

冲击器可由空气、弹簧、液压枪或者能得到相同结果的其他方式推进。

7.1.1.3.2 在第一接触时刻，为了其膝关节的正确操作，冲击器绕着垂直轴的定位偏差为±5°(见图 16)。

7.1.1.3.3 在第一接触时刻，冲击器的中心线与已选定的冲击位置的偏差为±10 mm。

7.1.1.3.4 在冲击器和车辆接触过程中，冲击器不应接触地面或与车辆无关的任何物体。

7.1.1.4 当撞击保险杠时冲击器的冲击速度为 11.1 m/s±0.2m/s。在第一接触时刻前从测量仪器上获得冲击速度，应考虑重力的影响。

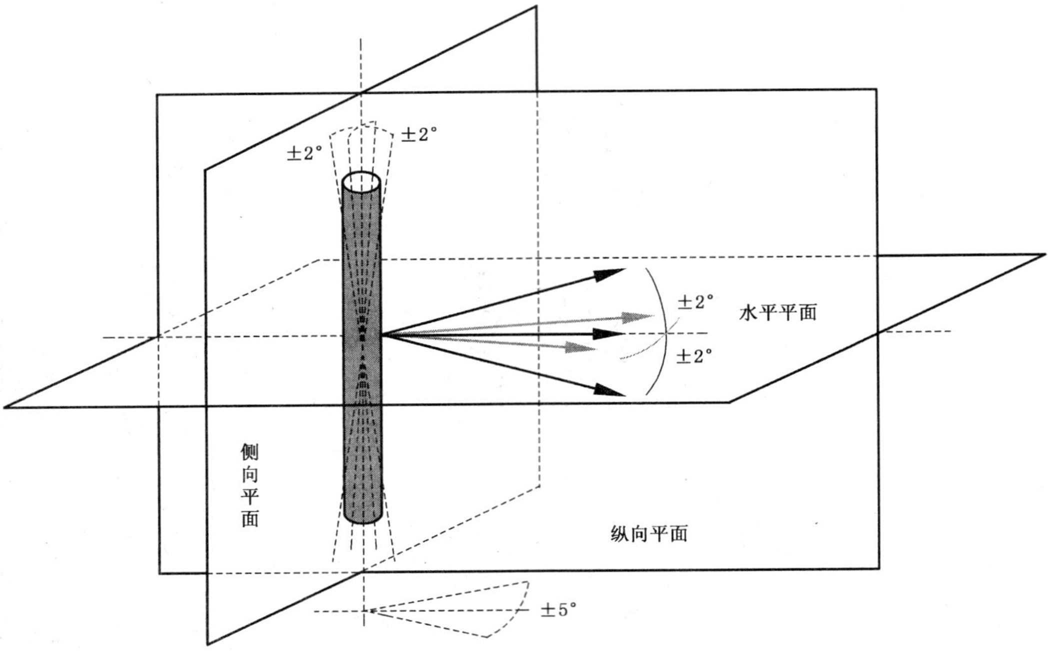

图 16　在第一接触时刻下腿型冲击器允许的角度偏差

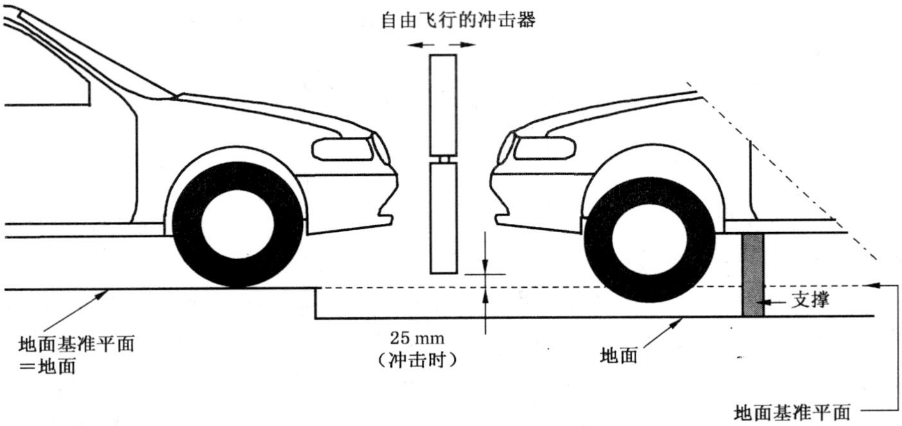

图 17　正常行驶姿态的整车(左侧)和安装在支撑上的切割车身(右侧)的下腿型对保险杠试验

7.1.2　上腿型对保险杠的试验程序

当冲击器从受控的贮存区取出用于试验时,每次试验应在 2 h 内完成。

7.1.2.1　选择的目标点应在 3.10 定义的保险杠试验区域内。

7.1.2.2　在第一接触时刻,冲击方向应平行于车辆纵向轴且上腿型的轴线应垂直,偏差为±2°。在第一接触时刻冲击器的水平中心线应位于保险杠上部基准线和保险杠下部基准线的中线上,纵向偏差为±10 mm,并且冲击器的垂直中心线与已选定的冲击位置的横向偏差为±10 mm。

7.1.2.3　当撞击保险杠时上腿型冲击器的冲击速度应为 11.1 m/s±0.2 m/s。

7.2　头型试验程序

7.2.1　头型冲击器的推进

头型冲击器在冲击瞬间应处于自由飞行状态,并达到要求的冲击速度(见 7.3.4 和 7.4.4)和要求的冲击方向(见 7.3.5 和 7.4.5)。冲击器在与车辆一定的距离释放为自由飞行状态,这个距离的确定应符合在冲击器反弹时,推进系统与冲击器的接触不应影响试验结果。

7.2.2 冲击速度的测量

按照 ISO 3784 中所规定的方法，应在撞击前自由飞行状态中在某一点测量头型冲击器的速度。速度测量的准确度应为±0.01 m/s。为了确定在撞击时冲击器的速度，应考虑在测量点和冲击点之间可能影响冲击器的所有因素，调整已测量的速度。应计算或测量冲击时速度矢量的角度。

7.2.3 记录

应记录加速时间历程，计算 HIC。记录汽车前部结构的第一接触点。按照 ISO 6487 的规定记录试验结果。

7.3 儿童头型试验程序

本标准 5.2.1 和 5.2.3 的要求按照本试验程序。

7.3.1 试验在本标准 3.12 所规定的前部结构的区域界限内进行。对于在发动机罩上部的后面区域的试验，在冲击发动机罩上部前，头型冲击器不应接触到前风窗玻璃或 A 柱。

7.3.2 冲击点不应定位于，将导致在试验区域外发生更为严重的二次碰撞的试验区域。

在第一接触时刻，在发动机罩上所选定的儿童头型冲击器的冲击点应符合：

a) 侧面基准线以内不小于 82.5 mm；

b) WAD1700 线的前向，或发动机罩后面基准线前向不小于 82.5 mm，测量点取最前点；

c) WAD1000 线的后向，或发动机罩前缘基准线后向不小于 82.5 mm，测量点取最后点。

这些最小距离的设定是用一根软尺沿着车辆外表面拉紧确定。

7.3.3 头型冲击器的第一接触点与已选定的冲击点的偏差应为±10 mm。

7.3.4 冲击时头型速度应为 9.7 m/s±0.2 m/s。

7.3.5 冲击方向应在车辆纵向垂直平面内，相对于水平面的试验冲击角度为 50°±2°。试验冲击方向相对于前部结构应向下和向后。

7.4 成人头型试验程序

本标准 5.2.2 和 5.2.3 的要求按照本试验程序。

7.4.1 试验在本标准 3.1 所规定的前部结构的区域界限内进行。对于在发动机罩上部的后面区域的试验，在冲击发动机罩上部前，头型冲击器不应接触到前风窗玻璃或 A 柱。

7.4.2 冲击点不应定位于，将导致在试验区域外发生更为严重的二次碰撞的试验区域。

在第一接触时刻，在发动机罩上所选定的成人头型冲击器的冲击点应符合：

a) 侧面基准线以内不小于 82.5 mm；

b) WAD2100 线的前向，或发动机罩后面基准线前向不小于 82.5 mm，测量点取最前点；

c) WAD1700 线的后向。

这些最小距离的设定是用一根软尺沿着车辆外表面拉紧确定。

7.4.3 头型冲击器的第一接触点与已选定的冲击点的偏差应为±10 mm。

7.4.4 冲击时头型速度应为 9.7 m/s±0.2 m/s。

7.4.5 冲击方向应在车辆纵向垂直平面内，相对于水平面的试验冲击角度为 65°±2°。试验冲击方向相对于前部结构应向下和向后。

8 冲击器的标定

本标准所述试验中使用的冲击器应符合以下性能要求。

下腿型冲击器的要求见 8.1，上腿型冲击器的要求见 8.2，成人和儿童头型冲击器的要求见 8.3。

8.1 下腿型冲击器的标定

8.1.1 静态试验

8.1.1.1 当下腿型冲击器按照 8.1.1.4 进行试验时，应满足 8.1.1.2 的要求。当按照 8.1.1.5 进行试验时应满足 8.1.1.3 的要求。

在上述两个试验中，为保证下腿型冲击器膝关节正确操作，应对中下腿型冲击器纵向轴，偏差在±2°内。

标定过程中，冲击器的温度应恒定在 20 ℃±2 ℃。

ISO 6487 定义的 CAC 响应值，对应膝部弯曲角度为 50°，对应按照 8.1.1.4 对冲击器施加的弯曲加载为 500 N，对应剪切位移为 10 mm，对应按照 8.1.1.5 对冲击器施加的剪切加载为 10kN。在这两个试验中，只要对冲击器响应测量结果影响不大，为减少高频噪声，对适当频率采用低通滤波是允许的。

8.1.1.2 当按照 8.1.1.4 对冲击器施加弯曲加载时，所施加的载荷/弯曲角度的响应值，应在图 18 中所示的限值范围内。同时，产生 15.0°弯曲角度所需的能量为 100 J±7 J。

8.1.1.3 当按照 8.1.1.5 对冲击器施加剪切加载时，所施加的载荷/剪切位移的响应值，应在图 19 中所示的限值范围内。

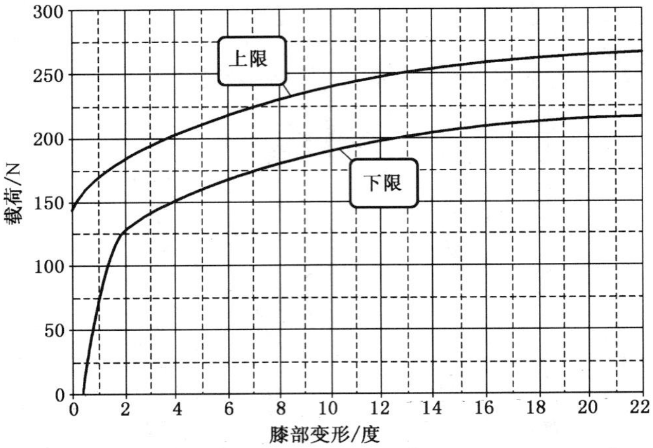

图 18 下腿型冲击器静态弯曲标定试验中载荷-角度要求(见 8.1.1.2)

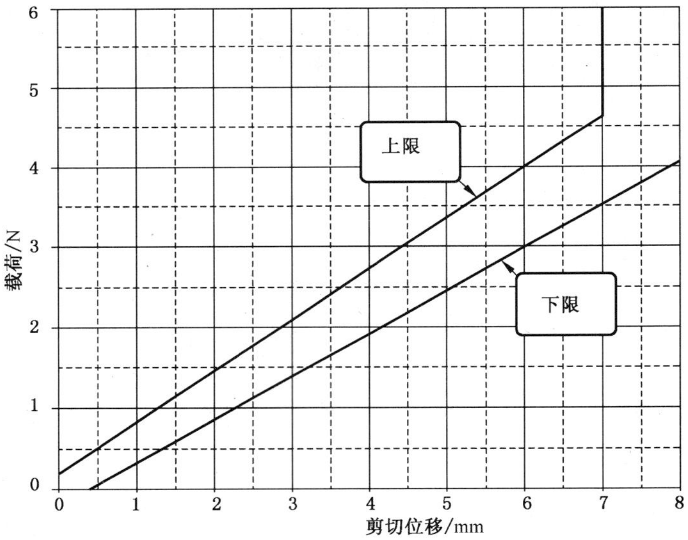

图 19 下腿型冲击器静态剪切标定试验中载荷-位移要求(见 8.1.1.3)

8.1.1.4 将不带泡沫肌肉和皮肤的冲击器的小腿牢固地夹紧在固定的水平面上，将一个金属管牢固地连接在冲击器的大腿上，见图 20。冲击器膝关节的旋转轴应垂直。不应对大腿和金属管支撑，以防出现异常摩擦。但是金属管和其他部件的质量(不包括腿型本身)对膝部关节中心产生的弯曲力矩不应超过 25 N·m。

在金属管上距离膝部关节中心 2.0 m±0.01 m 处沿水平方向施加法向载荷，记录膝部变形角度。

以1.0°/s～10°/s 的速度施加载荷直到变形角度超过 22°。如采用手动加载方式允许超过上述规定值。

通过加载载荷在弯曲弧度上的积分与加载半径 2.0 m±0.01 m 的乘积来计算能量。

8.1.1.5 将不带泡沫肌肉和皮肤的冲击器的小腿牢固地夹紧在固定的水平面上，将一个金属管牢固地连接在冲击器的大腿上，在距离膝部关节中心 2.0 m 处将金属管约束，见图 21。

在金属管上距离膝部关节中心 50 mm 处沿水平方向施加法向载荷，记录膝部剪切位移。以 0.1 mm/s～20 mm/s 的速度施加载荷直到剪切变形超过 7.0 mm 或载荷超过 6.0 kN。如采用手动加载方式允许超过上述规定值。

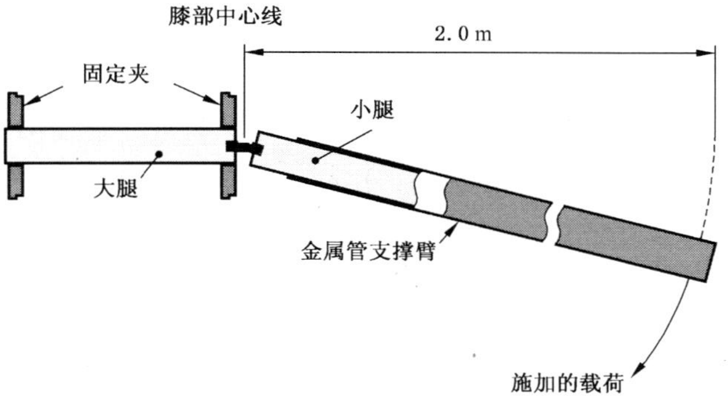

图 20 下腿型冲击器静态弯曲标定试验的俯视示意图(见 8.1.1.4)

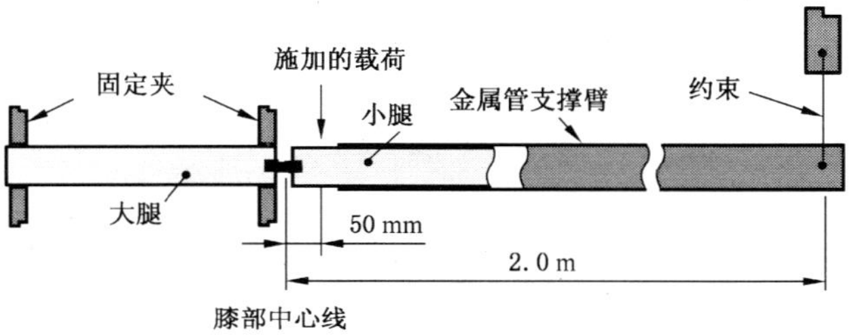

图 21 下腿型冲击器静态剪切标定试验的俯视示意图(见 8.1.1.5)

8.1.2 **动态试验**

8.1.2.1 当下腿型冲击器按照 8.1.2.4 进行试验时，应符合 8.1.2.3 的规定。

8.1.2.2 标定

8.1.2.2.1 标定试验前，试验冲击器用的泡沫肌肉应在恒定湿度为 35%±10%，恒定温度为 20 ℃±2 ℃ 的受控贮存区内放置至少 4 h。冲击时，试验冲击器的温度为 20 ℃±2 ℃。为控制温度偏差，试验冲击器在规定温度条件中保存至少 4 h 后，所处的标定环境相对湿度应为 40%±30%。

8.1.2.2.2 在标定过程中，试验设备应保持恒定湿度为 40%±30%，恒定温度为 20 ℃±4 ℃。

8.1.2.2.3 应保证每次标定在冲击器从受控贮存区取出后 2 h 内完成。

8.1.2.2.4 应测量每次标定时标定环境的相对湿度和温度，同时将其记录在标定报告中。

8.1.2.3 要求

8.1.2.3.1 按照 8.1.2.4 的要求，下腿型冲击器被一直线导向标定用冲击器撞击时，小腿上端的最大加速度不应小于 120g 且不应大于 250g。最大弯曲角不应小于 6.2°且不应大于 8.2°。最大剪切位移不应小于 3.5 mm 且不应大于 6.0 mm。

所有测量值的读数都是在下腿型冲击器与标定用冲击器初始碰撞过程中读取的，而不是在停止过程中读取的。用于停止下腿型冲击器或标定用冲击器的任何停止系统的停止过程不应在时间上与初始碰撞过程重叠。停止系统不应造成传感器的输出值超过规定的 CAC。

8.1.2.3.2 ISO 6487 定义的仪器响应值 CFC，对应所有传感器为 180。ISO 6487 定义的 CAC 响应

值，对应膝部弯曲角为 50°，对应剪切位移为 10 mm，对应加速度为 500g。上述要求不是对冲击器本身结构设计所产生的弯曲角或位移的要求。

8.1.2.4 试验程序

8.1.2.4.1 将带泡沫肌肉和皮肤的下腿型冲击器用三根直径为 1.5 mm±0.2 mm、长度不小于 2.0 m 的钢丝绳水平悬挂，见图 22。下腿型冲击器的纵向轴应保持水平，偏差为±0.5°，并与标定用冲击器的运动方向垂直，偏差为±2°。为保证下腿型膝关节正确操作，应对中下腿型冲击器纵向轴，偏差为±2°。包括用于安装悬挂用钢丝绳的过渡板的冲击器应符合 6.3.1.1 的规定。

8.1.2.4.2 标定用冲击器的质量为 9.0 kg±0.05 kg，该质量包括组成冲击过程中冲击器有效质量的推进装置、导向装置部件的质量。标定用冲击器冲击面尺寸见图 23。冲击面材料为铝，其表面粗糙度应高于 2.0 μm。

导向系统应保证在导向过程中较小的摩擦力，不易受非导向方向载荷的影响。只允许冲击器在与车辆接触时沿所规定的冲击方向移动。导向装置应防止包括沿任何轴旋转的其他方向上的运动。

8.1.2.4.3 冲击器标定时应使用未用过的泡沫肌肉。

8.1.2.4.4 冲击器的泡沫肌肉在安装过程前、过程中、过程后，不应出现过度捏压或变形。

8.1.2.4.5 标定用冲击器应以 7.5 m/s±0.1 m/s 的速度沿水平方向撞击处于静止状态的下腿型冲击器，见图 23。标定用冲击器的中心线应与小腿中心线上距膝部中心 50 mm 处对齐，水平方向偏差为±3 mm，垂直方向偏差为±3 mm。

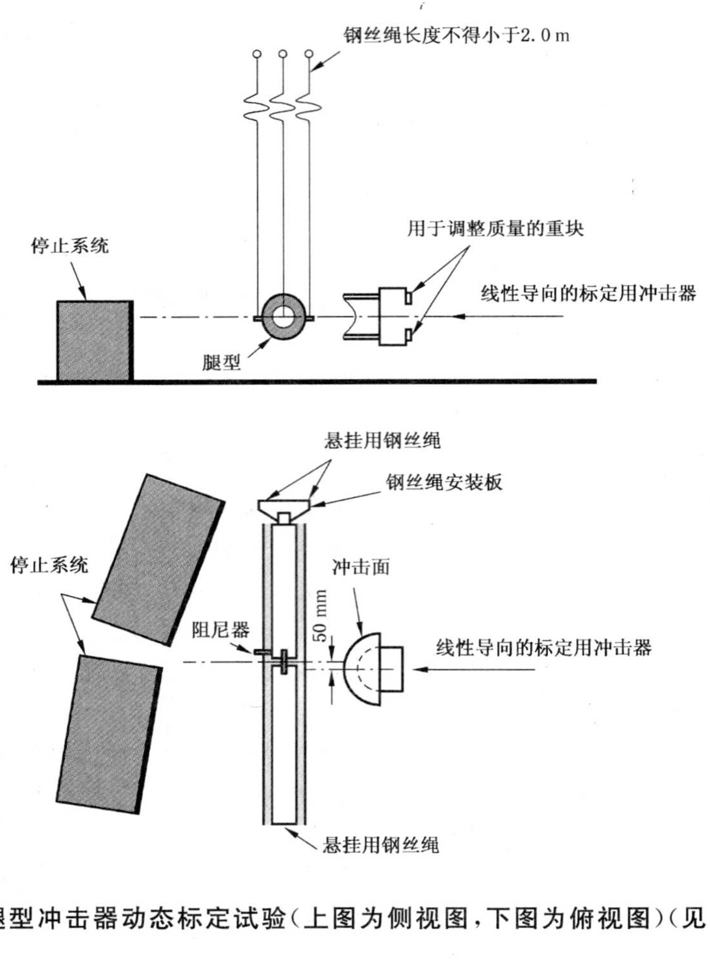

图 22 下腿型冲击器动态标定试验（上图为侧视图，下图为俯视图）（见 8.1.2.4.1）

单位为毫米

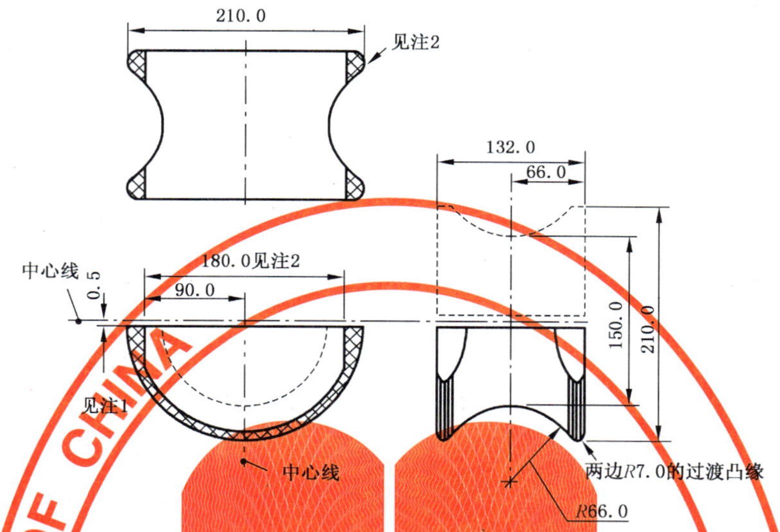

注 1：鞍形部分为考虑整个直径的尺寸按照图示所示方法切成两块后的部分。

注 2：阴影部分可采用所示方式切除。

注 3：所有尺寸偏差为±1.0 mm。

材料：铝合金

图 23 下腿型动态标定试验的标定用冲击器冲击面的详细规定（见 8.1.2.4.2）

8.2 上腿型冲击器的标定

8.2.1 当上腿型冲击器按照 8.2.4 进行试验时，应满足 8.2.3 的规定。

8.2.2 标定

8.2.2.1 标定试验前，试验冲击器用的泡沫肌肉应在恒定湿度为 35%±10%，恒定温度为 20 ℃±2 ℃的受控贮存区内放置至少 4 h。冲击时，试验冲击器的温度为 20 ℃±2 ℃。为控制温度偏差，试验冲击器在规定温度条件中保存至少 4 h 后，所处的标定环境相对湿度应为 40%±30%。

8.2.2.2 在标定过程中，试验设备应保持恒定湿度为 40%±30%，恒定温度为 20 ℃±4 ℃。

8.2.2.3 应保证每次标定在冲击器从受控贮存区取出后 2 h 内完成。

8.2.2.4 应测量每次标定时标定环境的相对湿度和温度，同时将其记录在标定报告中。

8.2.3 要求

8.2.3.1 当冲击器被推向一个静止的圆柱体摆锤管时，每个载荷传感器所测的峰值载荷不应小于 1.20 kN 且不应大于 1.55 kN，上、下载荷传感器所测得峰值载荷的差值不应超过 0.10 kN。同样，由应变器所测的中间位置的弯曲力矩峰值不应小于 190 N·m 且不得大于 250 N·m，外侧位置的弯曲力矩峰值不得小于 160 N·m 且不得大于 220 N·m，上、下弯曲力矩峰值的差值不得超过 20 N·m。

对于所有测量值的读数都是在与摆锤管初始碰撞过程中读取的，而不是在停止过程中读取的。用于停止冲击器或摆锤管的任何停止装置，其停止过程都不应在时间上与初始碰撞过程重叠。停止装置不应造成传感器的输出值超过规定的 CAC 值。

8.2.3.2 ISO 6487 定义的仪器响应值 CFC，对所有传感器为 180。ISO 6487 定义的 CAC 响应值，对应载荷传感器为 10 kN，对应弯曲力矩测量为 1 000 N·m。

8.2.4 试验程序

8.2.4.1 冲击器应通过力矩限制铰接点安装在推进装置和导向装置上。力矩限制铰接点的设置，应保证冲击器前端部分的纵轴，垂直于导向装置的导向轴，偏差为±2°。力矩限制铰接点的力矩设置在 675 N·m±25 N·m 范围内。导向装置应保证在导向过程中较小的摩擦力，以保证冲击器与摆锤接触时只沿着规定的方向移动。

8.2.4.2　冲击器的质量应调整为 12 kg±0.1 kg。该质量包括组成碰撞过程中冲击器有效质量的推进装置、导向装置部件的质量。

8.2.4.3　冲击器中包括附加质量在内的位于力矩限制铰接点前端部分的重心，应位于冲击器的纵向中心线上，其偏差不应超过±10 mm。

8.2.4.4　冲击器标定时应使用未用过的泡沫肌肉。

8.2.4.5　冲击器的泡沫肌肉在安装过程前、过程中、过程后，不应出现过度捏压或变形。

8.2.4.6　冲击器应保持前端部分垂直，以 7.1 m/s±0.1 m/s 的速度沿水平方向撞击处于静止状态的摆锤管，见图 24。

8.2.4.7　摆锤管质量为 3 kg±0.03 kg，壁厚为 3 mm±0.15 mm，外径为 150^{+1}_{-4} mm。摆锤管总长度为 275 mm±25 mm。摆锤管为冷拉无缝钢管（为了防止生锈，钢管外面可电镀），外表面的粗糙度应高于 2.0 μm，由两根直径为 1.5 mm±0.2 mm、长度不小于 2.0 m 的钢丝绳悬挂。摆锤表面应干净、干燥。摆锤管的定位应保证圆柱体的纵向轴垂直于冲击器前端部分（指水平），偏差为±2°；垂直于冲击器的运动方向，偏差为±2°。摆锤管的中心与冲击器前端部分的中心对齐，水平方向和垂直方向的偏差均为±5 mm。

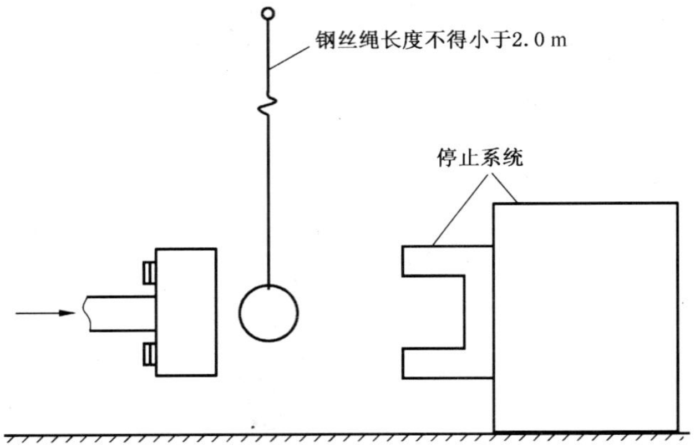

图 24　上腿型冲击器动态标定试验（见 8.2.4.6）

8.3　儿童头型和成人头型冲击器的标定

8.3.1　跌落试验

当头型冲击器按照 8.3.3 进行试验时，应符合 8.3.2 的规定。

8.3.2　要求

8.3.2.1　当头型冲击器按照 8.3.3 规定从 376 mm±1 mm 高度落下时，头部冲击器内所装的一个三轴（或三个单轴）加速度计测量的合成加速度峰值应：

a）对于儿童头型冲击器，不应小于 245g 且不应大于 300g；

b）对于成人头型冲击器，不应小于 225g 且不应大于 275g。

加速度-时间曲线应为单一波形。

8.3.2.2　每个加速度计的仪器响应值 CFC 和 CAC 响应值应分别是 1000 和 500g，其定义见 ISO 6487。

8.3.2.3　温度条件

冲击时头型冲击器的温度应为 20 ℃±2 ℃。为控制温度偏差，试验冲击器在规定温度条件中保存至少 4 h 后取出，所处的环境相对湿度应为 40%±30%。

8.3.2.4　头型冲击器标定合格后，最多能进行 20 次冲击试验。

8.3.3　试验程序

8.3.3.1　头型冲击器应悬挂在跌落架上，如图 25 所示。

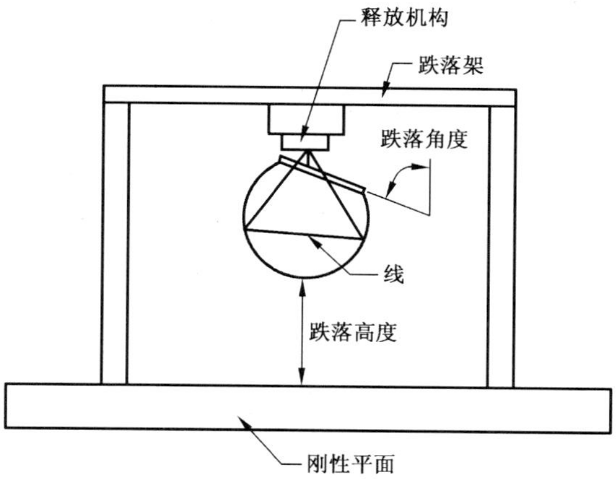

图 25　头型冲击器生物特性动态试验(见 8.3.3.1)

8.3.3.2　头型冲击器应从规定高度跌落。跌落方式应保证头型冲击器瞬间释放并跌落到一刚性支撑的水平刚板上。该刚板为厚度大于 50 mm,面积大于 300 mm×300 mm 的正方形,表面干净、干燥,粗糙度 0.2 μm～2.0 μm。

8.3.3.3　头型冲击器在跌落时冲击器后表面与垂直方向夹角,对于儿童头型应为 7.3.5 规定的试验角度,对于成人头型应为 7.4.5 规定的试验角度,见图 25。头型冲击器的悬挂方式应保证头型冲击器在跌落过程中不应旋转。

8.3.3.4　应进行三次跌落试验,每次试验应将头型冲击器沿对称轴旋转 120°。

附 录 A
（资料性附录）
本标准章条编号与GTR9章条编号对照

本标准章条编号	对应的GTR9章条编号	本标准章条编号	对应的GTR9章条编号
—	1	3.25	3.25
1	2	3.26	3.26
2	—	3.27	3.27
3	3	3.28	3.28
3.1	3.1	3.29	3.29
3.2	3.2	3.30	—
3.3	3.3	3.31	—
3.4	3.4	3.32	—
3.5	3.5	4	4
3.6	3.6	4.1	4.1
3.7	3.7	4.2	4.2
3.8	3.8	4.3	4.3
3.9	3.9	5	5
3.10	3.10	5.1	5.1
3.11	3.11	5.2	5.2
3.12	3.12	6	6
3.13	3.13	6.1	6.1
3.14	3.14	6.2	6.2
3.15	3.15	6.3	6.3
3.16	3.16	7	7
3.17	3.17	7.1	7.1
3.18	3.18	7.2	7.2
3.19	3.19	7.3	7.3
3.20	3.20	7.4	7.4
3.21	3.21	8	8
3.22	3.22	8.1	8.1
3.23	3.23	8.2	8.2
3.24	3.24	8.3	8.3

ICS 43.020
T 09

GB

中华人民共和国国家标准

GB/T 24551—2009

汽车安全带提醒装置

Safety belt reminder for motor vehicles

2009-10-30 发布　　　　　　　　　　2010-07-01 实施

中华人民共和国国家质量监督检验检疫总局
中国国家标准化管理委员会　发布

前言

本标准参照世界车辆法规协调论坛被动安全工作组工作文件 WP29/GRSP-35-18《安全带提醒装置 技术要求》(2004 年 5 月)和 ECE R16《关于机动车乘员安全带,约束系统,儿童约束系统和 ISOFIX 儿童约束系统认证的统一规定》(英文版)的 04 系列(版本 5)增补件 4(2008 年 4 月)的技术内容制定。

本标准由国家发展和改革委员会提出。

本标准由全国汽车标准化技术委员会归口。

本标准起草单位:中国汽车技术研究中心。

本标准主要起草人:孙振东、李维菁、吴卫。

汽车安全带提醒装置

1 范围

本标准规定了汽车安全带提醒装置的定义、指示信号和技术要求。

本标准适用于 M_1 类汽车上用于驾驶员座椅位置和/或前排乘员座椅位置的安全带提醒装置。M_1 类汽车上其他乘坐位置及其他车型的安全带提醒装置可参照执行。

2 规范性引用文件

下列文件中的条款通过本标准的引用而成为本标准的条款。凡是注日期的引用文件，其随后所有的修改单(不包括勘误的内容)或修订版均不适用于本标准，然而，鼓励根据本标准达成协议的各方研究是否可使用这些文件的最新版本。凡是不注日期的引用文件，其最新版本适用于本标准。

GB 4094—1999　汽车操纵件、指示器及信号装置的标志

3 术语和定义

下列术语和定义适用于本标准。

3.1

安全带提醒装置　safety belt reminder

当车内乘员未系安全带时，提醒车内乘员的系统。该系统由探测未系安全带的传感器和第一级提醒信号和/或第二级提醒信号所组成。

3.2

第一级提醒信号　first alert level

车内乘员未系安全带时所激活的视觉信号，可附加听觉信号。

3.3

第二级提醒信号　second alert level

车内乘员未系安全带时所激活的视觉信号和听觉信号。

3.4

未系安全带　safety-belt is not fastened

乘员安全带的带扣未插入带扣锁中或从卷收器中拉出的织带长度不超过 100 mm。

4 要求

当车内乘员未系安全带时，应符合：

4.1　第一级提醒信号：点火开关处于“on”的位置(无论发动机是否处于运行状态)，视觉信号应被激活，持续时间不小于 4 s。视觉信号应足够明亮以至在日光照射状态下清晰可见，并且区别于其他的提醒信号。视觉信号的标志如图 1 所示，显示颜色应为红色，标志应符合 GB 4094—1999 中 5.2.9 的规定。

图 1　视觉信号的标志

4.2 第二级提醒信号：车辆处于下列状态之一时，视觉和听觉信号应被激活：

a） 车辆向前运动超过 500 m；

b） 车辆向前行驶速度超过 25 km/h；

c） 车辆向前运动超过 60 s。

4.2.1 视觉和听觉信号激活持续时间应不小于 30 s。视觉信号可由第一级提醒信号来执行，视觉信号可持续处于激活状态直到安全带被系上。视觉信号是连续的或间断的。

4.2.2 听觉信号应高声清晰以便于驾驶员和前排乘员识别。听觉信号是连续的或间断的，也可由不同声音强度的几个节拍组成。听觉信号可由语音信息所代替。

4.3 当在规定的持续时间之后，并且安全带没有被系上，视觉和/或听觉信号可自动关闭。

4.4 若前排乘客座椅没有乘客乘坐，则该位置的安全带提醒装置可自动处于关闭状态。

ICS 43.040.60
T 26

中华人民共和国国家标准

GB/T 24552—2009

电动汽车风窗玻璃除霜除雾系统的性能要求及试验方法

Electric vehicles—Windshield demisters and defrosters system—Performance requirements and test methods

2009-10-30 发布　　2010-07-01 实施

中华人民共和国国家质量监督检验检疫总局
中国国家标准化管理委员会　发布

前　　言

本标准由国家发展和改革委员会提出。

本标准由全国汽车标准化技术委员会归口。

本标准起草单位：中国汽车技术研究中心。

本标准主要起草人：何云堂、赵静炜。

电动汽车风窗玻璃除霜除雾系统的性能要求及试验方法

1 范围

本标准规定了电动汽车风窗玻璃除霜、除雾系统的性能要求及试验方法。

本标准适用于除霜、除雾系统使用动力电池作为动力源的 M_1 类纯电动汽车。

2 规范性引用文件

下列文件中的条款通过本标准的引用而成为本标准的条款。凡是注日期的引用文件，其随后所有的修改单（不包括勘误的内容）或修订版均不适用于本标准，然而，鼓励根据本标准达成协议的各方研究是否可使用这些文件的最新版本。凡是不注日期的引用文件，其最新版本适用于本标准。

GB 11555　汽车风窗玻璃除雾系统的性能要求及试验方法

GB 11556　汽车风窗玻璃除霜系统的性能要求及试验方法

GB/T 19596—2004　电动汽车术语

3 术语和定义

GB 11555 和 GB 11556 确立的术语和定义适用于本标准。

4 性能要求

每辆电动汽车应装备一套除霜装置和一套除雾装置。

除霜试验开始后 20 min 时，至少应将 A 区的 80%面积的霜除净；试验开始后 25 min 时，至少应将 A′区的 80%面积的霜除净；试验开始后 40 min 时，至少应将 B 区的 90%面积的霜除净。

除雾试验开始后 10 min 时，至少应将 A 区 90%和 B 区 80%面积上的雾除净。

5 试验方法

5.1 除霜试验条件

5.1.1 试验环境温度（下称试验温度）为－18 ℃±3 ℃。

5.1.2 试验应在足以容纳被试车辆的低温室内进行。室内应配有制冷空气循环装置，并使冷空气循环。试验车进入低温室后熄火，在试验温度下至少停放 10 h；如果发动机冷却液、润滑剂等温度确知已稳定在试验温度时，停放时间可以缩短。

5.1.3 试验前，对风窗玻璃的内外表面用含甲醇的酒精或类似的去污剂，彻底清除油污，待干后用清洗剂进一步擦拭，最后再用干棉布擦净。

5.1.4 在试验过程中，除霜系统的热源由动力电池提供电力。

5.1.5 低温室空气流速应低于 2.2 m/s。

5.1.6 电动汽车动力电池和辅助电池都应处于完全充电（见 GB/T 19596—2004 的 3.3.3.2.5）状态。

5.1.7 整个试验期间，除霜装置（控制器）应调到最大位置。

5.1.8 试验期间，若风窗刮水器不需人工辅助而能自行工作，则可随时使用刮水器。

5.1.9 试验时，除了加热和通风系统的进、出口外，动力电池舱、车门和通风口等均应关闭，但可开启 1 扇或 2 扇车窗，总开启间隙不应超过 25 mm。

5.2 除雾试验条件

5.2.1 试验应在足以容纳一辆 M_1 电动汽车，且能维持试验温度为－3 ℃±1 ℃的低温试验室内进行。

5.2.2 试验前，应使用含甲醇的酒精或类似的去污剂彻底清除风窗玻璃内表面上的油污，然后用清洗剂擦拭，待干后再用棉布擦干净。

5.2.3 及时测量试验室的温度和冷空气流速。

5.2.4 试验室冷空气流速的水平分量应低于 2.2 m/s。

5.2.5 试验期间，除了加热和通风系统的进、出口外，动力电池舱、车门和通风口均应关闭，自除雾试验开始，可以开启 1 扇或 2 扇车窗，但总开启距离不应超过 25 mm。

5.2.6 电动汽车动力电池和辅助电池都应处于完全充电状态。完全充电状态按照制造商推荐的方法进行。

5.3 试验仪器及设备

除雾、除霜试验仪器及设备应符合 GB 11555、GB 11556 的要求。

5.4 区域 A、B 和 A′的确定

按 GB 11556 确定试验车风窗玻璃的 A 区、B 区和 A′区。

5.5 除霜试验程序

5.5.1 试验车进入低温室后熄火，在试验温度下至少停放 10 h。

5.5.2 试验车完成 5.5.1 规定后，用规定的喷枪，将 0.044 g/cm^2 乘以风窗玻璃面积值的水量均匀地喷射到玻璃外表面上，生成均匀的冰层。喷射时，喷嘴应垂直于玻璃表面，相距 200 mm～300 mm。

5.5.3 风窗玻璃上形成冰层后，电动汽车应在低温室停放 30 min～40 min，然后由试验人员进入车内。接通总电源开关，开启除霜装置，即认为试验开始。

5.5.4 试验开始后，试验人员每隔 5 min 在车窗内表面上描绘一次除霜面积的踪迹图或拍摄照片。

5.6 除雾试验程序

5.6.1 蒸汽发生器应放在紧挨车辆前座椅靠背后面的地方，其出气口应在驾驶员座椅的 R 点上方 580 mm±80 mm 处座椅中心平面上；若座椅靠背是可调的则应调至规定角度；若座椅靠背后安放不下，则可将发生器放在靠背前最接近上述要求的合适位置。

5.6.2 将试验车开进试验室，停在指定位置，降低室温直至车上所有的冷却液、润滑剂和车内温度都稳定在－3 ℃±1 ℃时为止。

5.6.3 将装有至少 1.7 L 水的蒸汽发生器加热至沸点，待稳定后，将其尽快放入车内，关好车门。

5.6.4 蒸汽发生器在车内工作 5 min 后，1～2 名试验人员进入车内前部。此时，蒸汽发生器输出的蒸汽量应按每个进入车内的试验人员减少 70 g/h±5 g/h。

5.6.5 试验人员进入车内 1 min 后，立即开始按制造厂的规定接通总电源开关，开启除雾装置，调至最大工作位置，此刻即为试验开始时间。

5.6.6 除雾试验开始 10 min 时，应对试验情况进行记录，并描绘或拍照除雾踪迹，要注明驾驶员所在位置一侧。

ICS 43.140
T 80

中华人民共和国国家标准

GB/T 24553—2009

摩托车和轻便摩托车转向轮限位装置及最大转向角的技术要求和测定方法

Motorcycles and mopeds—Limitative device to steering and maximum wheel steer angle—Requirements and measurement methods

2009-10-30 发布　　　　2010-07-01 实施

中华人民共和国国家质量监督检验检疫总局
中国国家标准化管理委员会　发布

前　言

本标准附录 A 为资料性附录。

本标准由国家发展和改革委员会提出。

本标准由全国汽车标准化技术委员会归口。

本标准负责起草单位：上海机动车检测中心、国家摩托车质量监督检验中心。

本标准参加起草单位：国家摩托车质量监督检验中心（重庆）。

本标准起草人：张佳磊、宫建军、傅汉安、陈祖福、钱春雷、何大军、王佳佳。

摩托车和轻便摩托车转向轮限位装置及最大转向角的技术要求和测定方法

1 范围

本标准规定了摩托车和轻便摩托车转向轮限位装置和最大转向角的技术要求及测量条件、试验方法。

本标准适用于摩托车和轻便摩托车。

2 规范性引用文件

下列文件中的条款通过本标准的引用而成为本标准的条款。凡是注日期的引用文件，其随后所有的修改单(不包括勘误的内容)或修订版均不适用于本标准，然而，鼓励根据本标准达成协议的各方研究是否可使用这些文件的最新版本。凡是不注日期的引用文件，其最新版本适用于本标准。

GB/T 8170 数值修约规则与极限数值的表示和判定

GB/T 15028 摩托车操纵稳定性术语

3 术语和定义

GB/T 15028 中确立的及下列术语和定义适用于本标准。

3.1

转向装置 steer device

用来控制摩托车行驶方向的装置，通常包括方向把、方向柱、前减震、前轮等零部件。

3.2

转向轮限位装置 limitative device to steering

车辆本身具备的用来限制转向轮转向的装置。

3.3

最大转向角 maximum wheel steer angle

转动前轮时，车辆的最大转向角(左、右)。

4 要求

4.1 转向装置的零部件应按经规定程序批准的产品图样和技术文件制造，并应符合本标准规定的要求。

4.2 转向装置应转动灵活，无阻滞现象。转动件转动过程中，除转向轮限位装置外，不应与其他零部件发生干涉。

4.3 方向柱应无轴向松动。

4.4 摩托车在平坦、硬实、干燥和清洁路面直线行驶时不应跑偏，其转向装置不应有振摆、路感不灵或其他异常现象。

4.5 正常运行时转向装置不应发生永久变形或开裂。

4.6 转向轮限位装置应能承受对转向轴施加 200 N·m 的力矩，不发生变形、失效。

4.7 摩托车及轻便摩托车的转向轮向左或向右转向角不允许大于：

a) 三轮摩托车、三轮轻便摩托车：45°；

b) 两轮摩托车、两轮轻便摩托车：48°。

5 试验方法

5.1 测量仪器、设备的要求

5.1.1 测试台应采用整体结构，台面呈水平状态。测试台应有足够的夹持力以固定受检车前、后轮。

5.1.2 车轮固定装置应使受检车车辆纵向平面与设备测量基准一致，垂直于水平面。转动前轮时保持车辆纵向中心平面位置不变。

5.1.3 测试台应使车身在测试过程中保持平稳，没有摆动或跳动。

5.1.4 测试台应设有位移补偿机构，设备不应干涉摩托车转向轮的移动、侧摆和转动。

5.1.5 测量设备应引导摩托车转向轮车轮平面、车辆纵向平面与水平地面的交线互相平行或重合(转向角为0°)。

5.1.6 角度测量仪器的分辨率为0.1°，准确度为±0.3°。三坐标测量仪精度为±(0.05＋L/25 000)mm。

5.2 试验前的准备

5.2.1 受检车应处于整车整备质量状态，其技术状态应符合制造厂有关技术文件的规定。

5.2.2 受检车轮胎气压应按制造厂规定，误差不超过±10 kPa。

5.3 转盘法测量最大转向角

5.3.1 将受检车前、后轮置于水平的试验台面上，将后轮固定在检测设备上，使摩托车纵向中心平面垂直于水平面。

5.3.2 将受检车前轮固定于带夹具的测量转盘上。

5.3.3 向左、向右转动受检车方向把到极限位置，测量二极限位置车辆纵向平面、转向轮平面与路面平面间的夹角。

转动方向把时，摩托车纵向中心平面位置应不变，允许转向轮移动、偏摆、转动的自由。

测量值的修约按GB/T 8170规定四舍五入，修约后保留到小数点后一位。

5.4 三坐标法测量最大转向角

5.4.1 采用GB/T 15028的坐标系，符合右手坐标系法则。

5.4.2 受检车纵向顺三坐标 X 轴方向置于测量平台上，用夹具固定后轮，保持摩托车纵向中心平面垂直于地面。

5.4.3 将受检车方向把向左或向右转到极限位置，同时保持车身与地面垂直。

5.4.4 在转向轮辋上确定一个平行于转向轮中心平面的测量面，将三坐标测量仪探针触点置于转向轮轮辋最靠前处作为基准点(将 x 与 y 坐标清零)；保持 z 轴位置不变，将三坐标测量仪探针触点移至转向轮轮辋最靠后处，记录 x 与 y 坐标值，保留两位小数和正负号(也可以在转向轮制动盘或其他精度较高，与转向轮中心平面平行的部件上测取两点坐标值)。

5.4.5 将 x 与 y 值代入公式 $\arctan(y/x)$ 即得此时转向轮中心平面和路面平面的交线与三坐标 X 轴之间的夹角，保留一位小数和正负号。

5.4.6 保持此状态，在同一坐标系下采用同样方法测得后轮中心平面和路面平面的交线与三坐标 X 轴之间的夹角。

5.4.7 根据前后轮中心平面和路面平面的交线与 X 轴之间的夹角计算转向轮最大转角。如果两角符号相同，则两角绝对值相减后取绝对值；如果符号相异，则两角绝对值相加。

5.4.8 按5.4.2～5.4.7测量另一方向的最大转角值。

5.5 转向轮限位装置强度试验

5.5.1 使受检车处于驻车状态，保持车辆纵向中心平面垂直于水平面。

5.5.2　将测力装置固定在方向把上，装置的旋转轴线与转向轮转轴重合。

5.5.3　限位装置起作用时，对转向轴施加 200 N·m 力矩，检查限位装置有否变形、失效。

6　检验记录

记录表格式参见附录 A。

附　录　A
（资料性附录）
试验记录（格式）

车辆型号＿＿＿＿＿＿　车架编号＿＿＿＿＿＿　制造厂名称＿＿＿＿＿＿
试验地点＿＿＿＿＿＿　试验设备＿＿＿＿＿＿　环境温度＿＿＿＿＿＿℃
整车整备质量＿＿＿＿＿＿kg　前轮气压＿＿＿＿＿＿kPa　后轮气压＿＿＿＿＿＿kPa
试验员＿＿＿＿＿＿　校核＿＿＿＿＿＿

检验项目		测量记录			结果
转向轮 最大转角/(°)	左	前轮	X/mm		
			Y/mm		
		后轮	X/mm		
			Y/mm		
	右	前轮	X/mm		
			Y/mm		
		后轮	X/mm		
			Y/mm		
限位装置 及操作性	限位装置强度/ N·m				
	操作性				
备注					

ICS 43.060.01
T 47

中华人民共和国国家标准

GB/T 24554—2009

燃料电池发动机性能试验方法

Performance test methods for fuel cell engines

2009-10-30 发布　　2010-07-01 实施

中华人民共和国国家质量监督检验检疫总局
中国国家标准化管理委员会　发布

前　　言

本标准由国家发展和改革委员会提出。

本标准由全国汽车标准化技术委员会归口。

本标准负责起草单位：同济大学。

本标准参加起草单位：中国汽车技术研究中心、清华大学。

本标准主要起草人：侯永平、孙泽昌、余卓平、赵静炜、何云堂、马建新、王哲、周鋐、裴普成。

燃料电池发动机性能试验方法

1 范围

本标准规定了燃料电池发动机起动特性、稳态特性、动态响应特性、气密性检测、绝缘电阻检测等试验方法。

本标准适用于车用质子交换膜燃料电池发动机。

2 规范性引用文件

下列文件中的条款通过本标准的引用而成为本标准的条款。凡是注日期的引用文件，其随后所有的修改单(不包括勘误的内容)或修订版均不适用于本标准，然而，鼓励根据本标准达成协议的各方研究是否可使用这些文件的最新版本。凡是不注日期的引用文件，其最新版本适用于本标准。

GB/T 18384(所有部分) 电动汽车 安全要求

GB/T 24548 燃料电池电动汽车 术语

GB/T 24549 燃料电池电动汽车 安全要求

3 术语和定义

GB/T 24548确立的以及下列术语和定义适用于本标准。

3.1

冷机状态 cold state

燃料电池发动机内部温度(冷却液出口温度)与环境温度相同。

3.2

热机状态 hot state

燃料电池发动机内部温度处于正常工作温度范围(正常工作温度由制造厂规定)。

4 测试用仪表精度的要求

测试用仪表精度要求见表1。

表1 测试用仪表精度要求

名　　称	规定精度	备　　注
电压传感器	≤0.5%FS	
电流传感器	≤0.5%FS	
温度计	±1℃	
湿度计	±3%	
氢气流量计	≤1%	按照相对误差计
冷却液流量计	≤1%FS	
称重衡器	≤0.5%FS	

5 试验前准备工作

试验前按照6.3做好燃料电池发动机的准备工作，然后将燃料电池发动机封存12 h，封存后不应对燃料电池发动机做任何改动。

6 一般试验条件及试验要求

6.1 燃料电池发动机的要求

燃料电池发动机应满足以下要求：

——燃料电池发动机各系统要完整；

——燃料电池发动机要有可靠的安全保障系统。

6.2 测试条件

测试方应提供以下测试条件：

——氢气高压气源，纯度满足使用要求；

——控制电源(如 DC12V 电源、DC24V 电源等)；

——直流辅助动力电源等。

6.3 测试前燃料电池发动机状态规定

测试前燃料电池发动机状态应符合以下规定：

——冷却液加注完成；

——通氢气后燃料电池发动机即可工作。

6.4 一般试验要求

测试应按以下要求进行：

——在整个试验项目中，首先按照 7.9 进行气密性检测，如果气密性达不到要求，则终止试验；

——气密性检测完成后，按照 7.10 进行绝缘电阻的预检测(冷却泵处于运转状态)，如果绝缘电阻值不满足 GB/T 24549 的规定，则终止试验(此绝缘电阻值不作为最终的绝缘电阻检测结果)；

——所有性能测试项目(7.3～7.8)完成后，才能按照 7.10 进行绝缘电阻检测及质量测试；

——性能测试项目(7.3～7.8)可以根据实际需要安排测试顺序；

——燃料电池发动机在测试过程中不允许补充冷却液及加湿用水。

7 性能试验方法

7.1 冷机方法

燃料电池发动机(冷却液加注完成)在规定的温度和湿度条件下保温足够长的时间以保证燃料电池发动机内部温度与环境温度相同，静置时间至少为 12 h。

7.2 热机方法

按照制造厂的使用规定，使燃料电池发动机工作在一定功率，同时监测燃料电池堆冷却液的出口温度，一旦燃料电池堆冷却液的出口温度达到正常工作温度，即认为燃料电池发动机达到热机状态。

7.3 起动特性试验

7.3.1 冷起动特性试验

7.3.1.1 试验条件

试验前燃料电池发动机处于冷机状态。试验过程应自动进行，不能有人工干预。

7.3.1.2 试验方法

冷起动特性试验按以下方法进行：

a) 按照制造厂规定的起动操作步骤起动燃料电池发动机；

b) 燃料电池发动机起动后，在怠速状态下持续稳定运行 10 min。

7.3.1.3 试验过程中测量记录的数据

试验中测量的数据：冷起动时间、燃料电池发动机系统电压。

7.3.2 热起动试验

7.3.2.1 试验条件

试验前燃料电池发动机处于热机状态，试验过程应自动进行，不能有人工干预。

7.3.2.2 试验方法

热起动试验按以下方法进行：

a) 按照制造厂规定的起动操作步骤起动燃料电池发动机；

b) 燃料电池发动机起动后，在怠速状态下持续稳定运行 10 min。

7.3.2.3 试验过程中测量记录的数据

试验中测量的数据：热起动时间、燃料电池发动机系统电压。

7.4 额定功率试验

7.4.1 试验条件

试验前燃料电池发动机的状态为热机状态，试验过程应自动进行，不能有人工干预。

7.4.2 试验方法

额定功率试验按以下方法进行：

a) 热机过程结束后，回到怠速状态运行 10 s；

b) 测试平台按照规定的加载方法进行加载，加载到额定功率后持续稳定运行 60 min。

7.4.3 试验过程中测量记录的数据

试验中测量的数据：燃料电池发动机系统的电压、电流，氢气的消耗量，辅助系统的电压、电流。

7.5 峰值功率试验

7.5.1 试验条件

试验前燃料电池发动机的状态为热机状态。试验过程应自动进行，不能有人工干预。

7.5.2 试验方法

峰值功率试验按以下方法进行：

a) 热机过程结束后，回到怠速状态运行 10 s；

b) 测试平台按照规定的加载方法进行加载，加载到额定功率后在该功率点至少稳定运行10 min，然后按照规定的加载方式加载到设定的峰值功率，在该功率点持续稳定运行设定的时间（根据产品技术要求确定），到达设定的时间后按照制造厂规定的卸载方式进行卸载。

7.5.3 试验过程中测量记录的数据

试验中测量的数据：峰值功率运行的时间，燃料电池发动机系统的电压、电流，氢气的消耗量，辅助系统的电压、电流。

7.6 动态响应特性试验

7.6.1 试验条件

试验前燃料电池发动机处于热机状态。试验过程应自动进行，不能有人工干预。

7.6.2 试验方法

7.6.2.1 加载动态响应测试

加载动态响应测试按以下方法进行：

a) 热机过程结束后，回到怠速状态运行 10 s；

b) 按照规定的加载方式加载到动态响应的起始功率点，在该功率点至少稳定运行 1 min；

c) 测试平台向燃料电池发动机发送动态阶跃工作指令，同时测试平台按照规定的加载方式加载，直至达到动态阶跃的截止点，燃料电池发动机在该功率点至少持续稳定运行 10 min。

推荐取 $10\%P_E \sim 90\%P_E$ 的响应时间作为评价燃料电池发动机的动态响应指标。P_E 为燃料电池发动机额定功率。

7.6.2.2 **卸载动态响应测试**

卸载动态响应测试按以下方法进行：

a) 热机过程结束后，回到怠速状态运行 10 s；

b) 按照规定的加载方式加载到动态响应的起始功率点，在该功率点至少稳定运行 1 min；

c) 测试平台向燃料电池发动机发送动态阶跃工作指令，同时测试平台按照规定的卸载方式卸载，在规定的时间内达到动态阶跃的截止点，燃料电池发动机在该功率点至少持续稳定运行 10 min。

7.6.3 **试验过程中测量记录的数据**

试验中测量的数据：动态阶跃响应时间，燃料电池发动机系统的电压、电流，氢气的消耗量，辅助系统的电压、电流。

7.7 **稳态特性试验**

7.7.1 **试验条件**

试验前燃料电池发动机处于热机状态。试验过程应自动进行，不能有人工干预。

7.7.2 **试验方法**

稳态特性试验按以下方法进行：

a) 在燃料电池发动机工作范围内均匀选择至少 10 个工况点；

b) 热机过程结束后，回到怠速状态运行 10 s；

c) 按照规定的加载方法加载到预先确定的工况点，在每个工况点至少持续稳定运行 3 min。

7.7.3 **试验过程中测量记录的数据**

试验中测量的数据：燃料电池发动机系统的电压、电流，氢气的消耗量，辅助系统的电压、电流。

由此可以得到：燃料电池堆的极化特性曲线（V-I 曲线）、燃料电池堆的功率曲线、燃料电池堆的效率曲线；燃料电池发动机的功率曲线、燃料电池发动机的效率曲线；辅助系统的功率曲线等。

7.8 **紧急停机功能测试**

7.8.1 **试验条件**

燃料电池发动机处于工作状态。试验过程应自动进行，不能有人工干预。

7.8.2 **试验方法**

按照规定的加载方式，把燃料电池发动机加载到一定的功率点（功率值不低于 50% P_E），持续运行一定时间，然后测试平台紧急切断气源，5 min 后重新起动燃料电池发动机，检查燃料电池发动机是否正常起动。

7.9 **燃料电池发动机气密性测试**

7.9.1 关闭燃料电池发动机排氢阀，将燃料电池发动机氢气系统中充满惰性气体（氮气、氩气、氦气，或者氦气浓度不低于 5% 的氦氮混合气），压力设定为 50 kPa，压力稳定后，关闭氢气的进气阀，保持 20 min。

7.9.2 关闭燃料电池发动机排氢阀，燃料电池发动机空气排气口封闭。将燃料电池发动机氢气系统和阴极流道中充满惰性气体，两侧压力都设定为正常工作压力，压力稳定后，关闭两侧的进气阀，保持 20 min。

7.9.3 数据记录

记录压力下降值。

7.10 **绝缘电阻测试**

测试条件：上述测试项目完成后，燃料电池发动机冷却泵处于运转状态，燃料电池发动机处于热机状态。

测试方法：按照 GB/T 24549 规定的方法测量燃料电池堆正极和负极分别对地的绝缘电阻；绝缘电阻值应满足 GB/T 24549 的规定。

7.11 质量测试

测量燃料电池堆和辅助系统的质量[包括氢气供应系统(不包括高压氢气瓶)、空气供应系统、控制系统、水热管理系统(不包括散热器总成)等,应包括冷却液及加湿用水的质量]。

8 试验数据的计算

8.1 燃料电池发动机功率

燃料电池发动机功率按下式计算:

$$P_F = U_F I_F / 1\,000 \quad \cdots\cdots (1)$$

式中:

P_F——燃料电池发动机的功率,单位为千瓦(kW);

U_F——燃料电池发动机系统的电压,单位为伏特(V);

I_F——燃料电池发动机系统的电流,单位为安培(A)。

8.2 燃料电池发动机效率

燃料电池发动机效率按下式计算:

$$\eta_F = \frac{1\,000 P_F}{m_{H_2} LHV_{H_2}} \times 100\% \quad \cdots\cdots (2)$$

式中:

η_F——燃料电池发动机效率;

m_{H_2}——氢气流量,单位为克每秒(g/s);

LHV_{H_2}——氢气低热值,1.2×10^5 kJ/kg。

8.3 燃料电池堆的功率

燃料电池堆的功率按下式计算:

$$P_S = U_S I_S / 1\,000 \quad \cdots\cdots (3)$$

式中:

P_S——燃料电池堆的功率,单位为千瓦(kW);

U_S——燃料电池堆的电压,单位为伏特(V);

I_S——燃料电池堆的电流,单位为安培(A)。

8.4 燃料电池堆效率

燃料电池堆效率按下式计算:

$$\eta_S = \frac{1\,000 P_S}{m_{H_2} LHV_{H_2}} \times 100\% \quad \cdots\cdots (4)$$

式中:

η_S——燃料电池堆效率。

ICS 03.220.40
R 53

中华人民共和国国家标准

GB/T 24555—2009

200 m 氦氧饱和潜水作业要求

Requirements for heliox saturation diving operation to 200 m

2009-10-30 发布　　2010-03-01 实施

中华人民共和国国家质量监督检验检疫总局
中国国家标准化管理委员会　发布

前　言

本标准由中华人民共和国交通运输部提出。

本标准由交通部救捞与水下工程标准化技术委员会归口。

本标准起草单位:交通部上海打捞局。

本标准主要起草人:郭杰、叶似虬、刘秀华、李家颂、金伟、吉宏伟、赵鹤鸣、鲍德胜、陶宝龙、金锋、徐军林、盛景晖、王卿庆、孙伟。

200 m 氦氧饱和潜水作业要求

1 范围

本标准规定了氦氧饱和潜水作业前的准备、潜水作业设备和装具、氦氧饱和潜水、巡回潜水及饱和潜水减压的要求等。

本标准适用于 200 m 及以浅的氦氧饱和潜水作业。

2 规范性引用文件

下列文件中的条款，通过本标准的引用而成为本标准的条款。凡是注日期的引用文件，其随后所有的修改单(不包括勘误的内容)或修订版均不适用于本标准，然而，鼓励根据本标准达成协议的各方研究是否可使用这些文件的最新版本。凡是不注日期的引用文件，其最新版本适用于本标准。

JT/T 741 饱和潜水作业人员要求

JT/T 742 200 m 氦氧饱和潜水气体配置要求

3 术语和定义

下列术语和定义适用于本标准。

3.1

平衡周期 stabilisation period

饱和潜水巡回潜水程序规定的在巡回潜水前，以及减压程序规定的减压前潜水员在所处居住深度停留的一段时间。

3.2

富氧混合气 rich mix

饱和潜水加压时使用的氧浓度大于 16%的氦氧混合气。

3.3

贫氧混合气 weak mix

饱和潜水加压时使用的氧浓度等于或小于 2%的氦氧混合气。

3.4

最终减压 final decompression

饱和潜水员从居住深度减压至常压的过程。

3.5

回家气瓶 bailout bottle

饱和潜水巡回潜水时，潜水员携带的应急气瓶。

3.6

海底混合气 bottom mix

饱和潜水巡回潜水时，潜水员呼吸的氦氧混合气。

4 饱和潜水作业前的准备

4.1 饱和潜水作业计划

4.1.1 作业计划编制

饱和潜水作业前应编制作业计划。作业计划应由潜水总监或潜水监督编写。

4.1.2 作业计划内容

饱和潜水作业计划的内容包括作业公司的标准规定和程序、饱和潜水应急程序，以及对本次饱和潜水作业任务和地点风险评估所制定的特殊程序。饱和潜水作业计划中还应包括下列内容：

a) 任务描述，包括作业地点、水深、水文气象条件（潮汐、流速、能见度、水温、风力、风向、浪高、底质等）、邻近船舶或水上和水下设施以及饱和潜水作业内容等；
b) 作业不同阶段的饱和潜水工作深度和居住深度；
c) 预计工期，包括预计饱和（高压暴露）天数、潜水钟潜放次数和潜水员出潜时间，作业中途涉及更换饱和潜水员时，需要减压也应说明；
d) 饱和潜水作业队人员组成，包括各类人员的数量、资格和证书要求，换班计划；
e) 饱和潜水作业所需要的气体配置方案，以及配制或购置要求（时间和储存方式）；
f) 饱和潜水作业需要的其他消耗材料的品种和数量，包括最低储备量；
g) 饱和潜水作业需要的设备，包括饱和潜水系统、潜水员和水面应急潜水员的脐带长度、潜水装具等，以及各类设备的证书、保养要求；
h) 饱和潜水作业需要的特殊水下工具和安全操作规定；
i) 饱和潜水作业支持船，包括定位方式、饱和潜水系统和水面应急潜水安排位置和安装、需要支持船提供的支持；
j) 后勤基地，包括交通、供应、医疗和维修能力等；
k) 人员和设备往返调遣方案；
l) 潜水作业地点的特殊危险，包括水文气象、抽水和排水、锚缆、动力定位船和水下定位设施、水下垃圾和障碍物、过往船舶、邻近施工、无人遥控潜水器作业等，以及相应的应急方案和计划；
m) 与潜水员、潜水队各岗位，以及对潜水作业有影响的人员（包括潜水作业支持船船长、动力定位操作员、项目经理、甲板船员、无人遥控潜水器监督）、岸上应急医疗人员的通信联系；
n) 需要客户或支持船方同意的控制和管理。

4.1.3 作业计划的实施

4.1.3.1 应报潜水作业单位批准。

4.1.3.2 复印件应发给本次饱和潜水作业的所有潜水监督。

4.1.3.3 内容应传达给潜水队的每个成员。

4.1.3.4 应报给客户（业主）代表、项目负责人、潜水支持船船长等，并协调贯彻。

4.2 饱和潜水作业队

4.2.1 人员配置

4.2.1.1 人员配置原则

应按照作业支持船类型、饱和潜水系统、作业内容、每天作业时间，以及国家法规等因素的规定和需要配置饱和潜水作业队人员（通常还应包括甲板人员和技术人员），应以保证作业的安全和效率为原则。

4.2.1.2 人员最低配备

应满足 JT/T 741 人员最低配备的规定。

4.2.2 人员资格要求

应符合 JT/T 741 人员资格要求的规定。

4.2.3 人员总体职责要求

4.2.3.1 应具备相应的资格。

4.2.3.2 应具备有效的健康证书。

4.2.3.3 应符合法律要求。

4.2.3.4 应遵守作业公司、支持船及工程的安全和作业程序。

4.2.3.5 按标准要求进行工作。

4.2.3.6 执行收到的指示，履行已培训过的任务。

4.2.3.7 保护自身和其他人的安全。

4.2.3.8 收集和了解安全信息。

4.2.3.9 将潜在危险和事故报告潜水监督。

4.2.4 人员的岗位职责

按照JT/T 741人员岗位职责的规定。

4.3 饱和潜水作业其他有关方面的职责

4.3.1 潜水作业单位

4.3.1.1 组建潜水队、指定潜水总监、潜水监督和其他管理人员，提供书面的管理结构，包括潜水作业各阶段，潜水监督责任交接的安排。

4.3.1.2 潜水公司应保证：

a) 饱和潜水作业符合相关的法律和规范；

b) 已做过风险评估；

c) 应保证潜水作业的地点安全和适宜；

d) 潜水队人员应符合资格要求，并胜任工作；

e) 提供适宜的设备；

f) 有适宜的潜水作业计划，包括应急计划；

g) 潜水队人员进行了熟悉潜水作业地点和掌握特殊安全要求的培训；

h) 保存包括潜水作业资料在内的项目相关记录；

i) 安排应急救助和医疗；

j) 有书面的报告制度和责任划分；

k) 书面任命潜水总监、潜水监督等人员，并用文件明确他们的管理范围。

4.3.2 其他方面

4.3.2.1 包括客户、总承包商、项目负责人、支持船船长等。

4.3.2.2 客户(业主)或主承包商指定的现场代表应具备必要的知识和经验。

4.3.2.3 在应急情况下对潜水监督提供设备等支持，并明确列入项目计划。

4.3.2.4 应提供足够的时间和设备供潜水作业队熟悉潜水场所和进行培训。

4.3.2.5 应防止水面或水下设备对潜水作业造成危险，如吸水和排水、设备的启动。应将相关情况告知潜水公司或潜水队，并在风险评估时给予考虑。

4.3.2.6 应保证邻近的其他活动不会影响潜水作业安全，如需要，应暂停放艇、补给、卸货等。

4.3.2.7 应在潜水队、项目负责人和支持船船长间建立工作的信息控制系统。

4.3.2.8 应向潜水公司或潜水队提供潜水作业时可能遇到的危险因素的资料，如海底的装置，并在风险评估中给予考虑。

4.3.2.9 将可影响潜水作业的因素，如船舶移动、气象恶化等通知潜水监督。

4.3.2.10 应监督潜水公司提供的设备、人员、作业程序满足国家和相关规范要求。

4.3.2.11 在动力定位船上进行潜水作业时，定位能力的变化应通知潜水监督。

4.4 饱和潜水作业文件

4.4.1 现场文件

4.4.1.1 饱和潜水作业计划、饱和潜水作业程序，包括公司标准程序、对作业现场和任务的风险评估及制定的特殊程序和应急程序。

4.4.1.2 作业内容、人员和设备清单、调遣计划、质量保证概要和后勤计划。

4.4.1.3 饱和潜水作业时，现场还应有下列文件：

a) 公司作业手册；

b) 安全管理体系；

c) 现场设备的技术手册和备件清单；

d) 系统设备维修计划；

e) 维修保养记录；

f) 报告和记录簿；

g) 饱和潜水检查表。

4.4.1.4 作业地法规、相关的指导性通知、公告，包括：

a) 国家指导性文件和通知；

b) 通用的国际操作法规。

4.4.2 个人携带文件

4.4.2.1 个人携带文件包括：

a) 护照或海员证；

b) 记录簿和工作记录；

c) 作业公司的任命书；

d) 培训或资格证书；

e) 健康证或体检合格证；

f) 其他专业培训证书。

4.4.2.2 个人携带文件要求：

a) 潜水监督、潜水员、生命支持员、潜水照料员应携带记录簿；

b) 记录簿应记录，并由个人和相关潜水监督签名。

4.4.2.3 潜水记录簿记录的内容：

a) 潜水公司的名称；

b) 记录的日期；

c) 工程名称和地点、潜水支持船或潜水作业场所名称；

d) 潜水监督姓名；

e) 潜水钟与甲板居住舱分离和对接时刻；

f) 巡回潜水深度；

g) 离钟出潜时刻、返回潜钟时刻、巡潜时间；

h) 潜水装具和呼吸气体；

i) 潜水作业情况和使用的工具设备；

j) 不良主诉、罹患潜水疾病或伤情；

k) 其他与潜水员安全和健康有关的因素；

l) 潜水作业时发生的应急情况或事故。

4.4.3 饱和潜水报告

4.4.3.1 作业日报

由潜水总监负责编写，并向潜水作业单位、项目负责人、客户递交。报告涵盖的时间段为00:00～24:00，报告内容包括：

a) 气象海况；

b) 现场人员和人员变动；

c) 处于饱和状态的潜水员；

d) 进行的工作，包括潜水次数和时间；

e) 消耗品存量；

f) 气体存量和使用；

g) 设备情况；

h) 险情和事故；

i) 未来 24 h 工作计划；

j) 客户的意见。

4.4.3.2 作业进度表

由潜水监督负责填写，并向潜水作业单位、客户代表、项目负责人递交。进度表的内容是每天潜水作业的主要结果。

4.4.3.3 巡回潜水记录簿

由值班潜水监督负责记录，内容是潜水钟运转和巡回潜水的情况和结果，包括：

a) 日期和时间；

b) 潜水作业地点；

c) 潜水支持船的名字；

d) 潜水监督、进行巡回潜水的潜水员、操作潜水设备人员的姓名；

e) 潜水前检查情况；

f) 水面应急潜水和应急支持的安排；

g) 潜水作业任务，并对潜水员进行讲解和交代；

h) 采用的海底混合气，并确认已进行气体分析；

i) 潜水员脐带长度，以及与螺旋桨等危险区域的距离；

j) 当动力定位船黄灯时，潜水员水下的安全位置；

k) 采用的潜水装具；

l) 采用的潜水程序；

m) 潜水钟运转情况，包括潜水钟与甲板居住舱分离和对接时间、每小时记录潜水钟内氧和二氧化碳分压；

n) 潜水员离钟出潜时间、返回钟的时间、巡回潜水达到的深度、潜水钟的深度；

o) 潜水员潜水作业的情况，潜水员出潜时间超过 6 h、潜水钟潜放超过 8 h 应予注明；

p) 气体回收系统更换钠石灰情况；

q) 潜水作业中发生的紧急情况和采取的措施；

r) 不良主诉、罹患潜水疾病或伤情；

s) 涉及到作业人员安全和健康的其他因素；

t) 发现的设备缺陷；

u) 潜水监督交接班时间、交接班内容和签名。

4.4.3.4 舱室环境控制参数记录表

由值班生命支持员每小时记录一次，内容为各舱室(包括潜水钟)环境参数，包括深度、氧分压、二氧化碳分压、温度和相对湿度。

4.4.3.5 舱室(甲板居住舱)控制室记录簿

由值班生命支持员负责记录，内容为对潜水员和甲板居住舱有影响的事项，包括：

a) 值班生命支持员姓名；

b) 值班潜水监督姓名；

c) 饱和舱内潜水员姓名；

d) 气体分析仪校正；

e) 值班开始时，舱室和潜水钟深度，以及在值班期间的变动；

f) 每次巡回潜水前的讲解和交代，包括讲解人、时间、讲解的工作计划和程序；

g) 舱室操作(递物筒、厕所使用和排舱底水)等常规工作；

h) 值班开始时，与舱室和潜水控制面板连接的气体，以及值班期间的变动；

i) 潜水钟与甲板居住舱分离及对接的时间、巡回潜水深度；

j） 钠石灰更换；
k） 床单等物品更换；
l） 送入舱内的药品及治疗情况；
m） 舱室进行清洁；
n） 舱内潜水员的感觉和状况；
o） 舱内潜水员的意见和要求；
p） 舱室开始加压或减压及结束加压或减压的时间。接受加压或减压的潜水员姓名。

4.4.3.6 气体储存表格

由值班生命支持员负责每 12 h 记录一次，内容为现场各种气体储存动态，包括：

a） 日期和时间；
b） 气瓶（气瓶组）瓶号；
c） 注水容积；
d） 气体名称；
e） 气体成分；
f） 压力；
g） 储气量；
h） 用途；
i） 配制日期。

4.4.3.7 事故报告

由潜水总监或潜水监督负责编写，应：

a） 报告发生事故、险情、违章等情况；
b） 按规定的格式书写，包括证据；
c） 向潜水作业单位、支持船船长、项目负责人及有关主管部门等递交。

4.4.3.8 减压病治疗手册

应是完整的饱和潜水减压病治疗手册，包括饱和潜水减压病的症状、分类、诊断、治疗程序和治疗方法。应附有饱和潜水减压病治疗记录表，记录发病过程、治疗过程和治疗结果。

4.4.3.9 减压表

应包括减压开始前在居住深度平衡周期的规定、减压方式和减压速度的规定、减压过程中舱室氧分压（氧浓度）和舱室环境参数的规定及注意事项。

4.4.3.10 巡回潜水表

应包括允许的巡回潜水方式（包括组合方式）、巡回潜水距离（到达深度）、在巡回潜水深度停留时间、海底混合气的氧分压、巡回潜水上升和下潜速度、巡回潜水前在居住深度的平衡周期以及改变居住深度后进行巡回潜水前在居住深度的平衡周期。

4.5 饱和潜水作业风险评估

4.5.1 风险评估方法

4.5.1.1 应在饱和潜水作业前进行。

4.5.1.2 应由潜水作业单位负责组织，项目负责人、潜水总监、潜水监督参加评估。

4.5.1.3 风险评估的基础是任务分析。将作业过程分解成各个阶段，随后分析识别各阶段的风险，划分风险等级，提出减小或消除风险的程序和办法。

4.5.1.4 评估的结果应记录。根据风险评估所制定的应急程序应包括在饱和潜水作业计划中。

4.5.2 风险评估内容

4.5.2.1 应对采用的作业手册中包含的常规的作业程序进行评估。

4.5.2.2 应对潜水作业地和潜水作业任务的特殊风险进行评估。

4.5.3 风险等级

4.5.3.1 对人身伤亡的风险等级按照事故的严重程度和发生概率划分。

4.5.3.2 依据事故发生概率可以划分为：

a) A级：极少发生；

b) B级：很少发生；

c) C级：可能发生；

d) D级：很可能发生；

e) E级：极可能发生。

4.5.3.3 依据事故的严重程度可以用简单的方法划分：

a) Ⅰ等：轻伤。伤者可在现场治疗，且不会缺席工作。

b) Ⅱ等：轻伤。伤病造成缺席工作。

c) Ⅲ等：重伤。

d) Ⅳ等：重大伤。多人重伤。

e) Ⅴ等：一人或多人死亡。

4.5.3.4 以事故发生概率和严重程度为基础，形成一个风险等级划分表(见表1)。

表1 风险等级划分表

严重程度	发生概率				
	A	B	C	D	E
Ⅰ	低	低	低	低	低
Ⅱ	低	低	中	中	中
Ⅲ	低	中	中	中	高
Ⅳ	低	中	中	高	高
Ⅴ	低	中	高	高	高

4.6 饱和潜水作业限制规定

4.6.1 高压暴露时间

4.6.1.1 每名潜水员一次饱和潜水高压暴露时间不得超过28 d，超过该时间应报潜水作业单位批准。

4.6.1.2 每名潜水员二次饱和潜水之间的水面间隔不少于前一次饱和潜水高压暴露时间。

4.6.1.3 每名潜水员，每12个月累计饱和潜水高压暴露时间不得超过182 d。

4.6.2 工作时间

4.6.2.1 饱和潜水期间，每24 h每名潜水员应有12 h休息。

4.6.2.2 潜水钟潜放时间计算从潜水钟与甲板居住舱分离至潜水钟与甲板居住舱完成对接。每次潜水钟潜放时间不得超过8 h，超过该时间应报潜水作业单位批准。

4.6.2.3 每24 h每名潜水员在潜水钟内工作不得超过8 h。

4.6.2.4 潜水员一次巡回潜水的时间不得超过6 h，包括期间返回潜水钟作短暂休息。

4.6.2.5 水面人员每24 h工作12 h，特殊情况需要延长时，每24 h休息不少于8 h。

4.6.3 中间减压的限制

一次饱和潜水中，甲板居住舱累计减压距离不得超过本次饱和潜水最大居住深度的1.5倍。如最大居住深度是150 m，累计减压距离不得超过225 m。

4.6.4 转变中性气体的限制

在饱和潜水过程中不得转换中性气体。

4.6.5 最终减压后的有关规定

4.6.5.1 饱和潜水最终减压后，潜水员应舱旁观察24 h。

4.6.5.2 作业需要可在最终减压12 h后，潜水员转移到其他具备再加压治疗条件的地方完成观察。

4.6.5.3 饱和潜水最终减压后 48 h 内,潜水员不得从事常规潜水;24 h 内,不得进行较重的体力活动。

4.6.5.4 饱和潜水最终减压 48 h 后,潜水员方可乘坐飞机。

4.6.6 潜水员和钟人脐带长度限制

4.6.6.1 脐带长度应比脐带固定点至最近危险的距离短 5 m。

4.6.6.2 回家气瓶的气体容量应满足每 10 m 脐带长度供气 1 min。

4.6.6.3 潜水员脐带长度应至少有 3 m 留在潜水钟内作备用。

4.6.6.4 脐带应是连续长度,不得中间连接。脐带要按潜水作业单位规定设长度标记。

4.6.6.5 钟人脐带应比潜水员脐带长 2 m～5 m。

4.6.7 环境条件限制

每次饱和潜水作业要根据作业海区、潜水作业场所、采用的潜水支持船和饱和潜水系统、潜水作业任务规定作业环境条件限制,包括风速、浪高、流速、水温、能见度等。

4.7 饱和潜水气体配置

饱和潜水的气体配置应符合 JT/T 742 的规定。

4.8 饱和潜水作业消耗材料配置

4.8.1 钠石灰

4.8.1.1 配置应按舱内每名潜水员 6 kg/d、潜水钟每潜放一次更换一次钠石灰计算,另加安全储备 30%。

4.8.1.2 饱和潜水作业时,钠石灰的最低储备量为 14 d 用量。

4.8.2 活性碳

配置按每名潜水员 1 kg/d 计算,另加安全储备 30%。

4.8.3 硅胶

配置按一次更换量的 2 倍计算。

4.9 饱和潜水作业气体管理和操作规定

4.9.1 气体供给管理规定

4.9.1.1 由生命支持监督负责管理。

4.9.1.2 气体到达作业现场时,应测试气体的氧浓度、压力,测试结果和气体数量应在气体记录簿上记录。气体的成分应清楚的标记在储气瓶或储气瓶组上,空的气瓶或气瓶组也应标明。

4.9.1.3 每个气瓶或气瓶组的气体成分、压力、数量以及所在的位置应显示在控制室气体储存和连接显示板上,每个值班周期应更新一次。

4.9.1.4 所有气体的接收、供给消耗、转移和混合应在气体记录簿上记录。气体的数量应通过每日报告报潜水作业单位或基地。

4.9.1.5 未经潜水监督或生命支持监督的同意,不得打开或关闭气体供给阀、连接或解除气体供给管路。

4.9.1.6 未经分析,储气瓶的气体不得连接到管路上。未经分析,到达供气面板上的气体不得输送到甲板居住舱、潜水钟或潜水员的供气管路上。潜水员呼吸气体供给应有氧浓度持续监测和高低报警。

4.9.1.7 作业过程中,各种气体储备量不得低于该气体规定的最低储备量,即使有气体回收系统也同样要求,否则就中止潜水,开始最终减压。

4.9.1.8 作业过程中,应保证各种气体的供气压力大于该气体使用深度压力与供气余压之和。

4.9.1.9 作业现场不得使用纯氦,采用氧浓度 2%的氦氧混合气代替纯氦。

4.9.1.10 需求或购置氦氧混合气,应正确写明气体的名称和氧气、氦气的浓度百分比。

4.9.2 常规的气体安全操作规定

4.9.2.1 操作现场不得有明火或不得抽烟。

4.9.2.2 在手臂长度距离缓慢打开阀。

4.9.2.3 管路连接前,应检查气管、连接接头和滤器,不合格的应更换,垃圾和铁锈应清除。

4.9.2.4 使用氧气配制混合气时,应在低压力下灌注。

4.9.2.5 阀不应完全开足(留半圈),使用完毕随手关紧。

4.9.2.6 在管路连接处的保险绳应连接在牢靠的地方。

4.9.2.7 气管路径应安全,气体管路应固定牢固、有标识,氧气管路应特别标明。

4.9.2.8 应控制气瓶充气速度,防止温度过高。

4.9.3 **纯氧管理和操作**

除遵守常规的气体管理和安全操作要求外,纯氧的管理和操作还应遵守以下规定:

a) 对氧浓度超过25%的混合气,管理和操作要求视同纯氧;

b) 纯氧储气瓶组应存放在远离饱和潜水系统的开放空间;

c) 纯氧应采用中压输送,输送压力不大于4.0 MPa~5.0 MPa,压力调节器(减压器)应刚性的直接安装在纯氧储气瓶组上,压力调至4.0 MPa~5.0 MPa;

d) 作业现场应禁止泵氧;

e) 纯氧管路上软管长度尽可能短,不得使用不锈钢的硬管和过滤器;

f) 在纯氧储气瓶组和潜水系统间,应安装一个储气压力为4.0 MPa~5.0 MPa的缓冲储气罐;

g) 在缓冲储气罐和潜水控制面板间安装一个能快速关闭的球阀,在火灾时能迅速切断氧气。在控制面板上的氧气阀应使用针阀;

h) 氧气系统所有的管路、阀和过滤器应按照规定进行清洁,清洁工作应记录,清洁液不应残留在管路中。

4.9.4 **气体储存管理规定**

4.9.4.1 所有气瓶应按规定检验,具备有效证书,标明安全使用压力(工作压力)。

4.9.4.2 气体储存压力不得大于气瓶工作压力。

4.9.4.3 所有气瓶应正确标识。气瓶除颜色标记外,还应使用一个标识系统,正确的显示气瓶内气体的品种、成分、特别是氧浓度。气瓶虽有颜色标记和标签,但在使用前仍应经过分析。

4.9.4.4 气瓶颜色标识(见表2)是国际通用的颜色标识系统。潜水监督应遵照执行。

4.9.4.5 气瓶组内不同气瓶如储存不同的气体,每个气瓶应有颜色标识和标签。

4.9.4.6 空气和混合气瓶组应分开存放,以防错误连接。

4.9.4.7 气瓶组可存放在甲板下的舱内或甲板上。存放处应防火和防物体掉落,不得吸烟。氧气瓶组不得存放在狭窄密闭区域。

表2 气瓶颜色标识表

气体	符号	气瓶/气瓶组	国标气瓶(字体)	气瓶/气瓶组肩部或头部
氦	He	棕色	银灰色(深绿色)	棕色
潜水氧气	O_2	黑色	淡兰色(黑色)	白色
氦氧	He/O_2	棕色	—	棕/白(四等分间隔)
氮	N_2	灰色	黑色(浅黄色)	黑色
氧/氦/氮混合气	$O_2/He/N_2$	棕色	—	黑/白/棕(三等分间隔)
氩	Ar	深蓝	银灰色(深绿色)	深蓝
空气(呼吸)	Air	灰色	黑色(白色)	黑/白(四等分间隔)
二氧化碳	CO_2	黑色	铝白色(黑色)	灰色
校正气	按合适的	粉红	—	粉红

4.9.4.8 气瓶组的瓶头阀和组阀应有防护装置。

4.9.4.9 作业现场的气瓶和气瓶组都应绑扎固定。

4.9.4.10 在气体存放舱安装氧分析仪,并设定氧浓度高低声、光报警。

4.10 **饱和潜水作业设备管理规定**

4.10.1 **入级和规范要求**

4.10.1.1 饱和潜水系统的设计制造应符合申请入级船级社规范和相关法规的要求。

4.10.1.2 饱和潜水系统及主要的设备，特别是压力容器（潜水钟、甲板居住舱、高压救生舱等）和吊放系统应取得相关船级社的证书，并保持证书的有效。

4.10.1.3 饱和潜水系统和设备的正本证书保存在潜水作业单位，作业现场应有证书副本。

4.10.2 饱和潜水系统设备的维护保养和检查的总体要求

4.10.2.1 应建立对设备项目维护保养管理体系。

4.10.2.2 应依据时间、运转小时、制造厂商的建议和以往的经验制定维护保养计划。维护保养计划应规定维护保养的时间间隔、维护保养的要求和进行维护保养工作的人员资格要求。

4.10.2.3 维护保养人员应做好维护保养工作记录，包括设备进行过的维护保养项目，非计划性的修理、维护保养的日期、维护保养人员的姓名等（书面或电子版）。

4.10.2.4 现场应有设备的清单、检查和试验证书复印件、设计极限和使用限制的资料。

4.10.2.5 饱和潜水系统和设备应按照相关法规和船级社规定，制定检查和检验规定，并按规定进行各种定期的检查、试验和认证，并保存检查记录和检验证书。包括由有资质的检查人员：

a) 对设备进行观察，确定设备是否有缺陷、锈蚀和磨损，是否处于工作状态；

b) 对设备进行功能测试（试验），确定设备是否处于工作状态；

c) 对设备进行专门的试验，如 1.1 倍的最大工作压力或 1.5 倍最大安全负荷试验，检查人员应按相关法规、船级社规定确定试验要求。

4.10.2.6 饱和潜水设备应有检查表，准备检查表应包括在潜水作业计划内。检查方法应包括：

a) 在接通电源前的目视检查和触摸检查；

b) 对设备存在的裂缝和凹陷、松动部分、不牢固的绳索、管路、油痕迹、污染变色、肮脏的摄像镜头等进行系统检查；

c) 每个分总成的功能检查，即使是 1 个阀门，如检查表规定检查，应进行操作，并回到正确位置；

d) 松动的螺栓、连接装置应紧固或更换；

e) 所有机械部分应保持清洁和润滑；

f) 隐蔽的锈蚀部位应被检查，并可采取除锈和防腐措施；

g) 主要的机械应进行轴线和磨损检查；

h) 检查吊放系统结构是否受损；

i) 电线和连接检查；

j) 液压系统应检查泄漏、磨损以及液位；

k) 所有的刹车和锁定装置应进行功能试验；

l) 进行设备检查的人员应在完成检查后的检查表上签字。

5 饱和潜水作业设备和装具的要求

5.1 潜水钟

5.1.1 设计和制造应满足船级社规范，以及相关的法规要求。

5.1.2 应有有效检验证书（包括仪表）。

5.1.3 应规定允许容纳的潜水员数量，二人钟的容积不小于 $3.0\ m^3$，三人钟的容积不小于 $4.5\ m^3$。

5.1.4 外部应有制造资料、压力舱鉴定码标牌和所属单位名称，有隔热材料防护层。

5.1.5 潜水钟的门（底门和侧门）应由内外门组成，应能分别向内、向外打开，从内、从外进行密封和压力平衡，内、外门在打开位置应都能固定。

5.1.6 穿舱件和阀都应标明功能。管路穿舱件内外应安装壳体阀或其他保护装置，不使用的应在壳体内外堵塞，管路出口应安装“T”型部件或防护装置。

5.1.7 应有观察窗。下部观察窗内外应要有防护罩，上部观察窗外面应有防护罩。

5.1.8 水面和潜水钟应急气瓶应都能对潜水钟提供加压气体。

5.1.9 水面和潜水钟内应都能对潜水钟进行加压、减压。

5.1.10 水面和潜水钟内应都能监测潜水钟内外深度(压力)。

5.1.11 水面和潜水钟应急气瓶应都能向潜水员和钟人潜水面罩(头盔)及钟内应急呼吸面罩供呼吸气,并能自动转换。钟内应急呼吸面罩应满足潜水员数量。

5.1.12 在一名潜水员脐带断裂(或切断)时,其他潜水员的脐带供气应不受影响。

5.1.13 水面和潜水钟内应都能监测潜水钟内氧和二氧化碳浓度。潜水钟应有钟内定量补氧和二氧化碳清除装置。

5.1.14 潜水钟、潜水员与水面应能进行双向语音有线通信,并有备用和应急无线通信。

5.1.15 水面应能对潜水钟和潜水员进行视频监控。

5.1.16 应能使用水面热水进行钟内加热、潜水员呼吸气加热和向潜水员供给热水。

5.1.17 应有内外照明。

5.1.18 应能使用水面电源向潜水钟照明、通信、加热和二氧化碳吸收装置以及潜水员脐带供电。

5.1.19 应有潜水员应急回收系统。

5.1.20 应有潜水钟应急定位系统。

5.1.21 应有潜水钟二级应急压重释放系统或防止潜水钟陷入海底的装置。

5.1.22 应能调节钟内水位。

5.1.23 钟外应有与应急脐带连接的国际通用管汇。

5.1.24 在不依赖水面的情况下,应能维持遇险潜水员生存 24 h。包括:

a) 应急电源,并能向钟内应急照明、应急通信和二氧化碳吸收装置供电;
b) 保暖袋或保暖救生衣;
c) 带二氧化碳吸收装置的呼吸面罩;
d) 医疗急救箱;
e) 工具箱;
f) 应急气瓶和氧气瓶。

5.1.25 潜水员脐带(包括潜水员脐带和钟人脐带)应符合 4.6.6 规定,强度应满足能拉回潜水员。脐带储存应符合脐带弯曲半径要求。

5.2 潜水控制室

5.2.1 应为独立的控制室。

5.2.2 应能保护室内工作人员免受气候和其他因素(如物体坠落)的影响或伤害,通风良好。

5.2.3 照明充分,并有应急照明。

5.2.4 仪表易读,并在规定时间内经过校验。

5.2.5 所有阀功能标识清楚,并配置潜水钟内外阀照片。

5.2.6 应有消防设备和消防应急呼吸面罩。

5.2.7 应有测量控制室内氧浓度的氧分析仪,并有氧浓度高低声、光报警。

5.2.8 潜水钟控制面板应能:

a) 与储气系统连接,应有三组独立气源对潜水钟供气,并能切换使用。潜水钟气源应与甲板居住舱气源分开;
b) 向潜水钟提供加压气,并能对潜水钟进行加减压;
c) 监测潜水钟内外深度(压力),并有独立的管路和深度(压力)表;
d) 监测潜水员深度,并有独立的深度表和监测管路;
e) 向潜水钟提供潜水呼吸气,并能持续监测潜水员呼吸气的氧浓度,并有高低声、光报警。

5.2.9 应能对潜水钟内气体进行取样分析,并持续监测潜水钟内氧和二氧化碳浓度。

5.2.10 应能持续监测潜水员热水温度,并有高低声、光报警。

5.2.11 应能与潜水钟和潜水员进行双向语音有线通信、应有备用及应急无线通信，并有氦语音矫正装置。

5.2.12 应能与甲板居住舱控制室、潜水钟吊放系统、支持船驾驶室、无人遥控潜水器控制室、应急潜水员、甲板机械区域进行双向语音有线通信。

5.2.13 应能对潜水钟、潜水员、甲板居住舱、潜水钟吊放系统进行视频监控。

5.2.14 应有船舶动力定位报警和船舶报警信号系统。

5.2.15 应能向潜水钟供电，并有警示标志。

5.3 甲板居住舱

5.3.1 设计和制造应满足船级社规范，以及相关的法规要求。

5.3.2 应有有效检验证书(包括仪表)。

5.3.3 应有明确的舱容，规定允许容纳的潜水员数量。

5.3.4 内径应不小于2.1 m，外面应有隔热材料防护层。

5.3.5 应能和其他舱连接。

5.3.6 应有递物筒。递物筒应有压力连锁装置。

5.3.7 应有观察窗，并有观察窗防护装置。

5.3.8 应有生活舱和过渡舱(湿舱)，可供潜水员进出和转移。生活舱供潜水员居住，过渡舱用于淋浴、厕所以及与潜水钟对接。

5.3.9 穿舱件和阀应标明功能，管路穿舱件的壳体内外侧应安装壳体阀，不使用的穿舱件应在壳体内外侧堵塞，管路出口应安装"T"型部件或防护装置。

5.3.10 阀的位置应不影响功能。气体分析取样阀应处于能反映舱室气体成分的适宜位置，减玉阀不能邻近加压阀，消音器应处于不易堵塞的位置。

5.3.11 与控制室连接的气体管路直径应满足规定的加减压速度和呼吸气体供给要求，甲板居住舱内进气管路应有气体扩散通道。与环控系统连接的水管路直径应满足舱室环控冷热水流量要求。

5.3.12 舱室的门应能在两侧开启，在打开位置应能固定，应有压力平衡阀，每个门应有编号。

5.3.13 外部(周围)应有相应的消防设施和探火系统，内部应有满足载人高压容器要求的消防设施。

5.3.14 内外应有照明。外照明应避免损害观察窗，内照明应满足阅读和阀操作要求。

5.3.15 每个舱室都应有独立的深度(压力)控制系统。包括：

a) 不少于两套加压和减压管路；

b) 舱内深度(压力)表；

c) 至控制室的深度(压力)传递管路。

5.3.16 每个舱室应有舱内面罩呼吸系统。包括：

a) 呼吸气供给管路；

b) 呼吸气舱外排出装置；

c) 至控制室的舱室深度(压力)反馈管路；

d) 呼吸面罩，生活舱的呼吸面罩数量应满足甲板居住舱内潜水员数量，并有一个备用。

5.3.17 每个舱室应有气体成分控制系统。包括：

a) 舱内氧分析仪和二氧化碳分析设备；

b) 至控制室的气体取样分析管路；

c) 补氧管路；

d) 二氧化碳吸收装置。

5.3.18 每个舱室应有温湿度控制系统。包括：

a) 温湿度传感器；

b) 空调风机；

c) 冷热水进出管路；

d) 温湿度表。

5.3.19 每个舱室应有通信系统。包括:

a) 与控制室的双向语音有线通信,并有备用;

b) 呼叫按钮。

5.3.20 每个舱室应有视频监控摄像装置。

5.3.21 每个舱室应有舱底水排出管路。

5.3.22 过渡舱应有卫生水供应,以及脸盆、淋浴、厕所等生活设施。厕所排污应有安全连锁装置和系列阀。

5.3.23 生活舱应有床铺,数量应满足甲板居住舱内潜水员人数,长度应不少于1.8 m。床上用品应由阻燃材料制成。

5.3.24 应有安全系统。包括:

a) 安全阀;

b) 过压报警;

c) 电源切断按钮;

d) 医疗急救箱。

5.4 甲板居住舱控制室

5.4.1 控制室应为独立的控制室。应符合5.2.2～5.2.7的规定。

5.4.2 控制面板应能与储气系统连接。甲板居住舱气源应与潜水钟气源分开。

5.4.3 控制面板应能对甲板居住舱加减压,对每个舱室应有两套加压管路,并有两个独立的加压气源。

5.4.4 控制面板应能监测甲板居住舱的深度(压力),每个舱室有独立的深度(压力)监测管路和仪表。

5.4.5 控制面板应能对甲板居住舱各舱室供呼吸气,并自动保持供气余压。

5.4.6 应能监控甲板居住舱各舱室的气体成分。包括:

a) 舱室气体取样分析管路;

b) 氧和二氧化碳分析仪,并有浓度(或分压)的声、光报警,气体分析仪应有备用;

c) 补氧管路,并有流量控制。

5.4.7 应能监控甲板居住舱各舱室的温湿度。包括:

a) 各舱室温湿度显示;

b) 各舱室温湿度设定。

5.4.8 应有通信系统。包括:

a) 有与甲板居住舱各舱室的双向语音有线通信,并有备用和氦语音矫正装置;

b) 有与潜水控制室、递物筒(水面侧)、高压救生舱释放操作位置的双向语音有线通信。

5.4.9 应有对甲板居住舱各舱室和递物筒(水面侧)的视频监控。

5.4.10 应能向甲板居住舱各舱室供电,并操控舱室电器设备。应有警示标志。

5.4.11 应能接收船舶报警和储气舱室氧浓度声、光报警。

5.5 潜水钟吊放系统

5.5.1 设计和制造应满足船级社规范,以及相关的法规要求。

5.5.2 应有有效证书。

5.5.3 应能满足完成潜水钟与甲板居住舱分离,潜放到工作深度,并正确定位在工作深度的要求。

5.5.4 应能满足将潜水钟提升到水面,并与甲板居住舱连接的要求。

5.5.5 安全工作负荷应大于或等于潜水员满员加上空气中潜水钟重量。

5.5.6 在主电源、主液压泵站、潜水钟主绞车故障时,应仍能回收潜水钟。应急操作程序应张贴在绞车操作员可目视的位置。

5.5.7 液压泵站应有主电源和应急电源,能切换使用,并有备用泵站。

5.5.8 潜水钟绞车应符合载人绞车规范,应有备用或替代。提升钢缆长度应满足将潜水钟潜放至最大工作深度，应为不旋转钢缆，破断强度应不小于使用负荷的 8 倍，与潜水钟有合适的连接和备用连接点，有排缆和钢缆释放长度显示装置。

5.5.9 潜水钟导索绞车应具备将潜水钟提升到水面的能力，导索应为不旋转钢缆。对不具有压重应急释放能力的潜水钟，导索压重的结构应能防止潜水钟陷入海底。

5.5.10 潜水钟脐带绞车应有将潜水钟提升到水面的能力，并能避免在脐带受力的情况下释放脐带。导向滑轮和绞车的直径尺度应不致损坏脐带。

5.5.11 “A”型架的安全工作负荷应大于或等于满员加上空气中潜水钟重量，伸缩跨距应满足潜水钟潜放，以及与甲板居住舱分离和连接的要求。

5.5.12 潜水钟与甲板居住舱连接锁紧卡环应有压力连锁装置，以及机械与手动两种操作方式。

5.5.13 操作面板应有两路电源，并能切换使用。应有与潜水控制室的双向语音有线通信，以及备有消防呼吸面罩。

5.6 潜水钟脐带

5.6.1 设计和制造应满足相关法规要求。

5.6.2 有有效证书。

5.6.3 长度应满足潜水钟潜放到最大工作深度要求。

5.6.4 强度应满足将潜水钟提升到水面的要求。

5.6.5 与潜水钟的连接应避免受力受损。

5.6.6 气体管路、水管路、电缆应分别满足潜水钟和潜水员加减压、提供呼吸气、深度(压力)监测、气体取样分析、供热水、供电、通信和视频传输的要求。潜水钟气体取样分析管路可与潜水钟内深度(压力)监测管路合用一根脐带管路。

5.6.7 应有应急脐带。

5.7 潜水员气体回收系统

5.7.1 应有包括补氧和二氧化碳清除装置的气体净化系统。补氧系统应有流量控制和电力中断时自动关闭装置。

5.7.2 氧和二氧化碳分析仪应安装声、光报警装置，并将信号传输到潜水控制室。

5.7.3 应采用适用于氦氧混合气的气体压缩机，并安装声、光报警装置，并将信号传输到潜水控制室。

5.7.4 应有回收气体储存气瓶。

5.7.5 应采用专用的带呼吸气体回收功能的潜水面罩或头盔。

5.8 潜水员热水系统

5.8.1 压力容器应有有效检验证书。

5.8.2 燃油锅炉型潜水员热水装置应安置在发生火灾时不会影响潜水系统的位置。

5.8.3 在潜水员端热水供给的参考温度：

a) 150 m 氦氧潜水，37 ℃～39 ℃；

b) 200 m 氦氧潜水，38 ℃～40 ℃。

当潜水员感到温度不适时，应首先调节热水流量。

5.8.4 潜水控制室应有热水温度显示和高低报警。

5.8.5 潜水员热水系统的电加热及水泵的用电应有应急电源。

5.8.6 潜水员热水系统所在地应有消防设施。

5.8.7 应有一套完全独立的备用潜水员热水系统。

5.9 潜水员呼吸气体加热系统

5.9.1 潜水深度超过 150 m，潜水员呼吸气应加热。

5.9.2 加热潜水员呼吸气的热交换器应设在潜水钟内或潜水员潜水面罩(头盔)内。

5.10 甲板居住舱环境控制系统

5.10.1 所有管路和仪表应有有效检验证书。

5.10.2 外循环型的压力容器应有有效检验证书，甲板居住舱进气口应有止回阀，出气口应有防止爆炸性失压装置。

5.10.3 应能控制补氧流量。

5.10.4 二氧化碳清除装置应能满足甲板居住舱满员的要求。

5.10.5 在 24 ℃～32 ℃度范围内，温度控制应满足设定要求。

5.10.6 在 40%～70%范围内，相对湿度控制应满足设定要求。

5.10.7 甲板居住舱加压气体供给应有两个独立气源，应与潜水钟气源分开。

5.10.8 甲板居住舱温度和相对湿度控制装置应有备用。

5.10.9 应有应急电源。

5.11 卫生水系统

5.11.1 压力容器、管路、仪表应有有效证书。

5.11.2 应有水位、压力和温度显示，以及温度设置。

5.11.3 能自动跟踪甲板居住舱压力，加压管路装有止回阀。

5.12 电力系统

5.12.1 应能满足饱和潜水系统最大工况用电需求。

5.12.2 应符合饱和潜水系统电制式。

5.12.3 应有独立应急电源。主电源和应急电源应能切换使用。

5.12.4 应有配电板。

5.13 储气系统

5.13.1 储气瓶(组)、管路、压力调节器、压力表应有有效证书。

5.13.2 应满足饱和潜水作业对各种气体的储备量要求。

5.13.3 管理、操作、储存按 4.9.1.2～4.9.1.4 规定。

5.14 高压救生舱

5.14.1 设计和建造应符合船级社规范、国际海事组织和相关法规要求。

5.14.2 应有有效检验证书。

5.14.3 工作压力应与饱和潜水系统工作压力相同。

5.14.4 应能容纳饱和潜水系统内所有潜水员。

5.14.5 在潜水员满员的情况下，应有足够的正浮力。

5.14.6 应有防护装置、保护舱和舱外设备。

5.14.7 应能和饱和潜水系统的甲板居住舱高压连接，并有潜水员能进出的连接通道。

5.14.8 热平衡应符合通用国际规范。

5.14.9 应具备被拖带的装置和被回收的吊点。

5.14.10 应有方便救助的定位装置，包括雷达反射器、闪光灯、无线电遇险信标。

5.14.11 应具备独立动力源的释放系统，释放系统的安全负荷应满足高压救生舱满载人员的要求，并满足国际海事组织对船舶倾斜情况下的释放要求。

5.14.12 应备有移动式的控制室和应急脐带，应能向舱内供气、供水、供电和进行通信。

5.14.13 穿舱件和阀应标明功能，管路穿舱件应安装内外壳体阀，高压救生舱的所有外阀在开或关的位置应能进行保险固定。

5.14.14 应有观察窗和递物筒。

5.14.15 应能满足舱内潜水员生存 24 h。包括：

a) 有应急电源，容量应满足高压救生舱二氧化碳吸收装置、照明和应急通信 24 h 的用电需要。

b) 有应急气瓶，包括应急气体和氧气瓶。应急气体的数量应满足弥补递物筒使用和高压救生舱泄漏的要求。氧气应满足高压救生舱内潜水员 24 h 呼吸需要。

c) 舱内应有加减压系统，并有内外深度(压力)表。

d) 舱内应有定量补氧系统。

e) 舱内应有二氧化碳吸收装置，应满足全员条件下的清除要求。

f) 舱内应有氧和二氧化碳分析仪。

g) 舱内应有应急呼吸面罩，数量应满足潜水员人数，并有备用。面罩应具备呼吸气体舱外排出性能。

h) 舱内应有温湿度表。

i) 舱内应有保暖救生服和应急呼吸面罩(带钠石灰)，应满足潜水员数量。

j) 舱内应有食物容器，应水密，食物储存量应满足所有潜水员每人 10 000 kJ 的要求。

k) 舱内应有饮用水容器，应水密，应用水储存量应满足所有潜水员每人 3 L 的要求。

5.14.16 应有两种方式的对外通信。

5.14.17 舱内应有照明，应能满足阀门和设备操作照明要求。

5.14.18 舱内应有座位，应满足潜水员数量，并有保险带。

5.14.19 舱内应有厕所，可采用冲洗式或化学厕所。

5.14.20 应有安全设备。包括：

a) 保护性头盔，数量应满足潜水员数量；

b) 潜水员提升装置，提升钩长度应能到达高压救生舱地板；

c) 消防设备应与甲板居住舱内消防设备相同，应能满足高压状态下灭火要求；

d) 医疗急救箱应按规定配置药品器材。

5.14.21 高压救生舱释放点与甲板居住舱控制室应有有线语音通信。

5.14.22 在未释放状态，应能通过甲板居住舱控制室对高压救生舱加减压、供气、供电、进行环境控制和通信。所有甲板居住舱控制室与高压救生舱的管路、电缆的连接应是快速方式。

5.15 潜水员个人装具

5.15.1 潜水面罩或头盔应检查和功能试验合格，并有记录。

5.15.2 潜水面罩或头盔应有应用系列号永久标识，应适合要进行的潜水类型。

5.15.3 潜水面罩或头盔应满足潜水员呼吸、通信、照明、视频监控的要求。

5.15.4 回家气瓶应有有效证书。储气量应满足潜水员返回潜水钟耗气需要，应有正确的颜色和气体成分标识。应与潜水面罩或头盔有正确连接，保证需要时供气。

6 饱和潜水要求

6.1 饱和潜水加压前的准备

6.1.1 负责人员

加压前的准备工作由潜水监督和生命支持监督负责。

6.1.2 加压前准备工作

6.1.2.1 舱室应清洁和消毒，如果潜水钟和舱室一同加压，潜水钟也应完成清洁。清洁和消毒应在加压前 24 h 内完成。

6.1.2.2 所有舱室、饱和潜水系统设备和辅助设备应按本系统甲板居住舱检查表进行检查和试验。如果潜水钟和舱室一同加压，潜水钟也应完成检查。舱室检查应在开始加压前 8 h 内进行(尽可能接近加压开始时间)，检查由生命支持监督或由他指定的生命支持员负责，检查结果应记录和保存。

6.1.2.3 饱和潜水需要的各种气体的数量应满足 JT/T 742 的要求，成分和连接正确。储气瓶的气体在连接到控制面板前后都应经过分析。

6.1.2.4 钠石灰、活性碳、硅胶等消耗品应检查，数量应满足作业和最低储备量的要求。

6.1.2.5 应将需要放入舱内的物品，包括：被服、毛巾、肥皂、手纸、清洁和消毒材料、杯子、适量的饮料、医疗急救箱等放入舱内。物品应做好防压措施（去除盖子、穿洞等），违禁物品不得进舱。

6.1.2.6 潜水员进舱前24 h内应进行体检。每名潜水员应携带标有姓名和左右耳的滴耳液。

6.1.2.7 潜水员进舱前，应检查自己的口袋和行李，防止违禁物品带入舱内。

6.1.2.8 舱室的空调风机、二氧化碳吸收装置风机应处于运转状态，舱室温湿度应调控至适宜数值，钠石灰、活性碳已更换，分析仪已校正。

6.1.2.9 相关文件，包括饱和潜水程序、应急程序、加压方案、舱室和控制室检查表、气体储存表、舱室记录表、控制室值班记录表、管路连接方案等应在控制室就位。

6.1.2.10 潜水监督、生命支持监督、生命支持员应到达控制室。

6.1.3 制定加压方案

6.1.3.1 加压方案应包括氧分压的配置、加压速度、加压停留站、加压各深度阶段的应急呼吸气和加压注意事项。加压方案应由潜水监督或生命支持监督负责制定。

6.1.3.2 氧分压配置应：

a） 允许加压到达居住深度时舱室氧分压超过40 kPa，但应控制在依靠舱内潜水员经12 h呼吸能降到40 kPa的范围内。

b） 饱和潜水加压应分为两个阶段，第一阶段采用富氧氦氧混合气加压，第二阶段采用贫氧氦氧混合气（可采用氧浓度为2%的氦氧混合气）加压。

c） 第一阶段加压采用的富氧氦氧混合气加压深度可按潜水作业单位规定，也可通过计算获得，但应不少于1.5 m，第一阶段加压深度计算公式见式(1)：

$$D_1 = \frac{P - 21 - 10D_2F_1}{10(F_2 - F_1)} \qquad (1)$$

式中：

D_1——富氧氦氧混合气加压深度，单位为米(m)；

P——饱和居住深度氧分压，单位为千帕(kPa)；

F_1——加压用贫氧氦氧混合气氧浓度，单位为百分比(%)；

F_2——加压用富氧氦氧混合气氧浓度，单位为百分比(%)；

D_2——饱和居住深度，单位为米(m)。

d） 如为了控制加压到居住深度时的舱室氧分压，采用氧浓度低于2%的氦氧混合气进行第二阶段加压，应经潜水作业单位批准并有安全措施。

6.1.3.3 加压速度和加压停留应：

a） 采用富氧氦氧混合气完成第一阶段加压，加压速度不大于1 m/min。

b） 完成第一阶段加压后，停留检查舱室密封情况、呼吸面罩供气状况，如有异常，应将舱室减至常压。

c） 如无异常，采用贫氧氦氧混合气将舱室加压到居住深度。居住深度小于150 m时，加压速度不大于1 m/min。居住深度150 m～200 m时，应设立加压停留站（在100 m深度停留2 h），自0～100 m，加压速度不大于1 m/min；自100 m～200 m，加压速度不大于0.33 m/min。

d） 到达居住深度后应有休息停留时间，然后开始巡回潜水。

6.1.3.4 加压过程中应急呼吸气的配置应满足在使用深度的氧分压为20 kPa～250 kPa，适宜的氧分压为40 kPa～100 kPa。

6.1.3.5 加压过程注意事项：

a） 加压过程潜水员不可躺在上铺，应坐在下铺视频能监控的位置。生命支持人员应观察潜水员情况。发生缺氧情况时，应停止加压，潜水员通过呼吸面罩呼吸富氧混合气，不可采用补氧。

b） 加压过程中，舱室空调风机、二氧化碳吸收装置风机可开强风档，可通过潜水员挥动毛巾、床单帮助气体混合。由于气体混合不匀，氧分析仪显示的读数可能与舱室氧浓度不符。

c) 按规定的加压速度加压，不得超速。

d) 加压过程中，应急呼吸气体应始终保持连接和供给，并应按照使用深度更换。

e) 加压过程中，应注意舱室温度，避免温度过高。

f) 如果潜水钟与甲板居住舱一同加压，当潜水钟内氧分压到达 40 kPa 以上时潜水员方可进入。

g) 单独一名潜水员不得进行加压。

h) 如果第二阶段加压过程中，由于某种原因(泄漏、气体污染)应中止加压，按照加压已到达的深度和经历的时间，选择氦分压和时间相当的常规潜水减压表将潜水员减压到常压。

i) 如果采用氧浓度小于 16%的氦氧混合气进行第一阶段加压，则在加压过程中，潜水员应通过呼吸面罩呼吸应急呼吸气，直到完成停留检查并确认舱室无泄漏。

j) 不得采用回收气体进行加压。

6.2 饱和潜水加压

6.2.1 应按照 6.1.2 完成饱和潜水加压前各项准备，并经潜水监督批准才能开始加压。

6.2.2 按照制定的加压方案进行加压。

6.3 居住深度停留阶段舱室环境参数

6.3.1 深度

设定居住深度±0.5 m。

6.3.2 氧分压

40 kPa±2 kPa。

6.3.3 二氧化碳分压

不大于 0.6 kPa。

6.3.4 氮分压

不大于 100 kPa。

6.3.5 温度

应以潜水员感觉舒适为度，适宜温度范围参照表 3。

表 3 氦氧饱和潜水不同居住深度的舱室温度范围表

深度/m	温度/℃	深度/m	温度/℃
0～50	22～27	100～150	27～30
50～100	25～29	150～200	28～31

6.3.6 相对湿度

根据居住深度的不同，相对湿度分别为：

a) 居住深度小于 180 m，相对湿度 40%～60%；

b) 居住深度大于 180 m，相对湿度 40%～50%。

6.4 饱和潜水居住深度停留阶段舱室气体

6.4.1 舱室应急加压气体

6.4.1.1 舱室应与两路独立的应急加压气体连接。

6.4.1.2 应急加压气在居住深度的氧分压为 20 kPa～100 kPa。

6.4.2 应急呼吸气

6.4.2.1 舱室呼吸面罩应与应急呼吸气连接。

6.4.2.2 应急呼吸气在居住深度的氧分压为 20 kPa～250 kPa，适宜氧分压为 40 kPa～100 kPa。

6.4.3 氧气

6.4.3.1 舱室应与氧气连接。

6.4.3.2 补氧应受控。补氧方式有受舱室氧分压(或氧浓度)控制的自动补氧，或通过流量计控制的手动补氧。

6.4.4 **治疗气**

6.4.4.1 应配备好治疗气，需要时与控制面板连接，并供给舱室。

6.4.4.2 治疗气应满足在各自的治疗深度的氧分压为160 kPa～260 kPa，或按采用的治疗表的规定。

6.5 **舱室管理**

6.5.1 值班生命支持员负责舱室管理。

6.5.2 舱室管理内容

6.5.2.1 维持舱室环境参数。除氮分压外，舱室(包括潜水钟)参数每小时要测定1次，并记录。

6.5.2.2 记录对潜水员的观察情况、潜水员主诉、递物筒使用(包括进出舱室物品)、厕所使用、排舱底水、更换钠石灰、更换硅胶、更换活性碳、阀门位置改变、舱室风机转速改变、气体分析仪校正、应急加压气和应急呼吸气的种类及变更、潜水钟对接与分离。

6.5.2.3 每12 h校正一次气体分析仪。

6.5.2.4 每12 h记录气体储存情况，包括日期、瓶号、注水容积、气体名称、成分、压力、储气量、用途等。

6.5.2.5 管理和照料潜水员生活。潜水员洗澡、使用厕所、递物筒、排舱底水、变动舱室阀门应经生命支持员同意，潜水员有不适时应报告生命支持员。

6.6 **舱室操作**

应由生命支持员进行舱室操作。

6.6.1 **不同居住深度的舱室操作**

6.6.1.1 在进行舱室隔离前，应检查可能导致事故性平衡的危险。

6.6.1.2 对有公共的专用对接舱的饱和潜水系统，应采用连接通道减压到水面的方式完成舱室间的隔离。

6.6.1.3 对利用一套甲板居住舱的过渡舱来完成与潜水钟对接的饱和潜水系统，应通过关闭相应的生活舱与过渡舱间的门来实现舱室间的隔离。

6.6.1.4 舱室与对接舱平衡开门前，应检测对接舱的氧浓度，并予以校正。

6.6.1.5 如涉及生活舱深度变化，包括中间加压或减压，应按变换居住深度的规定进行操作，并应符合采用的减压表和巡回潜水表对在居住深度平衡周期的规定。

6.6.2 **递物筒操作**

6.6.2.1 无控制室同意，舱内或舱外均不可操作递物筒。

6.6.2.2 控制室同意操作递物筒前，应检查舱内外情况。在操作递物筒时，生命支持人员应监督舱的压力。

6.6.2.3 不了解要传递的物品时，舱内或舱外都不得使用递物筒。对加压或减压时会损坏的物品应有防护措施。

6.6.2.4 操作递物筒阀，应与递物筒保持手臂长度距离。

6.6.2.5 水面侧在打开递物筒前，应确认没有气体再从排气阀排出，压力表归零。如果打开递物筒存在不正常的困难，可认为递物筒内还存在压力。应将递物筒门关好和锁紧，随后加压，并检查压力表、排气阀或平衡阀是否被堵塞。

6.6.2.6 递物筒不应装满。应检查排气阀，防止堵塞。

6.6.2.7 在递物筒加压时，水面侧操作人员应待在旁边。发生泄漏时应通知控制室和舱内。

6.6.2.8 舱内加压递物筒时应缓慢。

6.6.2.9 递物筒的门应处在完全打开，或完全关闭锁紧的状态。

6.6.2.10 操作递物筒的人员应待递物筒压力恢复到常压后再离开。

6.6.3 **厕所操作**

6.6.3.1 坐垫和马桶间应有空隙，厕所冲洗时应关闭马桶盖。

6.6.3.2 冲洗厕所和排空污水罐时，舱内潜水员和舱外人员应配合，按规定程序操作。厕所正在使用时，不得冲洗和排污。

6.6.3.3 在操作厕所前，污水罐应先排空。

6.6.4 排舱底水操作

6.6.4.1 过渡舱应在洗澡后排舱底水，生活舱应定期检查和排舱底水。

6.6.4.2 排舱底水的吸口应比管腔狭窄。

6.6.4.3 舱内外的排水阀(壳体阀)平时应关闭，仅在排水时打开。排水时，舱内外应配合，按规定程序操作。应提醒潜水员防止发生脚或手指被吸和舱室泄压。

6.7 舱室卫生规定

6.7.1 向舱内传递食物和物品的水面人员应保持个人卫生。

6.7.2 递物筒应保持清洁。

6.7.3 舱外应保持清洁和整齐。

6.7.4 使用后的毛巾和潜水服、换下的衣服、吃剩的食品及垃圾应送到舱外。

6.7.5 潜水员不得合用毛巾、衣服、牙刷、杯子、剃须刀等生活用品，以及潜水装具和耳机，不得交换床铺。

6.7.6 床上用品应不超过 3 d 更换一次。如果舱内发生感染，每天更换。

6.7.7 潜水员发生皮肤损伤应予治疗，潜水后用预防性滴耳液滴耳。

6.7.8 潜水员不应使用强力型肥皂，洗澡应控制每天一次。

6.7.9 舱内物品在专用洗衣机高温洗涤。

6.7.10 厕所使用后，应喷洒消毒剂。

6.7.11 舱室应每天使用消毒剂清洁。

6.7.12 舱底应保持干燥，舱底水(包括冷凝水)应排出。

6.7.13 舱室使用回收气体时，气体回收袋应按规定清洁。

6.8 改变居住深度

6.8.1 加大居住深度

6.8.1.1 加大居住深度操作方法是采用贫氧氦氧混合气将甲板居住舱加压至新的居住深度。加压速度和注意事项按 6.1.3.3 和 6.1.3.5 规定。

6.8.1.2 加压到新的居住深度后，甲板居住舱偏高的氧分压依靠潜水员呼吸耗氧降低。

6.8.1.3 开始巡回潜水前在居住深度的停留时间按 6.1.3.3 规定。

6.8.2 减少居住深度

6.8.2.1 减少居住深度的操作方法是将甲板居住舱减压至新的居住深度。减压操作程序、减压方式、速度和注意事项与饱和潜水最终减压相同。

6.8.2.2 减压前在居住深度的平衡周期应按照采用的减压表的规定。

6.8.2.3 到达新的居住深度后，甲板居住舱内偏高的氧分压依靠潜水员呼吸耗氧降低。

6.8.2.4 减压到新的居住深度后，开始巡回潜水前在居住深度的平衡周期应按照采用的巡回潜水表的规定执行。

7 巡回潜水要求

7.1 巡回潜水表

7.1.1 采用在规定的巡回潜水深度允许无限时间停留的巡回潜水表。

7.1.2 相应居住深度允许的巡回潜水方式按照采用的巡回潜水表规定执行。

7.1.3 相应居住深度允许的巡回潜水距离(到达深度)按照采用的巡回潜水表规定执行。

7.1.4 巡回潜水允许的组合方式按照采用的巡回潜水表规定执行。

7.1.5 巡回潜水上升和下潜的速度按照采用的巡回潜水表规定执行。

7.1.6 巡回潜水前在居住深度的平衡周期按照采用的巡回潜水表规定执行。

7.2 制定巡回潜水方案

7.2.1 指导原则

7.2.1.1 拟控制巡回潜水距离在采用的巡回潜水表允许的巡回潜水最大距离一半范围内，不宜采用最大距离巡回潜水。

7.2.1.2　宜采用向下巡回潜水，不宜采用向上巡回潜水。

7.2.1.3　采用巡回潜水表允许的巡回潜水组合方式。

7.2.1.4　采用组合巡回潜水，宜先进行向上巡回潜水，后进行向下巡回潜水。

7.2.1.5　巡回潜水距离(深度)应在巡回潜水表规定的范围内。居住深度宜接近工作深度，减少巡回潜水距离。

7.2.1.6　宜采用不需要平衡周期的巡回潜水类型和组合方式。

7.2.2　制定巡回潜水方案的方法

7.2.2.1　潜水监督负责制定巡回潜水方案。

7.2.2.2　应按照本次巡回潜水的工作深度和目前的居住深度，对照巡回潜水表确定采用的巡回潜水类型和组合方式。

7.2.2.3　确定巡回潜水类型和组合方式后，应再次确定：

a)　巡回潜水距离(深度)应在巡回潜水表允许的范围内；

b)　采用的巡回潜水组合方式应是巡回潜水表允许的组合方式；

c)　潜水钟潜放深度应在巡回潜水表允许的深度范围内；

d)　同一次巡回潜水(同一钟)交替进行巡回潜水的潜水员的巡回潜水深度，应在巡回潜水表允许的范围内；

e)　完成规定的居住深度平衡周期；

f)　满足选定巡回潜水方案的其他指导原则。

7.2.3　巡回潜水方案的内容

7.2.3.1　潜水员姓名。

7.2.3.2　出发时的居住深度。

7.2.3.3　巡回潜水前的在居住深度平衡周期时间。

7.2.3.4　巡回潜水工作深度范围。

7.2.3.5　巡回潜水允许到达的深度范围。

7.2.3.6　巡回潜水组合方式。

7.2.3.7　潜水钟预定潜放深度。

7.2.3.8　第一名潜水员工作深度范围。

7.2.3.9　第二名潜水员(如果需要)工作深度范围。

7.3　巡回潜水的实施

7.3.1　巡回潜水前的准备和检查

7.3.1.1　巡回潜水前的准备包括：

a)　潜水监督负责巡回潜水前的准备；

b)　饱和潜水作业队人员应明了巡回潜水的任务、风险、应急程序及各自的责任；

c)　明确巡回潜水时，水面人员、船员和其他作业人员的支持；

d)　相关的风险评估和应急处置的回顾；

e)　工具的准备；

f)　无人遥控潜水器协助；

g)　使用吊机和绞车的计划；

h)　水面预备潜水员和潜水照料员；

i)　潜水员应明了将进行的潜水任务和相关的风险，潜水计划、工作内容、作业程序、图纸已交给潜水员，潜水监督应确认潜水员已明了潜水任务，并在记录簿记录；

j)　潜水设备证书有效，已按规定经过试验；

k) 气体数量满足 JT/T 742 的要求，成分合格，管汇连接正确，管汇连接前后气体成分已经过分析；
l) 相关文件已准备齐全。

7.3.1.2 巡回潜水前的检查包括：
a) 潜水监督负责巡回潜水前的检查；
b) 潜水监督或由他指定的人员进行巡回潜水前检查，并按照本系统潜水钟检查表进行潜水钟外部检查，完成检查后的检查表作为潜水记录的一部分给予保存；
c) 不符合的项目应记录，并按程序处理，缺陷应予纠正；
d) 巡回潜水方案应已制定；
e) 潜水员应已按巡回潜水表规定完成平衡周期停留；
f) 应已获得潜水作业的许可；
g) 潜水作业期间应保持气象条件适宜；
h) 潜水支持船应悬挂正确的旗、信号和灯。

7.3.2 巡回潜水程序

7.3.2.1 巡回潜水前检查合格后，由潜水监督发布巡回潜水命令。

7.3.2.2 潜水钟与甲板居住舱分离程序包括：
a) 当潜水员进入潜水钟后，应关闭潜水钟至连接通道的门（底门或内侧门），甲板居住舱内潜水员应关闭过渡舱顶门或连接端门，并应返回生活舱，关闭生活舱通向过渡舱的门，完成后即报告潜水监督，或通过生命支持员报告；
b) 潜水监督与潜水钟内潜水员按照本系统潜水钟检查表完成潜水钟内部检查；
c) 按照潜水监督的命令，对潜水钟加压密封、连接通道减压和打开连接通道锁紧装置，完成潜水钟与甲板居住舱分离；
d) 潜水钟与甲板居住舱分离后，甲板居住舱生活舱通往过渡舱的门可打开，甲板居住舱内潜水员可进入过渡舱。

7.3.2.3 潜水钟潜放至预定潜放深度的步骤：
a) 关闭潜水钟外底门和侧外门（侧接式潜水钟）；
b) 潜水监督通知驾驶台，开始潜放潜水钟；
c) 潜放潜水钟至预定潜放深度。

7.3.2.4 巡回潜水的程序为：
a) 打开潜水钟内外底门；
b) 潜水员完成出潜准备，钟人完成对钟人潜水装具的检查；
c) 潜水员出潜，钟人向潜水监督报告“潜水员出潜”；
d) 钟人检查回收潜水员装置；
e) 潜水监督对潜水员测深，检查巡潜是否保持在规定深度范围内；
f) 巡回潜水过程中，潜水员应向潜水监督报告环境情况和工作进度，钟人应配合潜水员脐带收放、观察潜水员呼吸气压力、钟人呼吸气压力、潜水钟应急气压力、接收潜水监督指令、做好出潜救援准备；
g) 潜水作业完成，潜水员返回潜水钟前，应确保设备和工具都可方便的由水面回收（无纠缠），或已放置在工作位置供下一班潜水员使用；
h) 潜水员返回潜水钟；
i) 潜水员进入潜水钟后，钟人应向潜水监督报告“潜水员返回潜水钟”；
j) 潜水员收放好潜水装具和脐带。

7.3.2.5 潜水钟内环境参数控制要求如下：
a) 水面应持续监测潜水钟内氧分压和二氧化碳分压；
b) 潜水钟内氧分压应通过补氧来维持；

c) 如潜水钟内二氧化碳分压偏高，可采用海底混合气对潜水钟通风；

d) 潜水钟内的温度应调节到潜水员舒适为度。

7.3.2.6 出潜潜水员参数为：

a) 海底混合气氧分压为 50 kPa～80 kPa，氧分压适宜值为 60 kPa。

b) 潜水员呼吸气体二氧化碳分压不得超过 1 kPa。

c) 采用回收的呼吸气体时，氮分压不得超过 160 kPa。

d) 巡回潜水深度超过 120 m，可采用潜水员呼吸气体加热；深度超过 150 m，应采用潜水员呼吸气体加热。

7.3.2.7 提升潜水钟回水面程序为：

a) 降低潜水钟内水位，关闭内底门和外底门；

b) 按照潜水监督命令，潜水钟加压密封，提升潜水钟到水面，出水前关闭外照明；

c) 潜水钟上甲板，锁定，打开外底门或外侧门（如果是侧接式）；

d) 潜水监督通知驾驶台及有关方面，潜水钟已经回收。

7.3.2.8 潜水钟与甲板居住舱对接程序如下：

a) 按照潜水监督指令，潜水钟与甲板居住舱对接，并锁紧连接通道锁紧装置；

b) 关闭甲板居住舱生活舱通往过渡舱的门，潜水员在生活舱内待命；

c) 按照潜水监督命令，连接通道加压；

d) 打开甲板居住舱顶门或端门，以及潜水钟内底门或内侧门，潜水钟内潜水员进入甲板居住舱；

e) 关闭甲板居住舱顶门或端门。

7.3.2.9 潜水钟与甲板居住舱对接与分离注意事项如下：

a) 在打开连接通道锁紧装置前，潜水监督和生命支持员应进行各方面检查，检查时间应记录在潜水记录簿上；

b) 对连接通道锁紧装置不熟悉时，在潜水前应让所有人员熟悉锁紧装置；

c) 甲板居住舱与连接通道平衡压力前，应确定连接通道的压力是稳定的；

d) 使用海底混合气加压连接通道；

e) 在检查和确定连接通道没有泄漏前，不得将通道加压至居住深度；

f) 进行甲板居住舱与潜水钟对接时，潜水监督不得离开控制面板；

g) 有疑问时应予检查，检查前不得操作；

h) 在连接通道加压或减压时，不得让潜水员待在甲板居住舱过渡舱内；

i) 无潜水监督的命令，不得操作连接通道锁紧装置。

7.3.2.10 更换潜水员程序如下：

a) 前一组潜水员返回甲板居住舱内，可更换下一组潜水员进行巡回潜水；

b) 潜水员在二次巡回潜水之间的居住深度平衡周期按采用的巡回潜水表规定执行。

7.3.2.11 巡回潜水后变换居住深度要求如下：

a) 加大居住深度（中间加压）前，潜水员在居住深度无需平衡周期；

b) 减少居住深度（中间减压）前，潜水员在居住深度的平衡周期按照采用的减压表执行；

c) 加大居住深度后，潜水员开始巡回潜水前在居住深度的停留时间按 6.1.3.3 规定执行；

d) 减少居住深度后，潜水员开始巡回潜水前在居住深度的平衡周期按采用的巡回潜水表规定执行。

8 饱和潜水最终减压要求

8.1 减压前的准备

8.1.1 潜水监督和生命支持监督负责最终减压准备工作。

8.1.2 最终减压开始前，潜水员应返回巡回潜水出发时的居住深度。

8.1.3 按照采用的减压表的规定，潜水员完成在居住深度的平衡周期。

8.1.4 应制定最终减压方案。最终减压方案以表格的形式规定最终减压各深度阶段的时间、减压速度、减压方式、甲板居住舱氧分压、氧浓度、二氧化碳分压、温度、相对湿度，并规定在最终减压各深度阶段甲板居住舱连接的应急加压气和应急呼吸气、采用的治疗气。

8.1.5 最终减压开始前，按照采用的减压表的规定，提高甲板居住舱氧分压。

8.1.6 应急气体

8.1.6.1 甲板居住舱应连接二路独立的应急加压气。从居住深度至 15 m 深度，应急加压气在使用深度的氧分压控制在 20 kPa～100 kPa。从 15 m 深度至水面，甲板居住舱应急加压气的氧浓度控制在 20%～23%。

8.1.6.2 甲板居住舱应连接应急呼吸气。应急呼吸气在使用深度的氧分压控制在 20 kPa～220 kPa，以 40 kPa～100 kPa 为宜。

8.1.6.3 应按采用的治疗表的规定，备妥相应的治疗气。

8.1.7 应校正氧分析仪和二氧化碳分析仪。

8.1.8 应准备最终减压阶段的相关文件，包括：最终减压方案(记录表)、甲板居住舱控制室值班记录、舱室环境参数记录表、气体储存记录表、减压病治疗表、本次饱和潜水实施程序、应急程序。

8.1.9 潜水监督、生命支持监督、生命支持员应到达甲板居住舱控制室。

8.1.10 潜水监督和生命支持监督应询问潜水员身体情况，确认潜水员情况良好。

8.2 减压程序

8.2.1 在完成最终减压准备后，应由潜水监督确认开始最终减压。.

8.2.2 按照采用的减压表规定，采用持续减压或阶段减压方式进行减压。

8.2.3 减压速度按采用的氦氧饱和潜水减压表规定执行。

8.2.4 最终减压过程中，舱室环境参数按照采用的减压表的规定执行。

8.3 注意事项

8.3.1 最终减压阶段，甲板居住舱应始终连接应急加压和应急呼吸气体，准备好治疗气体。随甲板居住舱深度的变化，应更换适宜的应急加压气、应急呼吸气和治疗气。

8.3.2 最终减压过程中，如果由于某种原因造成减压进度落后于原减压计划(方案)，不可采用加快减压速度来满足原计划，应按规定速度进行减压。如果减压进度快于原减压计划，则应停止减压，直至回到原计划进度，再开始减压。

8.3.3 舱室和潜水员生活管理要求如下：

a) 最终减压阶段舱室和潜水员生活管理仍按在居住深度停留期间的要求执行。最终减压过程中，潜水员不可进行剧烈活动，不应长时间的处于膝关节和肘关节受压位置。

b) 生命支持员应关注潜水员的情况。潜水员有不适时应报告生命支持员。

8.3.4 最终减压过程中应注意防火：

a) 最终减压过程中，氧浓度不得超过 23%，以防失火危险；

b) 最终减压至 15 m 前，应将甲板居住舱内易燃物品(书、报纸等)取出。

8.3.5 最终减压过程中，为保证安全，潜水钟和连接通道深度应比甲板居住舱浅 5 m～10 m。

8.3.6 最终减压过程中，潜水员如出现减压病症状和体征，应停止减压，按采用的治疗表的规定进行治疗。

8.3.7 其他规定如下：

a) 最终减压至 10 m 以浅，甲板居住舱不得排舱底水；

b) 最终减压至 6 m 以浅，甲板居住舱不得使用递物筒；

c) 最终减压至 3 m 以浅，甲板居住舱不得使用厕所。

8.4 饱和潜水应急减压

8.4.1 在饱和潜水支持船存在沉没危险时，饱和潜水应急减压可作为一种选择。

8.4.2 采取应急减压应具备下列条件：

a) 备有饱和潜水应急减压表；

b) 饱和潜水所处深度较浅；

c) 旁边有一艘带饱和潜水系统的潜水支持船，或附近有高压舱；

d) 气象条件允许潜水员转移。

8.5 最终减压过程中恢复饱和潜水

8.5.1 进行巡回潜水

最终减压过程中不可进行巡回潜水。如果在最终减压过程中进行巡回潜水，应中止最终减压，恢复饱和潜水。

8.5.2 恢复饱和潜水

8.5.2.1 拟恢复的饱和潜水居住深度大于最终减压已到达深度：

a) 拟恢复饱和潜水的居住深度大于最终减压已到达的深度较多时，不宜恢复饱和潜水，应先完成最终减压。随后更换潜水员，从新开始饱和潜水。

b) 如恢复饱和潜水后，本次饱和潜水的减压距离不超过最大居住深度的 1.5 倍，可按增加居住深度（中间加压）的操作程序，将甲板居住舱加压到拟恢复饱和潜水的居住深度。加压方法和有关事项按 6.8.1 规定。

8.5.2.2 恢复的饱和潜水居住深度小于最终减压已到达深度：

a) 恢复饱和潜水后，潜水员暴露在氧分压相当或超过 60 kPa 环境下的时间应少于 6 d。

b) 继续本次饱和潜水最终减压，直至到达要求恢复饱和潜水的居住深度。

c) 到达恢复饱和潜水的居住深度后，甲板居住舱内偏高的氧分压依靠潜水员呼吸耗氧降低。到达居住深度后，开始巡回潜水前潜水员在居住深度的平衡周期按采用的巡回潜水表规定执行。

8.6 最终减压后的有关规定

8.6.1 最终减压至常压后，潜水员可出舱。

8.6.2 完成最终减压后，应对舱室气体分析，并确认无缺氧危险后，方能进入甲板居住舱或潜水钟。

8.6.3 潜水员出舱后：

a) 应按 4.6.5.1 规定在舱旁观察；

b) 体力活动和进行常规潜水应按 4.6.5.3 规定执行；

c) 24 h 内不可桑拿浴，洗澡可用温水；

d) 乘坐普通飞机按 4.6.5.4 规定执行；

e) 24 h 后可乘坐直升飞机，飞行高度不得超过 600 m。

8.6.4 潜水员完成饱和潜水最终减压后，进行下一次饱和潜水的水面间隔时间应相当于上次饱和潜水高压暴露时间。

8.6.5 饱和潜水最终减压后，系统外部应用淡水冲洗，舱室（包括潜水钟）内部应清洁和干燥，床上用品、气体分析仪、钠石灰、潜水装具等物品应取出舱外。

8.6.6 设备检查和维修

8.6.6.1 完成饱和潜水最终减压后，潜水监督和生命支持监督应组织对设备进行检查和维修。

8.6.6.2 舱室应关闭，定期通风。

8.6.6.3 系统应由专人管理。应按照维护保养计划对各项设备进行维护和检查，并记录。

8.6.7 完成饱和潜水最终减压后，作业报告和记录应集中交潜水作业单位保存。

ICS 03.220.40
R 53

中华人民共和国国家标准

GB/T 24556—2009

200 m 氦氧饱和潜水作业应急措施

Emergency measures for heliox saturation diving operation to 200 m

2009-10-30 发布　　2010-03-01 实施

中华人民共和国国家质量监督检验检疫总局
中国国家标准化管理委员会　发布

前　言

本标准由中华人民共和国交通运输部提出。

本标准由交通部救捞与水下工程标准化技术委员会归口。

本标准起草单位：交通部上海打捞局。

本标准主要起草人：叶似虬、郭杰、刘秀华、李家颂、金伟、吉宏伟、鲍德胜、姚慧欣、赵鹤鸣、陶宝龙、金锋、徐军林、戎福康、孙伟、王卿庆。

200 m 氦氧饱和潜水作业应急措施

1 范围

本标准规定了饱和潜水作业过程中潜水员遇险、设备和装具故障、潜水作业出现意外情况时的应急措施。

本标准适用于 200 m 及以浅的氦氧饱和潜水作业。

2 规范性引用文件

下列文件中的条款通过本标准的引用而成为本标准的条款。凡是注日期的引用文件，其随后所有的修改单(不包括勘误的内容)或修订版均不适用于本标准，然而，鼓励根据本标准达成协议的各方研究是否可使用这些文件的最新版本。凡是不注日期的引用文件，其最新版本适用于本标准。

GB/T 24555—2009 200 m 氦氧饱和潜水作业要求

JT/T 744 200 m 氦氧饱和潜水减压病处置原则

3 术语和定义

GB/T 24555 确立的术语和定义适用于本标准。

4 潜水员遇险

4.1 遇险原因和后果

因供气中断、缠绕、受伤等原因造成进行巡回潜水的潜水员发生险情，可导致潜水员无法自行返回潜水钟。

4.2 应急处置

4.2.1 当水面接到出潜潜水员报告出现意外情况；或水面控制室呼叫出潜潜水员，连续三次无答复；或钟人与潜水员拉绳信号联系，连续三次无答复，水面应命令钟人救援遇险潜水员。

4.2.2 钟人牵拉潜水员脐带，将潜水员拉到潜水钟底通道下方，利用钟内提升装置将潜水员吊入钟内。

4.2.3 钟人牵拉潜水员脐带无法将潜水员拉回潜水钟时，钟人应出潜，沿潜水员脐带找到遇险潜水员。然后沿钟人脐带，将遇险潜水员救回钟内。

4.2.4 钟人应摘除潜水员的面罩，检查潜水员情况，报告水面。如潜水员心跳呼吸已停止，应进行复苏，随时将复苏情况报告水面。水面提升潜水钟出水，与甲板居住舱对接，潜水员进入甲板居住舱作进一步处理。

4.3 防范措施

4.3.1 钟人负责照料潜水员脐带，通过水面了解潜水情况和问题。

4.3.2 钟人应通过潜水钟内潜水呼吸气压力表，了解潜水员呼吸情况。

4.3.3 钟人应做好出潜救助潜水员的准备。

4.3.4 钟人出潜应使用独立的钟人呼吸气。钟人呼吸气应能满足钟人出潜 30 min 的需要。

4.3.5 潜水钟应有调节潜水钟内水位功能，配备潜水员提升装置。

4.3.6 潜水钟应配置医疗急救箱。

4.3.7 应对钟人和潜水员进行急救训练。

5 潜水员或潜水钟通信中断

5.1 通信中断原因和后果

因水面通信装置、潜水钟脐带通信电缆、潜水钟通信装置、潜水员脐带通信电缆、潜水面罩(头盔)通信装置故障或损坏等原因造成水面与潜水钟、水面与潜水员的通信中断。

5.2 水面与出潜潜水员通信中断

5.2.1 应急处置

5.2.1.1 水面控制室应通知钟人召回潜水员,并要求钟人准备出潜救援。

5.2.1.2 钟人应通过潜水员脐带手拉信号通知潜水员返回潜水钟。

5.2.1.3 钟人帮助潜水员进入潜水钟内,并应卸装。

5.2.1.4 钟人应检查潜水员脐带和潜水面罩通信装置,排除存在的故障,或更换面罩、脐带。

5.2.1.5 水面应检查水面与潜水员通信设备,排除存在的故障。

5.2.1.6 水面与潜水员通信中断故障排除后,应由潜水监督决定是否继续潜水作业。

5.2.1.7 水面与潜水员通信中断故障无法排除时,应中止潜水,回收潜水钟。

5.2.2 防范措施

5.2.2.1 潜水前检查潜水员与水面通信系统。

5.2.2.2 潜水面罩(头盔)通信装置应良好维护,损坏时应更换。

5.3 水面与潜水钟通信中断

5.3.1 应急处置

5.3.1.1 水面发现通信中断,应通过闪烁潜水钟内照明灯光等方法通知钟人。

5.3.1.2 水面和钟人应通过应急通信建立通信联系。

5.3.1.3 水面和钟人应检查通信中断原因,排除存在的故障。

5.3.1.4 如正常通信恢复,应急通信也正常,应由潜水监督决定是否继续潜水作业。

5.3.1.5 如正常通信无法恢复,仅有应急通信时,应中止潜水:

a) 钟人通过潜水员脐带手拉信号召回潜水员;

b) 潜水员返回潜水钟后,钟人通过应急通信通知水面提升潜水钟。

5.3.1.6 如应急通信同时发生故障,应:

a) 水面预备潜水员着装;

b) 钟人通过潜水员脐带手拉信号召回潜水员;

c) 潜水员返回潜水钟时,释放潜水钟浮标;

d) 潜水员返回潜水钟后,钟人做好提升潜水钟的准备;

e) 水面在潜水钟浮标出水后 15 min,开始提升潜水钟。

5.3.2 防范措施

5.3.2.1 潜水前检查水面与潜水钟通信系统。

5.3.2.2 潜水钟脐带应有护套。

5.3.2.3 潜水钟与水面应有应急通信。

5.3.2.4 水面对潜水钟应有视频监控。

6 潜水钟供气中断

6.1 供气中断原因和后果

因水面潜水钟气源中断、潜水钟脐带损坏、人为操作失误等原因造成潜水钟供气中断,可导致潜水钟失压、潜水员供气中断。

6.2 **应急处置**

6.2.1 **水面**

6.2.1.1 应通知潜水员和钟人，命令潜水员返回潜水钟，命令钟人做好出潜救助潜水员准备。

6.2.1.2 应检查潜水钟供气中断原因，并排除修复。

6.2.1.3 如潜水钟脐带断裂，按12.2规定处置。

6.2.1.4 接到潜水钟通知后，水面提升潜水钟出水，与甲板居住舱对接，潜水员返回甲板居住舱。对潜水员进行观察，需要时进行治疗。

6.2.2 **潜水钟**

6.2.2.1 钟人应通知水面。

6.2.2.2 如发现潜水钟内压下降，应关闭潜水钟内壳体阀。

6.2.2.3 应通过潜水员脐带手拉信号通知潜水员返回，必要时应出潜救助潜水员。

6.2.2.4 检查潜水钟供气中断原因，并排除修复。

6.2.2.5 当潜水员返回潜水钟，应报告水面。应评估潜水员状况，必要时应抢救。

6.2.2.6 通知水面提升潜水钟。

6.2.3 **潜水员**

6.2.3.1 发生脐带呼吸气中断(呼吸气体自动转换同时故障)时，潜水员应报告水面，或呼叫，但不应等待。

6.2.3.2 应转换使用回家气瓶供气。

6.2.3.3 如有呼吸气体回收装置，应解脱。

6.2.3.4 应沿潜水员脐带返回潜水钟。

6.2.3.5 如二名潜水员在钟外潜水，应互相帮助返回潜水钟。

6.3 **防范措施**

6.3.1 潜水钟供气面板应有三个独立气源。

6.3.2 潜水钟脐带呼吸气进口管路具有单向止回阀。

6.3.3 潜水钟装有呼吸气体自动转换阀，并能手动操作。

6.3.4 每名潜水员呼吸气体供给管路应有独立的压力控制。

6.3.5 潜水钟脐带供气软管与潜水员脐带呼吸软管强度符合规范，定期进行强度检查，潜水前认真检查。

6.3.6 潜水员面罩呼吸气体管路装有单向止回阀。

6.3.7 潜水员回家气瓶储气量应满足潜水员按脐带长度每10 m供气1 min。每次潜水前应对回家气瓶进行检查并测压。

6.3.8 钟人密切观察脐带呼吸气和潜水钟应急气压力。

7 潜水钟供电中断

7.1 **供电中断原因和后果**

因水面电力供应故障、潜水钟脐带电缆受损、潜水钟局部电路受损或连接不好等原因造成潜水钟全部或局部供电中断，可导致内外照明缺失、潜水钟二氧化碳吸收装置和加热装置风机失电停转、潜水钟与水面以及潜水员与水面通信中断。

7.2 **应急处置**

7.2.1 **潜水钟内照明供电中断**

7.2.1.1 钟人应通知水面，并转换使用潜水钟应急电源维持潜水钟内照明。

7.2.1.2 水面应检查故障原因并修复。

7.2.1.3 钟人应检查故障原因并修复。

7.2.1.4 如无法恢复潜水钟内照明时，应由潜水监督决定是否继续潜水作业。

7.2.2 **潜水钟外照明供电中断**

7.2.2.1 钟人或潜水员应通知水面。

7.2.2.2 水面应检查故障原因并修复。

7.2.2.3 如无法恢复潜水钟外照明，应由潜水监督决定是否继续潜水作业。

7.2.3 **潜水钟内加热装置供电中断**

7.2.3.1 钟人应通知水面，并检查故障原因及修复。

7.2.3.2 水面应检查故障原因并修复。

7.2.3.3 如潜水钟加热装置供电无法恢复，应中止潜水作业，召回潜水员，回收潜水钟。

7.2.4 **潜水钟内二氧化碳吸收装置供电中断**

7.2.4.1 钟人应通知水面，并转换使用潜水钟应急电源向二氧化碳吸收装置供电。

7.2.4.2 钟人应检查故障原因并修复。

7.2.4.3 水面应检查故障原因并修复。

7.2.4.4 如水面电源向潜水钟内二氧化碳吸收装置供电无法恢复，应中止潜水作业，召回潜水员，回收潜水钟。

7.2.5 **潜水钟供电全部中断**

7.2.5.1 钟人转换潜水钟应急电源供电。

7.2.5.2 钟人使用应急通信通知水面。

7.2.5.3 钟人使用潜水员脐带手拉信号，召回潜水员。

7.2.5.4 水面检查故障原因并修复。

7.2.5.5 如水面向潜水钟供电无法恢复，在潜水员返回并进入潜水钟后，钟人使用应急通信通知水面提升潜水钟。

7.2.5.6 如应急通信故障，由潜水员在返回潜水钟时，释放潜水钟浮标。潜水员返回潜水钟内后，等待水面提升潜水钟。

7.2.5.7 水面得到潜水钟通知后，或看到浮标 15 min 后提升潜水钟出水。

7.3 **防范措施**

7.3.1 饱和潜水系统配置主电源和独立的备用电源，并能切换使用。

7.3.2 潜水钟配置应急电源。

7.3.3 潜水前检查潜水钟供电。

8 潜水钟热水供给中断

8.1 热水供给中断原因和后果

因水面潜水热水装置故障、潜水钟脐带或潜水员脐带热水管受损、潜水员脐带热水管与热水潜水服未连接好、操作失误等原因造成潜水钟或潜水员热水供给中断，可导致潜水钟内温度偏低和潜水员寒冷、体温下降。

8.2 应急处置

8.2.1 水面通知钟人和潜水员，或钟人和潜水员通知水面。

8.2.2 潜水员应检查潜水员脐带热水管与热水服的连接，如未连接好，应予连接。

8.2.3 如无法连接，或不是连接问题，水面应通知潜水员返回潜水钟，钟人做好出潜救援准备。

8.2.4 在潜水员返回潜水钟内后，水面和钟人应检查和评估情况，并予修复。

8.2.5 如潜水钟和潜水员热水供给恢复，温度适宜，经潜水监督同意，可恢复潜水作业。

8.2.6 如 10 min 内热水供给无法恢复，应中止潜水，提升潜水钟出水。

8.3 **防范措施**

8.3.1 潜水热水装置应维修保养。

8.3.2 潜水前应检查潜水热水装置和热水供给。

8.3.3 热水潜水服热水进口阀应能关闭。

9 潜水钟失压

9.1 **失压原因和后果**

因潜水钟观察窗、穿舱件、管路、门发生泄漏，或潜水钟脐带损坏，或人为操作失误等原因造成潜水钟失压，可导致潜水钟进水，潜水钟内潜水员放漂、罹患减压病。

9.2 **应急处置**

9.2.1 **发生在水面**

9.2.1.1 发生潜水钟失压时，水面和潜水钟应互相告知。

9.2.1.2 应使用海底混合气，利用充气管路对潜水钟加压，维持潜水钟内压。

9.2.1.3 关闭潜水钟壳体阀，如潜水钟加压和呼吸气体供给管路良好，则开启相应的壳体阀以对潜水钟加压。

9.2.1.4 水面和钟人检查和确定潜水钟发生失压原因，并排除故障或修复。

9.2.1.5 如能排除故障或修复成功，恢复潜水钟内压力，应将潜水钟与甲板居住舱对接，潜水员返回甲板居住舱，按 JT/T 744 规定处置。

9.2.1.6 如无法排除故障或修复(包括短时间内无法解决)，应将潜水钟与甲板居住舱对接，潜水员转移到甲板居住舱，按 JT/T 744 规定处置。

9.2.2 **发生在潜水钟潜放或提升过程中**

9.2.2.1 按 9.2.1.1～9.2.1.3 执行。

9.2.2.2 潜水钟内潜水员和钟人戴妥潜水面罩。

9.2.2.3 水面和钟人检查和确定潜水钟失压原因，并排除或修复。

9.2.2.4 如能排除故障或修复成功，恢复潜水钟内压，应提升潜水钟出水，与甲板居住舱对接，潜水员返回甲板居住舱，按 JT/T 744 规定处置。

9.2.2.5 无法排除故障或修复时，应：

a) 通过对潜水钟加压可维持潜水钟内压时，提升潜水钟出水，迅速与甲板居住舱对接，潜水员返回甲板居住舱，按 JT/T 744 规定处置。
b) 无法维持潜水钟内压时，应将潜水钟潜放到相当于发生失压前压力的水深。
c) 潜水员应水下转移到开式钟或潜水吊笼，回收潜水钟到水面进行修复。潜水钟修复后重新潜放，潜水员水下返回潜水钟。提升潜水钟出水，与甲板减压舱对接，潜水员转移到甲板减压舱，按 JT/T 744 规定处置。
d) 由潜水员(或钟人)继续排除故障或修复潜水钟失压，可出潜到钟外检查、修复。如水深允许，预备潜水员下潜帮助。如配置无人遥控潜水器，可使用无人遥控潜水器协助。如能排除故障或修复成功，提升潜水钟出水，与甲板居住舱对接，潜水员返回甲板居住舱观察，按 JT/T 744 规定处置。

9.2.2.6 如附近有另一艘带有饱和潜水系统的潜水支持船，实施水下转移。潜水员转移到甲板减压舱后，按 JT/T 744 规定处置。

9.2.3 **发生在水底**

9.2.3.1 潜水钟发生失压时，水面和潜水钟应互相告知。

9.2.3.2 应使用海底混合气，利用充气管路对潜水钟加压，维持潜水钟内压。

9.2.3.3 关闭潜水钟内壳体阀。如潜水钟加压和呼吸气体供给管路完好，开启相应的内壳体阀对潜水钟加压。

9.2.3.4 潜水钟内潜水员和钟人迅速戴好潜水面罩。

9.2.3.5 钟人和潜水员检查潜水钟失压原因,并排除故障或修复,包括到钟外检查和修复。如水深允许,预备潜水员下潜帮助。如配置无人遥控潜水器,可使用无人遥控潜水器协助。如能排除故障或修复成功,排出潜水钟内进水,提升潜水钟出水,与甲板居住舱对接,潜水员返回甲板居住舱。

9.2.3.6 无法排除故障或修复时,按照9.2.2.5或9.2.2.6处置。

9.3 防范措施

9.3.1 潜水钟定期做压力试验和泄漏试验。

9.3.2 潜水钟及潜水钟脐带潜水前应检查。

9.3.3 水面和潜水钟内都能检测潜水钟内压力。

9.3.4 人员进行钟内阀门应急关闭训练。

9.3.5 配置开式钟或潜水吊笼,以及相应的脐带和潜水面罩。

10 潜水钟和甲板居住舱无法对接

10.1 无法对接原因和后果

因碰撞、物体跌落、火损等原因造成潜水钟或甲板居住舱对接法兰损坏,以及连接卡环故障或损坏,可导致潜水钟与甲板居住舱对接延迟或无法对接、潜水员无法返回甲板居住舱。

10.2 应急处置

10.2.1 应修复损坏,排除故障,恢复对接。

10.2.2 应使用潜水钟脐带维持对潜水钟的各种支持和供应,包括通信、热水、电力、潜水钟内压力控制、潜水钟内气体成分分析和控制。

10.2.3 如潜水钟外底门能关闭密封,可将潜水钟潜放到相当于钟内压的水深,利用潜水钟底通道向潜水钟内补充食物、饮水等必需品,取出废物和不需要的物品。

10.2.4 如对接无法恢复,在具备另一艘带有饱和潜水系统的潜水支持船以及潜水钟内潜水员身体情况良好的条件下,应实施水下转移,将潜水钟内潜水员转移到另一艘带有饱和潜水系统的潜水支持船的甲板居住舱内进行减压。

10.2.5 如长时间无法恢复对接,也不具备水下转移的条件,潜水员应在潜水钟内减压。具体操作按照GB/T 24555—2009中8.2规定进行。

10.3 防范措施

10.3.1 在潜水钟潜放前,认真检查对接系统。

10.3.2 在甲板居住舱对接口附近不应堆放易跌落物品和易燃物品。

10.3.3 不应在甲板居住舱对接口上方进行吊装作业。

10.3.4 在有风浪的情况下,潜水钟与甲板居住舱对接操作应谨慎。

11 潜水钟导索缠绕或断裂

11.1 缠绕或断裂原因和后果

因导索受损、外来物缠绕以及操作失误等原因造成导索或压重发生缠绕或导索断裂,可导致阻碍提升潜水钟,无法回收潜水钟导索及压重。

11.2 应急处置

11.2.1 外来物缠绕导索

11.2.1.1 应适度降低潜水钟,使外来物脱离,然后继续潜水作业。

11.2.1.2 如按11.2.1.1操作无果,应由潜水员解除外来物。如缠绕阻塞潜水钟与导索连结处,则由潜水员打开连结处,解除阻塞。

11.2.1.3 潜水员无法解除时,应由潜水员在连结处上方切断导索。

11.2.1.4 应中止潜水作业。潜水员返回潜水钟后,水面应按程序将潜水钟提升出水。

11.2.2 导索压重缠绕

11.2.2.1 如两个导索压重发生缠绕,应将两个导索压重松至海底。将一根导索松宽,由潜水员打开导索与压重连接卸扣,解除缠绕,重新连接卸扣,收紧导索,提升导索压重离海底。然后继续潜水作业,或按程序提升潜水钟出水。

11.2.2.2 如海底深度超过了潜水深度,应在潜水结束后,将潜水钟提升出水。然后将两根导索压重一起提升至水面或浅水进行处理。

11.2.3 导索互相缠绕

11.2.3.1 应由潜水员在缠绕上方切断一根导索,使切断的导索解脱缠绕。如无法解脱,则由潜水员在切断处解除缠绕。

11.2.3.2 如切断的导索无法解除缠绕,且阻塞潜水钟与导索的连结处,则由潜水员在连结处的上下方切断导索,解除缠绕。

11.2.3.3 应中止潜水作业。潜水员返回潜水钟后,水面按程序提升潜水钟出水。

11.2.4 导索断裂并折叠在潜水钟上

11.2.4.1 由潜水员在潜水钟与导索连结处上方切断断裂的导索,使导索解脱。

11.2.4.2 如导索卡在连结处,潜水员应打开连结处。如不成功,则由潜水员在连结处下方切断导索,使导索掉下。

11.2.4.3 应中止潜水作业。潜水员返回潜水钟后,水面按程序提升潜水钟出水。

11.2.5 导索断裂在潜水钟下方

11.2.5.1 应将断裂的导索绞上水面。

11.2.5.2 如11.2.5.1不成功,应由潜水员打开潜水钟与导索连结处,将断裂的导索绞上水面。如仍不成功,则由潜水员在连结处上下方将导索切断,将断裂的导索绞上水面。

11.2.5.3 应中止潜水作业。潜水员返回潜水钟后,水面按程序将潜水钟提升出水。

11.2.6 导索与潜水钟提升索、脐带发生缠绕

11.2.6.1 应由潜水员在潜水钟上方切断导索,解除缠绕,将导索绞上水面。

11.2.6.2 如切断下方的导索无法掉下,则由潜水员打开潜水钟与导索连结处,让导索掉下。如不成功,由潜水员在连结处下方切断导索,让导索掉下。

11.2.6.3 应中止潜水作业。潜水员返回潜水钟后,水面按程序将潜水钟提升出水。

11.2.6.4 沿单根导索提升潜水钟出水过程中,可采用无人遥控潜水器监控,防止发生潜水钟提升索、脐带与导索发生缠绕。

11.3 防范措施

11.3.1 导索压重应高于海底,导索保持张力。

11.3.2 导索绞车应有制动。

11.3.3 应避免两根导索不均衡。

12 潜水钟脐带断裂

12.1 断裂原因和表现

因潜水支持船动力定位失位、潜水钟脐带与水下物体发生缠绕,以及潜水钟脐带绞车故障或错误操作等原因造成潜水钟脐带断裂,可导致潜水钟失压、潜水钟进水,水面对潜水钟和潜水员供气、供电、供热水、通信中断。下列情况提示脐带断裂:

a) 潜水钟内灯熄灭;

b) 潜水钟与水面之间的通信中断;

c) 潜水钟漏气，水从底门进入；

d) 潜水钟内二氧化碳吸收装置和加热装置风机停转；

e) 水面控制室与潜水钟及潜水员通信中断、潜水钟压力显示中断、潜水钟供气面板漏气；

f) 水面发现潜水钟脐带松弛、飘荡，气泡升上水面；

g) 潜水员发现与水面通信中断。

12.2 应急处置

12.2.1 潜水钟

12.2.1.1 应关闭潜水钟内壳体阀。

12.2.1.2 应打开应急电源，向应急照明、应急通信和二氧化碳吸收装置供电。

12.2.1.3 观察潜水员呼吸气体供给自动转换阀转换情况，以及供气压力。

12.2.1.4 应通过潜水员脐带手拉信号召回潜水员，钟人准备出潜救援潜水员。

12.2.1.5 应使用潜水钟应急气加压，降低潜水钟内水位。

12.2.1.6 应通过应急通信与水面建立通信联系。

12.2.1.7 与水面通信存在时，潜水员返回潜水钟后，通知水面提升潜水钟。

12.2.1.8 无法与水面通信时，潜水员返回潜水钟时，释放潜水钟浮标，然后钟人帮助潜水员返回潜水钟内，做好提升潜水钟准备，等待水面提升潜水钟。

12.2.2 潜水员

12.2.2.1 如发生潜水员脐带呼吸气供给中断(潜水钟潜水员呼吸气供给自动转换阀故障)，潜水员应通知、报告或呼叫水面，但不应等待。

12.2.2.2 应转换由回家气瓶供气。

12.2.2.3 如有呼吸气体回收装置，应解脱。

12.2.2.4 应沿潜水员脐带返回潜水钟。

12.2.2.5 如两名潜水员同时潜水时，应互相帮助返回潜水钟。

12.2.3 水面

12.2.3.1 应关闭向潜水钟供气阀。

12.2.3.2 预备潜水员应着装，医疗急救准备。

12.2.3.3 应通过应急通信与潜水钟建立通信联系。

12.2.3.4 接到钟人提升潜水钟通知后，或潜水钟浮标出水 15 min 后，开始提升潜水钟。

12.3 防范措施

12.3.1 潜水钟配置应急系统。

12.3.2 钟人和潜水员熟悉潜水钟内阀的位置和功能，在黑暗中能完成操作。

12.3.3 潜水钟有国际通用管汇，便于连接应急脐带。

13 潜水钟提升索断裂

13.1 断裂原因和后果

因潜水支持船动力定位失位、提升索钢缆或接头损坏、操作失误等原因造成潜水钟提升索断裂，可导致潜水钟掉落海底、潜水钟进水、水面无法回收潜水钟。

13.2 应急处置

13.2.1 脐带或导索未断裂

13.2.1.1 如潜水钟脐带断裂、导索未断裂，按 12.2 规定处置。

13.2.1.2 水面预备潜水员应着装，并准备使用潜水钟脐带或导索提升潜水钟。

13.2.1.3 水面或钟人通知潜水员返回潜水钟。

13.2.1.4 钟人应使用通信或应急通信通知水面准备提升潜水钟。如通信及应急通信中断，则由潜水员释放潜水钟浮标。

13.2.1.5 水面接到潜水钟通知，或潜水钟浮标出水 15 min 后，提升潜水钟至水面。放救生艇，在潜水钟上连接提升索，将潜水钟提升到甲板上，再与甲板居住舱对接。

13.2.2 脐带和导索均断裂

13.2.2.1 水面应通过应急通信与潜水钟建立通信联系，并为潜水钟定位，预备潜水员着装。

13.2.2.2 钟人应关闭潜水钟内壳体阀，打开应急电源，并通过应急通信与水面建立通信联系。

13.2.2.3 钟人通过潜水员脐带手拉信号召回潜水员。如因潜水钟落入海底，潜水员无法进入钟内，钟人应进行一级潜水钟应急压重释放，以使潜水员返回钟内。

13.2.2.4 重新连接潜水钟提升索，应：

a) 如深度许可，预备潜水员下潜，携带新的提升索，并将提升索与潜水钟连接，并清除断裂的脐带、导索、提升索等障碍物；
b) 水深较大时，在潜水钟定位比较准确的情况下，水面放一根备用提升索到潜水钟附近，由潜水钟潜水员连接提升索，并清除断裂的脐带、导索、提升索等障碍物；
c) 配置无人遥控潜水器时，可使用无人遥控潜水器了解潜水钟和潜水员情况，并携带新的提升索连接潜水钟；
d) 有另一艘饱和潜水支持船支援时，由该船潜水员帮助连接新的提升索；
e) 提升索连接成功，潜水员或钟人返回潜水钟内，通知水面准备提升潜水钟，如没有应急通信，放浮标通知水面；
f) 水面收到提升潜水钟通知，或看到潜水钟浮标 15 min 后，提升潜水钟。

13.2.2.5 如无法连接新的提升索，但具有另一艘饱和潜水支持船，应实施潜水员水下转移。

13.2.3 应急释放潜水钟压重

13.2.3.1 潜水钟提升索、脐带、导索全部断裂，无法重新连接提升索，也不具备水下转移条件时，应采用应急释放潜水钟压重。

13.2.3.2 释放潜水钟压重前，水面应：

a) 与潜水钟建立应急通信；
b) 为潜水钟定位；
c) 预备潜水员应着装；
d) 移船；
e) 做好医疗急救准备。

13.2.3.3 释放潜水钟压重前，潜水钟应：

a) 钟人关闭潜水钟内壳体阀，打开应急电源，向应急照明、通信、二氧化碳吸收装置供电，与水面建立应急通信；
b) 钟人用手拉信号召回潜水员；
c) 如潜水钟落座海底，潜水员无法进入潜水钟，钟人进行一级潜水钟应急压重释放，以使潜水员返回潜水钟；
d) 钟人和潜水员系好安全带；
e) 使用应急通信，通知水面移船；
f) 钟人进行潜水钟二级应急压重释放。

13.2.3.4 释放潜水钟压重后，水面应：

a) 搜寻潜水钟；
b) 放救生艇(或工作艇)，配备两名穿湿式服的潜水员，将潜水钟拖到支持船边；
c) 用替代的提升索与潜水钟连接；
d) 将潜水钟吊出水面，与甲板居住舱对接。

13.3 **防范措施**

13.3.1 采用动力定位等级高(DP2级或以上)的潜水支持船。

13.3.2 潜水支持船发生动力定位故障时,应按应急程序保持船位。

13.3.3 潜水前,检查提升索连接。

13.3.4 潜水钟安装与潜水支持船声纳定位系统相应的声纳发射装置。

13.3.5 潜水钟上安装闪光灯及应急定位装置。

13.3.6 潜水钟备有应急电源,能为二氧化碳吸收装置、应急照明、应急通信供电。

13.3.7 潜水钟安装后备提升索。

14 潜水钟吊放系统故障

14.1 **故障原因和后果**

因供电中断、吊放系统分总成或部件机械故障或损坏、人为操作失误等原因造成潜水钟吊放系统故障,可导致潜水钟无法回收或潜水钟无法与甲板居住舱对接,潜水钟脐带无法回收或潜水钟导索(包括压重)无法回收。

14.2 **应急处置**

14.2.1 **潜水钟吊放系统供电中断**

14.2.1.1 水面通知潜水钟,如潜水钟供电同时中断,应使用应急通信。

14.2.1.2 水面应检修并恢复主电源供电。

14.2.1.3 主电源供电短时间无法恢复时,转换应急电源供电。潜水钟处于潜放阶段时,应停止潜放,准备采用应急电源回收潜水钟。

14.2.1.4 采用应急电源回收潜水钟。

14.2.2 **潜水钟绞车故障**

14.2.2.1 水面应通知潜水钟。

14.2.2.2 潜水钟正处于潜放阶段时,应停止潜放,准备回收潜水钟。

14.2.2.3 水面应检查故障原因并排除:

a) 潜水钟绞车油泵故障时,采用应急备用泵站替代主油泵;

b) 潜水钟绞车主液压马达故障时,采用应急液压马达替代主液压马达。

14.2.2.4 如无法采用潜水钟绞车,应:

a) 采用备用绞车回收潜水钟;

b) 如无备用绞车,使用潜水钟导索绞车将潜水钟提升到水面,由应急潜水员为潜水钟连接应急吊索,采用支持船上其他吊车将潜水钟吊上甲板,用替代方法让潜水钟与甲板居住舱对接。

14.2.3 **潜水钟吊放系统油泵站故障**

14.2.3.1 水面应通知潜水钟。

14.2.3.2 潜水钟正处于潜放阶段时,应停止潜放,准备回收潜水钟。

14.2.3.3 检查故障原因并排除。

14.2.3.4 故障无法排除时,采用应急备用泵站替代。

14.2.4 **潜水钟吊放系统A型架故障**

14.2.4.1 水面应通知潜水钟。

14.2.4.2 潜水钟正处于潜放阶段时,应停止潜放,准备回收潜水钟。

14.2.4.3 检查故障原因并排除。

14.2.4.4 故障无法排除时,应提升潜水钟出水,用替代方法让潜水钟与甲板居住舱对接。

14.2.5 **潜水钟脐带动力滑轮或脐带绞车故障**

14.2.5.1 水面应通知潜水钟。

14.2.5.2 潜水钟正处于潜放阶段时，应停止潜放，回收潜水钟。

14.2.5.3 检查故障原因并排除。

14.2.5.4 故障无法排除时，提升潜水钟出水，同步用人工回收潜水钟脐带。

14.2.5.5 潜水钟与甲板居住舱对接。

14.2.6 潜水钟与甲板居住舱连接卡环故障

14.2.6.1 检查故障原因并排除。

14.2.6.2 故障无法排除时，用手动方式操作。

14.2.7 潜水钟导索绞车故障

14.2.7.1 检查故障原因并排除。

14.2.7.2 故障无法排除时，采用替代方法将潜水钟导索和压重提升到甲板。

14.3 防范措施

14.3.1 潜水钟吊放系统有主电源和应急电源，并能切换。

14.3.2 潜水钟吊放系统有主油泵(液压站)和副油泵(液压站)，并能切换使用。或另有一套应急备用泵站，可切换替代主油泵和副油泵的功能。

14.3.3 潜水钟脐带绞车或导索绞车能将潜水钟提升至水面。

14.3.4 潜水钟吊放系统应维修保养。

14.3.5 潜水前应检查潜水钟吊放系统。

15 甲板居住舱失压

15.1 失压原因和后果

因甲板居住舱观察窗、内外壳体阀、连接管路损坏，或因甲板居住舱与潜水钟、甲板居住舱与甲板居住舱连接处泄漏，或因人为操作失误等原因造成甲板居住舱内气体大量泄漏、舱室压力迅速下降，可导致潜水员放漂、发生减压病。

15.2 应急处置

15.2.1 应查明泄漏原因，制止泄漏，同时使用应急加压气向甲板居住舱充气，维持舱压。

15.2.2 若泄漏无法制止，应将发生泄漏舱室内的潜水员转移到非泄漏舱室或可以封闭的舱室(甲板居住舱的另一个舱室或相连的另一个甲板居住舱，或潜水钟、高压救生舱)。

15.2.3 遭受失压的潜水员按 JT/T 744 规定处置。

15.2.4 甲板居住舱发生气体泄漏失压时，如潜水钟正在潜水作业，应停止潜水作业，召回潜水员，提升潜水钟到水面。待甲板居住舱压力恢复正常后再与其对接，潜水员返回甲板居住舱。

15.3 防范措施

15.3.1 加强甲板居住舱、管路维修保养。

15.3.2 甲板居住舱和管路定期试压试验。

15.3.3 对生命支持人员和潜水员进行针对性训练。

16 甲板居住舱火灾

16.1 火灾原因和后果

因电器、违禁物品、操作失误等原因造成甲板居住舱失火，可导致潜水员恐慌、通信失灵。烟雾造成舱室能见度低，并影响潜水员正常呼吸。受热还导致舱室压力升高。

16.2 应急处置

16.2.1 甲板居住舱内

16.2.1.1 应报警，切断舱内电源。

16.2.1.2 应使用被服或灭火器灭火。

16.2.1.3 不参加灭火的人员转移到其他舱室，并关闭舱门。

16.2.1.4 舱内人员应使用呼吸面罩呼吸应急呼吸气。

16.2.1.5 火势无法控制时，放弃灭火，关闭起火舱室门，舱内人员转移到其他舱室，关闭舱门。

16.2.1.6 未起火舱室内的人员，使用呼吸面罩呼吸应急呼吸气，直到起火舱室得到清理后。

16.2.2 甲板居住舱外

16.2.2.1 听到报警，应切断舱内电源。

16.2.2.2 再次检查舱内呼吸面罩的供气情况。

16.2.2.3 维持舱内外通信(声力电话等)。

16.2.2.4 观察舱室压力，可调整未起火舱室压力，维持密封。

16.2.2.5 在人员已全部转移至其他舱室后，起火舱室减压至常压。

16.2.2.6 打开起火舱室的舱门，灭火。

16.2.2.7 检查起火舱室可能存在的损坏，包括隐蔽损坏(观察窗、密封圈、通舱接头、电器等)。清理舱室，包括清洗、通风，更换损坏物品，检测舱内气体成分。

16.2.2.8 起火舱室检查合格后，重新建立氧分压，按规定程序加压至居住深度，潜水员返回该舱室。

16.3 防范措施

16.3.1 应减少舱内易燃物品。

16.3.2 氧分析仪设置舱室氧浓度升高报警装置。

16.3.3 舱室内配置消防灭火器材。

16.3.4 衣服、床上用品由阻燃材料制成。

16.3.5 舱室内设置报警装置。

16.3.6 舱室内配置呼吸面罩系统，并保持供气状态。

17 甲板居住舱生命支持系统失常

17.1 失常原因和后果

因舱室空调外机、甲板居住舱内空调风机、舱室温湿度控制系统、甲板居住舱内二氧化碳吸收装置风机、舱室气体分析系统、自动补氧系统等设备故障，电力供应中断，或人为操作失误等原因造成。甲板居住舱生命支持系统失常，可导致舱室环境参数失控，潜水员发生缺氧、氧中毒、二氧化碳中毒、减压病等疾病。

17.2 应急处置

17.2.1 甲板居住舱内压力过高或过低

17.2.1.1 应检查舱室气体泄漏点(管路、阀、穿舱件等)，并修复。

17.2.1.2 舱室压力偏低时，用应急加压气将甲板居住舱压力加至居住深度。出现快速失压时，按照15.2的规定处置。

17.2.1.3 压力过高时，应按最终减压程序将甲板居住舱压力减至居住深度。

17.2.2 甲板居住舱内氧分压过高或过低

17.2.2.1 控制室补氧系统故障时，应修复。在修复前，停止自动补氧。

17.2.2.2 甲板居住舱氧分压偏低时，对甲板居住舱补氧。在补氧系统修复前，采用手动补氧，或通过其他管路进行定量补氧。

17.2.2.3 甲板居住舱氧分压偏高时，由潜水员呼吸消耗，或用低氧浓度的氦氧混合气对甲板居住舱通风，将甲板居住舱内氧分压降到60 kPa以下。

17.2.3 甲板居住舱内二氧化碳分压过高

17.2.3.1 舱外电路故障时，应修复。

17.2.3.2 甲板居住舱内二氧化碳吸收装置故障时，应将潜水员转移到二氧化碳吸收装置完好的舱室。

将二氧化碳吸收装置故障的舱室减至常压，修复二氧化碳吸收装置。再重新加压到居住深度，恢复使用。

17.2.3.3 甲板居住舱内二氧化碳分压偏高时，潜水员应使用呼吸面罩呼吸应急呼吸气。同时使用混合气对甲板居住舱通风，将甲板居住舱内二氧化碳分压降低。

17.2.4 甲板居住舱内温湿度高或温度低

17.2.4.1 舱室空调外机、舱室温湿度控制系统、管路、电路等甲板居住舱外设备故障，应由水面人员修复。

17.2.4.2 甲板居住舱内空调风机故障时，将潜水员转移至其他舱室，关闭舱门。将空调风机故障的舱室减压到水面常压，修复。修复后，将此舱室重新加压，恢复使用。

17.2.4.3 甲板居住舱温度高时，卫生水应供应冷水，用应急加压气对甲板居住舱通风。

17.2.4.4 甲板居住舱温度低时，潜水员应减少活动、注意保暖。

17.2.4.5 甲板居住舱湿度高时，应开动硅胶除湿装置，应减少卫生用水，停止洗澡。宜用应急加压气对甲板居住舱通风。

17.3 防范措施

17.3.1 设备应维修保养，饱和潜水前全面检查，饱和潜水期间按规定检查。

17.3.2 生命支持人员应经过有针对性的训练。应密切监测舱室情况，按规定记录舱室环境数据。

17.3.3 在甲板居住舱内宜配置备用二氧化碳吸收装置。

17.3.4 在甲板居住舱内配置呼吸面罩，并保持供气状态。

17.3.5 应配置备用空调外机。

18 饱和潜水最终减压过程中发生减压病

18.1 原因

因潜水员个体差异、甲板居住舱环境参数失控、操作失误等原因，可导致减压过程中潜水员发生减压病。

18.2 应急处置

18.2.1 停止减压。

18.2.2 因放漂导致潜水员发生减压病时，按 JT/T 744 规定处置。

18.2.3 其他减压病，按 JT/T 744 规定处置。

18.3 防范措施

18.3.1 潜水员进行体检和加压锻炼。

18.3.2 控制甲板居住舱环境参数。

19 动力定位船失位

19.1 失位原因和后果

因动力定位船设备故障、气象海况恶化、发生碰撞事故等原因造成动力定位船失位，可导致无法回收潜水员和潜水钟，并可因潜水员或潜水钟被拖拉，造成脐带或潜水钟提升索断裂。

19.2 应急处置

19.2.1 动力定位船存在失位危险

19.2.1.1 船长或动力定位操作员应向潜水控制室发出黄色信号。

19.2.1.2 潜水监督应通知潜水员中止潜水，返回潜水钟。

19.2.1.3 潜水员返回潜水钟后，将潜水钟吊出水面与甲板居住舱对接，潜水员进入甲板居住舱。

19.2.1.4 水面回收潜水钟导索和压重。

19.2.1.5 水面回收水下工具，解除动力定位船与水下的各种连接绳索。

19.2.1.6 动力定位船解除黄色信号后，由项目负责人、潜水总监、潜水监督、船长、动力定位操作员商定是否恢复潜水。

19.2.2 **动力定位船发生失位**

19.2.2.1 船长或动力定位操作员应向潜水控制室发出红色信号。

19.2.2.2 船长或动力定位操作员应按照船舶应急程序维持船位。

19.2.2.3 潜水监督应通知潜水员迅速返回潜水钟。

19.2.2.4 潜水员进入潜水钟后，应通知水面提升潜水钟。

19.2.2.5 水面提升潜水钟至A型架锁定钩锁定。

19.2.2.6 水面应提升潜水钟导索至高于海底结构物或障碍物的深度。亦可边放导索，边解除导索与潜水钟的连接，以及与动力定位船的连接。

19.2.2.7 水面应同步解除水下绳索与动力定位船的连接。

19.2.2.8 潜水钟与甲板居住舱对接，潜水员返回甲板居住舱。将潜水钟导索回收到水面固定位置。

19.3 **防范措施**

19.3.1 潜水总监、潜水监督与船长、动力定位操作员建立不间断的通信联系，包括：潜水控制室与船舶驾驶台建立有线电话通信、潜水视频监控、动力定位信号灯。

19.3.2 潜水钟吊放前，应获得船长或动力定位操作员批准，并告知回收潜水员和潜水钟需要的最短时间。潜水钟潜放到位或回收后应告知船长或动力定位操作员。

19.3.3 动力定位船出现失位危险时，船长或动力定位操作员应通知潜水监督。

19.3.4 动力定位船的水下定位参考系统位置应告知潜水总监或潜水监督。在潜水作业期间，向水下放置定位装置或变动水下定位装置，应经潜水监督同意。

19.3.5 在潜水作业期间如需改变动力定位船的艏向或船位，应经潜水监督同意。潜水作业可能影响水下定位系统时，应告知船长或动力定位指挥。

19.3.6 潜水钟导索压重潜放深度应高于海底。

19.3.7 动力定位船应建立预警信号系统，包括：

a) 绿灯：动力定位船定位正常；

b) 黄灯：动力定位船存在失位危险；

c) 红灯：动力定位船已失位。

19.3.8 黄灯显示的动力定位船所存在的失位危险，包括：

a) 动力定位船的部分主机或推进装置出现故障，虽能保持定位，出现新的故障时将发生失位；

b) 主机功率或推进装置能力已减少到可发生失位；

c) 一台推进装置功率已超过最大功率的80%，或主机功率已超过可用总功率的80%；

d) 船位已超过预定的定位界限；

e) 气象预报将出现超过定位能力的气象条件。

19.3.9 动力定位船应制定失位应急预案。

19.3.10 饱和潜水应制定动力定位船失位的应急预案。

ICS 03.220.40
R 53

中华人民共和国国家标准

GB/T 24557—2009

职业潜水员心理选拔方法及评价

Methods and evaluation for psychological selection of commercial divers

2009-10-30 发布　　2010-03-01 实施

中华人民共和国国家质量监督检验检疫总局
中国国家标准化管理委员会 发布

前　言

本标准的附录A是规范性附录。

本标准由中华人民共和国交通运输部提出。

本标准由交通部救捞与水下工程标准化技术委员会归口。

本标准起草单位：交通部救助打捞局、中国人民解放军第二军医大学、江苏南通大学、交通部上海打捞局。

本标准主要起草人：陶恒沂、姜正林、李家颂、王华容、茆丁、金伟、彭兆云、戴家隽、杨荣华、陈国民、莫闲、潘发达、丁锦宏、吉宏伟、邓宏宝、韩春英。

职业潜水员心理选拔方法及评价

1 范围

本标准规定了男性职业潜水员心理选拔的方法及评价标准。

本标准适用于年龄 18 周岁及以上男性职业潜水员的选拔和评价。

2 规范性引用文件

下列文件中的条款通过本标准的引用而成为本标准的条款。凡是注日期的引用文件，其随后所有的修改单(不包括勘误的内容)或修订版均不适用于本标准，然而，鼓励根据本标准达成协议的各方研究是否可使用这些文件的最新版本。凡是不注日期的引用文件，其最新版本适用于本标准。

GB 20827 职业潜水员体格检查要求

3 术语和定义

下列术语和定义适用于本标准。

3.1

视觉反应时 visual reaction time

从视觉刺激呈现到应答性反应开始之间的时间间隔，又称视觉反应潜伏期。按视觉刺激与反应的型式，视觉反应时可分为简单反应时和选择反应时。

3.2

简单视觉反应时 simple visual reaction time

向被试呈现单一的光刺激，被试作出同样的反应，从视觉刺激呈现到应答性反应开始之间的时间间隔。

3.3

选择视觉反应时 choice visual reaction time

向被试呈现不同的光刺激，被试根据刺激的类型作出不同的反应，从视觉刺激呈现到应答性反应开始之间的时间间隔。

3.4

场依存性 field dependence

人在认知和行为中受客观环境的影响，而做出主体性倾向的程度。

3.5

动觉记忆 kinesthetic memory

人脑对自身躯体骨骼、肌肉的位置关系及相对运动的信息进行储存、编码和提取的过程。

4 心理测验

4.1 测验项目

心理测验项目包括：

——瑞文标准推理测验(Raven's Standard Progressive Matrices，SPM)：测量智力；

——卡特尔 16 种个性因素问卷(sixteen personality factor questionnaire，16PF)：测量个性，包括敢为性、独立性、兴奋性、有恒性以及怯懦-果断与创造能力；

——视觉反应时，包括：简单视觉反应时和选择视觉反应时；

——动觉记忆；

——场依存性。

4.2 测验顺序

心理测验应在体格检查合格后进行，体格检查按照 GB 20827 执行。

心理测验按照 SPM、16PF、视觉反应时、动觉记忆和场依存性的顺序进行。

4.3 测验方法

测验方法按照附录 A 执行。

5 评价

5.1 评价指标

职业潜水员心理选拔的评价指标见表 1。

表 1 职业潜水员心理选拔的评价指标

项 目	评 价 等 级		
	3	2	1
瑞文标准推理测验/分	≥35	≥45	≥50
敢为性/分	≥4	≥5	≥6
独立性/分	≥2	≥4	≥6
兴奋性/分	≥4	≥6	≥8
有恒性/分	≥4	≥6	≥7
怯懦-果断/分	≥3	≥5	≥7
创造能力/分	≥70	≥85	≥100
简单视觉反应时/s	≤0.30	≤0.25	≤0.20
选择视觉反应时/s	≤0.60	≤0.50	≤0.40
动觉记忆/(°)	≤12.0	≤7.0	≤3.0
场依存性/(°)	≤3.0	≤2.0	≤1.0

5.2 实施方法

5.2.1 心理选拔实行逐项淘汰，被试的每项指标达到相应等级的评价标准即为合格。

5.2.2 职业潜水员从业要求应达到评价等级 3 级；对潜水技术和潜水员心理素质要求较高的作业，宜提高评价等级。

附 录 A
（规范性附录）
职业潜水员心理选拔的测验方法

A.1 SPM 和 16PF 测验

A.1.1 测验试题

A.1.1.1 SPM 测验

SPM 测验共 60 道题目，分为 A、B、C、D、E 五组，各组题目的难度逐步增加；每组 12 题，也是由易到难依次排列。

注：题目选自《瑞文标准推理测验》（成年组）。

A.1.1.2 16PF 测验

16PF 测验共 187 道题目。

注：题目选自《卡特尔 16 种个性因素问卷》。

A.1.2 测验方式

SPM 和 16PF 测验均以团体方式进行。对个别被试进行测验，其方法与团体测验基本相同。

A.1.3 测验前准备

A.1.3.1 主试应是熟练掌握测验方法的专业人员。

A.1.3.2 准备足够的测验用品。

A.1.3.3 被试如超过 25 人，除主试外应增加主试助理 1 人～2 人。每次以不超过 50 人为限。

A.1.3.4 测验场所应保持安静，光照、通风良好。被试的座位之间应留出空间，使主试可以来回巡视。

A.1.4 测验步骤

A.1.4.1 主试指导被试在答卷纸上逐项填写基本信息。

A.1.4.2 分发测验图册或问卷，告知被试不得在测验图册或问卷上写字或做记号。

A.1.4.3 主试逐字宣读指导语，对被试提问可以重复指导语，但不应做提示性的补充或更改。

A.1.4.4 要求被试独立完成全部测验。SPM 一般宜在 40 min 内完成，16PF 一般宜在 30 min 内完成。

A.1.4.5 当被试完成全部题目后，应收回测验材料和用品，确认被试填写的基本信息字迹清楚，检查无填错题号或漏题后，方可让被试离开测验场所。

A.1.5 SPM 测验的指导语和评分

A.1.5.1 指导语

主试逐字宣读指导语，对被试提问可以重复指导语，但不应做提示性的补充或更改。指导语内容如下：

“这是一个有趣的智力测验，答题时要认真看，认真想，前面的题目做得好，会对做后面的题目有好处。

请翻到测验图册的第一页，这一页的第一张图是 A1，上面的图案缺少了一部分。图案下面有一些内容不同的小图块，你看哪一个小图块补充到图案的空白上最合适，就把它的号码写在答卷纸上与图案号码相对应的题号后面。即：你如果选择‘2’，就在答卷纸的‘A1’后面填写‘2’。题目由易到难，要按顺序做完每一道题。从开始直到做完，不要翻回来检查。填写答案时要注意看准题号。本测验没有时间限制，一般可以在 40 min 左右做完。记住，每个题目只有一个正确答案。

好，下面开始答题。”

A.1.5.2 评分

对照标准答案,每答对一题记一分,满分为60分。被试答对题目的总数,即为最终得分。

A.1.6 16PF 测验的指导语和评分

A.1.6.1 指导语

主试逐字宣读指导语,对被试提问可以重复指导语,但不应做提示性的补充或更改。指导语内容如下:

"本测验共有187道题目,都是有关个人兴趣和态度的问题。每个人对这些问题会有不同的看法,回答也会有所不同,因而对问题的回答,并没有'对'与'不对'之分,只是表明你对这些问题的看法,请尽量表达你个人的意见,不要有所顾虑。

本测验每一道题都有三个可供选择的答案(A、B、C),答卷纸上相应地附有三个方格,请把你所选择的答案以'×'为符号,填到相应的方格中,即:你如果选择'a'答案,就在第一个方格内划一'×';选择'b'答案,就在第二个方格内划一'×';选择'c'答案,就在第三个方格内划一'×'。按此规则,请先练习答卷纸上方的四个'例题'。

应当记住的是:(1) 每一道题只能选择一个答案;(2) 要按顺序做完每一道题,不可漏掉任何测题;(3) 尽量不选折中性答案;(4) 本测验不计时间,但应当凭自己的直觉进行回答,不要迟疑不决,拖延时间。(5) 有些题目你可能从未思考过,或者感到不太容易回答。对于这样的题目,同样要求你做出一种倾向性的选择。

好,现在开始答题。"

A.1.6.2 评分

采用心理测评软件进行评分。结果包括16种根源特质、四种双重个性因素和四种应用因素。

A.2 视觉反应时测验

A.2.1 测验材料和仪器

测验材料和仪器包括:

——视觉反应时实验仪,刺激呈现范围260 mm×100 mm。简单反应时由一个直径为7.5 mm的光源发出光刺激;选择反应时由两个4×4的灯光方阵发出光刺激。

——数字计时器,记录的最长时间为99.99 s,精度为0.01 s。

A.2.2 测验前准备

A.2.2.1 检查仪器是否工作正常并进行必要的调试。

A.2.2.2 让被试在仪器前60 cm的地方坐好,并向被试讲解反应键的使用方法。

A.2.3 简单反应时

A.2.3.1 指导语

主试逐字宣读指导语,对被试提问可以重复指导语,但不应做提示性的补充或更改。指导语内容如下:

"这是一组测定你反应有多快的测验。测验分两部分,第一部分测验简单反应时,你只能使用其中一个按钮。当听到'预备'的口令时,你要注意看屏幕。当看到灯亮时,请迅速将按钮按下去,你会看到灯光也随即熄灭,表示你已经对灯光信号做出了反应。这时,请你松开按钮,准备下一次灯亮。当你听到'嘟'的声音时,表示测验已经结束。记住,每次只用一个按钮。明白了吗?下面先练习,然后正式测验。"

A.2.3.2 练习

练习次数设定为10。"测验类型"选择"概率","组别"选择"1","次数"设定为10。主试先喊"预备",然后按下"启动"键。练习结束后按"复位"键复位。

A.2.3.3 测验

“次数”设定为30，其余方法和步骤与A.2.3.2相同。记录红、绿、黄三种颜色的简单反应时的平均值。

A.2.4 选择反应时

A.2.4.1 指导语

主试逐字宣读指导语，对被试提问可以重复指导语，但不应做提示性的补充或更改。指导语内容如下：

“下面进行第二部分测验。第二部分测验选择反应时。请你用左、右手分别拿好‘左’、‘右’反应键。测验时屏幕的左、右两侧将同时出现一组纵向排列的黄色灯光。两组灯光的数量不一样。比较一下，如果左边的灯光多，你就迅速将左手的按钮按下去；如果右边的灯光多，你就迅速将右手的按钮按下去。如果反应错了，你会听到‘嘟’的声音。请不要紧张，准备进行下一次测验。当你听到‘嘟嘟嘟’的声音时，表示测验已经结束。明白了吗？下面先练习，然后再测验。”

A.2.4.2 练习

“测验类型”选择“数大小”，“组别”选择“2”，“次数”设定为10。主试先喊“预备”，然后按下“启动”键。练习结束后按“复位”键复位。

A.2.4.3 测验

“次数”设定为30，其余方法与A.2.4.2相同。记录选择反应时平均值和错误次数。

A.2.5 评分

计算三种颜色简单反应时的平均值，所得结果即为被试的视觉简单反应时。选择反应时平均值为被试的视觉选择反应时。

A.3 动觉记忆测验

A.3.1 测验材料和仪器

动觉方位辨别仪。仪器由半圆仪、与半圆仪圆心轴连接的鞍座和一副不透光的眼罩组成。半圆仪的直径为600 mm，度数的标记共有两行，都是0°～180°，外侧一行按顺时针方向增加，内侧一行按逆时针方向增加。半圆仪上有七个制止器，沿半圆仪边缘从30°～150°之间间隔20°有规律排列，主试可将其托起或放下。

A.3.2 测验前准备

A.3.2.1 检查仪器是否工作正常并进行必要的调试。

A.3.2.2 让被试在仪器前60 cm的地方坐好。

A.3.3 指导语

主试逐字宣读指导语，对被试提问可以重复指导语，但不应做提示性的补充或更改。指导语内容如下：

“这是一个动觉记忆的测验。测验时，你要戴上这副眼罩，将前臂放在鞍座上，用前臂带动鞍座做圆周运动，每次从0°开始，到指定的度数结束。本测验选择30°、70°、90°三个度数。每个度数练习三次，测验三次。练习时，我会用制止器指示你度数的位置。测验时，我会放下制止器，你要凭记忆尽量运动到原来的位置。明白了吗？好，现在开始测验。”

A.3.4 被试戴好眼罩，将前臂放在鞍座上，并使鞍座处于0°位置。

A.3.5 30°动觉记忆测验

A.3.5.1 练习

主试托起30°处的制止器，喊“预备，开始”。练习满三次，主试喊“停”，练习结束。

A.3.5.2 测验

主试放下制止器，喊“预备，开始”。待被试停止运动后，记录鞍座所在位置的度数。测验满三次，主试喊“停”,测验结束。

A.3.6 70°动觉记忆测验

将托起制止器的度数设定为70°,其余方法和步骤与A.3.5相同。

A.3.7 90°动觉记忆测验

将托起制止器的度数设定为90°,其余方法和步骤与A.3.5相同。

A.3.8 评分

每次测验实际所得的度数与设定度数差值的绝对值为该次测验的结果。九次测验结果的平均值即为最后评分。

A.4 场依存性测验

A.4.1 测验材料和仪器

棒框仪。被试通过观察窗看到白背景上一个黑色正方形框(40 mm×40 mm),中间有一个黑棒,两者都可以通过旋钮任意改变倾斜度。观察窗要求内表面光滑,无焊接痕迹。仪器能调至水平位。

A.4.2 测验前准备

A.4.2.1 检查仪器是否工作正常并进行必要的调试。

A.4.2.2 让被试在仪器前60 cm的地方坐好。

A.4.3 指导语

主试逐字宣读指导语,对被试提问可以重复指导语,但不应做提示性的补充或更改。指导语内容如下:

“这是一个调整棒的测验,在你面前呈现的是一个方框,框里有一根棒,你伸出右手调整位于前方的调整旋钮,棒会转动,测试时你的任务是调整此旋钮,使棒垂直于地平面,调整好后,手离旋钮,闭目休息,等待下一次测验。每次测验我都会喊开始,听到后你再睁开眼睛观察框和棒,并调整旋钮使棒垂直于地面,测验8次,明白了吗?下面我们先练习,然后开始测试。”

A.4.3.1 练习

主试调整棒的位置,喊“预备,开始”。练习一次,主试喊“停”,练习结束。

A.4.3.2 测验

主试调整好棒框的倾斜度后,喊“预备,开始”。待被试停止运动后,记录被试操作标志线与标准线的角度值,操作角度如果在零度右边,数据记“+”,如果在零度左边,记“-”。测验满8次,主试喊“停”,测验结束。八次测验中框倾斜度依次调整为30°、10°、40°、20°、30°、10°、40°和20°,前四次棒倾斜度调整为110°,后四次棒倾斜度调整为70°。

A.4.4 评分

每次测验实际所得的度数与设定度数差值的绝对值为该次测验的结果。余次测验结果的平均值即为最后评分。

参 考 文 献

［1］ 张厚粲，王晓平．瑞文标准推理测验（中国城市版）．北京：北京师范大学出版社．
［2］ 戴忠恒，祝蓓里修订．卡特尔16种个性因素问卷．上海：华东师范大学．

ICS 07.060
N 92

中华人民共和国国家标准

GB/T 24558—2009

声学多普勒流速剖面仪

Acoustic Doppler current profiler

2009-10-30 发布　　　　2010-04-01 实施

中华人民共和国国家质量监督检验检疫总局
中国国家标准化管理委员会　发布

前　言

本标准由国家海洋局提出。

本标准由全国海洋标准化技术委员会(SAC/TC 283)归口。

本标准起草单位:国家海洋技术中心、中国科学院声学研究所、中国船舶重工集团公司第七一五研究所、国家海洋标准计量中心。

本标准主要起草人:朱俊民、王长红、傅菊英、叶盛林、梁捷、周长兴、沈斌坚、龚莉莉、李芳、汤海荣。

声学多普勒流速剖面仪

1 范围

本标准规定了声学多普勒流速剖面仪产品的类型和组成、要求、试验方法、检验规则，以及标志、包装、运输、贮存。

本标准适用于声学多普勒流速剖面仪(简称流速剖面仪)。

2 规范性引用文件

下列文件中的条款通过本标准的引用而成为本标准的条款。凡是注日期的引用文件，其随后所有的修改单(不包括勘误的内容)或修订版均不适用于本标准，然而，鼓励根据本标准达成协议的各方研究是否可使用这些文件的最新版本。凡是不注日期的引用文件，其最新版本适用于本标准。

GB/T 2423.1—2001 电工电子产品环境试验 第2部分：试验方法 试验A：低温

GB/T 2423.2—2001 电工电子产品环境试验 第2部分：试验方法 试验B：高温

GB/T 2423.3—2006 电工电子产品环境试验 第2部分：试验方法 试验Cab：恒定湿热试验

GB/T 2828.1—2003 计数抽样检验程序 第1部分：按接收质量限(AQL)检索的逐批检验抽样计划(ISO 2859-1：1999,IDT)

GB/T 10250—2007 船舶电气与电子设备的电磁兼容

GB/T 18522.6—2007 水文仪器通则 第6部分：检验规则及标志、包装、运输、贮存、使用说明书

GB 18523—2001 水文仪器安全要求

HY 016.3—1992 海洋仪器基本环境试验方法 低温存储试验

HY 016.5—1992 海洋仪器基本环境试验方法 高温存储试验

HY 016.11—1992 海洋仪器基本环境试验方法 振动试验

HY 016.13—1992 海洋仪器基本环境试验方法 连续冲击试验

HY 016.15—1992 海洋仪器基本环境试验方法 水静压力试验

HY /T 042—1996 海洋仪器分类及型号命名办法

JJG 763—2002 温盐深测量仪

3 术语和定义

下列术语和定义适用于本标准。

3.1

声学多普勒流速剖面仪 acoustic doppler current profiler

利用声学多普勒原理，测量分层水介质散射信号的频移信息，并利用矢量合成方法获取海流垂直剖面水流速度的水声仪器。

3.2

换能器阵 transducer array

一定数量的换能器按某种方式排列组成的阵列。

3.3

水中散射体 scatterer in the water

水中的微小颗粒如：浮游生物、有机物或泥沙等。

3.4

底跟踪 bottom tracking

流速剖面仪发射声波，然后接收声波被河底或海底反射的回波信号并据其测量河底或海底相对于流速剖面仪的运动。

3.5

盲区 blanking distance

换能器发射声波后产生余震的衰减时间与声速的乘积。

4 类型和组成

4.1 类型与型号命名

流速剖面仪分为自容式，直读式和船用式三种类型；型号命名按 HY/T 042—1996 的有关规定执行。

4.2 组成

各种类型流速剖面仪的组成如下：

a) 自容式：由换能器阵，温度传感器，含标准串行接口和相应的发射、接收、采集测量、通讯的电子设备，罗经和倾斜传感器，联机电缆，电池，壳体和应用软件组成；

b) 直读式：由换能器阵，温度传感器，含标准串行接口和相应的发射、接收、采集测量、通讯的电子设备，罗经和倾斜传感器，专用电缆，壳体和应用软件组成；

c) 船用式：由水上设备，水下设备和专用电缆组成。水下设备包括换能器阵和温度传感器，水上设备由含标准串行接口和相应的发射、接收、采集测量、通讯的电子设备，船用航向测量仪（如：电罗经）和导航定位测量仪（如：GPS）的专用接口，计算机和应用软件组成。

5 要求

5.1 外观

仪器表面应平整光亮、无损伤、无锈蚀；北向标志（或船艏向定位标志）应清晰无磨损。

5.2 性能指标

5.2.1 流速、流向测量

表 1 给出了流速剖面仪的流速、流向测量性能要求。

表 1 流速、流向测量性能指标

类型	流速测量			流向测量	
	测量范围	最大测量误差		测量范围	最大测量误差
		工作频率小于 300 kHz	工作频率大于等于 300 kHz		
自容式	−4 m/s～4 m/s	测量值×1%±0.01 m/s	测量值×1%±0.005 m/s	0°～360°	±5°
直读式	−4 m/s～4 m/s	测量值×1%±0.01 m/s	测量值×1%±0.005 m/s	0°～360°	±5°
船用式	−9 m/s～9 m/s	测量值×1%±0.01 m/s	测量值×1%±0.005 m/s	0°～360°	±5°
最大测量误差应为在设定满足要求的层厚且大于等于 200 次的测量平均值的误差。评定最大测量误差的海况应在 3 级以下；评定流向最大测量误差应在流速大于 0.5 m/s 条件下的测量误差。					

5.2.2 剖面层数和层厚

5.2.2.1 层数

层数是可设定的参量，要求如下：

a) 流速剖面仪测量层数应为 1 层～128 层；

b) 测量层数应按工作水深或工作频率所对应的流速剖面最大测量深度设定。

5.2.2.2 **层厚**

层厚是可设定的参量，要求如下：

a) 表2给出了相关工作频率的流速剖面仪测量层厚的设定范围和满足最大测量误差的最小层厚的设定值；

b) 正常设定的测量层厚宜大于或等于满足最大测量误差的最小层厚。

表2 流速剖面仪测量层厚的设定范围和满足最大测量误差的最小层厚

工作频率/kHz	38	75	150	300	600	1 200
测量层厚设定范围/m	8.00～32.00	4.00～32.00	2.00～16.00	1.00～8.00	0.50～4.00	0.25～2.00
满足最大测量误差的最小层厚/m	16.00	8.00	4.00	2.00	1.00	0.50

5.2.3 **温度测量**

流速剖面仪的温度测量应为－2 ℃～35 ℃；准确度±0.5 ℃。

5.2.4 **地理方位测量**

流速剖面仪的地理方位测量应为0°～360°(磁北方向)；准确度±5°。

5.2.5 **倾斜摇摆测量**

流速剖面仪的倾斜摇摆测量应为－15°～15°；准确度±1°。

5.2.6 **自检**

流速剖面仪应对仪器进行自身诊断，传感器的诊断结果应满足5.2.3、5.2.4、5.2.5的要求，换能器、存储器、处理器、采集测量电路的诊断结果应在环境适应性的条件范围内均显示正常。

5.2.7 **流速剖面最大测量深度**

表3给出了相关工作频率的流速剖面仪流速剖面最大测量深度。

表3 流速剖面最大测量深度

工作频率/kHz	38	75	150	300	600	1 200
最大测量深度/m	700	350	180	100	50	20
实际水深达不到表中列出的范围时，剖面测量的有效深度应为实际水深的85%。						

5.2.8 **底跟踪最大测量深度和最小测量深度**

表4给出了相关工作频率的流速剖面仪底跟踪最大测量深度和最小测量深度。

表4 底跟踪最大测量深度和最小测量深度

工作频率/kHz	38	75	150	300	600	1 200
最大测量深度/m	1 350	750	300	150	90	30
最小测量深度/m	8.0	5.0	3.0	2.0	1.5	1.0
频率大于300 kHz的流速剖面仪在高含沙量的水体、浮泥较厚或移动的泥沙底质不宜进行底跟踪测量(可由导航定位测量仪测量的船速代替底跟踪测量)。						

5.2.9 **起始测量深度(第1层的起始深度)**

表5给出了相关工作频率的流速剖面仪起始测量深度。

表5 起始测量深度

工作频率/kHz	38	75	150	300	600	1 200
起始测量深度/m	16.0	8.0	4.0	2.0	1.0	0.5
注：起始测量深度从换能器表面计算(不含安装深度)，起始测量深度也称为测量"盲区"。						

5.3 电气特性

5.3.1 外部电源

流速剖面仪的电源要求如下：

a） 自容式和直读式采用直流电源应为 12 V～60 V；最大电压波动±10%时，应正常工作。

b） 船用式采用交流电源应为 220 V，50 Hz；最大电压波动±10%，应正常工作。

5.3.2 电气安全性

5.3.2.1 绝缘电阻

交流供电端与外壳绝缘电阻应不小于 2 MΩ。

5.3.2.2 漏电流

船用式流速剖面仪的电子设备漏电流应不大于 5 mA。

5.4 应用软件和人机界面

流速剖面仪的应用软件和人机界面要求如下：

a） 应用软件应具有数据回放或实时显示的功能；

b） 操作界面应简明易懂，应有中文提示和帮助功能；

c） 测量结果应能用图表或曲线形式显示；

d） 观测结果输出的总信息量由层数、测量间隔、测量时间等参数计算得出；信息包括主信息和辅助信息；主信息应包括层数、层厚、测量间隔、第 1 层对应的深度、每层流速的东分量和北分量（或流速和流向）、底跟踪的船速和船向、测量的起始和结束时间；辅助信息宜包括每个深度层的回波强度、每层高度方向（深度方向）的流速、每个深度层的测量质量和相关系数、温度、罗盘方向的磁北方向或电罗经的真北方向、倾斜和摇摆（纵摇和横摇）等信息；

e） 自检软件实时显示内容应符合 5.2.6 的规定。

5.5 环境适应性

5.5.1 工作温度

——水下设备应为 −2 ℃～35 ℃；

——水上设备应为 0 ℃～35 ℃。

5.5.2 存储温度和相对湿度

存储温度应为 −30 ℃～55 ℃；相对湿度小于 85%。

5.5.3 湿热

船用式水上设备的湿热应为(30±2)℃；(85±3)%RH。

5.5.4 振动

应符合 HY 016.11—1992 规定的振动等级等同“10^6 kg 以下船舶”的要求。

5.5.5 冲击

应符合 HY 016.13—1992 规定的连续冲击等级为“一级”的要求。

5.5.6 压力

自容式、直读式和船用式流速剖面仪水下设备的压力应符合 HY 016.15—1992 规定的压力要求。

5.6 电磁兼容性

船用设备的电磁兼容性应符合 GB/T 10250—2007 中 6.2.1 的要求。

6 试验方法

6.1 外观

目测和手摸进行外观质量检测，结果应符合 5.1 的要求。

6.2 温度测量

6.2.1 试验设备

最大测量误差不大于 0.05 ℃的温度计或传感器。

6.2.2 试验步骤

6.2.2.1 温度实验室或现场试验

流速剖面仪水下设备放置水中 5 min 后，用流速剖面仪和温度计（或传感器）同时测量温度，将两个测量温度的差值作为测量准确度，应符合 5.2.3 的要求。

6.2.2.2 温度恒温水槽试验

按 JJG 763—2002 中 5.3.2 的检定方法，在恒温水槽进行试验，结果应符合 5.2.3 的要求。

6.3 地理方位

6.3.1 试验设备

最大测量误差小于±2°的标准罗（经）盘（磁北方向）。

6.3.2 检验步骤

用标准罗（经）盘测量并标定 0°、90°、180°、270°的方位点，画出十字线，在无磁场干扰的情况下，将流速剖面仪放置于已经画出的十字线中心点，以指北方向为基准，分别转动流速剖面仪到 0°、90°、180°、270°的地理方位角度上，同时进行测量和显示，然后与罗（经）盘的标定值进行比对，其测量准确度应符合 5.2.4 的要求。

6.4 倾斜摇摆测量

6.4.1 试验设备

最大测量误差小于±0.5°的标准倾角仪。

6.4.2 试验步骤

将标准倾角仪固定在流速剖面仪上端的水平面上，并与流速剖面仪的 Y 轴对齐，流速剖面仪 Y 轴的倾斜角度分别选择 0°、±5°、±10°和±15°（倾斜角度由标准倾角仪标定）进行测量。然后进行 X 轴测量，方法与 Y 轴测量相同。将流速剖面仪测量的倾斜角度值与标准倾角仪的标定值进行比对，其测量准确度应符合 5.2.5 的要求。

6.5 自检检验

联结设备、电缆和计算机；打开电源，运行自检程序，流速剖面仪的传感器、换能器、存储器、处理器、采集测量电路的自检结果应符合 5.2.6 的要求。

6.6 流速、流向测量

6.6.1 流速、流向测量的试验方法

流速、流向测量的试验方法分为水槽拖车试验、同步比测和自身航行试验。工作频率大于 300 kHz 的流速剖面仪应进行水槽拖车试验；工作频率不大于 300 kHz 的流速剖面仪应进行同步比测；实验船上不具备同时安装被测的和同步比测的流速剖面仪时，应进行自身航行试验。

6.6.2 水槽拖车试验

6.6.2.1 试验条件

试验条件要求如下：

a) 拖车速度误差应小于 3×10^{-3} m/s；
b) 检验带有罗经的流速剖面仪时，应配备测量误差小于±2°的标准罗（经）盘，用于测量拖车轨道地理方向（磁北方向）；
c) 流速剖面仪安装支架应结构简单、操作方便，选用强度大，非磁性的不锈钢材料制作；
d) 水槽应长度大于 100 m、宽度大于 7 m、深度大于 4.5 m。

6.6.2.2 **流速剖面仪安装**

安装要求如下：

a) 流速剖面仪固定安装于拖车上，结构应牢固稳定，不因水流冲击导致倾斜；

b) 换能器阵入水深度应大于 0.5 m，水平方向应平行于拖车运动方向小于±2°；

c) 安装过程中，应防止碰撞换能器阵表面。

6.6.2.3 **试验步骤**

6.6.2.3.1 **流速检测**

流速检测步骤如下：

a) 拖车分别选择 0.20 m/s、0.50 m/s、1.00 m/s、1.50 m/s、2.00 m/s、2.50 m/s、3.C0 m/s、3.50 m/s、4.00 m/s 的速度进行跑车，拖车匀速时流速剖面仪测量并记录相对速度；

b) 流速剖面仪测量每个速度的记录应不少于 30 个，每个测量记录时间间隔应不大于 10 s；

c) 拖车匀速时间较短时，应进行多次跑车，以保证记录个数；

d) 将流速剖面仪测量的速度值进行统计平均，与拖车速度值进行比对，最大测量误差应符合表 1 中规定的要求；或将流速剖面仪测量的速度值进行统计平均，做出线性回归，选取回归曲线上的速度值与拖车速度值进行比对，最大测量误差应符合表 1 中规定的要求。

6.6.2.3.2 **流向检测**

6.6.2.3.2.1 不带罗经的流速剖面仪流向试验步骤如下：

a) 流速剖面仪安装艏艉线应与拖车运行方向一致；

b) 选择往返相同的拖车速度，进行往返跑车；

c) 记录流速剖面仪测量的流速相对流向；

d) 分别对往、返两个方向的相对流向测量值进行统计平均，均值与 0°或 180°比对，结果应符合表 1 中规定的流向最大测量误差要求。

6.6.2.3.2.2 带有罗经的流速剖面仪流向试验步骤如下：

a) 用标准罗(经)盘测量拖车运动的地理方向；

b) 选择往返相同的拖车速度，进行往返跑车；

c) 记录流速剖面仪测量的流速相对流向；

d) 分别对往、返两个方向的相对流向测量值进行统计平均，均值与拖车正反运动的地理方向测量值进行比对，结果应符合表 1 中规定的流向最大测量误差要求。

6.6.3 **同步比测**

6.6.3.1 **试验条件**

试验条件要求如下：

a) 具备安装流速剖面仪和应有供电设备的实验船，自容式流速剖面仪应配备安装基座或锚系；

b) 比测仪器应为检定合格的流速剖面仪；

c) 船用式流速剖面仪的试验应配备定位误差不大于±3 m 的导航定位仪(如：GPS)、测量真北方向且误差不大于±1°的航向测量仪(如：电罗经)；

d) 布放试验自容式或直读式的流速剖面仪时，其布放点应选择远离带有磁性的金属材料的平台(如：石油平台)，其距离应大于 50 m；

e) 测量水深应按照表 3 和表 4 所列出的深度，并选择流场较平稳的开阔水域；

f) 海况应在 3 级以下。

6.6.3.2 **流速剖面仪安装**

安装要求如下：

a) 流速剖面仪的安装应牢固稳定，不因水流冲击导致倾斜；

b) 自容式或直读式的投放试验应安装于非磁性的基座或锚系，安装应牢固稳定；

c) 流速剖面仪的船舷安装支架宜选用强度大、非磁性的不锈钢材料制作；

d) 安装换能器阵的指北方向应对准船头方向或偏北 45°，安装误差应小于±1°；

e) 内部配有罗经的流速剖面仪在船舷安装时，离船舷的距离：木质船宜不小于 0.5 m，铁质船宜不小于 1.0 m；

f) 换能器阵的入水深度，应根据实验船 8 kn（自容式和直读式）或 18 kn（船用式）的速度、水流速度、水面波浪大小、实验船吃水深度、船底形状等因素综合考虑，换能器阵在整个测验过程中始终不应露出水面。船体对换能器阵的入水应保证不妨碍信号的发射和接收；

g) 换能器阵的安装，其换能器阵表面应保持水平，且安装误差应小于±2°；

h) 安装过程中，应防止碰撞换能器阵表面，并保持换能器阵表面清洁；

i) 船用式流速剖面仪装配的导航定位仪和航向测量仪，安装后应再次进行检验，并合格。

6.6.3.3 **试验步骤**

6.6.3.3.1 自容式或直读式流速剖面仪同步比测

6.6.3.3.1.1 投放自容式或直读式流速剖面仪的同步比测，其试验步骤如下：

a) 两台流速剖面仪按安装要求分别安装于基座或锚系；

b) 两台流速剖面仪选择非底跟踪方式，选取相同时间、相同间隔、满足 5.2.2 要求的相同层厚和层数，并设定启动测量时间；

c) 到达满足试验水深的水域后，投放两台流速剖面仪进行测量；

d) 测量时间大于 3 h 后，打捞回收两台流速剖面仪，自容式回放数据到计算机；

e) 选取同步比测的数据按相同时间、相同深度进行统计平均，然后进行比对，最大测量误差应满足表 1 中规定的要求。层厚和层数应满足 5.2.2 的要求。流速剖面最大测量深度应满足 5.2.7 的要求。

6.6.3.3.1.2 船载自容式或直读式流速剖面仪同步比测的试验步骤如下：

a) 两台流速剖面仪按安装要求分别安装于实验船的船舷两侧，两台流速剖面仪宜选择不同频率，避免声信号相互干扰；

b) 到达满足试验水深的水域后，实验船分别选择漂泊、2 kn、4 kn、6 kn、8 kn 速度跑闭合或正交或往返回路航行，每个回路应大于等于 5 km；

c) 两台流速剖面仪不具备底跟踪方式则选择非底跟踪方式，具备底跟踪方式则选择底跟踪方式，并选取相同时间、相同间隔、满足 5.2.2 要求的相同层厚和层数，同步进行相对流速测量，并记录数据；

d) 选取同步比测的数据按相同时间、相同深度进行统计平均，然后进行比对；最大测量误差应符合表 1 中规定要求。层厚和层数应满足 5.2.2 的要求。流速剖面最大测量深度应满足 5.2.7 的要求。

6.6.3.3.2 船用式流速剖面仪同步比测试验步骤如下：

a) 按安装要求分别安装流速剖面仪，两台流速剖面仪宜选择不同频率，避免声信号相互干扰，应装配满足要求的导航定位仪和航向测量仪并进行检验；

b) 到达满足试验水深的水域后，实验船选择从漂泊到 18 kn 速度（船速达不到 18 kn 时，高速应选择最大船速）跑闭合或正交或选择往返回路航行，每个回路应大于等于 5 km；

c) 两台流速剖面仪选择底跟踪方式，并选取相同时间、相同间隔、满足 5.2.2 要求的相同层厚和层数，同步进行流速测量和记录，同时记录导航定位仪测量的船速；

d) 选取同步比测的流速测量数据按相同时间、相同深度进行统计平均，然后进行比对；流速剖面仪测量的船速值（平均值）与导航定位仪测量的船速值进行比对，流速最大测量误差和船速最大测量误差均应满足表 1 中规定的流速最大测量误差要求；流向最大测量误差和船向最大测量误差均应满足表 1 中规定的流向最大测量误差要求。层厚和层数应满足 5.2.2 的要求。流速剖面最大测量深度应满足 5.2.7 的要求。底跟踪最大测量深度应满足 5.2.8 的要求。

6.6.4 自身航行试验

6.6.4.1 试验条件

试验条件要求同6.6.3.1。

6.6.4.2 流速剖面仪安装

安装要求同6.6.3.2。

6.6.4.3 试验步骤

自身航行试验步骤如下：

a) 流速剖面仪按安装要求安装于实验船，应装配满足要求的导航定位仪和航向测量仪，并进行检验；
b) 到达满足试验水深的水域后，实验船选择从漂泊到18 kn速度（船速达不到18 kn时，高速应选择最大船速）跑闭合或正交或选择往返回路航行，每个回路应大于等于5 km；
c) 流速剖面仪选择底跟踪方式进行船速测量，并选取满足要求的层厚、间隔和层数测量流速，记录和显示测量轨迹及轨迹上某一深度层的流速和流向，并记录导航定位仪的测量数据；
d) 流速剖面仪测量记录和显示的流速和流向，与平稳流场（如：江、河、湖水或试验场海域）的流速进行比较，验证流速剖面仪流速测量的最大测量误差和合理性；
e) 将流速剖面仪测量的船速值与导航定位仪测量的船速值进行统计平均，然后进行比对，船速最大测量误差应满足表1中规定的流速最大测量误差要求，航向最大测量误差应满足表1中规定的流向最大测量误差要求。层厚和层数应满足5.2.2的要求。流速剖面最大测量深度应满足5.2.7的要求。底跟踪最大测量深度应满足5.2.8的要求。

6.7 电气特性

6.7.1 外部电源

用调压器分别将交流电压调为198 V和242 V，作为输入电源给设备通电，并进行6.5自检检验，应符合5.3.1的要求。

6.7.2 电气安全性

按GB 18523—2001中7.3.2和7.3.3.1进行检验，应符合5.3.2的要求。

6.8 应用软件和人机界面检查

换能器阵放入水中，联结设备、电缆和计算机；打开电源，运行应用软件；检验其功能和数据信息；检验人机界面的显示功能和形式，应符合5.4的要求。

6.9 环境试验

6.9.1 低温试验

按GB/T 2423.1—2001中第二篇试验(Ab)的规定进行低温试验，试验后进行6.5自检检验，应符合5.2.6的要求。

6.9.2 高温试验

按GB/T 2423.2—2001中第二篇试验(Bb)的规定进行高温试验，试验后进行6.5自检检验，应符合5.2.6的要求。

6.9.3 湿度试验

按GB/T 2423.3—2006中的试验方法对船用式水上设备进行湿热试验，试验后进行6.5自检检验，应符合5.2.6的要求。

6.9.4 低温存储试验

按HY 016.3—1992的规定进行低温存储试验，试验后进行6.5自检检验，应符合5.2.6的要求。

6.9.5 高温存储试验

按HY 016.5—1992的规定进行高温存储试验，试验后进行6.5自检检验，应符合5.2.6的要求。

6.9.6 **振动试验**

按 HY 016.11—1992 的规定进行振动试验，试验等级等同“10^6 kg 以下船舶”。试验后进行 6.5 自检检验，应符合 5.2.6 的要求。

6.9.7 **连续冲击试验**

按 HY 016.13—1992 的规定进行连续冲击试验，试验等级为“一级”。试验后进行 6.5 自检检验，应符合 5.2.6 的要求。

6.9.8 **压力试验**

按 HY 016.15—1992 的规定进行试验，试验后检验换能器壳体应无渗漏。

6.10 电磁兼容性

按 GB/T 10250—2007 中的试验方法进行检验，应符合 5.6 的要求。

7 检验规则

7.1 检验分类

检验分为出厂检验和型式检验。

7.2 出厂检验

出厂时应逐台进行出厂检验。出厂检验项目见表 6。产品检验合格后，方可出厂。出厂检验中有一项检验项目不合格时，即判该产品不合格；对该不合格产品，应分析原因，采取措施，返修后进行对应项目的第二次出厂检验。若合格，则确认该台出厂检验合格；若仍不合格，则认为该台出厂检验不合格。

表 6 检验项目

序号	检验项目	要求章条号	试验方法章条号	出厂检验	型式检验
1	外观质量	5.1	6.1	●	●
2	流速、流向	5.2.1	6.6	●	●
3	层数、层厚	5.2.2	6.6.3 或 6.6.4	●	●
4	温度实验室或现场试验	5.2.3	6.2.2.1	●	●
5	温度恒温水槽试验	5.2.3	6.2.2.2	—	●
6	地理方位	5.2.4	6.3	●	●
7	倾斜摇摆	5.2.5	6.4	●	●
8	自检检验	5.2.6	6.5	●	●
9	流速剖面最大测量深度	5.2.7	6.6.3 或 6.6.4	●	●
10	底跟踪最大测量深度	5.2.8	6.6.3 或 6.6.4	●	●
11	外部电源	5.3.1	6.7.1	●	●
12	电气安全性	5.3.2	6.7.2	●	●
13	应用软件	5.4	6.8	●	●
14	环境适应性	5.5	6.9	—	●
15	电磁兼容性	5.6	6.10	—	●
“●”表示应进行的检验项目；“—”表示不检验的项目。					

7.3 型式检验

7.3.1 在下列情况之一时，应进行型式检验：

a) 新产品或者产品转产试制、定型、鉴定时；

b) 正式批量生产后，如结构、材料、工艺有较大的改变而可能影响产品性能时；

c) 产品停产一年半后恢复生产时；

d) 国家质检监督机构提出进行型式检验要求时。

型式检验项目见表6。

7.3.2 型式检验的抽样按GB/T 2828.1—2003中第10章的抽样方案进行。

7.3.3 型式检验的合格判据应为检验项目表中除外观质量外任何一项不合格，则判定不合格。若有两台或两台以上不合格时，则判该批型式检验不合格；若有一台不合格时，则应加倍抽样进行不合格项目复检，其后仍有不合格时，则判该批型式检验不合格；若全部检验合格，该批型式检验产品应判为合格。

8 标志

每台流速剖面仪的外壳上均应有铭牌，铭牌标识至少应有型号、名称、制造单位、出厂编号、出厂日期等内容。换能器阵的指北方向应有明显标志，船用式流速剖面仪的电子设备的外部接插件应有防混标志。

9 包装、运输、贮存

9.1 包装

9.1.1 流速剖面仪包装应符合GB/T 18522.6—2007第6章的规定。

9.1.2 流速剖面仪包装应用专用包装箱包装。包装箱应坚实可靠、经济美观，内部结构应具有加固减震功能。

9.1.3 随机文件应用塑料袋封装，其随机文件应包括：

a) 装箱单；

b) 产品合格证书；

c) 产品使用说明书；

d) 备件及附件清单。

9.2 运输

9.2.1 流速剖面仪应在包装完好的条件下进行运输，应能适应任何交通工具运输。

9.2.2 敞篷运输时应遮蔽货物，防尘、防雨。装卸时，应轻拿轻放。

9.3 贮存

9.3.1 流速剖面仪长期不用时，应在环境温度−30 ℃～55 ℃，相对湿度小于85%的室内，周围无腐蚀性气体和粉尘，无强电磁场和强烈振动的情况下贮存。贮存时应有托垫，其要求是：距地面30 cm以上，与墙距离40 cm以上。

9.3.2 流速剖面仪从低于零度贮存环境移入工作室温度条件使用时，至少应在工作室温条件下放置2 h以后，才能开箱通电使用。

ICS 07.060
N 92

中华人民共和国国家标准

GB/T 24559—2009

海洋螺旋桨式风向风速计

Marine propeller anemometer

2009-10-30 发布　　　　2010-04-01 实施

中华人民共和国国家质量监督检验检疫总局
中国国家标准化管理委员会　发布

前　言

本标准由国家海洋局提出。

本标准由全国海洋标准化技术委员会(SAC/TC 283)归口。

本标准起草单位:国家海洋技术中心。

本标准主要起草人:李晖、毕可新。

海洋螺旋桨式风向风速计

1 范围

本标准规定了海洋螺旋桨式风向风速计的组成、技术要求、试验方法、检验规则及标识、包装、运输和贮存。

本标准适用于海洋环境监测、船舶航行保障及气象监测等有关部门用来连续测量风速、风向的海洋螺旋桨式风向风速计(以下简称风向风速计)。

2 规范性引用文件

下列文件中的条款通过本标准的引用而成为本标准的条款。凡是注日期的引用文件,其随后所有的修改单(不包括勘误的内容)或修订版均不适用于本标准,然而,鼓励根据本标准达成协议的各方研究是否可使用这些文件的最新版本。凡是不注日期的引用文件,其最新版本适用于本标准。

GB/T 2829—2002 周期检验计数抽样程序及表(适用于对过程稳定性的检验)

GB/T 13306—1991 标牌

GB/T 17626.2—2006 电磁兼容 试验和测量技术 静电放电抗扰度试验

GB/T 17626.3—2006 电磁兼容 试验和测量技术 射频电磁场辐射抗扰度试验

GB/T 17626.4—2008 电磁兼容 试验和测量技术 电快速瞬变脉冲群抗扰度试验

GB/T 17626.6—2008 电磁兼容 试验和测量技术 射频场感应的传导骚扰抗扰度试验

GJB 570.5—1988 气象仪器定型试验方法 环境试验

HY 016.2—1992 海洋仪器基本环境试验方法 低温试验

HY 016.3—1992 海洋仪器基本环境试验方法 低温贮存试验

HY 016.4—1992 海洋仪器基本环境试验方法 高温试验

HY 016.5—1992 海洋仪器基本环境试验方法 高温贮存试验

HY 016.7—1992 海洋仪器基本环境试验方法 交变湿热试验

HY 016.10—1992 海洋仪器基本环境试验方法 盐雾试验

HY 016.11—1992 海洋仪器基本环境试验方法 振动试验

HY 016.13—1992 海洋仪器基本环境试验方法 连续冲击试验

HY/T 042—1996 海洋仪器分类及型号命名办法

JJG 613—1989 电接风向风速仪

QX/T 8—2002 气象仪器术语

3 术语和定义

QX/T 8—2002 确立的术语和定义适用于本标准。

4 产品组成和型号命名

4.1 产品组成

风向风速计由螺旋桨式测风传感器(以下简称测风传感器)和显示记录器组成。测风传感器主要由头部(包括螺旋桨)、机身、尾舵、机芯、机座和定北针组成。显示记录器主要由数据处理、显示、存储、接口和通讯单元组成。测风传感器和显示记录器用电缆直接连接。

4.2 型号命名

产品的型号命名应按 HY/T 042—1996 的有关规定执行。

5 技术要求

5.1 外观

风向风速计外壳应无划痕、裂纹、变形和损坏，表面涂覆应无脱落现象，零件连接应牢固，金属部分应无锈蚀。在阳光下和黑夜中显示记录器应读数清楚。

5.2 转动要求

测风传感器的螺旋桨应能随遇平衡，转动灵活平稳，不应有明显的轴向跳动和径向摆动，头部和尾舵部分应相互平衡，机身应转动灵活。

5.3 工作环境

5.3.1 测风传感器的工作环境条件：

a) 温度：−40 ℃～55 ℃；

b) 不受自然界湿度的影响；

c) 能经受住强度为(5±0.5)mm/min 的降雨；

d) 极限风速：80 m/s。

5.3.2 显示记录器的工作环境条件：

a) 温度：−10 ℃～40 ℃；

b) 相对湿度：小于 95%。

5.4 测量性能

风向风速计主要技术参数见表 1。

表 1 技术参数

测量要素	测量范围	测量准确度	起动风速	分辨率
风速	(1.0～75.0)m/s	±(5%v+0.5)m/s，v 风速值(m/s)	≤1.0 m/s	0.1 m/s
风向	0°～360°	±5°	≤1.5 m/s	1°

5.5 显示记录器功能

显示记录器应具有以下基本功能：

a) 显示瞬时风速、瞬时风向和极大风速；

b) 大风报警；

c) 数据通讯。

注：根据应用场合不同，可增加滑动平均风速显示、最大风速显示、时间和日期显示、数据记录和存储以及打印功能。

5.6 电源

交流 220 V±22 V 或直流 12 V±3 V。

5.7 电磁兼容性

风向风速计应能抵御 GB/T 17626.2—2006、GB/T 17626.3—2006、GB/T 17626.4—2008 严酷等级 1 级和 GB/T 17626.6—2008 严酷等级 2 级试验条件下的电磁干扰。

6 试验方法

6.1 外观检查

采用目测方法检查各部件的外观和牢固性，应符合 5.1 的要求。

6.2 转动性能检查

分别拨动测风传感器螺旋桨和尾舵，观察它们的状态，应符合 5.2 的要求。

6.3 测量性能试验

6.3.1 试验仪器设备

试验仪器设备应包括：

a) 风洞，工作段截面积与测风传感器迎风面积之比大于等于 20：1；
b) 二等标准皮托(静压)管；
c) 二等补偿式微(差)压计，测量范围 0 Pa～1 500 Pa；
d) 0°～360°标准方位盘，分辨率 1°；
e) 准确度不低于 2 hPa 的气压表、准确度不低于 0.5 ℃的气温表和准确度不低于 10%RH 的相对湿度表。

6.3.2 风速部分起动风速试验

将测风传感器安装到风洞试验段内，转动测风传感器机身，使螺旋桨正对来风，且处于任意静止状态，启动风洞，从零逐渐增大风速，记录螺旋桨开始并持续转动时的微压计示值。根据微压计示值、现场的温度、气压和相对湿度值，按 JJG 613—1989 第 25 章、附录 2 和附录 3 计算出标准风速值。重复以上步骤三次，取标准风速值的算术平均值为风速部分的起动风速，其结果应符合 5.4 要求。

6.3.3 风速测量准确度试验

将测风传感器安装到风洞试验段内，型式检验取风速 2 m/s，5 m/s，10 m/s，20 m/s，30 m/s，40 m/s，50 m/s，60 m/s 和 75 m/s，9 个点作为检测点；出厂检验取 2 m/s，5 m/s，10 m/s，20 m/s 和 30 m/s，5 个点作为检验点。在每个检测点停留 2 min，记录微压计示值和显示记录器风速显示值。计算出标准风速值(同 6.3.2)，计算风速显示值与标准风速值之差，其结果应符合 5.4 要求。

6.3.4 风向部分起动风速试验

将测风传感器安装到风洞试验段内 0°～360°方位盘上，将定北针对准 0°，使机身与风洞轴向依次成 20°、340°、160°和 200°夹角，在每个位置启动风洞，从零逐渐增加风速，使尾舵起动，机身向 0°方向转动，记录停止转动时夹角小于等于 5°时的微压计示值，计算出标准风速值(同 6.3.2)。重复以上步骤三次，取标准风速值的算术平均值为风向部分的起动风速，其结果应符合 5.4 要求。

6.3.5 风向测量准确度试验

将测风传感器安装到标准方位盘上，先将定北针对准 0°，转动机身，使显示记录器的风向显示值为 0°，然后依次转动机身，每间隔 30°为一个测试点。读取显示记录器的风向显示值，并计算出与测试点的角度之差，其结果应符合 5.4 要求。

6.4 抗风强度试验

测风传感器安装到风洞试验段内，风速逐步增加至 80 m/s，稳定时间 5 s，试验结束后测风传感器应不断裂、不变形、性能不变。

6.5 电源适应性试验

将风向风速计接入交流 220 V，电压波动±22 V 时，或接入直流 12 V 电源，电压波动±3 V 时，风向风速计应工作正常。

6.6 环境适应性试验

风向风速计环境试验见表 2，各项环境试验结束后，检查风向风速计的外观和转动性能，应符合 5.1 和 5.2 的要求，测试风向风速计的测量性能应符合 5.4 的要求。

表 2 环境试验项目、条件和顺序

顺序	试验项目	依据标准	试验条件
1	低温试验	HY 016.2—1992	测风传感器，−40 ℃±3 ℃，试验时间 2 h；显示记录器，试验温度 −10 ℃±3 ℃，试验时间 2 h。
2	低温贮存试验	HY 016.3—1992	试验温度 −40 ℃±3 ℃，试验时间 10 h。

表 2（续）

顺序	试验项目	依据标准	试验条件
3	高温试验	HY 016.4—1992	测风传感器，试验温度 55 ℃±3 ℃，试验时间 2 h；显示记录器，试验温度 40 ℃±3 ℃，试验时间 2 h。
4	高温贮存	HY 016.5—1992	试验温度 55 ℃±3 ℃，试验时间 8 h。
5	交变湿热试验	HY 016.7—1992	测风传感器，试验温度高温阶段 40 ℃±2 ℃，常温阶段 25 ℃±2 ℃，试验湿度高温阶段相对湿度 90%～96%，常温阶段相对湿度 95%～100%；显示记录器，试验温度 40 ℃，相对湿度80%～85%。试验周期均为 48 h。
6	振动试验	HY 016.11—1992	频率范围 5 Hz～13.2 Hz，振幅 1 mm；频率范围 13.2 Hz～80 Hz，加速度 7 m/s^2；持续时间为 20 个扫频循环次。
7	连续冲击试验	HY 016.13—1992	加速度幅值 100 m/s^2，脉冲重复频率 0.7 Hz～1.3 Hz，连续冲击次数 1 000±10。
8	盐雾试验	HY 016.10—1992	温度 35 ℃±2 ℃，盐溶液浓度 4.9%～5.1%（重量），pH 值 6.5～7.2，试验时间 96 h。
9	淋雨试验	GJB 570.5—1989	按 GJB 570.5—1989 第 9 章进行试验。
注：第 8 项试验仅对测风传感器的金属零部件进行，第 9 项试验仅对测风传感器进行。			

6.7 电磁兼容性试验

电磁兼容性试验见表 3，以下试验时模拟正常工作状态，即用电风扇吹动测风传感器的螺旋桨转动，试验结果应符合 5.7 的要求。

表 3 电磁兼容性试验项目、条件和顺序

序号	试验项目	依据标准	试验条件
1	静电放电抗扰度	GB/T 17626.2—2006	严酷等级：空气放电 1 级，接触放电 1 级。
2	射频电磁场辐射抗扰度	GB/T 17626.3—2006	严酷等级：1 级，试验场强：1 V/m，频率范围：80 MHz～1 000 MHz，调制幅度：80%（1 kHz），扫描步进：1%。
3	电快速瞬变脉冲群抗扰度	GB/T 17626.4—2008	在 I/O 信号端口通过容性耦合夹施加，严酷等级：1 级，电压峰值：±250 V，重复频率：5 kHz，持续时间：60 s，重复次数：1 次。
4	射频场感应的传导骚扰抗扰度试验	GB/T 17626.6—2008	严酷等级：2 级，试验场强：3 V/m，频率范围：150 kHz～80 MHz，调制幅度：80%（1 kHz），扫描步进：1%。

7 检验规则

7.1 检验分类

产品检验分出厂检验和型式检验。

7.2　出厂检验

7.2.1　检验项目

产品应经制造单位质量检验部门检验合格，并附有检验合格证方能出厂，出厂检验项目见表4。

表4　出厂检验和型式检验的项目

序号	项目名称	要求	试验方法	出厂检验	型式检验
1	外观检查	5.1	6.1	▲	▲
2	转动性能检查	5.2	6.2	▲	▲
3	测量性能试验	5.4	6.3	▲	▲
4	抗风强度试验	5.3	6.4	△	▲
5	电源适应性试验	5.6	6.5	▲	▲
6	环境适应性试验	5.3	6.6	△	▲
7	电磁兼容性试验	5.7	6.7	△	▲
注：符号▲表示做本项试验；符号△表示不做本项试验。					

7.2.2　判定规则

风速风向计应逐台进行检验，检验项目全部合格，该产品判为合格。有不合格项目的产品，应进行处理后重新检验。重新检验后对仍不能达到全部项目合格的产品，作报废处理。

7.3　型式检验

7.3.1　检验项目

有下列情况之一时，应进行型式检验：

a)　正式生产后，如设计、工艺、结构、材料有较大改变时；

b)　转产或长期停产后，再次投产时；

c)　批量试制或生产，进行抽检或评定考核时；

d)　出厂检验结果与上次型式检验有较大差异时；

e)　国家质量监督机构提出型式检验要求时。

型式检验项目见表4。

7.3.2　抽样

从出厂检验合格的产品中，按GB/T 2829—2002规定的方法随机抽取适当数量的产品进行型式检验。

7.3.3　检验结果评价

如被检产品不合格，则加倍抽检；若仍有不合格产品，则判该批产品不合格。

8　标志、包装、运输和贮存

8.1　标志

8.1.1　风向风速计应在显示记录器外壳装订铭牌，铭牌应标有名称、型号、制造单位及产品编号，符合GB/T 13306—1991的规定。

8.1.2　包装箱面上的标识应包含以下内容：

——产品名称、型号；

——制造单位；

——出厂编号、日期；

——防雨、防震、不得倒置等标志。

8.2 包装

8.2.1 风向风速计包装

风向风速计应用专用包装箱包装。包装箱应坚实可靠、经济美观，内部结构应具有加固减震功能。

8.2.2 随行文件

包装箱内应有下列随行文件：

——产品合格证、检验合格证书、质量保证书；

——使用说明书（含产品维修指南）；

——装箱及配件清单。

8.3 运输

运输时应对货物采取遮蔽及防尘、防雨措施。

装卸时应轻抬、轻放。

8.4 贮存

风向风速计应存贮在温度－20 ℃～40 ℃，相对湿度小于95％的室内，周围不应含有足以引起腐蚀的有害物质。

参 考 文 献

[1] GB/T 14914—2006 海滨观测规范
[2] GB/T 12763.3—2007 海洋调查规范 第3部分:海洋气象观测

ICS 27.010
F 01

中华人民共和国国家标准

GB/T 24560—2009

电解、电镀设备节能监测

Monitoring and testing for energy saving of electrolyzation and electroplating equipments

2009-10-30 发布　　　　2010-05-01 实施

中华人民共和国国家质量监督检验检疫总局
中国国家标准化管理委员会　发布

前　言

本标准的附录A为规范性附录。

本标准由全国能源基础与管理标准化技术委员会提出并归口。

本标准起草单位：天津市节能监测四站、天津市能源技术研究所。

本标准主要起草人：霍全兰、贾军、任长青、尚克武、朱天利、刘峰、张温习、王金祥、陈杉、宋伟、张殿军、左光。

电解、电镀设备节能监测

1 范围

本标准规定了电解、电镀设备的节能监测项目、监测方法和考核指标。

本标准适用于电解、电镀设备。

2 电解、电镀设备节能监测项目

2.1 检查项目

2.1.1 电解、电镀生产设备应配置直流电压表、直流电流表和交流电能计量仪表。

2.1.2 计量仪器配备齐全、合理，并在检定周期内。

2.1.3 直流系统的连接点要保持接触良好。

2.2 测试项目

2.2.1 电解、电镀设备的电流效率。

2.2.2 电解、电镀平均槽电压。

3 电解、电镀设备节能监测方法

3.1 监测条件与时间

3.1.1 连续性生产的电镀设备监测 2 h，非连续性生产的电镀设备监测一个或多个周期。

3.1.2 电解设备连续监测 24 h。

3.2 监测仪器

监测所用仪器应能满足监测测试项目的要求，仪器完好，其测量范围和分辨力应与被测量项目相适应，其准确度不低于表 1 要求，并在检定周期内。

表 1 监测仪器

序号	监测项目	仪器仪表名称	准确度
1	电解产品质量及镀件质量	1. 电解液流量计、温度计、密度计 2. 衡器	0.1 级
2	直流电流	直流电流表	1.0 级
3	槽电压	直流电压表	1.0 级

3.3 电镀设备测试

3.3.1 电镀质量

用衡器称量电镀前后工件质量，并计算出工件电镀前后质量之差。

3.3.2 电镀电流

在整流装置的输出端，用直流电流表测试电镀设备的电流，每 15 min 记录一次，取算术平均值。

3.3.3 电镀设备电流效率

3.3.3.1 电流效率按式(1)计算：

$$\eta_1 = \frac{m_2 - m_1}{C_1 \cdot I \cdot t} \times 100 \qquad \cdots\cdots(1)$$

式中：

η_1——电镀设备电流效率，%；

m_1——镀件镀前质量,单位为克(g);

m_2——镀件镀后质量,单位为克(g);

I——电流,单位为安(A);

t——测试时间,单位为小时(h);

C_1——析出金属的电化当量,单位为克每安时[g/(A·h)]。

3.3.3.2 电化当量按式(2)计算:

$$C_1 = \frac{m_3}{n \cdot F} \qquad \cdots\cdots(2)$$

式中:

m_3——物质的摩尔质量,单位为克(g);

n——物质的化合价;

F——法拉第常数 26.8 A·h。

3.4 电解设备测试

3.4.1 电解产品质量的测试

电解产品的质量由密度乘以流量计算,每班测试一次。

3.4.2 理论电解产品质量

理论电解产品质量按式(3)计算:

$$q_1 = C_2 \cdot I \cdot t \qquad \cdots\cdots(3)$$

式中:

q_1——理论电解产品的质量,单位为克(g);

C_2——电化当量 1.186[g/(A·h)];

I——电流,单位为安培(A);

t——测试时间,单位为小时(h)。

3.4.3 电解电流

在整流装置的输出端,用直流电流表测试所测电解设备的电流,每 15 min 记录一次,取算术平均值作为监测结果。

3.4.4 电解设备电流效率

电流效率按式(4)计算:

$$\eta_2 = \frac{Q}{q_2} \times 100 \qquad \cdots\cdots(4)$$

式中:

η_2——电解设备的电流效率,%;

q_2——电解产品的理论产量,单位为克(g);

Q——电解产品的实际产量,单位为克(g)。

4 考核指标

4.1 电镀设备电流效率考核指标

电镀设备电流效率考核指标见表 2。

表 2 电镀设备电流效率考核指标

序号	设备名称	电流效率考核指标/%
1	酸性镀铜	99
2	焦磷酸盐镀铜	98
3	氰化镀铜	65

表 2（续）

序号	设备名称	电流效率考核指标/%
4	电镀镍	95
5	电镀铬	14
6	酸性镀锌	95
7	碱性镀锌	75

4.2 电镀设备平均槽电压考核指标

电镀设备平均槽电压考核指标见表 3。

表 3 电镀设备平均槽电压考核指标

序号	设备名称	平均槽电压考核指标/V
1	酸性镀铜	3.0
2	碱性镀铜	4.0
3	电镀镍	5.0
4	电镀铬	7.0
5	酸性镀锌	3.0
6	碱性镀锌	5.0

4.3 电解设备电流效率考核指标

电解设备电流效率考核指标见表 4。

表 4 电解设备电流效率考核指标

序号	设备名称	电流效率考核指标/%
1	电解铜	97
2	电解铝	88
3	电解镍	97
4	电解氯化钠	95
5	电解水	98
6	电解钴	95
7	电解铅	93
8	电解锰	70
9	电解锌	90

4.4 电解设备平均槽电压考核指标

电解设备平均槽电压考核指标见表 5。

表 5 电解设备平均槽电压考核指标

序号	设备名称		平均槽电压考核指标/V
1	电解铜		0.3
2	电解铝	自焙阳极槽	4.3
		预焙阳极槽	4.1
3	电解镍		2.0

表 5（续）

序号	设备名称		平均槽电压考核指标/V
4	电解氯化钠	离子交换膜槽	3.1
		金属阳极槽	3.3
5	电解水	立式	2.3
6	电解钴	微型塑料隔膜槽	5.0
		帆布隔膜槽	3.0
7	电解铅		0.5
8	电解锰		5.0
9	电解锌		3.2

5 监测结果评价

5.1 监测单位应依据监测结果，按本标准规定的检查项目要求和测试项目考核指标，对被监测的电解、电镀设备做出监测合格与不合格的评价，并出具正式监测报告，监测结果格式见附录 A。

5.2 电解、电镀设备的全部监测项目合格，方可视为节能监测合格。

5.3 对于监测不合格者，监测单位应提出改进建议。

附　录　A
（规范性附录）
电解、电镀设备节能监测结果

表 A.1　电解、电镀设备节能监测结果　　　　节监字第______号

单位名称		监测日期	
设备名称		设备编号	
规格型号		监测标准	
监测检查项目	检查结果	结果评价	
是否是计量仪器配备齐全			
是否是计量仪器在检定周期内			
直流系统连接点是否是接触良好			
是否定期监测电流效率			
监测测试项目	测试结果	考核指标	结果评价
电流效率/%			
平均槽电压/V			
监测结果评价： （单位名称）节能监测专用章 年　月　日			
编制：	审核：	批准：	

ICS 27.010
F 01

中华人民共和国国家标准

GB/T 24561—2009

干燥窑与烘烤炉节能监测

Monitoring and testing for energy saving of drying kiln and hot oven

2009-10-30 发布　　2010-05-01 实施

中华人民共和国国家质量监督检验检疫总局
中国国家标准化管理委员会　发布

前　　言

本标准的附录A为规范性附录。

本标准由全国能源基础与管理标准化技术委员会提出并归口。

本标准起草单位：天津市节能监测四站、天津市能源技术研究所、天津市赛洋工业炉有限公司。

本标准主要起草人：刘峰、贾军、任长青、张温习、尚克武、王金祥、霍全兰、王景良、朱天利、陈杉、陈芳、姚家英。

干燥窑与烘烤炉节能监测

1 范围

本标准规定了干燥窑与烘烤炉的节能监测项目、监测方法和考核指标。

本标准适用于各种燃煤、燃气的干燥窑与烘烤炉。

2 规范性引用文件

下列文件中的条款通过本标准的引用而成为本标准的条款。凡是注日期的引用文件，其随后所有的修改单(不包括勘误的内容)或修订版均不适用于本标准，然而，鼓励根据本标准达成协议的各方研究是否可使用这些文件的最新版本。凡是不注日期的引用文件，其最新版本适用于本标准。

GB/T 212 煤的工业分析方法

GB/T 4272 设备及管道绝热技术通则

GB/T 10180 工业锅炉热工性能试验规程

3 术语和定义

下列术语和定义适用于本标准。

3.1

窑炉表面温升 temperature rising of kiln surface

干燥窑与烘烤炉表面温度与环境温度之差。

4 干燥窑与烘烤炉节能监测项目

4.1 检查项目

4.1.1 窑炉本体严密、完整，设备及管道保温应符合 GB/T 4272 的有关规定。

4.1.2 系统及设备设置合理，工作正常。

4.1.3 计量仪器配备齐全、合理，并在检定周期内。

4.2 测试项目

4.2.1 排烟温度。

4.2.2 空气系数。

4.2.3 燃煤窑炉灰渣含碳量。

4.2.4 窑炉表面温升。

5 干燥窑与烘烤炉节能监测方法

5.1 监测条件与时间

监测测试应在设备运行正常，热工工况相对稳定情况下进行。间歇式窑炉应监测一个完整周期，连续式窑炉监测时间不少于 2 h。

5.2 监测仪器

监测所用仪器应能满足监测项目要求，仪器应完好，其准确度应不低于表 1 的要求并在检定周期内。仪器准确度不低于表 1 规定值的新型仪器，适用于本标准。

表 1 监测仪器

序号	监测项目	仪器仪表名称	准确度
1	表面温升	表面温度计、红外测温仪	1.5 级
2	大气压力	大气压力计	1.5 级
3	气体成分	燃烧效率仪、气相色谱仪	1.5 级
注：燃煤窑炉灰渣含碳量化验用仪器依据 GB/T 212。			

5.3 排烟温度

排烟温度测点设在距烟气出炉 1 m 处的烟道中心部位，并保持插入处密封，每 30 min 记录一次，取算术平均值作为监测结果。

5.4 空气系数监测与计算

烟气成分取样点与排烟温度测点位置相同且同步进行，每 30 min 取样一次，分析烟气成分，求取算术平均值，空气系数用式(1)计算：

$$\alpha = \frac{21}{21 - 79 \times \dfrac{\varphi(O_2) - 0.5\varphi(CO) - 0.5\varphi(H_2) - 2\varphi(CH_4)}{100 - \varphi(RO_2) - \varphi(O_2) - \varphi(CO) - \varphi(H_2) - \varphi(CH_4)}} \quad \cdots\cdots\cdots\cdots (1)$$

式中：

α——空气系数；

$\varphi(O_2)$、$\varphi(CO)$、$\varphi(H_2)$、$\varphi(CH_4)$、$\varphi(RO_2)$——干烟气成分的体积分数，以百分数表示(%)，对于固体和液体燃料允许略去分析 $\varphi(H_2)$ 和 $\varphi(CH_4)$；其中 $\varphi(RO_2)=\varphi(CO_2)+\varphi(SO_2)$。

5.5 燃煤窑炉灰渣含碳量

灰渣取样应在窑炉灰渣出口处，也可在渣堆的中部和四角处取样，取样、缩制方法依据 GB/T 10180，总取灰渣量不少于 20 kg，用四分法缩分至 2 kg，取 1 kg 送化验，1 kg 封存备查。化验分析依据 GB/T 212。

5.6 窑炉表面温升

窑炉表面温升的测点设在窑炉侧墙和顶部，测量表面温度和环境温度，测点分布应均匀，燃烧室火门和窥视孔 0.3 m 直径范围内不设测点。每 30 min 测试一次，取算术平均值。

环境温度测点应设在距被测点垂直距离 1 m 处。

表面温升按式(2)计算：

$$\Delta t = t - t_a \quad \cdots\cdots\cdots\cdots (2)$$

式中：

Δt——表面温升，单位为摄氏度(℃)；

t——表面温度，单位为摄氏度(℃)；

t_a——环境温度，单位为摄氏度(℃)。

6 监测考核指标

监测测试考核指标见表 2。

表 2 监测测试考核指标

测试项目		考核指标
排烟温度 ℃	燃煤	≤160
	燃气	≤140

表 2（续）

测试项目		考核指标
空气系数	燃煤	≤1.6
	燃气	≤1.15
燃煤灰渣含碳量 %		≤16
表面温升 ℃	窑炉顶	≤30
	侧墙	≤20

7 监测结果评价

7.1 监测单位应依据节能监测结果，按照本标准规定的检查项目要求和测试项目考核指标，对被监测的干燥窑与烘烤炉作出监测合格与不合格的评价，并出具正式监测报告，监测结果格式见附录 A。

7.2 干燥窑与烘烤炉的全部监测项目合格，方可视为节能监测合格。

7.3 对于监测不合格设备，监测单位应提出改进建议。

附 录 A
（规范性附录）
干燥窑与烘烤炉节能监测结果

表 A.1 干燥窑与烘烤炉节能监测结果　　节监字第__号

<table>
<tr><td colspan="2">单位名称</td><td colspan="2"></td><td>监测日期</td><td colspan="2"></td></tr>
<tr><td colspan="2">设备名称</td><td colspan="2"></td><td>设备编号</td><td colspan="2"></td></tr>
<tr><td colspan="2">规格型号</td><td colspan="2"></td><td>监测标准</td><td colspan="2"></td></tr>
<tr><td colspan="2">环境温度/℃</td><td colspan="2"></td><td>测试日期</td><td colspan="2"></td></tr>
<tr><td colspan="7"></td></tr>
<tr><td colspan="2">监测检查项目</td><td colspan="2">检查结果</td><td colspan="3">结果评价</td></tr>
<tr><td colspan="2">窑炉本体是否严密、完整</td><td colspan="2"></td><td colspan="3"></td></tr>
<tr><td colspan="2">系统及设备设置是否合理，工作是否正常</td><td colspan="2"></td><td colspan="3"></td></tr>
<tr><td colspan="2">计量仪器配备是否齐全、合理，并在检定有效期内</td><td colspan="2"></td><td colspan="3"></td></tr>
<tr><td colspan="7"></td></tr>
<tr><td colspan="2">监测测试项目</td><td>测试结果</td><td colspan="2">考核指标</td><td colspan="2">结果评价</td></tr>
<tr><td colspan="2">排烟温度/℃</td><td></td><td colspan="2"></td><td colspan="2"></td></tr>
<tr><td colspan="2">空气系数</td><td></td><td colspan="2"></td><td colspan="2"></td></tr>
<tr><td colspan="2">炉渣含碳量/%</td><td></td><td colspan="2"></td><td colspan="2"></td></tr>
<tr><td rowspan="2">表面温升/℃</td><td>窑炉顶</td><td rowspan="2"></td><td rowspan="2" colspan="2"></td><td rowspan="2" colspan="2"></td></tr>
<tr><td>窑炉侧墙</td></tr>
<tr><td colspan="7">监测结果评价：

（单位名称）节能监测专用章
年　月　日</td></tr>
<tr><td colspan="2">编制：</td><td colspan="3">审核：</td><td colspan="2">批准：</td></tr>
</table>

ICS 27.010
F 01

GB

中华人民共和国国家标准

GB/T 24562—2009

燃料热处理炉节能监测

Monitoring and testing for energy saving of fuel heat treatment furnace

2009-10-30 发布　　　　2010-05-01 实施

中华人民共和国国家质量监督检验检疫总局
中国国家标准化管理委员会　发布

前言

本标准的附录A为规范性附录。

本标准由全国能源基础与管理标准化技术委员会提出并归口。

本标准起草单位：天津市节能监测四站、天津市能源技术研究所、天津市赛洋工业炉有限公司。

本标准主要起草人：王金祥、贾军、任长青、尚克武、陈杉、刘峰、张温习、霍全兰、王景良、朱天利、杨颖。

燃料热处理炉节能监测

1 范围

本标准规定了燃料热处理炉的节能监测项目、监测方法和考核指标。

本标准适用于燃煤、燃油和燃气的热处理炉。

2 规范性引用文件

下列文件中的条款通过本标准的引用而成为本标准的条款。凡是注日期的引用文件，其随后所有的修改单(不包括勘误的内容)或修订版均不适用于本标准，然而，鼓励根据本标准达成协议的各方研究是否可使用这些文件的最新版本。凡是不注日期的引用文件，其最新版本适用于本标准。

GB/T 212 煤的工业分析方法

GB/T 4272 设备及管道绝热技术通则

GB/T 10180 工业锅炉热工性能试验规程

GB/Z 18718 热处理节能技术导则

3 术语和定义

下列术语和定义适用于本标准。

3.1

炉体表面温升 temperature rising of kiln surface

燃料热处理炉体表面温度与环境温度之差。

4 燃料热处理炉节能监测项目

4.1 检查项目

4.1.1 燃料热处理炉本体及所属设备运行正常。

4.1.2 炉体应严密、完好，燃气管网、燃油管网、热风管道等隔热保温性能应符合 GB/T 4272 规定。

4.1.3 计量仪表配备齐全、合理，并在检定周期内。

4.1.4 排烟系统及装置合理，工作正常。

4.1.5 热处理炉控制系统及设备配置合理、满足工艺要求。

4.1.6 热处理加热设备的负荷率应符合 GB/Z 18718 的规定。

4.1.7 检查 3 年内由具备资质的专业单位测试的热平衡报告。

4.2 测试项目

4.2.1 排烟温度。

4.2.2 空气系数。

4.2.3 燃煤热处理炉炉渣含碳量。

4.2.4 炉体表面温升。

5 燃料热处理炉节能监测方法

5.1 监测条件与时间

测试应在热处理炉正常生产工况下进行。连续运行的热处理炉从热工况达到稳定状态开始，监测时间应不少于 2 h；周期性热处理炉监测一个运行周期(到保温终止时结束)。除需化验分析以外的测试项目每隔 30 min 记录一次，取算术平均值作为监测结果。

5.2 监测仪器

监测所用的仪器应能满足监测项目的要求，仪器完好，并应在检定周期内，其测量范围和分辨力应与被测量项目相适应，其准确度不应低于表 1 的要求。

表 1 监测仪器

序号	监测项目	仪器仪表名称	准确度
1	温度	表面温度计、红外测温仪、铠装热电偶	1.5 级
2	气体成分	气相色谱仪、综合烟气分析仪、燃烧效率仪、奥氏气体分析仪	1.5 级

5.3 排烟温度

排烟温度的测点应布置在烟道截面烟气温度比较均匀的位置上，根据热处理炉的大小，可布置在炉体烟气出口 1 m～2 m 的烟道上；设有余热回收装置时，其测点可布置在余热回收装置的烟气出口 1 m 处。测温探头应插至烟道横截面中心位置，并保持插入处密封。

5.4 空气系数

烟气取样点应与排烟温度测点在同一位置且同步进行。如有换热器，取样点应设在炉膛烟气出口处。每 30 min 取样一次分析烟气成分，取算术平均值，空气系数按式(1)计算：

$$\alpha = \frac{21}{21 - 79 \times [\varphi(O_2) - 0.5\varphi(CO) - 0.5\varphi(H_2) - 2\varphi(CH_4)]/[100 - \varphi(RO_2) - \varphi(O_2) - \varphi(CO) - \varphi(H_2) - \varphi(CH_4)]} \quad \cdots\cdots(1)$$

式中：

α——空气系数；

$\varphi(O_2)$、$\varphi(CO)$、$\varphi(H_2)$、$\varphi(CH_4)$、$\varphi(RO_2)$——干烟气成分的体积分数，以百分数表示(%)。对于固体和液体燃料允许略去分析 $\varphi(H_2)$ 和 $\varphi(CH_4)$；其中 $\varphi(RO_2) = \varphi(CO_2) + \varphi(SO_2)$。

5.5 燃煤热处理炉炉渣含碳量

5.5.1 灰渣取样、缩制方法依据 GB/T 10180，化验分析依据 GB/T 212。

5.5.2 灰渣取量应不少于总灰渣量的 2%，当总灰渣量不足 20 kg 时应全部取样。灰渣缩分后其量不得少于 2 kg，1 kg 送检，1 kg 封存备查。

5.6 炉体表面温升

炉体表面温升测点的选择应具有代表性，可按炉内温度区段布置，一般 1 m^2 为一测点。测点布置应避开受高温辐射和逸气的影响。窥视孔、炉门、烧嘴孔、热电偶等附近边距 0.3 m 范围内不布置测点。测试不少于两次，取算术平均值。

环境温度测点应设在距被测点垂直距离 1 m 处。

表面温升按式(2)计算：

$$\Delta t = t - t_a \quad \cdots\cdots(2)$$

式中：

Δt——表面温升，单位为摄氏度(℃)；

t——表面温度，单位为摄氏度(℃)；

t_a——环境温度，单位为摄氏度(℃)。

6 考核指标

6.1 排烟温度

排烟温度考核指标见表 2。

表 2 排烟温度考核指标

炉膛出口温度 ℃	考核指标	
	低发热量燃料排烟温度 ℃	高发热量燃料排烟温度 ℃
≤500	≤350	≤340
≤600	≤400	≤380
≤700	≤460	≤440
≤800	≤530	≤510
≤900	≤580	≤560
≤1 000	≤670	≤650
>1 000	≤710	≤670
注：用低发热量燃料是指高炉煤气、发生炉煤气及发热量低于 8 360 kJ/m³（标准状态）的混合煤气，高发热量燃料是天然气、焦炉煤气、煤、重油等。		

6.2 空气系数

空气系数考核指标见表 3。

表 3 空气系数考核指标

燃料品种	燃烧方式	空气系数考核指标
燃煤	机械化加煤、人工化加煤	1.40～1.60
燃油	自动调节	1.15～1.20
	人工调节	1.20～1.30
气体燃料	自动调节	1.05～1.20
	人工调节	1.15～1.25
	喷嘴式调节	1.05～1.15

6.3 炉体表面温升

炉体表面温升考核指标见表 4。

表 4 炉体表面温升考核指标

炉内温度 ℃	考核指标	
	侧墙温升 ℃	炉顶温升 ℃
≤700	≤50	≤60
≤900	≤60	≤70
≤1 000	≤70	≤80
≤1 100	≤80	≤90
>1 100	≤90	≤110

6.4 炉渣含碳量

炉渣含碳量考核指标：烟煤≤15%；无烟煤≤20%。

7 节能监测结果评价

7.1 监测单位应按照本标准规定的检查项目和测试项目考核指标，对被监测的燃料热处理炉做出监测合格与不合格评价，并出具正式监测报告，监测结果格式见附录A。

7.2 燃料热处理炉全部监测项目合格，方可视为节能监测合格。

7.3 对监测不合格设备，监测单位应提出改进建议。

附　录　A
（规范性附录）
燃料热处理炉节能监测结果

表 A.1　燃料热处理炉节能监测结果　　　　节监字第______号

单位名称		监测日期	
设备名称		设备编号	
规格型号		监测标准	
热效率		测试日期	

监测检查项目	检查结果	结果评价
设备运行状况		
炉体严密状况及管网保温状况		
计量仪器配备齐全，并在检定有效期内		
排烟系统及装置合理，工作正常		
炉子控制系统及设备配置合理满足工艺要求		
是否有热平衡报告		
热处理加热设备的负荷率		

监测测试项目	测试结果	考核指标	结果评价
排烟温度/℃			
空气系数			
炉体表面温升/℃			
炉渣含碳量/%			

监测结果评价：

（单位名称）节能监测专用章

年　　月　　日

编制：　　　　审核：　　　　批准：

ICS 27.010
F 01

中华人民共和国国家标准

GB/T 24563—2009

煤气发生炉节能监测

Monitoring and testing for energy saving of coal gas generator

2009-10-30 发布　　2010-05-01 实施

中华人民共和国国家质量监督检验检疫总局
中国国家标准化管理委员会　发布

前　言

本标准的附录A为规范性附录。

本标准由全国能源基础与管理标准化技术委员会提出并归口。

本标准起草单位：天津市节能监测四站、天津市能源技术研究所、天津市赛洋工业炉有限公司。

本标准主要起草人：王金祥、贾军、任长青、尚克武、刘峰、霍全兰、张温习、杨颖、李纪周、陈芳、陈杉、辛永波、朱天利、王景良。

煤气发生炉节能监测

1 范围

本标准规定了煤气发生炉节能监测项目、监测方法和考核指标。

本标准适用于常压固定床煤气发生炉。

本标准不适用于生产化学合成气用的煤气发生炉。

2 规范性引用文件

下列文件中的条款通过本标准的引用而成为本标准的条款。凡是注日期的引用文件，其随后所有的修改单(不包括勘误的内容)或修订版均不适用于本标准，然而，鼓励根据本标准达成协议的各方研究是否可使用这些文件的最新版本。凡是不注日期的引用文件，其最新版本适用于本标准。

GB/T 4272 设备及管道绝热技术通则

GB/T 50195 发生炉煤气站设计规范

3 术语和定义

下列术语和定义适用于本标准。

3.1

固定床气化方式 fixed bed of gasification

燃料在炉内缓慢向下移动，依次完成干燥、干馏、还原和氧化过程。一般在相对静止的床层中进行。

3.2

气化强度 gasification strength

煤气发生炉单位横截面积每小时气化燃料质量，单位为千克每平方米小时[$kg/(m^2 \cdot h)$]。

4 煤气发生炉节能监测项目

4.1 检查项目

4.1.1 煤气发生炉本体及附属设备应保持完好，设备及管道保温应符合 GB/T 4272 要求。

4.1.2 计量器具和仪表配备齐全、合理、运转正常并在检定周期内。

4.1.3 燃料应符合煤气发生炉的设计要求。

4.2 测试项目

4.2.1 气化强度。

4.2.2 灰渣含碳量。

4.2.3 煤气中 CO_2 含量。

5 煤气发生炉节能监测方法

5.1 监测条件与时间

监测测试应在煤气发生炉生产正常热工况稳定的状态下进行。连续生产的煤气发生炉检测时间不少于 2 h，间歇生产的煤气发生炉应检测一个生产周期。

5.2 监测仪器

监测所用的仪器应能满足监测项目的要求，仪器完好并在检定周期内，其测量范围和分辨力应与被测量项目相适应，其准确度不应低于 2.0 级。

5.3 气化强度的测试

在监测开始时和结束时，应标定料仓燃料线位置，用衡器称量入炉的燃料量。炉内的燃料层厚度应保持一致，燃料粒度应符合 GB/T 50195 规定。

煤气发生炉的气化强度按式(1)进行计算：

$$K = \frac{B}{F \times \tau} \qquad \cdots\cdots(1)$$

式中：

K——气化强度，单位为千克每平方米小时[$kg/(m^2 \cdot h)$]；

B——监测期燃料耗用量，单位为千克(kg)；

F——煤气发生炉膛横截面积，单位为平方米(m^2)；

τ——监测时间，单位为小时(h)。

5.4 灰渣含碳量的测试

灰渣含碳量的取样点应设在煤气发生炉的灰盘周围或炉篦下，每次取样应沿周围均分四点进行。共取渣样 10 kg，进行匀混、破碎至 13 mm 以下经缩分留样 2 kg，送验 1 kg，封存 1 kg 以备复验。

5.5 煤气中 CO_2 含量测试

煤气可在煤气发生炉出口或出口管道上取样，对于连续运行的煤气发生炉，可间隔 30 min 取样一次，取平均值作为监测结果；对于间歇运行的煤气发生炉，应在其正常生产时取样。成分化验分析可采用奥式分析仪或气相色谱仪进行。

6 考核指标

6.1 气化强度

气化强度考核指标见表 1。

表 1 煤气发生炉气化强度考核指标

考核项目	考核指标	
	炉膛直径 $\phi \leqslant 2.4$ m	炉膛直径 $\phi > 2.4$ m
气化强度/[$kg/(m^2 \cdot h)$]	≥240	≥300

6.2 灰渣含碳量、煤气中 CO_2 含量

灰渣含碳量、煤气中 CO_2 含量见表 2。

表 2 灰渣含碳量、煤气中 CO_2 含量

考核项目	考核指标			
	混合煤气		水煤气	
	一段式	两段式	一段式	两段式
灰渣含碳量/%	≤15	≤10	≤15	≤10
煤气中 CO_2 含量/%	≤6	≤4.5	≤8	≤6

7 监测结果评价

7.1 监测单位应依据监测结果，按照本标准规定的检查项目要求和测试项目考核指标，对被监测的煤气发生炉做出合格与不合格的评价，并出具正式监测报告，监测结果格式见附录 A。

7.2 煤气发生炉的全部监测项目合格，方可视为节能监测合格。

7.3 对于监测不合格设备，监测单位应提出改进建议。

附　录　A
（规范性附录）
煤气发生炉节能监测结果

表 A.1　煤气发生炉节能监测结果　　　　节监字第__________号

单位名称		监测日期	
设备名称		设备编号	
规格型号		监测标准	
监测检查项目	检测结果	结果评价	
煤气发生炉本体及附属设备应保持完好			
设备及管道保温应符合 GB/T 4272 要求			
计量仪器配备齐全，并在检定周期内			
监测测试项目	监测结果	考核指标	结果评价
气化强度/[kg/(m²·h)]			
灰渣含碳量/%			
煤气中 CO_2 含量/%			
监测结果评价： （单位名称）节能监测专用章 年　　月　　日			
编制：	审核：	批准：	

ICS 27.010
F 01

中华人民共和国国家标准

GB/T 24564—2009

高炉热风炉节能监测

Monitoring and testing for energy saving of hot-air furnace

2009-10-30 发布　　2010-05-01 实施

中华人民共和国国家质量监督检验检疫总局
中国国家标准化管理委员会　发布

前　　言

本标准的附录 A 为规范性附录。

本标准由全国能源基础与管理标准化技术委员会提出并归口。

本标准起草单位：天津市节能监测四站、天津市能源技术研究所、天津市赛洋工业炉有限公司。

本标准主要起草人：贾军、张温习、任长青、尚克武、刘峰、霍全兰、王金祥、王景良、朱天利、陈芳、陈杉、杨颖、张殿军、左光。

高炉热风炉节能监测

1 范围

本标准规定了高炉热风炉节能监测项目、监测方法和考核指标。

本标准适用于高炉热风炉。

2 规范性引用文件

下列文件中的条款通过本标准的引用而成为本标准的条款。凡是注日期的引用文件，其随后所有的修改单(不包括勘误的内容)或修订版均不适用于本标准，然而，鼓励根据本标准达成协议的各方研究是否可使用这些文件的最新版本。凡是不注日期的引用文件，其最新版本适用于本标准。

GB/T 4272　设备及管道绝热技术通则

3 术语和定义

下列术语和定义适用于本标准。

3.1

炉体表面温升　temperature rising of furnace surface

高炉热风炉表面温度与环境温度之差。

4 高炉热风炉节能监测项目

4.1 检查项目

4.1.1 高炉热风炉及所属设备、供热对象应运行正常，管理良好。

4.1.2 燃烧装置和辅助设备配置合理、齐全，燃烧状况良好。

4.1.3 计量仪器配备齐全、合理、运行正常，并在检定周期内。

4.1.4 蓄热体设置合理、工作正常。

4.1.5 换向设备完好、工作正常。

4.1.6 高炉热风炉控制系统完善、合理、工作正常。

4.1.7 炉体应严密，保温完好，并符合 GB/T 4272 的有关规定。

4.2 测试项目

4.2.1 热风温度。

4.2.2 排烟温度。

4.2.3 高炉热风炉热效率。

4.2.4 炉体表面温升。

5 高炉热风炉节能监测方法

5.1 监测条件与时间

高炉热风炉的监测测试应在生产正常、热工况稳定状态下进行，监测时间为一个完整的换向周期(加热期、送风期)τ，单位为小时(h)。

5.2 监测仪器

监测用仪器应完好，其测量范围和分辨力应与被测量项目相适应，其准确度应不低于表 1 要求，并在检定周期内。仪器准确度不低于表 1 规定值的新型仪器，适用于本标准。

表 1 监测仪器

序 号	监 测 项 目	仪器仪表名称	准确度
1	热风温度	铠装热电偶	1.5 级
2	排烟温度	铠装热电偶	1.5 级
3	炉体表面温度	红外测温仪	2.0 级
4	大气压力	大气压力计	1.5 级
5	—	在线仪表	1.5 级

5.3 热风温度

高炉热风炉的热风温度测点应设在高炉围管前的主管道处，用在线仪表，每 30 min 记录一次热风温度值，取算术平均值作为监测结果。

5.4 排烟温度

高炉热风炉的排烟温度测点设在距废气阀或余热回收装置最后一个受热面 1 m 处的排烟管道上，用铠装热电偶插入烟道中心部位，并保持插入处密封，每 30 min 记录一次，取算术平均值作为监测结果。

5.5 高炉热风炉热效率

用在线仪表测试热风量、热风温度、入热风炉空气温度、燃气耗用量，每 30 min 记录一次，取其算术平均值。

燃料低位发热量，以使用单位或产气单位化验数据为准。

高炉热风炉热效率按式(1)计算：

$$\eta = \frac{V_r \times C_r \times (t_2 - t_1)}{B_r \times Q_{net,v,ar}} \times 100 \qquad \cdots\cdots(1)$$

式中：

η——高炉热风炉热效率，以百分数表示(%)；

V_r——换向周期内标准状态下的热风量，单位为立方米(m^3)；

C_r——热风平均比热容，单位为千焦每立方米摄氏度[$kJ/(m^3 \cdot ℃)$]；

t_2——热风温度，单位为摄氏度(℃)；

t_1——入热风炉空气温度，单位为摄氏度(℃)；

B_r——换向周期内标准状态下的燃气耗用量，单位为立方米(m^3)；

$Q_{net,v,ar}$——燃料低位发热量，单位为千焦每立方米(kJ/m^3)。

5.6 炉体表面温升

炉体表面温升在监测中测试两次，测量表面温度和环境温度，其测点设置按高炉热风炉高度方向分为四层，每层内均分四点(燃烧室为一点)，炉顶测五点；热风管道始、中、末三段，每段设两个截面，每个截面测四个点。取炉体温度和热风管道温度各自的算术平均值。

环境温度测点应设在距设备表面周围被测点垂直距离 1 m 且距地面 1 m 处，取四点的算术平均值。

炉体表面温升按式(2)计算：

$$\Delta t = t - t_a \qquad \cdots\cdots(2)$$

式中：

Δt——表面温升，单位为摄氏度(℃)；

t——表面温度，单位为摄氏度(℃)；

t_a——环境温度，单位为摄氏度(℃)。

6 考核指标

考核指标见表2。

表2 考核指标

<table>
<tr><td colspan="2" rowspan="2">测试项目</td><td colspan="2">考 核 指 标</td></tr>
<tr><td>大型高炉热风炉</td><td>中、小型高炉热风炉</td></tr>
<tr><td colspan="2">热风温度
℃</td><td>≥1 100</td><td>≥1 000</td></tr>
<tr><td colspan="2">排烟温度
℃</td><td>≤400</td><td>≤450</td></tr>
<tr><td colspan="2">高炉热风炉热效率
%</td><td>≥70</td><td>≥65</td></tr>
<tr><td rowspan="2">炉体外表面温升
℃</td><td>本体</td><td colspan="2">≤80</td></tr>
<tr><td>管道</td><td colspan="2">≤100</td></tr>
<tr><td colspan="4">注：大型高炉热风炉指容积≥1 000 m^3 高炉配用的热风炉。</td></tr>
</table>

7 监测结果评价

7.1 监测单位应依据节能监测结果，按本标准规定的检查项目要求和测试项目考核指标，对被监测的高炉热风炉做出监测合格与不合格的评价，并出具正式监测报告。监测结果格式见附录A。

7.2 高炉热风炉的全部监测项目合格，方可视为节能监测合格。

7.3 对于监测不合格设备，监测单位应提出改进建议。

附　录　A
（规范性附录）
高炉热风炉节能监测结果

表 A.1　高炉热风炉节能监测结果　　　　节监字第______号

单位名称		监测日期	
设备名称		设备编号	
规格型号		监测标准	

监测检查项目	检查结果	结果评价
高炉热风炉及所属设备、供热对象应运行正常，管理良好		
燃烧装置和辅助设备配置合理、齐全，燃烧状况良好		
计量仪器配备齐全、合理、运行正常，并在检定周期内		
蓄热体设置合理、工作正常		
换向设备完好、工作正常		
高炉热风炉控制系统完善、合理、工作正常		
炉体应严密保温完好并符合 GB/T 4272 的有关规定		

监测测试项目		测试结果	考核指标	结果评价
热风温度/℃				
排烟温度/℃				
热风炉热效率/%				
炉体表面温升/℃	本体			
	管道			

监测结果评价：

（单位名称）节能监测专用章
年　　月　　日

编制：　　　　审核：　　　　批准：

ICS 27.010
F 01

GB

中华人民共和国国家标准

GB/T 24565—2009

隧道窑节能监测

Monitoring and testing for energy saving of tunnel kiln

2009-10-30 发布　　　　2010-05-01 实施

中华人民共和国国家质量监督检验检疫总局
中国国家标准化管理委员会　发布

前　言

本标准的附录A为规范性附录。

本标准由全国能源基础与管理标准化技术委员会提出并归口。

本标准起草单位：天津市节能监测四站、天津市能源技术研究所、天津市赛洋工业炉有限公司。

本标准主要起草人：尚克武、贾军、王景良、朱天利、任长青、霍全兰、张温习、王金祥、刘峰、陈杉、杨颖、陈芳。

隧道窑节能监测

1 范围

本标准规定了隧道窑的节能监测项目、监测方法和考核指标。

本标准适用于燃煤、燃气、燃油的明焰式和隔焰式生产陶瓷制品、砖瓦和耐火材料的工业隧道窑。

2 规范性引用文件

下列文件中的条款通过本标准的引用而成为本标准的条款。凡是注日期的引用文件，其随后所有的修改单(不包括勘误的内容)或修订版均不适用于本标准，然而，鼓励根据本标准达成协议的各方研究是否可使用这些文件的最新版本。凡是不注日期的引用文件，其最新版本适用于本标准。

GB/T 4272 设备及管道绝热技术通则

3 术语和定义

下列术语和定义适用于本标准。

3.1

窑体表面温升 temperature rising of kiln surface

隧道窑窑体表面温度与环境温度之差。

4 隧道窑节能监测项目

4.1 检查项目

4.1.1 窑体应严密、完整，设备及管道保温应符合 GB/T 4272 规定。

4.1.2 计量仪表配备齐全、合理，并在检定周期内。

4.1.3 排烟系统、烟道、烟囱设置合理，工作正常。

4.2 测试项目

4.2.1 排烟温度。

4.2.2 空气系数。

4.2.3 排烟气体中可燃物成分：CO、H_2、CH_4。

4.2.4 窑体表面温升。

4.2.5 燃煤灰渣含碳量。

5 隧道窑节能监测方法

5.1 监测条件与时间

监测应在隧道窑生产正常、热工工况稳定状态下进行。监测时间不少于 2 h。

5.2 监测仪器

监测所用仪器应完好，其测量范围和分辨力应与被测量项目相适应，其准确度应不低于表 1 的要求，并在检定周期内。仪器准确度不低于表 1 规定值的新型仪器，适用于本标准。

表 1 监测仪器

序 号	监测项目	仪器仪表名称	准确度
1	烟气成分	燃烧效率仪或奥氏气体分析仪	1.5 级
2	排烟温度	铠装热电偶	1.5 级
3	表面温度	红外测温仪、表面温度计	2.0 级
4	—	在线仪表	1.5 级

5.3 排烟温度

排烟温度的测点应设在烟气出口 1 m 处的总烟道直管段上，测温探头应插入烟道的中心位置，并保持插入处密封，每 30 min 记录一次，取算术平均值作为监测结果。

5.4 空气系数

5.4.1 烟气成分取样点应与排烟温度测点在同一位置且同步进行，每 30 min 取样一次，分析烟气成分，取算术平均值。

5.4.2 当燃料为燃煤、燃油和燃气时，空气系数按式(1)计算：

$$\alpha = \frac{21}{21 - 79 \times \dfrac{\varphi(O_2) - 0.5\varphi(CO) - 0.5\varphi(H_2) - 2\varphi(CH_4)}{100 - \varphi(RO_2) - \varphi(O_2) - \varphi(CO) - \varphi(H_2) - \varphi(CH_4)}} \quad \cdots\cdots\cdots\cdots(1)$$

式中：

α——空气系数；

$\varphi(O_2)$、$\varphi(CO)$、$\varphi(H_2)$、$\varphi(CH_4)$、$\varphi(RO_2)$——干烟气成分的体积分数，以百分数表示(%)，对于固体和液体燃料允许略去分析 $\varphi(H_2)$ 和 $\varphi(CH_4)$；其中 $\varphi(RO_2)=\varphi(CO_2)+\varphi(SO_2)$。

5.5 排烟气体中可燃物成分：$\varphi(CO)$、$\varphi(H_2)$、$\varphi(CH_4)$

测试方法同 5.4，取 $\varphi(CO)$、$\varphi(H_2)$、$\varphi(CH_4)$ 各自算术平均值作为监测结果。

5.6 窑体表面温升

窑体表面温升在监测中测试两次，测量表面温度和环境温度，测点设置如下：

窑体表面温度在烧成带和预热带的侧墙和窑顶部位测试，应均匀分布测点，每个散热面测点数不少于 9，燃烧室火门和窥视孔 0.3 m 直径范围内不设测点，分别按侧墙和窑顶取算术平均值。

环境温度测点应设在距被测点垂直距离 1 m 处，窑体表面温升按式(2)计算：

$$\Delta t = t - t_a \quad \cdots\cdots\cdots\cdots(2)$$

式中：

Δt——表面温升，单位为摄氏度(℃)；

t——表面温度，单位为摄氏度(℃)；

t_a——环境温度，单位为摄氏度(℃)。

5.7 燃煤灰渣含碳量

灰渣取样在窑炉出口处窑车上，应多点取样，注意均匀性和代表性。

灰渣取样数量应不少于总灰渣量的 2%，当燃煤的灰分大于或等于 40%时，灰渣取样数量应不少于总灰渣量的 1 %，总灰渣数量应不少于 20 kg，当总灰渣数量少于 20 kg 时应全部取样。样品缩分后数量应不少于 2 kg，1 kg 送检，1 kg 封存备查。

6 考核指标

6.1 排烟温度

排烟温度考核指标见表 2。

表 2　排烟温度考核指标

测 试 项 目	考 核 指 标
排烟温度 ℃	≤180

6.2　空气系数

空气系数考核指标见表 3。

表 3　空气系数考核指标

测 试 项 目		考 核 指 标
空气系数	燃煤	1.40～1.60
	燃气	1.05～1.15
	燃油	1.15～1.25

6.3　排烟气体中可燃物成分 $\varphi(CO)$、$\varphi(H_2)$、$\varphi(CH_4)$

排烟气体中可燃物成分 $\varphi(CO)$、$\varphi(H_2)$、$\varphi(CH_4)$考核指标见表 4。

表 4　排烟气体中可燃物成分 $\varphi(CO)$、$\varphi(H_2)$、$\varphi(CH_4)$考核指标

测 试 项 目		考 核 指 标		
		一氧化碳 $\varphi(CO)$	氢气 $\varphi(H_2)$	甲烷 $\varphi(CH_4)$
排烟气体中可燃物成分 %	燃煤	≤0.15	—	—
	燃气	≤0.10	≤0.05	≤0.05
	燃油	≤0.15	—	—

6.4　窑体表面温升

窑体表面温升考核指标见表 5。

表 5　窑体表面温升考核指标

测 试 项 目	考 核 指 标	
	侧墙	窑顶
窑体表面温升 ℃	≤70	≤100

6.5　燃煤灰渣含碳量

燃煤灰渣含碳量考核指标见表 6。

表 6　燃煤灰渣含碳量考核指标

测 试 项 目	考 核 指 标
燃煤灰渣含碳量 %	≤25

7 监测结果评价

7.1 监测单位应依据节能监测结果，按照本标准规定的检查项目要求和测试项目考核指标，对被监测的隧道窑做出监测合格与不合格的评价，并出具正式监测报告，监测结果格式见附录A。

7.2 隧道窑的全部监测项目合格，方可视为节能监测合格。

7.3 对于监测不合格设备，监测单位应提出改进建议。

附 录 A
（规范性附录）
隧道窑节能监测结果

表 A.1 隧道窑节能监测结果 节监字第______号

<table>
<tr><td>单位名称</td><td></td><td>监测日期</td><td></td><td>环境温度</td><td></td></tr>
<tr><td>设备名称</td><td></td><td>设备编号</td><td colspan="3"></td></tr>
<tr><td>规格型号</td><td></td><td>监测标准</td><td colspan="3"></td></tr>
<tr><td colspan="6"></td></tr>
<tr><td colspan="2">检查项目</td><td colspan="2">检查结果</td><td colspan="2">结果评价</td></tr>
<tr><td colspan="2">窑体应严密、完整，设备及管道保温应符合 GB/T 4272 规定</td><td colspan="2"></td><td colspan="2"></td></tr>
<tr><td colspan="2">计量仪器配备齐全、合理，并在检定周期内</td><td colspan="2"></td><td colspan="2"></td></tr>
<tr><td colspan="2">排烟系统、烟道、烟囱设置合理，工作正常</td><td colspan="2"></td><td colspan="2"></td></tr>
<tr><td colspan="6"></td></tr>
</table>

<table>
<tr><td colspan="2">测试项目</td><td>监测结果</td><td>考核指标</td><td>结果评价</td></tr>
<tr><td colspan="2">排烟温度/℃</td><td></td><td></td><td></td></tr>
<tr><td colspan="2">空气系数</td><td></td><td></td><td></td></tr>
<tr><td rowspan="3">烟气中可燃物成分
%</td><td>一氧化碳 $\varphi(CO)$</td><td></td><td></td><td></td></tr>
<tr><td>氢气 $\varphi(H_2)$</td><td></td><td></td><td></td></tr>
<tr><td>甲烷 $\varphi(CH_4)$</td><td></td><td></td><td></td></tr>
<tr><td rowspan="2">炉体表面温升
℃</td><td>侧墙</td><td></td><td></td><td></td></tr>
<tr><td>窑顶</td><td></td><td></td><td></td></tr>
<tr><td colspan="2">燃煤灰渣含碳量
%</td><td></td><td></td><td></td></tr>
<tr><td colspan="5">监测结果评价：

（单位名称）节能监测专用章
年　　月　　日</td></tr>
<tr><td colspan="5">编制：　　　　　　审核：　　　　　　批准：</td></tr>
</table>

ICS 27.010
F 01

GB

中华人民共和国国家标准

GB/T 24566—2009

整流设备节能监测

Monitoring and testing for energy saving of power convertor equipments

2009-10-30 发布　　2010-05-01 实施

中华人民共和国国家质量监督检验检疫总局
中国国家标准化管理委员会　发布

前　言

本标准的附录 A 为规范性附录。

本标准由全国能源基础与管理标准化技术委员会提出并归口。

本标准起草单位：天津市节能监测四站、天津市能源技术研究所。

本标准主要起草人：刘峰、贾军、任长青、霍全兰、王景良、尚克武、王金祥、张温习、朱天利、孙金城、陈杉、姚家英。

整流设备节能监测

1 范围

本标准规定了整流设备的节能监测项目、监测方法和考核指标。

本标准适用于脉波数为6及以上的整流设备。

2 规范性引用文件

下列文件中的条款通过本标准的引用而成为本标准的条款。凡是注日期的引用文件，其随后所有的修改单(不包括勘误的内容)或修订版均不适用于本标准，然而，鼓励根据本标准达成协议的各方研究是否可使用这些文件的最新版本。凡是不注日期的引用文件，其最新版本适用于本标准。

GB/T 3485 评价企业合理用电技术导则

3 术语和定义

下列术语和定义适用于本标准。

3.1

整流设备 convertor equipments

由一组或多组整流装置连同整流变压器、断路器及其他辅助设备所组成，用于整流的运行设备单元。

4 整流设备节能监测项目

4.1 检查项目

4.1.1 整流设备的位置应按GB/T 3485要求放置，直流供电网络运行方式要合理。

4.1.2 整流设备要采用变压器有载调压代替感应调压，以提高整流效率和自然功率因数。

4.1.3 整流设备应配置直流电流、电压和电能计量仪表，并在检定周期内。

4.2 测试项目

整流设备的电能利用率。

5 监测方法

5.1 监测条件与时间

监测应在整流设备工作正常，直流负荷达到额定值的70%以上时监测2 h。

5.2 监测仪器

监测用仪器完好，其测量范围和分辨力应与被测量项目相适应，其准确度不低于表1要求，并在检定周期内。

表1 监测仪器

序 号	监测项目	仪器仪表名称	准确度
1	电能量	电测仪或在线仪表	2.0级
2	直流电压	电压表	1.0级
3	直流电流	电流表	1.0级

5.3 电能量的测试

5.3.1 在整流装置输入端用在线仪表或电测仪测试输入交流有功电能量的累计值。

5.3.2 在整流装置输出端用在线仪表或电测仪测试输出电能量累计值或用电压表、电流表测试直流电压、电流。

5.3.3 监测期间，每 15 min 数据记录一次(对于电压变换频繁的整流设备应缩短每次记录的时间间隔)，取算术平均值，计算出电能量。

5.3.4 冷却系统的耗电量，在计算时计入总的输入电能量。

5.4 电能利用率的计算

电能利用率按式(1)计算：

$$\eta = \frac{W_{DC}}{W_{rg}} \times 100 \qquad \cdots\cdots(1)$$

式中：

η——整流设备的电能利用率，以百分数表示(%)；

W_{DC}——整流设备输出的直流总电能量，单位为千瓦时(kW·h)；

W_{rg}——整流设备输入的交流总电能量，单位为千瓦时(kW·h)。

6 考核指标

监测测试考核指标见表 2。

表 2 监测测试考核指标

考核项目	考核指标	
	输入功率≥1 000 kW	输入功率<1 000 kW
电能利用率 %	≥90	≥85

7 监测结果评价

7.1 监测单位应依据监测结果，按照本标准规定的检查项目要求和测试项目考核指标，对被监测的整流设备作出监测合格与不合格的评价，并出具正式监测报告，监测结果格式见附录 A。

7.2 整流设备的全部监测项目合格，方可视为节能监测合格。

7.3 对于监测不合格设备，监测单位应提出改进建议。

附　录　A
（规范性附录）
整流设备节能监测结果

表 A.1　整流设备节能监测结果　　　　节监字第______号

单位名称		监测日期	
设备名称		设备编号	
规格型号		监测标准	
热效率		测试日期	

监测检查项目	检查结果	结果评价
整流设备的位置是否接近于负荷，运行方式是否合理		
整流设备是否采取提高整流效率和自然功率因数		
整流设备是否配置直流电流、电压和电能计量仪表，并在检定周期内		

监测测试项目	测试结果	考核指标	结果评价
电能利用率/%			

监测结果评价： （单位名称）节能监测专用章 年　　月　　日		
编制：	审核：	批准：

ICS 71.060.50
G 12

中华人民共和国国家标准

GB 24567—2009

牙膏工业用单氟磷酸钠

Sodium monofluorophosphate for tooth-paste industry

2009-10-30 发布　　　　2010-06-01 实施

中华人民共和国国家质量监督检验检疫总局
中国国家标准化管理委员会　发布

前　　言

本标准的第4章和第7章为强制性内容，其余为推荐性。

本标准由中国石油和化学工业协会提出。

本标准由全国化学标准化技术委员会无机化工分会（SAC/TC 63/SC 1）归口。

本标准起草单位：核工业理化工程研究院华核新技术开发公司、中海油天津化工研究设计院。

本标准主要起草人：李光明、周红艳、高建、樊文君。

本标准为首次发布。

牙膏工业用单氟磷酸钠

1 范围

本标准规定了牙膏工业用单氟磷酸钠的要求、试验方法、检验规则、标志、标签、包装、运输和贮存。

本标准适用于牙膏工业用单氟磷酸钠。该产品在牙膏加工中用作防龋剂、脱敏添加剂，也用于杀菌剂和防腐剂。

2 规范性引用文件

下列文件中的条款通过本标准的引用而成为本标准的条款。凡是注日期的引用文件，其随后所有的修改单(不包括勘误的内容)或修订版均不适用于本标准，然而，鼓励根据本标准达成协议的各方研究是否可使用这些文件的最新版本。凡是不注日期的引用文件，其最新版本适用于本标准。

GB/T 191—2008 包装储运图示标志(ISO 780:1997,MOD)

GB/T 610—2008 化学试剂 砷测定通用方法

GB/T 6678 化工产品采样总则

GB/T 6682—2008 分析实验室用水规格和试验方法(ISO 3696:1987,MOD)

HG/T 3696.1 无机化工产品化学分析用标准滴定溶液的制备

HG/T 3696.2 无机化工产品化学分析用杂质标准溶液的制备

HG/T 3696.3 无机化工产品化学分析用制剂及制品的制备

3 分子式和相对分子质量

分子式：Na_2PO_3F

相对分子质量：143.95(按 2007 年国际相对原子质量)

4 要求

4.1 外观：白色粉末。

4.2 牙膏工业用单氟磷酸钠应符合表 1 要求。

表 1 要 求

项 目		指 标
单氟磷酸钠(以 Na_2PO_3F 计),w/%	≥	95.0
结合氟(以 F 计),w/%	≥	12.54
游离氟(以 F 计),w/%	≤	0.68
总氟(以 F 计),w/%	≥	13.0
砷(As),w/%	≤	0.000 2
重金属(以 Pb 计),w/%	≤	0.002
铅(Pb),w/%	≤	0.000 2
水不溶物,w/%	≤	0.15
pH 值(20 g/L 溶液)		6.5~8.0
干燥失量,w/%	≤	0.2

5 试验方法

5.1 安全提示

本试验方法中使用的部分试剂具有毒性或腐蚀性，操作时须小心谨慎！如溅到皮肤上应立即用水冲洗，严重者应立即治疗。

5.2 一般规定

本标准所用试剂和水在没有注明其他要求时，均指分析纯试剂和 GB/T 6682—2008 中规定的三级水。试验中所用标准滴定溶液、杂质标准溶液、制剂及制品，在没有注明其他要求时，均按 HG/T 3696.1、HG/T 3696.2、HG/T 3696.3 中规定制备。

5.3 外观检验

在自然光下，用目视法判别外观。

5.4 单氟磷酸钠含量的测定

单氟磷酸钠含量以单氟磷酸钠(Na_2PO_3F)的质量分数 w_1 计，数值以%表示，按式(1)计算：

$$w_1 = 7.577 w_2 \qquad \cdots\cdots(1)$$

式中：

w_2——结合氟的质量分数，数值以%表示；

7.577——氟换算成单氟磷酸钠的系数。

5.5 结合氟含量的测定

结合氟含量以氟(F)质量分数 w_2 计，数值以%表示，按式(2)计算：

$$w_2 = w_4 - w_3 \qquad \cdots\cdots(2)$$

式中：

w_3——游离氟的质量分数，数值以%表示；

w_4——总氟的质量分数，数值以%表示。

5.6 游离氟含量的测定

5.6.1 方法提要

试样在弱酸性介质中，以氟离子选择性电极为指示电极，以饱和甘汞电极为参比电极，测定试验溶液中的氟离子浓度。

5.6.2 试剂和材料

5.6.2.1 硝酸钠溶液：30 g/L；

5.6.2.2 硝酸溶液：1+150；

5.6.2.3 六次甲基四胺溶液：50 g/L；

5.6.2.4 氟标准溶液：1 mL 溶液含有氟(F)1 mg；

精制：在塑料烧杯中，用 GB/T 6682—2008 规定的二级水溶解氟化钠，制成饱和溶液。过滤除去不溶物，在滤液中加入无水乙醇，析出氟化钠。过滤所得结晶用无水乙醇洗涤，并将结晶置于 105 ℃～110 ℃的电热干燥箱中，烘至质量恒定。

称取 0.221 0 g 氟化钠(精制)(精确至 0.000 2 g)，用水溶解，全部转移到 100 mL 容量瓶中，用水稀释至刻度，摇匀。贮存于塑料瓶中。

5.6.2.5 氟标准溶液：1 mL 溶液含有氟(F)0.1 mg；

用移液管移取 10 mL 氟标准溶液(5.6.2.4)，置于 100 mL 容量瓶中，用水稀释至刻度，摇匀。贮存于塑料瓶中。

5.6.2.6 氟标准溶液：1 mL 溶液含有氟(F)0.01 mg。

用移液管移取 10 mL 氟标准溶液(5.6.2.5)置于 100 mL 容量瓶中，用水稀释至刻度，摇匀。贮存于塑料瓶中(此溶液有效期为 10 d)。

5.6.3 仪器、设备

5.6.3.1 数字式离子计或酸度计:精确度±0.5%;

5.6.3.2 氟离子选择性电极;

5.6.3.3 甘汞电极;

5.6.3.4 磁力搅拌器。

5.6.4 分析步骤

5.6.4.1 试验溶液的制备

称取约0.2 g试样,精确至0.000 2 g,置于50 mL容量瓶中,加5 mL水溶解,用移液管分别加5 mL硝酸钠溶液和5 mL六次甲基四胺溶液,再加5 mL硝酸溶液,加水稀释至刻度,摇匀。

5.6.4.2 校准用氟标准溶液的制备

用移液管各移取25 mL氟标准溶液(5.6.2.5)和氟标准溶液(5.6.2.6),分别置于两个50 mL容量瓶中,用移液管加5 mL硝酸钠溶液和5 mL六次甲基四胺溶液,再加入5 mL硝酸溶液,调节溶液pH至5～6,稀释至刻度,摇匀。分别转移到两个干燥塑料瓶中。

5.6.4.3 测定

开启数字式离子计,连接好电极,按方式键"MODE"直至显示"CONC"方式指示,调节仪器温度为室温。按照双标准置入法,用上述校准用氟标准溶液进行斜率校准和定位。

将试验溶液倒入塑料烧杯中,在搅拌状态下平衡4 min后,进行测定。

5.6.5 结果计算

游离氟含量以氟(F)的质量分数 w_3 计,数值以%表示,按式(3)计算:

$$w_3 = \frac{\rho \times V \times 10^{-3}}{m} \times 100 \qquad (3)$$

式中:

ρ——测定试验溶液中氟离子浓度的数值,单位为毫克每毫升(mg/mL);

V——试验溶液的体积的数值,单位为毫升(mL);

m——试料的质量的数值,单位为克(g)。

取平行测定结果的算术平均值为测定结果,两次平行测定结果的绝对差值不大于0.01%。

5.7 总氟含量的测定

5.7.1 方法提要

将试验溶液用事先经六甲基二硅醚饱和的高氯酸酸化,形成疏水性三甲基氟硅烷,扩散被碱性溶液吸收,在吸收液中水解出F离子,以氟离子选择性电极为测量电极,以饱和甘汞电极为参比电极,测定试验溶液中氟离子的浓度。

5.7.2 试剂

5.7.2.1 氢氧化钠溶液:4 g/L;

5.7.2.2 硝酸溶液:1+150;

5.7.2.3 高氯酸六甲基二硅醚饱和溶液;

将100 mL高氯酸溶液(1+3.3)倒入175 mL分液漏斗中,加入50 mL六甲基二硅醚,经剧烈摇动后,放置分层,下层即为高氯酸六甲基二硅醚饱和溶液。

5.7.2.4 六次甲基四胺溶液:15 g/L。

5.7.3 仪器、设备

5.7.3.1 数字式离子计或酸度计:准确度±0.5%;

5.7.3.2 氟离子选择性电极;

5.7.3.3 甘汞电极;

5.7.3.4 磁力搅拌器;

5.7.3.5 扩散盒：用聚四氟乙烯或聚丙烯做成圆型（见图 1）。

a) 扩散盒盖：ϕ110 mm×20 mm；

b) 扩散盒：ϕ110 mm×60 mm；

c) 吸收池：$L \times S \times H$=75 mm×50 mm×35 mm。

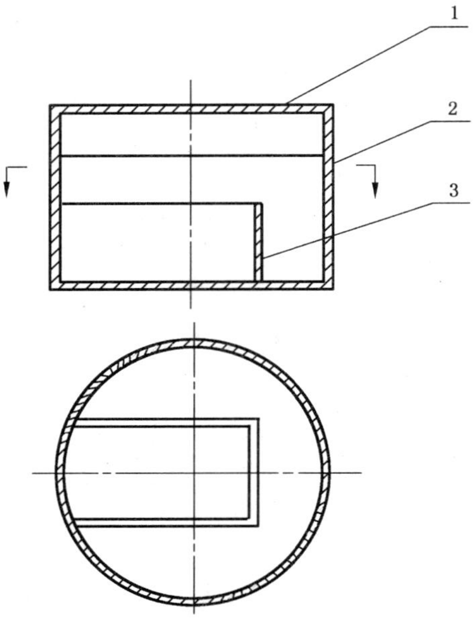

1——扩散盒盖；

2——扩散盒；

3——吸收池。

图 1 扩散盒

5.7.4 分析步骤

5.7.4.1 试验溶液的制备

称取约 0.2 g 试样，精确至 0.000 2 g，置于 100 mL 烧杯中，用水溶解，全部转移至 250 mL 容量瓶中，用水稀释至刻度，摇匀。

用移液管移取 5 mL 试验溶液，置于扩散盒左侧（扩散盘应倾斜 30° 放置、分成三个小室）。用移液管移取 5 mL 氢氧化钠溶液，置于扩散盒中间室。取约 13 mL 高氯酸六甲基二硅醚饱和溶液放在扩散盒右侧。将扩散盒接口处抹上凡士林或真空脂，用盖盖严，密封。将扩散盒置于摆动仪上摇动 2 h（再放置 24 h）。

5.7.4.2 测定

开启数字式离子计，连接好电极，按方式键"MODE"直至显示"CONC"方式指示，调节仪器温度为室温。按照双标准置入法，用校准用氟标准溶液（5.6.4.2）进行斜率校准和定位。

将扩散盒打开，在中间室用移液管加 5 mL 六次甲基四胺缓冲液和 5 mL 硝酸溶液，调节溶液 pH 至 5～6，在搅拌状态下平衡 4 min 后，进行测定。

5.7.5 结果计算

总氟含量以氟（F）的质量分数 w_4 计，数值以%表示，按式（4）计算：

$$w_4 = \frac{\rho \times V \times 10^{-3}}{m \times \frac{V_1}{V_2}} \times 100 \qquad (4)$$

式中：

ρ ——测定试验溶液中氟离子浓度的数值，单位为毫克每毫升（mg/mL）；

V——扩散盒中间室内液体的总体积的数值，单位为毫升(mL)；

V_1——扩散盒内试验溶液的体积的数值，单位为毫升(mL)；

V_2——试验溶液的总体积的数值，单位为毫升(mL)；

m——试料的质量的数值，单位为克(g)。

取平行测定结果的算术平均值为测定结果，两次平行测定结果的绝对差值不大于0.2%。

5.8 砷含量的测定

5.8.1 方法提要

同GB/T 610—2008中4.1.1。

5.8.2 试剂

同GB/T 610—2008中第3章。

砷标准溶液：1 mL溶液含有砷(As)0.001 mg。

用移液管移取1 mL按HG/T 3696.2配制的砷标准溶液，置于1 000 mL容量瓶中，用水稀释至刻度，摇匀。

5.8.3 仪器

同GB/T 610—2008中4.1.2。

5.8.4 分析步骤

准确称取1.0 g±0.001 g试样，置于100 mL烧杯中，加50 mL水，以下按GB/T 610—2008中4.1.3"加6 mL盐酸………"进行操作。试验溶液所呈颜色不得深于标准。

标准是用移液管移取2 mL砷标准溶液，与试样同时同样处理。

5.9 重金属含量的测定

5.9.1 方法提要

在酸性介质中，试样中的重金属离子与硫化钠作用生成棕黄色，通过与标准比色液比较，确定试样中重金属的含量。

5.9.2 试剂

5.9.2.1 硝酸溶液：1+1；

5.9.2.2 氨水溶液：2+3；

5.9.2.3 冰乙酸溶液：1+2；

5.9.2.4 硫化钠溶液；

5.9.2.5 铅标准溶液：1 mL溶液含有铅(Pb)0.01 mg。

用移液管移取1 mL按HG/T 3696.2配制的铅标准溶液，置于100 mL容量瓶中，用水稀释至刻度，摇匀。

5.9.3 分析步骤

5.9.3.1 试验溶液的制备

准确称取1.0 g±0.01 g试样，置于100 mL烧杯中，加10 mL水和0.5 mL硝酸溶液，用氨水溶液调节至pH≈5(用精密试纸检验)。

5.9.3.2 测定

将试验溶液全部转移至50 mL比色管中，加入0.5 mL乙酸溶液，加水至约50 mL，加入3滴硫化钠溶液，摇匀，于暗处放置10 min，与铅标准比色溶液比较。

标准比色溶液是用移液管移取2 mL铅标准溶液，与试样同时同样处理。

5.10 铅含量的测定

5.10.1 方法提要

试样经稀酸溶解后，注入原子吸收分光光度计(石墨炉)中，电热原子化后吸收283.3 nm共振线，在一定浓度范围，其吸收值与铅含量符合郎伯-比尔定律，与标准系列比较定量。

5.10.2 **试剂**

5.10.2.1 硝酸；

5.10.2.2 硝酸溶液：1+5；

5.10.2.3 硝酸溶液：3+97；

5.10.2.4 硝酸-高氯酸混合酸：$V(HNO_3)$：$V(HClO_4)$＝4：1；

5.10.2.5 铅标准溶液：1 mL 溶液含有铅(Pb)0.01 mg；

用移液管移取 1 mL 按 HG/T 3696.2 配制的铅标准溶液，置于 100 mL 容量瓶中，用水稀释至刻度，摇匀。

5.10.2.6 铅标准使用液：

移取 1.00 mL、2.00 mL、4.00 mL 铅标准溶液(5.10.2.5)分别置于 100 mL 容量瓶中，加硝酸溶液(5.10.2.3)稀释至刻度，摇匀。此溶液每毫升含铅(Pb)分别为 0.000 1 mg、0.000 2 mg、0.000 4 mg。

5.10.2.7 水：符合 GB/T 6682—2008 规定的二级水。

5.10.3 **仪器、设备**

5.10.3.1 所用玻璃仪器均需以硝酸溶液(5.10.2.2)浸泡过夜，用水反复冲洗，最后用去离子水冲洗干净；

5.10.3.2 原子吸收分光光度计(附石墨炉及铅空心阴极灯)。

5.10.4 **分析步骤**

5.10.4.1 **试验溶液的制备**

称取试样 1.0 g，置于 10 mL 容量瓶中，加水和 0.2 mL 硝酸-高氯酸混合酸，用水稀释至刻度，摇匀。

5.10.4.2 **空白试验溶液的制备**

除不加试样外，其他操作与试验溶液的制备同时同样进行。

5.10.4.3 **测定**

根据各自仪器性能调至最佳状态。

标准曲线绘制：分别吸取上面配制的铅标准使用液注入石墨炉，测得其吸光值并求得吸光值与浓度关系的一元线性回归方程。

试样测定：分别吸取试验溶液和空白试验溶液，注入石墨炉，测得其吸光值，代入标准系列的一元线性回归方程中求得样液中铅含量。

5.10.5 **结果计算**

铅以铅(Pb)的质量分数 w_5 计，数值以%表示，按式(5)计算：

$$w_5 = \frac{(c_1 - c_0) \times V \times 10^{-6}}{m} \times 100 \qquad (5)$$

式中：

c_1——试验溶液中铅的浓度的数值，单位为微克每毫升(μg/mL)；

c_0——试验空白溶液中铅的浓度的数值，单位为微克每毫升(μg/mL)；

V——试验溶液的体积的数值，单位为毫升(mL)；

m——试料的质量的数值，单位为克(g)。

取平行测定结果的算术平均值为测定结果，两次平行测定结果的绝对差值不大于 0.000 1%。

5.11 **水不溶物含量测定**

5.11.1 **方法提要**

用水溶解样品，通过玻璃砂坩埚将不溶物滤出，用水洗涤滤渣，烘干后可用天平称出不溶物的质量。

5.11.2 **仪器、设备**

5.11.2.1 玻璃砂坩埚：滤板孔径为 5 μm～15 μm；

5.11.2.2 电热恒温干燥箱：温度可控制在 105 ℃±2 ℃。

5.11.3 **分析步骤**

称取约 10 g 试样，精确至 0.000 2 g，置于 100 mL 烧杯中，加 30 mL 热水 60 ℃～70 ℃搅拌溶解。用已在 105 ℃±2 ℃电热干燥箱烘至质量恒定的玻璃砂坩埚过滤，用热水洗涤水不溶物，每次用 20 mL 水，洗涤 5 次，置于 105 ℃±2 ℃的电热恒温干燥箱中，干燥至质量恒定。

5.11.4 **结果计算**

水不溶物含量以质量分数 w_6 计，数值以%表示，按式(6)计算：

$$w_6 = \frac{m_2 - m_1}{m} \times 100 \qquad \cdots\cdots(6)$$

式中：

m_2——玻璃砂坩埚和水不溶物的质量的数值，单位为克(g)；

m_1——玻璃砂坩埚的质量的数值，单位为克(g)；

m——试料的质量的数值，单位为克(g)。

取平行测定结果的算术平均值为测定结果，两次平行测定结果的绝对差值不大于 0.01%。

5.12 **pH 值的测定**

5.12.1 **方法提要**

将玻璃电极和参比电极浸入试验溶液中，构成一原电池，其电位与溶液的 pH 值有关，通过测量原电池的电位即可得出溶液的 pH。

5.12.2 **仪器、设备**

酸度计：(带有玻璃电极、甘汞电极或复合电极)精度为 0.1 pH 单位。

5.12.3 **分析步骤**

准确称取 2.0 g±0.01 g 试样，置于 150 mL 烧杯中，加 100 mL 水溶解，用已校正过的酸度计测定溶液的 pH 值。

5.13 **干燥失量的测定**

5.13.1 **方法提要**

在一定温度下干燥试样，以试样的质量减少，计算出干燥失量。

5.13.2 **仪器**

电热恒温干燥箱：温度可控制在 105 ℃±2 ℃。

5.13.3 **分析步骤**

用已于 105 ℃±2 ℃干燥至质量恒定的称量瓶称取约 5 g 试样，精确至 0.000 2 g，置于 105 ℃±2 ℃电热恒温干燥箱中，干燥至质量恒定。

5.13.4 **结果计算**

干燥失量以质量分数 w_7 计，数值以%表示，按式(7)计算：

$$w_7 = \frac{m - m_1}{m} \times 100 \qquad \cdots\cdots(7)$$

式中：

m_1——干燥后试料的质量的数值，单位为克(g)；

m——试料的质量的数值，单位为克(g)。

取平行测定结果的算术平均值为测定结果，两次平行测定结果的绝对差值不大于 0.01%。

6 检验规则

6.1 本标准要求中所列指标项目为出厂检验项目和型式检验项目。

6.1.1 型式检验

要求中规定的所有指标项目为型式检验项目，在正常情况下每三个月至少进行一次型式检验。有下列情况之一时，必须进行型式检验。

a) 更新关键生产工艺；

b) 主要原料有变化；

c) 停产又恢复生产；

d) 与上次型式检验有较大差异；

e) 合同规定。

6.1.2 出厂检验

要求中规定的单氟磷酸钠、结合氟、游离氟、总氟、pH 值和干燥失量共六项指标为出厂检验项目，应逐批检验。

6.2 生产企业用相同材料，基本相同的生产条件，连续生产或同一班组生产的牙膏工业用单氟磷酸钠为一批，每批产品不得大于 5 t。

6.3 按 GB/T 6678 中的规定确定采样单元数。采样时，将采样器自包装袋的中心垂直插入至料层深度的 3/4 处采样。将采出的样品混匀，用四分法缩分至不少于 500 g。将样品分装于两个清洁、干燥密封的容器中，密封，并粘贴标签，注明生产厂名、产品名称、批号、采样日期和采样者姓名。一份供检验用，另一份保存备查，保存时间由生产厂根据实际情况确定。

6.4 牙膏工业用单氟磷酸钠应由生产厂的质量监督检验部门按照本标准规定进行检验，生产厂应保证所有出厂的产品都符合本标准要求。

6.5 检验结果如有指标不符合本标准要求，应重新自两倍量的包装中采样进行复验，复验结果即使有一项指标不符合本标准的要求时，则整批产品为不合格。

7 标志、标签

7.1 牙膏工业用单氟磷酸钠包装容器上应有牢固清晰的标志，内容包括：生产厂名、厂址、产品名称、净含量、批号或生产日期、保质期、本标准编号及 GB/T 191—2008 中规定的“怕雨”标志。

7.2 每批出厂的牙膏工业用单氟磷酸钠都应附有质量证明书，内容包括：生产厂名、厂址、产品名称、净含量、批号或生产日期、保质期、产品质量符合本标准的证明和本标准编号。

8 包装、运输、贮存

8.1 牙膏工业用单氟磷酸钠应用聚乙烯薄膜的双层袋作内包装，外包装为纸塑复合袋。每袋净重 25 kg。内袋热合；外袋应牢固缝合。用户有特殊要求，供需协商。

8.2 牙膏工业用单氟磷酸钠在运输过程中，防止雨淋，包装不得破损。

8.3 牙膏工业用单氟磷酸钠贮存于干燥通风的库房内，并需有垫层，防止受潮。

8.4 牙膏工业用单氟磷酸钠在符合本标准包装、运输、贮存条件下，自生产之日起保质期为 18 个月。逾期应重新检验是否符合本标准要求。

ICS 71.060.50
G 12

GB

中华人民共和国国家标准

GB 24568—2009

牙膏工业用磷酸氢钙

Calcium hydrogen phosphate for tooth-paste industry

2009-10-30 发布　　　　2010-06-01 实施

中华人民共和国国家质量监督检验检疫总局
中国国家标准化管理委员会　发布

前　言

本标准中的第4章和第7章内容为强制性的，其他为推荐性的。

本标准由中国石油和化学工业协会提出。

本标准由全国化学标准化技术委员会无机化工分会(SAC/TC 63/SC 1)归口。

本标准起草单位：中海油天津化工研究设计院、云南天创科技有限公司、湖北兴发化工集团股份有限公司、云南省化工研究院、连云港市德邦精细化工有限公司。

本标准主要起草人：李光明、郭永欣、龙萍、熊萍、黄千钧、刘真。

本标准为首次发布。

牙膏工业用磷酸氢钙

1 范围

本标准规定了牙膏工业用磷酸氢钙(又名:牙膏用二水磷酸氢钙、牙膏用磷酸二钙或牙膏用二水磷酸二钙)的要求、试验方法、检验规则、标志、标签、包装、运输和贮存。

本标准适用于牙膏工业用磷酸氢钙。该产品主要用作牙膏的摩擦剂。

2 规范性引用文件

下列文件中的条款通过本标准的引用而成为本标准的条款。凡是注日期的引用文件,其随后所有的修改单(不包括勘误的内容)或修订版均不适用于本标准。然而,鼓励根据本标准达成协议的各方研究是否可使用这些文件的最新版本。凡是不注日期的引用文件,其最新版本适用于本标准。

GB/T 191—2008 包装储运图示标志(ISO 780:1997,MOD)

GB/T 3049—2006 工业用化工产品 铁含量测定的通用方法 1,10-菲啰啉分光光度法(ISO 6685:1982,IDT)

GB/T 6003.1—1997 金属丝编织网试验筛

GB/T 6678 化工产品采样总则

GB/T 6682—2008 分析实验室用水规格和试验方法(ISO 3696:1987,MOD)

GB/T 7917.2—1987 化妆品卫生化学标准检验方法 砷

GB/T 7918.2 化妆品微生物标准检验方法 细菌总数测定

GB/T 7918.3 化妆品微生物标准检验方法 粪大肠菌群

GB/T 7918.4 化妆品微生物标准检验方法 绿脓杆菌

GB/T 7918.5 化妆品微生物标准检验方法 金黄色葡萄球菌

GB/T 8170 数值修约规则与极限数值的表示和判定

GB/T 9086—2007 用于色度和光度测量的标准白板

HG/T 3696.1 无机化工产品化学分析用标准滴定溶液的制备

HG/T 3696.2 无机化工产品化学分析用杂质标准溶液的制备

HG/T 3696.3 无机化工产品化学分析用制剂及制品的制备

3 分子式和相对分子质量

分子式:$CaHPO_4 \cdot 2H_2O$

相对分子质量:172.09(按2007年国际相对原子质量)

4 要求

4.1 外观:白色粉末。

4.2 牙膏工业用磷酸氢钙分为两个型号:Ⅰ型——对氟稳定型磷酸氢钙;Ⅱ型——普通型磷酸氢钙。

4.3 牙膏工业用磷酸氢钙应符合表1要求。

表 1 要 求

项目		指标	
		对氟稳定型	普通型
氧化钙(CaO),w/%		31.4~32.9	
五氧化二磷(P_2O_5),w/%		40.7~42.5	
白度(Wg)/度	≥	93	
pH(20%悬浮液)		6.8~8.1	
细度(<45 μm),w/%	≥	99.0	
20 g 产品吸水量/mL		5.0~6.5	
表观密度,ρ/(g/cm³)		0.80~1.00	
稳定性		通过试验	
氟化物稳定性试验		通过试验	—
灼烧减量,w/%		25.0~26.5	
60 ℃干燥失量,w/%	≤	0.6	
重金属(以 Pb 计),w/%	≤	0.002	
砷(As),w/%	≤	0.000 3	
铁(Fe),w/%	≤	0.01	
氟(F),w/%	≤	0.005	
氯化物(以 Cl 计),w/%	≤	0.03	
碳酸盐		通过试验	
硫酸盐,w/%	≤	0.5	
硫化物		通过试验	
盐酸不溶物,w/%	≤	0.2	
菌落总数/(个/g)	≤	200	
粪大肠菌群		不得检出	
绿脓杆菌		不得检出	
金黄色葡萄球菌		不得检出	
霉菌与酵母菌总数/(个/g)	≤	200	

5 试验方法

5.1 安全提示

本试验方法中使用的部分试剂具有毒性或腐蚀性,操作时须小心谨慎!如溅到皮肤或眼睛上应立即用水冲洗,严重者应立即治疗。

5.2 一般规定

本标准所用试剂和水,在没有注明其他要求时,均指分析纯试剂和 GB/T 6682—2008 中规定的三级水。试验中所用标准滴定溶液、杂质标准溶液、制剂及制品,在没有注明其他要求时,均按HG/T 3696.1、HG/T 3696.2、HG/T 3696.3 的规定制备。

5.3 外观检验

在自然光下,用目视法判定外观。

5.4 氧化钙含量的测定

5.4.1 方法提要

在试验溶液中，加入过量的乙二胺四乙酸二钠溶液，与钙络合，以酸性铬蓝 K-萘酚绿 B 为指示液，用七水合硫酸锌标准滴定溶液滴定过量的乙二胺四乙酸二钠溶液。

5.4.2 试剂

5.4.2.1 盐酸溶液：1＋4；

5.4.2.2 氨-氯化铵缓冲溶液甲：pH≈10；

5.4.2.3 乙二胺四乙酸二钠溶液：$c(\mathrm{EDTA})\approx 0.05$ mol/L；

5.4.2.4 七水合硫酸锌标准滴定溶液：$c(\mathrm{ZnSO_4 \cdot 7H_2O})\approx 0.05$ mol/L；

配制：称取 15 g 七水硫酸锌，加水溶解，用水稀释至 1 000 mL，摇匀。

标定：用移液管移取 25 mL 配制的七水合硫酸锌标准滴定溶液，置于锥形瓶中，加 10 mL 氨-氯化铵缓冲溶液甲及 75 mL 水，加约 0.02 g 铬黑 T 指示剂，用 0.05 mol/L 的 EDTA 标准滴定溶液滴定至溶液由紫色变为纯蓝色，并保持 30 s 不褪色，即为终点。同时进行空白试验。

七水合硫酸锌标准滴定溶液的浓度(c)按式(1)计算：

$$c=\frac{(V_1-V_0)c_1}{V} \qquad \cdots\cdots(1)$$

式中：

V_1——滴定所消耗的乙二胺四乙酸二钠(EDTA)标准滴定溶液的体积的数值，单位为毫升(mL)；

V_0——空白试验消耗的乙二胺四乙酸二钠(EDTA)标准滴定溶液的体积的数值，单位为毫升(mL)；

c_1——乙二胺四乙酸二钠(EDTA)标准滴定溶液浓度的准确数值，单位为摩尔每升(mol/L)；

V——移取七水合硫酸锌标准滴定溶液的体积的数值，单位为毫升(mL)。

5.4.2.5 酸性铬蓝 K-萘酚绿 B 混合指示液(KB 指示液)。

5.4.3 分析步骤

称取约 0.4 g 试样，精确至 0.000 2 g，置于 100 mL 的烧杯中，加入 12 mL 盐酸溶液溶解，转移至 250 mL 容量瓶中，用水稀释至刻度，摇匀。移取 25 mL 该溶液于 250 mL 锥形瓶中，用移液管加入 25.00 mL乙二胺四乙酸二钠溶液、50 mL 水和 10 mL 氨-氯化铵缓冲溶液甲，放置 5 min 后加入 4 滴 KB 指示液，用七水合硫酸锌标准滴定溶液滴定至溶液由蓝色变为紫色，在 30 s 内紫色不消失即为终点。同时做空白试验。

空白试验除不加试样外，其他操作及加入试剂的种类和量(标准滴定溶液除外)与测定试验相同。

5.4.4 结果计算

氧化钙含量以氧化钙(CaO)的质量分数 w_1 计，数值以%表示，按式(2)计算：

$$w_1=\frac{[(V_0-V)/1\,000]cM}{m\times 25/250}\times 100 \qquad \cdots\cdots(2)$$

式中：

V——滴定试验溶液所消耗的七水合硫酸锌标准滴定溶液体积的数值，单位为毫升(mL)；

V_0——空白试验所消耗的七水合硫酸锌标准滴定溶液体积的数值，单位为毫升(mL)；

c——七水合硫酸锌标准滴定溶液浓度的准确数值，单位为摩尔每升(mol/L)；

m——试料质量的数值，单位为克(g)；

M——氧化钙(CaO)的摩尔质量的数值，单位为克每摩尔(g/mol)(M=56.08)。

取平行测定结果的算术平均值为测定结果。两次平行测定结果的绝对差值不大于 0.2%。

5.5 五氧化二磷含量的测定

5.5.1 方法提要

在酸性溶液中试样全部水解为正磷酸盐，加入喹钼柠酮溶液后生成磷钼酸喹啉沉淀，过滤、洗涤、干燥、称量。

5.5.2 试剂

5.5.2.1 盐酸溶液：1+1；

5.5.2.2 硝酸溶液：1+1；

5.5.2.3 喹钼柠酮溶液(即柠檬酸钼酸钠溶液)；

按 HG/T 3696.3 要求配制喹钼柠酮溶液。

5.5.3 仪器

5.5.3.1 玻璃砂坩埚：孔径为 5 μm～15 μm；

5.5.3.2 电热恒温干燥箱：温度能控制在 180 ℃±5 ℃或 250 ℃±10 ℃。

5.5.4 分析步骤

5.5.4.1 试验溶液的制备

称取约 0.5 g 试样，精确至 0.000 2 g，置于 100 mL 烧杯中，加 5 mL 盐酸溶液溶解，移入 250 mL 容量瓶中，用水稀释至刻度，摇匀。

5.5.4.2 测定

用移液管移取 25 mL 上述试验溶液置于 250 mL 烧杯中，加入 10 mL 硝酸溶液，加水至总体积约 100 mL。盖上表面皿，缓慢煮沸 5 min 后，加入 50 mL 喹钼柠酮溶液，保温 30 s(加试剂和加热时不得用明火，加试剂或加热时不能搅拌，以免生成凝块)。冷却至室温，冷却过程中搅拌 3～4 次。用预先在 180 ℃±5 ℃或 250 ℃±10 ℃干燥至质量恒定的玻璃砂坩埚抽滤上层清液，用倾析法洗涤沉淀 5～6 次，每次用水约 20 mL。将沉淀转移至玻璃砂坩埚中，继续用水洗涤 3～4 次。将玻璃砂坩埚连同沉淀置于 180 ℃±5 ℃的电热恒温干燥箱中烘 45 min 或 250 ℃±10 ℃烘 15 min，取出稍冷后，置于干燥器中冷却至室温，称量，精确至 0.000 2 g。

5.5.5 结果计算

五氧化二磷含量以五氧化二磷(P_2O_5)的质量分数 w_2 计，数值以%表示，按式(3)计算：

$$w_2 = \frac{(m_2 - m_1) \times 0.032\,07}{m \times 25/250} \times 100 \qquad (3)$$

式中：

m_1——玻璃砂坩埚的质量的数值，单位为克(g)；

m_2——沉淀物和坩埚的质量的数值，单位为克(g)；

m——试料的质量的数值，单位为克(g)；

0.032 07——磷钼酸喹啉质量换算为五氧化二磷质量的系数。

取平行测定结果的算术平均值为测定结果。两次平行测定结果的绝对差值不大于 0.2%。

5.6 白度(Wg)的测定

5.6.1 仪器、设备

5.6.1.1 白度计：带有标准白度板和工作白度板，分度值 0.2 度；

5.6.1.2 标准白度板：符合 GB/T 9086—2007 规定的粉体标准白板或无光泽的陶瓷标准白板；

5.6.1.3 工作标准白度板：符合 GB/T 9086—2007 规定的有光泽的陶瓷标准白板。

5.6.2 分析步骤

用定期标定过的标准白度板校正工作标准白度板。用工作标准白度板将白度仪调整至工作状态，将试样均匀地置于粉末皿中，使试样面超过粉末皿约 2 cm。用光洁的玻璃板覆盖在试样的表面上，压紧试样，并稍加旋转，移去玻璃板；或用恒压粉体压样器压样。沿水平方向观察试样表面，应无凹凸不平、疵点和斑痕异常情况。

将试样皿置于仪器台上，测定白度值，读准至 0.1 度；将试样皿在仪器台上旋转 90°，测定白度值，读准至 0.1 度；再旋转 90°，测定白度值，读准至 0.1 度。三次读数结果极差不得大于 0.5 度。

取平行测定结果的算术平均值为测定结果。两次平行测定结果的绝对差值不大于 1 度。

5.7 pH 值的测定

5.7.1 试剂

无二氧化碳的水。

5.7.2 仪器

5.7.2.1 酸度计:分度值为 0.1pH 单位,配有玻璃电极和饱和甘汞电极;

5.7.2.2 磁力搅拌器和搅拌子。

5.7.3 分析步骤

称取 10 g 试样,精确至 0.1 g,置于 100 mL 烧杯中,加入 40 mL 无二氧化碳的水,充分搅拌 15 min 后,用酸度计测定试验溶液的 pH 值。

取平行测定结果的算术平均值为测定结果,两次平行测定结果的绝对差值不大于 0.2 pH 单位。

5.8 细度的测定

5.8.1 仪器、设备

5.8.1.1 试验筛:符合 GB/T 6003.1—1997 规定的 $R40/3$ 系列,孔径为 45 μm;

5.8.1.2 电热恒温干燥箱:温度能控制在 60 ℃±2 ℃。

5.8.2 分析步骤

称取约 10 g 试样,精确至 0.01 g,置于已在 60 ℃±2 ℃电热恒温干燥箱中烘至质量恒定的试验筛中,用自来水冲洗试验筛中的试样,至试验筛流出的水清澈为止。将试验筛连同筛余物一同置于 60 ℃±2 ℃的电热恒温干燥箱中,烘 2 h。

5.8.3 结果计算

细度以质量分数 w_3 计,数值以%表示,按式(4)计算:

$$w_3 = \frac{m-(m_2-m_1)}{m} \times 100 \quad \cdots\cdots(4)$$

式中:

m——试料质量的数值,单位为克(g);

m_1——试验筛质量的数值,单位为克(g);

m_2——试验中筛余物和试验筛总质量的数值,单位为克(g)。

取平行测定结果的算术平均值为测定结果。两次平行测定结果的绝对差值不大于 0.2%。

5.9 吸水量的测定

5.9.1 方法提要

在试样上滴加水,摇动使其形成不易破碎的球状,此时所滴加的水量即为吸水量。

5.9.2 仪器、设备

5.9.2.1 医药用搪瓷杯:250 mL;

5.9.2.2 医药用不锈钢刮刀。

5.9.3 分析步骤

称取 20 g±0.01 g 试样,置于干燥的 250 mL 医药用搪瓷杯中,每次用滴定管滴加 3~4 滴水使试样均匀吸收,同时用医药用不锈钢刮刀搅拌使之形成一个(或数个)球体,球体不易破碎即为终点。所消耗的水的毫升数即为所测定的该试样的吸水量。

整个分析过程所用时间不超过 20 min。

取平行测定结果的算术平均值为测定结果。两次平行测定结果的绝对差值不大于 0.5 mL。

5.10 表观密度的测定

5.10.1 方法提要

将装有一定量试样的带刻度的量筒降落 50 次,由粉末所占的体积计算其表观密度。

5.10.2 仪器、设备

5.10.2.1 量筒:250 mL;

5.10.2.2 降落箱：220 mm×130 mm×130 mm，顶部孔径 ϕ55 mm。

5.10.3 **分析步骤**

将 40 g 试样混匀后，放置在 250 mL 量筒中，用橡皮塞塞住瓶口，下落 50 次，落距 220 mm。每 2 s 升降一次(通过秒表控制时间)。举起量筒时做一个圆周运动，以约 10°的角度旋转量筒，不要摇动，平缓自由下落。这样做是使量筒中的粉末能有一个平面，便于读取体积。

5.10.4 **结果计算**

以单位体积的质量表示的表观密度(ρ)，按式(5)计算：

$$\rho = \frac{m}{V} \qquad \cdots\cdots(5)$$

式中：

m——试料的质量的数值，单位为克(g)；

V——试料所占的体积的数值，单位为毫升(mL)。

5.11 **稳定性的试验**

5.11.1 **方法提要**

用丙三醇溶液将试料调成膏体，煮沸，冷却后观察膏体是否发生变化来判断其稳定性。

5.11.2 **试剂**

丙三醇溶液：17+3。

5.11.3 **仪器、设备**

搪瓷杯：50 mL。

5.11.4 **分析步骤**

称取约 25 g 试样，精确至 0.1 g，置于搪瓷杯中，慢慢加入丙三醇溶液，用玻璃棒不断搅拌，使试样呈粘稠的膏体状。用玻璃棒划膏体时，所形成的膏槽能缓缓平合，赶去表面层的气泡，盖上滤纸和玻璃片，置于沸水浴中煮沸 30 min，取出，静止放置，冷却至室温。用玻璃棒在膏体上划槽，观察其现象，与加热前相比不发生明显变化即为通过试验。

5.12 **氟化物稳定性的试验**

5.12.1 **方法提要**

将试样分散于单氟磷酸钠的混合液中，混合均匀制成悬浮液，在沸水浴上加热 1 h 后骤冷，离心分离，取上层清液测定可溶性氟。

5.12.2 **试剂**

5.12.2.1 单氟磷酸钠混合液；

分别称取 500 g 甘油和 500 g 水，精确至 0.1 g，搅拌均匀后，慢慢加入 14.61 g 单氟磷酸钠(纯度≥93%)，搅拌至单氟磷酸钠全部溶解，将溶液置于塑料试剂瓶中储存。

5.12.2.2 高氯酸溶液：46 mL/L；

5.12.2.3 离子强度缓冲液；

在 500 mL 塑料容量瓶中加入约 300 mL 水，加入 30 g 乙酸铵、加 4 g CDTA(反式 1,2 环己二胺四乙酸)和 100 g 硝酸钠，用水稀释至刻度，摇匀。

5.12.2.4 氟化物标准溶液：1 mL 溶液含有氟(F)0.10 mg；

移取 10 mL 按 HG/T 3696.2 要求配制的氟化物标准溶液，置于 100 mL 容量瓶中，用水稀释至刻度，摇匀。

5.12.3 **仪器、设备**

5.12.3.1 恒温水浴；

5.12.3.2 试管：25 mm×150 mm，耐热玻璃制；

5.12.3.3 试管：17 mm×10 mm，聚丙烯制；

5.12.3.4　离心机：3 000 r /min～5 000 r /min；

5.12.3.5　数字式酸度/离子浓度计。

5.12.4　**分析步骤**

5.12.4.1　**工作曲线的绘制**

用移液管移取1.0 mL、5.0 mL、10.0 mL氟化物标准溶液，分别置于100 mL塑料容量瓶中，前两个瓶子加9.0 mL和5.0 mL水，然后每个瓶子加6.7 mL高氯酸溶液，用离子强度缓冲溶液稀释至刻度，摇匀。用氟离子选择电极测定，以氟化物含量的对数值为横坐标，相应的电位值为纵坐标，绘制工作曲线。

5.12.4.2　**测定**

称取24 g±0.01 g试样，置于耐热试管中，加入26 g单氟磷酸钠混合液，用塑料搅拌棒搅拌均匀，并用橡皮塞把试管塞好，将试管放进恒温水浴(温度保持100 ℃)，注意水浴液面始终保持高于悬浮液面20 mm以上，持续加热60 min。取出后立即放入冰浴中，并用塑料搅拌棒搅拌试管中的混合物，5 min后将试管从冰浴中取出，将试管中的悬浮液倒至离心试管中，以3 000 r/min的离心速度离心15 min。离心后移取上层清液5 mL，加入到50 mL聚丙烯容量瓶中，用水稀释至刻度，摇匀。取10 mL置于50 mL带盖塑料瓶中，加20 mL高氯酸溶液，将盖拧紧，在70 ℃±5 ℃水浴中保温45 min，取出后立即放入冰浴中骤冷5 min，然后移取此试样溶液5 mL置于50 mL聚丙烯容量瓶中，用离子强度缓冲溶液稀释至刻度，摇匀。将上述试样溶液置于50 mL塑料杯中，用氟离子选择电极测量可溶性氟。从工作曲线上查出相应的氟含量的对数，查反对数得到氟含量。同时做空白试验。

空白试验是除不加试样外，其他加入试剂的量和操作均与试验溶液测定相同。

5.12.5　**结果计算**

试样相对于空白试验溶液氟离子稳定性快速试验保持率 w_4，按式(6)计算：

$$w_4 = \frac{m_1}{m} \times 100 \qquad \cdots\cdots(6)$$

式中：

m_1——试验溶液中的可溶性氟质量的数值，单位为克(g)；

m——空白试验溶液中可溶性氟质量的数值，单位为克(g)。

氟离子稳定性快速试验保持率达到供需双方协定指标即为通过试验。

5.13　**灼烧减量的测定**

5.13.1　**仪器、设备**

5.13.1.1　瓷坩埚：30 mL；

5.13.1.2　高温炉：温度能控制在800 ℃±25 ℃。

5.13.2　**分析步骤**

称取约1 g试样，精确至0.000 2 g，置于在800 ℃±25 ℃下灼烧至质量恒定的瓷坩埚内，放置在800 ℃±25 ℃的高温炉中灼烧至质量恒定。

5.13.3　**结果计算**

灼烧减量以质量分数 w_5 计，数值以%表示，按式(7)计算：

$$w_5 = \frac{m_2 - m_1}{m} \times 100 \qquad \cdots\cdots(7)$$

式中：

m_1——灼烧后试料和瓷坩埚的质量的数值，单位为克(g)；

m_2——灼烧前试料和瓷坩埚的质量的数值，单位为克(g)；

m——试料的质量的数值，单位为克(g)。

取平行测定结果的算术平均值为测定结果。两次平行测定结果的绝对差值不大于0.2%。

5.14 60 ℃干燥失量的测定

5.14.1 仪器、设备

5.14.1.1 瓷坩埚：30 mL；

5.14.1.2 电热恒温干燥箱：温度能控制在60 ℃±2 ℃。

5.14.2 分析步骤

称取约4 g试样，精确至0.000 2 g，置于已在60 ℃±2 ℃烘至质量恒定的瓷坩埚内，放置在60 ℃±2 ℃的电热恒温干燥箱中烘2 h。

5.14.3 结果计算

60 ℃干燥失量以质量分数 w_6 计，数值以%表示，按式(8)计算：

$$w_6 = \frac{m_2 - m_1}{m} \times 100 \qquad \cdots\cdots(8)$$

式中：

m_1——烘干后试料和瓷坩埚的质量的数值，单位为克(g)；

m_2——烘干前试料和瓷坩埚的质量的数值，单位为克(g)；

m——试料的质量的数值，单位为克(g)。

取平行测定结果的算术平均值为测定结果。两次平行测定结果的绝对差值不大于0.02%。

5.15 重金属含量的测定

5.15.1 方法提要

在弱酸性条件下，试样中的重金属离子与硫离子作用，生成棕黄色，与同法处理的铅标准溶液比较定量。

5.15.2 试剂

5.15.2.1 盐酸溶液：1+1；

5.15.2.2 氨水溶液：1+5；

5.15.2.3 硫化钠甘油溶液(硫化钠试剂保存于干燥器中)；

称取氢氧化钠5 g，在30 mL水及90 mL甘油的混合溶液中溶解。将一半体积的溶液边冷却边通入硫化氢气体使之饱和，然后将剩下的一半加入混合。此溶液应遮光、加盖密闭保存于棕色瓶。配制后三个月内有效。

5.15.2.4 乙酸盐缓冲溶液：pH =3.6；

称取8.00 g±0.02 g乙酸钠($NaCH_3COO \cdot 3H_2O$)，溶于水，加46 mL冰乙酸，加水稀释至500 mL。

5.15.2.5 铅标准溶液：1 mL溶液含铅(Pb)0.01 mg。

移取1.0mL按HG/T 3696.2要求配制的铅标准溶液，置于100 mL容量瓶中，用水稀释至刻度，摇匀。

5.15.3 分析步骤

称取1 g±0.01 g试样，加5 mL盐酸溶液，20 mL水，加热溶解。冷却后滴加氨水至白色沉淀出现，再加入少量盐酸至沉淀消失，全部移入50 mL比色管中，加5 mL乙酸盐缓冲溶液，混匀。加5滴硫化钠甘油溶液，并用水稀释至刻度，混匀，于暗处放置5 min。试验溶液所呈颜色不得深于标准比色溶液。

标准比色溶液的制备：移取2.00 mL铅标准溶液，置于50 mL比色管中，加25 mL水，从“加入5 mL乙酸盐缓冲溶液”开始与试样溶液同时同样处理。

5.16 砷含量的测定

5.16.1 二乙基二硫代氨基甲酸银分光光度法(仲裁法)

5.16.1.1 方法提要

在碘化钾和氯化亚锡存在下，将试样溶液中As(Ⅴ)还原为As(Ⅲ)，As(Ⅲ)与锌粒和酸产生的新生态氢作用，生成砷化氢气体。经乙酸铅棉花去除硫化氢干扰后，与溶于三乙醇胺-氯仿中的二乙基二硫代氨基甲酸银作用，生成棕红色胶态银，比色定量。

5.16.1.2 试剂

同 GB 7917.2—1987 中 1.3。

5.16.1.3 仪器

同 GB 7917.2—1987 中 1.4。

5.16.1.4 分析步骤

称取 1 g 试样，精确至 0.01 g，置于锥形瓶中，用水润湿，加入 10 mL 盐酸溶液，使试样完全溶解，加水至 50 mL。然后按照 GB 7917.2—1987 的 1.5 测定中“各加 2.5 mL 15%碘化钾……”至操作结束。同时做空白试验。

准确移取 0、1.00 mL、2.00 mL、3.00 mL、4.00 mL、5.00 mL 砷标准溶液分别置于锥形瓶中，加入 10 mL 盐酸溶液，与试样同时同样处理。

绘制工作曲线，从曲线上查出试样溶液和空白溶液中砷的质量。

5.16.1.5 结果计算

砷含量以砷(As)的质量分数 w_7 计，数值以%表示，按式(9)计算：

$$w_7 = \frac{(m_1 - m_0) \times 10^{-3}}{m} \times 100 \qquad \cdots\cdots(9)$$

式中：

m_1——从工作曲线上查出的试验溶液中砷的质量的数值，单位为毫克(mg)；

m_0——从工作曲线上查出的空白试验溶液中砷的质量的数值，单位为毫克(mg)；

m——试料的质量的数值，单位为克(g)。

5.16.2 砷斑法

5.16.2.1 方法提要

在酸性溶液中，用碘化钾和氯化亚锡将 As(Ⅴ)还原为 As(Ⅲ)，加锌粒与酸作用，产生新生态氢，使 As(Ⅲ)进一步还原为砷化氢。经去除硫化氢干扰后，砷化氢气体与溴化汞试纸作用产生黄棕色斑点。与标准砷斑比较定量。

5.16.2.2 试剂

同 GB 7917.2—1987 中 2.3。

5.16.2.3 仪器

同 GB 7917.2—1987 中 2.4。

5.16.2.4 分析步骤

称取约 1 g±0.01 g 试样，置于锥形瓶中，用水润湿，加入 10 mL 盐酸溶液，加水至 50 mL。按 GB 7917.2—1987的 2.5 测定中“再加 2.5 mL 15%碘化钾……”至操作结束。试样的砷斑颜色不得深于标准。

标准是准确移取 3.00 mL 砷标准溶液置于锥形瓶中，加入 10 mL 盐酸溶液，与试样同时同样处理。

5.17 铁含量的测定

5.17.1 方法提要

同 GB/T 3049—2006 第 3 章。

5.17.2 试剂

5.17.2.1 盐酸溶液：1+1；

5.17.2.2 其他试剂同 GB/T 3049—2006 第 4 章。

5.17.3 仪器、设备

分光光度计：配有 4 cm 的比色皿。

5.17.4 分析步骤

5.17.4.1 工作曲线的绘制

按 GB/T 3049—2006 中 6.3 的规定,使用 4 cm 比色皿,绘制铁质量为 10 μg~100 μg 工作曲线。

5.17.4.2 测定

称取约 1 g 试样,精确至 0.01 g,置于 100 mL 烧杯中,加 10 mL 水、5 mL 盐酸溶液,加热煮沸 2 min,取下冷却至室温。全部转移至 100 mL 容量瓶中,以下按 GB/T 3049—2006 中 6.4 从"必要时,加水至 60 mL……"开始进行操作。同时同样处理空白试验溶液。从工作曲线上查出相应的铁的质量。

5.17.5 结果计算

铁含量以铁(Fe)的质量分数 w_8 计,数值以%表示,按式(10)计算:

$$w_8 = \frac{(m_2 - m_1) \times 10^{-3}}{m} \times 100 \qquad (10)$$

式中:

m_1——从工作曲线上查出的空白试验溶液中铁的质量的数值,单位为毫克(mg);

m_2——从工作曲线上查出的试验溶液中铁的质量的数值,单位为毫克(mg);

m——试料质量的数值,单位为克(g)。

取平行测定结果的算术平均值为测定结果。两次平行测定结果的绝对差值不大于 0.000 2%。

5.18 氟含量的测定

5.18.1 方法提要

试样溶解后,在 pH 值为 5.5~6.0 的酸性介质中,以饱和甘汞电极为参比电极,以氟离子选择电极为测量电极,用工作曲线法测定氟含量。

5.18.2 试剂

5.18.2.1 盐酸溶液:1+4;

5.18.2.2 硝酸溶液:1+15;

5.18.2.3 氢氧化钠溶液:100 g/L;

5.18.2.4 缓冲溶液:溶解 270 g 二水柠檬酸钠($Na_3C_6H_5O_7 \cdot 2H_2O$)和 24 g 柠檬酸($C_6H_8O_7 \cdot H_2O$)于 800 mL 水中,然后用水稀释至 1 000 mL。

5.18.2.5 氟化物标准溶液:1 mL 溶液含氟(F)0.01 mg;

用移液管移取 1 mL 按 HG/T 3696.2 要求配制的氟化物标准溶液,置于 100 mL 容量瓶中,用水稀释至刻度,摇匀。

5.18.2.6 溴甲酚绿指示液:1 g/L。

5.18.3 仪器、设备

5.18.3.1 氟离子选择电极;

5.18.3.2 饱和甘汞电极;

5.18.3.3 电位计;

5.18.3.4 电磁搅拌器和搅拌子。

5.18.4 分析步骤

5.18.4.1 工作曲线的绘制

用移液管移取 1.00 mL、2.00 mL、3.00 mL、5.00 mL、10.00 mL 的氟化物标准溶液,分别置于 50 mL 容量瓶中,加 1 mL 盐酸溶液、5 滴缓冲溶液、2 滴溴甲酚绿指示剂。用氢氧化钠溶液调节溶液为蓝色,再用硝酸溶液调节为黄色,加 20 mL 缓冲溶液,用水稀释至刻度,摇匀。

将溶液倒入清洁干燥的 50 mL 烧杯中,置于电磁搅拌器上,放入搅拌子,将连接电位计的氟离子选择电极及饱和甘汞电极插入溶液中,开动搅拌器,测量溶液电位值,记录平衡时的电位值。以氟含量的对数值为横坐标,相应的电位值为纵坐标,绘制工作曲线。

5.18.4.2 测定

称取约 0.5 g 试样,精确至 0.01 g,置于 50 mL 容量瓶中,加 5 mL 盐酸溶液和 5 mL 水,以下操作按 5.18.4.1 中自"加 1 mL 盐酸溶液……"至"……记录平衡时的电位值"止。从工作曲线上查出相应的氟含量的对数,求反对数得到氟含量。

5.18.5 结果计算

氟含量以氟(F)的质量分数 w_9 计,数值以%表示,按式(11)计算:

$$w_9 = \frac{m_1 \times 10^{-3}}{m} \times 100 \qquad \cdots\cdots(11)$$

式中:

m_1——从工作曲线上查出并求得的氟的质量的数值,单位为毫克(mg);

m——试料的质量的数值,单位为克(g)。

取平行测定结果的算术平均值为测定结果。两次平行测定结果的绝对差值不大于 0.002%。

5.19 氯化物含量的测定

5.19.1 方法提要

在硝酸介质中,氯离子与银离子生成白色的氯化银沉淀,使溶液混浊,与标准比对溶液进行比较。

5.19.2 试剂

5.19.2.1 硝酸溶液:1+1;

5.19.2.2 硝酸银溶液:17 g/L;

5.19.2.3 氯化物标准溶液:1 mL 溶液含氯(Cl)0.10 mg;

移取 10 mL 按 HG/T 3696.2 要求配制的氯化物标准溶液,置于 100 mL 容量瓶中,用水稀释至刻度,摇匀。

5.19.3 分析步骤

称取 0.2 g±0.01 g 试样,置于 25 mL 比色管中,加少量水润湿,加入 1 mL 硝酸溶液,摇动使试样全部溶解,加水至 25 mL,加入 1 mL 硝酸银溶液,摇匀。试验溶液的浊度不得大于标准。

标准比浊液的制备:移取 0.60 mL 氯化物标准溶液,置于 25 mL 比色管中,加入 1 mL 硝酸溶液,摇匀,加水至 25 mL,加入 1 mL 硝酸银溶液,摇匀。

5.20 碳酸盐的测定

5.20.1 方法提要

向润湿的试料中加入稀盐酸,观察有无二氧化碳气体产生。

5.20.2 试剂和材料

5.20.2.1 盐酸溶液:1+9;

5.20.2.2 无二氧化碳的水。

5.20.3 分析步骤

称取约 2 g 试样,精确至 0.1 g,置于 50 mL 烧杯中,加 10 mL 无二氧化碳的水,搅拌均匀。待试样全部沉淀后,沿烧杯壁缓缓滴入 2 mL 盐酸溶液,使盐酸与试样上层清液反应。在 5 min 内试验溶液中无明显气泡产生即为通过试验。

5.21 硫酸盐的测定

5.21.1 方法提要

试样中的硫酸盐与加入的氯化钡形成硫酸钡沉淀的浊度,与标准比对溶液进行比较。

5.21.2 试剂

5.21.2.1 盐酸溶液:1+4;

5.21.2.2 氯化钡溶液:100 g/L;

5.21.2.3 硫酸盐标准溶液:1 mL 溶液含硫酸根(SO_4)0.1 mg;

移取 10 mL 按 HG/T 3696.2 要求配制的硫酸盐标准溶液，置于 100 mL 容量瓶中，用水稀释至刻度，摇匀。

5.21.3 分析步骤

称取 0.2 g±0.01 g 试样，溶解于少量的盐酸溶液中，用水稀释至 100 mL，如有必要，过滤。移取 10 mL 此试验溶液，置于 50 mL 比色管中，加 1 mL 氯化钡溶液，用水稀释至刻度，混匀。试验溶液浊度不得大于标准比浊液。

标准比浊液的制备：移取 1.00 mL 硫酸盐标准溶液，置于 50 mL 比色管中，加 40 mL 水，加 1 mL 氯化钡溶液，用水稀释至刻度，摇匀。

5.22 硫化物的测定

5.22.1 方法提要

试样中的硫化物与稀盐酸作用产生硫化氢气体，硫化氢与乙酸铅试纸作用，使乙酸铅试纸的颜色发生变化。

5.22.2 试剂和材料

5.22.2.1 盐酸溶液：1+9；

5.22.2.2 乙酸铅试纸。

5.22.3 分析步骤

称取约 1 g 试样，精确至 0.1 g，置于锥形瓶中加 10 mL 水和 10 mL 盐酸溶液，装上带有玻璃管的塞子，玻璃管内事先装好乙酸铅试纸，加热至沸，并保持 5 min。取下玻璃管，冷却至室温，取出乙酸铅试纸，试纸上无任何痕迹即为通过试验。

5.23 盐酸不溶物的测定

5.23.1 方法提要

试样加入水及盐酸混合后，加热溶解，用水稀释，观察是否有不溶物。

5.23.2 试剂

5.23.2.1 盐酸溶液：1+1；

5.23.2.2 硝酸银溶液：17 g/L。

5.23.3 仪器、设备

5.23.3.1 玻璃砂坩埚：孔径 5 μm～15 μm；

5.23.3.2 电热恒温干燥箱：温度能控制在 105 ℃±2 ℃。

5.23.4 分析步骤

称取约 5 g 试样，精确至 0.01 g，置于 200 mL 烧杯中，加入 40 mL 水和 10 mL 盐酸溶液，加热至溶解，用水稀释至 100 mL。观察液体，如有不溶物，用已在 105 ℃±2 ℃下干燥至质量恒定的玻璃砂坩埚过滤，用热水洗至洗液不含氯离子(洗液用硝酸银溶液检验)。然后在 105 ℃±2 ℃干燥不溶物至质量恒定。

5.23.5 结果计算

盐酸不溶物含量以质量分数 w_{10} 计，数值以%表示，按式(12)计算：

$$w_{10}=\frac{m_2-m_1}{m}\times 100 \qquad \cdots\cdots(12)$$

式中：

m_1——坩埚的质量的数值，单位为克(g)；

m_2——盐酸不溶物和坩埚的质量的数值，单位为克(g)；

m——试料的质量的数值，单位为克(g)。

取平行测定结果的算术平均值为测定结果。两次平行测定结果的绝对差值不大于 0.02%。

5.24 菌落总数的测定

按照 GB/T 7918.2 的规定进行测定。

5.25　粪大肠菌群的测定

按照 GB/T 7918.3 的规定进行测定。

5.26　绿脓杆菌的测定

按照 GB/T 7918.4 的规定进行测定。

5.27　金黄色葡萄球菌的测定

按照 GB/T 7918.5 的规定进行测定。

5.28　霉菌与酵母菌总数的测定

5.28.1　仪器、设备

5.28.1.1　培养箱：温度能控制在 28 ℃±2 ℃；

5.28.1.2　振荡器；

5.28.1.3　试管：15 mm×150 mm；

5.28.1.4　灭菌平皿：直径 9 cm；

5.28.1.5　灭菌吸管：1 mL、10 mL；

5.28.1.6　高压灭菌器。

5.28.2　培养基和试剂

5.28.2.1　灭菌生理盐水

称取 8.5 g 氯化钠，加蒸馏水至 1 000 mL，溶解后，分装到加玻璃珠的三角瓶内，每瓶 90 mL，于 103.43 kPa[121 ℃、66.72 N (15 lbf)]高压灭菌 20 min。

5.28.2.2　灭菌虎红培养基

分别将 5 g 蛋白胨、10 g 葡萄糖、1 g 磷酸二氢钾、0.5 g 七水硫酸镁和 20 g 琼脂加入 1 000 mL 蒸馏水中溶解，再加入 100 mL 虎红溶液(1/3 000)。分装后，于 103.43 kPa[121 ℃、66.72 N (15 lbf)]高压灭菌 20 min，另用少量乙醇溶解 100 mg 氯霉素，过滤溶解后加入培养基中。

5.28.3　分析步骤

以无菌操作称取 10 g 样品，加入 90 mL 灭菌生理盐水中，充分振荡混匀，使其分散混悬，静置后，取上清液作为 1∶10 的稀释液。移取 1 mL 1∶10 的稀释液，加入 9 mL 灭菌生理盐水中，作为 1∶100 的稀释液。移取 1 mL 1∶100 的稀释液，加入 9 mL 灭菌生理盐水中，作为 1∶1 000 的稀释液。每次稀释应换一支吸管。

移取上述 1∶10、1∶100、1∶1 000 的稀释液各 1 mL 分别注入灭菌平皿内，每个浓度各用 2 个平皿，注入融化并冷至 45 ℃±1 ℃左右的虎红培养基，充分摇匀。凝固后，翻转平板，置于 28 ℃±2 ℃下培养 72 h，计数平板内生长的霉菌和酵母菌数。若有霉菌蔓延生长，为避免影响其他霉菌和酵母菌的计数时，于 48 h 应及时将此平板取出计数。

点数每个平板上生长的霉菌和酵母菌菌落数，求出每个稀释度的平均菌落数。选取菌落数在 5 个～50 个范围之内的平皿计数，乘以稀释倍数后，即为每克样品中所含的霉菌和酵母菌数。

6　检验规则

6.1　本标准采用型式检验和出厂检验。

6.1.1　型式检验

要求中规定的所有指标项目为型式检验项目，在正常生产情况下，每三个月至少进行一次型式检验。在下列情况之一时，必须进行型式检验：

a)　更新关键生产工艺；

b)　主要原料有变化；

c)　非正常停产又恢复生产；

d)　常规检验结果有较大差异；

e) 合同规定；

f) 质量监督部门抽检。

6.1.2 出厂检验

要求中规定的氧化钙、白度、pH 值、细度、吸水量、表观密度、稳定性、氟化物稳定性试验、灼烧失量、60 ℃干燥失量、砷、氯化物、碳酸盐、硫化物、菌落总数、霉菌与酵母菌总数 16 项指标为出厂检验项目，应逐批检验。

6.2 生产企业用相同材料，基本相同的生产条件，连续生产或同一班组生产的牙膏工业用磷酸氢钙为一批，每批产品不超过 30 t。

6.3 按 GB/T 6678 的规定确定采样单元数。采样时，将采样器从每个选取的包装袋的上方斜插入至料层深度的 3/4 处，取出不少于 1 000 g 的样品。将采得的样品混匀后，按四分法缩分至不少于 500 g，分装于两个清洁干燥的具塞广口瓶中，密封。瓶上粘贴标签，注明：生产厂名、产品名称、批号、采样日期和采样者姓名。一份作为实验室样品，另一份保存备查，保留时间由生产厂根据实际需要确定。

6.4 生产厂应保证每批生产的牙膏工业用磷酸氢钙产品都符合本标准的要求。

6.5 使用单位有权按照本标准的规定对所收到的牙膏工业用磷酸氢钙产品进行验收，验收时间在货到之日起一个月内进行。

6.6 检验结果如有一项指标不符合本标准要求时，应重新自两倍量的包装中采样进行复验，复验结果即使只有一项指标不符合本标准的要求时，则整批产品为不合格。

6.7 按 GB/T 8170 规定的修约值比较法判定检验结果是否符合标准。

7 标志、标签

7.1 牙膏工业用磷酸氢钙包装上应有牢固清晰的标志，内容包括：生产厂名、厂址、产品名称、“牙膏用”字样、净含量、批号或生产日期、保质期、本标准编号和 GB/T 191—2008 中规定的“怕雨”标志。

7.2 每批出厂的牙膏工业用磷酸氢钙产品都应附有质量证明书。内容包括：生产厂名、厂址、产品名称、“牙膏用”字样、净含量、批号或生产日期、保质期、产品质量符合本标准的证明和本标准编号。

8 包装、运输、贮存

8.1 牙膏工业用磷酸氢钙内包装采用聚乙烯薄膜袋，外包装采用塑料编织袋或复合纸袋包装。每袋净含量 25 kg 或 50 kg。用户对包装有特殊要求时，可供需协商。

8.2 牙膏工业用磷酸氢钙的包装，薄膜袋用维尼龙绳或与其质量相当的绳两次扎紧，或用与其相当的其他方式封口；外袋用维尼龙线或其他质量相当的线牢固缝合。

8.3 牙膏工业用磷酸氢钙在运输过程中应有遮盖物，防止日晒、雨淋、受潮。不得与有毒有害物品混运。

8.4 牙膏工业用磷酸氢钙应贮存在干燥库房中，防止雨淋、受潮、日晒。不得与有毒有害物品混贮。

8.5 牙膏工业用磷酸氢钙在符合本标准包装、运输和贮存的条件下，自生产之日起保质期至少为 24 个月。

ICS 67.200.20
B 33

中华人民共和国国家标准

GB/T 24569—2009

地理标志产品　常山山茶油

Product of geographical indication—Changshan camellia seed oil

2009-10-30 发布　　　　2010-01-01 实施

中华人民共和国国家质量监督检验检疫总局
中国国家标准化管理委员会　发布

前　　言

本标准根据国家质量监督检验检疫行政主管部门颁布的《地理标志产品保护规定》和GB/T 17924《地理标志产品标准通用要求》制定。

本标准的附录A为规范性附录。

本标准由全国原产地域产品标准化工作组提出并归口。

本标准起草单位：浙江省果品质量检验中心（常山）、常山县林业产业协会、浙江省常山油茶研究所、常山县山神油茶开发有限公司、浙江东方茶业科技有限公司常山分公司、浙江常发粮油食品有限公司。

本标准主要起草人：杜红亮、施堂红、何建民、俞日梁、何照斌、陈新建、陈建红、胡水华、苏辉芳。

地理标志产品 常山山茶油

1 范围

本标准规定了常山山茶油的术语和定义、地理标志产品保护范围、物种、栽培技术和加工、质量要求、检验方法及检验规则、标签、标志、包装、贮存和运输等。

本标准适用于国家质量监督检验检疫行政主管部门根据《地理标志产品保护规定》批准保护的，经压榨加工工艺制取的常山山茶油。

2 规范性引用文件

下列文件中的条款通过本标准的引用而成为本标准的条款。凡是注日期的引用文件，其随后所有的修改单(不包括勘误的内容)或修订版均不适用于本标准，然而，鼓励根据本标准达成协议的各方研究是否可使用这些文件的最新版本。凡是不注日期的引用文件，其最新版本适用于本标准。

GB 2716 食用植物油卫生标准

GB 2760 食品添加剂使用卫生标准

GB 2763 食品中农药最大残留限量

GB/T 5009.37 食用植物油卫生标准的分析方法

GB/T 5009.82 食品中维生素 A 和维生素 E 的测定

GB/T 5524 动植物油脂 扦样

GB/T 5525 植物油脂 透明度、气味、滋味鉴定法

GB/T 5526 植物油脂检验 比重测定法

GB/T 5527 植物油脂检验 折光指数测定法

GB/T 5528 动植物油脂 水分及挥发物含量测定

GB/T 5529 植物油脂检验 杂质测定法

GB/T 5530 动植物油脂 酸值和酸度测定

GB/T 5531 粮油检验 植物油脂加热试验

GB/T 5532 动植物油脂 碘值的测定

GB/T 5534 动植物油脂 皂化值的测定

GB/T 5535.1 动植物油脂 不皂化物测定 第 1 部分:乙醚提取法

GB/T 5535.2 植物油脂检验 不皂化物测定 第 2 部分:乙烷提取法

GB/T 5538 动植物油脂 过氧化值测定

GB/T 5539 粮油检验 油脂定性试验

GB 7718 预包装食品标签通则

GB 11765 油茶籽油

GB/T 17374 食用植物油销售包装

GB/T 17376 动植物油脂 脂肪酸甲酯制备

GB/T 17377 动植物油脂 脂肪酸甲酯的气相色谱分析

GB/T 17756 色拉油通用技术条件

GB/T 22460 动植物油脂 罗维朋色泽的测定

LY/T 1328 油茶栽培技术规程

JJF 1070 定量包装商品净含量计量检验规则

定量包装商品计量监督管理办法(国家质量监督检验检疫总局令[2005]第75号)

3 术语和定义

GB 11765 确立的以及下列术语和定义适用于本标准。

3.1

常山山茶油 Changshan camellia seed oil

采用本标准第4章规定的常山县行政区域范围内(北纬28°46′～29°13′,东经118°15′～118°45′)种植的油茶籽经压榨法制取原油后按精炼工艺进行加工,符合本标准质量要求的油茶籽油。按其加工工艺不同分为半精炼常山山茶油和全精炼常山山茶油。

4 地理标志产品保护范围

常山山茶油地理标志产品保护范围限于国家质量监督检验检疫行政主管部门根据《地理标志产品保护规定》批准的范围,即常山县行政区域范围内,见附录A。

5 物种

常山山茶油的主栽物种为普通油茶(*Camellia oleifera* Abel.)。

6 栽培技术和加工

6.1 立地条件

油茶生长立地条件在海拔800 m以下,土壤为红壤、黄壤,酸性至微酸性,土层厚度在50 cm以上。

6.2 栽培技术

按LY/T 1328执行。

6.3 果实采收和处理

油茶果实成熟后才能采摘,严禁提早采摘。成熟果实外表特征:果皮光滑、色泽光亮,油茶籽外壳呈黑色或黄棕色,种仁白中带黄呈油亮。果实采收后,应及时脱籽干燥,防止霉变,除去杂物,进仓待榨。

6.4 加工

6.4.1 半精炼常山山茶油加工工艺

油茶籽→压榨→原油→过滤→脱胶→脱酸→半精炼常山山茶油。

6.4.2 全精炼常山山茶油加工工艺

半精炼常山山茶油→脱色→脱臭→全精炼常山山茶油。

7 质量要求

7.1 特征指标

常山山茶油特征指标见表1。

表1 特征指标

项 目	指 标
折光指数(n^{40})	1.460～1.464
相对密度(d_{20}^{20})	0.912～0.922
碘值(I)/(g/100 g)	83～89
皂化值(KOH)/(mg/g)	193～196
不皂化物/(g/kg) ≤	15

表 1（续）

项　目		指　标
主要脂肪酸组成	饱和酸/%	7.0～11.0
	油酸($C_{18:1}$)/%	74.0～87.0
	亚油酸($C_{18:2}$)/%	7.0～14.0
维生素 E/(mg/100 g)	≥	200

7.2 质量指标

7.2.1 原油质量指标

常山山茶油原油质量指标见表 2。

表 2　原油质量指标

项　目		质量指标
气味、滋味		具有常山山茶油原油固有的气味和滋味，无异味
水分及挥发物/%	≤	0.20
不溶性杂质/%	≤	0.20
酸值(KOH)/(mg/g)	≤	4.0
过氧化值/(mmol/kg)	≤	7.5
溶剂残留量/(mg/kg)		不得检出

7.2.2 成品油质量指标

成品常山山茶油质量指标见表 3。

表 3　成品常山山茶油质量指标

项　目		半精炼常山山茶油质量指标	全精炼常山山茶油质量指标
色泽(罗维朋比色槽 25.4 mm)	≤	黄 35，红 2.0	—
色泽(罗维朋比色槽 133.4 mm)	≤	—	黄 30，红 3.0
气味、滋味		具有常山山茶油固有的气味和滋味，无异味	无气味、口感好
透明度		澄清、透明	澄清、透明
水分及挥发物/%	≤	0.10	0.05
不溶性杂质/%	≤	0.05	0.05
酸值(KOH)/(mg/g)	≤	1.0	0.20
过氧化值/(mmol/kg)	≤	6.0	5.0
加热试验(280 ℃)		无析出物； 罗维朋比色：黄色值不变，红色值增加小于 0.4	—
烟点/℃	≥	—	215
冷冻试验(0 ℃储藏 5.5 h)		—	澄清、透明
溶剂残留量/(mg/kg)		不得检出	不得检出

7.3 卫生指标

7.3.1 农药残留限量指标

农药残留限量指标应符合 GB 2763 的规定。

7.3.2 **其他卫生指标**

其他卫生指标应符合 GB 2716 的规定。

7.4 **食品添加剂**

7.4.1 食品添加剂质量应符合相应的标准和有关规定。

7.4.2 食品添加剂品种及其使用量应符合 GB 2760 的规定。

7.5 **其他**

常山山茶油中不得掺有其他食用油和非食用油,不得添加任何香精、香料和维生素 E。

7.6 **净含量**

应符合《定量包装商品计量监督管理办法》的要求。

8 检验方法

8.1 **透明度、气味、滋味检验**

按 GB/T 5525 执行。

8.2 **色泽检验**

按 GB/T 22460 执行。

8.3 **相对密度检验**

按 GB/T 5526 执行。

8.4 **折光指数检验**

按 GB/T 5527 执行。

8.5 **水分及挥发物检验**

按 GB/T 5528 执行。

8.6 **不溶性杂质检验**

按 GB/T 5529 执行。

8.7 **酸值检验**

按 GB/T 5530 执行。

8.8 **加热试验**

按 GB/T 5531 执行。

8.9 **碘值检验**

按 GB/T 5532 执行。

8.10 **皂化值检验**

按 GB/T 5534 执行。

8.11 **不皂化物检验**

按 GB/T 5535.1 和 5535.2 执行。

8.12 **过氧化值检验**

按 GB/T 5538 执行。

8.13 **冷冻试验**

按 GB/T 17756 执行。

8.14 **烟点检验**

按 GB/T 17756 执行。

8.15 **溶剂残留量检验**

按 GB/T 5009.37 执行。

8.16 **油脂定性试验**

按 GB/T 5539 执行。以油脂的定性试验和常山山茶油特征指标(7.1)作为综合参考判定依据。

8.17 脂肪酸组成检验

按 GB/T 17376 和 17377 执行。

8.18 维生素 E 的检验

按 GB/T 5009.82 执行。

8.19 农药残留指标检验

按 GB 2763 执行。

8.20 卫生指标检验

按 GB/T 5009.37 执行。

8.21 净含量检验

按 JJF 1070 规定的方法测定。

9 检验规则

9.1 抽样

常山山茶油抽样方法按照 GB/T 5524 的规定执行。

9.2 组批

同一批投料、同一条生产线、同一班次生产的包装完好的产品为同一批产品。

9.3 原油检验

每批原油进厂后应检验，符合本标准 7.2.1 要求后方可投入生产。

9.4 出厂检验

9.4.1 应逐批检验，并出具检验报告。

9.4.2 出厂检验项目：色泽、气味、滋味、透明度、酸值、过氧化值、加热试验、溶剂残留量。

9.5 型式检验

9.5.1 当原料、设备、工艺有较大变化或质量监督部门提出要求时，均应进行型式检验。

9.5.2 按第 7 章规定的项目检验。

9.6 判定规则

9.6.1 出厂检验或型式检验项目全部符合本标准要求时判定该批次为合格产品。

9.6.2 出厂检验或型式检验项目中有一项或一项以上不符合本标准要求时判定该批次为不合格产品。

10 标签、标志

除应符合 GB 7718 的规定之外，还应在产品标签中标识“压榨”、“半精炼”或“全精炼”字样。符合本标准的常山山茶油产品和经过国家质量监督检验检疫总局批准的企业可以使用“地理标志产品”字样和专用标志。

11 包装、贮存和运输

11.1 包装

应符合 GB/T 17374 及国家的有关规定和要求。

11.2 贮存

应贮存于阴凉、干燥及避光处，不得与有害、有毒物品一同存放。

11.3 运输

运输中应注意安全，防止日晒、雨淋、渗漏、污染和标签脱落。散装运输应有专车，保持车辆整洁、卫生。

附 录 A
（规范性附录）
常山山茶油地理标志产品保护范围图

常山山茶油地理标志产品保护范围见图 A.1。

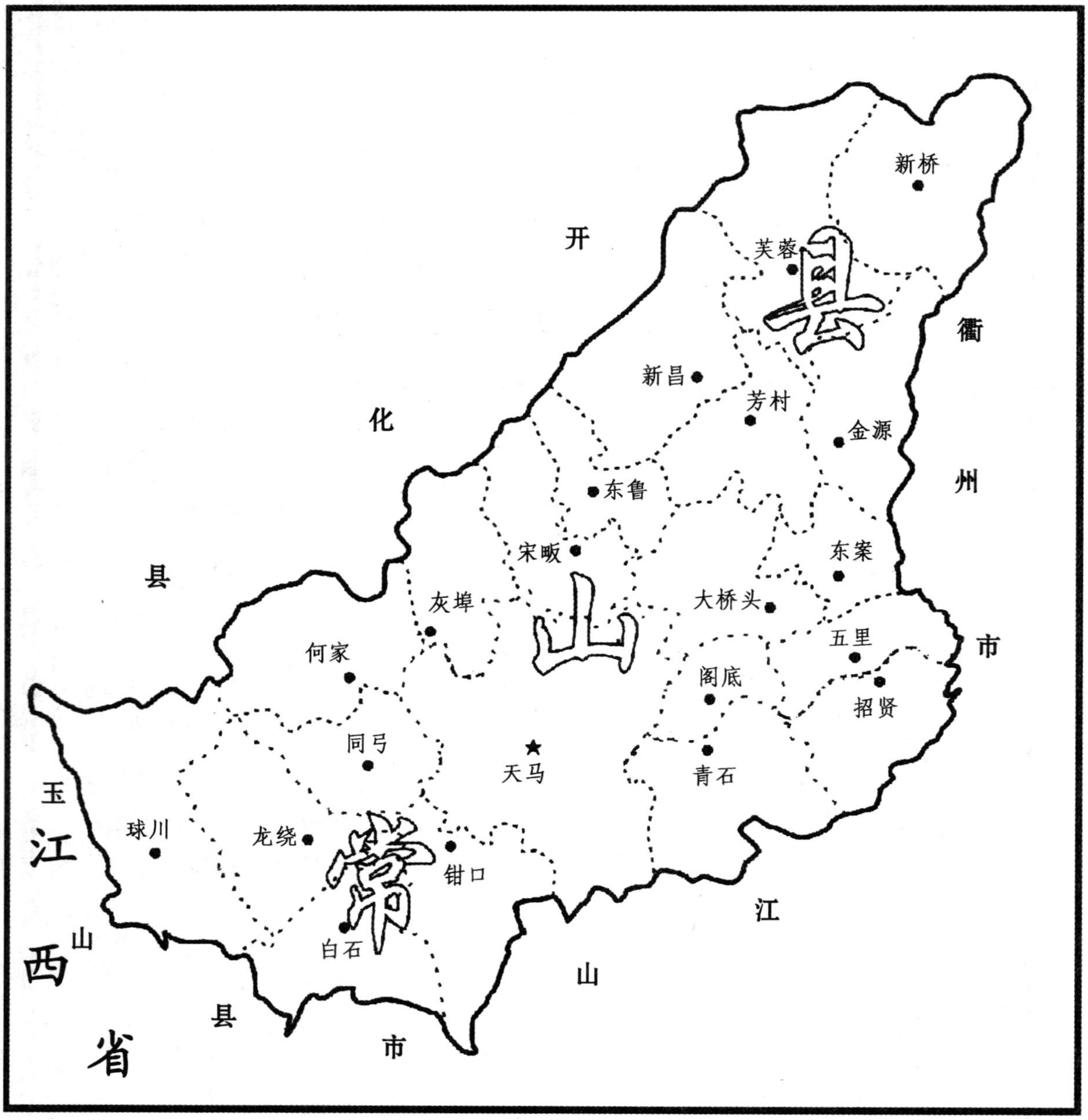

图 A.1 常山山茶油地理标志产品保护范围图

ICS 55.200
A 84

中华人民共和国国家标准

GB/T 24570—2009

无菌袋成型灌装封口机

Aseptic bag forming-filling-sealing machine

2009-10-30 发布　　2010-03-01 实施

中华人民共和国国家质量监督检验检疫总局
中国国家标准化管理委员会　发布

前言

本标准由全国包装机械标准化技术委员会(SAC/TC 436)提出并归口。

本标准负责起草单位:杭州中亚机械有限公司、机械工业包装机械产品质量监督检测中心。

本标准主要起草人:史正、吉永林、章双满、俞利民、陈润洁。

无菌袋成型灌装封口机

1 范围

本标准规定了无菌袋成型灌装封口机(以下简称“无菌机”)的术语和定义、型号、型式、基本参数与工作条件、要求、试验方法、检验规则、标志、包装、运输及贮存等要求。

本标准适用于灌装鲜奶、果汁、奶饮料等不含气液体的无菌袋成型灌装封口机,应用于日化、医药、食品等行业。

2 规范性引用文件

下列文件中的条款通过本标准的引用而成为本标准的条款。凡是注日期的引用文件,其随后所有的修改单(不包括勘误的内容)或修订版均不适用于本标准,然而,鼓励根据本标准达成协议的各方研究是否可使用这些文件的最新版本。凡是不注日期的引用文件,其最新版本适用于本标准。

GB/T 191 包装储运图示标志(GB/T 191—2008,ISO 780:1997,MOD)

GB 2894 安全标志及其使用导则

GB/T 4789.2 食品卫生微生物学检验 菌落总数测定

GB/T 5048 防潮包装

GB 5226.1—2002 机械安全机械电气设备 第1部分:通用技术条件(IEC 60204-1:2000,IDT)

GB 5749 生活饮用水卫生标准

GB/T 7311 包装机械分类与型号编制方法

GB 9969 工业产品使用说明书 总则

GB 12073 乳品设备安全卫生

GB/T 13306 标牌

GB/T 13384 机电产品包装通用技术条件

GB 16179 安全标志使用导则

GB/T 16273.1 设备用图形符号 第1部分:通用符号(GB/T 16273.1—2008,ISO 7000:2004,NEQ)

GB/T 16292 医药工业洁净室(区)悬浮粒子的测试方法

GB/T 16293 医药工业洁净室(区)浮游菌的测试方法

GB/T 16294 医药工业洁净室(区)沉降菌的测试方法

GB 16798 食品机械安全卫生

GB/T 18883—2002 室内空气质量标准

GB 19741 液体食品包装用塑料复合膜、袋

GB 19891 机械安全 机械设计的卫生要求(GB 19891—2005,ISO 14159:2002,MOD)

JB/T 7232 包装机械噪声声功率级的测定 简易法

JB 7233 包装机械安全要求

JJF 1070 定量包装商品净含量计量检验规则

中华人民共和国卫生部《消毒技术规范》(2002年版)

3 术语和定义

下列术语和定义适用于本标准。

3.1

商业无菌　commercial sterilization

在被包装的灌装物料中不含致病菌，不含常温下能增殖的微生物。

3.2

无菌包装　aseptic packaging

将经过灭菌的液体食品在无菌条件下包装、密封在经过灭菌的容器中，使食品在保质期内能在常温下运输和存放。

3.3

100级洁净室(区)　class 100 clean room (area)

对尘粒及微生物污染按规定需进行环境控制的房间或区域，其装备、结构及其使用均具有减少对该区域内污染源的介入、产生和滞留的功能。洁净室(区)的洁净度级别符合GB/T 16292、GB/T 16293、GB/T 16294中所规定的100级洁净室(区)的标准。

3.4

超高温瞬时杀菌　ultra heat treated，UHT

将产品在密闭的系统中加热到120 ℃～150 ℃，持续4 s～30 s后迅速冷却至室温的杀菌过程，简称"UHT"。

3.5

无菌袋成型灌装封口机　aseptic bag forming-filling-sealing machine

以纸基复合膜、塑料复合膜、铝塑复合膜、塑料多层共挤膜为包装材料，在无菌的环境下自动完成成型、常温灌装和封切的机器。

3.6

生产能力　production capacity

无菌机稳定运行时，单位时间内生产的成品袋数量，单位为袋/h。

3.7

平均实际含量　average actual quantity

样本单位的实际含量的算术平均值。

3.8

灌装精度　filling precision tolerance

灌装物料在包装容器中净含量的最大允许误差。

3.9

无菌合格率　qualified asepsis ratio

在UHT正常的情况下，无菌机稳定运行时，抽检包装成品袋中未产生胀包及pH值之差(与原灌装物料pH值相比)不大于0.2的包装件数量与所检查的总包装件数量的百分比。

3.10

包装件合格率　qualified package ratio

在灌装精度合格的条件下，袋形、外观、热封口强度、静压和跌落试验均合格的包装件数量与所检查的总包装件数量的百分比。

4　型号、型式、基本参数与工作条件

4.1　型号

无菌机的型号编制按GB/T 7311的规定。

DXDW - □ □ □ □

- 改进设计顺序代号：依次用英文字母 A、B、C…… 表示。第一次设计的产品无顺序代号。
- 派生顺序代号：以罗马数字 Ⅰ、Ⅱ、Ⅲ…… 表示。
- 主要参数：生产能力(单位为袋/h)/1 000。
- 结构型式代号：气动(Q)、普通传动(P)、伺服(S)。
- 无菌袋成型灌装封口机。

示例：DXDW-Q6A 表示生产能力为 6 000 袋/h，气动驱动的无菌袋成型灌装封口机，第一次改进设计。

4.2 型式与基本参数

4.2.1 无菌机按以下情况分为若干种型式：

a) 按驱动方式分为：气动(Q)、普通传动(P)、伺服(S)；

b) 按灌装头数分为：单头、多头。

4.2.2 基本参数：

无菌机的基本参数应包括：

a) 包装容量：mL；

b) 包装尺寸：(长×宽)mm；

c) 功率：kW；

d) 工作电压、频率：V、Hz；

e) 生产能力：单位为袋/h。

4.3 工作条件

4.3.1 水(包括有菌和无菌)、电、气(包括有菌和无菌)、压缩空气(压缩空气压力≥0.6 MPa)、蒸汽(不低于 0.5 MPa)、消毒剂等工艺条件及参数，均应符合无菌机的要求。

4.3.2 蒸汽系统、压缩空气系统应有安全装置，蒸汽系统主管路应有保温，不便作保温的分支管路应有明显的高温标志，标识应符合 GB 2894 的规定。

4.3.3 空气压缩机及其贮罐应与无菌包装车间分离隔开。

4.3.4 生产用水应符合 GB 5749 中的规定。

4.3.5 包装材料应符合食品卫生要求，细菌数小于 10 CFU/cm^2，包装材料应阻氧避光，熔点温度不高于 160 ℃，厚度 0.09 mm～0.15 mm。

4.3.6 UHT 处理前的原料细菌总数不超过 2×10^5 CFU/mL。

4.3.7 配套的前处理设备、超高温瞬时杀菌设备(UHT)应达到商业无菌要求，SE≥9。

注：SE 表示灭菌效率，指物料和设备灭菌前后微生物总数比的对数值，$SE=\log\frac{灭菌前微生物总数}{灭菌后微生物总数}$。

4.3.8 与前配套处理设备连接的物料管道和管件应采用食品卫生级不锈钢制成，应符合 GB 12073 的要求。

4.3.9 电源电压与额定电压的偏差不超过－10%和＋5%。

4.3.10 过氧化氢应达到食品级，浓度不低于 30%(体积分数)。

5 要求

5.1 无菌机应符合本标准的要求，并按经规定程序批准的图样及技术文件制造。

5.2 无菌机运转应平稳，运动零部件动作应灵敏、协调、准确，无卡阻和异常声响。

5.3 无菌机的电路控制系统应符合 GB 5226.1 的要求，安全可靠、动作准确，各电器接头应联接牢固并加以编号；操作按钮应灵活，并有急停按钮；指示灯显示应正常。

5.4 无菌机中的蒸汽、压缩空气、润滑系统、输送管路等应通畅，控制灵活，无泄漏，符合国家和行业标准的相关规定。

5.5 无菌机的生产能力应达到额定生产能力。

5.6 洁净区(室)洁净度应达到100级标准,空气流应从高级别区域流向相邻的低级别区域,高级别区域相对低级别区域应维持10 Pa～15 Pa的正压,正压的监测应是连续可视的。

5.7 无菌机应设有无菌生产环境自动联锁保护系统,无菌生产环境被破坏后,系统应立即报警,同时根据被破坏程度自动进入相关的处理流程。

5.8 洁净室空间及设备表面,经细菌培养测试,所有控制点不应有菌落生长,SE≥5。

5.9 杀菌后对包装材料进行微生物测试,结果不应有菌落生长,SE≥5。

5.10 正常灌装生产状态下,包装成品的过氧化氢残留浓度应不大于0.5 mg/L。

5.11 无菌机的温度调节器应稳定、可靠地控制热封部位温度,在一定范围内应可调,并应设有加热指示。热封部位表面有效热封长度上的温度差值应在±10 ℃以内。

5.12 无菌机的灌装精度应符合表1的规定,平均实际含量应符合JJF 1070的规定。

表1 灌装精度

净含量/g(mL)	灌装精度/%
0～200	±2.0
200～500	±1.5
500～1 000	±1.0

5.13 包装袋封口后封口部位外观应平整,网纹清晰、无皱褶、灼化和压穿现象。

5.14 包装袋的热封口强度(热封口所能承受的拉力)应不小于表2所列数值。

该表中所述的材料厚度是指热封层材料的厚度,其热封部位的材料大都采用易于热合的PE或PP材料。

表2 热封口强度

材料厚度(用“R”表示)/mm	热封口强度/(N/15 mm)
$0.02 \leqslant R < 0.08$	≥10
$0.08 \leqslant R < 0.18$	≥15
$0.18 \leqslant R < 0.36$	≥50
$R \geqslant 0.36$	≥70

5.15 无菌机以色标定位的控制方式,其切断位置误差不超过±2 mm。用其他形式控制袋的长度时,袋长小于100 mm时,其误差不超过±2 mm;袋长大于或等于100 mm时,其误差不超过袋长的±2%。

5.16 灌装后的包装件经静压和跌落试验,封口处应完好无损。

5.17 在UHT正常的情况下,包装成品的无菌合格率应不低于99.9%。

5.18 包装件合格率应不低于99%。

5.19 无菌机的噪声声压级应不大于75 dB(A)。

5.20 动力电路导线和保护接地电路间施加500 Vd.c.时测得的绝缘电阻应不小于1 MΩ。

5.21 无菌机应有可靠的接地装置并有明显的接地标志,接地电阻应符合GB 5226.1—2002中19.2的要求。

5.22 电气设备的所有电路导线和保护接地电路之间应经受至少1 s时间的耐压试验。

5.23 无菌机的材质与零部件应符合下列规定。

5.23.1 灌装物料为食品时,无菌机的材料选用、设计、制造、配置原则的安全卫生要求应符合GB 16798的规定。灌装物料为药品时,无菌机与灌装物料及包装材料相接触的表面材料,应符合国家对药品生产设备的有关规定。

5.23.2 无菌机的机械设计卫生安全应符合 GB 19891 的要求。

5.23.3 凡与包装材料、灌装物料接触的设备表面应光洁、平整、易清洗或消毒、耐腐蚀，不与灌装物料发生化学反应。

5.23.4 与灌装物料接触或需经 CIP 清洗的容器、管道、阀门等表面应抛光、无死角、焊道打磨抛光，无存料缝隙，无菌机灌装物料接触区域不应对物料产生污染。容器、阀门的表面粗糙度 Ra 值不大于 1.6 μm，处于洁净区(室)内非产品接触表面零部件的粗糙度 Ra 值不大于 3.2 μm。

5.23.5 与灌装物料、无菌水、无菌气接触的外购阀门、检测元件和管件应选用无菌型或无清洗死角的结构型式。

5.23.6 设备所用的润滑剂、冷却剂等不应对灌装物料或容器造成污染。

5.23.7 无菌机中与(或可能与)消毒剂或清洗液等介质接触的橡胶件、密封件材料应选用耐氧化腐蚀型，例如氟橡胶、硅橡胶、乙丙橡胶等。

5.23.8 无菌机所用的原材料、外购配套零部件应有生产厂的质量合格证明书，如果没有质量合格证明书则应按产品相关标准验收合格后，方可投入使用。

5.24 无菌机的安全防护应符合下列规定：

a) 无菌机的安全防护应符合 JB 7233 的规定；
b) 无菌机上应有清晰醒目的操纵、润滑、防烫及防化学品伤害等安全警示标志。安全标志应符合 GB 2894、GB 16179 和 GB/T 16273.1 的规定；
c) 当打开无菌机的防护装置有可能造成危险时，无菌机应设有联锁保护，该装置应与无菌机机械传动机构联锁。当包装材料或灌装物料低于控制下限或无料时，应报警或报警并停机；
d) 无菌机上的各零件及螺栓、螺母等紧固件应固定可靠，不应松动、因震动而脱落；
e) 在灌装物料接触表面上粘接的橡胶件，塑料件(如需固定的密封垫圈、视镜胶框)等应连续粘接，保证在正常工作条件(清洗、加热、加压)下不脱落；
f) 无菌机的齿轮、皮带、链条、摩擦轮等运动部件裸露时应设置防护罩。机械的往复运动应有极限位置的保护装置；
g) 无菌机的电源开关、起动、停止按钮等应灵敏可靠；
h) 无菌机使用挥发性杀菌液时，储存箱或浸泡箱应封闭，具有安全保护装置。

5.25 无菌机的外观质量应符合下列规定。

5.25.1 非加工表面的涂漆和喷塑层等应平整光滑、色泽均匀，应无明显的划痕、污浊、流痕、起泡等缺陷。

5.25.2 表面处理的零件应色泽均匀，无起泡、起层、锈蚀等缺陷。

5.26 无菌机操作环境中过氧化氢含量应不大于 2 mg/L。

6 试验方法

6.1 试验条件

6.1.1 试验环境温度宜为 18 ℃～28 ℃。

6.1.2 试验时采用的包装材料应符合 4.3.5 和 GB 19741 的规定，灌装物料采用符合国家和行业标准规定的液状介质(如果汁等)。

6.1.3 洁净区(室)洁净度按 GB/T 16292、GB/T 16293 和 GB/T 16294 规定的方法进行测量，应符合 5.6 的规定[无菌洁净室(区)洁净度符合要求后，方可进行 6.2～6.14 的试验]。

6.2 空运转试验

每台无菌机装配完成后，均应做空运转试验，按额定速度连续空运转时间应不小于 6 h，检查机器性能，应符合 5.2 和 5.3 的规定。

6.3 气路、管路及润滑系统密封性检查

6.3.1 目测观察蒸汽管密封件处有无蒸汽泄漏和滴水，应符合 5.4 的规定。

6.3.2 用肥皂水或洗涤剂水涂抹在气动元件密封件的密封处，观察是否漏气，应符合 5.4 的规定。

6.3.3 用脱脂棉在润滑系统的密封件周围轻轻擦拭，观察脱脂棉上有无油渍，应符合 5.4 的规定。

6.3.4 用脱脂棉在输送管路的密封件周围轻轻擦拭，观察脱脂棉上有无物料，应符合 5.4 的规定。

6.4 生产能力试验

无菌机正常运转后连续包装 0.5 h，统计包装件数量，按式(1)计算生产能力，应符合 5.5 的规定。

$$V=\frac{M}{0.5} \qquad \cdots\cdots(1)$$

式中：

V——生产能力，单位为袋每小时(袋/h)；

M——完成的包装件数量，单位为袋。

6.5 微生物验证测试

6.5.1 洁净室空间及其设备表面菌落测试

a) 洁净室空间菌落测试：先将已装入培养基(灭菌)的平皿放入洁净区(室)内(其洁净度已达到 100 级标准)，经 SOP 清洗灭菌后，在设定的关键点处打开平皿，时间不超过 10 min，然后使无菌机正常运转，保持洁净区(室)内的空气流动，进行动态测试，30 min 后，盖上平皿，然后放到培养箱中培养，按 GB/T 4789.2 中的规定测试，观察其结果，应符合 5.8 的要求；

b) 洁净室内设备表面菌落测试：对洁净室设备表面进行涂抹试验，使用无菌棉签对指定位置(一般是安排在不易清洗干净的设备表面，以及对无菌要求极高的部位，例如灌装头附近)进行涂抹取样，按 GB/T 4789.2 中的规定测试，观察其结果，应符合 5.8 的要求。

6.5.2 包装材料的微生物验证测试

取杀菌封口后的空袋 20 个，在无菌实验室中将试验袋沿纵缝剪开，裁成最大的长方型，量出面积，准确到 0.1 cm^2。取 100 mL 无菌水，用无菌水浸湿的无菌棉反复擦拭待检表面，按照 GB/T 4789.2 的规定检验细菌总数，其结果应符合 5.9 的要求。

6.6 过氧化氢残留试验

过氧化氢的残留量按《消毒技术规范》(2002 年版)的方法测定，测定结果符合 5.10 的规定。

6.7 温控试验

将温度调节器调至热封温度值，用测温仪(测温仪精度为±1.5 ℃、分辨率为 0.1 ℃)在热封部位有效长度上测三点，其中一处取其中点，另两处分别取在距有效热封长度两端 15 mm 处，所测三点的温度差应符合 5.11 的规定。

6.8 灌装精度试验

用最大允许误差小于或等于被检测的包装件净含量允许偏差的三分之一的校验秤按表 3 的规定核称灌装物料的净含量，灌装物料的实测净含量与标注净含量之差应符合 5.12 的规定。

表 3 计量检验抽样方案

包装件批量 N	抽样件数 n	平均实际含量修正值($\lambda \cdot S$)		允许单件超出灌装精度 1 倍小于或者等于 2 倍的件数	允许单件超出灌装精度 2 倍的件数
		修正因子 λ	实际含量标准偏差 S		
1～10	N	—	—	0	0
11～50	10	1.028	S	0	0
51～99	13	0.848	S	1	0

表 3（续）

包装件批量 N	抽样件数 n	平均实际含量修正值($\lambda \cdot S$)		允许单件超出灌装精度 1 倍小于或者等于 2 倍的件数	允许单件超出灌装精度 2 倍的件数
		修正因子 λ	实际含量标准偏差 S		
100～500	50	0.379	S	3	0
501～3 200	80	0.295	S	5	0
大于 3 200	125	0.234	S	7	0

注 1：本抽样方案的置信度为 99.5%。

注 2：一个检验批的批量小于或等于 10 件时，只对每个单件定量包装商品的实际含量进行检验和评定，不作平均实际含量的计算。

按式(2)计算平均实际含量。

$$\bar{q} = \frac{1}{n}\sum_{i=1}^{n} q_i \quad \cdots\cdots(2)$$

式中：

$\bar{q}$——抽样包装件的平均实际含量；

q_i——灌装物料实测净含量；

n——抽样件数。

平均实际含量应符合式(3)要求：

$$\bar{q} \geqslant (Q_n - \lambda \cdot S) \quad \cdots\cdots(3)$$

式中：

Q_n——标注净含量；

λ——修正因子 $\lambda = t_{0.995} \times \frac{1}{\sqrt{n}}$；

S——实际含量标准偏差，$S = \sqrt{\frac{1}{n-1}\sum_{i=1}^{n}(q_i - \bar{q})^2}$。

注：平均实际含量应大于或等于标注净含量减去平均实际含量修正值 λS。

6.9 无菌合格率试验

从每个灌装头处，抽取灌装成品 2 400 袋，抽取方法：每 5 袋中抽取一袋。将抽取的成品袋放置于 38 ℃恒温中培养 5 d，化验灌装物料的 pH 值，与原灌装物料的 pH 值进行对比，统计 pH 差值大于 0.2 的数量 P_1 及胀包的数量 P_2。

计算见式(4)：

$$\text{无菌合格率} = \left(1 - \frac{P_1 + P_2}{2\ 400}\right) \times 1\ 000‰ \quad \cdots\cdots(4)$$

式中：

P_1——pH 差值大于 0.2 的数量，单位为袋；

P_2——胀包数量，单位为袋。

计算结果应符合 5.17 的规定，连续做三个批次均合格后，则判定包装成品达到无菌要求。

6.10 包装件合格率试验

6.10.1 包装件外观质量试验

无菌机连续正常工作后，在额定速度运转情况下，分三次抽取 100 袋样品，每次抽取间隔时间不小于 1 min。目测样品袋的外观质量并测量其光电跟踪切断位置误差，应符合 5.13 和 5.15 的规定，统计不合格品数 a_1。

6.10.2 热封口强度试验

取外观质量合格的样品25袋，按表4的方法在每袋封口处抽取试样，每条试样宽15 mm，与封口长度垂直方向上长50 mm，180°平展后长度为100 mm，将封口位于中间的试样两端分别放置在电子万能试验机的夹具中。夹具间距离为50 mm，试验速度为300 mm/min±20 mm/min，读取试样断裂时的最大载荷，以每袋试样载荷中的最低值作为本袋的封口强度，应符合5.14的规定，统计不合格品数 a_2。

表4 热封口强度试验抽样方案

袋封口总长(L)/mm	15 mm≤L≤30 mm	30 mm<L≤60 mm	L>60 mm
取样点的位置 及数量	袋封口处中间部位 取一条试样	袋封口处左、右部位 各取一条试样	袋封口处的左、中、右部位 各取一条试样

6.10.3 静压和跌落试验

取外观质量合格的样品25袋做静压试验。将样品置于两块加压板中，下板上放有试纸。加压板的表面积至少应为样品平放投影面积的两倍，其表面应光滑、平整，试验中上下板应保持水平。按表5的规定加砝码保持1 min(静压载荷为上加压板与砝码质量之和)，检查样品，不应有泄漏，统计不合格品数 a_3；取余下的外观质量合格的样品做跌落试验，将样品的热合封口处朝下，方向与跌落平面垂直，从表5规定的跌落高度跌落，检查样品热合封口，应符合5.16的规定，统计不合格品数 a_4。

表5 静压载荷和跌落高度

包装袋总质量/g	试验项目	
	静压载荷/N	跌落高度/mm
≤100	200	1 200
>100～400	400	1 000
>400～2 000	600	600

6.10.4 包装件合格率

按式(5)计算包装件合格率：

$$包装件合格率 = \frac{100-(a_1+a_2+a_3+a_4)}{100} \times 100\% \quad \cdots\cdots(5)$$

式中：

a_1——外观质量不合格品数，单位为袋；

a_2——热封口强度不合格品数，单位为袋；

a_3——静压试验不合格品数，单位为袋；

a_4——跌落试验不合格品数，单位为袋。

计算结果应符合5.18的规定。

6.11 电气安全试验

6.11.1 用绝缘电阻表按GB 5226.1—2002中19.3的规定测量绝缘电阻，应符合5.20的规定。

6.11.2 检查接地装置，按GB 5226.1—2002中19.2的规定测量其接地电阻，应符合5.21的规定。

6.11.3 用耐压测试仪按GB 5226.1—2002中19.4的规定做耐压试验，应符合5.22的规定。

6.12 噪声测试

在连续工作过程中，无菌机的噪声按JB/T 7232的规定的方法进行测量，其噪声值应符合5.19的规定。

适宜时可采用如下方法：在环境背景噪声A计权声压级与被测无菌机的工作噪声A计权声压级之差大于10 dB(A)时，用精密声级计测量无菌机前、后、左、右四个方向正中，距无菌机1 m、距操作平台1.5 m处的噪声，以测得的噪声值的最大值作为无菌机的噪声值，应符合5.19的规定。

6.13 材质检查

检查机器材质报告及质量合格证明书，应符合5.23的规定。

6.14 安全防护检查

检查安全防护装置，应符合5.24的规定。

6.15 外观质量检查

检查机器外观质量，应符合5.25的规定。

6.16 操作区环境测定

无菌机正常运行后，在距离无菌机1.2 m处和顶部上1.6 m处分别取样。按GB/T 18883—2002附录C规定的方法进行测量，应符合5.26的规定。

7 检验规则

7.1 出厂检验

7.1.1 无菌机出厂检验应按表6中要求。

表6 检验项目

<table>
<tr><th rowspan="2">序号</th><th rowspan="2">检验项目名称</th><th colspan="2">检验类别</th><th rowspan="2">检验方法</th></tr>
<tr><th>型式检验</th><th>出厂检验</th></tr>
<tr><td>1</td><td>电气安全试验</td><td rowspan="16">√</td><td rowspan="4">√</td><td>6.11</td></tr>
<tr><td>2</td><td>空运转试验</td><td>6.2</td></tr>
<tr><td>3</td><td>气路、管路及润滑系统密封性检查</td><td>6.3</td></tr>
<tr><td>4</td><td>生产能力试验</td><td>6.4</td></tr>
<tr><td>5</td><td>微生物验证测试</td><td rowspan="2">—</td><td>6.5</td></tr>
<tr><td>6</td><td>过氧化氢残留试验</td><td>6.6</td></tr>
<tr><td>7</td><td>温控试验</td><td rowspan="2">√</td><td>6.7</td></tr>
<tr><td>8</td><td>灌装精度试验</td><td>6.8</td></tr>
<tr><td>9</td><td>无菌合格率试验</td><td rowspan="2">—</td><td>6.9</td></tr>
<tr><td>10</td><td>包装件合格率试验</td><td>6.10</td></tr>
<tr><td>11</td><td>噪声测试</td><td rowspan="4">√</td><td>6.12</td></tr>
<tr><td>12</td><td>材质检查</td><td>6.13</td></tr>
<tr><td>13</td><td>安全防护检查</td><td>6.14</td></tr>
<tr><td>14</td><td>外观质量检查</td><td>6.15</td></tr>
<tr><td>15</td><td>操作区环境测定</td><td>—</td><td>6.16</td></tr>
<tr><td>16</td><td>产品标牌及技术文件</td><td>√</td><td>8.1、8.2.6</td></tr>
</table>

7.1.2 每台无菌机应经制造厂的质量检验部门按本标准检验合格，并附有产品合格证方可出厂。

7.2 型式检验

7.2.1 有下列情况之一时，应进行型式检验：

a) 老产品转厂生产或新产品的试制定型鉴定；

b) 正式生产后，如材料、结构、工艺有较大改变，可能影响无菌机性能；

c) 正常生产时，定期或积累一定产量后，应每年进行一次检验；

d) 无菌机长期停产后，恢复生产；

e) 出厂检验结果与上次型式检验有较大差异；

f) 国家质量监督机构提出型式检验要求。

7.2.2 型式检验应包括表6全部项目。型式检验的项目全部合格为型式检验合格。在型式检验中，若电气系统的保护接地电路的连续性、绝缘电阻、耐压试验、微生物验证测试、灌装精度试验、过氧化氢残留量试验、无菌合格率有一项不合格，即判定为型式检验不合格。其他项目有一项不合格，应加倍复测不合格项目，仍不合格的，则判定该无菌机型式检验不合格。

8 标志、包装、运输和贮存

8.1 每台无菌机应在明显的部位固定标牌，标牌尺寸和技术要求按GB/T 13306的规定。标牌上至少应标出下列内容：

a) 产品型号；

b) 产品名称；

c) 产品主要技术参数；

d) 制造日期和出厂编号；

e) 制造厂名称及所在地(出口产品加标“中华人民共和国”)。

8.2 无菌机的包装、运输应符合下列规定。

8.2.1 无菌机的运输包装应符合GB/T 13384的规定。

8.2.2 无菌机包装前，外露加工表面应进行防锈处理。

8.2.3 无菌机包装箱应牢固可靠，适合运输装卸的要求。

8.2.4 包装箱应有可靠的防潮措施，并符合GB/T 5048的规定。

8.2.5 无菌机随机专用工具及易损件应加以包装并固定在包装箱中。

8.2.6 技术文件应妥善包装放在包装箱内，内容包括：

a) 产品合格证；

b) 产品使用说明书(编写应符合GB 9969的规定)；

c) 装箱单。

8.2.7 包装箱外表面应清晰标出发货及运输作业标志，并应符合GB/T 191的规定。

8.2.8 无菌机运输过程中应小心轻放，不允许倒置和碰撞。

8.3 无菌机应储存于干燥通风、无腐蚀性气体的场所。

8.4 在用户遵守产品的使用、贮存、安装运输规则条件下，从发货之日起，无菌机确因制造质量不良而不能正常工作时，制造厂应在保修期内负责免费为用户修理或更换零件(不包括易损件)。

ICS 55.200
A 84

GB

中华人民共和国国家标准

GB/T 24571—2009

PET 瓶无菌冷灌装生产线

Aseptic PET bottles cold-filling line

2009-10-30 发布　　　　2010-03-01 实施

中华人民共和国国家质量监督检验检疫总局
中国国家标准化管理委员会　发布

前　言

本标准由全国包装机械标准化技术委员会(SAC/TC 436)提出并归口。

本标准负责起草单位:南京乐惠轻工装备制造有限公司、杭州中亚机械有限公司、江苏新美星液体包装工程技术研究中心有限公司、廊坊百冠包装机械有限公司、建技集团佛山建邦机械有限公司、机械工业包装机械产品质量监督检测中心。

本标准主要起草人:黄东宁、史中伟、何德平、陆佩忠、黄伟迪、陈小平、吉永林、张国宏、张铁军、李峰、蔡林昌、陈润洁。

PET 瓶无菌冷灌装生产线

1 范围

本标准规定了 PET 瓶无菌冷灌装生产线(以下简称"无菌线")的术语和定义、型号、型式、设备组成、基本参数、无菌线工作条件、要求、试验方法、检验规则、标志、包装、运输及贮存等要求。

本标准适用于在无菌条件下、液体食品用 PET 等塑料瓶的灌装生产设备,应用于食品等行业。

2 规范性引用文件

下列文件中的条款通过本标准的引用而成为本标准的条款。凡是注日期的引用文件,其随后所有的修改单(不包括勘误的内容)或修订版均不适用于本标准,然而,鼓励根据本标准达成协议的各方研究是否可使用这些文件的最新版本。凡是不注日期的引用文件,其最新版本适用于本标准。

GB/T 191 包装储运图示标志(GB/T 191—2008,ISO 780:1997,MOD)

GB 2894 安全标志及其使用导则

GB/T 4789.2 食品卫生微生物学检验 菌落总数测定

GB/T 4789.15 食品卫生微生物学检验 霉菌和酵母计数

GB/T 4789.26 食品卫生微生物学检验 罐头食品商业无菌的检验

GB/T 5048 防潮包装

GB 5226.1—2002 机械安全机械电气设备 第 1 部分:通用技术条件(IEC 60204-1:2000,IDT)

GB 5749 生活饮用水卫生标准

GB/T 7311 包装机械分类与型号编制方法

GB 9969 工业产品使用说明书 总则

GB 12695 饮料企业良好生产规范

GB/T 13306 标牌

GB/T 13384 机电产品包装通用技术条件

GB 16179 安全标志使用导则

GB/T 16273.1 设备用图形符号 第 1 部分:通用符号(GB/T 16273.1—2008,ISO 7000:2004,NEQ)

GB/T 16292 医药工业洁净室(区)悬浮粒子的测试方法

GB/T 16293 医药工业洁净室(区)浮游菌的测试方法

GB/T 16294 医药工业洁净室(区)沉降菌的测试方法

GB 16798 食品机械安全卫生

GB/T 17876 包装容器 塑料防盗瓶盖

GB/T 18883—2002 室内空气质量标准

GB 19891 机械安全 机械设计的卫生要求(GB 19891—2005,ISO 14159:2002,MOD)

JB/T 7232 包装机械噪声声功率级的测定 简易法

JB 7233 包装机械安全要求

QB 1868 聚对苯二甲酸乙二醇酯(PET)碳酸饮料瓶

JJF 1070 定量包装商品净含量计量检验规则

中华人民共和国卫生部《消毒技术规范》(2002 年版)

3 术语和定义

下列术语和定义适用于本标准。

3.1

商业无菌 commercial sterilization

在被包装的液体食品中不含致病菌、不含常温下能增殖的微生物。

3.2

无菌冷灌装 aseptic cold-filling

将经过灭菌的液体食品在常温无菌条件下灌装、密封在经过灭菌的容器中，使食品在保质期内能在常温下运输和贮存。

3.3

原位清洗 cleaning in place，CIP

不拆卸设备或元件，在密闭的条件下，用一定温度和浓度的清洗液对被清洗表面加以强力作用，使与食品接触的表面洗净的方法，也称为就地清洗，简称“CIP”。

3.4

原位杀菌 sterilization in place，SIP

不拆卸设备或元件，在密闭的条件下，用一定温度和浓度的杀菌介质，或用蒸汽、热水、过热水对被杀菌表面进行强力作用而达到杀菌要求，简称“SIP”。

3.5

设备表面清洗 cleaning outside process，COP

无菌空间内部设备表面的清洗，简称“COP”。

3.6

设备表面杀菌 sterilization outside process，SOP

无菌空间内部设备表面的杀菌，简称“SOP”。

3.7

超高温瞬时杀菌 ultra heat treated，UHT

将产品在密闭的系统中加热到 120 ℃～150 ℃，持续 4 s～30 s 后迅速冷却至室温的杀菌过程，简称“UHT”。

3.8

菌落总数 aerobic bacterial count

在一定的条件下培养后（如：培基成分、培养温度和时间、pH、需氧性质等），所得 1 mL(g)检样中所含菌落的总数。按国家标准方法规定，即在需氧情况下，37 ℃培养 48 h，能在普通营养琼脂平板上生长发育的嗜中温性需氧的菌落总数，单位为“CFU/mL(g)”。

3.9

100 级洁净室（区） class 100 clean room (area)

对尘粒及微生物污染按规定需进行环境控制的房间或区域，其装备、结构及其使用均具有减少对该区域内污染源的介入、产生和滞留的功能。洁净室（区）的洁净度级别符合相关标准中所规定的 100 级洁净室（区）要求。

3.10

无菌周期 aseptic period

确保无菌生产状态而进行周期 CIP/SIP 清洗杀菌的最长间隔时间。

3.11

灭菌效率 sterilization efficiency，SE

物料和设备灭菌前后微生物总数比的对数值，用下面的公式计算灭菌效率。

$$SE=\log\frac{灭菌前微生物总数}{灭菌后微生物总数}$$

3.12

低酸性液体食品　low acid liquid food

除酒精饮料以外，杀灭菌后平衡 pH 值大于 4.6 的液体食品。

3.13

酸性液体食品　acid liquid food

灭菌后平衡 pH 值小于等于 4.6 的液体食品。

3.14

产品染菌率　contamination ratio of product

一个产品抽样检验批次中出现的微生物增殖瓶数与生产总瓶数的比值。

3.15

微生物　microbe

一类形体小于 0.1 mm、结构简单、肉眼看不见或看不清的微小生物的统称，主要包括原核生物类（细菌、放线菌等）；真核生物类（酵母菌、霉菌等真菌，阿米巴虫等原生动物，衣藻等量微藻类）；非细胞生物类（病毒和亚病毒）等。

3.16

净含量　net quantity

除去包装容器和其他包装材料后内装产品的量。

注：不论产品的包装材料，还是任何与该产品包装在一起的其他材料，均不应记为净含量。

4 型号、型式、设备组成、基本参数及无菌线工作条件

4.1 型号

无菌线的型号编制按 GB/T 7311 的规定。

GWJ - □ □ - □ □

- □（第四位）—— 改进设计顺序代号：依次用英文字母 A、B、C…… 表示。第一次设计的产品无顺序代号。派生顺序代号：以罗马数字 Ⅰ、Ⅱ、Ⅲ…… 表示。
- □（第三位）—— 拧盖（热压封盖）头数量，单位为个。
- □（第二位）—— 灌装阀数量，单位为个。
- □（第一位）—— 结构型式代号：旋转式用“X”表示，直线式用“Z”表示。
- GWJ —— PET 瓶无菌冷灌装生产线

示例 1：GWJ-X32-12 表示旋转式 PET 瓶无菌冷灌装生产线，灌装阀数量为 32 个，拧盖头数量为 12 个，第一次设计。

示例 2：GWJ-Z8-8 表示直线式 PET 瓶无菌冷灌装生产线，灌装阀数量为 8 个，热压封盖（或拧盖）头数量为 8 个，第一次设计。

4.2 无菌线按以下情况分为若干种型式

4.2.1 按供瓶方式分为：连线式、非连线式。

4.2.2 按灌装结构型式分为：旋转式、直线式。

4.3 设备组成

4.3.1 无菌线应由下列主要单机和系统组成：

a) 物料杀菌系统；

b) 瓶消毒机；

c) 盖消毒机；
d) 无菌冲瓶、灌装、拧盖(热压封盖)机组；
e) 理盖(加盖)系统；
f) 自动 CIP、SIP 系统；
g) 消毒液配置及回收系统；
h) 无菌水制备系统；
i) 100 级洁净室(区)空气净化系统；
j) 蒸汽净化系统；
k) 无菌压缩空气或无菌氮气系统；
l) 废气处理系统。

4.3.2 无菌线可选配下列辅助设备：

a) 无菌罐系统；
b) 吹瓶机或理瓶机；
c) 贮瓶仓；
d) 输瓶系统；
e) 瓶盖提升机；
f) 自动 COP、SOP 系统；
g) 裹(套)标机；
h) 装箱机或收缩包装机；
i) 输箱系统；
j) 码垛机；
k) 喷码机；
l) 其他辅助设备。

4.4 基本参数

无菌线的基本参数应包括：

a) 灌装容量：mL、L；
b) 灌装阀数量：个；
c) 拧盖(热压封盖)头数量：个；
d) 生产能力：瓶/h；
e) 功率：kW；
f) 额定电压、频率：V、Hz；
g) 无菌线生产效率应不小于额定生产能力的 85%。

4.5 无菌线工作条件

4.5.1 无菌水、电、气(包括有菌和无菌)、蒸汽(不低于 0.6 MPa)、压缩空气(不低于 0.6 MPa)、消毒剂等工艺条件及参数，均要相应符合无菌线中各单机的要求。

4.5.2 空气压缩机及其贮罐应与无菌线车间分离隔开。

4.5.3 生产用水应符合 GB 5749 中的规定。

4.5.4 电源电压与额定电压的偏差不超过 +5% 和 −10%。

4.5.5 无菌冲瓶、灌装、拧盖(或封盖)机组工作环境应在 10 万级的洁净厂房内。

4.5.6 根据灌装物料性质和保质期，确定瓶和盖的阻氧性和避光性条件。

5 要求

5.1 无菌线应符合本标准的要求，并按经规定程序批准的图样及技术文件制造。

5.2 无菌线各单机运转应平稳，工作性能应可靠，运动零部件动作应灵敏、协调、准确，无卡阻和无异常发热、振动和异常声响。

5.3 无菌线各电路控制系统应符合 GB 5226.1 的要求，安全可靠、动作准确，各电器接头应联接牢固并加以编号；操作按钮应灵活，并有急停按钮；指示灯显示应正常。

5.4 输送带应平稳可靠，挡瓶器动作灵活可靠。

5.5 无菌线中的蒸汽、压缩空气、润滑系统、输送管路等应通畅、控制灵活、无泄漏，应符合国家和行业相关标准的规定。

5.6 无菌线应设有无菌生产环境自动连锁保护系统，当无菌生产环境被破坏时，系统应立即报警；根据被破坏程度自动进入相关的处理流程，供操作人员确认。

5.7 冲瓶、灌装、封盖区域的洁净度，应符合 GB/T 16292、GB/T 16293、GB/T 16294 中规定的 100 级洁净区(室)的标准；空气流应从高级别区域流向相邻的低级别区域，高级别区域相对低级别区域应维持 10 Pa～15 Pa 的正压，正压的监测应是连续可视的。

5.8 洁净区(室)空间及其设备表面经 COP/SOP 清洗杀菌后，测试其所有控制点不应有菌落生长，杀菌剂的灭菌效率(SE)不低于 5。

5.9 和无菌线配套的物料杀菌设备，对于低酸性液体食品其灭菌效率不低于 9，对于酸性液体食品其灭菌效率不低于 6。

5.10 对灭菌后空瓶、瓶盖、带盖空瓶、无菌水进行微生物验证测试，结果不应有菌落、霉菌和酵母菌生长；利用相应培养基进行灌装测试，染菌率不大于万分之一。

5.11 正常灌装生产状态下，灭菌后空瓶内的过氧乙酸或过氧化氢残留浓度应不大于 0.5 mg/L。

5.12 无菌线操作区过氧乙酸或过氧化氢浓度应不大于 2 mg/L。

5.13 灌装酸性液体食品时，无菌周期不小于 48 h；灌装低酸性液体食品时，无菌周期不小于 16 h。

5.14 灌装机的灌装精度应符合表 1 规定，平均实际含量应符合 JJF 1070 的规定。

表 1 灌装精度

净含量/mL(g)	灌装精度/%
<500	±1.5
≥500～1 000	±1
≥1 000～2 000	±0.5
≥2 000～10 000	±0.3

5.15 包装件的外观和封口质量的规定。

5.15.1 包装件的外观质量应符合下列规定：

5.15.1.1 包装件表面应光洁，无变形、凹瘪、错标和瓶口支撑环处无拉丝等现象。

5.15.1.2 包装件的封口处，无高盖、歪盖、破盖、无盖等现象。

5.15.1.3 包装件的生产日期、生产批号等喷码位置应正确、一致，喷码应清晰、牢固。

5.15.2 瓶盖开启力矩应在 0.6 N·m～2.8 N·m 范围内，其合格率不小于 99.8%(热压封盖不做此项试验)。

5.15.3 包装件经密封性试验，封口处应无泄漏。

5.16 包装件外观和封口合格率应不小于 99.5%。

5.17 包装件的微生物指标应符合商业无菌要求，并符合相关产品的卫生标准。

5.18 无菌线正常运行时，噪声声压级应不大于 80 dB(A)。

5.19 动力电路导线和保护接地电路间施加 500 V 电压时测得的绝缘电阻应不小于 1 MΩ。

5.20 电气设备应有可靠的接地装置，并有明显的接地标志，接地电阻应符合 GB 5226.1—2002 中 19.2 的要求。

5.21 电气设备的所有电路导线和保护接地电路之间应经受至少 1 s 时间的耐压试验。

5.22 无菌线的安全防护应符合下列规定：

a) 无菌线各单机的安全防护应符合 JB 7233 的规定；

b) 无菌线的各单机上应有清晰醒目的操纵、润滑、安全保护和警告等各种标志，安全标志应符合 GB 2894、GB 16179 和 GB/T 16273.1 的规定；

c) 无菌线应设有联锁保护，当包装瓶卡住、缺少物料或误操作时，应报警并停止机器工作。当打开无菌线的防护装置有可能造成危险时，该装置应与传动机构联锁；

d) 蒸汽系统、压缩空气系统应有安全装置，蒸汽系统主管路应有保温措施，不便作保温的分支管路有明显的高温标志，标识应符合 GB 2894 的规定；

e) 无菌线对易脱落的零部件应有防松装置，外露的旋转齿轮、皮带轮、链轮等应有防护装置，机械的往复运动应有极限位置的保护装置；

f) 无菌线使用挥发性杀菌液时，储存箱或浸泡箱应封闭，具有安全保护装置；

g) 联结无菌线各部分的操作人员架空通道高度超过 1.5 m 时，两侧应有护栏，护栏高度不低于 1.05 m。

5.23 无菌线的外观质量应符合下列规定：

5.23.1 非加工表面的涂漆和喷塑层等应平整光滑、色泽均匀，无明显的污浊、流痕、起泡等缺陷。

5.23.2 表面处理的零件应色泽均匀，无起泡、起层、锈蚀等缺陷。

5.24 无菌线的材质与零部件应符合下列规定：

5.24.1 无菌线各单机的材料及其卫生性、设备结构及其安全卫生性、可洗净性、可拆卸性等要求应符合 GB 16798 中的规定。

5.24.2 凡与包装容器、灌装物料接触的设备表面应光洁、平整、易清洗或消毒、耐腐蚀，不与灌装物料发生化学反应。

5.24.3 与灌装物料接触或需经 CIP 清洗的容器、管道、阀门等表面应抛光、无死角、焊道打磨抛光，无存料缝隙。无菌线物料接触区域不应对物料产生污染。容器、阀门的表面粗糙度 Ra 值不大于 1.6 μm，处于洁净区(室)内非产品接触表面零部件的粗糙度 Ra 值不大于 3.2 μm。

5.24.4 洁净区使用的润滑油应有防护装置，且符合食品级润滑油相关标准。

5.24.5 与灌装物料、无菌水、无菌气接触的外购阀门、管件、检测元件应选用无菌型或无清洗死角的结构型式。

5.24.6 无菌线中与(或可能与)消毒剂或清洗液等氧化、腐蚀介质接触的橡胶件、密封件材料应选用耐氧化腐蚀型，例如氟橡胶、硅橡胶、乙丙橡胶等。

5.24.7 无菌线所用的原材料、外购配套零部件应有生产厂的质量合格证明书，如果没有质量合格证明书则应按产品相关标准验收合格后，方可投入使用。

5.24.8 无菌线的机械设计卫生安全应符合 GB 19891 的要求。

6 试验方法

6.1 试验条件

6.1.1 试验环境温度宜为 15 ℃～27 ℃，相对湿度宜不大于 50%，其厂房及设施要求符合 GB 12695 中的要求。

6.1.2 试验中采用的 PET 瓶应符合 QB 1868 的有关规定，塑料防盗瓶盖应符合 GB/T 17876 的有关规定，其他瓶和盖应符合国家和行业相关标准的规定。

6.1.3 瓶和盖原始菌落数不超过 5CFU/瓶(盖)。

6.1.4 灌装物料采用符合国家和行业相关标准规定的液体介质(果汁等)。

6.1.5 洁净区(室)洁净度按 GB/T 16292、GB/T 16293 和 GB/T 16294 规定的方法进行检测，应符合

5.7 的规定[洁净室(区)洁净度符合要求后,方可进行 6.2～6.10 的试验]。

6.2 空运转试验

每条无菌线装配完成后,均应做空运转试验,连续空运转时间应不小于 24 h,检查机器性能,应符合 5.2～5.4 的规定。

6.3 生产效率试验

生产全线运行正常后,在成品出口处,取连续 2 h 灌装成品数量,按式(1)计算生产线效率,应符合 4.4 中 g)的要求:

$$\eta = \frac{M}{F \cdot T} \times 100\% \qquad \cdots\cdots(1)$$

式中:

η——生产线效率,%;

F——生产能力,单位为瓶每小时(瓶/h);

T——有效时间,单位为小时(h);

M——连续 2 h 内的成品数量,单位为瓶。

有效时间(T)为:测试时间 2 h 减去在测试时间内任一单机非因设备本身故障而造成的一切停机时间的总和(Σt),计算见式(2):

$$T = 2 - \Sigma t \qquad \cdots\cdots(2)$$

式中:

T——有效时间,单位为小时(h);

Σt——任一单机非因设备本身故障而造成的一切停机时间的总和,单位为小时(h)。

6.4 气路、管路及润滑系统密封性检查

6.4.1 目测蒸汽管路密封件处,有无蒸汽泄漏及滴水,应符合 5.5 的规定。

6.4.2 用肥皂水或洗涤水涂抹在气动元件密封件的密封处,观察是否漏气,应符合 5.5 的规定。

6.4.3 用脱脂棉在润滑系统的密封件周围轻轻擦拭,观察脱脂棉上有无油渍,应符合 5.5 的规定。

6.4.4 用脱脂棉在输送管路的密封件周围轻轻擦拭,观察脱脂棉上有无物料,应符合 5.5 的规定。

6.5 微生物验证测试

6.5.1 洁净室及其设备表面菌落测试

6.5.1.1 洁净室空间

a) 菌落测试:先将已装入培养基(灭菌)的平皿放入洁净区(室)内(其洁净度已达到 100 级标准),经 COP/SOP 清洗灭菌后,在设定的关键点处打开平皿,时间不超过 10 min,然后使灌装机正常运转,保持洁净区(室)内的空气流动,进行动态测试,30 min 后,盖上平皿,然后放到培养箱中培养,按 GB/T 4789.2 中的规定测试,观察其结果,应符合 5.8 的要求。

b) 贴片测试:在洁净室指定区域布置带菌(指定菌种及数量)的钢片 10 片～30 片,进行 COP、SOP 清洗灭菌后取出,按 GB/T 4789.2 中的规定测试,观察其结果,其灭菌效率应符合 5.8 的要求。

6.5.1.2 设备表面:对洁净室设备表面进行涂抹试验,使用无菌棉签对指定位置(一般是安排在不易清洗干净的设备表面,以及对无菌要求极高的部位,例如灌装头附近)进行涂抹取样,按 GB/T 4789.2 中的规定测试,观察其结果,应符合 5.8 的要求。

6.5.2 空瓶和盖原始菌落测试

6.5.2.1 空瓶原始菌落测试

任意抽取 100 个灭菌前的 PET 空瓶(灌装阀数量小于 100 时,取 100 个空瓶;当灌装阀数量大于等于 100 时,取样数应不低于灌装阀数量),用 200 mL 的无菌生理盐水冲洗各空瓶,取 100 mL 水样做细

菌总数的检验，余下的 100 mL 水样做霉菌和酵母菌的检验，采用薄膜过滤法：用孔径不大于 0.45 μm，直径约为 50 mm 的无菌滤膜进行抽滤，抽滤后将滤膜放置到加入培养基的容器中（如采用密闭式薄膜过滤器，则将培养基加入相应的滤筒内），按 GB/T 4789.2、GB/T 4789.15 中的规定测试，观察其结果，应符合 6.1.3 中的要求。

6.5.2.2 瓶盖原始菌落测试

任意抽取灭菌前的盖子 100 个（灌装阀数量小于 100 时，取 100 个盖子；当灌装阀数量大于等于 100 时，取样数应不低于灌装阀数量），10 个为一组，在无菌区（室）内分别放入到 10 个无菌的广口空瓶中，加入 200 mL 无菌生理盐水后，迅速密封，充分冲洗广口瓶中的盖子，并对冲洗液采用薄膜过滤法进行微生物验证测试，检验方法同 6.5.2.1，应符合 6.1.3 中的要求。

6.5.3 灭菌后空瓶和盖微生物验证测试

任意抽取经过灭菌的空瓶和盖各 100 个（灌装阀数量小于 100 时，空瓶和盖各取 100 个；当灌装阀数量大于等于 100 时，取样数应不低于灌装阀数量），采用薄膜过滤法进行微生物验证测试，检验方法同 6.5.2，应符合 5.10 的要求。

6.5.4 拧盖（封盖）后空瓶微生物验证测试

无菌线稳定运行后，任意抽取经灭菌消毒、未进行灌装而直接拧盖（封盖）的空瓶 100 个（灌装阀数量小于 100 时，取 100 个空瓶；当灌装阀数量大于等于 100 时，取样数应不低于灌装阀数量），采用薄膜过滤法进行微生物验证测试，检验方法同 6.5.2.1，应符合 5.10 的要求。

6.5.5 无菌水测试

按照无菌线设定的 CIP、SIP、COP、SOP 程序步骤进行清洗灭菌后，取系统使用的 8 瓶无菌水进行测试，采样方法见表 2。

表 2 无菌水取样位置和数量

单位为瓶

内容	位置	数量	内容	位置	数量
冲瓶水	冲瓶机	1	瓶口冲洗水	灌装机出口	2
瓶口冲洗水	冲瓶机出口	1	CIP 清洗水	灌装机台面	1
CIP 清洗水	冲瓶机台面	1	CIP 清洗水	拧盖机出口	2

采用薄膜过滤法进行无菌水微生物验证测试，检验方法同 6.5.2.1，应符合 5.10 的要求。

6.5.6 培养基灌装测试

根据设备的生产能力，使用不同 pH 值的蛋白胨（Linden-Grain）培养基测试（低酸性液体食品 pH 值 6.5～6.8，酸性液体食品 pH 值 4.3～4.6）。按照正常的生产工艺灌装培养基产品，灌装分为 3 个批次，每个批次的抽取时间间隔不小于 24 h，每次灌装 10 000 瓶，按 GB/T 4789.2、GB/T 4789.15 中的规定测试，观察其结果，应符合 5.10 的要求。

6.6 灭菌后瓶内过氧乙酸或过氧化氢残留测定

无菌线稳定运行后，任意抽取经灭菌消毒并未进行灌装而直接拧盖（封盖）的空瓶 3 K 个（K 为冲瓶头数，每个冲瓶头取 3 个），按《消毒技术规范》中过氧化氢残留量的测定方法测定，应符合 5.11 的规定。

6.7 操作区过氧乙酸或过氧化氢浓度测定

无菌线正常运行后，在距离无菌冲瓶、灌装、拧盖（封盖）机组 1.2 m 处及机组顶部上方 1.6 m 处分别取样，按 GB/T 18883—2002 附录 C 中规定的方法进行测量，应符合 5.12 的规定。

6.8 灌装精度试验

用最大允许误差小于或等于被检测的包装件净含量允许偏差的三分之一的校验秤按表 3 的规定核称内装物的净含量，内装物的实测净含量与标注净含量之差应符合 5.14 的规定。

表 3 计量检验抽样方案

包装件批量 N	抽样件数 n	平均实际含量修正值($\lambda \cdot S$)		允许单件超出灌装精度 1 倍小于或者等于 2 倍的件数	允许单件超出灌装精度 2 倍的件数
		修正因子 λ	实际含量标准偏差 S		
1～10	N	—	—	0	0
11～50	10	1.028	S	0	0
51～99	13	0.848	S	1	0
100～500	50	0.379	S	3	0
501～3 200	80	0.295	S	5	0
大于 3 200	125	0.234	S	7	0

注 1：本抽样方案的置信度为 99.5%。

注 2：一个检验批的批量小于或等于 10 件时，只对每个单件定量包装商品的实际含量进行检验和评定，不作平均实际含量的计算。

按式(3)计算平均实际含量。

$$\bar{q} = \frac{1}{n}\sum_{i=1}^{n} q_i \quad \cdots\cdots(3)$$

式中：

$\bar{q}$——抽样包装件的平均实际含量；

q_i——内装物实测净含量；

n——抽样件数。

平均实际含量应符合式(4)要求：

$$\bar{q} \geqslant (Q_n - \lambda \cdot S) \quad \cdots\cdots(4)$$

式中：

Q_n——标注净含量；

λ——修正因子 $\lambda = t_{0.995} \times \frac{1}{\sqrt{n}}$；

S——实际含量标准偏差 $S = \sqrt{\frac{1}{n-1}\sum_{i=1}^{n}(q_i - \bar{q})^2}$。

注：样本平均实际含量应当大于或等于标注净含量减去样本平均实际含量修正值 λS。

6.9 包装件外观和封口合格率试验

6.9.1 包装件外观质量

试验在无菌线正常运行后进行，在额定速度运转情况下，分两次抽取样瓶，每次连续抽取 100 个，共计 200 个，两次的时间间隔不小于 10 min。目测样瓶的外观质量，应符合 5.15.1 的规定，统计不合格品数 a_1。

6.9.2 拧盖开启力矩试验

任意抽取外观质量合格的样瓶 100 个，用动态精度 1%的扭矩仪测试开盖力矩，应符合 5.15.2 的规定，统计不合格品数 a_2。

6.9.3 封口气密性试验

取其余外观质量合格的样瓶，直立浸没于(50±2)℃的水中 10 min，瓶内无气泡溢出为合格；或向瓶侧面施加 200 N 压力，保持 10 s，样瓶封口处不渗漏为合格，统计不合格品数 a_3。

6.9.4 包装件外观和封口合格率

按式(5)计算包装件外观和封口合格率：

$$包装件外观和封口合格率=\frac{200-(a_1+a_2+a_3)}{200}\times100\% \quad \cdots\cdots(5)$$

式中：

a_1——包装件外观质量不合格品数；

a_2——拧盖开启力矩试验不合格品数；

a_3——封口气密性试验不合格品数。

计算结果应符合5.16的规定。

6.10 包装件商业无菌测试

检验方法参照GB/T 4789.26，结果应符合5.17的规定。

6.11 噪声测试

在连续工作过程中，无菌线的噪声按JB/T 7232的规定的方法进行测量，其噪声值应符合5.18的规定。

6.12 电气安全试验

6.12.1 用绝缘电阻表按GB 5226.1—2002中19.3的规定测量其绝缘电阻，应符合5.19的规定。

6.12.2 检查接地装置，按GB/T 5226.1—2002中19.2的规定测量其接地电阻，应符合5.20的规定。

6.12.3 用耐压测试仪按GB 5226.1—2002中19.4的规定做耐压试验，应符合5.21的规定。

6.13 安全防护检查

检查安全防护装置，应符合5.22的规定。

6.14 外观质量检查

检查无菌线上各机器设备的外观质量，并应符合5.23的规定。

6.15 材质检查

检查无菌线上各机器材质报告及质量合格证明书，应符合5.24的规定。

7 检验规则

7.1 出厂检验

7.1.1 无菌线出厂前均应做出厂检验，检验项目按表4中的规定。

表4 检验项目

<table>
<tr><th rowspan="2">序号</th><th rowspan="2">检验项目</th><th colspan="2">检验类别</th><th rowspan="2">检验方法</th></tr>
<tr><th>型式检验</th><th>出厂检验</th></tr>
<tr><td>1</td><td>电气安全试验</td><td rowspan="10">√</td><td rowspan="4">√</td><td>6.12</td></tr>
<tr><td>2</td><td>空运转试验</td><td>6.2</td></tr>
<tr><td>3</td><td>生产效率试验</td><td>6.3</td></tr>
<tr><td>4</td><td>气路、管路及润滑系统密封性检查</td><td>6.4</td></tr>
<tr><td>5</td><td>微生物验证测试</td><td>—</td><td>6.5</td></tr>
<tr><td>6</td><td>灭菌后瓶内过氧乙酸或过氧化氢残留测定</td><td rowspan="4">√</td><td>6.6</td></tr>
<tr><td>7</td><td>操作区过氧乙酸或过氧化氢浓度测定</td><td>6.7</td></tr>
<tr><td>8</td><td>灌装精度试验</td><td>6.8</td></tr>
<tr><td>9</td><td>包装件外观和封口合格率试验</td><td>6.9</td></tr>
<tr><td>10</td><td>包装件商业无菌测试</td><td>—</td><td>6.10</td></tr>
</table>

表 4（续）

序号	检验项目	检验类别		检验方法
		型式检验	出厂检验	
11	噪声测试			6.11
12	安全防护检查			6.13
13	外观质量检查	√	√	6.14
14	材质检查			6.15
15	产品标牌及技术文件			8.1、8.2.6

7.1.2　无菌线应经制造厂的质量检验部门按本标准检验合格，并附有产品合格证方可出厂。

7.1.3　在用户企业现场进行首次性能、工艺及微生物验证测试。

7.2　型式检验

7.2.1　有下列情况之一时，应进行型式检验：

a)　老产品转厂生产或新产品的试制定型鉴定；

b)　正式生产后，如材料、结构、工艺有较大差异，可能影响产品的性能；

c)　正常生产时，定期或积累一定产量后，应每年进行一次检验；

d)　产品长期停产后恢复生产；

e)　出厂检验结果与上次型式检验有较大差异；

f)　国家质量监督机构提出型式检验要求。

7.2.2　型式检验应包括表 4 全部项目。型式检验的项目全部合格为型式检验合格。在型式检验中，若电气系统的保护接地电路的连续性、绝缘电阻、耐压试验、灌装精度试验、包装件商业无菌测试有一项不合格，即判定为型式检验不合格。其他项目有一项不合格，应加倍复测不合格项目，仍不合格的，则判定该无菌线型式检验不合格。

8　标志、包装、运输和贮存

8.1　设备应在明显的部位固定标牌，标牌尺寸和技术要求按 GB/T 13306 的规定。标牌上至少应标出下列内容：

a)　产品型号；

b)　产品名称；

c)　产品主要技术参数；

d)　制造日期和出厂编号；

e)　制造厂名称及所在地（出口产品加标“中华人民共和国”）。

8.2　设备的包装、运输应符合下列规定。

8.2.1　设备的运输包装应符合 GB/T 13384 的规定。

8.2.2　设备包装前，外露加工表面应进行防锈处理。

8.2.3　设备包装箱应牢固可靠，适合运输装卸的要求。

8.2.4　包装箱应有可靠的防潮措施，并符合 GB/T 5048 的规定。

8.2.5　设备随机专用工具及易损件应加以包装并固定在包装箱中。

8.2.6　技术文件应妥善包装放在包装箱内，并应包括下列内容：

a)　产品合格证；

b)　产品使用说明书（编写应符合 GB 9969 的规定）；

c） 装箱单。

8.2.7 包装箱外表面应清晰标出发货及运输作业标志并应符合 GB/T 191 的有关规定。

8.2.8 设备运输过程中应小心轻放，不允许倒置和碰撞。

8.3 设备应贮存于干燥通风的场所。

8.4 在用户遵守设备的使用、贮存、安装运输规则条件下，从发货之日起，设备确因制造质量不良而不能正常工作时，制造厂应在保修期内负责免费为用户修理或更换零件（不包括易损件）。

ICS 13.220.01
C 82

中华人民共和国国家标准

GB/T 24572.1—2009

火灾现场易燃液体残留物实验室提取方法
第1部分:溶剂提取法

Standard practice for separation and concentration of ignitable liquid residues from fire debris samples—Part 1:Solvent extraction

2009-10-30 发布　　2010-04-01 实施

中华人民共和国国家质量监督检验检疫总局
中国国家标准化管理委员会　发布

前　言

GB/T 24572《火灾现场易燃液体残留物实验室提取方法》分为5个部分：

——第1部分：溶剂提取法；

——第2部分：直接顶空进样法；

——第3部分：活性炭吸附法；

——第4部分：固相微萃取法；

——第5部分：吹扫捕集法。

本部分为GB/T 24572的第1部分。

本部分由中华人民共和国公安部提出。

本部分由全国消防标准化技术委员会第十一分技术委员会(SAC/TC 113/SC 11)归口。

本部分起草单位：公安部天津消防研究所。

本部分主要起草人：田桂花、鲁志宝、邓震宇、范子琳、耿惠民、梁国福。

火灾现场易燃液体残留物实验室提取方法 第1部分：溶剂提取法

1 范围

GB/T 24572 的本部分规定了提取火灾现场易燃液体残留物的原理与特性、试剂、材料与设备及试验步骤。

本部分适用于火灾现场常见易燃液体残留物的提取。

2 规范性引用文件

下列文件中的条款通过 GB/T 24572 的本部分的引用而成为本部分的条款。凡是注日期的引用文件，其随后所有的修改单(不包括勘误的内容)或修订版均不适用于本部分，然而，鼓励根据本部分达成协议的各方研究是否可使用这些文件的最新版本。凡是不注日期的引用文件，其最新版本适用于本部分。

GB/T 18294(所有部分) 火灾技术鉴定方法

GB/T 20162 火灾技术鉴定物证提取方法

3 术语和定义

GB/T 18294(所有部分)和 GB/T 20162 确立的以及下列术语和定义适用于本部分。

3.1

溶剂提取 solvent extraction

用有机溶剂对火灾现场中的易燃液体残留物进行提取。

4 原理与特性

4.1 原理

用溶剂浸泡或用脱脂棉蘸取溶剂擦拭检材，将检材中所含的易燃液体残留物成分有效地溶解出来，再经抽提、过滤、浓缩等步骤，得到仪器分析的待测试样。

4.2 特性

溶剂提取方法具有如下特性：

a) 能提取不少于 1 μL 的易燃液体残留物；

b) 适用于对表面光滑的检材的提取，如玻璃或玻璃容器的内部；

c) 适用于小检材的提取；

d) 不适用于沸点低于溶剂的易燃液体的提取；

e) 经本方法处理过的检材，不能再次提取；

f) 检材提取所需的时间短。

5 试剂、材料与设备

5.1 试剂

根据被测易燃液体残留物性质选定合适的试剂，主要包括苯、石油醚、乙醚、二硫化碳或正己烷等，推荐试剂纯度为色谱纯。

5.2 材料

5.2.1 滤纸或滤膜

选用定性滤纸和有机滤膜过滤。

5.2.2 容器

主要包括烧杯、广口瓶、不锈钢罐、抽滤瓶、密封试管和样品瓶等。

5.2.3 脱脂棉

推荐选用医用脱脂棉。

5.2.4 浓缩用气体

压缩干燥氮气、空气或惰性气体。

5.3 设备

5.3.1 加热设备

可选用水浴或加热套等设备加热。

5.3.2 其他设备

主要包括抽滤用真空隔膜泵、浓缩试样时使用的排风设备等。

6 试验步骤

6.1 空白检验

对所选用的溶剂在使用前先在分析仪器上做空白检验，以确定所用溶剂是否对被测试样有干扰。

6.2 盛装

可选用烧杯、广口瓶或不锈钢罐等容器盛装检材，推荐使用比检材体积大两倍的容器。

6.3 提取

主要有以下四种方式：

a) 浸泡：多数检材可以采用溶剂浸泡，溶剂用量以浸没检材为宜，时间不短于 5 min；

b) 擦拭：对固体表面附着的烟尘检材，建议用浸有溶剂的脱脂棉反复擦拭；

c) 冲洗：光滑表面的检材推荐采用溶剂冲洗；

d) 萃取：对液体类检材推荐使用萃取方式。

6.4 过滤

多数检材可以采用玻璃漏斗加定性滤纸过滤，含非常细小颗粒的检材推荐使用有机滤膜过滤，对泥土、碎石类容易吸附溶剂的检材，推荐使用布氏漏斗进行抽滤。

6.5 浓缩

主要采用以下三种浓缩方式将滤液浓缩至约 1 mL：

a) 加热蒸发：体积量较大的滤液推荐使用缓慢加热蒸发方式，推荐加热温度控制在 60 ℃以下；

b) 自然挥发：体积量少或含低沸点易燃液体残留物的滤液推荐采用在空气中自然挥发方式；

c) 气体吹扫：对于体积量大，又含低沸点易燃液体残留物中的滤液，推荐采用气体吹扫方式，通过控制气体流速对滤液进行吹扫，保留低沸点组分，缩短浓缩时间。

6.6 密封

将 6.5 浓缩得到的液体试样置于试管或样品瓶中进行密封。

6.7 检测

用本方法提取后得到的试样按照 GB/T 18294 进行检测。

ICS 13.220.01
C 82

中华人民共和国国家标准

GB/T 24572.2—2009

火灾现场易燃液体残留物实验室提取方法 第2部分:直接顶空进样法

Standard practice for separation and concentration of ignitable liquid residues from fire debris samples—Part 2: Direct headspace vapors sampling

2009-10-30 发布

2010-04-01 实施

中华人民共和国国家质量监督检验检疫总局
中国国家标准化管理委员会
发布

前　　言

GB/T 24572《火灾现场易燃液体残留物实验室提取方法》分为5个部分：

——第1部分：溶剂提取法；

——第2部分：直接顶空进样法；

——第3部分：活性炭吸附法；

——第4部分：固相微萃取法；

——第5部分：吹扫捕集法。

本部分为GB/T 24572的第2部分。

本部分由中华人民共和国公安部提出。

本部分由全国消防标准化技术委员会第十一分技术委员会(SAC/TC 113/SC 11)归口。

本部分起草单位：公安部天津消防研究所。

本部分主要起草人：梁国福、鲁志宝、郑巍、邓震宇、田桂花、范子琳。

火灾现场易燃液体残留物实验室提取方法 第2部分：直接顶空进样法

1 范围

GB/T 24572的本部分规定了火灾现场易燃液体残留物提取的原理与特性、设备与器材及试验步骤。

本部分适用于实验室提取汽油、煤油、柴油、油漆稀释剂及酒精等火灾现场常见易燃液体残留物。

2 规范性引用文件

下列文件中的条款通过GB/T 24572的本部分的引用而成为本部分的条款。凡是注日期的引用文件，其随后所有的修改单(不包括勘误的内容)或修订版均不适用于本部分，然而，鼓励根据本部分达成协议的各方研究是否可使用这些文件的最新版本。凡是不注日期的引用文件，其最新版本适用于本部分。

GB/T 18294(所有部分) 火灾技术鉴定方法

GB/T 20162 火灾技术鉴定物证提取方法

3 术语和定义

GB/T 18294(所有部分)和GB/T 20162确立的以及下列术语和定义适用于本部分。

3.1

密闭容器装置 sealed container

一套能盛装液体和固体检材并具有密封性的容器。

3.2

直接顶空进样 direct headspace vapors sampling

将检材放入密闭容器装置中，保持一定的温度让检材在汽-液相之间形成相间平衡，然后用注射器或自动进样器直接抽取上方气体组分进行仪器分析的方法。

4 原理与特性

4.1 原理

把检材放入到密闭容器装置中密封，对该密闭容器装置加热，使其中的易燃液体残留物成分得以挥发，然后抽取挥发后的气体组分用气相色谱(GC)或气相色谱-质谱(GC-MS)进行检测。

4.2 特性

顶空进样法具有如下特性：

a) 能提取的检材的数量取决于密闭容器装置的大小；

b) 适用于沸点低的易燃液体的提取，不适用于沸点较高的易燃液体的提取；

c) 当检材中同时含易挥发和不易挥发的组分时，由于易挥发的组分浓度高并产生较大的压力，会抑制不易挥发性组分的提取；

d) 经本方法处理过的检材，还可用溶剂提取法再次提取。

5 设备与器材

5.1 设备

带控温的烘箱、加热套、自动进样加热盘，温度设定范围宜为40 ℃～150 ℃。

5.2 器材

5.2.1 密闭容器装置要可以耐一定的温度，并具有良好的气密性，同时密闭容器装置在加热温度范围内无干扰气体产生。

5.2.2 注射器要具有良好的密封性，容量宜选择 0.1 μL～10.0 μL。

6 试验步骤

6.1 盛装

检材数量较多时，可选用大容积的密闭容器；检材数量较少时，可选用小容积的样品瓶。

6.2 加热

6.2.1 使用自动进样装置加热盘加热时，可以将专用样品瓶直接在加热盘上加热，并设置自动升温程序。加热盘温度设置宜在 60 ℃～150 ℃范围，加热时间不低于 30 min；取样针的温度设置不低于加热盘设置温度；传输线温度不低于取样针的设置温度。

6.2.2 使用烘箱或加热套加热盛装密闭容器时，烘箱、加热套的温度设置宜在 60 ℃～150 ℃范围，加热时间不低于 30 min。

6.3 检测

6.3.1 使用自动加热进样装置时，该装置在设置程序下自动抽取试样蒸气并直接进行气相色谱(GC)、气相色谱/质谱(GC-MS)检测。

6.3.2 使用烘箱或者加热套时，要用注射器抽取试样蒸气，然后再注入气相色谱(GC)、气相色谱/质谱(GC-MS)的进样口中进行检测。

ICS 13.220.01
C 82

中华人民共和国国家标准

GB/T 24572.3—2009

火灾现场易燃液体残留物实验室提取方法 第3部分:活性炭吸附法

Standard practice for separation and concentration of ignitable liquid residues from fire debris samples—Part 3:Activated charcoal absorption

2009-10-30 发布　　2010-04-01 实施

中华人民共和国国家质量监督检验检疫总局
中国国家标准化管理委员会　发布

前　言

GB/T 24572《火灾现场易燃液体残留物实验室提取方法》分为5个部分：

——第1部分：溶剂提取法；

——第2部分：直接顶空进样法；

——第3部分：活性炭吸附法；

——第4部分：固相微萃取法；

——第5部分：吹扫捕集法。

本部分为GB/T 24572的第3部分。

本部分由中华人民共和国公安部提出。

本部分由全国消防标准化技术委员会火灾调查分技术委员会(SAC/TC 113/SC 11)归口。

本部分起草单位：公安部天津消防研究所。

本部分主要起草人：邓震宇、鲁志宝、耿惠民、田桂花、梁国福、范子琳。

火灾现场易燃液体残留物实验室提取方法
第3部分:活性炭吸附法

1 范围

GB/T 24572的本部分规定了活性炭炭片或活性炭纤维吸附方法提取火灾现场中常见易燃液体残留物的原理与特性、试剂、材料与设备和试验步骤。

本部分适用于实验室提取汽油、煤油、柴油和油漆稀释剂等火灾现场常见易燃液体残留物。

2 规范性引用文件

下列文件中的条款通过GB/T 24572的本部分的引用而成为本部分的条款。凡是注日期的引用文件,其随后所有的修改单(不包括勘误的内容)或修订版均不适用于本部分,然而,鼓励根据本部分达成协议的各方研究是否可使用这些文件的最新版本。凡是不注日期的引用文件,其最新版本适用于本部分。

GB/T 18294(所有部分) 火灾技术鉴定方法

GB/T 20162 火灾技术鉴定物证提取方法

3 术语和定义

GB/T 18294(所有部分)和GB/T 20162确立的以及下列术语和定义适用于本部分。

3.1

静态顶空富集 passive headspace concentration

把吸附剂置于检材的顶部空间,吸附、富集易燃液体挥发物的方法。

3.2

活性炭片 activated charcoal strip

以椰子壳为最常用的原料制成的,经过高温活化了的片状活性炭吸附材料。

3.3

活性炭纤维 activated charcoal fibre

以炭纤维为原料经高温碳化、活化后形成的高效吸附纤维材料。

4 原理与特性

4.1 原理

把检材放入密闭容器中,并将该容器加热,使其中的易燃液体残留物成分得以挥发到容器顶部空间后,被活性炭片或活性炭纤维静态顶空富集,然后再将活性炭炭片或活性炭纤维取出后用脱附溶剂进行脱附,得到可检验的试样。

4.2 特性

活性炭吸附法具有如下特性:

——不适合于机油等高沸点物质的提取;

——不破坏检材的外观形态;

——能提取的检材的体积大;

——经本方法处理过的检材,还可用溶剂提取法再次提取。

5 试剂、材料与设备

5.1 脱附溶剂

色谱纯的二硫化碳、石油醚、正己烷、乙醚等溶剂。

5.2 活性炭片和活性炭纤维

活性炭片和活性炭纤维的尺寸宜为 2 cm×2 cm 或 1 cm×1 cm。

5.3 加热设备

带控温的烘箱或其他加热装置。加热设备的温度设定范围宜为 40 ℃～150 ℃。

5.4 容器

具有良好气密性的容器，推荐使用金属材质。

6 试验步骤

6.1 空白检验

在对检材进行提取前，要用活性炭片或活性炭纤维对容器进行空白检验。

6.2 检材盛装

打开检材的外包装，将检材放入容器内，检材的体积不应超过容器容积的 2/3。

6.3 放置吸附剂

将活性炭片或活性炭纤维悬挂于容器上部空间，然后将容器密封。

6.4 吸附

6.4.1 吸附温度

推荐吸附温度设在 80 ℃左右。

6.4.2 吸附时间

吸附时间推荐为 3 h～5 h，对沸点高的化合物或易燃液体含量极少的检材进行吸附时，时间还可更长一些。

6.5 脱附

取出活性炭片或活性炭纤维，将其放入小试管内，并用 1 mL 脱附溶剂对其进行脱附。

6.6 密封

用密封性好的小玻璃瓶等容器来收集或存贮洗脱附后得到的试样。当使用二硫化碳作为洗脱溶剂时，可在小玻璃瓶中加少量水来密封溶剂，以减少挥发损失。

6.7 检测

经本方法提取后得到的试样按照 GB/T 18294(所有部分)中的方法进行检测。

ICS 13.220.01
C 82

中华人民共和国国家标准

GB/T 24572.4—2009

火灾现场易燃液体残留物实验室提取方法 第4部分:固相微萃取法

Standard practice for separation and concentration of ignitable liquid residues from fire debris samples—Part 4:Solid phase microextraction (SPME)

2009-10-30 发布　　2010-04-01 实施

中华人民共和国国家质量监督检验检疫总局
中国国家标准化管理委员会　发布

前　言

GB/T 24572《火灾现场易燃液体残留物实验室提取方法》分为5个部分：

——第1部分：溶剂提取法；

——第2部分：直接顶空进样法；

——第3部分：活性炭吸附法；

——第4部分：固相微萃取法；

——第5部分：吹扫捕集法。

本部分为GB/T 24572的第4部分。

本部分由中华人民共和国公安部提出。

本部分由全国消防标准化技术委员会火灾调查分技术委员会(SAC/TC 113/SC 11)归口。

本部分起草单位：公安部天津消防研究所。

本部分主要起草人：邓震宇、鲁志宝、耿惠民、田桂花、梁国福、范子琳。

火灾现场易燃液体残留物实验室提取方法 第4部分：固相微萃取法

1 范围

GB/T 24572的本部分规定了火灾现场易燃液体残留物的固相微萃取法的原理与特性、设备和器材以及试验步骤。

本部分适用于实验室提取汽油、煤油、柴油、油漆稀释剂和乙醇等火场常见易燃液体残留物。

2 规范性引用文件

下列文件中的条款通过GB/T 24572的本部分的引用而成为本部分的条款。凡是注日期的引用文件，其随后所有的修改单（不包括勘误的内容）或修订版均不适用于本部分，然而，鼓励根据本部分达成协议的各方研究是否可使用这些文件的最新版本。凡是不注日期的引用文件，其最新版本适用于本部分。

GB/T 18294（所有部分） 火灾技术鉴定方法

GB/T 20162 火灾技术鉴定物证提取方法

3 术语和定义

GB/T 18294（所有部分）和GB/T 20162确立的以及下列术语和定义适用于本部分。

3.1

固相微萃取法 solid phase microextraction；SPME

用固相微萃取装置在检材中或在检材上部空间中萃取出分析物质成分的方法。

4 原理与特性

4.1 原理

将检材放进密闭的容器中，并将固相微萃取装置内涂有固定相的纤维头伸入密闭的容器顶部空间中。检材内可能的易燃液体残留物成分在一定温度下会挥发出来并充入容器顶部空间内，并被该处的纤维头所吸附。在经过一定时间的吸附后，把该纤维头插入气相色谱（GC）或气相色谱-质谱（GC-MS）进样口中进行热解吸，解析出的成分通过气相色谱（GC）或气相色谱-质谱（GC-MS）进行检测。

4.2 特性

固相微萃取法特性如下：

a） 不适用于提取机油等高沸点物质；

b） 不破坏检材的外观形态，可从检材中提取微量易燃液体残留物并且可反复进行提取；

c） 适用于从含水的检材中提取易燃液体残留物；

d） 经本方法处理过的检材，密封保存后还可用溶剂法再次提取。

5 设备和器材

5.1 加热装置

带控温的烘箱或其他加热装置。加热装置内体积要足够大，以保证可以同时放置多个检材盛装容器。加热设备的温度设定范围宜为40 ℃～150 ℃。

5.2 **SPME装置**

SPME装置由手柄和萃取头两部分构成。

5.2.1 **手柄**

气相色谱配套的专用手动进样手柄。

5.2.2 **萃取头**

可选择100 μm聚二甲基硅氧烷(PDMS)、85 μm聚丙烯酸酯(PA)、65 μm聚二甲基硅氧烷/二乙烯基苯(PDMS/DVB)和其他符合要求的萃取头。汽油、煤油、柴油和油漆稀释剂等常见易燃液体残留物推荐采用100 μm PDMS萃取头;酒精等极性易燃液体残留物推荐采用85 μm PA或65 μm PDMS/DVB萃取头。

5.2.3 **容器**

选择可密闭性的容器。容器的容积大小根据检材大小来确定,并在容器上部安装密封橡胶垫来便于插入SPME萃取头。对于柔软和没有棱角的检材,也可选用可密封的塑料物证袋进行检材的盛装。

6 试验步骤

6.1 **空白检验**

把SPME萃取头放入GC、GC-MS进样口中进行解吸和检测,以确定萃取头干净无干扰。

6.2 **盛装**

把检材放入容器内并密封。检材的体积不应超过容器容积的2/3。

6.3 **加热**

将容器放入烘箱或其他加热装置中进行加热,加热温度宜为80 ℃,平衡时间一般为20 min～30 min。当检材体积较大时,可延长平衡时间。

6.4 **萃取**

把SPME装置的萃取头插入容器内的上部空间进行萃取,但要保证伸出的纤维不要接触到检材,以免损坏纤维。萃取时间通常为5 min～15 min。

6.5 **检测**

经本方法提取后得到的试样按照GB/T 18294(所有部分)中的方法进行GC、GC-MS检测。GC进样口温度应为200 ℃～260 ℃,解吸时间应为1.5 min～4 min。

ICS 13.220.50
C 82

GB

中华人民共和国国家标准

GB/T 24573—2009

金库和档案室门耐火性能试验方法

Fire resistance tests for vault and file room doors

2009-10-30 发布　　2010-04-01 实施

中华人民共和国国家质量监督检验检疫总局
中国国家标准化管理委员会　发布

前　言

本标准与 UL 155：2000《金库和档案室门的耐火性能试验》（英文版）的一致性程度为非等效。

本标准的附录 A 为资料性附录。

本标准由中华人民共和国公安部提出。

本标准由全国消防标准化技术委员会第八分技术委员会（SAC/TC 113/SC 8）归口。

本标准负责起草单位：公安部天津消防研究所。

本标准参加起草单位：浙江唐门金属结构有限公司、深圳市龙电科技实业有限公司。

本标准主要起草人：黄伟、吴礼龙、李博、李希全、董学京、刁晓亮、王岚、阮涛、骆朝阳、王金星。

金库和档案室门耐火性能试验方法

1 范围

本标准规定了金库和档案室门耐火性能分级、耐火试验装置、试验条件、试件要求、试验程序、试验结果表示和试验报告等。

本标准适用于密闭空间且最大内容积为 142 m^3 的固定和移动式金库的门，也适用于最大内容积为 1 420 m^3 密闭空间的档案室的门。金库门或档案室门按本标准进行试验后试验结果的应用方法参见附录 A。

2 规范性引用文件

下列文件中的条款通过本标准的引用而成为本标准的条款。凡是注日期的引用文件，其随后所有的修改单(不包括勘误的内容)或修订版均不适用于本标准，然而，鼓励根据本标准达成协议的各方研究是否可使用这些文件的最新版本。凡是不注日期的引用文件，其最新版本适用于本标准。

GB/T 5907 消防基本术语 第一部分[1)]

GB/T 9978.1 建筑构件耐火试验方法 第1部分：通用要求(GB/T 9978.1—2008，ISO 834-1：1999，MOD)

3 术语和定义

GB/T 5907、GB/T 9978.1 确立的以及下列术语和定义适用于本标准。

3.1

隔热室 insulated radiation chamber

具有一定内容积，仅一面开放，其余五面具有一定绝热性能的长方体腔室。

3.2

试验架 test frame

耐火试验时位于隔热室内，挂载用于判定耐火性能试验结果的纸制品，且用不燃材料制成的框架。

4 耐火性能分级

4.1 金库门耐火性能分级

金库门的耐火性能分级见表 1。

表 1 金库门的耐火性能分级

耐火性能分级	耐火时间	含 义
Ⅲ	≥2.00 h	耐火完整性、耐火隔热性时间均不小于 2.00 h，且在此时间内贮物仍具有可用性。
Ⅱ	≥3.00 h	耐火完整性、耐火隔热性时间均不小于 3.00 h，且在此时间内贮物仍具有可用性。
Ⅰ	≥4.00 h	耐火完整性、耐火隔热性时间均不小于 4.00 h，且在此时间内贮物仍具有可用性。

4.2 档案室门耐火性能分级

档案室门的耐火性能分级见表 2。

---

1) 该标准将在整合修订 GB/T 5907—1986、GB/T 14107—1993 和 GB/T 16283—1996 的基础上，以《消防词汇》为总标题，分为 5 个部分；其中，GB/T 5907.2《消防词汇 第 2 部分：火灾安全词汇》，将修改采用 ISO 13943：2000。

表 2 档案室门的耐火性能分级

耐火性能分级	耐火时间	含 义
Ⅱ	≥1.00 h	耐火完整性、耐火隔热性时间均不小于 1.00 h，且在此时间内贮物仍具有可用性。
Ⅰ	≥1.50 h	耐火完整性、耐火隔热性时间均不小于 1.50 h，且在此时间内贮物仍具有可用性。

5 耐火试验装置

5.1 试验炉

耐火试验炉应满足试件尺寸、升温条件、压力条件以及便于试件安装与观察的要求。耐火试验炉炉口净尺寸为 3 000 mm×3 000 mm。

5.2 隔热室

在耐火试验过程中，隔热室的外墙面温度始终不应高于环境温度 10 ℃。隔热室净尺寸(长×宽×深)为：2 300 mm×2 300 mm×1 450 mm，隔热室开口一面的覆盖面积为 2 300 mm×2 300 mm。用隔热室扣住安装了试件的墙面，使试件的几何中心与隔热室开口一面的几何中心重合。隔热室开口一面相对的室壁几何中心处，宜设一个由防火隔热玻璃制成的 100 mm×100 mm 或 ϕ100 mm 的观察孔。隔热室与安装了试件的墙面之间的缝隙，应使用不燃性隔热材料进行封堵。如图 1 所示。

单位为毫米

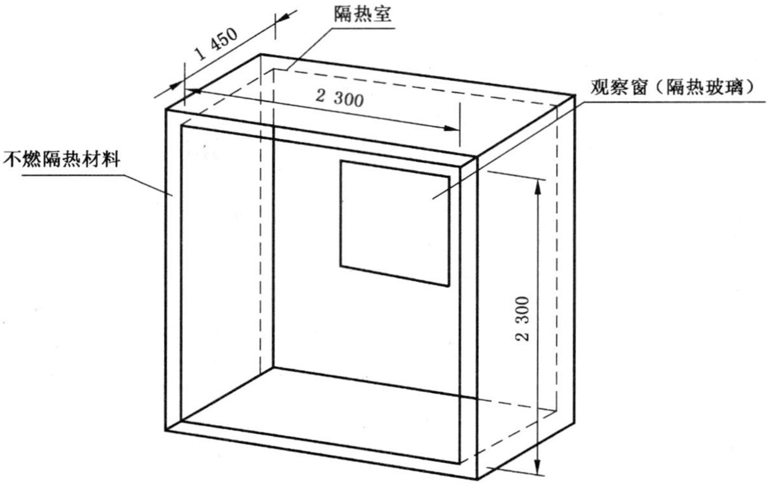

图 1 隔热室

5.3 测量仪器

5.3.1 炉内温度测量热电偶、试件背火温度测量热电偶应满足 GB/T 9978.1 的相关规定。

5.3.2 炉内压力测量仪器应满足 GB/T 9978.1 的相关规定。

5.3.3 温度、压力测量仪器的精度及测量公差应满足 GB/T 9978.1 的相关规定。

5.4 试验架

试验架是耐火试验时，用于隔热室内摆放贮物。试验架可用钢制或类似不燃材料制成，其轮廓尺寸应与试件轮廓尺寸相同，其边缘与门背火面的距离为 910 mm，试验时，其上横边与两侧竖边朝试件方向上，应分别挂载不少于两张大小与 A4 打印纸相同的纸张，所挂载纸张须均匀分布不应发生重叠，纸张种类仅限于新闻纸。如图 2 所示。

单位为毫米

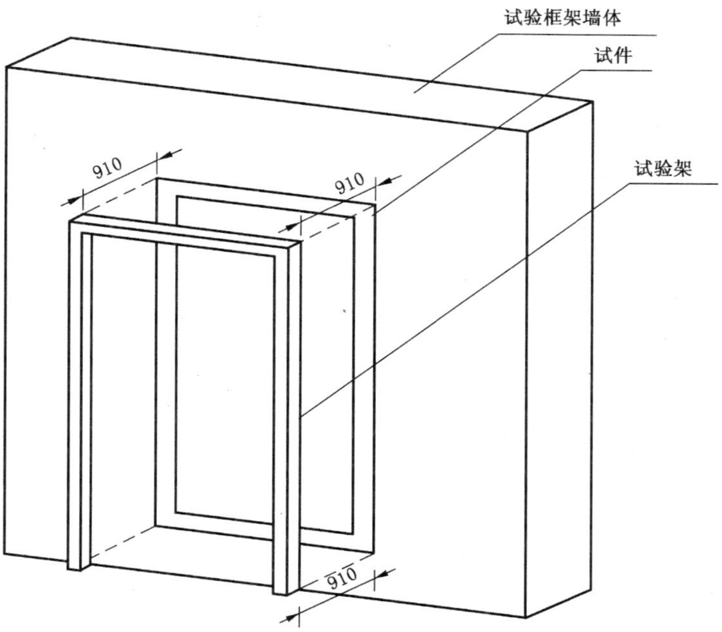

图 2　试验架

5.5　试件安装及背火面热电偶设置

金库门或档案室门背火面温度测量采用 3 支热电偶。安装位置分别为：垂直于门扇背火面，距门扇与门框两侧及上侧缝隙中点 51 mm 处，如图 3 所示。

单位为毫米

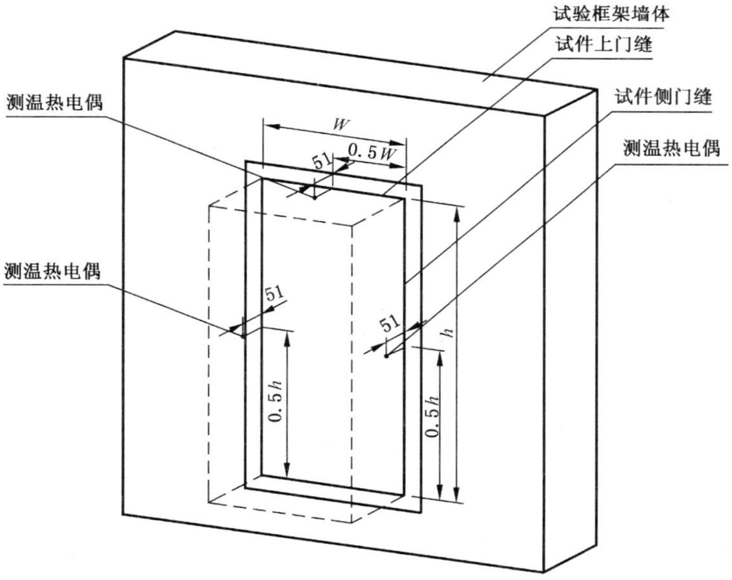

图 3　试件安装及热电偶设置位置

6　试验条件

6.1　炉内温度

6.1.1　耐火试验应采用明火加热，使试件受到与实际火灾相似的火焰作用。

6.1.2 试验时，耐火试验炉内温度的上升随时间而变化，应满足 GB/T 9978.1 的相关规定。

6.1.3 炉温允许偏差应满足 GB/T 9978.1 的相关规定。

6.2 炉内压力

耐火试验炉的炉内压力条件应满足 GB/T 9978.1 的相关规定。

7 试件要求

7.1 材料、结构与安装

试件所用材料、结构与安装方法，应足以反映试件在实际中的使用情况。试件向火面为实际使用的室外一侧。

7.2 试件数量

试件的数量为 1 个。

7.3 试件要求

试件尺寸应与实际相符。确因试件尺寸过大而无法进行试验的，应得到主管部门认可的前提下，按比例适当缩小试验样品尺寸进行模拟，但应反映该样品的薄弱部位，且样品门的厚度应与实际金库门或档案室门相同。

试件养护应满足 GB/T 9978.1 的相关规定。

8 试验程序

8.1 试验的开始与结束

8.1.1 当耐火试验炉内接近试件中心的热电偶所记录的温度达到 50 ℃时，即可作为试验的开始时间，同时所有手动和自动的测量观察系统都应开始工作。

8.1.2 试验期间，当试验中试件出现 8.3 规定的 a)、b)和 c)中一项或几项时，试验应立即终止；或虽没有出现 8.3 规定的 a)、b)和 c)中一项或几项，但已达到预订耐火性能分级的时间时，试验也可结束。

8.2 测量与观察

试验过程中应进行如下测量与观察：

a) 炉内温度测量，采用不少于 9 支热电偶测得温度的算术平均值来确定，热电偶的热端离试件或安装试件的墙壁垂直距离为 50 mm～100 mm，测点应避免直接受火焰的冲击。炉内温度测量，以时间间隔不超过 1 min 测量并记录温度值 1 次；

b) 背火面温度测量时间间隔，以不超过 1 min，测量并记录温度值 1 次；

c) 炉内压力应进行连续测量，间隔时间不超过 5 min 记录 1 次压力值；

d) 观察试件在试验过程中的发展变化势态以及试件结构材料变形、开裂、熔化或软化、剥落或烧焦等现象。如果有大量的烟从背火面冒出，应进行记录；

e) 在试验过程中，观察隔热室内，试验架上测试纸的文件可辨认情况。

8.3 耐火性能分级判定

金库门及档案室门耐火性能分级按完整性、隔热性和贮物可用性来判定。试验时，当下列规定的条件任何一项出现时，则表明试件已达到耐火极限时间，按第 4 章的规定判定试件达到的耐火性能分级：

a) 金库门或档案室门试件耐火试验后，门的主体结构发生窜火、变形、开裂、影响整体隔热性能时，则表明试件失去完整性；

b) 当试件背火面，有任何一支热电偶测得的温度超过 177 ℃时，则表明试件失去隔热性；

c) 所放置的新闻纸经耐火试验后，应无破损，能够不用特殊方法拿起来，且使用一般方式仍可阅读，则认为具有可用性；如耐火试验后，需用特殊方法才能拿起来，或用照片和化学处理方法才能辨认的，则表明新闻纸被破坏，试件失去贮物可用性。

9 试验结果的表示

试件的试验结果表示应包含耐火性能分级和耐火时间等内容。例，某一金库门试件在耐火时间达到 128 min 时失去了耐火隔热性，但仍具有耐火完整性，且试验后试件仍具有贮物可用性，则此试件的耐火性能试验结果表示为“试件的耐火性能分级为 Ⅲ 级，耐火时间为 2.13 h”。

10 试验结果的有效性

当试验装置、试验条件、试件准备、仪器使用、试验程序等均符合本标准的规定时，试验结果有效。

当试验炉内温度、炉内压力等试件受火条件超出本标准规定的偏差上限时，也可以考虑试验结果的有效性。

11 试验报告

试验报告应在显著位置描述以下内容：

“试验报告应提供试件的详细结构资料、试验条件及试件按本标准规定的方法进行试验所获得的耐火性能分级。若试件在尺寸、详细结构资料、约束或边界条件方面存在较大偏差时，则试验结果无效。”

试验报告应包含与试件及耐火试验相关的所有重要信息，包括以下项目：

a) 实验室的名称和地址，唯一的编号和试验日期；

b) 委托方的名称和地址，试件和所有组成部件的产品名称和制造厂，如果缺少该信息应进行说明；

c) 试件的详细结构，在试件图中含有结构尺寸。如可能，可附带照片和使用材料的相关性能；

d) 对试件耐火性能分级的判定有一定影响的信息，例如，试件的含水率及养护期等；

e) 试验期间试件发生现象的描述，并且依据第 8 章耐火性能分级判定所确定的试验终止信息；

f) 试件的试验结果，表示见第 9 章的规定。

附 录 A
（资料性附录）
试验结果的直接应用

当某一类型和式样的试件通过了耐火试验，如果符合以下条件，耐火试验的结果可直接应用于类似的未经耐火试验的金库门及档案室门：

a） 试件结构与式样相似；

b） 试件门扇厚度及门框侧壁宽度未减少；

c） 试件的高与宽度尺寸呈线性变化；

d） 所有材料特有的性质和密度未改变；

e） 任何点的结构未使隔热性降低。

参 考 文 献

[1] GB/T 14107—1993 消防基本术语 第二部分
[2] GB/T 16283—1996 固定灭火系统基本术语
[3] ISO 13943:2000 Fire safety—Vocabulary

ICS 29.045
H 80

GB

中华人民共和国国家标准

GB/T 24574—2009

硅单晶中Ⅲ-Ⅴ族杂质的光致发光测试方法

Test methods for photoluminescence analysis of single crystal silicon for Ⅲ-Ⅴ impurities

2009-10-30 发布 2010-06-01 实施

中华人民共和国国家质量监督检验检疫总局
中国国家标准化管理委员会 发布

前　言

本标准修改采用 SEMI MF 1389-0704《Ⅲ-Ⅴ号混杂物中对单晶体硅的光致发光分析的测试方法》。本标准对 SEMI MF 1389-0704 格式进行了相应调整。为了方便比较，在资料性附录 B 中列出了本标准章条和 SEMI MF 1389-0704 章条对照一览表。并对 SEMI MF 1389-0704 条款的修改处用垂直单线标识在它们所涉及的条款的页边空白处。

本标准与 SEMI MF 1389-0704 相比，主要技术差异如下：

——删除了“目的”、“术语和定义”中的讨论部分、“偏差”和“关键词”等章节的内容；

——删除了 SEMI MF 1389-0704 中对砷铝含量测定的内容；

——将实际测试得到的单一试验室的精密度结果代替原标准 SEMI MF 1389-0704 中的精度和偏差部分，并将原标准中的精度和偏差部分作为资料性附录 A 。

本标准的附录 A 和附录 B 为资料性附录。

本标准由全国半导体设备和材料标准化技术委员会提出。

本标准由全国半导体设备和材料标准化技术委员会材料分技术委员会归口。

本标准起草单位：信息产业部专用材料质量监督检验中心、中国电子科技集团公司第四十六研究所。

本标准主要起草人：李静、何秀坤、蔺娴。

硅单晶中Ⅲ-Ⅴ族杂质的光致发光测试方法

1 范围

本标准规定了硅单晶中Ⅲ-Ⅴ族杂质的光致发光测试方法。

本标准适用于低位错单晶硅中导电性杂质硼和磷含量的同时测定。

本标准用于检测单晶硅中含量为 1×10^{11} at·cm^{-3}～5×10^{15} at·cm^{-3}的各种电活性杂质元素。

2 规范性引用文件

下列文件中的条款通过本标准的引用而成为本标准的条款。凡是注日期的引用文件，其随后所有的修改单(不包括勘误的内容)或修订版均不适用于本标准，然而，鼓励根据本标准达成协议的各方研究是否可使用这些文件的最新版本。凡是不注日期的引用文件，其最新版本适用于本标准。

GB/T 13389 掺硼掺磷硅单晶电阻率与掺杂物浓度换算规程

GB/T 24581 低温傅立叶变换红外光谱法测量硅单晶中Ⅲ、Ⅴ族杂质含量的标准方法

3 术语和定义

下列术语和定义适应于本标准。

3.1

缺陷光荧光谱 defect luminescence lines

由硅中缺陷产生的那些特征吸收。

3.2

电子空位液滴(EHD) electron hole droplet(EHD)

由光激发产生的激子气体的冷凝相(液体)。

3.3

激子 excitons

是由一个空位晶格(自由激子)或杂质原子点(束缚激子)结合在一起的能发光的电子空穴对。

3.4

非本征谱(X_{TO}(BE)或X_{NP}(BE)) extrinsic line (X_{TO}(BE)或X_{NP}(BE))

由晶格中的杂质原子点(束缚激子)捕获激子而产生的光荧光谱。

在4.2 K温度下非本征激子的结合能，它的能量比本征发射低得多。X是杂质元素符号，BE表示束缚激子荧光谱。非本征荧光同样包括特征吸收，是因为束缚的多个激子复合(b1，b2，b3分别表示第一、第二和第三束缚的多个激子复合)。在施主荧光谱中，这些复合在TO区域出现了两个系列的谱线，叫做α系列和β系列。在符号后面加撇号来表示弱的β系列特征吸收。(即P_{TO}(b1'))(见表1和表2)。

3.5

本征谱(I_{TO}(FE)) intrinsic line (I_{TO}(FE))

无掺杂的纯净硅中激子复合而产生的光荧光谱。

3.6

声子 phonon

晶格振动中简谐振子的能量量子。

表 1 光致发光谱的发光峰位(真空波长)

硅本征发射光谱			
I_{TO}(FE)在 8 848 cm^{-1};I_{LO}(FE)在 8 860 cm^{-1};I_{TA}(FE)在 9 166 cm^{-1}			
主要的轻掺束缚激子(BE)发射光谱			
元　素	TO 区/cm^{-1}	NP 区/cm^{-1}	NP/TO 区 BE 发射强度比值
硼	8 812.6	9 281.3	0.017
锑	8 810.5	9 280.0	0.010
磷	8 806.8	9 275.4	1.4
铝	8 803.4	9 271.8	0.7
砷	8 801.0	9 269.4	2.0

表 2 硼和磷光致发光谱的发光峰位(真空波长)

硼的特征发光峰位/cm^{-1}	磷的特征发光峰位/cm^{-1}
B_{NP}(BE)=9 281.3	P_{NP}(BE)=9 275.4
B_{NP}(b1)=9 263.6	P_{NP}(b1)=9 246.4
B_{NP}(b2)=9 245.9	P_{NP}(b2)=9 223.9
	P_{NP}(b3)=9 208.4
	P_{NP}(b4)=9 197.8
B_{TA}(BE)=9 130.1	P_{TA}(BE)=9 124.4
B_{TA}(b1)=9 112.4	P_{NP}(BE−2e)=8 992.8[a]
B_{TA}(b2)=9 095.2	
B_{TO}(BE)=8 812.6	P_{TO}(b1')=8 812.7[b]
B_{TO}(b1)=8 795.0	P_{TO}(BE)=8 806.8[c]
B_{TO}(b2)=8 777.5	P_{TO}(b2')=8 790.4[b]
B_{TO}(b3)=8 763.2	P_{TO}(b1)=8 778.0[c]
B_{TO}(b4)=8 752.1	P_{TO}(b3')=8 771.3[b]
B_{TO}(b5)=8 742.6	P_{TO}(b2)=8 756.0[c]
	P_{TO}(b4')=8 756.2[b]
	P_{TO}(b5')=8 745.4[b]
	P_{TO}(b3)=8 740.2[c]

[a] 两个电子转换用 2e 表示;
[b] β 系列转换;
[c] α 系列转换。

4 方法原理

本方法利用低温下样品的非辐射复合会减小,发光带的热展宽也相应地减少,可以观察到激子发光精细结构的原理,将单晶硅样品冷却到 4.2 K,用高于硅带隙能量的激光器激发它,测量本征硅发射强度和非本征杂质发射强度的比值,做出强度比与杂质浓度之间的校正曲线,从而获得杂质浓度。

5 干扰因素

5.1 激发强度的变化——在相同的激发强度下，非本征束缚激子(BE)和本征自由激子(FE)的荧光特征吸收强度值不改变。随着激发强度的增强FE特征吸收会适当增强，同时BE特征吸收也会增强。但当激发强度较高时，达到了电子空穴液滴(EHD)的起始点以上时会很缓慢增强。因为计算杂质浓度由非本征特征吸收与本征特征吸收的比值得出，这一比值将随着激发强度的增强而减小。因此，如果一个样品在超过仪器校准水平的高激发强度下检测时，将会带来人为的测试误差，致使计算浓度偏低。

5.2 样品表面的损坏及缺陷等因素会造成样品辐射复合的减少，影响样品光荧光谱的强度，这是由于这些缺陷能级会俘获电子和空穴，形成不发光的非辐射复合中心，减弱样品的荧光强度。例如那些在6 501 cm^{-1}和7 050 cm^{-1}处的荧光都是典型的受热力学压力造成的，这些特征吸收可以用来定性分析缺陷。

5.3 硅的荧光特征值和线性宽度随温度的改变而剧烈变化，因此一定要避免测试过程中样品温度的改变，本测试方法在6.1对使用的降温系统进行了阐述。

5.4 光谱特征吸收的重迭

5.4.1 硼的B_{TO}(BE)特征吸收在8 812.6 cm^{-1}与磷的P_{TO}(b1')特征吸收8 812.7 cm^{-1}发生重迭，直接导致计算硼浓度时出现错误。一种方法是利用在8 806.6 cm^{-1}处β系列磷荧光谱P_{TO}(B1')的强度是α系列磷荧光谱P_{TO}(BE)强度的十分之一，测硼的特征吸收时要减掉磷的量。另外一种方法是利用硼谱的B_{TO}(b1)，用仪器对此特征吸收进行校准，从而消除磷谱线的影响。

5.4.2 在硼和磷的横向光学特征吸收之间，锑的荧光谱线Sb_{TO}(BE)会下降。因为相对于硼和磷的特征荧光谱的位置，锑的荧光谱很宽会影响硼和磷的横向光学(TO)的特征吸收强度。这些元素的零声子(NP)的特征吸收，可以用来校准仪器。

5.4.3 当样品含有许多不同含量的杂质时，宽的横向光学声子(TO)区域特征吸收会干扰测量。例如，当硼的含量远远超过磷的含量时，必须用磷的零声子P_{NP}(BE)特征吸收谱线测量。而当磷的含量远远超过硼的含量时，必须采用5.4.1所述的两种测量方法中的一种进行测量。

5.5 样品中的应力会引起零声子(NP)区域特征吸收发生分裂，影响杂质的TO/NP荧光谱的比值，造成计算结果偏低。利用峰面积的计算方法，可以减小谱线分裂的影响。

5.6 本测试方法中的校准曲线源于两种方法，第一种为"电阻系数的测定"(见GB/T 13389)，第二种为"低温下红外吸收光谱(FT-IR)的测定"(见GB/T 24581)。如果这两种测试方法中任一测试方法测量不精确，都会影响校准曲线的精确度，从而造成光荧光谱测量结果的不准确。

6 测量仪器和材料

6.1 低温恒温器：能保持样品测试温度在4.2 K。可以选用三种方式：开式循环液氦浸没、交换气体低温恒温器、闭合制冷系统。浸入型低温恒温器可以精确地稳定温度，而交换气体和闭式循环系统要特别注意热浸和精确测量样品温度。

6.2 样品架：用有良好热传导性的金属制成，在不引起样品应力的过度变化基础上，通过适当方法固定样品以避免谱线分裂。

6.3 激发光源：可以激发硅单晶产生发射光谱，为保证精确的测量激光强度必须可控并且稳定。

6.4 红外光谱仪：配有检测器，并且光响应范围在8 750 cm^{-1}～9 300 cm^{-1}之间，在9 300 cm^{-1}处的分辨率至少为0.5 cm^{-1}。

7 试剂及试样制备

7.1 试剂

7.1.1 纯水温度25 ℃时，电阻率大于18 MΩ的电子级水。

7.1.2 硝酸(ρ1.42 g/mL),MOS 级。

7.1.3 氢氟酸(ρ1.14 g/mL),MOS 级。

7.1.4 过氧化氢(ρ1.10 g/mL),MOS 级。

7.1.5 混合酸(HNO_3 : HF : H_2O_2 : H_2O = 1 : 1 : 1 : 25)按体积比配制。

7.2 试样制备

7.2.1 按 7.2.1.1 或 7.2.1.2 的程序操作以去除样品上所有工艺过程带来的损伤及表面污染物,经过化学-机械抛光的薄片,不需要做进一步的制备。

7.2.1.1 使用一种合适的腐蚀剂腐蚀样品(例如 7.1.5 中的混酸)。

7.2.1.2 或者使用一种合适抛光液,对样品表面进行化学-机械抛光。

7.2.2 腐蚀以后会造成样品的荧光效率下降,使用适当的化学-机械抛光会相应减少样品腐蚀造成的荧光效率下降,因此推荐在腐蚀后 2 h 之内将样品放入低温恒温器中。

8 操作步骤

8.1 仪器校准

8.1.1 如果仪器性能没有漂移或硬件没有改变,只需测量一次硅标样。第二种标样为仪器的校准检验所用的校准样品,可以通过测量该标样提供仪器长期的性能统计。对每一条杂质校准曲线的校正都至少需要四种标样。

8.1.2 测量已知杂质含量的样品,按 8.2.1 中涉及的合适激发强度下测量光荧光谱,选择 8.2.2.2 中列出的分辨率类型。

8.1.3 按照 8.3 所述确定峰强度,并按 9.1 所述选择合适谱线的比值。

8.1.4 通过平移曲线使交叉点与已知样品的光荧光谱数据相符,从而调整图 1 或图 2 中的校准数据,使之与测试方法 A 或测试方法 B 相符。不要改变曲线的斜率,因为斜率仅仅是激子复合动力学的一个函数,而与给定仪器的光学响应无关。

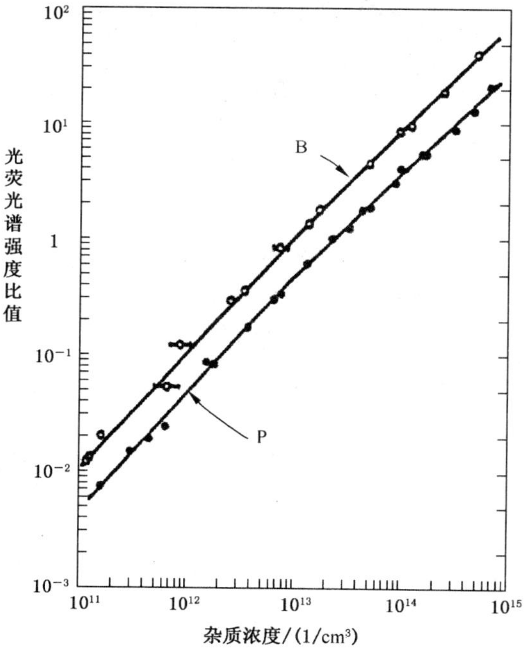

注:斜率为 1.0。

图 1 高激发强度条件下硼、磷校准曲线

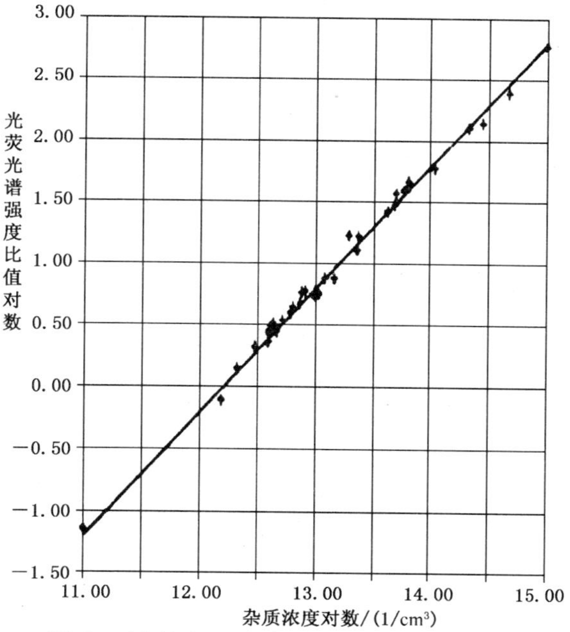

图 2　低激发强度条件下杂质校准曲线

8.1.5　在固定的仪器上，这些曲线可以做为测量计算的依据。

8.1.6　仪器性能有漂移或硬件有所改变时，要测定仪器短期的 1σ 标准偏差。

8.1.6.1　用分析典型样品的常规测试条件，重复测试样品杂质浓度 9 次。

8.1.6.2　按照 8.3 所述确定峰强度和杂质浓度。

8.1.6.3　计算杂质浓度的 1σ 标准偏差。

8.2　测量步骤

8.2.1　激发条件

8.2.1.1　测试方法 A　高激发强度条件：调节激光器的输出为 300 mW，使光束通过红外滤波器。在样品和激光器之间光束可以被 2～3 个镜子反射，使未聚焦光束通过低温恒温器窗口，设置光束直径为 2.5 mm。

8.2.1.2　测试方法 B　低激发强度条件：考虑到信噪比要调节激光强度，使得荧光最大程度地接近 EHD 起始点。从上面提到的激光强度到低于 EHD 起始点信噪比允许的强度范围内，测量硅标样在不同激光强度下的光荧光谱。在线性坐标 8 720 cm^{-1} 处画出相对于激光器强度的 EHD 荧光强度，EHD 起始能量可以由外延直线从非零 EHD 点到零强度来确定。

8.2.2　光谱仪参数

8.2.2.1　光谱范围

TO 区域：8 757 cm^{-1}～8 889 cm^{-1}(1 142 nm～1 125 nm)

NP 区域：9 242 cm^{-1}～9 294 cm^{-1}(1 082 nm～1 076 nm)

8.2.2.2　分辨率

在不需要或不必要计算铝或砷浓度时使用标准分辨率，否则使用高分辨率。

标准分辨率＝2 cm^{-1}

高分辨率＝0.5 cm^{-1}

8.2.3　保留一组典型样品的测试数据作为备用标准，复测该样品用来阶段性检测仪器性能。通过重复测试两次同一样品，对比数据来确认测试仪器的重复性。

在检测未知样品前，先测试标准样品的光荧光谱，如果测试标样的结果超过了仪器允许误差范围以外，应调节激光器能量来补偿。如果光源的损失不能靠这一简单的过程来解决，就需要彻底检查并修复，必要时对仪器进行重新校准。

8.2.4　按 8.2.2 光谱仪参数测量未知样品的光荧光谱，按 8.3 所述确定峰强度。

8.3 峰强度的确定

8.3.1 采用基线作图法，在图 3 中作图。对于 I_{TO}(FE)谱，在(a)8 880 cm^{-1}到(b)8 840 cm^{-1}附近的最小值之间画基线。对于 TO 区含杂质的基线，从(b)点到(c)点或(d)点：8 785 cm^{-1}或 8 768 cm^{-1}附近的最小值点之间画线。

8.3.2 测量峰高及峰面积。使用 TO 线来测 B 和 P，用 NP 线来测 Al 和 As。如果 P_{TO}(BE)不适用，同样可以用 NP 线来测 P。具体见图 4。

8.3.3 通过从 B_{TO}(BE)线强度中减去十分之一 P_{TO}(BE)线强度，可以修正 P_{TO}(b1′)线优先于 B_{TO}(BE)线的情况。

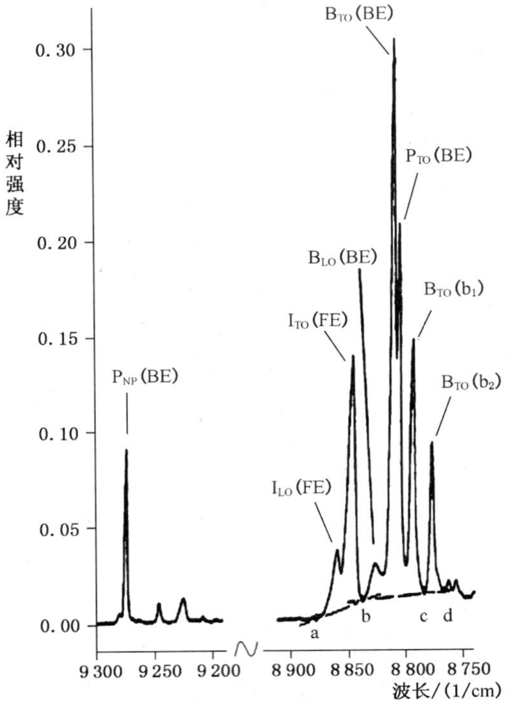

图 3 样品基线图

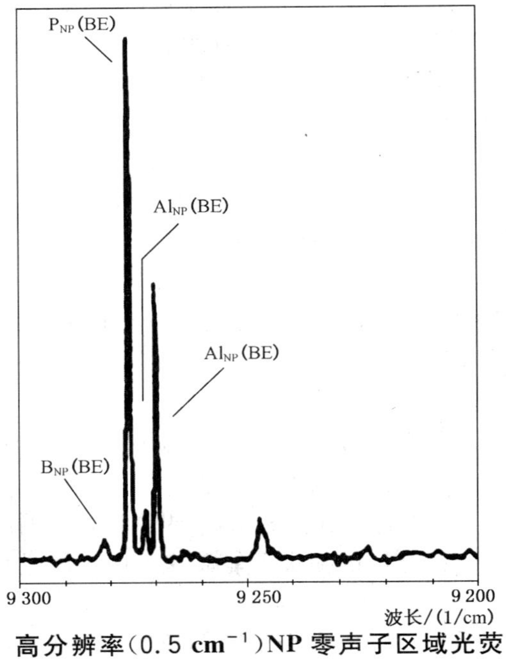

图 4 高分辨率(0.5 cm^{-1})NP 零声子区域光荧光谱

9 结果计算

9.1 计算杂质的非本征杂质发射强度和本征硅发射强度的比值。

9.2 利用 8.1.4 中获得的经校正的校准曲线，采用图像或计算方法确定校准曲线上与 9.1 得到的比值（或比值的对数）一致的点。

9.3 记录杂质浓度，单位为 at · cm^{-3}。

10 精密度

该方法单个实验室 10 次测试结果列于表 3，磷的平均值为 79.9 pg/g，标准偏差为 2.08 pg/g，相对标准偏差为 2.6%。硼的平均值为 121 pg/g，标准偏差为 5.59 pg/g，相对标准偏差为 4.6%。

注：该精密度数值是选取一片 φ3 英寸非掺、低位错 N 型硅单晶抛光片，在其中心位置划取一合适尺寸的测量样品由同一试验人员在同一实验室重复测量十次该样品的磷含量和硼含量得到的。

表 3 单个实验室的测试结果

杂质元素	测量次数	PL 强度比	杂质浓度/(pg/g)	平均值/(pg/g)	标准偏差/(pg/g)	相对标准偏差/%
B	1	0.63	126	121	5.59	4.6
	2	0.60	120			
	3	0.55	110			
	4	0.60	120			
	5	0.64	128			
	6	0.60	120			
	7	0.60	120			
	8	0.62	124			
	9	0.58	116			
	10	0.64	128			
P	1	0.180	80	79.9	2.08	2.6
	2	0.180	80			
	3	0.176	78			
	4	0.191	85			
	5	0.176	78			
	6	0.178	79			
	7	0.182	81			
	8	0.180	80			
	9	0.176	78			
	10	0.180	80			

11 报告

测量报告应包括如下内容：

a) 测量样品杂质浓度结果；

b) 样品批号；

c) 样品数量；

d) 操作者姓名；

e) 使用的测试方法(A 或 B)。

附 录 A
（资料性附录）
SEMI MF 1389-0704 中的精密度和偏差

单个实验室用光致发光法测量磷、硼的结果，一天分析两个样品，经过几个星期（每个样品进行45次测量），第一个样品包含 70 pg/g 的磷和 30 pg/g 的硼，第二个样品包含 20 pg/g 磷和 15 pg/g 硼。经过几天，两个操作者，两个样品的测量，得到单一实验室标准偏差值及基于平均测量值的相对标准偏差值，列于表 A.1 中。

表 A.1 单个实验室研究光致发光法测量磷和硼的标准偏差值变化

样品编号	杂 质	标准偏差/(pg/g)	相对标准偏差/%
1	P	2.43	3.4
1	B	1.69	6.2
2	P	1.13	5.6
2	B	1.00	7.0

附 录 B
（资料性附录）
本标准章条编号与 SEMI MF 1389-0704 章条编号对照表

表 B.1 本标准章条编号与 SEMI MF 1389-0704 章条编号对照

本标准章条编号	对应的 SEMI MF 1389-0704 章条编号对照
1	2
2	4
3	5
4	6
5	3
6	7
7.1	8
7.2	9
8.1	10
8.2	11
8.3	12
9	13
11	14
10	15
—	16
—	17

ICS 29.045
H 80

中华人民共和国国家标准

GB/T 24575—2009

硅和外延片表面Na、Al、K和Fe的二次离子质谱检测方法

Test method for measuring surface sodium, aluminum, potassium, and iron on silicon and epi substrates by secondary ion mass spectrometry

2009-10-30 发布　　2010-06-01 实施

中华人民共和国国家质量监督检验检疫总局
中国国家标准化管理委员会　发布

前　言

本标准修改采用 SEMI MF 1617-0304《二次离子质谱法测定硅和硅外延衬底表面上钠、铝和钾》。本标准对 SEMI MF 1617-0304 格式进行了相应调整。为了方便比较，在资料性附录 B 中列出了本标准章条和 SEMI MF 1617-0304 章条对照一览表。并对 SEMI 1617-0304 条款的修改处用垂直单线标识在它们所涉及的条款的页边空白处。

本标准与 SEMI MF 1617-0304 相比，主要技术差异如下：

——去掉了“目的”、“关键词”。

——将实际测试得到的单一试验室的精密度结果代替原标准中的精度和偏差部分，并将原标准中的精度和偏差部分作为资料性附录 A。

本标准的附录 A 和附录 B 为资料性附录。

本标准由全国半导体设备和材料标准化技术委员会提出。

本标准由全国半导体设备和材料标准化技术委员会材料分技术委员会归口。

本标准起草单位：信息产业部专用材料质量监督检验中心、中国电子科技集团公司第四十六研究所。

本标准主要起草人：何友琴、马农农、丁丽。

硅和外延片表面 Na、Al、K 和 Fe 的二次离子质谱检测方法

1 范围

1.1 本标准规定了硅和外延片表面 Na、Al、K 和 Fe 的二次离子质谱检测方法。本标准适用于用二次离子质谱法(SIMS)检测镜面抛光单晶硅片和外延片表面的 Na、Al、K 和 Fe 每种金属总量。本标准测试的是每种金属的总量,因此该方法与各金属的化学和电学特性无关。

1.2 本标准适用于所有掺杂种类和掺杂浓度的硅片。

1.3 本标准特别适用于位于晶片表面约 5 nm 深度内的表面金属沾污的测试。

1.4 本标准适用于面密度范围在(10^9～10^{14})atoms/cm^2 的 Na、Al、K 和 Fe 的测试。本方法的检测限取决于空白值或计数率极限,因仪器的不同而不同。

1.5 本测试方法是对以下测试方法的补充:

1.5.1 全反射 X 射线荧光光谱仪(TXRF),其能够检测表面的原子序数 Z 较高的金属,如 Fe,但对 Na、Al、K 没有足够低的检测限(<10^{11} atoms/cm^2)。

1.5.2 对表面的金属进行气相分解(VPD),然后用原子吸收光谱仪(AAS)或电感耦合等离子体质谱仪(ICP-MS)测试分解后的产物,金属的检测限为(10^8～10^{10})atoms/cm^2。但是该方法不能提供空间分布信息,并且金属的气相分解预先浓缩与每种金属的化学特性有关。

2 规范性引用文件

下列文件中的条款通过本标准的引用而成为本标准的条款。凡是注日期的引用文件,其随后所有的修改单(不包括勘误的内容)或修订版均不适用于本标准,然而,鼓励根据本标准达成协议的各方研究是否可使用这些文件的最新版本。凡是不注日期的引用文件,其最新版本适用于本标准。

ASTM E122 评价一批产品或一个工艺过程质量的样品大小的选择规程

ASTM E673 表面分析的相关术语

3 术语和定义

ASTM E673 确立的术语和定义适用于本标准。

4 试验方法概要

4.1 将镜面抛光硅单晶片样品装入样品架,并将样品架送入 SIMS 仪器的分析室。

4.2 用一次氧离子束,通常是 O_2^+,以小于 0.015 nm/s(0.9 nm/min)的溅射速率轰击每个样品表面。

4.3 分析面积因仪器的不同而不同,范围从 100 μm×100 μm 到 1 mm×1 mm。

4.4 因仪器的不同,将氧气分子喷射或泄漏使其集中在分析区域内。

4.5 正的二次离子^{23}Na,^{27}Al,^{39}K,^{54}Fe 经过质谱仪质量分析,被电子倍增器(EM)或者同样高灵敏度的离子探测器检测,二次离子计数强度是时间的函数,测试一直持续到计数强度降低到背景水平或者到各元素开始强度的 1%时为止。仪器必须能够将元素离子信号从分子干扰中分离出来。

4.6 检测空白硅样品以确定检测限,分子离子干扰、仪器背景、计数率极限都可能造成检测限升高。分析过程中或测试结束时,Si 的基体元素(^{28}Si、^{29}Si 或者^{30}Si)的正二次离子计数率由法拉第杯(FC)或其

他合适的探测器检测。如果测试过程中，使用多个检测器，必须通过测试标准离子信号（同一种正二次离子的计数率，或已知相对强度的两种正离子的计数率，例如通常的$^{28}Si/^{30}Si$）来确定检测器的相对灵敏度。

4.7 根据检测器的相对效率比（如果使用多个检测器）和测试参考样品中得到的 RSF 将^{23}Na，^{27}Al，^{39}K，^{54}Fe的净余信号积分转换成定量的面密度。

5 干扰因素

5.1 样品处理或测试过程中所引入的 Na、Al、K 和 Fe 表面金属污染会引起测试结果的偏差。（根据 SIMS 测试的剖析图形，可以容易地将含有这些金属成分的室内微粒的污染与样品本身的表面金属沾污区别开来，表面沾污的金属信号强度的对数会随着溅射时间线性降低，而微粒引起的污染在做剖析时不符合此规律）。

5.1.1 将元素离子与分子离子分开是十分重要的，对于$^{27}Al^+$来说，在其浓度低于 $10^{11}\sim10^{12}$ atoms/cm^2 时，普遍存在于清洗室内空气或塑料盒制容器中的$C_2H_3{}^+$分子离子就会对测试产生显著的干扰，相对来说，有机物的干扰主要来自于测试晶片表面的有机物。

5.1.2 当 Al 离子的浓度在（$10^9\sim10^{10}$）atoms/cm^2 范围时，另一个重要的干扰来自于普遍存在的 BO^+ 离子，因为对于所有的晶片，不管是 n 型还是 p 型，表面 B 浓度范围通常都在 10^{12} atoms/cm^2。

5.1.3 如果表面存在高浓度的 Na，那么 NaO^+ 分子离子可能对$^{39}K^+$离子形成干扰。理论上，$^{11}B^{12}C^+$和$^{11}B^{28}Si^+$分子离子分别会干扰$^{23}Na^+$和$^{39}K^+$离子。

5.1.4 $^{54}Fe^{+1}$的信号也会受到$^{27}Al_2{}^{+1}$或者$^{54}Cr^{+1}$的干扰。

5.1.5 通过使用调节至高质量分辨状态的磁质谱仪，或者在某些情况下使用启用了能量过滤器的四极质谱仪，可以消除分子离子干扰。

5.2 从参考样品推导出的相对灵敏度因子（RSF）的偏差能引起 SIMS 测试的面密度的偏差。

5.3 如果仪器质量分析能力或检测方案不足以消除干扰，那么质量的干扰也会引入偏差。

5.4 Na、Al、K 和 Fe 的 SIMS 测试仪器背景会限制这些表面金属的最低检出水平。

5.5 各个样品的表面与二次离子质谱仪的离子收集光学系统之间倾斜度的不同，会导致测试的准确度和精度大大降低。样品架的设计构造和维护必须满足：在样品装入样品架后，各个样品表面的倾斜度是固定的。

5.6 测试准确度和精度随着样品表面粗糙度的增大而显著降低，可以通过对样品表面进行化学机械抛光予以消除。

5.7 如果测试时不使用氧泄漏，由于化学自然氧化层厚度的不同会影响离子产额，可能导致测试结果有偏差，目前还没有人研究过这种影响效果。

6 测量仪器

6.1 SIMS 仪器：配备一次离子束（优先采用 $O_2{}^+$），质谱仪（具备将目标元素离子从分子干扰中分离出来的能力），电子倍增器、法拉第杯检测器，或者具备类似的二次离子计数能力的探测系统或者以上检测器的组合；具有小于 0.015 nm/s 速率的样品表面溅射能力；可以使用氧气泄漏，以得到稳定的表面离子产额；流到样品表面的氧气流量必须足够稳定，以保证分析过程中的二次离子产额不会改变。氧气流量稳定性的检查可以通过在剖析过程中监控主元素硅的一个同位素的信号强度来实现，如果剖析时没有监控主元素，也可以通过监控真空室中的氧气压的波动来实现。为了提供尽可能低的仪器背景，SIMS 仪器必须经过充分的维护和保养。

6.2 样品架：适用于 SIMS 测试。有些仪器的样品架能放置多个 5 mm×5 mm 的样品，样品测试面朝向金属（Ta）窗口；有些仪器的样品架能放置一个或更多的 15 mm×15 mm 的样品，通过弹簧片压住样品边缘或用银膏粘住样品的背面来固定；有些仪器样品架能放置整个的硅晶片。无论是何种样品架，都要经过充分的维护和保养，以尽可能减小因样品架问题造成的仪器背景的升高。

6.3　探针轮廓仪：或者功能相当的仪器（例如，原子力显微镜）用于测试样品上 SIMS 溅射坑的深度。以便标定标准样品浓度分布曲线的深度值。测试片深度值标定的常规要求：仪器必须能测试到 10 nm 的深度，并保证 10% 的准确度和精度。如果没有这种仪器，必须准备间接深度标定标准样品（例如已知杂质浓度深度分布的硅片），以确定 SIMS 测试过程中的溅射速率。

注：对于深度在 10 nm 或以下溅射坑的准确测量仍然是一个值得研究的领域，因为在将样品从 SIMS 分析室转移到坑深测试装置时，溅射后的硅很容易与氧气发生反应。例如，溅射后硅表面的这种快速的氧化生长，使期望深度值大概只有 1 nm 的坑比最初的自然氧化层还厚，也就是说，样品被刻蚀的地方，观察者看到的是一个凸起，而不是坑。如果参考样品与待测的未知样品同型，也就是说参考样品是表面预先沾污样品而不是浅离子注入样品，就不必对每个样品的浅坑深度直接测试。

7　试样制备

7.1　取样

因为 SIMS 分析实际上是破坏性的试验，所以必须进行取样，且被抽取样品能够评价该组硅片的性质。本标准不包含统一的抽样方法这部分，因为大多数合适的取样计划根据每批样品的情况不同而有区别。为了仲裁目的，检测的取样计划必须在测试之前得到一致的认可。见 ASTM E122。

7.2　样品要求

7.2.1　样品的分析面必须平坦光滑。（见 5.5 和 5.6）

7.2.2　样品必须切割成小块，以适合放入样品架内。样品不要求都是同样的大小，但是典型尺寸的样品是边长 5 mm～15 mm 的近似正方形。

7.2.3　准备一块空白样品，其金属面密度要低于本方法的期望检测限，且其表面有机物与待测的未知样品具有相同的水平和类型。

注：如果样品是在经过清洗工艺后不久就进行测试，那么从清洗室空气或容器中携带的有机物就很少，可以忽略不计，但是如果样品被放置一天或更长的时间后，有机物的量就会明显增高，测试时会引起分子离子的干扰，这种干扰在设计测试方案的时候一定要考虑排除掉。

7.3　参考样品是以下任何一种样品

7.3.1　旋转涂膜沾污样品：用气相分解/原子吸收光谱法（VPD/AAS）或者气相分解/电感耦合等离子体质谱（VPD/ICP-MS）法进行标定，并对其空间均匀性做 SIMS 定性测试，因为浓度空间分布不均匀，会引起 SIMS 定量测试的波动或偏差。使用旋转涂膜的参考样品，可以免去对溅射坑的深度测试并消除由此引起的偏差/波动。对于这种参考样品，因为 SIMS 测试的 SI_i 是指同位素，所以式（1）中（见 9.1）使用的的面密度 *D* 指的是用 VPD/AAS 或者 VPD/MS 测定再经过同位素丰度比例修正后的值。

7.3.2　浸泡硅晶片样品：硅片经过浸没在预先配制好含有所要测试沾污金属的 SC-1（NH_4OH：H_2O_2：H_2O）溶液中，（处理后），用 VPD/AAS 或者 VPD/MS 法对其表面沾污金属分解并测试。因为空间浓度的不均匀会导致 SIMS 定量测试时的波动或偏差，所以要对该样品空间均匀性做 SIMS 定性测试，也可以用 TXRF 对 Fe 进行空间均匀性测定。使用 SC-1 溶液浸泡的参考样品，可以免去对溅射坑深度的测试，进而消除其引起的波动和偏差。对于这种参考样品，因为 SIMS 测试的 SI_i 是指同位素，所以式（1）中（见 12.1）使用的面密度 *D* 指的是用 VPD/AAS 或者 VPD/MS 测定再经过同位素丰度比例修正后的值。

7.3.3　离子注入样品：向硅晶片中注入 ^{23}Na，^{27}Al，^{39}K，^{56}Fe（或者 ^{54}Fe），因为空间浓度的不均匀会导致 SIMS 定量测试时的波动或偏差，所以要对该样品空间均匀性做 SIMS 定性测试，也可以用 TXRF 对 Fe 进行空间均匀性测定。有必要阐明：依据此种参考样品，使用上述仪器，按照该操作步骤所得到 RSF 值与从旋转喷涂参考样品中得到的 RSF 值是一致的。对于这种参考样品，式（1）（见 9.1）中用到的面密度 *D* 指的是注入同位素的剂量。

8 操作步骤

8.1 样品装载和 SIMS 仪器设置

8.1.1 将每个样品(未知样品,参考样品,空白样品)切割成小块以适合放入样品架。参考样品中必须含有^{23}Na,^{27}Al,^{39}K,^{56}Fe(或者^{54}Fe)元素,或者有多个参考样品,每个参考样品含有这些元素中的一个或多个。做这些准备时应尽量减少样品表面的金属污染。

8.1.2 将样品装入 SIMS 样品架。

8.1.3 将样品架送入 SIMS 仪器的样品室。

8.1.4 按仪器的说明书开启仪器。

8.1.5 设定合适的分析条件,其中应当含有消除分子离子的质量干扰的方法。

8.1.5.1 选择一次离子束流,一次束的扫描面积和二次离子质谱仪的传输方式,以获得合适的溅射速率(小于 0.015 nm/s)。

8.1.5.2 选择合适的质谱仪条件,以保证最大的二次离子计数率时,使死时间损失低于 10%。

8.1.6 确保分析条件合适,能够同时满足已知浓度的参考样品和空白样品的测试要求。

8.1.6.1 确保分析溅射速率满足:在剖析过程中,在每溅射 0.2 nm 深度的时间内,对每个被监控的元素计数大于等于一次。

8.1.6.2 在使用氧喷射时,为了确定氧气泄漏压力是否合适,需对某一样品做深度剖析,监测主元素的二次离子产额在前 10 nm 的稳定性(变化应在 20%内)。在一个典型的样品上进行这种确认实验时,采用的溅射速率与表面金属杂质测试时使用的溅射速率相同。如果离子产额有显著变化,每次 2 倍地增加氧泄漏的压力,直到能确保其稳定。

8.1.6.3 根据使用的仪器和实际测试的要求,确定在测试过程中用到的各个检测器之间的效率比(例如,电子倍增器和法拉第杯检测器),这可以通过对适当强度常用二次离子信号做比对测量(将死时间损耗降到最低)来实现。这里使用的二次离子计数率可以与做分析时所用的计数率不同,此时的溅射速率与分析时可能不同。

8.2 样品分析

8.2.1 对中一次离子束,运行 SIMS 仪器控制软件,开始 SIMS 剖析。样品表面不管有没有自然氧化层,在溅射的过程中,由沾污产生的^{23}Na,^{27}Al,^{39}K,^{56}Fe 离子信号强度在深度剖析的第一个纳米内达到最大值,然后单调递减。如果得不到这种通常的深度剖析形状,在样品的另一个新位置重新测试。

8.2.2 当杂质的信号达到如下任一种情况时:(1)杂质信号至少降到最大信号的 1%以下,(2)达到恒定的背景计数率,就转而测量并记录主元素 Si 在合适探测器上的计数率。

8.2.3 测量分析条件下的溅射速率。使用探针轮廓仪或类似设备来测量 SIMS 分析溅射坑的深度,然后结合已记录的消耗时间得到溅射速率。如果分析坑太浅,无法用现有设备测量,则对先前标定过深度的参考样品进行重新测试以测定溅射速率。

8.2.4 用与测试未知样品相同的条件测试空白样品。

9 结果计算

9.1 基体中某个目标杂质元素的 RSF,可以通过 SIMS 剖析一个已知该杂质面浓度的参考样品得到,采用式(1)计算:

$$\mathrm{RSF}=\frac{D\cdot N\cdot I_{\mathrm{m}}\cdot t}{d\cdot(SI_{\mathrm{i}}-I_{\mathrm{b}}\cdot N)} \quad \cdots\cdots(1)$$

式中:

RSF——相对灵敏度因子,单位为原子数每立方厘米(atoms/cm^3);

D——杂质的面密度,单位为原子数每平方厘米(atoms/cm^2);

N——深度剖析的数据周期数；

I_m——主元素同位素的二次离子强度，单位为计数率每秒(counts/s)；

d——溅射深度，单位为厘米(cm)；

SI_i——杂质同位素二次离子计数率在整个剖析深度内的总和；

I_b——杂质同位素背景强度值，单位为计数率每秒(counts/s)；

t——目标元素的分析时间，单位为秒每周期(s/周期)。

9.2 SIMS 剖析中浓度用式(2)计算：

$$C_i = \frac{I_i}{I_m} \cdot \mathrm{RSF} \cdot \left(\frac{\mathrm{FC}}{\mathrm{EM}}\right) \qquad \cdots\cdots(2)$$

式中：

C_i——杂质的原子浓度，单位为原子数每立方厘米(atoms/cm^3)；

I_i——杂质同位素二次离子强度，单位为计数率每秒(counts/s)；

I_m——主元素同位素二次离子强度，单位为计数率每秒(counts/s)；

RSF——相对灵敏度因子，单位为原子数每立方厘米(atoms/cm^3)；

FC/EM——如果法拉第杯(FC)和电子倍增器(EM)这两种检测器都使用，主元素浓度在这两个检测器上的比率。

9.3 根据测得的坑深和形成该坑的总溅射时间(或数据周期)，将溅射时间(或数据周期)转换成深度。

9.4 从式(1)和式(2)计算 RSF 和对应任一深度的杂质浓度。

9.5 将杂质浓度值扣除背景浓度值，然后对深度求积分，即可出得出该杂质面密度。

10 精密度

该方法单一实验室 Na、Al、K、Fe 的测量精密度分别为 11%(RSD)、7%(RSD)、6%(RSD)、9%(RSD)。

注：该精密度是由同一个试验人员在同一次试验中对从同一单晶片上取下的 13 个样品依次测试得到的。

11 报告

报告包含以下信息：

a) 使用的仪器、操作者、测试日期；

b) 测试样品、空白样品和参考样品的编号；

c) 使用的定标方法；

d) 消除分子离子干扰的方法；

e) 杂质的面密度；

f) 空白样品中杂质的面密度。

附　录　A
（资料性附录）
SEMI MF 1617-0304 中的精度和偏差

A.1　精度

表 A.1、表 A.2、表 A.3 汇总了来自 10 个实验室，4 个样品的交叉循环检测的统计数据。每个实验室所用的都是一块表面含有 ^{23}Na，^{27}Al，^{39}K 的旋转涂膜沾污参考样品。测试结果在其各自的标准偏差 S_r，S_R 的 2.8 倍范围内的重复率 r 和再现率 R 均是 95%。

A.1.1　为了确定表面 Fe 的测量精度，对取自同一 Fe 沾污硅片的一组样品进行了 SIMS 测试。用到两台测试仪器：CAMECA IMS 3f 和 CAMECA IMS 4f。所有的测试均采用 3 keV 的氧离子束，并开启氧淹没，整个测试历经一年。在 CAMECA IMS 3f 仪器上进行了 23 次测试，得到的 Fe 平均测量值为 1.51×10^{11} atoms/cm^2，标准偏差为 0.148×10^{11} atoms/cm^2。在 CAMECA IMS 4f 仪器上进行了 20 次测试，得到的 Fe 平均测量值为 1.71×10^{11} atoms/cm^2，标准偏差为 0.188×10^{11} atoms/cm^2。

A.2　偏差

因为没有被认可的绝对标准浓度值，所以不能估算出绝对标准偏差。只是作为比较，VPD/AAS 法对样品中 Na，Al，K，Fe 的测试结果也列入表 A.1、表 A.2、表 A.3 中。

表 A.1　对 Na 测试结果的总结统计

样品编号	VPD/AAS 10^{10} atoms/cm^2	X-Bar 10^{10} atoms/cm^2	S_r	S_R	r	R
A	10～15	10.68	2.240	2.791	6.273	7.816
B	29～32	33.64	3.339	4.931	9.348	13.81
C	115～121	112.1	16.19	19.79	45.32	55.41
E	0.6～4	0.665	0.359	0.861	1.005	2.410

表 A.2　对 Al 测试结果的总结统计

样品编号	VPD/AAS 10^{10} atoms/cm^2	X-Bar 10^{10} atoms/cm^2	S_r	S_R	r	R
A	3	3.504	0.686 5	1.107	1.922	3.100
B	7～8	9.425	0.768 4	2.239	2.152	6.269
C	22～25	28.80	2.298	6.107	6.634	17.10
E	未测	0.795	0.390	0.760	1.093	2.218

表 A.3　对 K 测试结果的总结统计

样品编号	VPD/AAS 10^{10} atoms/cm^2	X-Bar 10^{10} atoms/cm^2	S_r	S_R	r	R
A	7～8	7.829	1.642	2.761	4.596	7.731
B	22～23	24.11	3.607	5.943	10.10	16.64
C	92	82.37	12.77	19.63	35.74	54.97
E	0.1～2	0.407	0.162	0.344	0.454	0.965

附　录　B
（资料性附录）
本标准章条编号与 SEMI MF 1617-0304 章条编号对照表

表 B.1　本标准章条编号与 SEMI MF 1617-0304 章条编号对照

本标准章条条号	对应的 SEMI MF 1617-0304 标准章条编号
1	2
2	4
3	5
4	6
5	3
6	7
7.1	8
7.2	9
7.3	10
8	11
9	12
10	—
11	13

ICS 29.045
H 80

中华人民共和国国家标准

GB/T 24576—2009

高分辨率X射线衍射测量GaAs衬底生长的AlGaAs中Al成分的试验方法

Test method for measuring the Al fraction in AlGaAs on GaAs substrates by high resolution X-ray diffraction

2009-10-30 发布　　2010-06-01 实施

中华人民共和国国家质量监督检验检疫总局
中国国家标准化管理委员会　发布

前　言

本标准技术内容等同采用 SMEI M63-0306《准则：采用高分辨率 X 光衍射法测量砷化镓衬底上 AlGaAs 中 Al 百分含量的测试方法》。本标准对 SMEI M63-0306 进行了编辑性修改。

本标准的附录 A 为资料性附录。

本标准由全国半导体设备和材料标准化技术委员会提出。

本标准由全国半导体设备和材料标准化技术委员会材料分技术委员会归口。

本标准起草单位：信息产业部专用材料质量监督检验中心、中国电子科技集团公司第四十六研究所。

本标准主要起草人：章安辉、黄庆涛、何秀坤。

高分辨率X射线衍射测量GaAs衬底生长的AlGaAs中Al成分的试验方法

1 范围

本标准规定了用高分辨X射线衍射测量GaAs衬底上AlGaAs外延层中Al含量的试验方法。

本方法适用于在未掺杂GaAs衬底<001>方向上生长的AlGaAs外延层中Al含量的测定，使用本方法测量Al元素含量时，AlGaAs外延层厚度应大于300 nm。

2 术语、定义和符号

2.1 术语和定义

下列术语和定义适用于本标准。

2.1.1

布拉格角 Bragg angle

X光从一组结晶学平面衍射的角度，在布拉格定律中定义为：

$$\lambda = 2d\sin\theta$$

其中，λ 是X光的波长，d 是相邻结晶学平面之间的距离，θ 是X光衍射时光线与反射面之间的角度。

2.1.2

摇摆曲线 rocking curve

扫描通过一个衍射峰时，衍射强度与 ω 的关系曲线，这个衍射峰在HRXRD测量中也许只有几个弧秒的宽度。

2.1.3

散射面 scattering plane

包含入射光和衍射光的平面。

2.1.4

维加德定律 Vegard's Law

描述三元合金 $A_xB_{1-x}C$ 晶格参数随着 x 成线性变化的定律，以AB或AC为基元，x 的变化范围是 $0 \leqslant x \leqslant 1$。

2.2 符号和缩略语

2.2.1

FWHM

峰高一半处的峰宽。

2.2.2

HRXRD

高分辨率X射线衍射。

2.2.3

2θ

探测器与入射光角度。

2.2.4

$\omega-2\theta$

探测器以两倍于样品的速度扫描。

2.2.5

x

倾斜样品的轴，由样品表面和衍射平面相交而成。

2.2.6

ω

入射光和样品表面之间角度。

2.2.7

ϕ 轴

垂直样品表面旋转样品的轴。

3 方法原理

利用 AlGaAs 晶格参数与 Al 含量的相关性(Vegard's Law)，通过测量 AlGaAs 外延层衍射峰与衬底 GaAs 衍射峰的角度差来计算 Al 含量。

4 测量仪器

高分辨率 X 射线衍射仪

入射光束的发散角应该和在平面波下的 GaAs 衬底的本征 FWHM 是可比的。对于 Cu 靶辐射和<001>方向样品的(004)反射，应该是～12 s。一个双晶系统有较大的光束发散角，但是为了测量样品的本征 FWHM，Cu 靶辐射的发散角应该小于 12 s。

5 试样

样品是在 GaAs 上生长的 $Al_xGa_{1-x}As$ 外延层，即在未掺杂<001>GaAs 衬底上生长的未松弛 Al-GaAs 外延层。

6 仪器准备

6.1 探测器应与入射光成一直线，且在距样品轴旋转中心 1 mm 范围内。

6.2 ω 轴的步长应能够达到 2 s 或更小。

6.3 2θ 轴不一定要可以转动，但需要使探测器在整个扫描范围内始终位于衍射布拉格角的 2 倍处来收集衍射光。

7 测量步骤

7.1 样品应该垂直散射面固定。

7.2 如果样品是偏晶向的，依据标称偏晶角度调整 x 使得衍射晶面与散射面垂直。

7.3 如果样品是正<001>晶向，使得主定位面或缺口位于入射光方向顺时针 90°位置，晶片相对于入射光的方向，样品没有一定的取向，如图 1 所指示。

7.4 探测器应与入射光成一直线，且在距样品轴旋转中心 1 mm 范围内。

7.5 调整探测器的位置到 $2\theta=66.046°$，调整样品位置到 $\omega=33.023°$。

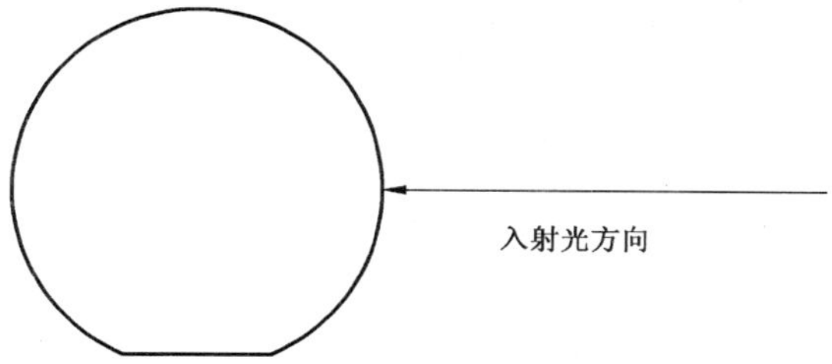

图 1

7.6 固定样品。可通过测量衬底摇摆曲线的 FWHM 来评估，见 7.10，在最优化之后，FWHM 应该小于 30 弧秒。

7.7 对于 FWHM 很大的情况：

7.7.1 由于固定样品引入应力，应重新固定样品。

7.7.2 由于样品弯曲，应减小入射光光斑。

7.7.3 由于晶向偏离，应将样品沿着表面法线旋转 45°。

7.8 上述因素排除以后，如果 FWHM 依然很大，则样品可能有较严重的质量问题。

7.9 定位衬底的布拉格衍射峰，在布拉格角所在位置小范围改变 ω，直到获得很强的衍射。

7.10 使 x 和 ω 最优化，直到获得最强的衬底衍射。以小于 0.1°的步长改变 x 轴，和小于 3 弧秒步长改变 ω 轴。这个过程可以通过手动或是软件自动完成。对于每个 x 轴的角度，要检查相应的 ω 的角度是否有最大峰强。适合本标准的样品，衬底峰应在外延层峰的高角度一侧。

7.11 通过改变 ω 或扫描 ω-2θ，进行一次摇摆曲线测量：

7.11.1 相对衬底衍射峰，扫描从 −750 s 直到 +100 s。如果外延层较薄或是质量很差，需要从更低的初始角度开始扫描，以便清楚地分辨外延层衍射峰。为了确定衍射峰位，要求扫描覆盖整个衍射峰。对于 Al 含量低的样品，较窄的扫描范围就可以了。

7.11.2 步长应该不大于 FWHM 的五分之一，典型的 ω 轴的步长是 2 s～3 s，但也可以提高到 8 s。

7.11.3 计数时间取决于观察到衍射峰的强度，在扫描中强度的动态范围至少要覆盖 3 个数量级，计数时间通常为 0.1 s～0.2 s。

7.11.4 初次扫描可称为“$\varphi=0$ 扫描”。

7.12 将样品沿着表面法线旋转 180°。

7.13 重复 7.9 到 7.11。

第二次扫描可称为“$\varphi=180°$扫描”。

8 结果计算

8.1 通过以上采集的 2 次扫描，可获得衬底衍射峰与外延层衍射峰距离值。拟合应至少覆盖每个峰的上半部分，以获得精确的测量。为了得到可复现的结果，峰拟合范围应该一致。

8.2 设从“$\varphi=0$ 扫描”得到的峰距离值是 $\Delta\omega_0$。从“$\varphi=180°$扫描”得到的峰距离值是 $\Delta\omega_{180}$。

8.3 得到平均的峰距离值，$\Delta\overline{\omega}$ 由式(1)计算：

$$\Delta\overline{\omega} = (\Delta\omega_0 + \Delta\omega_{180})/2 \quad \cdots\cdots (1)$$

8.4 利用 $\Delta\overline{\omega}$，AlGaAs 层中的 Al 含量 $W(\mathrm{Al})$ 由式(2)计算；当采用不同的晶格参数的时候记录微小的差别，见附录 A：

$$W(\mathrm{Al}) = -1.994 \times 10^{-7}(\Delta\omega)^2 - 0.002\ 740(\Delta\omega) \quad \cdots\cdots (2)$$

式中：

$\Delta\omega$——峰距离值，弧秒。

注 1：使用 Cu 靶 $K\alpha_1$（波长 1.540 56 Å）射线，(004)反射；

注 2：$a_0^{\mathrm{GaAs}}=5.653\ 61$ Å，$a_0^{\mathrm{AlAs}}=5.661\ 7$ Å，$\nu(\mathrm{GaAs})=0.311$，$\nu(\mathrm{AlAs})=0.325$。1 Å=0.1 nm。

8.5 表1是一个具体峰距离值的“速查手册”,清晰显示了用不同的晶格参数计算而产生的影响,同时比较了维加德定律与晶格参数随成分的非线性变化之间的差异。

表1 HRXRD在004面衍射峰距离测量的Al含量,Cu靶 K_1 线

平均峰距离值 $\Delta\omega$/(弧秒)	Al成分(维加德定律,$a_0^{GaAs}=5.653\ 61$ Å,$a_0^{AlAs}=5.661\ 71$ Å)	Al成分(维加德定律,$a_0^{GaAs}=5.653\ 38$ Å,$a_0^{AlAs}=5.661\ 4$ Å)	Al成分(非线性[17.3],$a_0^{GaAs}=5.653\ 59$ Å,$a_0^{AlAs}=5.661\ 71$ Å)
−375	0.999	1.008	1.000
−350	0.934	0.942	0.925
−325	0.869	0.876	0.852
−300	0.804	0.810	0.781
−275	0.738	0.744	0.710
−250	0.672	0.678	0.641
−225	0.606	0.611	0.573
−200	0.540	0.544	0.506
−175	0.473	0.477	0.440
−150	0.406	0.410	0.374
−125	0.339	0.342	0.310
−100	0.272	0.274	0.246
−75	0.204	0.206	0.184
−50	0.136	0.138	0.122
−25	0.068	0.069	0.061
0	0	0	0

注:中间的两列用维加德定律(Al含量和晶格参数之间是线型关系)。外延层的泊松比是用AlAs和GaAs之间的线性关系的假设计算所得,反复计算直到得到一致的结果。对于所有的情况都是 ν(GaAs)=0.311,ν(AlAs)=0.325。

9 干扰因素

9.1 计数时间的选择要确保足够动态范围,以使峰形更清晰。

9.2 上述推荐的扫描步长能提供足够的扫描点数来确定峰的位置。步长影响测量精度。

9.3 拟合曲线给出的峰中心位置比步长测试定位的更精确。

9.4 GaAs和AlAs的晶格参数的选择决定了计算结果。

9.5 不同方法生长的SI GaAs晶片的实际的晶格参数将有所差别。在一些参考文献中,a_0^{GaAs} 在5.652 4 Å和5.653 8 Å之间变化,相差接近 250×10^{-7}。不同厂商的分析软件之间的差别小于 50×10^{-7}。

9.6 AlAs的晶格常数一般不如GaAs的精度高。报道的 a_0^{AlAs} 值从5.660 5 Å到5.662 91 Å,相差426 ppm。不同厂商的分析软件之间的差别小于 75×10^{-7}。

9.7 如果在计算中一直使用相同的晶格常数,就可得到一致的分析结果。

9.8 本标准给出的一些分析是建立在维加德定律成立这个假设上的,即 $Al_xGa_{1-x}As$ 的晶格参数随着 x 线性变化。一些工作者指出了实际并不严格呈线性,见图2,用表1的数据做出的Al成分图,也可以见表1。

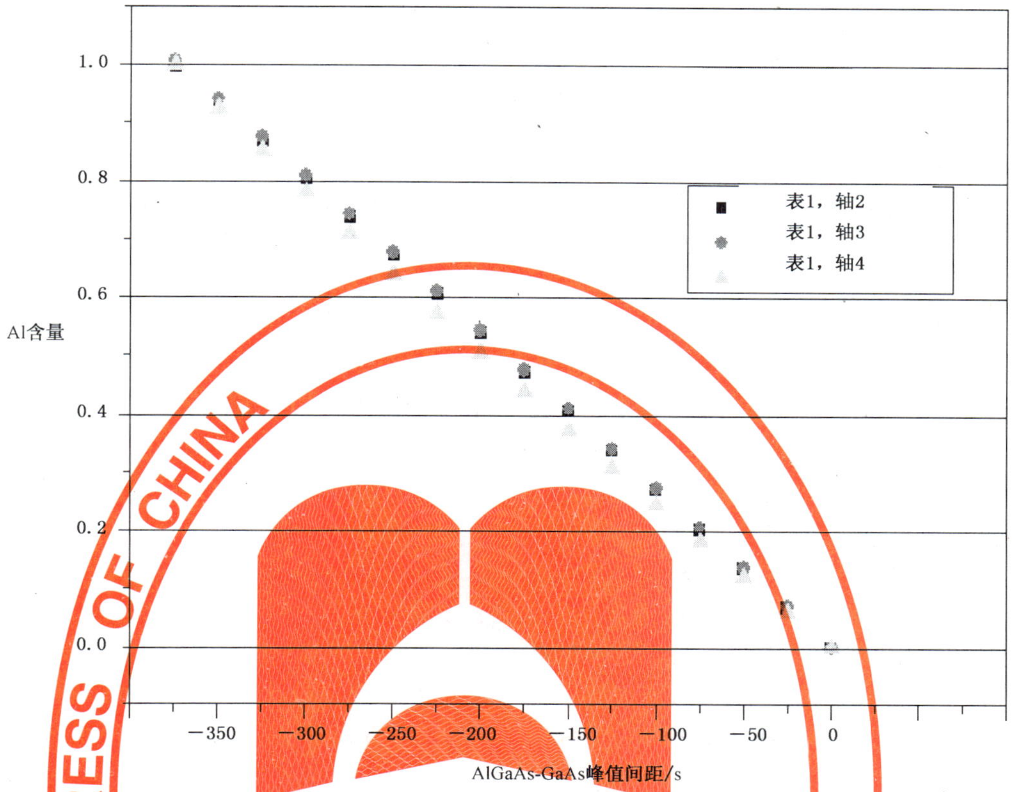

图 2

9.9 分析中用到了材料的泊松比。在文献中报道了材料的参数有很少的变化，这里给出的值，并且基本与分析软件的提供者给出的值相同。其他值可查阅相关文献。

9.10 分析中还做了这样的普遍性假设，即泊松比随 x 线性变化，且任何偏差都是可以忽略的。实际上，这也不是严格线性的，但是差别跟晶格参数与 x 关系曲线相似。

9.11 虽然参数不确定性将影响计算结果，但是它们不影响测量结果的可重复性。

10 精密度

该方法单一实验室测量精密度为±4%。

11 报告

报告应包括下列内容：

a) 标准编号；

b) 样品名称、标识等信息；

c) 使用的仪器；

d) 试验环境（温度、湿度等）；

e) 试验结果；

f) 所使用的参数（晶格参数、泊松比等）。

附　录　A
（资料性附录）
不确定度来源

注：本附录所提供的信息与试验计算和样品制备有关。

A.1　晶格参数

A.1.1　GaAs 的晶格参数取决于生长方法。文献中的值在 0～250×10^{-7}之间变动。在衬底或是层中掺杂也会影响晶格参数，继而影响 Al 含量的计算。

A.1.2　文献中 AlAs 的晶格参数的变化在 0～450×10^{-7}之间。

A.1.3　例如，对于峰距离值为 100 s，Al 含量在约 0.27 的样品，a_0^{GaAs}或 a_0^{AlAs}的±50 ppm 差异，给结果引入的变化为±0.016（维加德定律）。

A.2　泊松比

A.2.1　泊松比 ν，对于 AlAs 和 GaAs 通常保留 3 位有效数字。

A.2.2　例如，取 a_0^{GaAs}＝5.653 61 Å、a_0^{AlAs}＝5.661 71 Å、ν^{GaAs}＝0.311 和 ν^{AlAs}＝0.325，某样品 100 弧秒的峰距离值给出了 Al 含量为 0.272（维加德定律）；将其中一个泊松比改变±0.005，得到 Al 含量在 0.269和 0.274 之间变化。然而，泊松比 ν^{GaAs}＝0.311 和 ν^{AlAs}＝0.325 被广泛接受并使用，而且不同数值对结果的影响很小。

A.3　设备测角准确度，精确度和重复性

HRXRD 技术依赖于为小角度差的测量。以 100 s 的峰距离值测量 Al 含量时，±2 s 偏差给结果的影响接近±0.005。

A.4　样品均匀性

HRXRD 测量的是样品上入射 X 射线经过部分的体积平均。入射光通常可以穿透外延层到达衬底，因此整个外延层就全检测到了。光照射面积取决于试验设备。

A.5　温度

半导体的晶格参数随温度改变，大约 1×10^{-7}/℃。对于 Al 含量 0.270 样品，a_0^{GaAs}和 a_0^{AlAs}同时扩大 5 ppm 不会改变 99.4 s 峰距离值结果；然而，若差动热膨胀仅使 GaAs 晶格参数变化＋5×10^{-7}，将使峰距离值改为 98.8 s，使 Al 含量的视值改变 0.002。

ICS 29.045
H 80

中华人民共和国国家标准

GB/T 24577—2009

热解吸气相色谱法测定硅片表面的有机污染物

Test methods for analyzing organic contaminants on silicon wafer surfaces by thermal desorption gas chromatography

2009-10-30 发布　　2010-06-01 实施

中华人民共和国国家质量监督检验检疫总局
中国国家标准化管理委员会　发布

前　言

本标准修改采用 SEMI MF 1982-1103《热解吸附气相色谱法评估硅片表面有机污染物的方法》。本标准对 SEMI MF 1982-1103 格式进行了相应调整。为了方便比较，在资料性附录 B 中列出了本标准章条和 SEMI MF 1982-1103 章条对照一览表。并对 SEMI MF 1982-1103 条款的修改处用垂直单线标识在它们所涉及的条款的页边空白处。

本标准与 SEMI MF 1389-0704 相比，主要技术差异如下：

——去掉了"目的"、"关键词"；

——将实际测试得到的单一试验室的精密度结果代替原标准中的精度和偏差部分，并将原标准中的精度和偏差部分作为资料性附录 A。

本标准的附录 A、附录 B 为资料性附录。

本标准由全国半导体设备和材料标准化技术委员会提出。

本标准由全国半导体设备和材料标准化技术委员会材料分技术委员会归口。

本标准起草单位：信息产业部专用材料质量监督检验中心、中国电子科技集团公司第四十六研究所。

本标准主要起草人：王奕、褚连青、李静。

热解吸气相色谱法测定
硅片表面的有机污染物

1 范围

1.1 本标准规定了硅片表面的有机污染物的定性和定量方法，采用气质联用仪或磷选择检测器或者两者同时采用。

1.2 本标准描述了热解吸气相色谱仪(TD-GC)以及有关样品制备和分析的相关程序。

1.3 本标准的检测限范围取决于被检测的有机化合物，比如碳氢化合物(C_8～C_{28})的检测范围就是10^{-12} g/cm^2～10^{-9} g/cm^2。

1.4 本标准适用于硅抛光片和有氧化层的硅片。

1.5 本标准中包含了两种方法。方法A适用于切割后的硅片，方法B则适用于完整的硅片。两种方法的不同点在第7部分中有详细描述。

2 规范性引用文件

下列文件中的条款通过本标准的引用而成为本标准的条款。凡是注日期的引用文件，其随后所有的修改单(不包括勘误的内容)或修订版均不适用于本标准，然而，鼓励根据本标准达成协议的各方研究是否可使用这些文件的最新版本。凡是不注日期的引用文件，其最新版本适用于本标准。

ASTM D6196 吸附剂的选择和取样/热解吸分析程序检测空气中的挥发性有机物

3 术语、定义和缩略语

下列术语和定义及缩略语适用于本标准。

3.1 术语和定义

3.1.1

空白晶片 blank wafer

一片经过热处理但未吸收任何有机污染物的硅片。

3.2 缩略语

AED——atomic emission detector 原子发射检测器

C16——n-hexadecane, n-$C_{16}H_{34}$ 正十六烷

FID——flame ionization detector 火焰离子化检测器

FPD——flame photometric detector 火焰光度检测器

GC——gas chromatography 气相色谱

MS——mass spectrometer 质谱

NPD——nitrogen/phosphorus thermionic ionization detector 氮磷检测器

TBP——tributy phosphate, $(C_4H_9O)_3PO$ 磷酸三丁酯

TCEP——tris(2-chloroethyl)phosphate, $(ClCH_2CH_2O)_3PO$ 磷酸三(2-氯乙基)酯

TD——thermal desorption 热解吸

4 方法概要

4.1 方法1

4.1.1 解吸和气相色谱检测方法

在硅片解吸炉中，硅片表面易挥发的有机污染物被释放出来，然后被吹扫到一个热解吸试样管中。加热热解吸试样管，有机污染物被释放出来后用氦气吹扫到冷阱。富集结束时，迅速加热冷阱，使经过富集的有机物样品进入色谱柱。样品经过色谱柱被分离和洗提。然后一部分进入磷选择检测器，另一部分进入质谱。空白晶片在快速退火装置或是马弗炉中用氦气吹扫至不含任何有机污染物。

4.1.2 污染物的定性检测方法

对于个别未知化合物的定性采用与已知化合物保留时间比较是否相符合的方法。但是在一根色谱柱上保留时间相同不足以证明它们就是同一种物质。更精确的方法是采用质谱法，通过比较已知化合物碎片的质谱谱库来定性。

4.1.3 污染物的定量检测方法

有机物总量是通过所有峰的积分面积的总和和加入的标准物质-正十六烷的峰面积之比计算而得的。样品中有机磷总量是通过比较样品和标准物质 TCEP 或 TBP 的磷离子选择检测器的信号积分计算而得的。标准的指定范围是周期性测量的，报告中应该同时包括空白晶片的数据。

4.2 方法2

4.2.1 解吸和气相色谱检测方法

在石英加热室中，硅片表面易挥发的有机污染物被释放出来，然后被吹扫到一个玻璃的热解吸试样管中。加热热解吸试样管，有机污染物被释放出来后用氦气吹扫到冷阱。富集结束时，迅速加热冷阱，使经过富集的有机物样品进入色谱柱。样品经过色谱柱被分离和洗提。然后一部分进入磷选择检测器，另一部分进入质谱。空白晶片在快速退火装置或是马弗炉中用氦气吹扫至不含任何有机污染物。

4.2.2 污染物的定性检测方法

对于个别未知化合物的定性采用与已知化合物保留时间比较是否相符合的方法。在一根色谱柱上保留时间相同不足以证明它们就是同一种物质。更精确地方法是采用质谱法，通过比较已知化合物碎片的质谱谱库来定性。

4.2.3 污染物的定量检测方法

有机物总量是通过所有峰的积分面积的总和和加入的标准物质-正十六烷的峰面积之比计算而得的。样品中有机磷总量是通过比较样品和标准物质 TCEP 或 TBP 的磷离子选择检测器的信号积分计算而得的。标准的指定范围是周期性测量的，报告中应该同时包括空白晶片的数据。

5 干扰因素

5.1 氮磷检测器能同时用于含磷和氮化合物的检测。采用该设备时，有机磷总量的数据中应该扣除含氮化合物的含量。采用质谱法可以确定化合物中是否含有磷或者氮。

5.2 热解吸试样管应采用惰性的不锈钢、玻璃或者石英。吸收介质可以采用活性碳、石墨和聚 2,6-二苯基-对氧化亚苯等。

5.3 在做定性分析时，对未知化合物的定性采用与已知化合物保留时间比较是否相符合的方法。但是在一根色谱柱上保留时间相同不足以证明它们就是同一种物质。更精确的方法是采用质谱法，通过比较已知化合物碎片的质谱谱库来定性。

6 测量仪器

6.1 方法 1

6.1.1 气相色谱仪

配有能适用于较大范围有机物分离的毛细管分离柱，与质谱或者磷离子选择测试仪联用，或者两者兼而有之的气相色谱仪。例如磷离子选择检测器是火焰光度检测器和原子发射检测器。氮磷热电离子检测器对含氮化合物同样有效。

6.1.2 热解吸试样管

具有吸收介质的不锈钢管，用来吸收试样并且将其释放到热解吸池中。

6.1.3 热解吸池

用来吸收热解吸试样管释放出来的有机物。热解吸池通过加热的传输线与气相色谱相连，传输线温度为 225 ℃或以上。

6.1.4 热退火装置

马弗炉，用来制备空白晶片(见 7.1.1.2)。

6.1.5 可控温晶片解吸炉

用来存放和加热晶片解吸管。

6.1.6 晶片解吸管

规格为外径 12.7 mm、内径 9.53 mm、长 254 mm 的不锈钢管，用来从切割后的晶片上释放有机物。更大的管子用于更大的晶片或是提高检测的灵敏度，如图 1 所示。

6.1.7 分析天平

6.1.8 石英盘和碳化物划线器

用来划开晶片。

6.1.9 快速接口

用来连接氮气和晶片解吸管。

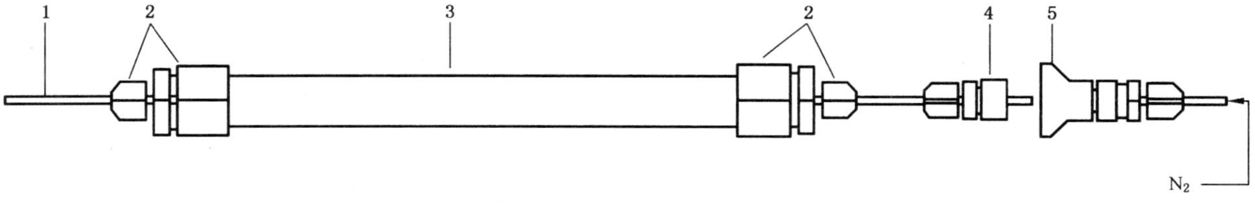

1——热解吸试样管；
2——接口；
3——晶片解吸炉；
4——快速接口内丝端；
5——快速接口外丝端。

图 1 晶片解吸装置示意图

6.2 方法 2

6.2.1 气相色谱仪

同 6.1.1。

6.2.2 石英室单元

用来释放晶片表面的有机物，并将有机物传送到一个玻璃的热解吸管中，也可用于空白晶片的吹扫，如图 2 所示。

6.2.3 玻璃热解吸管

装有吸收介质的玻璃管，用于吸收有机物并将有机物传输到冷阱。有一些吸收介质可以被用来吸收硅片表面释放的有机物，比如，活性碳、石墨和聚 2,6-二苯基-对氧化亚苯。

6.2.4 冷阱

用来富集从热解吸管中释放的有机物，并通过快速升温将有机物释放到气相色谱中。

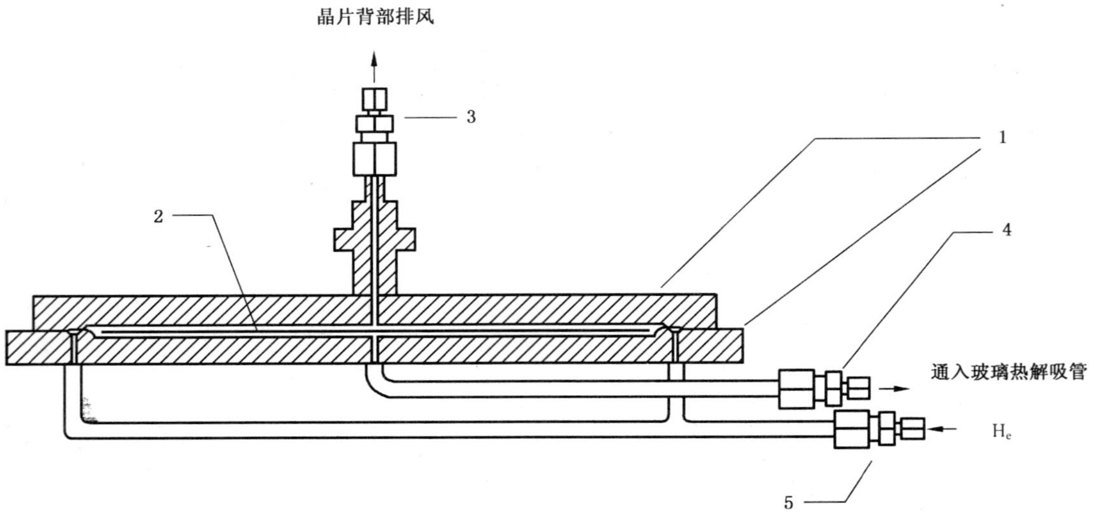

1——石英室；
2——硅晶片；
3——接口；
4——接口；
5——接口。

图 2 石英室示意图

7 试样制备和操作步骤

7.1 方法 1

7.1.1 样品的处理和制备

7.1.1.1 在任何时候都不要用手去接触样品以避免二次沾污。在样品制备过程中应使用不锈钢镊子。在接触样品前用丙烷火焰灼烧镊子、称样舟及其他附件。

7.1.1.2 在快速退火装置或是马弗炉中热解吸空白晶片上的所有有机物，快速退火装置的温度应为 900 ℃，保持 15 s，马弗炉温度为 700 ℃，保持 30 min。在空气或氧气氛围中加热晶片表面会形成一层不含有机物的致密二氧化硅层。将热解吸处理的空白晶片直接放在陪氏培养皿中并用不含有机物的铝箔包裹好。

7.1.2 晶片的解吸

7.1.2.1 将清洁的符合 ASTM D6196 要求的热解吸试样管放在晶片解吸管中。

7.1.2.2 打开晶片热解吸炉的温控器开关，等待炉温到达 275 ℃。

7.1.2.3 将样品晶片沿着事先划好的切割线制成宽度为 5 mm～7 mm 的条。分析所需试样晶片的大小和原晶片的尺寸有关。对于 100 mm 的晶片，需要总面积的一半。更大的晶片（更大的表面积）能用来提高测试的灵敏度。

7.1.2.4 将准备好的晶片条放到晶片解吸管中。晶片解吸管的一端连接热解吸试样管，另一端通入氮气，流速为 15 mL/min～100 mL/min。

7.1.2.5 将晶片解吸管放入烘箱 275 ℃，加热 30 min。该过程使挥发性的有机物从晶片上解吸下来并收集在热解吸试样管中。

7.1.2.6 将热解吸试样管的两头密封，放入热解吸池中。如果热解吸-气相色谱系统是自动的，则可以用盖子盖严。试样管禁止打开暴露在实验室的大气中。试样管的盖子应该由气密性好的惰性材料制成，比如聚四氟乙烯(PTFE)，或者不锈钢。

7.1.2.7 每天最后分析空白晶片。采用与样品晶片同样的程序处理空白晶片。检测报告中同时出具空白晶片和样品晶片的检测数据。

7.1.3 气相色谱分析

7.1.3.1 将装有已解吸出有机物的热解吸试样管放入热解吸池中。将有关样品信息输入电脑，并且启动气相色谱仪。

7.1.3.2 在解吸的开始阶段，往热解吸试样管通入氦气，然后加热，将目标有机物解吸并吹扫到冷阱中进行富集。以下两条是加热热解吸试样管的具体条件。当吸收介质是石墨时，加热到 400 ℃并保持 15 min。当吸收介质是聚 2,6-二苯基-对氧化亚苯时，加热到 270 ℃并保持 15 min。冷阱的参数，如吸附剂，标称温度，等应该选择适当条件以保证各目标组分的可靠定量，比如，冷阱温度为 −30 ℃。ASTM D6196 规定了测试解吸效率和分析物恢复的方法。最后将冷阱快速升温至 300 ℃以释放出目标有机物到气相色谱仪中。使用更大尺寸的样品能够提高测试的灵敏度，但是必须加水封。因此，可以使用一种装有吸收介质的低温冷阱，并且保持温度在 0 ℃以上，防止水封结冰。

7.1.3.3 分离从热解吸试样管中获得的挥发性有机物需要合适的程序升温。如以下所示：对于精确分析，采用涂有聚二甲基硅氧烷的分离柱(长 60 m，直径 0.25 mm，涂层厚度 0.25 μm)，柱温从 40 ℃到 280 ℃，升温速率为 10 ℃/min 并在 280 ℃保持 16 min。对于快速分析，采用涂有聚二甲基硅氧烷的分离柱(长 25 m，直径 0.32 mm，涂层厚度 0.52 μm)，柱温从 30 ℃到 265 ℃，升温速率为 12.5 ℃/min 并在 265 ℃保持 16 min。

7.1.3.4 采用正十六烷作为有机物总量分析的标准物。采用磷酸三(2-氯乙基)酯(TCEP)或者磷酸三丁酯(TBP)作为有机磷分析的标准物(见 6.1.1)。这些标准物都通过干净的热解吸试样管进入气相色谱。两点计算法可以检验仪器状态，采用两种不同浓度的正十六烷或者两种不同浓度的 TCEP 或 TBP。这种测试至少一周一次。

7.1.4 定量分析

7.1.4.1 以下所有的峰面积都用来测定有机物总量。样品晶片(As)包含的所有有机污染物是从 GC-AED，FID，或者质谱仪上得到的所有峰积分面积的总和。空白晶片(Ab)及标准物(Ac)的计算方法也相同。

7.1.4.2 以下所有的峰面积都用来测定有机磷总量(TP)。样品晶片(As)包含的有机磷总量是从 GC-磷离子选择检测其上得到的所有峰积分面积的总和。空白晶片(Ab)及标准物(Ac)的计算方法也相同。

7.1.4.3 在分析之前，称量每个待测样品的总质量以及不做测试部分的质量。这些数据用来计算有机污染物总量和有机磷总量(TP)。

7.2 方法 2

7.2.1 样品的处理和制备

7.2.1.1 在任何时候都不要用手去接触样品以避免二次沾污。在样品制备过程中应使用不锈钢镊子。在接触样品前用丙烷火焰灼烧镊子、称样舟及其他附件。

7.2.1.2 在石英室中热解吸空白晶片上的所有有机物，700 ℃加热 30 min。通常，采用氦气为吹扫气。在空气或氧气氛围中加热晶片表面会形成一层不含有机物的致密二氧化硅层。

7.2.2 晶片的解吸

7.2.2.1 将分析信息输入石英室，冷阱和气相色谱。等待系统稳定后，将样品晶片放入石英室中，开始分析。通入氦气，将石英室从初始的温度(40 ℃或更低)加热到 400 ℃，升温速率为 10 ℃/min～30 ℃/min，并保持 15 min。将样品含有的挥发物吹扫并吸收在玻璃热解吸管中。

7.2.2.2　每天至少测量一片空白晶片，数据和样品数据一起出具。

7.2.3　气相色谱分析

7.2.3.1　加热玻璃热解吸管将目标有机物吹扫到冷阱中。具体条件如下：当吸收介质是石墨时，加热到 400 ℃并保持 15 min。当吸收介质是聚 2,6-二苯基-对氧化亚苯时，加热到 270 ℃并保持 15 min。

7.2.3.2　冷阱的参数，如吸附剂，标称温度等应该选择适当条件以保证各目标组分的可靠定量，比如，冷阱温度为－130 ℃。ASTM D6196 指出了测试解吸效率和分析物恢复的方法。最后将冷阱快速升温至 300 ℃以释放出目标有机物到气相色谱仪中。

7.2.3.3　分离从玻璃热解吸管中获得的挥发性有机物需要合适的程序升温。如以下所示：对于精确分析，采用涂有聚二甲基硅氧烷的分离柱(长 60 m，直径 0.25 mm，涂层厚度 0.25 μm)，柱温从 40 ℃到 280 ℃，升温速率为 10 ℃/min 并在 280 ℃保持 16 min。对于快速分析，采用涂有聚二甲基硅氧烷的分离柱(长 25 m，直径 0.32 mm，涂层厚度 0.52 μm)，柱温从 30 ℃到 265 ℃，升温速率为 12.5 ℃/min 并在 265 ℃保持 16 min。

7.2.3.4　采用正十六烷作为有机物总量分析的标准物。采用磷酸三(2-氯乙基)酯(TCEP)或者磷酸三丁酯(TBP)作为有机磷分析的标准物(见 6.1.1)。这些标准物都通过干净的热解吸试样管进入气相色谱。两点计算法可以检验仪器状态，采用两种不同浓度的正十六烷或者两种不同浓度的 TCEP 或 TBP。这种测试至少一周一次。

7.2.4　定量分析

7.2.4.1　以下所有的峰面积都用来测定有机物总量。样品晶片(As)包含的所有有机污染物是从 GC-AED，FID，或者质谱仪上得到的所有峰积分面积的总和。空白晶片(Ab)及标准物(Ac)的计算方法也相同。

7.2.4.2　以下所有的峰面积都用来测定有机磷总量(TP)。样品晶片(As)包含的有机磷总量是从气相色谱-磷离子选择检测器上得到的所有峰积分面积的总和。空白晶片(Ab)及标准物(Ac)的计算方法也相同。

7.2.4.3　在分析之前，称量每个待测样品的总质量以及不做测试部分的质量。这些数据用来计算有机污染物总量和有机磷总量(TP)。

8　结果计算

8.1　方法 1

8.1.1　有机污染物总量的计算

8.1.1.1　当使用 AED 或者 FID 时，按式(1)计算：

$$TC = \frac{A_s - A_b}{A_c} \cdot \frac{W_c \times 10^{-9}}{MW_c} \times 6.02 \times 10^{23} \times \frac{1}{S_w \cdot F} \times 16 \quad \cdots\cdots(1)$$

式中：

TC——有机碳总数，C 原子数/cm^2；

A_s——从 GC-AED 或 GC-FID 谱图得到的样品晶片含碳化合物峰面积积分总和；

A_b——从 GC-AED 或 GC-FID 谱图得到的空白晶片含碳化合物峰面积积分总和，在计算中是否扣除空白值(Ab)是可以选择的；

A_c——从 GC-AED 或 GC-FID 谱图得到的标准物含碳化合物峰面积积分总和；

W_c——标准 C_{16}的进样量，单位为纳克(ng)；

MW_c——正十六烷的分子量，226.45；

S_w——样品晶片的总面积(双面)，单位为平方厘米(cm^2)；

F——转换因子$=(W_T-W_U)/W_T$；

W_T——晶片的总质量，单位为克(g)；

W_U——未用于检测的晶片质量，单位为克(g)。

8.1.1.2 当使用 MS 时，按式(2)计算：

$$TO=\frac{A_s-A_b}{A_c}\cdot W_c\times\frac{1}{S_w\cdot F} \qquad (2)$$

式中：

$TO(C_{16})$——有机污染物总量，单位为纳克每平方厘米(ng/cm²)；

A_s——从 GC-MS 谱图得到的样品晶片含碳化合物峰面积积分总和；

A_b——从 GC-MS 谱图得到的空白晶片含碳化合物峰面积积分总和；

A_c——从 GC-MS 谱图得到的标准物含碳化合物峰面积积分总和；

W_c——标准 C_{16} 的进样量，单位为纳克(ng)；

S_w——样品晶片的总面积(双面)，单位为平方厘米(cm^2)；

F——转换因子$=(W_T-W_U)/W_T$；

W_T——晶片的总质量，单位为克(g)；

W_U——未用于检测的晶片质量，单位为克(g)。

注：质谱扫描范围从 33 到 700 质荷比。

8.1.2 有机磷总量的计算(TP)，按式(3)计算：

$$TP=\frac{A_s-A_b}{A_p}\cdot\frac{W_p\times10^{-9}}{MW_p}\times6.02\times10^{23}\times\frac{1}{S_w\cdot F} \qquad (3)$$

式中：

TP——磷总数，P 原子数/cm^2；

A_s——从 GC-磷选择性检测器谱图得到的样品晶片含磷化合物峰面积积分总和；

A_b——从 GC-磷选择性检测器谱图得到的空白晶片含磷化合物峰面积积分总和；

A_p——从 GC-磷选择性检测器谱图得到的标准物含磷化合物峰面积积分总和；

W_p——标准物(TCEP 或 TBP)的进样量，单位为纳克(ng)；

MW_p——标准物的分子量，TCEP=285.49 或 TBP=266.3；

S_w——样品晶片的总面积(双面)，单位为平方厘米(cm^2)；

F——转换因子$=(W_T-W_U)/W_T$；

W_T——晶片的总质量，单位为克(g)；

W_U——未用于检测的晶片质量，单位为克(g)。

8.2 方法 B

8.2.1 有机污染物总量的计算

8.2.1.1 当使用 AED 或者 FID 时，按式(4)计算：

$$TC=\frac{A_s-A_b}{A_c}\cdot\frac{W_c\times10^{-9}}{MW_c}\times6.02\times10^{23}\times\frac{1}{S_w}\times16 \qquad (4)$$

式中：

TC——有机碳总数，C 原子数/cm^2；

A_s——从 GC-AED 或 GC-FID 谱图得到的样品晶片含碳化合物峰面积积分总和；

A_b——从 GC-AED 或 GC-FID 谱图得到的空白晶片含碳化合物峰面积积分总和；

A_c——从 GC-AED 或 GC-FID 谱图得到的标准物含碳化合物峰面积积分总和；

W_c——标准 C_{16} 的进样量，单位为纳克(ng)；

MW_c——正十六烷的分子量=226.45；

S_w——样品晶片的单面面积，单位为平方厘米(cm^2)。

8.2.1.2 当使用 MS 时，按式(5)计算：

$$TO = \frac{A_s - A_b}{A_c} \cdot W_c \times \frac{1}{S_w} \quad \cdots\cdots(5)$$

式中：

$TO(C_{16})$——有机污染物总量，单位为纳克每平方厘米(ng/cm^2)；

A_s——从 GC-MS 谱图得到的样品晶片含碳化合物峰面积积分总和；

A_b——从 GC-MS 谱图得到的空白晶片含碳化合物峰面积积分总和；

A_c——从 GC-MS 谱图得到的标准物含碳化合物峰面积积分总和；

W_c——标准 C_{16} 的进样量，单位为纳克(ng)；

S_w——样品晶片的单面面积，单位为平方厘米(cm^2)。

8.2.2 有机磷总量的计算(TP)，按式(6)计算：

$$TP = \frac{A_s - A_b}{A_p} \cdot \frac{W_p \times 10^{-9}}{MW_p} \times 6.02 \times 10^{23} \times \frac{1}{S_w} \quad \cdots\cdots(6)$$

式中：

TP——有机磷总数，P 原子数/cm^2；

A_s——从 GC-磷选择性检测器谱图得到的样品晶片含磷化合物峰面积积分总和；

A_b——从 GC-磷选择性检测器谱图得到的空白晶片含磷化合物峰面积积分总和；

A_p——从 GC-磷选择性检测器谱图得到的标准物含磷化合物峰面积积分总和；

W_p——标准物(TCEP 或 TBP)的进样量，单位为纳克(ng)；

MW_p——标准物的分子量，TCEP=285.49 或 TBP=266.3；

S_w——样品晶片的单面面积，单位为平方厘米(cm^2)。

9 精密度

该方法单一实验室测量精密度为 6%(RSD)。

10 报告

测量报告应包括如下内容：

a) 样品的名称、尺寸、历史(包括样品的接收、包装是否完好)、晶片的解吸面(前、后或是双面)。(运输过程经常会增加或减少有机物。)如果是鉴定晶片，则需要写明制备方法和存放环境，定位是否水平或垂直，时间，流量等。

b) 分析的数据、分析方法、晶片的解吸时间和温度，吹扫气体。

c) 使用的仪器。

d) 操作者。

e) 分析结果。

f) 有机污染物总量，C 原子数/cm^2(当使用 AED 或者 FID 时)，或者相当于 ng C_{16}(正十六烷)/cm^2(当使用 MS 时)。

g) 有机磷总数，P 原子数/cm^2。

h) 空白晶片数据。空白晶片应该是经过与样品晶片同样的处理过程。

附　录　A
（资料性附录）
SEMI MF 1982-1103 中的精密度和偏差

A.1　精密度：测试方法的精密度用标准物的测量重复性来表征。方法的准确度用标准物的回收率来表征。

A.2　偏差：未证实。

附　录　B
（资料性附录）
本标准章条编号与 SEMI MF 1982-1103 章条编号对照表

表 B.1　本标准章条编号与 SEMI MF 1982-1103 章条编号对照

本标准章条条号	对应的 SEMI MF 1982-1103 标准章条编号
1	2
2	3
3	4
4	5
5	—
6	6
7	7
8	8
9	10
10	9

ICS 29.045
H 80

中华人民共和国国家标准

GB/T 24578—2009

硅片表面金属沾污的全反射X光荧光光谱测试方法

Test method for measuring surface metal contamination on silicon wafers by total reflection X-ray fluorescence spectroscopy

2009-10-30 发布　　　　2010-06-01 实施

中华人民共和国国家质量监督检验检疫总局
中国国家标准化管理委员会　发布

前　言

本标准的附录A为规范性附录，附录B为资料性附录。

本标准由全国半导体设备和材料标准化技术委员会提出。

本标准由全国半导体设备和材料标准化技术委员会材料分技术委员会归口。

本标准起草单位：有研半导体材料股份有限公司、万向硅峰电子有限公司。

本标准主要起草人：孙燕、李俊峰、楼春兰、卢立延、张静、翟富义。

硅片表面金属沾污的全反射X光荧光光谱测试方法

1 范围

1.1 本标准规定了硅片表面金属沾污的全反射X光荧光光谱测试方法，本方法使用单色X光源全反射X光荧光光谱的方法定量测定硅单晶抛光衬底表面层的元素面密度。

1.2 本标准适用于N型和P型硅单晶抛光片、外延片等镜面抛光的硅片，尤其适用于清洗后硅片自然氧化层，或经化学方法生长的氧化层中沾污元素的面密度测定。

1.3 对良好的镜面抛光片表面，可探测深度约5 nm，分析深度随表面粗糙度的改善而增加。

1.4 本方法可检测原子周期表中16(S)-92(U)的元素，尤其对确定如下元素有效：钾、钙、钛、钒、铬、锰、铁、钴、镍、铜、锌、砷、钼、钯、银、锡、钽、钨、铂、金、汞和铅。

1.5 本方法适用于测量面密度在$(10^9 \sim 10^{15})$ atoms/cm^2的范围的元素。检测极限依赖于原子数、激励能、激励X射线的光通量，设备的本底积分时间以及空白值。对恒定的设备参数，无干扰探测极限是元素原子序数的函数，其变化超过两个数量级，见附录A.1中重复性和检测极限的相关性讨论。

1.6 本方法是非破坏性的。

本方法是对其他测试方法的补充(见附录B)。

2 规范性引用文件

下列文件中的条款通过本标准的引用而成为本标准的条款。凡是注日期的引用文件，其随后所有的修改单(不包括勘误的内容)或修订版均不适用于本标准，然而，鼓励根据本标准达成协议的各方研究是否可使用这些文件的最新版本。凡是不注日期的引用文件，其最新版本适用于本标准。

GB/T 2828.1 计数抽样检验程序 第1部分：按接收质量限(AQL)检索的逐批检验抽样计划(GB/T 2828.1—2003,ISO 2859-1:1999,IDT)

GB/T 14264 半导体材料术语

SEMI MF 1526 用全反射X射线荧光光谱法测量硅片表面的金属沾污

3 术语和定义

GB/T 14264确立的以及下列术语、定义和缩略语适用于本标准。

3.1

角扫描 anglescan

作为掠射角函数，对发射的荧光信号的测量。

3.2

临界角 critical angle

当掠射角低于某一角度时，被测表面发生对入射X射线的全反射，这一角度称为临界角，即能产生全反射的最大角度。

3.3

掠射角 glancing angle

TXRF方法中X射线的入射角度。

3.4

全反射X光荧光光谱 TXRF total reflection X-Ray fluorescence spectroscopy

全反射X光荧光光谱。

3.5

相对灵敏度因子 RSF　relative sensitivity factors

相对灵敏度因子。

4　方法原理

4.1　图1给出了本方法的原理示意图。来自X射线源的单色X光以一个低于临界角的倾斜角度掠射到硅衬底抛光表面时，发生入射X射线的全反射。X射线的损耗波穿过硅抛光表面呈指数衰减，衰减强度依赖于自然氧化层和硅衬底的总电子密度；本方法对硅片表面的探测深度取决于衰减强度，对硅片的所有电阻率范围，其指数衰减长度约为5 nm。

4.2　损耗波激发硅片表面原子的荧光能级，发射对应其原子序数的特征X射线荧光谱，这一能量色散谱被锂漂移硅探测器或其他固态探测器探测接收。用标定标准的方法已经获得了标准样品上含量高于10^{11} atoms/cm^2的特定元素面密度(见附录B)，荧光峰值下的积分计数率与标定的特定元素面密度呈线性关系。

4.3　使用由TXRF设备制造商提供的或其他公司研发的标准样品可快速完成分析，标准样品中至少在测量区域内有一个已知元素的面密度，TXRF设备对这一标准样品进行分析，提供相应已知元素面密度的荧光积分计数率，然后在相同的设备条件下测量一个或更多的样品，使用与每个已知的经过标定元素面密度的计数率相关的相对灵敏度因子(RSF)，可确定被测样品中元素的荧光积分计数率。RSF包含在设备软件中。本方法的精密度确定取决于正确的定标标准。

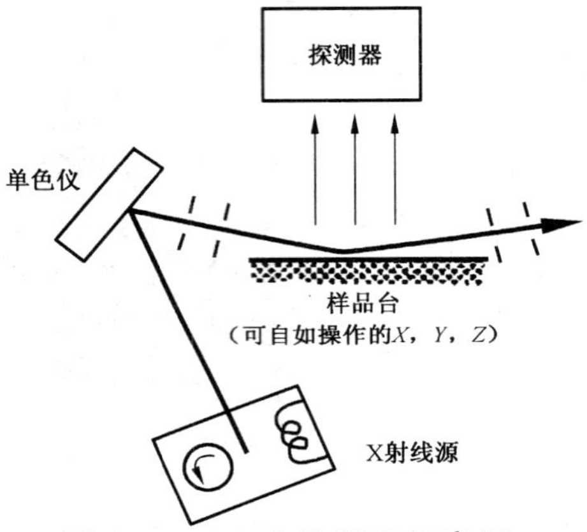

图1　TXRF方法原理示意图

5　干扰因素

5.1　X射线荧光光谱学中已知的干扰因素同样适用于本方法，它们包括但不限于：荧光线的重叠，逃逸峰与和峰的重叠，能量增益的校准漂移，X射线源的稳定性，设备的本底峰。然而没有要求TXRF对X射线的二次荧光或基体吸收进行修正。软件程序和计算的共同干扰可通过比较数据系统进行估算，详见附录A的A.1。

5.2　对TXRF的干扰包括：

a)　掠射角的校准不能重复，测量时将引入变异性。

b)　掠射角校准的不正确，测量中将引入偏差。

c)　校准样品中已知元素与测试样品上元素的角扫描不同，例如，在测试样品上测量到颗粒的金属沾污，而在使用的校准样品上被校准的金属位于自然氧化层中，这时将引入一个量值的偏差。

d)　机械震动将降低探测器的能量分辨率，还可能影响探测极限。

e)　如果样品不是化学机械抛光表面，将导致探测能力的下降、量值的偏移和测量变异性的增加。同样，由于不同清洗工艺造成的表面粗糙度和波纹的差异也可造成干扰。表面粗糙度对TXRF测量的半定量的影响尚未确定。

f) 在校准样品中元素面密度的量值偏差将引入 TXRF 测量面密度的偏差。

g) 若在测试样品处理期间或测试过程本身引入表面沾污，且沾污的元素属于本方法的探测元素，将带来测量的偏差。

h) 荧光线的 RSF 偏差将引入测量的偏差。

i) 与杂质面密度对应的荧光探测信号的非线性，可在高-总信号计数速率条件下产生探测器的死时间。

j) 荧光曲线的平滑程度可影响测量数值的精确性。

k) 如果 X 射线束在硅晶体上发生衍射，该衍射光束进入探测器，激发在探测器窗口或探测器内的金属将产生设备的峰值，通过适当的试验可检测到这一影响。

6 设备

6.1 TXRF 仪：配备一个单色的 X 射线源，测试样品操作装置，掠射角的校准方法，一个能量-色散光度计的 X 射线探测器，用于本底扣除、峰积分、RSF 和分析软件，以及一个无氩的分析环境（例如 1.33 Pa 的真空，或氦气），目前，每台 TXRF 设备测量都提供了掠射角校准方法。同时，TXRF 生产厂商提供了扣除逃逸峰的衰减程序，已经可去除这一信号。

6.2 参考片：参考片的数据系统应与附录 A.2 中的程序一致，或利用统计基础工具进行设备重复性研究得到，以确定在设备制造商的重复性限内该设备是否具有可操作性。

6.3 环境：样品传递到设备样品台的区域应达到或优于 100 级的洁净度。

7 抽样

为了评价一批硅片的特性，应采用抽样程序。因为大多数的抽样非常依赖个体情况，本方法中没有包含常规的抽样程序。如需仲裁，抽样方案应在测试操作前协议确定，参照 GB/T 2828.1。

8 样品要求

用于测量的样品分析面应是经过化学机械抛光的镜面抛光表面。

9 校准元素的标定

9.1 标定及其制定方法应在当事人间达成一致。

9.2 证实标定元素的角扫描是与图 2 中曲线(a)(残留物)还是与曲线(b)(薄膜中)类似。

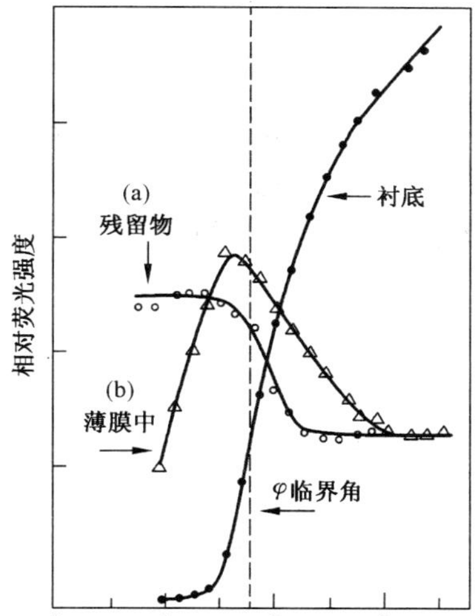

电镀或溅射镍亚原子层(△)；蒸发镍盐溶液(○)；硅衬底(●)。

图 2 入射角度依赖于相对荧光强度的试验曲线荧光强度的试验曲线

9.3 为了标定标准元素的面密度值，应使用当事双方协议认可的其他标定标准测量方法。标定标准应该有一适当的可分析的方法确定标定金属的面密度。可提供标定标准值的几种适宜的标准标定方法见技术性附录 B 的 B.2。

9.4 TXRF 设备检测的其他元素的标定测量应使用由设备供应商开发并存储于设备计算机程序中的相对灵敏度因子 RSF 完成。RSF 是 X 射线源能量、产生荧光元素的原子序数以及荧光能量水平的函数，因此，如果 X 射线源能量改变，RSF 应使用不同的设置。

10 校准

10.1 将校准样品放入 TXRF 设备，设备位于 100 级或优于 100 级的环境中。

10.2 选择与测试样品相同的 X 射线源电压、电流和掠射角的条件下，测量标定元素的 TXRF 谱，校准样品和测试样品的测量时间、分析室的环境（真空、气体、氮或氦等）可不同。如果校准过程中角扫描与图 2 中的曲线(b)相似，使用临界角的 70%～80%作为掠射角，如果校准过程中角扫描与图 2 中曲线(a)相似，使用的掠射角只要低于临界角 85%即可。

10.3 没有测到元素沾污的一个抛光硅衬底为一个空白，每一个衬底都没有测到特别关注的元素的一系列衬底组成了一系列特定元素的空白。对所有关注的元素，在测试样品的条件下，由 TXRF 做三次测量，验证没有设备的本底信号则形成它们的共同空白。图 3 中显示了所有元素的空白(除硫外)示例。

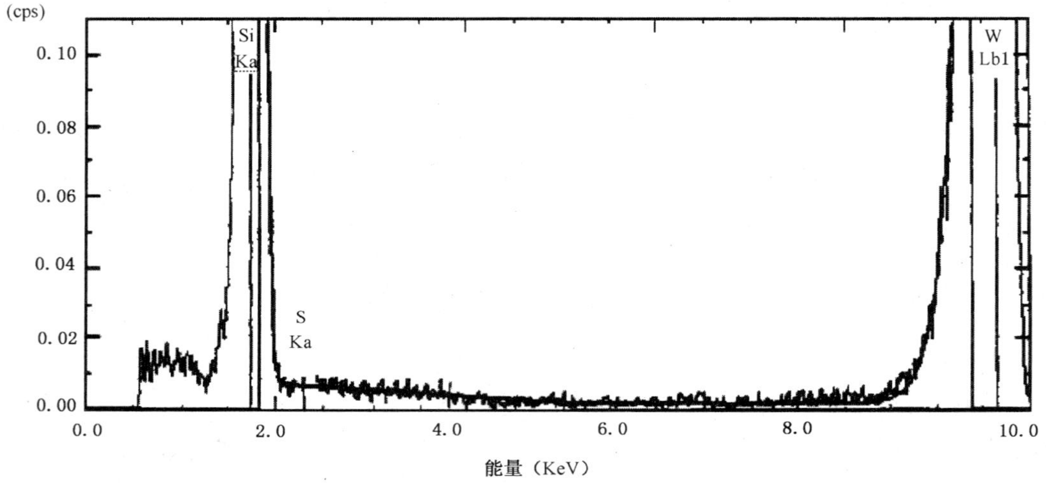

硅片的空白(除硫以外)光谱，用 TREX610，在 30 kV，200 mA，0.11°，1 000 s 旋转靶的条件下操作，LiF(200)单色仪，W L-beta 线(9.67 KeV)

图 3 空白(除硫外)示例

10.4 TXRF 设备对标定元素的荧光信号求积分并且减去本底，获得净积分计数率，得到相应元素的面密度值。本底可由一个常规去卷积程序或一个适宜的线性程序扣除。

11 测量步骤

11.1 开启设备

11.2 选择并重新记录样品测量的分析条件：

a) X 射线源的电压；
b) X 射线源的电流；
c) 分析室的环境；
d) 掠射角；
e) 积分时间；
f) X 射线源能量；

g) 测试样品上的分析位置。

11.3 在一个100级或更好的环境中装载测试样品；

11.4 测量样品的TXRF光谱；

11.5 对探测到的元素峰值计算净积分计数率；

11.6 使用特定校准元素的校准样品数据和其他元素的RSF，根据式(1)计算测试样品上探测到的每种元素的面密度。

$$D_{u.m}=\left(\frac{1}{F_{s.m}}\right)\times(CPS_{u.m})\times(CPS_s)^{-1}\times A_s \quad \cdots\cdots(1)$$

式中：

$D_{u.m}$——测试样品u中元素“m”的面密度，单位为原子数每平方厘米(atoms/cm^2)；

$F_{s.m}$——校准元素“s”相对于元素“m”的RSF；

$CPS_{u.m}$——在测试样品u上探测到的元素“m”的积分计数率；

CPS_s——校准样品u上校准元素“s”的积分计数率；

A_s——校准元素“s”的面密度，单位为原子数每平方厘米(atoms/cm^2)。

12 报告

报告包括如下信息：

a) 测试样品标识；

b) 校准样品标别；

c) 阳极材料；

d) 单色仪；

e) 操作人；

f) 数据；

g) 设备类型，包括型号和生产厂家；

h) 软件版本(类型)；

i) 分析时间；

j) 晶体晶向，指入射X射线束对应的测试样品的晶向。

13 精密度

13.1 重复性

重复性测量是在同一实验室内对2个校准样品进行测量得到的，其中一个是空白，另一个表面沾污镍在10^{12} atoms/cm^2，样品分别进行了3次测量，时间间隔为23 d～47 d；同时给出了2003年到2007年每年检定对该样品镍含量和空白的测量值。测量条件是钨钯的X射线固定正电极，单色仪(选择9.67 keV线)40 kV，40 mA，0.05°掠射角，10 mm直径的分析区域，300 s的积分时间。每次重复测量4遍，报告每遍测量的数据读数，分别计算其平均值和标准偏差，根据16次测量数据计算得到95%置信度下实验室内的平均值及置信区间为$(280.55\pm0.75)\times10^{10}$ atoms/cm^2。

13.2 再现性

再现性测量在两个实验室间的进行，任意选择4片抛光片，分别每个样品进行了3次测量，时间间隔为12天。测量条件是钨钯的X射线固定正电极，单色仪(选择9.67 keV线)40 kV，40 mA，0.05°掠射角，测量硅片中心点10 mm直径的分析区域，300 s的积分时间。每次重复测量4遍，报告每遍测量的数据读数。得到平均5.0×10^{10} atoms/cm^2下，两个实验室间测量的最大差异小于$\pm0.1\times10^{10}$ atoms/cm^2。附录B.3提供了ASTM 1526标准中的实验室内和实验室间的精密度评估，供参考。

13.3 偏差

本方法的偏差无法评估，因为本方法没有绝对标准。

附 录 A
（规范性附录）
重复性和检测极限的相关性

A.1 重复性和探测极限间的关系

A.1.1 在没有设备峰值的时候，公认的方法确定光子光谱仪中探测极限 C_L 由式(A.1)给出：

$$C_L = 3s_b/S \qquad \text{(A.1)}$$

式中：

s_b——空白测量的标准偏差；

S——灵敏度(信号/cm^2)。

对一个严格单边的高斯分布取99.6%的置信水平，式(A.1)中的数字选择3。但是验证表明在低浓度下，更多的时候可能不是高斯分布。

A.1.1.1 对短期测量，通常假定空白的标准偏差是由泊松光子统计学给出，并导出了在技术文献中通常报导的探测极限的公式(A.2)。

$$C_L = 3(\text{参考面密度} \times \text{本底计数})^{1/2}/(\text{净信号}) \qquad \text{(A.2)}$$

A.1.1.2 这一探测极限包括下述关键假定：空白测量的标准偏差仅仅由X射线光子泊松统计给出，没有其他的可变性贡献对该项有意义。这一假定仅对于探测极限的短期估计是正确的。

A.1.2 对于探测极限的长期估计，空白测量的标准偏差被认为有来自于其他的可变性，而不仅仅是泊松统计学的贡献，因此长期的探测极限的估计比短期的探测极限大，在空白测量中对可变性的其他贡献可包括但不限于：掠射角校准和X射线束发散。

A.2 比较数据系统

A.2.1 引言

A.2.1.1 在一个有资质的测量系统中进行操作，将比较值归为人造品的做法是可用的。像测试期间因设备上人为生成物而得到的与参照样品形成对照的东西，这种附加物略述了一种途径，可利用多个元素的测量数据来监控可能来自于设备软件和计算的干扰。

A.2.1.2 TXRF 用于计算表面元素沾污使用的数据组。

A.2.1.3 一个具仲裁数据系统(RDS)的仲裁片(人造物品)，其每一个数据点都是重复测量数据的均值。在设备上测量人造物，并对照测量抽样数据组的结果比较其RDS。在这数据组里差是计算得到的。

使用人造物与系统间测量一致的参数，一致的可接受水平由使用者双方协商取得一致意见。

A.2.2 测试方法概述

A.2.2.1 选择一合适标准的仲裁片，该片已具有一仲裁数据系统。

A.2.2.2 在设备上测量参考片获得样品数据系统SDS。

A.2.2.3 如下所示两数相减获得两个不同的数据系统的差DDS由式(A.3)：

$$\text{RDS} - \text{SDS} = \text{DDS} \qquad \text{(A.3)}$$

式中：

DDS——在测量数据和仲裁数据间的测量差值。

DDS包含了很多值，用于确定可接受的简单的度量标准是最大差值，即在DDS中最大的绝对值。

它是在使用设备完成测试数据和仲裁数据之间最坏情况的不一致描述。

A.2.2.4 如果测试的最大差值小于对当事人间都可接受的值，该设备的测量可接受。

A.2.2.5 也可使用更复杂的计算，例如，可比较 DDS 的元素值连同统计量（平均值 σ 等）的各个元素的柱状图。这些量可描述应用特定的极限或用于提供差值的来源和种类。

附 录 B
（资料性附录）
方法补充

B.1 TXRF是对以下测试方法的补充。

B.1.1 化学分析电子能谱，其元素的表面面密度检测限为 10^{13} atoms/cm^2。

B.1.2 俄歇电子能谱，其表面面密度测定限为 10^2 atoms/cm^2。

B.1.3 氦-束卢瑟福背散射谱，对某些元素的检测限为 10^{10} atoms/cm^2，但不能给出原子序数排列邻近的重元素。

B.1.4 二次离子质谱，可检测原子序数较小的元素，其检测范围为（10^8～10^{12}）atoms/cm^2，但对原子序数在22～30的钛和锌之间的过渡元素不能提供足够的探测极限，且该方法是破坏性的。

B.1.5 气相分解（VPD）原子吸收光谱（AAS），其表面金属检测范围为（10^8～10^{11}）atoms/cm^2，但是没有有效空间信息，并且分析时间比TXRF长，该方法也是破坏性的。

B.2 校准样品的标定

B.2.1 提供目前工艺水平的化学机械抛光硅片衬底，其表面金属面密度为（10^{12}～10^{14}）atoms/cm^2。从标定标准得到的K-α荧光信号是没有干扰的，即没有逃逸峰、和峰和其他沾污的荧光峰；无外部沾污源；首选元素不应该是容易增加沾污的元素（如铁），或随时间扩散到深处的元素（如金和铜）。因此首选元素是镍或钒。定标是选用一组带有已知不同种类特定元素面密度的片子制作的。

B.2.2 校准片的标定应有一适当的可分析的方法确定标定金属的面密度。可提供标准值的几种适宜的标准标定方法包括：

B.2.2.1 氮束-卢瑟福背散射光谱（N-RBS）：使用这一方法，在±5原子质量单位范围内任何其他金属不能超过标定金属面密度的1%。N-RBS的测量是绝对测量，并且应在TXRF区域内进行。其他的背散射方法也可用标定元素面密度，它包括前向散射卢瑟福背散射（F-RBS）和重离子背散射光谱（HIBS）。

B.2.2.2 气相分解：采用气相分解－原子吸收光谱测定法（VPD/AAS）可对一个旋转涂敷制成的沾污进行标定。VPD/AAS测量方法是破坏性的。由TXRF或SIMS图的方法显示的沾污均匀分布于整个硅片表面。VPD/AAS标定的值依据原子吸收光谱的标准，本方法的精度主要源于VPD元素回收率。

B.2.2.3 注入：将参比元素离子注入到一个预先存在的无定型硅的表面，用固态外延生长方法使无定型硅变为单晶硅。如果参比元素在无定型硅中比单晶硅中溶解的多的话，这一过程可将离子注入的参比元素扫到样品表面，应用离子注入流确定的离子剂量可完成atoms/cm^{2}的量化定标。

B.2.2.4 稀释的原子吸收标准溶液：在抛光硅衬底上沉积一些稀释的金属原子吸收标准溶液，形成局部斑点，其尺寸应小于TXRF的分析区域。这个方法假定在溶液干燥期间，标定金属绝对没有丢失。为了分析全部沉积的干了的溶液，TXRF应很容易找到沉积的斑点，根据AAS确定定标数值。沉积的溶液应产生下述两种TXRF角扫描中的一种：

(1) 金属荧光计数率作为角度的函数，该角度在低于临界角80%时，与掠射角无关，见图2中曲线(a)。

(2) 金属荧光计数率作为角度的函数，表示位于表面3 nm内金属沾污的特性，见图2中曲线(b)。

B.3 ASTM标准中的精密度及偏差

B.3.1 精密度：使用单色TXRF设备通过两次循环测量得到评估。

B.3.1.1 实验室内精度是对2个参考样品和6个未知的表面沾污铁、镍、铜、锌在（10^{11}～10^{12}）atoms/cm^2

的样品上巡回评估，13 个实验室参与评估。在每个实验室里，样品每天测量 1 次，做 4 天测量。测量条件是钨钯的 X 射线旋转正电极。LiF200 单色仪（选择 9.67 keV 线）30 kV，200 mA，0.05°掠射角，1.33 Pa 真空环境，10 mm 直径的分析区域，1 000 s 的积分时间。由每个实验室报告 4 个数据读数的平均值和 4 次读数的标准偏差，95%置信度下实验室内相对精度 28%，是实验室内一个相对标准偏差 10%的 2.8 倍。

B.3.1.2 实验室间精度的评估是使用 1 套参考样品和 3 个未知样品循环测量得到的。其中 1 个是空白，参考样品和未知的表面的镍沾污在（10^{11}～10^{12}）atoms/cm^2。17 个机构参与了评估。每个实验室测量样品若干天。测量条件是钨钯的 X 射线旋转正电极。LiF200 单色仪（选择 9.67 keV 或更高线）30 kV，200 mA 或更高，0.1°的掠射角，10 mm 直径的分析区域，1 000 s 的积分时间。95%置信度，在平均 15×10^{10} atoms/cm^2 下，实验室间精度±8×10^{10} atoms/cm^2，在平均 45×10^{10} atoms/cm^2 下，实验室间精度±20×10^{10} atoms/cm^2。

B.3.1.3 除了在 B.3.1.1、B.3.1.2 列出的巡回测试方法外也可使用其他分析方法，但没有对其他分析条件的精度进行评估。

B.3.2 偏差：本方法的偏差无法评估，因为本方法没有绝对标准。

B.4 安全

本方法使用 X 射线，对于个人暴露在 X 射线必须提供防护。特别重要的是保护手或手指不被 X 光直接照射，并保护眼睛免受二次散射的辐照。推荐使用底片式射线剂量器或放射量测定仪，以及标准核源校准过的 GeigerMuller 计数器定期检查手和身体部位的辐射剂量。对于全身不定期暴露于外部 X 射线不超过 3 MeV 量子辐照能量的个人，现行最大允许剂量为每季度 1.25R（3.22×10^{-4} C/kg），（相当于 0.6 mR/h（1.5×10^{-7} C/kg·h）），这是在联邦条例 10 章 20 部分中所规定的。在同样条件下，手和前臂暴露的最大允许剂量为每季度 18.75 R（4.85×10^{-3} C/kg）[相当于 9.3 mR/h（2.4×10^{-6} C/kg·h）]。除上述规定外，其他各个政府及管理部门也有相应的安全要求。

本方法不涉及安全问题，即使有也与标准的使用相联系。标准使用前，建立合适的安全和保障措施以及确定规章制度的应用范围是标准使用者的责任。

ICS 29.045
H 80

中华人民共和国国家标准

GB/T 24579—2009

酸浸取 原子吸收光谱法测定多晶硅表面金属污染物

Test method for measuring surface metal contamination of polycrystalline silicon by acid extraction-atomic absorption spectroscopy

2009-10-30 发布　　2010-06-01 实施

中华人民共和国国家质量监督检验检疫总局
中国国家标准化管理委员会　发布

前　言

本标准修改采用 SEMI MF 1724-1104《采用酸萃取-原子吸收光谱法测量多晶硅表面金属沾污》。本标准对 SEMI MF 1724-1104 格式进行了相应调整。为了方便比较,在资料性附录C中列出了本标准章条和 SEMI MF 1724-1104 章条对照一览表。并对 SEMI MF 1724-1104 条款的修改处用垂直单线标识在它们所涉及的条款的页边空白处。

本标准与 SEMI MF 1724-1104 相比,主要技术差异如下:

——去掉了“目的”、“关键词”。

——将实际测试得到的单一试验室的精密度结果代替原标准中的精度和偏差部分,并将原标准中的精度和偏差部分作为资料性附录B。

本标准的附录A、附录B和附录C为资料性附录。

本标准由全国半导体设备和材料标准化技术委员会提出。

本标准由全国半导体设备和材料标准化技术委员会材料分技术委员会归口。

本标准起草单位:信息产业部专用材料质量监督检验中心、中国电子科技集团公司第四十六研究所。

本标准主要起草人:褚连青、王奕、魏利洁。

酸浸取　原子吸收光谱法测定多晶硅表面金属污染物

1　范围

1.1　本标准规定了用酸从多晶硅块表面浸取金属杂质，并用石墨炉原子吸收定量检测多晶硅块表面上的痕量金属杂质分析方法。

1.2　本标准适用于碱金属、碱土金属和第一系列过渡元素如钠、铝、铁、铬、镍、锌的检测。

1.3　本标准适用于各种棒、块、粒、片形多晶或单晶硅表面金属污染物的检测。由于块、片或粒形状不规则，面积很难准确测定，根据样品重量计算结果。使用的样品重量为 50 g～300 g，检测限为 0.01 ng/g。

1.4　酸的强度、组成、温度和浸取时间决定着表面腐蚀深度和表面污染物的浸取效率。在这个试验方法中腐蚀掉的样品重量小于样品重量的 1%。

1.5　该试验方法提出了一种特定的样品尺寸、酸组成、腐蚀周期、试验环境和仪器方案，这些参数可以调整，但可能影响金属的回收效率及滞留量。该方法适用于重量为 25 g～5 000 g 的样品的测定，为达到仲裁的目的，该试验方法规定样品重量为 300 g。该试验方法在干扰和结果的偏差方面做了详细说明。

1.6　该试验方法详细说明了用于分析酸提取痕量金属含量的石墨炉原子吸收光谱法的使用。也可使用灵敏度相当的其他仪器如电感耦合等离子体/质谱仪。

1.7　方法的检测限和偏差取决于酸提取过程的效率、样品尺寸、方法干扰、每个元素的吸收谱及仪器灵敏度、背景和空白值。

1.8　该方法是用热酸来腐蚀掉硅表面，腐蚀剂是有害的，操作必须在通风橱中进行，整个过程中必须非常小心。氢氟酸溶液非常危险，不熟悉专门防护措施的人不能使用。

2　规范性引用文件

下列文件中的条款通过本标准的引用而成为本标准的条款。凡是注日期的引用文件，其随后所有的修改单（不包括勘误的内容）或修订版均不适用于本标准，然而，鼓励根据本标准达成协议的各方研究是否可使用这些文件的最新版本。凡是不注日期的引用文件，其最新版本适用于本标准。

GB/T 11446.1　电子级水（GB/T 11446.1—1997，neq ASTM D5127：1990）

ISO 14644-1　洁净室和相关受控环境　第 1 部分：空气洁净度等级划分

3　术语、定义和缩略语

3.1　术语和定义

下列术语和定义适用于本标准。

3.1.1

酸空白　acid blank

一个所使用的酸的样品，用于监控背景光谱及操作过程中使用的浸取酸的痕量金属沾污。

3.1.2

浸取空白　digested blank

不加入被分析元素，经过浸取和分析过程的一个酸样品，用于监控分析过程，包括酸的纯度、浸取瓶的清洁度、交叉沾污和环境纯度。

3.1.3

控制标准样品　digested control standard

制备的已知浓度的被分析元素的样品，以对仪器和浸取过程校准检查。

3.1.4

浸取　digested

在一定温度条件下将多晶硅块浸入酸混合物中，直到表面金属污染物溶解在溶液中。

3.1.5

聚四氟乙烯　polytetrafluoroethylene

一种耐氢氟酸材料，用于制作样品瓶、盖和夹子。

3.1.6

标准溶液　standard solution

制备的已知浓度的被分析元素样品，典型的浓度为 5 μg/L、10 μg/L 和 20 μg/L，为石墨炉原子吸收提供校准标准和吸收值。

3.2 缩略语

本标准采用以下缩略语：

GFAAS——graphite furnace atomic absorption spectrophotometer　石墨炉原子吸收光谱仪。

PTFE——polytetrafluoroethylene　聚四氟乙烯。

4 方法概要

4.1 为保证分析一致性及实验室间分析数值对比，对于块状样品选择一个标准重量和体积，为达到仲裁的目的，要求取六块样品，每块尺寸约为 3 cm×3 cm×3 cm，重量为 50 g，样品总重量为 300 g，六块样品中最起码三块应该有外表面，外表面即多晶硅棒的表皮，在棒的切割和剥落工艺过程中被认为是最易受沾污的，选择至少一半具有外表面的块状样品假设代表该批样品特征。

4.2 为了避免交叉沾污，将样品块放入清洁的聚四氟乙烯瓶中，使其没入酸腐蚀剂中，在通风橱中加热，样品块表面被腐蚀，将样品块从腐蚀剂中取出，在电热板上将腐蚀剂加热至干。

4.3 加入 2 mL 5% HNO_3 和 8 mL H_2O 溶解干燥的腐蚀剂残渣，使总体积为 10 mL，用石墨炉原子吸收分析痕量金属。

4.4 将一系列空白、校准标准、监测标准及酸浸取样品装入 GFAAS 的样品旋转盘上。对于每个元素，优化石墨炉温度程序以获得最大灵敏度并且选择吸收谱线以达到最大的灵敏度和最小的干扰。

4.5 收集来自 GFAAS 的数据，计算该批样品中每个被分析元素的数值。对于每个被分析元素，取浸取空白的平均值作为零参考，从抽检样品数值中减去空白平均值，乘于稀释因子即为报告的结果。稀释因子为酸浸取最后体积(10 mL)除以多晶硅样品的开始重量。

4.6 一个腐蚀过程后，测得的通常以化学结合形式结合在多晶硅表面上的铁、铬、镍、钠、锌和铝的酸混合物回收率大于或等于 95%，通过对第二个腐蚀过程后的被分析元素测量来确定第一个腐蚀过程的回收率，要求回收率大于 90%以证实分析的准确度。用中子活化分析确定回收率。为了确保化学反应或蒸发过程中没有被分析元素损失，浸取制备的参考标准并监控每一次分析。

4.7 通过统计浸取空白和浸取参考标准的吸收值监控来自室内环境、仪器、试剂、取样技术和操作技术的沾污。

4.8 检出限是由稀释因子、仪器灵敏度、被分析元素光谱响应、酸回收率、空白值和方法偏差决定。

5 干扰因素

5.1 在该试验方法中通常存在吸收光谱的干扰包括吸收峰重叠、吸收峰非线性、基体效应、背景噪声、元素间的干扰、交叉沾污和仪器漂移。

5.2 来自取样及操作过程中试剂纯度、设备的清洁度、室内的清洁度和操作技术造成的沾污的影响必须严格考虑。该标准描述了一系列空白和控制标准，以监控和量化这些干扰。

5.3 为了监控干扰的来源必须测量酸混合物和浸取工艺的回收率。通过各种处理以化学作用结合到多晶硅表面或内部的金属污染物不能用酸混合物取得。用中子活化分析或通过其他试验方法确定回收率。

5.4 该试验方法要求样品尺寸具有一批样品的代表性，由于表面污染物不能均匀分布在表面，选择的样品尺寸和量必须能代表一批样品，如果样品尺寸相当小，样品可能不能代表该批样品，导致平行样品偏差过大。

6 试剂

6.1 水 GB/T 11446.1 中 EW-I 级电子级水。

6.2 硝酸（ρ1.42 g/mL）MOS 级。

6.3 氢氟酸（ρ1.14 g/mL）MOS 级。

6.4 过氧化氢（ρ1.10 g/mL）MOS 级。

6.5 酸清洗混合物（$HNO_3+HF+H_2O_2+H_2O=1+1+1+25$）。

6.6 酸腐蚀混合物（$HNO_3+HF+H_2O_2+H_2O=1+1+1+50$）。

7 仪器

7.1 GFAAS 仪器：石墨炉原子吸收光谱仪，对于亚 μg/L 量级元素的分析具有很强的解决能力。具有选择取样功能的自动进样器和仪器组成一整体，用微机数据处理系统计算峰吸收值、提供仪器校准曲线和样品分析结果。见附录 A 中的表 A.1 和表 A.2。

7.2 空气环境：用于样品采集、酸浸取和 GFAAS 分析的区域必须封闭在洁净室内，洁净室最小标准为 ISO 14644-1 中定义的 6 级。

7.3 洁净室服装：分析者必须着洁净室服装包括帽子、面具、靴子和手套。

7.4 排酸通风橱：装备排酸通风橱，并配备一个用于进行酸浸取和浸取浓缩步骤的电热板。

7.5 样品瓶和夹子：样品瓶（体积为 500 mL）、盖和夹子由聚四氟乙烯（PTFE）或类似不被氢氟酸腐蚀并能被清洗的聚合物材料制成，避免沾污影响。

7.6 分析天平：天平能称重 300 g，感量为 0.1 mg。

8 试样制备

8.1 该试验方法规定了多晶硅批料的取样方法，一般从一批样品中选出一袋 5 kg 样用于取样，将其放在清洁室内以备取样，并且假设分析出的表面金属含量代表该批样品。如果必须在当地取样，而不是在分析实验室，将样品封在双层袋中并送到实验室。取样过程中的沾污必须严格考虑并且必须避免。

8.2 为保证分析一致性及实验室间分析数值对比，对于块状样品选择一个标准重量和体积，为达到仲裁的目的，要求取六块样品，每块尺寸约为 3 cm×3 cm×3 cm，重量约为 50 g，样品总重量约为 300 g，六块样品中最起码三块应该有外表面，外表面即多晶硅棒的表皮。

8.3 控制标准样品：向清洁的多晶硅块样品中加入 10 mL 10 μg/L 校准标准制备两个 10 μg/L 控制标准样品，随同待测样品浸取这些标准样品。

9 操作步骤

9.1 试验用器皿清洗

分析前清洗瓶子、盖和夹子。当使用新瓶子、当发现空白值被沾污、当进行仲裁分析时进行追加清洗和空白分析。按下列程序准备清洁的瓶子和盖子：

9.1.1 用去离子水淋洗三次。

9.1.2 将 500 mL 酸清洗混合物装入瓶子(盖上盖子,不要拧紧),在 100 ℃电热板上加热 6 h;用酸清洗混合物重新装满瓶子,不盖盖子,在 100 ℃电热板上加热 6 h。

9.1.3 用去离子水淋洗瓶子和盖子三次。

9.1.4 将 250 mL 酸腐蚀混合物装入瓶子,不盖盖子,在 130 ℃～150 ℃的电热板上加热至干,约需 10 h。

9.1.5 加入 2 mL 5% HNO_3 和 8 mL 去离子水溶解残留物,用石墨炉原子吸收分析。

9.1.6 如果石墨炉原子吸收分析表明样品瓶中存在沾污,重复整个步骤。

9.1.7 将瓶子和盖子淋洗三次。

9.1.8 用酸清洗混合物装满瓶子并在 100 ℃电热板上加热 6 h。

9.2 多晶硅块表面金属杂质浸取

9.2.1 在实验室中按照标准清洁室操作规程打开双层袋,将样品块转到一个清洁的、编号的 PTFE 瓶中并称重,重量精确至小数点后第二位,向每个瓶中加入 250 mL 酸腐蚀混合物没过样品块,并用 PTFE 盖子密封。

9.2.2 将密封瓶放在通风橱中的电热板上并在 70 ℃左右加热 60 min,取下瓶子并冷却,然后用 PTFE 夹子取出每块样品,用去离子水淋洗表面,淋洗液收集至瓶中。将腐蚀剂倒入一个敞口瓶中,并在 110 ℃～150 ℃的电热板上加热至干。

注:可使用微波炉代替电热板以降低所需要的浸取至干燥的时间。

9.2.3 从电热板上取下瓶子,盖上盖子并冷却。加入 2 mL 5% HNO_3 溶解干燥的腐蚀剂残渣,放置 20 min 溶解所有的盐类,加入 8 mL 去离子水,盖上盖子,摇匀,溶液中应观察不到固体。该溶液用于金属污染物的检测。随同试样做两个空白。

9.2.4 使用石墨炉原子吸收光谱仪,于相应波长处与标准系列同时,以水调零测量试液的吸光度。所测吸光度减去试料空白溶液的吸光度,从工作曲线上查出相应的待测元素的浓度。

9.3 工作曲线的绘制

9.3.1 用 1 000 μg/mL 元素的标准溶液稀释成为 1 μg/mL 标准(取 0.1 mL 置于 100 mL 酸腐蚀混合物中),移取 0 mL、0.5 mL、1 mL 和 2 mL 1 μg/mL 标准溶液于 100 mL 容量瓶中,加入 20 mL 5% HNO_3,用电子级水(DI)稀释至刻度,混匀,配制成 0 μg/L、5 μg/L、10 μg/L 和 20 μg/L 标准溶液。制备的标准的范围应接近于估计的待分析元素的浓度。

9.3.2 在与样品溶液测定相同的条件下,测量标准溶液系列的吸光度,减去标准溶液系列中“零”浓度溶液的吸光度,以待测元素浓度为横坐标,吸光度为纵坐标,绘制工作曲线。

10 结果计算

按式(1)计算结果:

$$M = (I - B) \times DF \qquad \cdots\cdots(1)$$

式中:

M——被分析元素浓度,单位为纳克每克(ng/g);

I——在工作曲线上查得试液中被测元素浓度,单位为纳克每毫升(ng/mL);

B——在工作曲线上查得两个空白中被测元素浓度的平均值,单位为纳克每毫升(ng/mL);

DF——稀释因子,酸浸取最后体积除以多晶硅样品重量乘以 10,单位为毫升每克(mL/g)。

11 精密度

采用该方法在单一实验室中对样品进行十次平行测定,测得的 Na、Al、Fe、Ni、Cr、Zn 的相对标准偏差分别为 8%、7%、7%、9%、9%和 5%。

12 允许差

实验室之间分析结果的差值应不大于表1所列允许差。

表 1

含量范围/%	允许差/%
$1\times10^{-9}\sim6\times10^{-9}$	2×10^{-9}
$6\times10^{-9}\sim2\times10^{-8}$	5×10^{-9}
$2\times10^{-8}\sim8\times10^{-8}$	1×10^{-8}
$8\times10^{-8}\sim2\times10^{-7}$	5×10^{-8}
$2\times10^{-7}\sim8\times10^{-7}$	8×10^{-8}

13 报告

报告应包括以下内容：

a) 多晶硅批样标识；

b) 日期；

c) 仪器生产商、类型和仪器型号；

d) 实验室位置和分析者；

e) 分析元素数值，ng/g；

f) 空白值，ng/g；

g) 多晶硅样品重量，g；

h) 确认校准标准可控。

附 录 A
（资料性附录）
仪器工作条件

表 A.1 给出了使用 PE3030B 原子吸收光谱仪工作条件；表 A.2 给出了使用 HGA-600 型电热原子化器工作条件。

表 A.1 使用 PE3030B 原子吸收光谱仪工作条件

元素	波长/nm	灯电流/mA	光谱通带宽度/nm
钠	589.0	8	0.2
铝	309.3	25	0.7
铁	248.3	15	0.2
铬	357.9	25	0.7
镍	232.0	25	0.2
锌	213.9	15	0.7

表 A.2 HGA-600 型电热原子化器工作条件

元素	干燥阶段			灰化阶段			原子化阶段			净化			冷却		
	温度/℃	时间/s		温度/℃	时间/s		温度/℃	时间/s		温度/℃	时间/s		温度/℃	时间/s	
		斜坡升温	保持		斜坡升温	保持		斜坡升温	保持		斜坡升温	保持		斜坡升温	保持
钠	110	20	10	1 000	1	5	2 000	1	4	2 700	1	3	30	1	2
铝	110	20	10	1 700	1	5	2 500	1	4	2 700	1	3	30	1	2
铁	110	20	10	1 400	1	5	2 400	1	4	2 700	1	3	30	1	2
铬	110	20	10	1 650	1	5	2 500	1	4	2 700	1	3	30	1	2
镍	110	20	10	1 400	1	5	2 500	1	4	2 700	1	3	30	1	2
锌	110	20	10	700	1	5	1 800	1	4	2 700	1	3	30	1	2
注：原子化阶段氩气流量为 0 mL/min，其他阶段氩气流量为 300 mL/min。															

附 录 B
（资料性附录）
SEMI MF 1724-1104 中的精密度和偏差

B.1 实验室内偏差

B.1.1 通过对浓度为 2 μg/L 的每个测量元素的标准进行 15 次分析来确定所使用的 GFAA 仪器偏差，仪器读数乘以稀释因子 10/300。这一套分析几个月重复一次，这一套分析的标准偏差代表由于仪器漂移、分析工作者技术和室内环境造成的偏差。

B.1.2 通过对被浸提的 10 μg/L 控制标准样品进行分析来确定方法偏差，检验周期为一年以上。仪器读出的浓度值约为 10 μg/L，这一组数值的标准偏差代表由于金属滞留效应、试剂纯度、仪器纯度、环境纯度和分析工作者技术造成的偏差。

B.1.3 通过对多晶硅样品在超过一年期的分析来定样品分析偏差。这一组分析的标准偏差代表由于取样技术、在样品的取样和处理过程中的沾污和整个分析方法偏差造成的偏差。

B.1.4 这些研究中标准偏差归纳在表 B.1 中。

表 B.1 在一年内一个偏差研究实验室得出的标准偏差(ng/g)值

分析元素	仪器偏差	方法偏差	样品分析偏差
Na	0.01	0.08	0.15
Al	<0.01	0.10	0.28
Fe	<0.01	0.01	0.13
Cr	<0.01	0.05	<0.01
Ni	<0.01	0.03	<0.01
Zn	<0.01	0.08	0.13

B.2 实验室间偏差：进行实验室间对比研究以检验分析多晶硅样品中 ng/g 以下量级的表面污染物的方法能力。每个实验室使用不同的多晶硅样品重量、酸混合物和稀释因子，但所有的分析都在清洁室内进行并使用高纯试剂和校准控制。所有多晶硅样品由实验室 A 提供，所选择的抽检样品仅代表具有亚 ng/g 量级痕量表面污染物的多晶硅。没有提供加入污染物的样品；这个对比研究用于确定来自取样、不同分析程序和不同的实验室环境所造成的这些量级的偏差。实验室 A 采用该试验方法，而实验室 B、C、D 和 E 使用变化了的试验方法，并且这些实验室没有报导酸混合物和稀释因子。从封在双层聚乙烯袋中的多晶硅批样中取所需重量样品，并送到实验室用于分析。

B.2.1 实验室 A 和实验室 B 使用样品重量为 300 g，对五个多晶硅抽检样进行分析。对于实验室 A 检测限以表 1 中方法偏差的 3σ 为依据。

B.2.2 实验室 C 使用 200 g 样品重量。对五个多晶硅抽检样进行分析。

B.2.3 实验室 D 使用 200 g 样品重量。对七个多晶硅抽检样进行分析。

B.2.4 实验室 E 使用 80 g 样品重量。对三个多晶硅抽检样进行分析。

B.2.5 在每种情况中，报告每个被分析元素的平均值和标准偏差，小于检测限的数值报成<“检测限”，并且不报告标准偏差。结果列于表 B.2 中。

表 B.2 五个实验室对比研究的表面金属分析比较

单位为纳克每克

实验室	测量值	Na	Al	Fe	Cr	Ni	Zn
实验室 A	平均值	<0.24	<0.30	<0.30	<0.15	<0.09	<0.24
	标准偏差						
实验室 B	平均值	0.23	0.27	0.03	<0.01	<0.06	0.09
	标准偏差	0.03	0.04	0.02			0.03
实验室 C	平均值	0.04	0.02	0.11	0.02	0.02	0.04
	标准偏差	0.01	<0.01	0.07	<0.01	0.01	0.01
实验室 D	平均值	0.18		0.12	0.02	0.02	0.20
	标准偏差	0.07		0.07	0.02	0.02	0.05
实验室 E	平均值	<0.20	<0.25	<0.10	<0.13	<0.20	0.12
	标准偏差						0.06

附 录 C
（资料性附录）
本标准章条编号与 SEMI MF 1724-1104 章条编号对照表

表 C.1 本标准章条编号与 SEMI MF 1724-1104 章条编号对照

本标准章条编号	对应的 SEMI MF 1724-1104 标准章条编号
1	2
2	4
3	5
4	6
5	3
6	8
7	
8	9.1、6.1、10.2.3
9	11
10	12
11	14
12	—
13	—

ICS 29.045
H 80

中华人民共和国国家标准

GB/T 24580—2009

重掺n型硅衬底中硼沾污的二次离子质谱检测方法

Test method for measuring Boron contamination in heavily doped n-type silicon substrates by secondary ion mass spectrometry

2009-10-30 发布　　2010-06-01 实施

中华人民共和国国家质量监督检验检疫总局
中国国家标准化管理委员会　发布

前　言

本标准修改采用 SEMI MF 1528-1104《用二次离子质谱法测量重掺杂 N 型硅衬底中的硼污染的方法》。本标准对 SEMI MF 1528-1104 格式进行了相应调整。为了方便比较，在资料性附录 B 中列出了本标准章条和 SEMI MF 1528-1104 章条对照一览表。并对 SEMI MF 1528-1104 条款的修改处用垂直单线标识在它们所涉及的条款的页边空白处。

本标准与 SEMI MF 1528-1104 相比，主要技术差异如下：

——去掉了“目的”、“关键词”；

——将实际测试得到的单一试验室的精密度结果代替原标准中的精度和偏差部分，并将原标准中的精度和偏差部分作为资料性附录 A 。

本标准附录 A 和附录 B 为资料性附录。

本标准由全国半导体设备和材料标准化技术委员会提出。

本标准由全国半导体设备和材料标准化技术委员会材料分技术委员会归口。

本标准起草单位：信息产业部专用材料质量监督检验中心、中国电子科技集团公司第四十六研究所。

本标准主要起草人：马农农、何友琴、丁丽。

重掺 n 型硅衬底中硼沾污的二次离子质谱检测方法

1 范围

1.1 本标准规定了重掺 n 型硅衬底中硼沾污的二次离子质谱测试方法。本标准适用于二次离子质谱法(SIMS)对重掺 n 型硅衬底单晶体材料中痕量硼沾污(总量)的测试。

1.2 本标准适用于对锑、砷、磷的掺杂浓度<0.2%(1×10^{20} atoms/cm^3)的硅材料中硼浓度的检测。特别适用于硼为非故意掺杂的 p 型杂质，且其浓度为痕量水平(<5×10^{14} atoms/cm^3)的硅材料的测试。

1.3 本标准适用于检测硼沾污浓度大于 SIMS 仪器检测限(根据仪器的型号不同，检测限大约在 5×10^{12} atoms/cm^3～5×10^{13} atoms/cm^3)两倍的硅材料。

1.4 原则上，本标准对于不同表面情况的样品都适用，但是本标准中的精度估算值是从表面抛光样品的测试数据中得到的。

2 规范性引用文件

下列文件中的条款通过本标准的引用而成为本标准的条款。凡是注日期的引用文件，其随后所有的修改单(不包括勘误的内容)或修订版均不适用于本标准，然而，鼓励根据本标准达成协议的各方研究是否可使用这些文件的最新版本。凡是不注日期的引用文件，其最新版本适用于本标准。

ASTM E122 评价一批产品或一个工艺过程质量的样品大小的选择规范

3 术语和定义

下列术语和定义适用于本标准。

3.1

离子质谱 ion mass

根据质荷比的不同将离子分开并计数。

3.2

一次离子 primary ion

由离子枪产生的离子，聚焦到样品表面，溅射并离化样品表面原子。

3.3

二次离子质谱 secondary ion mass spectrometry

对样品表面溅射出来的二次离子进行质谱分析。

3.4

二次离子 secondary ion

在一次离子束的溅射下，样品表面原子离化并脱离样品表面形成的离子。

4 试验方法概要

二次离子质谱法用于重掺 n 型硅衬底单晶体材料中硼沾污的测试。

4.1 将单晶硅样品(一个硼浓度低的样品作为仪器空白测试样品，如高阻 n 型区熔硅片；一个体掺杂硼硅片作为标准样品和待测样品)装入样品架。

4.2 用一次氧离子束轰击每个样品。

4.3 用质谱分析正的二次离子。

4.4 测试空白硅样品，以确定仪器的背景。

4.5 连续测试样品架上的每个样品，检测其中的硼和硅。

4.6 计算每个样品的硼和硅(B^+/Si^+)的二次离子强度比。

4.7 样品中硼的浓度与 B^+/Si^+ 强度比成线性关系，据此及已知硼浓度的标准样品的(B^+/Si^+)强度比，可将测试样品的 B^+/Si^+ 强度比转换成硼的浓度。

4.8 测试时要求无坑沿效应。

5 干扰因素

5.1 表面吸附的硼干扰硼的测试。

5.2 从 SIMS 仪器样品室吸附到样品表面的硼干扰硼的测试。

5.3 在样品架窗口范围内的样品表面必须平坦，以保证每个样品移动到分析位置时，其表面与离子收集光学系统的倾斜度不变，否则测试的准确度和精度都有所降低。

5.4 测试的准确度和精度随着样品表面粗糙度的增大而显著降低，可以通过对样品表面腐蚀抛光予以消除。

5.5 参考样品中硼的不均匀性会限制测试精度。

5.6 参考样品中硼标称浓度的偏差会导致 SIMS 测试结果的偏差。

6 测量仪器

6.1 扇形磁场 SIMS 仪器

仪器需要装备氧一次离子源，能检测正二次离子的电子倍增器和法拉第杯检测器。SIMS 仪器必须状态良好(例如经过烘烤)，以便尽可能降低仪器背景。

6.2 液氮或者液氦冷却低温板

如果分析室的真空度不小于 1.3×10^{-6} Pa，用液氮或者液氦冷却的低温板环绕分析室中样品架。如果分析室的真空度低于 1.3×10^{-6} Pa，则不需要上述冷却。

6.3 测试样品架

要保证样品架上各样品的分析表面处于同一平面并垂直于引出电场(约几千伏，根据仪器型号的不同而不同)。

7 试样制备

7.1 取样

7.1.1 因为 SIMS 分析实际上是破坏性的试验，所以必须进行取样，且被取样品能够评价该组硅片的性质。

7.1.2 本标准不包含统一的抽样方法这部分，因为大多数合适的取样计划根据每个样品情况不同而有区别。见 ASTM E122。

7.1.3 为了仲裁目的，取样计划必须在测试之前得到测试双方的认可。

7.2 样品要求

7.2.1 样品的分析面必须平坦光滑。样品表面要进行腐蚀抛光或者效果更好的化学机械抛光。

7.2.2 样品必须切割成小块，以适合放入样品架内。

7.2.3 需要一个体掺杂的硅中硼标样。

7.2.4 需要一个硼浓度低于(5×10^{12})atoms/cm^3 的空白硅样品。

7.3 定标

7.3.1 必须有一个标准样品，其硼的体浓度经过各方都认同的其他某种测试方法测定，而且在(1～10)×10^{14} atoms/cm^3 浓度范围内。

7.3.2 每个标准样品必须与待测样品同样的尺寸和抛光面。

7.3.3 每个空白样品必须与待测样品同样的尺寸和抛光面。

8 操作步骤

8.1 样品装载

将样品装入 SIMS 样品架，并检查确认样品是否平坦地放在窗口背面，并尽可能地多覆盖窗口。一次装入的样品包括：一个空白硅样品，一个标准样品和待测样品。

8.2 仪器调试

8.2.1 按照仪器说明书开启仪器。

8.2.2 根据 6.2 描述，如果需要使用冷却装置，将液氮或者液氦装入冷阱。

8.2.3 分析条件

8.2.3.1 使用聚焦良好的氧一次离子束，调节衬度光栏和视场光栏，得到最大的$^{30}Si^+$离子计数率。在不扫描的情况下，法拉第杯上得到的离子计数率必须>1×10^8 counts/s。

8.2.3.2 开始时，根据束斑大小，使用几百微米×几百微米的第一扫描测试条件(典型的条件是250 μm×250 μm)，这样可以除去表面自然氧化层中的 B。实际测试时，使用第二扫描测试条件，扫描区域要比第一扫描测试条件减少几倍(典型的第二扫描条件是 50 μm×50 μm)。采用的计数时间是1 s。

8.3 样品分析

8.3.1 移动样品架，使样品上的溅射坑形成在窗口的中心位置附近。

8.3.2 对中一次束，开始 SIMS 剖析。

8.3.2.1 首先用第一扫描条件溅射样品 50～100 个磁场周期，直到硼的信号强度稳定，以除去晶片表面自然氧化层中典型存在的残留的表面沾污。

8.3.2.2 减小扫描面积到第二扫描条件，继续溅射样品，直到硼信号稳定。

8.3.3 剖析结束后，测试并记录电子倍增器上的$^{11}B^+$的计数率和法拉第杯上的主元素$^{30}Si^+$的计数率，对最后十五个周期的结果进行平均。

8.3.4 重复以上步骤，对样品架上所有的样品进行测试。

8.3.5 每次剖析结束后，由记录的二次离子强度，计算出硼计数率和硅计数率之比($^{11}B^+/^{30}Si^+$)，记为 S_u。

8.3.6 如果空白样品中所测的$^{11}B^+/^{30}Si^+$比值超过其他样品的 20%～50%，则停止分析，寻找造成仪器背景较高的原因。

8.3.7 对所有样品，包括空白样品，标准样品和测试样品，在表格中记录样品编号和$^{11}B^+/^{30}Si^+$比值。

9 结果计算

9.1 相对灵敏度因子(RSF)法定标

9.1.1 按式(1)计算灵敏度因子：

$$RSF=\frac{[B]}{(^{11}B^+/Si^+)} \qquad \cdots\cdots(1)$$

式中：

[B]——标准样品中硼的标定浓度；

$^{11}B^+$——^{11}B 离子在电子倍增器上的计数；

Si^+——在法拉第杯或其他能检测正二次离子强度在 10^8 counts/s 以上的检测器上的 Si^+ 离子计数。

9.1.2 对每个测试样品，用 S_u 乘以从标准样品中得到的相对灵敏度因子 RSF，将 SIMS 离子 $^{11}B^+/^{30}Si^+$ 计数比转换成硼的浓度$[B]_u$，如式(2)。

$$[B]_u = S_u \times RSF \quad \cdots\cdots(2)$$

10 精密度

该方法单一实验室 B 的测量精密度分别为 5%(RSD)。

注：该精密度是由同一个试验人员在同一次试验中对从同一单晶片上取下的 13 个样品依次测试得到的。具体见附录 A。

11 报告

报告包括以下内容：

a) 使用的仪器，操作者，测试日期，以及硼的相对灵敏度因子；

b) 标样和测试样品的编号以及测试样品在单晶上的取样位置；

c) 测试样品和空白硅样品中的硼的浓度。

附 录 A
（资料性附录）
SEMI MF 1528-1104 中的精密度和偏差

A.1 精密度

本测试的精度是10个分析者在大约5年内，对900个样品分别在两台仪器上测试总结得到的。这些抛光腐蚀样品是从同一颗单晶上切下来的一组相邻的晶片。测试条件与本方法规定的相同。测试仪器是CAMECA IMS-3f和CAMECA IMS-4f。平均值是 2.0×10^{14} atoms/cm^3，相对于平均值的标准偏差是 2.4×10^{13} atoms/cm^3，相对标准偏差是12%。从同一颗晶体上切下来的相邻的900个样品在历时5年内（1987.11～1992.9）测试的硼浓度的频率分布测试结果分布如图A.1所示。样品的测试时间顺序和历时5年内（1987.11～1992.9），对于空白样品[B]<5×10^{12} atoms/cm^3 的背景对测试时间的分布分别如图A.2和图A.3所示。

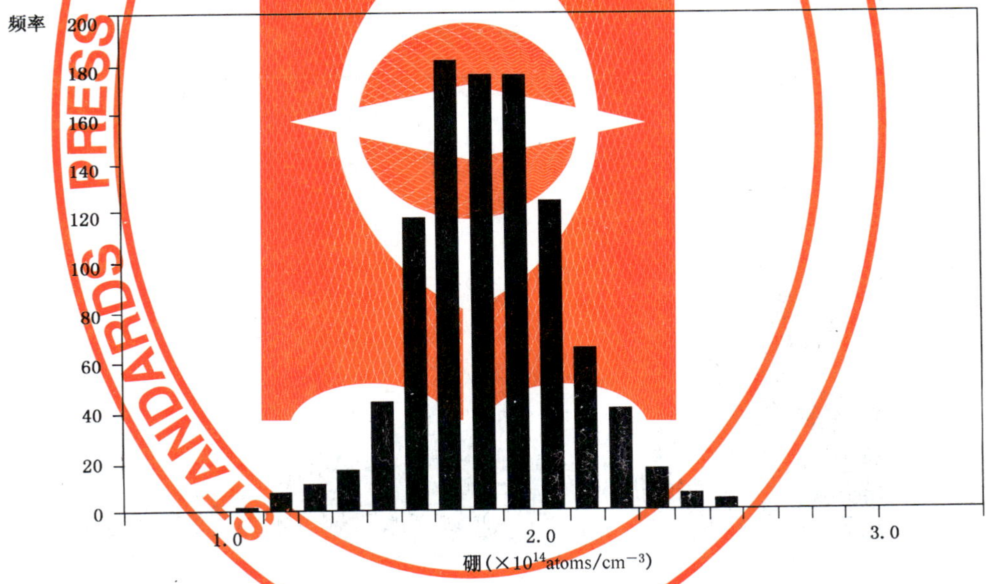

图 A.1

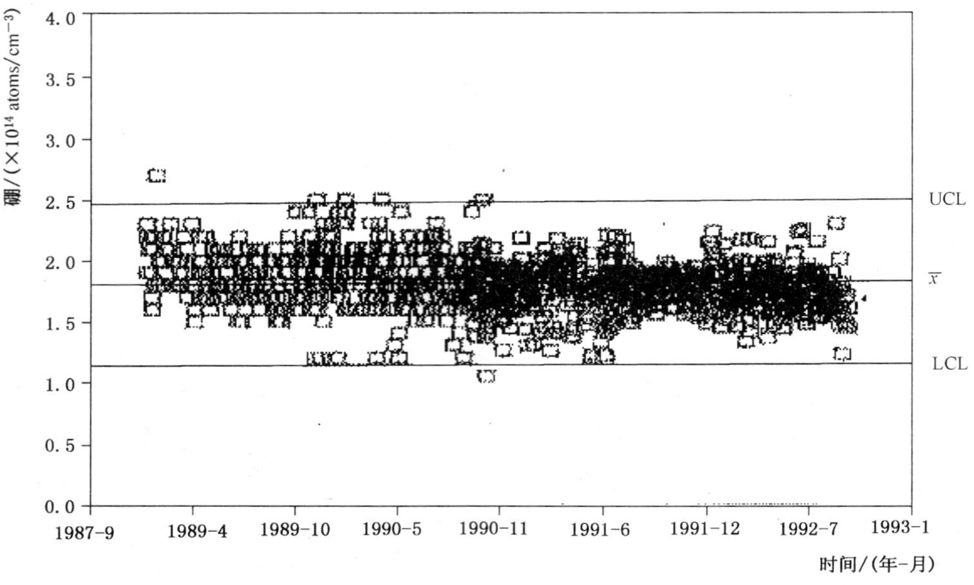

注：X线代表测试结果的平均值，UCL表示测试上限，等于平均值加上三倍标准偏差，LCL表示测试下线，等于平均值减去三倍标准偏差。

图 A.2

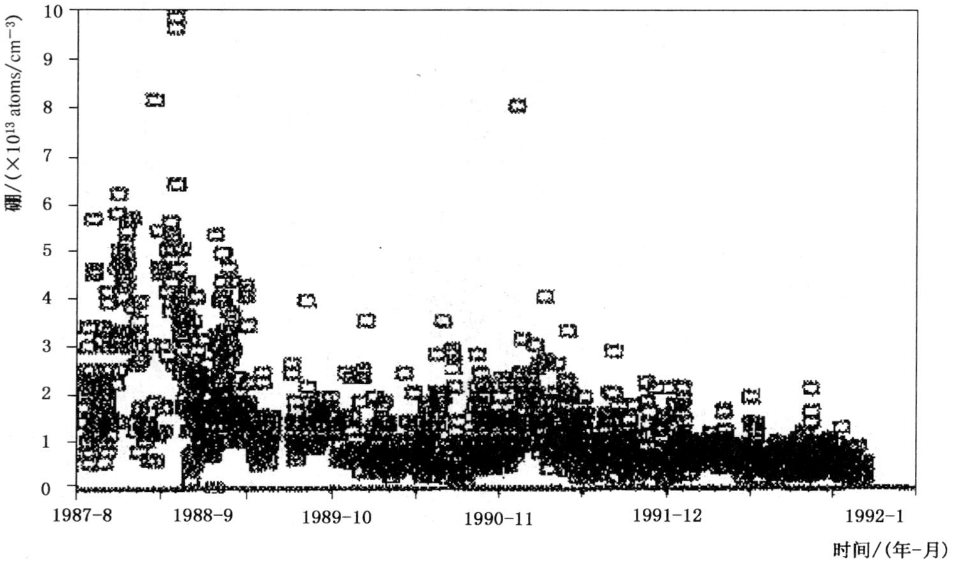

图 A.3

A.2 偏差

因为没有绝对的标准值，所以不能估算出本测试方法的绝对偏差。

附 录 B
（资料性附录）
本标准章条编号与 SEMI MF 1528-1104 章条编号对照表

表 B.1 本标准章条编号与 SEMI MF 1528-1104 章条编号对照

本标准章条编号	对应的 SEMI MF 1528-1104 标准章条编号
1	2
2	4
3	5
4	6
5	3
6	7
7.1	8
7.2	9
7.3	10
8	11
9	12
10	—
11	13

ICS 29.045
H 80

中华人民共和国国家标准

GB/T 24581—2009

低温傅立叶变换红外光谱法测量硅单晶中Ⅲ、Ⅴ族杂质含量的测试方法

Test method for low temperature FT-IR analysis of single crystal silicon for Ⅲ-Ⅴ impurities

2009-10-30 发布 2010-06-01 实施

中华人民共和国国家质量监督检验检疫总局
中国国家标准化管理委员会 发布

前　言

本标准等同采用 SEMI MF 1630-0704《低温傅立叶变换红外光谱法测量硅单晶中Ⅲ、Ⅴ族杂质含量的测试方法》。

本标准与 SEMI MF 1630-0704 相比，主要有如下变化：

——用实际测量到的红外谱图代替 SEMI MF 1630-0704 标准中的图 2、图 3。

——用实验得到的单一实验室测试精密度代替 SEMI MF 1630-0704 中给出的单一实验室测试精密度。

本标准由全国半导体设备和材料标准化技术委员会提出。

本标准由全国半导体设备和材料标准化技术委员会材料分技术委员会归口。

本标准起草单位：四川新光硅业科技有限责任公司。

本标准主要起草人：梁洪、过惠芬、吴道荣。

低温傅立叶变换红外光谱法测量硅单晶中Ⅲ、Ⅴ族杂质含量的测试方法

1 目的

1.1 电子级多晶硅生产者和使用者都可采用 LTFT-IR 光谱来对多晶硅进行质量保证和研发目的的测量。

1.2 LTFT-IR 光谱能定性和定量分析 B、P、Al、As、In、Sb、Ga 等痕量元素。

1.3 LTFT-IR 可用于 FZ、CZ 及其他(掺杂或不掺杂的)单晶硅分析,其检测范围如 2.2 所述。

1.4 硅中碳含量可参照 SEMI MF 1391 的方法,在低温下进行测量。由于低温下双声子谱带减弱,透射光强增大,可以让更多信号到达检测器,使信噪比提高,因而在<15 K 低温下可以测量比室温下更低的碳浓度。同时碳的吸收谱带变窄,低温下 FWHM 由 5 cm^{-1}～6 cm^{-1}降至 2.5 cm^{-1}～3.0 cm^{-1}。

2 范围

2.1 本标准适用于检测硅单晶中的电活性元素硼(B)、磷(P)、砷(As)、铝(Al)、锑(Sb)和镓(Ga)的含量。

2.2 本标准所适用的硅中每一种电活性元素杂质或掺杂剂浓度范围为$(0.01\times10^{-9}\sim5.0\times10^{-9})$a。

2.3 每种杂质或掺杂剂的浓度可由比耳定律得到,并给出了对每个元素的校准因子。

3 局限性

3.1 样品必须冷却到低于 15 K 的低温下测量电活性元素。在将样品固定在冷头上时,须注意使样品和冷头之间保持良好的接触,以获得较高的热传导效率。氧在 1 136 cm^{-1}和 1 128 cm^{-1}的吸收谱带对温度十分灵敏,可用于检测样品温度。当样品温度高于 15 K 时,在 1 136 cm^{-1}的吸收强度是 1 128 cm^{-1} 吸收强度的 3 倍,而低于 15 K 时,其比率将大于 3。

3.2 如果没有足量连续的白光,补偿的施主和受主将不产生吸收,故白光强度须足够强以完全抵消所有施主和受主的补偿。每台仪器系统的白炽灯的光强需要测定,使用者须增加光线强度,直到电活性杂质吸收峰的面积或高度不受光强增加的影响。

3.3 水蒸气吸收谱可干扰数个吸收谱的测量。所以,至少每天都要采集背景光谱。必须除去光路中(含样品室)的水汽。更换样品时,应保证样品室和光路中的其他部分不受水汽的影响。

3.4 CZ 单晶硅中氧含量较高时,将产生热施主吸收谱线。这些谱线在 400 cm^{-1}～500 cm^{-1}之间,影响 Al(473 cm^{-1})、Ga(548 cm^{-1})和 As(382 cm^{-1})的测量。氧的热施主可以通过退火的方法消除。

3.5 多级内部反射会产生次级干涉和基线偏离。通过改变样品厚度、表面处理方式或分辨率可以消除次级干涉和基线偏离。

3.6 较高的 Sb 的含量会影响 B(320 cm^{-1})的吸收谱带,Sb 的最强吸收谱线在 293 cm^{-1},但次强吸收谱线则位于 320 cm^{-1}。

4 规范性引用文件

下列文件中的条款通过本标准的引用而成为本标准的条款。凡是注日期的引用文件,其随后所有的修改单(不包括勘误的内容)或修订版均不适用于本标准,然而,鼓励根据本标准达成协议的各方研究是否可使用这些文件的最新版本。凡是不注日期的引用文件,其最新版本适用于本标准。

GB/T 1558 硅中代位碳原子含量红外吸收测量方法
GB/T 6618 硅片厚度和总厚度变化测试方法
GB/T 13389 掺硼掺磷硅单晶电阻率与掺杂剂浓度换算规程
GB/T 14264 半导体材料术语
SEMI MF1723 用区熔拉晶法和光谱分析法评价多晶硅棒的标准规程
ASTM E131 分子光谱的相关术语
ASTM E168 关于红外定量分析的推荐方法
ASTM E177 在 ASTM 标准中定义精度和偏差的方法
ASTM E275 描述和测量紫外、可见及红外光谱仪特性的推荐方法

5 术语和定义

GB/T 14264 和 ASTM E131 规定的以及下列术语和定义适用于本标准。

5.1

FT-IR Fourier transform infrared (spectrometer)

傅立叶变换红外光谱(光谱仪)。

5.2

FWHM full width of an absorption peak expressed in cm^{-1} at half its absorbance magnitude as measured from the baseline

吸收谱带的半高宽,cm^{-1}。

5.3

LTFT-IR low temperature, fourier transform infrared (spectrometer)

低温傅立叶变换红外光谱(光谱仪)。

5.4

背景光谱 background spectrum

未加载样品时获得的红外光谱。

5.5

基线 baseline

连接吸收谱带吸收峰两侧的一条直线。

5.6

电活性元素 electrically active elements

硅中的掺杂剂或杂质元素,元素周期表中的Ⅲ族元素(B、Al、Ga、In)和Ⅴ族元素(P、As、Sb、Bi)。

5.7

样品光谱 sample spectrum

从测试样品获得的红外谱图中扣除背景光谱后得到的光谱。

6 方法概述

6.1 将硅单晶样品冷却到低于 15 K 温度下,在此条件下,自由载流子的影响可忽略不计,其红外光谱主要是由杂质元素引起的一系列吸收谱带。

6.2 样品由一个连续白炽灯光源照射,其光线能量大于补偿杂质的能带。

6.3 使红外光束直接透射样品,采集透射光谱,该光谱扣除背景光谱,转化为吸收光谱。

6.4 在测到的杂质元素特征吸收谱带上建立基线。

6.5 测量吸收谱带面积。

6.6 参照本方法给出的系数，根据比耳定律，计算出每种杂质元素的含量。

7 设备和材料

7.1 低温恒温箱：保证样品温度低于 15 K，可采用液氦(He)浸液式、交换式、或封闭循环等方式冷却。

7.2 样品架：由高热传导系数的金属材料制成，开有小孔并可阻档通过样品以外的任何红外光线。

7.3 白光光源：如图 1 所示。

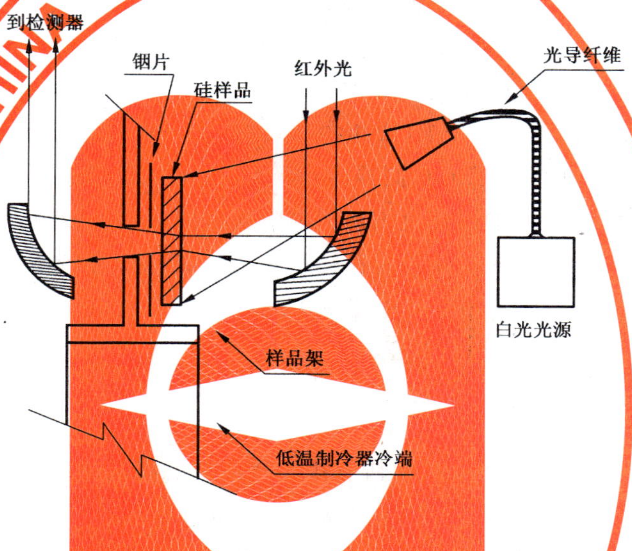

图 1 样品架和采用光纤的白光光学系统

7.4 傅立叶变换红外光谱仪(FT-IR)：具有用于 250 cm^{-1}～1 300 cm^{-1} 范围的光学部件和检测器。

7.4.1 FT-IR 光谱仪至少具有 1 cm^{-1} 的分辨率；足够的分辨率才能满足需要，因为 P 在 315.9 cm^{-1} 的吸收谱半高宽(FWHM)仅有 1.1 cm^{-1}。

7.4.2 具有足够灵敏度的检测器，在要求的光谱范围提供合适的信噪比。本方法中，室温下 CsI 窗口的 DTGS 检测器足以适合较高浓度元素的测量；掺杂 Zn 的 Ge:Zn 检测器工作在 4.4 K 到 10.0 K，可以满足低浓度元素的测量，提供充分的信噪比并改善精度。

7.4.3 采用真空或氮气吹扫，保证样品室和光路部分不受水汽的影响。

7.5 氟化钙(CaF_2)晶片：切成 5 mm 厚的薄片。

8 样品制备

8.1 如果样品是多晶硅，参照 SEMI MF1723 标准或其他方法预先转成单晶。

8.2 样品必须切割，抛光以适合样品架。样品表面可以是机械或化学抛光面，每个样品的厚度误差不应超过 1%。

8.3 测量电活性杂质含量，按以下厚度准备样品：

8.3.1 高纯度样品(大于 2 000 Ω·cm)应具有 3 mm～5 mm 厚度，以达到较低的检测限。

8.3.2 5 mm～20 mm 厚度的样品可测量 0.01×10^{-9}a 以下的杂质浓度。

注：重掺杂硅(小于 10 Ω·cm)，样品厚度采用 1 mm～2 mm，以获得更大的红外光透射率。

9 标准样品

准备1个或多个硅单晶样品，其杂质含量在被测样品的浓度范围，作为标准样品。按本标准对其进行反复及周期性测量，对照前后结果，控制仪器测量过程的准确性。

10 仪器检查

10.1 通过100%透过率线来检测FT-IR仪器的稳定性。

10.1.1 通过开启的低温样品架光通道，连续收集存储两张背景光谱。

10.1.2 将两张光谱相扣后得到透射光谱。

10.1.3 检查从1 200 cm^{-1}～250 cm^{-1}的谱线，谱线透过率应在(100±0.5)%T之间，否则，必须校正仪器的稳定性。

10.2 检查检测器的线性度

10.2.1 用10.1.1中得到的两张单光束(未相扣的)谱图之一来检查检测器已知零响应波数位置处的非零响应值(对具有CsI窗口的Ge:Zn检测器为小于200 cm^{-1})。在此区间所观察到的非零响应值不应超过在1 200 cm^{-1}～250 cm^{-1}的谱线范围内最大响应值的1 %。否则，必须进行校正。

10.2.2 备用方法，用5 mm的CaF_2晶片放在红外光路中，扫描一张光谱，扣除在10.1.1中得到的两张背景光谱之一，得到透射光谱。CaF_2晶片在800 cm^{-1}以下完全不透光，800 cm^{-1}～250 cm^{-1}的光谱须满足(0.0±0.5)%T，否则，必须进行校正。

11 测量步骤

11.1 样品厚度测量精确到±0.02 mm，将所有待测样品装到样品架上，但至少应保留一个空的光孔。样品中也应包括一个用来检查设备是否处于正常状态的标准样品。

11.2 将样品固定到低温恒温箱中，冷却至15 K以下。

11.3 设置仪器参数，分辨率为1.0 cm^{-1}或更高。

11.4 选择标准样品作为第一个测试样品。

11.5 对空样品室收集1 000次扫描图谱，作为背景图谱。

11.6 将样品移到测量位置。

11.7 打开连续白炽灯源，使样品完全处于照射光束中，并相对于红外光束进行适当的调整(见图1)。

11.8 对样品收集至少300次扫描图谱。

11.9 进行零填充、切趾，然后将干涉图转换为光谱图并扣除背景光谱。

11.10 转换为吸收光谱并作为样品光谱。

11.11 存储该光谱及随后的其他光谱以作进一步的处理和计算吸收峰面积。

11.12 对每个样品的测量都重复11.5～11.11的步骤。

12 数据处理

本方法要求在计算每个元素含量之前测量其吸收谱带面积。吸收谱带通常很尖锐，尤其对第Ⅴ族元素，因而峰高值在仪器和仪器之间难以重现，采用计算峰面积则可最大限度地减少这种影响。

12.1 在测量峰面积前首先确定各吸收谱带的基线，处于基线以上的部分才用于测量峰面积。有几种方法可用于不同FT-IR光谱设备，得到理想的基线并修正吸收谱带面积。建议采用以下方法：

12.1.1 从计算机贮存信息中读出样品的谱带，将波数进行放大，在吸收谱带需要的地方进行局部放大，直至该区域仅约为超过表1所列的基线范围。

表 1 峰位置,基线和积分范围及校准因子

元素	峰/cm^{-1}	基线范围/cm^{-1}		积分范围/cm^{-1}		因子 f/(mm·cm)
		上限	下限	上限	下限	
铝(Al)	473.2	479	467	475.2	471.2	32.7
锑(Sb)	293.6	296	289	295.1	292.1	10.6
砷(As)	382.0	385	379	383.5	380.5	8.96
硼(B)	319.6	323	313	321.5	318.0	9.02
镓(Ga)	548.0	552	544	549.5	546.5	42.4
铟(In)	1 175.9	1 181	1 169	1 177.4	1 174.4	244.0
磷(P)	316.0	323	313	317.5	314.5	4.93

注：这里给出的因子并非都具有相同的确定度。硼、磷及砷误差不超过±10%。其他的因子可作为近似值,仅用于估算。

12.1.2 运用交互式基线校正程序使谱图基线与 0.0 吸收谱线相交。参照表 1 中上下波数区域,指导调整基线。对吸收区放大以提高对杂峰和特征吸收谱带的观测,并提供最优化的基线位置。对连接吸收峰两侧的直线进行适当的线性校正。注意 B 和 P 的峰十分接近,因而只能用同一条基线。图 2 和图 3 分别列出了对 B、P 吸收谱带的吸收特征区作基线校正前后的谱图。

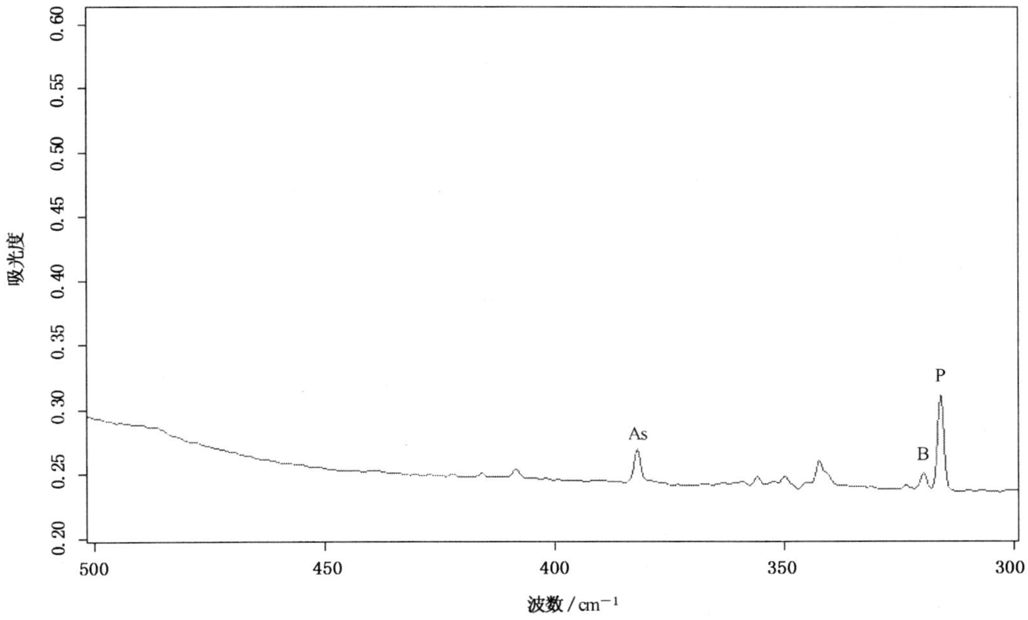

图 2 砷、硼和磷在<11 K 时特征区的典型红外谱图

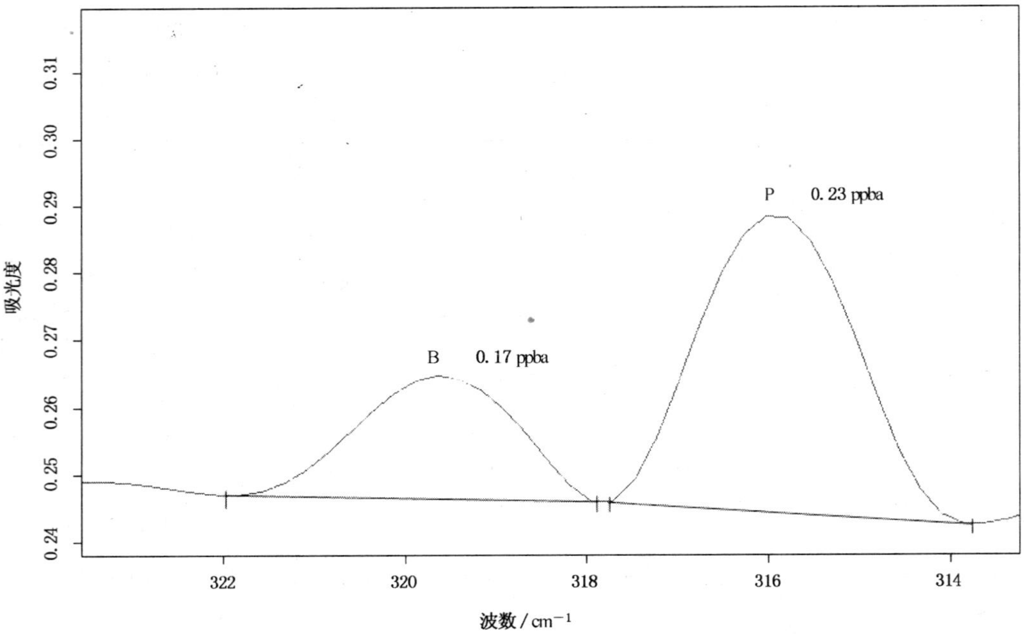

图 3 局部放大和基线校正后的硼和磷

12.2 根据表 1 提供的积分范围，计算位于上下波数区域的吸收峰面积。计算机能精确处理这种工作，但由于积分仪限制，不能自由调整零点和如 12.1 中确定的基线，因而可能带来误差。

12.3 对被测样品中每个要计算的元素重复 12.1 和 12.2 的操作。

13 计算

13.1 按式(1)计算被测样品中各电活性杂质/掺杂剂的浓度：

$$C_{ij} = \frac{I_{ij}}{t_j} f_i \qquad \cdots\cdots(1)$$

式中：

C_{ij}——样品 j 中杂质/掺杂剂元素 i 的浓度，单位为(10^{-9} a)；

I_{ij}——成分 i 的积分面积；

t_j——样品 j 厚度，单位为毫米(mm)；

f_i——成分 i 的校准因子，单位为毫米厘米(mm-cm)。

13.2 浓度也可用 atoms/cm^3 单位表示，见式(2)：

$$D_{ij} = 5.0 \times 10^{13} \times C_{ij} \qquad \cdots\cdots(2)$$

14 报告

14.1 报告应包括如下内容：

14.1.1 使用的设备，操作者，测试日期。

14.1.2 样品名称。

14.1.3 检查标准样品的测试结果是否在控制范围内。

14.2 对每一个样品应包括以下内容：

14.2.1 各杂质/掺杂剂的浓度，如果没有检测到吸收峰，则写出其检测限。

14.2.2 样品厚度。

14.2.3 各吸收峰的 FWHM。

14.2.4 所采用的切趾函数。

14.2.5 零填充和数据点的数量($/cm^{-1}$)。

15 精密度

本测试方法单一实验室精度是用两个标准样品，通过多个操作人员在较长的时间段内重复对硼和磷进行测量得到的。测量硼和磷的相对精度为9.2%和6.3%，其标称浓度值分别为(0.11×10^{-9})a和(0.23×10^{-9})a。

16 偏差

本测试方法的偏差尚未确定，但公认的参考值是在±10%之内。

17 关键词

硅分析；掺杂剂的测定；杂质的测定；电活性杂质；傅立叶变换红外光谱；杂质；硅。

ICS 29.045
H 80

中华人民共和国国家标准

GB/T 24582—2009

酸浸取-电感耦合等离子质谱仪测定多晶硅表面金属杂质

Test method for measuring surface metal contamination of polycrystalline silicon by acid extraction-inductively coupled plasma mass spectrometry

2009-10-30 发布　　2010-06-01 实施

中华人民共和国国家质量监督检验检疫总局
中国国家标准化管理委员会　发布

前　言

本标准由全国半导体设备和材料标准化技术委员会(SAC/TC 203)提出并归口。

本标准负责起草单位:新光硅业科技责任有限公司。

本标准主要起草人:王波、过惠芬、吴道荣、梁洪、敖细平。

酸浸取-电感耦合等离子质谱仪测定多晶硅表面金属杂质

1 范围

1.1 本标准规定了用酸从多晶硅块表面浸取金属杂质，并用电感耦合等离子质谱仪定量检测多晶硅表面上的金属杂质痕量分析方法。

1.2 本标准适用于碱金属、碱土金属和第一系列过渡元素如钠、钾、钙、铁、镍、铜、锌以及其他元素如铝的检测。

1.3 本标准适用于各种棒、块、粒、片状多晶表面金属污染物的检测。由于块、片或粒形状不规则，面积很难准确测定，故根据样品重量计算结果，使用的样品重量为 50 g～300 g，检测限为 0.01 ng/mL。

1.4 酸的浓度、组成、温度和浸取时间决定着表面腐蚀深度和表面污染物的浸取效率。在这个实验方法中腐蚀掉的样品重量小于样品重量的 1%。

1.5 本标准适用于重量为 25 g～5 000 g 的样品的测定，为了达到仲裁的目的，该实验方法规定样品的重量为约 300 g。

2 规范性引用文件

下列文件中的条款通过本标准的引用而成为本标准的条款。凡是注日期的引用文件，其随后所有的修改单(不包括勘误的内容)或修订版均不适用于本标准，然而，鼓励根据本标准达成协议的各方研究是否可使用这些文件的最新版本。凡是不注日期的引用文件，其最新版本适用于本标准。

ISO 14644-1 洁净室和相应的受控环境 第 1 部分：空气中的悬浮粒子的分类

SEMI C28 氢氟酸的详细说明和指导

SEMI C30 过氧化氢的详细说明和指导

SEMI C35 硝酸的详细说明和指导

ASTM D5127 电子和半导体工业中用超纯水指南

3 术语、定义和缩略语

3.1 术语和定义

下列术语和定义适用于本标准。

3.1.1

酸空白 acid blank

用来做空白的酸以及操作中含有微量金属杂质的浸取酸。

3.1.2

浸取空白 digested blank

不加样品，经过浸取和分析过程的一个酸样品，用于监控分析过程，包括酸的纯度、浸取瓶的洁净度、交叉污染和环境洁净度。

3.1.3

浸取控制标准 digested control standard

制备的已知浓度的被分析元素的样品，以对仪器和浸取过程校准检查。

3.1.4

浸取　digestion

在一定温度下将多晶硅块浸入酸混合物中，直到表面金属污染物溶解在溶液中。

3.1.5

标准样品　standard samples

制备的已知浓度的被分析物样品，其浓度分别为0.5 ng/g、1.0 ng/g和2.0 ng/g，为ICP/MS提供校准标准和离子计数。

3.2　缩略语

下列缩略语适用于本标准。

3.2.1

ICP/MS　(inductively coupled plasma mass spectrometry)

电感耦合等离子质谱仪。

3.2.2

PTFE　(polytetrafluoroethylene)

聚四氟乙烯，一种耐氢氟酸材料，用于制作样品瓶、盖和夹子。

4　方法原理

试样用硝酸、氢氟酸、过氧化氢和水的混合物(1∶1∶1∶50)浸取，在硝酸介质中，使用ICP/MS不同的分析模式测定各个金属杂质的离子计数cps，从而检测其含量。

5　干扰因素

5.1　在该试验方法中通常存在双原子离子、多原子离子、基体效应、背景噪声、元素间的干扰、交叉沾污和仪器漂移。

5.2　来自取样及操作过程中试剂纯度、设备的洁净度、室内的洁净度和操作技术造成的沾污的影响应严格考虑。该标准描述了一系列空白和控制标准，以监控和量化这些干扰。

5.3　本试验方法要求样品应具有代表性，由于表面污染物不能均匀分布在表面，因此选择的样品尺寸和量必须能代表一批样品，如果样品尺寸太小，样品可能不能代表该批样品，导致平行样品偏差过大。

6　试剂

6.1　去离子水：所有的水应为ASTM D5127中描述的E-1型或其他品质相当的去离子水。

6.2　硝酸(HNO_3)：65%，相当于SEMI C35中的2级。

6.3　氢氟酸(HF)：48%，相当于SEMI C28中的2级。

6.4　过氧化氢(H_2O_2)：30%，相当于SEMI C30中的2级。

6.5　酸清洗混合物：(1∶1∶1∶25)HNO_3∶HF∶H_2O_2∶H_2O。

6.6　浸取酸混合物：(1∶1∶1∶50)HNO_3∶HF∶H_2O_2∶H_2O。

7　仪器和设备

7.1　ICP/MS：带动态反应池的电感耦合等离子质谱仪。

7.2　空气环境：用于样品采集、酸浸提和ICP/MS分析的区域必须封闭在洁净室内，洁净室最低标准为ISO 14644-1中定义的6级。

7.3　洁净室服装：分析者应穿着洁净室服装包括帽子、口罩、靴子和手套。

7.4　排酸通风橱：装备排酸通风橱以提供清洁空气环境。

7.5　样品瓶和夹子：样品瓶(体积为500 mL)、盖和夹子为聚四氟乙烯(PTFE)材料或类似不被氢氟酸腐蚀并能清洗的聚合物材料制成。

7.6 分析天平：天平能称重 300 g，感量为 0.01 g。

7.7 耐酸腐蚀的电热板：表面有聚四氟乙烯涂层。

8 试样制备

8.1 从一批样品中选出一袋不少于 5 kg 产品用于取样，将其放在洁净室内以备取样，并且假设分析出的表面金属含量代表该批样品。如果必须在异地取样，而不是在分析实验室，则必须将样品封在双层袋中并送到实验室。取样过程中的沾污必须严格考虑并且必须避免。

8.2 为保证分析一致性及实验室间分析数值对比，对于块状样品选择一个标准重量和体积，为达到仲裁的目的，要求取六块样品，每块尺寸约为 3 cm×3 cm×3 cm，重量为约 50 g，样品总重量约为 300 g，六块样品中至少三块应该有生长外表面，生长外表面即多晶硅棒的表皮。

8.3 控制标准样品：在清洁的多晶硅样品中加入 1.0 mL 10 μg/L 校准标准制备两个 1.0 μg/L 控制标准样品，随同待测样品浸取这些标准样品。

9 操作步骤

9.1 实验用器皿清洗

分析时要清洗瓶子和夹子。在使用新瓶子、空白值表明受到污染以及做标准分析时，都应该清洗并做空白分析。清洗瓶子、盖子和夹子可以按以下步骤操作：

9.1.1 用去离子水淋洗三次。

9.1.2 将 500 mL 酸清洗混合物装入瓶子(盖上盖子，不要拧紧)，在 100 ℃电热板上加热 6 h；将酸清洗混合物弃去；再用酸清洗混合物重新装满瓶子，不盖盖子，在 100 ℃电热板上加热 6 h。

9.1.3 用去离子水淋洗瓶子和盖子 3 次。

9.1.4 将 250 mL 酸浸取混合物装入瓶子，不盖盖子，在 130 ℃～150 ℃的电热板上加热至干，约需 10 h。

9.1.5 加入 2 mL HNO_3(1+19)和 8 mL 去离子水，用 ICP/MS 分析。

9.1.6 如果用 ICP/MS 分析表明样品瓶中存在沾污，重复 9.1.1～9.1.5 步骤。

9.1.7 将瓶子和盖子用去离子水淋洗 3 次。备用。

9.2 多晶硅块表面金属杂质浸取

9.2.1 在实验室中按照标准洁净室操作规程打开双层袋，将样品块转到 PTFE 瓶中并称重，重量精确到小数点后第二位，向每个瓶中加入 250 mL 浸取酸混合物没过样品块，并用 PTFE 盖子密封。

9.2.2 将密封瓶放在通风橱中的电热板上并在 70 ℃左右加热 60 min，取下瓶子并冷却，然后用 PTFE 夹子取出每块样品，用去离子水淋洗表面，淋洗液收集至瓶中。将浸取液倒入一个敞口瓶中，并在 110 ℃～150 ℃的电热板上加热至干。

9.2.3 从电热板上取下瓶子，并冷却。加入 2 mL 5% HNO_3 溶解浸取残渣，放置 20 min 溶解所有的盐类，加入 8 mL 去离子水，盖上盖子，摇匀。该溶液用于金属污染物的检测。随同试样做两个浸取空白。

9.2.4 使用 ICP/MS 依次检测浸取空白、样品的离子计数值 cps，从工作曲线上查出相应的待测元素的浓度。

9.3 工作曲线的绘制

9.3.1 用 1 000 μg/mL 元素的标准溶液稀释至 1 μg/mL 标准(取 0.1 mL 置于 100 mL 浸取酸混合物中)，移取 0 mL、0.05 mL、0.1 mL 和 0.2 mL 1 μg/mL 标准溶液于 100 mL 容量瓶中，加入 20 mL 1+19的 HNO_3，用去离子水稀释至刻度，混匀，配制成 0 ng/mL、0.5 ng/mL、1.0 ng/mL 和 2.0 ng/mL 标准溶液。制备的标准的范围应接近于估计的待分析元素的浓度。

9.3.2 在与样品溶液测定相同的条件下，测量标准溶液系列的离子计数值 cps，以待测元素浓度为横坐标，离子计数值 cps 为纵坐标，绘制工作曲线。

10 分析结果计算

按式(1)计算结果：

$$M = (I - B) \cdot DF \qquad \cdots\cdots(1)$$

式中：

M——待测分析元素质量浓度，单位为纳克每克(ng/g)；

I——待测分析元素质量浓度，单位为纳克每毫升(ng/mL)；

B——两个空白平均值的质量浓度，单位为纳克每毫升(ng/mL)；

DF——稀释因子，酸浸取最后体积除以多晶硅样品重量乘以 10，单位为毫升每克(mL/g)。

11 精密度

实验室内的 RSD 精密度值不大于表 1。

表 1

%

元素	K	Na	Ca	Ni	Cu	Zn	Al	Fe	Cr
RSD	11	14	13	48	13	9.6	11	4.7	15

12 报告

报告应包括以下内容：

a) 多晶硅批样标识；

b) 日期；

c) 仪器生产商、仪器型号；

d) 实验室名称和分析者；

e) 分析元素数值，ng/g；

f) 空白值，ng/mL；

g) 多晶硅样品重量，g；

h) 确认校准标准可控。

ICS 77.100
H 11

中华人民共和国国家标准

GB/T 24583.1—2009

钒氮合金 钒含量的测定 硫酸亚铁铵滴定法

Vanadium-Nitrogen alloy—Determination of vanadium content—The ammonium ferrous sulfate titration method

2009-10-30 发布 2010-05-01 实施

中华人民共和国国家质量监督检验检疫总局
中国国家标准化管理委员会 发布

前　言

GB/T 24583的本部分由中国钢铁工业协会提出。

本部分由全国生铁及铁合金标准化技术委员会归口。

本部分主要起草单位：攀枝花钢铁(集团)公司、攀枝花出入境检验检疫局、冶金工业信息标准研究院。

本部分主要起草人：郑小敏、唐建伟、颜启光、徐本平、甘国建、叶云良、任小青。

钒氮合金 钒含量的测定 硫酸亚铁铵滴定法

警告：使用GB/T 24583本部分的人员应有正规实验室工作的实践经验。本部分并未指出所有可能的安全问题。使用者有责任采取适当的安全和健康措施，并保证符合国家有关法规规定的条件。

1 范围

GB/T 24583的本部分规定了硫酸亚铁铵滴定法测定钒含量。

本部分适用于钒氮合金中钒含量的测定。测定范围(质量分数)：≥60.00%。

2 规范性引用文件

下列文件中的条款通过GB/T 24583的本部分的引用而成为本部分的条款。凡是注日期的引用文件，其随后所有的修改单(不包括勘误的内容)或修订版均不适用于本部分，然而，鼓励根据本部分达成协议的各方研究是否可使用这些文件的最新版本。凡是不注日期的引用文件，其最新版本适用于本部分。

GB/T 6682 分析实验室用水规范和试验方法(GB/T 6682—2008,ISO 3696:1987,MOD)

GB/T 4010 铁合金化学分析用试样的采取和制备

GB/T 8170 数值修约规则与极限数值的表示和判定

3 原理

试料以硝酸分解，冒硫酸烟，在适当硫酸酸度下，用高锰酸钾将钒氧化至五价，在尿素存在下，以亚硝酸钠还原过量的高锰酸钾，以N-苯代邻氨基苯甲酸为指示剂，用硫酸亚铁铵标准溶液滴定，借此测定钒含量。

4 试剂与材料

分析中除另有说明外，仅使用认可的分析纯试剂和符合GB/T 6682规定的三级以上蒸馏水或其纯度相当的水。

4.1 硝酸，ρ1.42 g/mL。

4.2 硫酸，ρ1.84 g/mL。

4.3 硫酸，1+1。

4.4 磷酸，1+1。

4.5 硫酸亚铁铵溶液，50 g/L：称取5 g硫酸亚铁铵[$(NH_4)_2Fe(SO_4)_2 \cdot 6H_2O$]溶解于100 mL硫酸(5+95)中，混匀。

4.6 高锰酸钾溶液，25 g/L。

4.7 尿素溶液，100 g/L。

4.8 亚硝酸钠溶液，20 g/L。

4.9 N-苯代邻氨基苯甲酸指示剂溶液，2 g/L。称取0.2 g N-苯代邻氨基苯甲酸溶于碳酸钠溶液(2 g/L)中，并用碳酸钠溶液(2 g/L)稀释至100 mL，混匀。

4.10 硫酸亚铁铵标准溶液，约0.05 mol/L。

4.10.1 配制

称取19.7 g硫酸亚铁铵[$(NH_4)_2Fe(SO_4)_2 \cdot 6H_2O$]，溶于适量硫酸(5+95)中，移入1 000 mL容量瓶，用硫酸(5+95)稀释至刻度，混匀。

4.10.2 标定

称取于105 ℃±5 ℃烘干并在干燥器中冷却至室温的五氧化二钒(纯度大于99.99%)0.150 0 g三份分别置于500 mL锥形瓶中,加入10 mL氢氧化钠(200 g/L),低温加热溶解后,加入50 mL硫酸溶液(4.3),煮沸取下,加入5 mL磷酸(4.4),加50 mL水微热溶解盐类,煮沸1 min,取下冷却至室温,加5 mL硫酸亚铁铵溶液(4.5),以下按6.4相同部分操作。随同标定做空白试验。3份被滴定溶液所消耗的硫酸亚铁铵标准溶液体积的极差值不大于0.05 mL时,取其平均值,否则,应重新标定。按式(1)计算硫酸亚铁铵标准溶液对钒的滴定度。

$$T_V = \frac{m_0}{V - V_0} \times 0.560\ 1 \quad \cdots\cdots (1)$$

式中:

T_V——硫酸亚铁铵标准溶液对钒的滴定度,单位为克每毫升(g/mL);

m_0——称取五氧化二钒的质量,单位为克(g);

V——被滴定溶液所消耗硫酸亚铁铵标准溶液的体积,单位为毫升(mL);

V_0——滴定所做空白试验溶液时所消耗的硫酸亚铁铵标准溶液的体积,单位为毫升(mL);

0.560 1——五氧化二钒换算为钒的系数。

5 试样

按照GB/T 4010的规定采取和制备,试样粒度应小于0.125 mm。

6 分析步骤

6.1 试料

称取试样0.10 g,精确至0.000 1 g。

6.2 测定次数

对同一试样,应至少独立测定2次。

6.3 空白试验

随同试样做空白试验。

6.4 测定

将试料(6.1)置于500 mL锥形瓶中,加入20 mL硝酸(4.1),待试料溶解完全后,再加入50 mL硫酸(4.3),加热至冒硫酸烟2 min~3 min,取下冷却,加入10 mL磷酸(4.4),加50 mL水微热溶解盐类,煮沸1 min,取下冷却至室温。

加5 mL硫酸亚铁铵溶液(4.5),放置2 min,滴加高锰酸钾溶液(4.6)至稳定的紫红色,静置5 min,加10 mL尿素溶液(4.7),滴加亚硝酸钠溶液(4.8)至红色消失并过量1滴~2滴,放置2 min,加入3滴~5滴N-苯代邻氨基苯甲酸溶液(4.9),用硫酸亚铁铵标准溶液(4.10)滴定至溶液由紫红色刚好变为亮绿色为终点。

7 分析结果的计算和表示

7.1 钒含量的计算

按式(2)计算钒的含量(质量分数)w,数值以%表示。

$$w = \frac{T_V \times (V_1 - V_2)}{m} \times 100 \quad \cdots\cdots (2)$$

式中:

T_V——硫酸亚铁铵标准溶液对钒的滴定度,单位为克每毫升(g/mL);

V_1——滴定试液时所消耗硫酸亚铁铵标准溶液的体积,单位为毫升(mL);

V_2——滴定随同试样空白所消耗硫酸亚铁铵标准溶液的体积，单位为毫升(mL)；

m——试料量，单位为克(g)。

7.2 分析结果的表示

同一试样2次测定结果的差值如不大于允许差，则取其算术平均值作为分析结果，否则进行第3次测定。3次测定结果的极差如不大于1.2倍允许差，则取3次测定结果的算术平均值作为分析结果，否则进行第4次测定。4次测定结果的极差如不大于1.3倍允许差，则取4次测定结果的算术平均值作为分析结果；4次测定结果的极差如大于1.3倍允许差，则取4次测定结果的中值作为分析结果。

分析结果按GB/T 8170的规定修约至与允许差小数相同位数。

8 允许差

同一试样的2次测定结果的差值应不大于0.40%。

9 试验报告

试验报告应包括下列内容：

a) 鉴别试料、实验室和分析日期的资料；

b) 遵守本部分规定的程度；

c) 分析结果及其表示；

d) 测定中观察到的异常现象；

e) 对分析结果可能有影响而本部分未包括的操作或者任选的操作。

ICS 77.100
H 11

中华人民共和国国家标准

GB/T 24583.2—2009

钒氮合金　氮含量的测定
惰性气体熔融热导法

Vanadium—Nitrogen alloy—Determination of nitrogen content—Thermal conductimetric method after fusion in a current of inert gas

2009-10-30 发布　　2010-05-01 实施

中华人民共和国国家质量监督检验检疫总局
中国国家标准化管理委员会　发布

前　言

GB/T 24583 的本部分由中国钢铁工业协会提出。

本部分由全国生铁及铁合金标准化技术委员会归口。

本部分主要起草单位：攀枝花钢铁(集团)公司、攀枝花出入境检验检疫局、冶金工业信息标准研究院。

本部分主要起草人：徐本平、何清志、唐建伟、钟华、黄启波、陈自斌、李叙生。

钒氮合金　氮含量的测定　惰性气体熔融热导法

警告：使用本部分的人员应有正规实验室工作的实践经验。本部分并未指出所有可能的安全问题。使用者有责任采取适当的安全和健康措施，并保证符合国家有关法规规定的条件。

1　范围

GB/T 24583 的本部分规定了惰性气体熔融热导法测定氮含量。

本部分适用于钒氮合金中氮含量的测定。测定范围(质量分数)：5.00%～20.00%。

2　规范性引用文件

下列文件中的条款通过 GB/T 24583 的本部分的引用而成为本部分的条款。凡是注日期的引用文件，其随后所有的修改单(不包括勘误的内容)或修订版均不适用于本部分，然而，鼓励根据本部分达成协议的各方研究是否可使用这些文件的最新版本。凡是不注日期的引用文件，其最新版本适用于本部分。

GB/T 4010　铁合金化学分析用试样的采取和制备

GB/T 8170　数字修约规则与极限数值的表示和判定

3　原理

试料于电极炉的石墨坩埚中加热熔化，试料中的氮被还原为氮气并由氦气流载至热导池检测器中，根据热导池检测器电流的变化测得氮的含量。

4　试剂和材料

4.1　高氯酸镁，无水、粒状。

4.2　碱石棉，粒状。

4.3　玻璃棉。

4.4　镍篮，7 mm×12 mm。

4.5　锡囊，5 mm×11 mm 或 5 mm×17 mm。

4.6　稀土氧化铜。

4.7　氦气，纯度大于 99.99%。

4.8　动力气源，氮气或压缩空气，其杂质(水和油)含量小于 0.5%。

4.9　高温石墨坩埚，10 mm×20 mm。

5　仪器及设备

5.1　定氮仪，空白小于 0.000 05%；显示灵敏度为 0.000 1%；精密度为 0.000 2%；脉冲加热炉功率不小于 6.6 kW(炉温不低于 2 500 ℃)。其装置连接图如图 1。

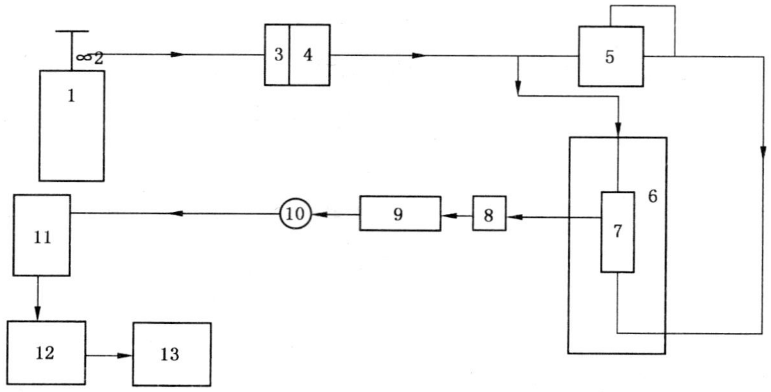

1——氦气瓶；
2——两级压力调节器；
3——洗气瓶；
4、9——干燥管；
5——压力调节器；
6——电极炉；
7——高温石墨坩埚；
8——除尘器；
10——流量控制器；
11——一氧化碳转化器；
12——二氧化碳、水份吸收器；
13——热导池检测器。

图 1　定氮仪装置连接图

5.1.1　洗气瓶，内装碱石棉(4.2)。

5.1.2　干燥管，内装高氯酸镁(4.1)。

5.1.3　一氧化碳转化器，内装稀土氧化铜(4.6)。

5.2　气源

5.2.1　载气系统包括氦气容器、两级压力调节器及保证提供合适压力和额定流量的时序控制部分。

5.2.2　动力气源包括动力气(氮气或压缩空气)、两级压力调节器及保证提供合适压力和额定流量的时序控制部分。

5.3　高温电极炉

应满足试料熔融温度的要求。

5.4　控制系统

控制功能包括装卸坩埚和炉台升降、吸尘器清扫、分析条件选择设置、分析过程的监控和报警中断、分析数据的采集、计算、校正及处理等。

5.5　测量系统

主要由微处理机控制的电子天平(感量 0.01 mg)、红外线分析器及电子测量元件组成。

6　试样

按照 GB/T 4010 的规定采取和制备，试样粒度应小于 0.125 mm。

7　分析步骤

7.1　试料

称取试样 0.05 g，精确至 0.000 1 g。

7.2 测定次数

对同一试样，应至少独立测定2次。

7.3 分析准备

7.3.1 按仪器使用说明书调试检查仪器，使仪器处于正常稳定状态并进行气漏检查，一切正常后方可进行下一步操作。

7.3.2 选择设置最佳分析条件。

7.3.3 应用试样及助熔剂按7.6做两次试测，以确定仪器是否正常。

7.4 空白试验

将锡囊(4.5)小心挤压并折叠，装入镍篮(4.4)，置于高温石墨坩埚(4.9)中。选择合适的参数及分析程序，按仪器说明书操作。重复测定3次，氮空白值应低于2 μg。计算平均值，参考仪器说明书，将平均值作为空白输入到定氮仪中，则仪器在测定试料时会自动进行空白值的电子补偿。

7.5 校正试验

根据待测试样的含氮量，建立相应的分析曲线，并选择至少二个标准样品(标准样品含氮量范围应覆盖待测样品含氮量)，依次进行校正和检查。测定结果的波动应在允许差范围内，以确认系统的线性，否则应按仪器说明书调节系统的线性。

7.6 测定

将试料(7.1)装入锡囊(4.5)，小心挤压并折叠，然后装入镍篮(4.4)，置于高温石墨坩埚(4.9)中。按仪器说明书操作，测定并读取结果。

8 分析结果的表示

同一试样2次测定结果的差值如不大于允许差，则取其算术平均值作为分析结果，否则进行第3次测定。3次测定结果的极差如不大于1.2倍允许差，则取3次测定结果的算术平均值作为分析结果，否则进行第4次测定。4次测定结果的极差如不大于1.3倍允许差，则取4次测定结果的算术平均值作为分析结果；4次测定结果的极差如大于1.3倍允许差，则取4次测定结果的中值作为分析结果。

分析结果以质量分数表示，按GB/T 8170的规定修约至与允许差小数相同位数。

9 允许差

同一试样的2次测定结果的差值应不大于表1所列的允许差。

表1 允许差 %

氮含量(质量分数)	允许差
5.00～10.00	0.25
>10.00～15.00	0.35
>15.00～20.00	0.45

10 试验报告

试验报告应包括下列内容：

a) 鉴别试料、实验室和分析日期的资料；

b) 遵守本部分规定的程度；

c）分析结果及其表示；

d）测定中观察到的异常现象；

e）对分析结果可能有影响而本部分未包括的操作或者任选的操作。

ICS 77.100
H 11

中华人民共和国国家标准

GB/T 24583.3—2009

钒氮合金 氮含量的测定 蒸馏-中和滴定法

Vanadium-Nitrogen alloy-Determination of nitrogen content—The distillation-neutralization titration method

2009-10-30 发布 2010-05-01 实施

中华人民共和国国家质量监督检验检疫总局
中国国家标准化管理委员会 发布

前　言

GB/T 24583的本部分由中国钢铁工业协会提出。

本部分由全国生铁及铁合金标准化技术委员会归口。

本部分主要起草单位：攀枝花钢铁(集团)公司、攀枝花出入境检验检疫局、冶金工业信息标准研究院。

本部分主要起草人：甘国建、钟华、徐本平、李南、蒋仁贵、何清志、任小青。

钒氮合金　氮含量的测定
蒸馏-中和滴定法

警告：使用本部分的人员应有正规实验室工作的实践经验。本部分并未指出所有可能的安全问题。使用者有责任采取适当的安全和健康措施，并保证符合国家有关法规规定的条件。

1　范围

GB/T 24583的本部分规定了蒸馏-中和滴定法测定氮含量。

本部分适用于钒氮合金中氮含量的测定。测定范围(质量分数)：5.00%～20.00%。

2　规范性引用文件

下列文件中的条款通过GB/T 24583的本部分的引用而成为本部分的条款。凡是注日期的引用文件，其随后所有的修改单(不包括勘误的内容)或修订版均不适用于本部分，然而，鼓励根据本部分达成协议的各方研究是否可使用这些文件的最新版本。凡是不注日期的引用文件，其最新版本适用于本部分。

GB/T 6682　分析实验室用水规范和试验方法(GB/T 6682—2008，ISO 3696:1987，MOD)

GB/T 4010　铁合金化学分析用试样的采取和制备

GB/T 8170　数值修约规则与极限数值的表示和判定

3　原理

试料在硫磷混合酸介质中分解，其中的氮转化成铵盐，在过量碱的作用下，生成的氨气随同水蒸气被蒸馏分离出来，该蒸汽经冷凝后形成氨水。用硼酸溶液吸收氨水，用氨基磺酸标准溶液进行滴定。

4　试剂和材料

分析中除另有说明外，仅使用认可的分析纯试剂和符合GB/T 6682规定的三级以上蒸馏水或其纯度相当的水。

4.1　硫酸，ρ1.84 g/mL。

4.2　磷酸，ρ1.70 g/mL。

4.3　硼酸溶液，25 g/L。

4.4　氢氧化钠溶液，500 g/L。称取500 g氢氧化钠，溶于800 mL水中，加数粒锌粒，加热煮沸10 min，取下冷却，取出残余锌粒，用水稀释至1 000 mL，混匀，贮于塑料瓶中。

注：在装有氢氧化钠的烧杯中，缓慢加入水，并不断搅拌。如果放热较大可在有流水冷却的环境中配制。

4.5　甲基红-次甲基蓝混合指示剂：称取0.125 g甲基红和0.083 g次甲基蓝，溶于100 mL乙醇中，贮于棕色瓶内，混匀。

4.6　氨基磺酸标准溶液，约0.05 mol/L。

4.6.1　配制

称取9.7 g氨基磺酸，置于500 mL烧杯中，加水溶解，移入2 000 mL容量瓶中，以水稀释至刻度，混匀。

4.6.2　标定

称取2.649 7 g预先于270 ℃灼烧至恒量并在干燥器中冷却至室温的基准无水碳酸钠，置于100 mL烧杯中，加水溶解后，移入1 000 mL容量瓶中，稀释至刻度，混匀。其浓度($1/2Na_2CO_3$)为0.050 00 mol/L)。

分取 20.00 mL 该溶液三份分别于 250 mL 锥形瓶中，加水约 40 mL，再加 3 滴甲基红-次甲基蓝混合指示剂(4.5)，用氨基磺酸标准溶液滴定至溶液由绿色刚好变为玫瑰红色为终点。3 份被滴定溶液所消耗的氨基磺酸标准溶液体积的极差不大于 0.05 mL 时，取其平均值，否则，应重新标定。按式(1)计算氨基磺酸标准溶液的浓度。

$$c_{NH_2SO_3H} = \frac{0.050\,00 \times 20.00}{V_1} \quad \cdots\cdots (1)$$

式中：

$c_{NH_2SO_3H}$——氨基磺酸标准溶液的浓度，单位为摩尔每升(mol/L)；

V_1——滴定时消耗的氨基磺酸标准溶液的体积，单位为毫升(mL)；

0.050 00——碳酸钠溶液的浓度，单位为摩尔每升(mol/L)；

20.00——分取碳酸钠基准溶液的体积，单位为毫升(mL)。

5 仪器及设备

蒸馏装置，示意图见图 1。

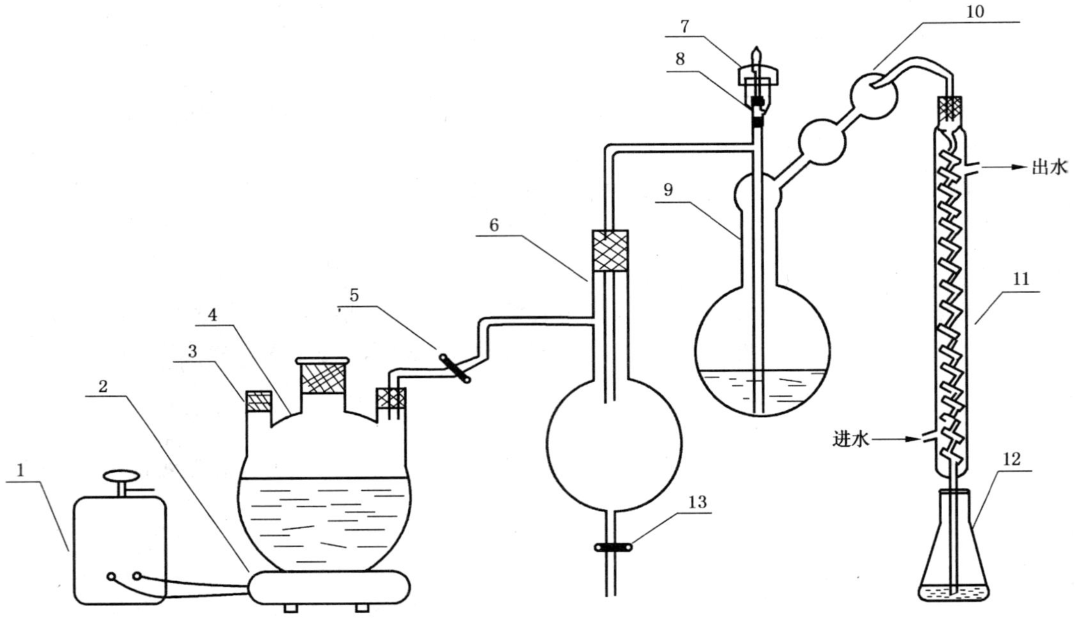

1——调压器；
2——电炉；
3——橡皮塞；
4——三颈烧瓶；
5、13——弹簧夹；
6——废液瓶；
7——磨口罩；
8——漏斗；
9——蒸馏瓶；
10——双球分馏器；
11——冷凝管；
12——吸收瓶。

图 1 蒸馏装置示意图

6 试样

按照 GB/T 4010 采取和制备，试样粒度应小于 0.125 mm。

7 分析步骤

7.1 试料

称取试样 0.1 g，精确至 0.000 1 g。

7.2 测定次数

对同一试样，应至少独立测定 2 次。

7.3 空白试验

随同试料做空白试验。

7.4 试料的溶解

将试料(7.1)置于 250 mL 锥形瓶中，加入 10 mL 硫酸(4.1)、7 mL 磷酸(4.2)，在瓶口放置一短颈小漏斗，在低温电炉上加热溶解。当瓶内无明显气泡产生时，再继续加热并冒烟 15 min，取下冷却至室温后，加入约 50 mL 水，冷却，备蒸馏。

7.5 蒸馏

7.5.1 蒸馏前，用水蒸气充分清洗蒸馏装置。在蒸馏瓶中加入 50 mL 左右蒸馏水，用空吸收瓶承接蒸馏冷却液，空蒸 5 min～10 min，停止加热后，立即打开 3# 橡皮塞，夹紧 5# 弹簧夹，蒸馏瓶中的溶液如果能快速倒流至废液瓶中，表明蒸馏系统密闭性良好，否则蒸馏系统漏气，应检查各接口是否连接良好，或重新连接。直至蒸馏系统密闭性良好，方可使用。

7.5.2 在吸收瓶内，加入 30 mL 硼酸溶液(4.3)和 4 滴甲基红-次甲基蓝混合指示剂(4.5)，置于冷凝管的下端，使冷凝管的下端浸入硼酸溶液(4.3)中。

7.5.3 将试液(7.4)从漏斗处缓慢倒入蒸馏瓶中，并用水冲洗锥形瓶和漏斗 3 次～5 次。然后经漏斗缓慢加入 80 mL 氢氧化钠溶液(4.4)于蒸馏瓶中，并用水冲洗漏斗。

7.5.4 立即加盖磨口罩，调节调压器的电压，通电加热蒸馏，同时松开 5# 弹簧夹，夹紧 13# 弹簧夹。控制适宜的蒸馏速度(以产生的蒸汽不会把磨口罩吹起为宜)，待馏出液达 120 mL，降低吸收瓶，使溶液离开冷凝管口。将调压器的电压调至 100 V 以下，使冷凝管中残留的液体自动流出，用少量水冲洗冷凝管口，取下吸收瓶。

7.5.5 立即打开 3# 橡皮塞，夹紧 5# 弹簧夹，这时蒸馏瓶中的废液快速倒流至废液瓶中，打开 13# 弹簧夹放出废液。

7.6 滴定

用氨基磺酸标准溶液(4.6)滴定馏出液，当吸收瓶中溶液由绿色刚好变为玫瑰红色即为终点。

7.7 分析结果的计算和表示

7.7.1 氮含量的计算

按式(2)计算氮的含量(质量分数)w，数值以%表示。

$$w = \frac{c \times (V - V_0) \times 14.00}{m \times 1\,000} \times 100 \qquad \cdots\cdots(2)$$

式中：

V——滴定试液消耗氨基磺酸标准溶液体积，单位为毫升(mL)；

V_0——滴定随同试样空白消耗氨基磺酸标准溶液体积，单位为毫升(mL)；

c——滴定用氨基磺酸标准溶液的浓度，单位为摩尔每升(mol/L)；

m——试料量，单位为克(g)；

14.00——氮的摩尔质量，单位为克每摩尔(g/mol)。

7.7.2 分析结果的表示

同一试样2次测定结果的差值如不大于允许差，则取其算术平均值作为分析结果，否则进行第3次测定。3次测定结果的极差如不大于1.2倍允许差，则取3次测定结果的算术平均值作为分析结果，否则进行第4次测定。4次测定结果的极差如不大于1.3倍允许差，则取4次测定结果的算术平均值作为分析结果；4次测定结果的极差如大于1.3倍允许差，则取4次测定结果的中值作为分析结果。

分析结果按GB/T 8170的规定修约至与允许差小数相同位数。

8 允许差

同一试样的2次测定结果的差值应不大于表1所列的允许差。

表1 允许差

%

氮含量(质量分数)	允许差
5.00～10.00	0.25
＞10.00～15.00	0.35
＞15.00～20.00	0.45

9 试验报告

试验报告应包括下列内容：

a) 鉴别试料、实验室和分析日期的资料；

b) 遵守本部分规定的程度；

c) 分析结果及其表示；

d) 测定中观察到的异常现象；

e) 对分析结果可能有影响而本部分未包括的操作或者任选的操作。

ICS 77.100
H 11

中华人民共和国国家标准

GB/T 24583.4—2009

钒氮合金　碳含量的测定
红外线吸收法

Vanadium—Nitrogen alloy—Determination carbon of content—
The infrared absorption method

2009-10-30 发布　　　　2010-05-01 实施

中华人民共和国国家质量监督检验检疫总局
中国国家标准化管理委员会　发布

前　言

GB/T 24583的本部分由中国钢铁工业协会提出。

本部分由全国生铁及铁合金标准化技术委员会归口。

本部分主要起草单位：攀枝花钢铁（集团）公司、攀枝花出入境检验检疫局、冶金工业信息标准研究院。

本部分主要起草人：颜启光、徐本平、钟华、叶云良、杨洪春、任小青、何清志。

钒氮合金　碳含量的测定 红外线吸收法

警告：使用本部分的人员应有正规实验室工作的实践经验。本部分并未指出所有可能的安全问题。使用者有责任采取适当的安全和健康措施，并保证符合国家有关法规规定的条件。

1　范围

GB/T 24583的本部分规定了红外线吸收法测定碳含量。

本部分适用于钒氮合金中碳含量的测定。测定范围(质量分数)：1.00%～15.00%。

2　规范性引用文件

下列文件中的条款通过GB/T 24583的本部分的引用而成为本部分的条款。凡是注日期的引用文件，其随后所有的修改单(不包括勘误的内容)或修订版均不适用于本部分，然而，鼓励根据本部分达成协议的各方研究是否可使用这些文件的最新版本。凡是不注日期的引用文件，其最新版本适用于本部分。

GB/T 4010　铁合金化学分析用试样的采取和制备。

GB/T 8170　数字修约规则与极限数值的表示和判定

3　原理

试料于高频感应炉的氧气流中加热燃烧，碳生成二氧化碳并由氧气流载至红外线分析器的测量室，用红外吸收法测定碳含量。

4　试剂和材料

4.1　高氯酸镁，无水、粒状。

4.2　碱石棉，粒状。

4.3　玻璃棉。

4.4　钨粒，碳量小于0.002%，粒度0.8 mm～1.4 mm。

4.5　纯铁，碳量小于0.002%。

4.6　锡粒，碳量小于0.002%。

4.7　氧气，纯度大于99%。

4.8　动力气源，氮气或压缩空气，其杂质(水和油)含量小于0.5%。

4.9　素质坩埚，直径×高度：23 mm×23 mm或25 mm×25 mm，在高于1 000 ℃的高温加热炉中灼烧1 h或通氧灼烧至空白值为最低。

5　仪器和设备

5.1　红外线吸收定碳仪(灵敏度为0.000 1%)，其装置连接图如图1。

5.1.1　洗气瓶，内装碱石棉(4.2)。

5.1.2　干燥管，内装高氯酸镁(4.1)。

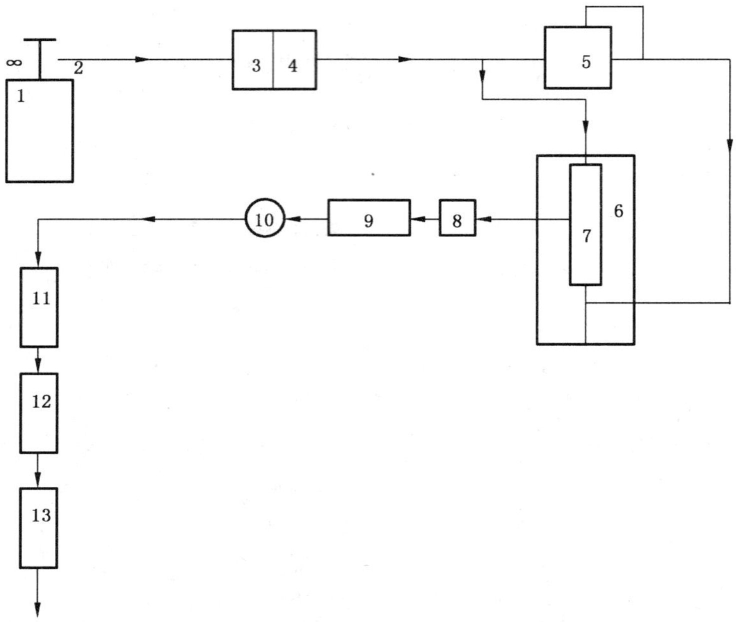

1——氧气瓶；
2——两级压力调节器；
3——洗气瓶；
4、9——干燥管；
5——压力调节器；
6——高频感应炉；
7——燃烧管；
8——除尘器；
10——流量控制器；
11——一氧化碳转化器；
12——除硫器；
13——二氧化碳红外线检测器。

图 1 红外线吸收定碳仪装置连接图

5.2 气源

5.2.1 载气系统包括氧气瓶、两级压力调节器及保护提供合适压力和额定流量的时序控制部分。

5.2.2 动力气源包括动力气(氮气或压缩空气)、两级压力调节器及保证提供合适压力和额定流量的时序控制部分。

5.3 高频感应炉

应满足试样熔融温度的要求。

5.4 控制系统

控制功能包括自动装卸坩埚和炉台升降、自动清扫、分析条件选择设置、分析过程的监控和报警中断、分析数据的采集、计算、校正及处理等。

5.5 测量系统

主要由微处理机控制的电子天平(感量 0.1 mg)、红外线分析器及电子测量元件组成。

6 试样

按照 GB/T 4010 的规定采取和制备，试样粒度应小于 0.125 mm。

7 分析步骤

7.1 试料

称取试样 0.15 g，精确至 0.000 1 g。

7.2 测定次数

对同一试样，应至少独立测定 2 次。

7.3 分析准备

7.3.1 按仪器使用说明书调试检查仪器（主要进行气漏检查），使仪器处于正常稳定状态。

7.3.2 选择设置最佳分析条件。

7.3.3 应用试样及助熔剂按 7.6 做 2 次试测，以确定仪器是否正常。

7.4 空白试验

称取 0.5 g 纯铁（4.5）、0.2 g 锡粒（4.6）和 1.5 g 钨粒（4.4）置于坩埚（4.9）中，于同一量程或通道，按 7.6 进行测定。重复测定直到读数比较稳定为止。记录最小的 3 次读数，计算平均值，并参考仪器说明书，将平均值输入到红外线吸收定碳仪中，则仪器在测定试料时会进行空白值的电子补偿。

7.5 校正试验

根据待测试样的含碳量，选择相应的量程或通道，并选择至少 2 个标准样品（标准样品含碳量范围应覆盖待测样品含碳量），依次进行校正，测定结果的波动应在允许差范围内，以确认系统的线性，否则应按仪器说明书调节系统的线性。

7.6 测定

按待测试样的含碳量范围，分别选择仪器的最佳分析条件：如仪器的燃烧积分时间、比较水准（或设定数）的设置等。

将试料（7.1）置于坩埚（4.9）中，覆盖 0.5 g 纯铁（4.5）、0.2 g 锡粒（4.6）和 1.5 g 钨粒（4.4），将坩埚放到炉台坩埚座上，按仪器说明书操作，测定并读取结果。

8 分析结果的表示

同一试样 2 次测定结果的差值如不大于允许差，则取其算术平均值作为分析结果，否则进行第 3 次测定。3 次测定结果的极差如不大于 1.2 倍允许差，则取 3 次测定结果的算术平均值作为分析结果，否则进行第 4 次测定。4 次测定结果的极差如不大于 1.3 倍允许差，则取 4 次测定结果的算术平均值作为分析结果；4 次测定结果的极差如大于 1.3 倍允许差，则取 4 次测定结果的中值作为分析结果。

分析结果以质量分数表示，按 GB/T 8170 的规定修约至与允许差小数相同位数。

9 允许差

同一试样的 2 次测定结果的差值应不大于表 1 所列的允许差。

表 1 允许差

%

碳含量（质量分数）	允许差
1.00～4.00	0.10
>4.00～7.00	0.15
>7.00～15.00	0.25

10 试验报告

试验报告应包括下列内容：

a） 鉴别试料、实验室和分析日期的资料；

b） 遵守本部分规定的程度；

c） 分析结果及其表示；

d） 测定中观察到的异常现象；

e） 对分析结果可能有影响而本部分未包括的操作或者任选的操作。

ICS 77.100
H 11

中华人民共和国国家标准

GB/T 24583.5—2009

钒氮合金 磷含量的测定 铋磷钼蓝分光光度法

Vanadium-Nitrogen alloy—Determination of phosphorus content—The bismuth molybdenum blue spectrophotometry method

2009-10-30 发布

2010-05-01 实施

中华人民共和国国家质量监督检验检疫总局
中国国家标准化管理委员会 发布

前　言

GB/T 24583 的本部分由中国钢铁工业协会提出。

本部分由全国生铁及铁合金标准化技术委员会归口。

本部分主要起草单位：攀枝花钢铁(集团)公司、攀枝花出入境检验检疫局、冶金工业信息标准研究院。

本部分主要起草人：唐建伟、郑小敏、李叙生、甘国建、颜启光、钱裕祥、任小青。

钒氮合金　磷含量的测定 铋磷钼蓝分光光度法

警告：使用GB/T 24583本部分的人员应有正规实验室工作的实践经验。本部分并未指出所有可能的安全问题。使用者有责任采取适当的安全和健康措施，并保证符合国家有关法规规定的条件。

1　范围

GB/T 24583的本部分规定了铋磷钼蓝分光光度法测定磷含量。

本部分适用于钒氮合金中磷含量的测定。测定范围（质量分数）：0.010%～0.100%。

2　规范性引用文件

下列文件中的条款通过GB/T 24583的本部分的引用而成为本部分的条款。凡是注日期的引用文件，其随后所有的修改单（不包括勘误的内容）或修订版均不适用于本部分，然而，鼓励根据本部分达成协议的各方研究是否可使用这些文件的最新版本。凡是不注日期的引用文件，其最新版本适用于本部分。

GB/T 6682　分析实验室用水规范和试验方法（GB/T 6682—2008，ISO 3696:1987，MOD）

GB/T 4010　铁合金化学分析用试样的采取和制备

GB/T 8170　数值修约规则与极限数值的表示和判定

3　原理

试料以硝酸分解，用高锰酸钾将磷氧化为正磷酸。在0.8 mol/L～1.2 mol/L的硝酸介质中，磷与铋及钼酸铵生成络合物，以抗坏血酸还原成磷钼蓝，于分光光度计700 nm处，测量其吸光度。

4　试剂与材料

分析中除另有说明外，仅使用认可的分析纯试剂和符合GB/T 6682规定的三级以上蒸馏水或其纯度相当的水。

4.1　硝酸，1+1。

4.2　高锰酸钾溶液，20 g/L。

4.3　亚硝酸钠溶液，20 g/L。

4.4　硝酸铋溶液，10 g/L：称取10 g硝酸铋[$Bi(NO_3)_3\cdot 5H_2O$]溶于硝酸（1+2）中并稀释至1 L。

4.5　磷显色溶液：称取40 g酒石酸钾钠和50 g钼酸铵[$(NH_4)_6Mo_7O_{24}\cdot 4H_2O$]溶于水中，稀释至1 000 mL。

4.6　抗坏血酸溶液，20 g/L：用时配制。

4.7　磷标准溶液。

4.7.1　称取0.439 4 g预先于105 ℃烘1 h并在干燥器中冷却至室温的磷酸二氢钾基准试剂，置于400 mL烧杯中，用水溶解，加入2 mL硝酸（4.1），移入1 000 mL容量瓶中，用水稀释至刻度，混匀。此溶液的浓度为100.0 μg/mL磷。

4.7.2　移取10.00 mL磷标准溶液（4.7.1），置于500 mL容量瓶中，以水稀释至刻度，混匀。此溶液浓度为2.0 μg/mL磷。

4.8　钒底液，称取0.420 0 g五氧化二钒（纯度大于99.99%），加水10 mL，滴加氢氧化钠（400 g/L）至溶解，用硝酸(4.1)调节至中性，再加入 30 mL 硝酸(4.1)，定容至 100 mL。

5 试样

按照 GB/T 4010 的规定采取和制备，试样粒度应小于 0.125 mm。

6 分析步骤

6.1 试料

按表 1 称取试样，精确至 0.000 1 g。

表 1 试料量

磷含量/%	试料量/g
0.010～0.020	0.300
>0.020～0.100	0.150

6.2 测定次数

对同一样品，至少独立测定 2 次。

6.3 空白试验

随同试料做空白试验。

6.4 测定

6.4.1 试料的分解

将试料(6.1)置于 300 mL 锥形瓶中，用水润湿，加 30 mL 硝酸(4.1)，低温加热溶解，待试料分解完全，滴加高锰酸钾溶液(4.2)至呈现稳定的紫红色，煮沸 1 min～2 min，取下，滴加亚硝酸钠溶液(4.3)至高锰酸钾的紫红色刚刚褪去，并过量 2 滴，继续煮沸 2 min，取下，冷却，转入 100 mL 容量瓶中，用水稀释至刻度，混匀。

6.4.2 分液及处理

分取 10.00 mL 试液 2 份，分别置于 50 mL 容量瓶中。以下按 6.4.3 进行。

6.4.3 显色、测量

6.4.3.1 显色溶液：于一份试液(6.4.2)中加 5 mL 硝酸铋溶液(4.4)，放置 1 min，加 5 mL 磷显色液(4.5)，混匀，加入 5 mL 抗坏血酸溶液(4.6)，用水稀释至刻度，混匀。

注：室温较低时，可适当水浴加热。

6.4.3.2 参比溶液：另一份试液(6.4.2)中加入 5 mL 硝酸铋溶液(4.4)，5 mL 抗坏血酸溶液(4.6)，用水稀释至刻度，混匀。

注：室温较低时，可适当水浴加热。

6.4.3.3 室温下放置 20 min，将部分显色溶液移入比色皿中，于分光光度计波长 700 nm 处，以参比溶液为参比，测量其吸光度，减去随同试料所做空白试验的吸光度。从校准曲线上查出相应的磷量。

6.5 校准曲线的绘制

移取 0、1.00 mL、2.00 mL、4.00 mL、6.00 mL、8.00 mL、10.00 mL 磷标准溶液(4.7.2)，分别置于一组 50 mL 容量瓶中，加入 10.00 mL 钒底液(4.8)，以下按 6.4.3.1 进行。室温下放置 20 min，将部分溶液移入比色皿中，于分光光度计波长 700 nm 处，以水为参比，测量其吸光度，减去试剂空白的吸光度，以磷量为横坐标，吸光度为纵坐标，绘制校准曲线。

7 分析结果的计算

7.1 磷含量的计算

按式(1)计算磷的含量(质量分数)w，数值以%表示。

$$w = \frac{m_1 \cdot V}{m \cdot V_1 \times 10^6} \times 100 \quad \cdots\cdots(1)$$

式中：

m——试料量，单位为克(g)；

m_1——从工作曲线上查得的磷量，单位为微克(μg)；

V——试液定容体积，单位为毫升(mL)；

V_1——分取试液体积，单位为毫升(mL)。

7.2 分析结果的表示

同一试样2次测定结果的差值如不大于允许差，则取其算术平均值作为分析结果，否则进行第3次测定。3次测定结果的极差如不大于1.2倍允许差，则取3次测定结果的算术平均值作为分析结果，否则进行第4次测定。4次测定结果的极差如不大于1.3倍允许差，则取4次测定结果的算术平均值作为分析结果；4次测定结果的极差如大于1.3倍允许差，则取4次测定结果的中值作为分析结果。

分析结果按GB/T 8170的规定修约至与允许差小数相同位数。

8 允许差

同一试样的2个测定结果的差值应不大于表2所列允许差。

表2 允许差

%

磷含量(质量分数)	允许差
0.010～0.020	0.004
>0.020～0.040	0.006
>0.040～0.060	0.008
>0.060～0.100	0.010

9 试验报告

试验报告应包括下列内容：

a) 鉴别试料、实验室和分析日期的资料；

b) 遵守本部分规定的程度；

c) 分析结果及其表示；

d) 测定中观察到的异常现象；

e) 对分析结果可能有影响而本部分未包括的操作或者任选的操作。

ICS 77.100
H 11

中华人民共和国国家标准

GB/T 24583.6—2009

钒氮合金　硫含量的测定
红外线吸收法

Vanadium-Nitrogen alloy—Determination of sulfur content—
The infrared absorption method

2009-10-30 发布　　2010-05-01 实施

中华人民共和国国家质量监督检验检疫总局
中国国家标准化管理委员会　发布

前　　言

GB/T 24583 的本部分由中国钢铁工业协会提出。

本部分由全国生铁及铁合金标准化技术委员会归口。

本部分主要起草单位：攀枝花钢铁(集团)公司、攀枝花出入境检验检疫局、冶金工业信息标准研究院。

本部分主要起草人：钟华、甘国建、杨新能、肖军、李叙生、徐本平、钱裕祥。

钒氮合金 硫含量的测定 红外线吸收法

警告：使用本部分的人员应有正规实验室工作的实践经验。本部分并未指出所有可能的安全问题。使用者有责任采取适当的安全和健康措施，并保证符合国家有关法规规定的条件。

1 范围

GB/T 24583 的本部分规定了红外线吸收法测定硫含量。

本部分适用于钒氮合金中硫含量的测定。测定范围（质量分数）：0.010%～0.150%。

2 规范性引用文件

下列文件中的条款通过 GB/T 24583 的本部分的引用而成为本部分的条款。凡是注日期的引用文件，其随后所有的修改单（不包括勘误的内容）或修订版均不适用于本部分，然而，鼓励根据本部分达成协议的各方研究是否可使用这些文件的最新版本。凡是不注日期的引用文件，其最新版本适用于本部分。

GB/T 4010 铁合金化学分析用试样的采取和制备

GB/T 8170 数值修约规则与极限数值的表示和判定

3 原理

试料于高频感应炉的氧气流中加热燃烧，硫生成二氧化硫并由氧气流载至红外线分析器的测量室，用红外吸收法测定硫含量。

4 试剂和材料

4.1 高氯酸镁，无水，粒状。

4.2 碱石棉，粒状。

4.3 玻璃棉。

4.4 钨粒，硫量小于 0.000 2%，粒度 0.8 mm～1.4 mm。

4.5 纯铁，硫量小于 0.002%。

4.6 锡粒，硫量小于 0.002%。

4.7 氧气，纯度大于 99.95%。

4.8 动力气源，氮气或压缩空气，其杂质（水和油）含量小于 0.5%。

4.9 素质坩埚，ϕ23 mm×23 mm 或 ϕ25 mm×25 mm，在高于 1 000 ℃的高温加热炉中灼烧 1 h 或通氧灼烧至空白值为最低。

5 仪器及设备

5.1 红外线吸收定硫仪（灵敏度为 0.000 1%），其装置连接图如图 1。

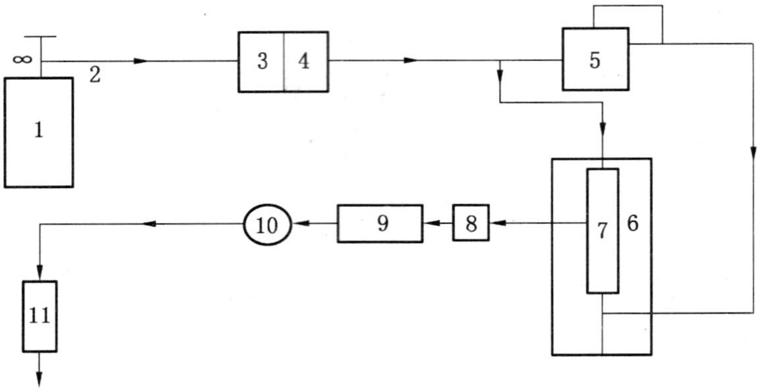

1——氧气瓶；
2——两级压力调节器；
3——洗气瓶；
4、9——干燥管；
5——压力调节器；
6——高频感应炉；
7——燃烧管；
8——除尘器；
10——流量控制器；
11——二氧化硫红外线检测器。

图 1 红外线吸收定硫仪装置连接图

5.1.1 洗气瓶，内装碱石棉（4.2）。

5.1.2 干燥管，内装高氯酸镁（4.1）。

5.2 气源

5.2.1 载气系统包括氧气容器、两级压力调节器及保护提供合适压力和额定流量的时序控制部分。

5.2.2 动力气源包括动力气（氮气或压缩空气）、两级压力调节器及保证提供合适压力和额定流量的时序控制部分。

5.3 高频感应炉

应满足试样熔融温度的要求。

5.4 控制系统

5.4.1 微处理机系统包括中央处理机、存储器、键盘输入设备、信息中心显示屏、分析结果显示屏及分析结果打印机等。

5.4.2 控制功能包括自动装卸坩埚和炉台升降、自动清扫、分析条件选择设置、分析过程的监控和报警中断、分析数据的采集、计算、校正及处理等。

5.5 测量系统

主要由微处理机控制的电子天平（感量 1.0 mg）红外线分析器及电子测量元件组成。

6 试样

按照 GB/T 4010 的规定采取和制备，试料粒度应小于 0.125 mm。

7 分析步骤

7.1 试料

称取试样 0.15 g，精确至 0.001 g。

7.2 测定次数

对同一样品，应至少独立测定 2 次。

7.3 空白试验

称取 0.5 g 纯铁(4.5)、0.2 g 锡粒(4.6)和 1.5 g 钨粒(4.4)置于坩埚(4.9)中，于同一量程或通道，按 7.6 进行测定。重复测定直到读数比较稳定为止。记录最小的三次读数，计算平均值，并参考仪器说明书，将平均值输入到红外线吸收定硫仪中，则仪器在测定试样时会进行空白值的电子补偿。

7.4 分析准备

7.4.1 按仪器使用说明书调试检查仪器(主要进行气漏检查)，使仪器处于正常稳定状态。

7.4.2 选择设置最佳分析条件。

7.4.3 应用试样及助熔剂按 7.6 做两次试测，以确定仪器是否正常。

7.5 校正试验

根据待测试样的含硫量，选择相应的量程或通道，并选择至少 2 个标准样品(标准样品含硫量范围应覆盖待测样品含硫量)，依次进行校正。测得结果的波动应在允许差范围内，以确认系统的线性，否则应按仪器说明书调节系统的线性。

7.6 测定

7.6.1 按待测试样的含硫量范围，分别选择仪器的最佳分析条件：如仪器的燃烧积分时间、比较水准(或设定数)的设置等。

7.6.2 将试料(7.1)置于坩埚(4.9)中，覆盖 0.5 g 纯铁(4.5)、0.2 g 锡粒(4.6)和 1.5 g 钨粒(4.4)，钳取坩埚放到炉台坩埚座上，按仪器说明书操作，测定并读取结果。

8 分析结果的表示

同一试样 2 次测定结果的差值如不大于允许差，则取其算术平均值作为分析结果，否则进行第 3 次测定。3 次测定结果的极差如不大于 1.2 倍允许差，则取 3 次测定结果的算术平均值作为分析结果，否则进行第 4 次测定。4 次测定结果的极差如不大于 1.3 倍允许差，则取 4 次测定结果的算术平均值作为分析结果；4 次测定结果的极差如大于 1.3 倍允许差，则取 4 次测定结果的中值作为分析结果。

分析结果以质量分数表示，按 GB/T 8170 的规定修约至与允许差小数相同位数。

9 允许差

同一试样的 2 次测定结果的差值应不大于表 1 所列的允许差。

表 1 允许差

%

硫含量(质量分数)	允 许 差
0.010～0.025	0.003
>0.025～0.045	0.004
>0.045～0.070	0.006
>0.070～0.150	0.010

10 试验报告

试验报告应包括下列内容：

a) 鉴别试料、实验室和分析日期的资料；

b) 遵守本部分规定的程度；

c) 分析结果及其表示；

d) 测定中观察到的异常现象；

e) 对分析结果可能有影响而本部分未包括的操作或者任选的操作。

ICS 77.100
H 11

GB

中华人民共和国国家标准

GB/T 24583.7—2009

钒氮合金　氧含量的测定 红外线吸收法

Vanadium-Nitrogen alloy—Determination of oxygen content—The infrared absorption method

2009-10-30 发布　　2010-05-01 实施

中华人民共和国国家质量监督检验检疫总局
中国国家标准化管理委员会　发布

前　　言

GB/T 24583的本部分由中国钢铁工业协会提出。

本部分由全国生铁及铁合金标准化技术委员会归口。

本部分主要起草单位：攀枝花钢铁（集团）公司、攀枝花出入境检验检疫局、冶金工业信息标准研究院。

本部分主要起草人：杨新能、蒋仁贵、何清志、甘国建、颜启光、钟华、李南。

钒氮合金 氧含量的测定 红外线吸收法

警告：使用 GB/T 24583 的本部分的人员应有正规实验室工作的实践经验。本部分并未指出所有可能的安全问题。使用者有责任采取适当的安全和健康措施，并保证符合国家有关法规规定的条件。

1 范围

GB/T 24583 的本部分规定了红外线吸收法测定氧含量。

本部分适用于钒氮合金中氧含量的测定。测定范围(质量分数)：0.10%～2.00%。

2 规范性引用文件

下列文件中的条款通过 GB/T 24583 的本部分的引用而成为本部分的条款。凡是注日期的引用文件，其随后所有的修改单(不包括勘误的内容)或修订版均不适用于本部分，然而，鼓励根据本部分达成协议的各方研究是否可使用这些文件的最新版本。凡是不注日期的引用文件，其最新版本适用于本部分。

GB/T 4010 铁合金化学分析用试样的采取和制备。

GB/T 8170 数值修约规则与极限数值的表示和判定

3 原理

试料于电极炉的石墨坩埚中加热熔融，氧生成一氧化碳、二氧化碳气体并由载气流载至红外线检测器中，根据一氧化碳、二氧化碳具有吸收特定波长红外光的特性，可测得氧的含量。

4 试剂和材料

4.1 高氯酸镁，无水、粒状。

4.2 碱石棉，粒状。

4.3 玻璃棉。

4.4 镍篮，ϕ7 mm×12 mm。

4.5 锡囊，ϕ5 mm×11 mm 或 ϕ5 mm×17 mm。

4.6 稀土氧化铜。

4.7 载气，氦气，纯度大于 99.9%。

4.8 动力气源，氮气或压缩空气，其杂质(水和油)含量小于 0.5%。

4.9 高温石墨坩埚，ϕ10 mm×20 mm。

5 仪器及设备

5.1 定氧仪，空白小于 0.000 05%；显示灵敏度为 0.000 1%；精密度为 0.000 2%；脉冲加热炉功率不小于 6.6 kW(炉温不低于 2 500 ℃)。其装置连接图如图 1。

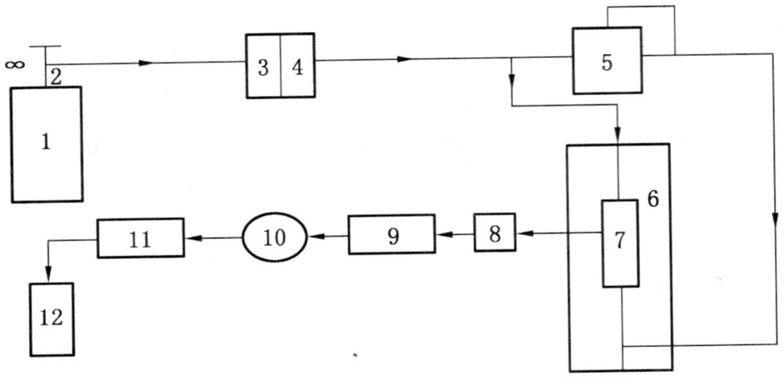

1——氦气瓶；
2——两级压力调节器；
3——洗气瓶；
4、9——干燥管；
5——压力调节器；
6——电极炉；
7——高温石墨坩埚；
8——除尘器；
10——流量控制器；
11——一氧化碳转化器；
12——红外线检测器。

图 1　定氧仪装置连接图

5.1.1　洗气瓶，内装碱石棉(4.2)。

5.1.2　干燥管，内装高氯酸镁(4.1)。

5.1.3　一氧化碳转化器，内装稀土氧化铜(4.6)。

5.2　气源

5.2.1　载气系统包括氦气容器、两级压力调节器及保护提供合适压力和额定流量的时序控制部分。

5.2.2　动力气源包括动力气(氮气或压缩空气)、两级压力调节器及保证提供合适压力和额定流量的时序控制部分。

5.3　高温电极炉

应满足试样熔融温度的要求。

5.4　控制系统

5.4.1　计算机系统包括中央处理机、存储器、键盘输入设备、鼠标、信息中心显示屏、分析结果显示屏及分析结果打印机等。

5.4.2　控制功能包括装卸坩埚和炉台升降、吸尘器清扫、分析条件选择设置、分析过程的监控和报警中断、分析数据的采集、计算、校正及处理等。

5.5　测量系统

主要由微处理机控制的电子天平(感量 0.1 mg)、红外线分析器及电子测量元件组成。

6　试样

按照 GB/T 4010 的规定采取和制备，试样粒度应小于 0.125 mm。

7　分析步骤

7.1　试料

按表 1 称取试料，精确至 0.000 1 g。

表 1 试料量

氧含量/%	试料量/g
0.1~0.5	0.07
>0.5~1.0	0.04
>1.0~2.0	0.02

7.2 **测定次数**

对同一样品,至少独立测定 2 次。

7.3 **分析准备**

7.3.1 按仪器使用说明书调试检查仪器,使仪器处于正常稳定状态并进行气漏检查,一切正常后方可进行下一步操作。

7.3.2 选择设置最佳分析条件。

7.3.3 应用试样及助熔剂按 7.5 做 2 次试测,以确定仪器是否正常。

7.4 **空白试验**

将锡囊(4.5)小心挤压并折叠,装入镍篮(4.4),置于高温石墨坩埚(4.9)中。选择合适的参数及分析程序,按仪器说明书操作。重复测定 3 次,氧空白值应低于 20 μg,计算平均值,参考仪器说明书,将平均值作为空白输入到定氧仪中,则仪器在测定试样时会进行空白值的电子补偿。

7.5 **校正试验**

根据待测试样的含氧量,建立相应的分析曲线。并选择至少 2 个标准样品(标准样品含氧量范围应覆盖待测样品含氧量),依次进行校正和检查。测定结果的波动应在允许差范围内,以确认系统的线性,否则应按仪器说明书调节系统的线性。

7.6 **测定**

将试料(7.1)装入锡囊(4.5),小心挤压并折叠,然后装入镍篮(4.4),置于高温石墨坩埚(4.9)中。按仪器说明书操作,进行测定并读取结果。

8 分析结果表示

同一试样 2 次测定结果的差值如不大于允许差,则取其算术平均值作为分析结果,否则进行第 3 次测定。3 次测定结果的极差如不大于 1.2 倍允许差,则取 3 次测定结果的算术平均值作为分析结果,否则进行第 4 次测定。4 次测定结果的极差如不大于 1.3 倍允许差,则取 4 次测定结果的算术平均值作为分析结果;4 次测定结果的极差如大于 1.3 倍允许差,则取 4 次测定结果的中值作为分析结果。

分析结果以质量分数表示,按 GB/T 8170 的规定修约至与允许差小数相同位数。

9 允许差

同一试样的 2 次测定结果的差值应不大于表 2 所列的允许差。

表 2 允许差

%

氧含量(质量分数)	允 许 差
0.10~0.500	0.060
>0.500~1.00	0.080
>1.00~2.00	0.100

10 试验报告

试验报告应包括下列内容:

a） 鉴别试料、实验室和分析日期的资料；

b） 遵守本部分规定的程度；

c） 分析结果及其表示；

d） 测定中观察到的异常现象；

e） 对分析结果可能有影响而本部分未包括的操作或者任选的操作。

ICS 77.100
H 11

中华人民共和国国家标准

GB/T 24583.8—2009

钒氮合金　硅、锰、磷、铝含量的测定　电感耦合等离子体原子发射光谱法

Vanadium-Nitrogen alloy—Determination of silicon, manganese, phosphorus, aluminum content—Inductively coupled plasma atomic emission spectrometric method

2009-10-30 发布　　2010-05-01 实施

中华人民共和国国家质量监督检验检疫总局
中国国家标准化管理委员会　发布

前　言

GB/T 24583 的本部分的附录 A 为规范性附录。

本部分由中国钢铁工业协会提出。

本部分由全国生铁及铁合金标准化技术委员会归口。

本部分主要起草单位：攀枝花钢铁(集团)公司、攀枝花出入境检验检疫局、冶金工业信息标准研究院。

本部分主要起草人：成勇、颜启光、肖军、杨新能、陈自斌、杨洪春、唐建伟。

钒氮合金 硅、锰、磷、铝含量的测定 电感耦合等离子体原子发射光谱法

警告：使用 GB/T 24583 本部分的人员应有正规实验室工作的实践经验。本部分并未指出所有可能的安全问题。使用者有责任采取适当的安全和健康措施，并保证符合国家有关法规规定的条件。

1 范围

GB/T 24583 的本部分规定了电感耦合等离子体原子发射光谱法测定硅、锰、磷、铝含量。

本部分适用于钒氮合金中硅、锰、磷、铝含量的测定。测定范围(质量分数)：硅：0.010%～1.00%；锰：0.010%～0.500%；磷：0.010%～0.500%；铝：0.010%～1.00%。

2 规范性引用文件

下列文件中的条款通过 GB/T 24583 的本部分的引用而成为本部分的条款。凡是注日期的引用文件，其随后所有的修改单(不包括勘误的内容)或修订版均不适用于本部分，然而，鼓励根据本部分达成协议的各方研究是否可使用这些文件的最新版本。凡是不注日期的引用文件，其最新版本适用于本部分。

GB/T 4010 铁合金化学分析用试样的采取和制备

GB/T 6682 分析实验室用水规范和试验方法(GB/T 6682—2008，ISO 3696：1987，MOD)

GB/T 12806 实验室玻璃仪器 单标线容量瓶(GB/T 12806—1991，neq ISO 1042-1983)

GB/T 12807 实验室玻璃仪器 分度吸量管(GB/T 12807—1991，neq ISO 835-1981)

GB/T 12808 实验室玻璃仪器 单标线吸量管(GB/T 12808—1991，neq ISO 648-1977)

3 原理

以 HNO_3 加热溶解大部分试料，过滤，残渣和少量混合熔剂一起在马弗炉内熔融，再以盐酸浸取，与滤液合并后定容成试样溶液。电感耦合等离子体原子发射光谱仪测定出试样溶液中待测元素被激发的特征谱线强度，并通过与其基体匹配的系列标准工作曲线，计算出待测元素在试样中的百分含量。

4 试剂和材料

分析中除另有说明外，仅使用认可的优级纯试剂和符合 GB/T 6682 规定的二级以上蒸馏水或其纯度相当的水。

4.1 五氧化二钒，纯度大于 99.95%。

4.2 混合熔剂，无水碳酸钾：硼酸＝1∶1，研细、混匀。

4.3 硝酸，ρ 约 1.42 g/mL。

4.4 盐酸，ρ 约 1.19 g/mL。

4.5 盐酸，1＋1。

4.6 标准储备溶液。

4.6.1 硅标准储备溶液

准确称取 1.069 7g 预先于 105 ℃～110 ℃烘干 1 h 并在干燥器中冷却至室温的二氧化硅(纯度＞99.95%)，置于预先盛有 6 g 无水碳酸钾的铂坩埚(5.2)中，搅匀并覆盖少量无水碳酸钾，于 900 ℃马弗炉中熔融 15 min，取出冷却，置于 400 mL 聚四氟乙烯烧杯中，用热水浸出熔块并使其溶解，用水洗净坩埚，冷却，移入 500 mL 容量瓶中，用水稀释到刻度，摇匀，再移入 500 mL 塑料瓶中备用。此

溶液 1 mL 含 1.0 mg 硅。

4.6.2 铝标准储备溶液

准确称取 0.500 0 g 金属铝(纯度>99.95%)于 250 mL 烧杯中,加 100 mL 盐酸(4.5)于低温电热板上加热至溶解完全,冷却后,移入 500 mL 容量瓶中,用水稀释到刻度,摇匀。此溶液 1 mL 含 1.0 mg铝。

4.6.3 磷标准储备溶液

准确称取 2.196 8 g 预先于 105 ℃～110 ℃烘干 2 h 并在干燥器中冷却至室温的磷酸二氢钾(纯度>99.95%),置于 250 mL 烧杯中,加水溶解后移入 500 mL 容量瓶中,用水稀释到刻度,摇匀,再移入 500 mL 塑料瓶中备用。此溶液 1 mL 含 1.0 mg 磷。

4.6.4 锰标准储备溶液

准确称取 0.791 3 g 二氧化锰(纯度>99.95%),置于 250 mL 烧杯中,盖上表皿,加入 10 mL 盐酸(4.4)溶解完全,冷却后补加 25 mL 盐酸(4.4)并移入 500 mL 容量瓶中,用水稀释到刻度,摇匀,再移入 500 mL 塑料瓶中备用。此溶液 1 mL 含 1.0 mg 锰。

4.7 硅、锰、磷、铝混合标准工作溶液

分别移取硅、锰、磷、铝标准储备溶液(4.6.1～4.6.4)各 10.0 mL 于 100 mL 容量瓶中,以水稀释至刻度后摇匀。此溶液 1 mL 含硅、锰、磷、铝各 100.0 μg。

4.8 氩气:纯度大于 99.9%。

5 仪器及设备

5.1 单标线移液管、分度移液管和单刻度容量瓶,应符合 GB/T 12808、GB/T 12807 和 GB/T 12806 的规定。

5.2 铂坩埚,30 mL。

5.3 电感耦合等离子体光谱仪

可以使用任何型号的电感耦合等离子体光谱仪。只要该仪器满足表 1 所规定的检测限(DL)、背景等效浓度(BEC)、短期精度(RSD)的性能要求。试样溶液中元素浓度高于 5 000×DL 时,只需要满足 RSD 这一性能参数要求。检测限(DL)、背景等效浓度(BEC)、短期精度(RSD)的性能试验,按照附录 A(规范性附录)的方法进行。

表 2 列出的为推荐的分析谱线,这些谱线不受基体元素明显干扰。本方法不对分析谱线作出限制性的规定,也可采用其他分析谱线。在采用这些分析谱线(包括推荐分析谱线)之前,必须仔细评价光谱干扰、背景和离子化,如果不能满足建议的性能参数,表明可能有干扰。

表 1 建议的性能参数

元素	DL/(μg/mL)	BEC/(μg/mL)	RSD/%
Si	≤0.05	≤0.5	≤1.0
Mn	≤0.05	≤0.5	≤1.0
P	≤0.05	≤0.5	≤1.0
Al	≤0.05	≤0.5	≤1.0

表 2 元素的分析波长

元素	波长/nm
Si	198.899 或 251.612
Mn	259.373 或 293.930
P	178.287 4 或 213.618
Al	394.401 或 396.152

6 试样

按照 GB/T 4010 的规定采取和制备，试样粒度应小于 0.125 mm。

7 分析步骤

7.1 试料

称取试样 0.50 g，精确到 0.000 1 g。

7.2 测定次数

对同一样品，应至少独立测定 2 次。

7.3 空白试验

随同试料做空白试验。

7.4 试料溶液的准备

将试料(7.1)置于 250 mL 锥形瓶中，加入 10 mL 硝酸(4.3)，加热反应并蒸发至近干，取下，以少量水冲洗瓶壁后冷却至室温，慢速滤纸过滤、用少量水洗涤残渣 3 次～5 次，滤液收集于 100 mL 容量瓶；滤纸及残渣置于铂坩埚(5.2)内灰化处理后加入 1 g 混合熔剂(4.2)，在马弗炉内温度 950 ℃±50 ℃下熔融 20 min，取出冷却后加入 10 mL 盐酸(4.4)浸取，然后与上述收集的滤液合并定容于 100 mL 容量瓶内。

7.5 校准溶液的制备

称取 0.714 g 五氧化二钒(4.1)6 份，置于 250 mL 锥形瓶中，加入 10 mL 硝酸(4.3)，加热反应并蒸发至近干，取下，以少量水冲洗瓶壁后冷却至室温，慢速滤纸过滤、用少量水洗涤残渣 3 次，滤液收集于 100 mL 容量瓶；滤纸及残渣置于铂坩埚(5.2)内灰化处理后加入 1 g 混合熔剂(4.2)，在马弗炉内温度 950 ℃±50 ℃下熔融 20 min，取出冷却后加入 10 mL 盐酸(4.4)浸取，分别对应地转移到上述收集滤液的容量瓶内作为样品基体打底。

然后分别加入硅、锰、磷、铝混合标准溶液(4.7)：0 mL、0.5 mL、2.5 mL、5.0 mL、25.0 mL、50.0 mL，以水稀释至刻度摇匀。相当于试样中硅、锰、磷、铝的质量分数为：0.0%、0.01%、0.05%、0.10%、0.50%、1.0%（或溶液中硅、锰、磷、铝的浓度为 0.0 μg/mL、0.5 μg/mL、2.5 μg/mL、5.0 μg/mL、25.0 μg/mL、50.0 μg/mL）。

7.6 光谱仪的调节

开启电感耦合等离子体光谱仪，预热 1 h 以上。

开启点火键，点火后确认仪器运行参数在确认范围内，雾化系统及等离子火焰工作正常，稳定 15 min以上。

按照仪器操作说明对仪器工作条件进行优化，选择合适的分析条件。

进行校准曲线的绘制并检查其相关系数等指标。

7.7 测量

7.7.1 校准溶液

先使用零校准溶液，并按顺序吸入校准溶液，在每次吸入溶液之间吸入去离子水。至少重复测量 2 次，取两个读数的平均值。

注：最初校准建立后，再次分析时，可使用两点再校正程序进行常规分析，校正溶液应和试料溶液同时制备。

7.7.2 试料溶液

校准溶液测量后，立即测量试料溶液(7.4)，每次测量之间吸入去离子水。试验溶液至少应重复进行 2 次，取两个读数的平均值。

8 分析结果的计算和表示

8.1 分析结果的计算(校准曲线法)

从校准溶液测出的光谱强度值对其元素的相应浓度绘制校准曲线。

根据试验溶液的光谱强度值从校准曲线中分别计算各自的浓度值。按式(1)计算待测元素含量 w(质量分数),数值以%表示。

$$w=\frac{(\rho_1-\rho_0)\times V}{m\times 10^6}\times 100 \qquad \cdots\cdots(1)$$

式中:

m——试料质量,单位为克(g);

ρ_1——试样溶液中待测元素的浓度,单位为微克每毫升(μg/mL);

ρ_0——空白试验溶液中待测元素的浓度,单位为微克每毫升(μg/mL);

V——校正和试验溶液的最终体积,单位为毫升(mL)。

注:使用统计程序(例如,最小二乘法)得出校准曲线,计算机控制的光谱仪一般都有此程序,相关系数应大于0.999。

8.2 分析结果的表示

同一试样2次测定结果的差值如不大于允许差,则取其算术平均值作为分析结果,否则进行第3次测定。3次测定结果的极差如不大于1.2倍允许差,则取3次测定结果的算术平均值作为分析结果,否则进行第4次测定。4次测定结果的极差如不大于1.3倍允许差,则取4次测定结果的算术平均值作为分析结果;4次测定结果的极差如大于1.3倍允许差,则取4次测定结果的中值作为分析结果。

分析结果按GB/T 8170的规定修约至与允许差小数相同位数。

9 允许差

同一试样的2次测定结果的差值应不大于表3所列的允许差。

表3 允许差

%

元素	含量(质量分数)	允许差
Si	0.010~0.050	0.006
	>0.050~0.100	0.010
	>0.100~0.500	0.030
	>0.500~1.00	0.045
Mn	0.010~0.025	0.002 5
	>0.025~0.050	0.010
	>0.050~0.100	0.015
	>0.100~0.500	0.030
P	0.010~0.03	0.003
	>0.03~0.100	0.006
	>0.100~0.200	0.010
	>0.200~0.500	0.020
Al	0.010~0.050	0.008
	>0.050~0.100	0.015
	>0.100~0.500	0.025
	>0.500~1.00	0.035

10 试验报告

试验报告应包括下列内容:

a) 鉴别试料、实验室和分析日期的资料；

b) 遵守本部分规定的程度；

c) 分析结果及其表示；

d) 测定中观察到的异常现象；

e) 对分析结果可能有影响而本部分未包括的操作或者任选的操作。

附　录　A
（规范性附录）
等离子体光谱仪性能试验

A.1　目的

本附录中给出的性能试验目的在于使用不同类型的仪器对等离子体光谱仪的性能进行适当的测定，允许不同的仪器使用不同的操作条件，但等离子体光谱仪最终能产生一致的结果。

整个性能试验步骤用三个基本参数考核：检测限(DL)，背景等效浓度(BEC)和短期精密度(RSD)。

注：对于试样溶液中元素浓度高于 5 000×DL，RSD 是唯一的需要评价的性能参数。

需要试验的元素列入表 A.1

表 A.1　建议的检测限

元　　素	DL/(μg/mL)
Si	≤0.05
Mn	≤0.05
P	≤0.05
Al	≤0.05

A.2　定义

本附录采用以下定义。

A.2.1　检测限(DL)：当元素产生最小浓度信号时，可以认为超出了任何带有一定规定等级的伪背景信号；另一方面，元素浓度产生信号是背景水平值标准偏差的 3 倍。

A.2.2　背景等效浓度(BEC)：是产生与背景强度值相等的净强度相当于分析元素的浓度；是对给定波长灵敏度的度量。

A.2.3　短期精密度(RSD)：在测定条件下所得仪器的一系列读数的相对标准偏差。

A.3　背景等效浓度和检测限

制备 3 份溶液，含待测元素浓度分别为：0 浓度水平，10 倍检测限，1 000 倍检测限。这些溶液含有与待测样品相似浓度的酸、基体元素。

制备参比溶液的检测限可以是实验室值或是表 A.1 中给出的估计值。

应按制造商的建议和实验室定量分析的实践经验对等离子体光谱仪进行最初的调节。吸入空白液并取 10 次强度读数。对另外两种参比溶液重复此操作。

按式(A.1)计算分析曲线的斜率。

$$M = C_2/(I_2 - I_b) \qquad \cdots\cdots(A.1)$$

式中：

C_2——10 倍检测限溶液的浓度，单位为微克每毫升(μg/mL)；

I_2——10 倍检测限溶液 10 次原始强度读数的平均值；

I_b——空白溶液 10 次强度读数的平均值。

按式(A.2)计算检测限(DL)，单位为微克每毫升(μg/mL)。

$$DL = 3S_bM \qquad \cdots\cdots(A.2)$$

式中：

S_b——10次空白强度读数的标准偏差。

按式(A.3)计算背景等效浓度(BEC)，单位为微克每毫升(μg/mL)。

$$BEC = M \times I_b \qquad \cdots\cdots(A.3)$$

按式(A.4)计算1 000倍检测限溶液的净平均强度(IN_3)。

$$IN_3 = I_3 - I_b \qquad \cdots\cdots(A.4)$$

式中：

I_3——1 000倍检测限溶液10次原始强度读数的平均值。

按式(A.5)计算1 000倍检测限溶液的净强度相对标准偏差(RSD)。

$$RSD = \frac{\sqrt{(S_3^2 + S_b^2)}}{IN_3} \times 100 \qquad \cdots\cdots(A.5)$$

式中：

S_3——1 000倍检测限溶液的10次强度读数的标准偏差。

ICS 77.040.10
H 22

中华人民共和国国家标准

GB/T 24584—2009/ISO 19819:2004

金属材料　拉伸试验　液氦试验方法

Metallic materials—Tensile testing—Method of test in liquid helium

(ISO 19819:2004 Metallic materials—
Tensile testing in liquid helium,IDT)

2009-10-30 发布　　2010-05-01 实施

中华人民共和国国家质量监督检验检疫总局
中国国家标准化管理委员会　发布

前　言

本标准等同采用 ISO 19819:2004《金属材料　液氦拉伸试验》(英文版),在主要技术内容上与 ISO 19819完全相同,编写结构完全对应,在第 4 章中增加了标准中使用的 a_0 和 b_0 两个符号及说明;在附录 A 中补充了直径为 3 mm 类型的试样,并修改了图 A.1 和图 A.2。

本标准等同翻译国际标准 ISO 19819:2004。

为便于使用,本标准做了下列编辑性修改:

——“本国际标准”一词改为“本标准”;

——用小数点“.”代替作为小数点的逗号“,”;

——删除了国际标准的前言;

——规范性引用文件中引用了与国际标准相对应的国家标准。

本标准的附录 A 为资料性附录。

本标准由中国钢铁工业协会提出。

本标准由全国钢标准化技术委员会归口。

本标准起草单位:北京有色金属研究总院、中国科学院理化技术研究所、北京钢铁研究总院。

本标准起草人:王福生、孙泽明、朱其芳、赵立中、高怡斐。

引 言

材料在位移控制的液氦拉伸试验时，力-时间和力-伸长曲线上可产生锯齿，锯齿是由不稳定的塑性变形和阻力反复冲击造成的。不稳定的塑性变形（不连续屈服）是一个不同步的过程，在高于一般的应变速率条件下，伴随试样内部发热，产生在试样平行长度的局部区域内。

奥氏体不锈钢与各种不连续屈服的锯齿形的应力-应变曲线的实例见图 1。

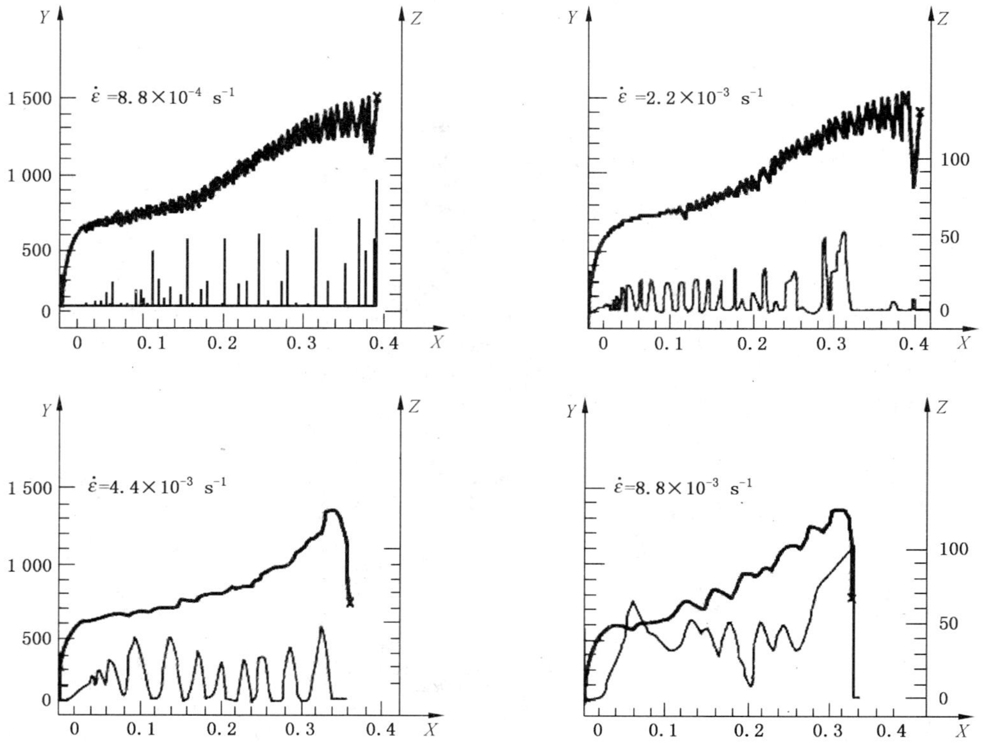

X——应变（变形）；

Y——应力，（力）N/mm²；

Z——温度，K。

图 1 AISI 304L 不锈钢在液氦拉伸试验中，四种不同的标称应变速率下的典型应力-应变曲线图及温度记录

试样温度不能在液氦试验的整个时间里保持恒定。绝热增温时，在每个不连续屈服锯齿内，试样平行长度局部区域内的温度暂时会高于 4 K（见图 1）。锯齿的数量和力值下降程度是材料成分和其他参数（例如试样尺寸和试验速度）的函数。一般来说，改变力学试验变量可改变锯齿的类型，但不能消除不连续屈服，室温下材料变形接近等温、一般不发生不连续屈服，因此材料在液氦的拉伸性能（特别是抗拉强度、断后伸长率和断面收缩率），缺少室温性能测量的含义。

材料液氦试验的应力-应变特性曲线取决于应力控制还是位移控制。本标准规定位移控制是要按传统方法进行材料表征。当数据被用于真正以应力控制为条件的设计时，应考虑到各种各样的可能性和对材料特性曲线不太合适。

金属材料 拉伸试验 液氦试验方法

1 范围

本标准规定了金属材料在液氦温度(沸点是－269 ℃或4.2 K,指定为4 K)下的拉伸试验方法,并且规定了可以测定的力学性能。

本标准也适用于需要特殊设备、较小试样以及涉及到锯齿形屈服、绝热增温和应变速率影响的低温(温度低于－196 ℃或77 K)拉伸试验。

为了依照本标准规定的4 K的试验温度完成拉伸试验,需将试样安装在低温恒温器里并完全浸泡在液氦(He)中。试验采用位移控制使试验过程中的公称应变速率不高于 $10^{-3}\ s^{-1}$。使用应力控制或更高的应变速率将不在本标准考虑范围内。

2 规范性引用文件

下列文件中的条款通过本标准的引用而成为本标准的条款。凡是注日期的引用文件,其随后所有的修改单(不包括勘误的内容)或修订版均不适用于本标准,然而,鼓励根据本标准达成协议的各方研究是否可使用这些文件的最新版本。凡是不注日期的引用文件,其最新版本适用于本标准。

GB/T 12160 单轴试验用引伸计的标定(GB/T 12160—2002,ISO 9513:1999,IDT)

GB/T 13239 金属材料 低温拉伸试验方法(GB/T 13239—2006,ISO 15579:2000,MOD)

GB/T 16825.1 静力单轴试验机的检验 第1部分:拉力和(或)压力试验机测力系统的检验与校准(GB/T 16825.1—2008,ISO 7500-1:2004,IDT)

3 术语和定义

GB/T 13239 规定的以及下列术语和定义适用于本标准。

3.1

绝热增温 adiabatic heating

由于试样在一定条件下变形会产生内热,而这些由塑性功所产生的热量并不能很快地消散于环境制冷剂中,这种试样温度的增加称为绝热增温。

3.2

轴向应变 axial strain

在试样表面纵轴方向上对称或等间距位置的不同侧面测量的应变的平均值。

注:纵向应变是由两个或多于两个的位于试样平行长度上中间部分的应变传感器所测量的。

3.3

弯曲应变 bending strain

试样表面应变与轴向应变之间的差值。

注:试样的弯曲应变在沿着圆周的方向和平行长度的方向上各不相同。

3.4

真空瓶 dewar

容纳低温流体的真空绝热容器。

3.5

不连续屈服强度 discontinuous yielding strength

R_i

在应力-应变曲线上的第一个可测量的锯齿开始时的峰值应力。

3.6

低温拉伸恒温器　tensile cryostat

使试样在低温环境中受到拉应力的一种试验装置(见图2)。

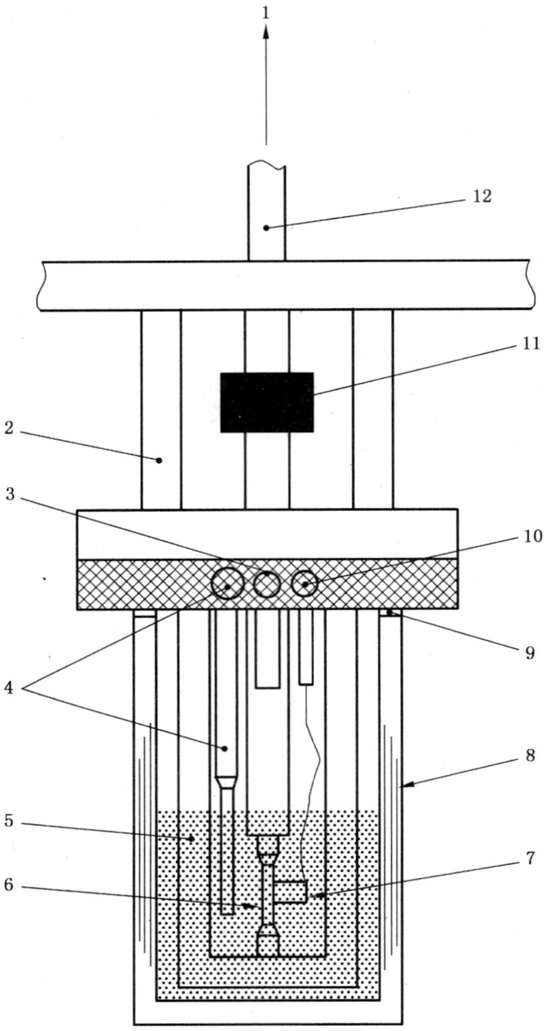

1——力；
2——室温机架；
3——排气孔；
4——真空绝热输液管；
5——低温机架；
6——试样；
7——引伸计；
8——真空瓶；
9——真空瓶密封圈；
10——电反馈通道；
11——力传感器；
12——拉杆。

图2　液氦温度下拉伸试验用典型的低温恒温器示意图

4　符号和说明

符号和相应的说明如表1所示。

表 1　符号和说明

符　号	单　位	说　　明
A	%	断后伸长率 $A=(L_u-L_0)\times100/L_0$
a_0	mm	矩形横截面试样平行长度的厚度
b_0	mm	矩形横截面试样平行长度的宽度
d_0	mm	圆形横截面试样平行长度的直径
F_m	N	最大力
L_c	mm	试样平行长度
L_e	mm	引伸计标距
L_0	mm	试样原始标距
L_u	mm	试样断后标距
R_i	N/mm^2	不连续屈服强度
R_m	N/mm^2	抗拉强度
$R_{p0.2}$	N/mm^2	0.2%规定塑性延伸强度
S_0	mm^2	原始横截面积
S_u	mm^2	断后最小横截面积
Z	%	断面收缩率 $Z=(S_0-S_u)\times100/S_0$
注：1 N/mm^2=1 MPa。		

5　试验原理

试验在液氦温度(−269 ℃或 4 K)下对试样施加拉力一般拉至断裂，测定第 3 章定义的一项或几项低温力学性能。

6　试验设备

6.1　试验机

6.1.1　概述

试验机准确度级别应符合 GB/T 16825.1 的要求，并应为 1 级或优于 1 级。

6.1.2　试验机的柔度

试验设备(试验机和低温装置)的柔度(在试验力的作用下设备本身的位移百分比)应该是已知的。为了测量试验机的柔度应将一刚性试样或专用标定试样连接在加力系统中。并按 6.1.5 施加一个较低的试验力和一个试验机所允许的最大试验力分别测量柔度。

注：不同的柔度可能对试样的延伸率和抗拉强度产生影响，因为在柔度较小的试验机上试样会发生较大的不连续变形。

6.1.3　系统设计

材料在液氦中的强度通常是室温的两倍或更高。低温状态下对于相同几何尺寸的试样，恒温器、加力系统零部件以及卡具都将承受更大的力。由于很多试验机的容量都不超过 100 kN，建议设备在设计中应考虑 7.2 中所引用的小型试样 。

6.1.4　选用材料

许多材料，包括绝大多数的铁素体钢在 4 K 的温度下会变脆。为避免设备损坏，制造卡具以及其他加载链零部件的材料应选用强度高、韧性好的低温合金。具有低导热性的材料可以有效的阻止热传导。奥氏体不锈钢(022Cr19Ni10N)、马氏体钢（如1Cr13等有防锈镀镍层)、锻造镍基超耐热合金以及钛合金(TC4或TA7)已经被用于卡具、拉杆以及恒温器框架的制作。非金属材料(例如环氧树脂复合物)是优良的绝热体被用于制作抗压件。

6.1.5 对中

在拉伸试验中准确的系统对中是使弯曲应变最小化的基本手段。设备和卡具应该被调整至载荷能够精确作用于标定试样上使得最大的弯曲应变不超过轴向应变的10%。为使弯曲应变降低到可接受的水平,应调整拥有调节功能的恒温器上的平衡调节器，或使用间距垫片来补偿不可调的恒温器。对于一台合格的设备来说,应变的计算是依据标定试样在较低和最大载荷下的读数来确定的。

可在室温和4 K的温度下使用轴对称测量法检查试验设备是否合格。为完成设备的轴对称性试验,试样的成分以及恒温器的选用应与实际低温试验相同,并且试样的分散性要尽可能的小。在加载过程中试样在平行长度内不能发生塑性应变。在一些情况下有必要使用相对硬的、高强度的标定试样。

对于圆柱形的试样,计算由3.3定义的最大弯曲应变应采用三个电阻应变计、引伸计或夹规分别安装在试样平行长度上的中间以及等间距的圆周上。

对于横截面为方形或矩形的试样,应在两平行面(对称的)的中心位置量取应变;对于薄板形试样,应在两个宽面的中心位置测量应变。

对于螺纹或用销钉连接的卡具,可以依照以下步骤来评估试样偏斜的影响。在保证卡具以及拉杆不动的情况下将试样旋转180°,重复轴对称测量。然后计算最大弯曲应变和试样的轴向应变。如果用其他的卡具或连接方法来评估试样偏斜的影响应在报告中注明。

拉伸试验中当在试样的唯一位置测量较小应变时,加载的不同轴性(可能由于试样机加工而引起)是引起测量误差的主要因素。因此我们需要在试样的平行长度上取等间距的三个点(或者如果设备的对中非常好,至少应取对称的两点)分别测量应变。最后报出在试样平行长度内中心对称的三个点或两个点的应变平均值。

6.1.6 卡具

根据试样类型应选择不同的卡具。为避免设备损坏应选用由耐低温材料制造的低温专用卡具。

6.2 低温恒温器及其辅助设备

6.2.1 低温恒温器

低温恒温器应能够保存液氦。对于现有的试验机来说低温恒温器的机架是特制的,但是通过商业渠道我们可以买到真空瓶。低温恒温器有可能附带可调节载荷方向的旋钮以便对中调整。

6.2.2 真空瓶

不锈钢的真空瓶(抗冲击性能更好)比玻璃的真空瓶更安全。一般对于短时的拉伸试验来说单层的液氦真空瓶(见图2)就足够了。当然也有可能采用双层的真空瓶,外层充满液氮,内层则注入液氦。

6.2.3 辅助设备

真空瓶和液氦输液管需要真空绝热。因此需要真空泵、高压空气以及液氮瓶等辅助设备。

6.3 液面指示器

为了确保预定的试验条件就需要维持环境中的液氦在一定水平。在常规试验中,由于试样是完全浸泡在液氦中的,因此没有必要使用热电偶来测量其表面温度。可通过指示器或仪表以确保在整个试验中试样完全浸泡在液氦中。在低温恒温器中位于某些参考点的碳电阻指示开关将被用于确保液面总是保持于试样以上。另外,也可选择在低温恒温器内的垂直位置安装适当长度的超导线传感器用以连续监视液面高度。

6.4 引伸计

6.4.1 类型

只要能在液氦温度下正常工作,各种类型的引伸计均可使用。

引伸计的准确度级别应符合GB/T 12160的要求。测定规定塑性延伸强度、不连续屈服强度应使用不劣于1级准确度的引伸计;测定其他具有较大延伸率的性能,应使用不劣于2级准确度的引伸计。

为了测量规定强度，建议使用平均引伸计。最好能在试样的平行长度部分直接安装或加工引伸计专用的刀口。

用电容引伸计测量时,应使用可进行灵敏度调节的线性部分。

为了避免由于应变片发热而使应变片周围产生气泡从而影响应变信号,应适当调节应变系统中的桥路电压使其不影响应变信号的测量。

注:在试验过程中只要应变片周围的温度保持恒定,而且电压又不是高到足以引起液氦过于沸腾，应变片的自热就不会成为问题。

当测量4 K温度的应变量时可将应变片直接粘结于试样表面。在低温下使用应变片时，应注意应变片、基材材料以及粘结剂的选择和结合性。然而,也应该考虑到在应变还未到达0.2%塑性延伸强度时应变片粘结松脱的情况。

6.4.2 标定

引伸计需要在室温及4 K温度下进行标定。对于在4 K温度下的标定,可以使用长度测量装置,如配有垂直伸缩管的千分尺,将其低温端与引伸计安装好后浸泡于液氦中。如果标定结果是已知的而且被证明是精确的、线性的和可重复的,那么在每次试验之前的室温检查可以认为是对在4 K温度标定的间接验证。应定期的对引伸计进行在4 K温度下的直接标定,在设备可能损坏或设备进行修理之后,直接标定更为重要。

7 试样

7.1 概述

试样的形状和尺寸一般由产品的形状和尺寸决定。

7.2 标准圆柱试样

为了符合传统试验机的加载限制,在4 K温度下的标准试样定为直径7 mm且原始标距(L_0)与直径(d_0)的比值为5。两端螺纹或者台阶连接是这种试样的常用连接方法,且通过精确的机加工需要满足6.1.4的要求。

7.3 备用方案

如果如7.2所述的标准试样由于某些原因而不适用,也可以使用其他尺寸及横截面形状的试样。金属丝材由于直径很小是圆柱试样的一个特例。在附录A中提供了圆柱试样及板材试样的实例。

7.4 关于试样的其他要求

当试样直径较小时,试样在加工及试验过程中都需要特别的小心。因为随着试样尺寸的减小，诸如加工、表面处理及同轴度等因素就会变得非常重要。

7.5 取样

为了确保试样的选取对于产品来说具有代表性,拉伸试验的取样应在材料的最终条件下进行。

在原材料上认为最具代表性的位置进行试样的切割。取样位置大致如下：

a) 对于厚度或直径小于40 mm的产品，取样位置应在中心区域;

b) 对于厚度或直径不小于40 mm的产品,取样位置应在距表面与中心距离相等的位置。

8 试验条件

8.1 试样的安装

安装试样于低温恒温器中。注意应使仪器的信号线充分的松弛,这样在定位真空瓶或在试验时就不会使信号线发生拉伸或折皱的现象。

在对中过程中,应始终保持拉伸力低于材料弹性极限的三分之一。随后维持一个适当的力,确保在冷却过程中试样仍然保持对中。

注:在降温过程中,为了维持对中而又避免试样发生不受控制的应变应采用自由加载条件。

8.2 冷却过程

试样、引伸计和加力系统等不同部位形成的冰块可以堵塞液氦输液管或引起试验力异常。为避免结冰，在冷却之前应去除设备中的所有可能产生冷凝物的液体，可以使用空气喷射器或热吹风机彻底干燥仪器。如果引伸计配有保护外壳，安装好引伸计以便液氦能自由的在引伸计的活动范围流动，从而避免气泡的附着和与其相关的噪音。

安装真空瓶并向低温恒温器中注入液氮对设备进行预降温。在沸腾平息（达到热平衡）之后排空低温恒温器中的所有液氮，然后向低温恒温器中输入液氦直到试样和卡具完全浸入液氦中。当系统在4 K的温度下达到热平衡之后就可以开始试验了。在试验过程中，试样应一直浸泡在液氦中。

注：气态氦比液态氦的热传导性能要低，因此试样应完全浸泡在液氦中使温升对力学性能测量的影响最小。

8.3 试验速率

8.3.1 速率控制

液氦温度下拉伸性能的测量会受到试验速率的影响，因此试验需要包括测量和控制位移速率的方法。鉴于不连续屈服现象的影响，实际的试验速率是不可能精确的被控制及保持的，因此需要规定一个公称应变速率。公称应变速率是根据平行长度的位移速率计算出来的。

8.3.2 速率限制

可使用任意的位移速率使应力达到屈服强度的一半。之后，应控制位移速率使公称应变速率不超过 10^{-3} s^{-1}。更高的应变速率可能造成过高的试样发热，这会影响材料力学性能的测量准确性。

8.3.3 速率范围

一般 4 K 温度下拉伸试验，推荐的应变速率范围是 10^{-5} s^{-1}～10^{-3} s^{-1}，但是一些材料在这个范围内显示出一定的对应变速率改变的敏感性，一些奥氏体高强钢在 10^{-4} s^{-1}～10^{-3} s^{-1}应变速率范围内的拉伸性能显示出轻微的改变，而其他一些强度与导热率较高的材料（如钛合金）也可能显示出类似的倾向。因此，在一些试验中可以考虑使用非常低的应变速率，10^{-3} s^{-1}仅作为本标准所允许的最大应变速率。

对应变速率的适当改变也是允许的。例如，如果测量不连续屈服起始点的应变就需要适当降低应变速率。如果在应力-应变曲线上的第一个锯齿的起始点与0.2%的塑性变形相距很近，为了避免与测量屈服强度发生冲突就需要通过减小试验速率来推迟第一个锯齿的发生（见图3），可在试验初始用较低的应变速率来测量屈服强度而后适当增加应变速率来完成试验。

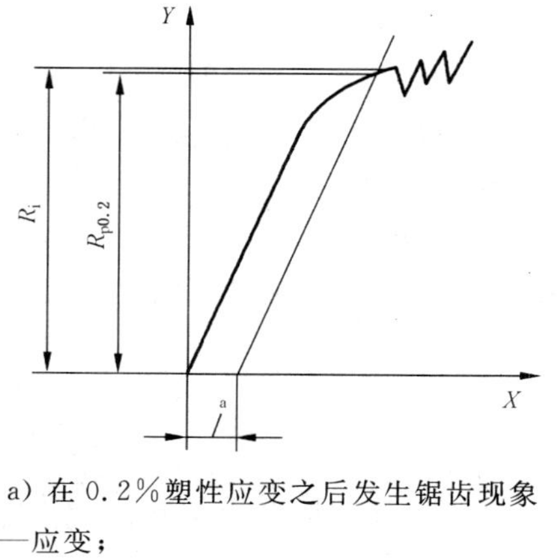

a）在0.2%塑性应变之后发生锯齿现象

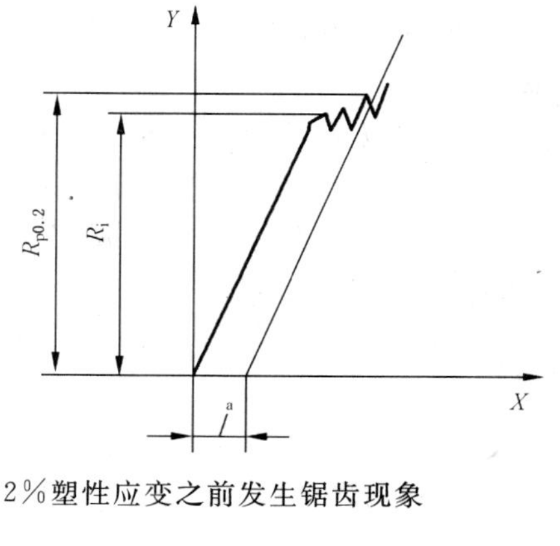

b）在0.2%塑性应变之前发生锯齿现象

X——应变；

Y——应力。

[a] 0.2%偏置。

图3　利用偏置法测量屈服强度（R_y）的应力-应变曲线图

9 试验程序

9.1 原始横截面积(S_0)的测定

试样的原始横截面积是通过对试样尺寸的适当测量而计算出来的，使用的长度测量仪器误差不应超过0.5%或0.010 mm，取其较大者。

9.2 标记原始标距(L_0)

在试样平行长度内的适当位置可以使用墨水或划线器进行标记。在进行标记之后，需要对原始标距进行测量，测量精确到0.1 mm。

对于延展性低的金属，在其平行长度上采用打点或划线的方法进行标记可能由于应力集中而导致失败。为了避免这种情况，可以使用墨水在试样的平行长度内喷涂表面涂层，然后取适当的间距在试样表面刮掉涂层从而达到标记原始标距的目的。也可以使用试样的台阶或试样的全长作为原始标距来计算延伸率，在这种情况下有可能由于测量截面发生改变而产生误差，因此测量结果也是有局限性的。

9.3 断后伸长率(A)的测定

断后伸长率的测定应符合表1中给出的定义。

9.4 0.2%塑性延伸强度($R_{p0.2}$)的测定

根据力-延伸曲线图测定塑性延伸强度($R_{p0.2}$)，划一条与曲线的弹性直线部分平行，且在延伸轴上与此直线段的距离等效于塑性延伸率，例如0.2%的直线，此平行线与曲线的交截点给出相应于塑性延伸强度所求规定的力。此力除以试样的原始横截面积(S_0)得到规定塑性延伸强度。如果0.2%偏置线与曲线交点的对应试验力处于不连续屈服区域内，那么在这段曲线下降以前的最高应力就作为材料的规定强度(见图3)。

使用自动装置(例如微处理机等)或自动测试系统测定塑性延伸强度，可以不绘制力-延伸曲线图。

9.5 不连续屈服强度(R_i)

与开始发生不连续屈服的点相对应的应力值，可以用应力-应变曲线中第一个可测量的锯齿(见图3)开始时的最大试验力除以试样的原始横截面积得到不连续屈服强度。

9.6 抗拉强度(R_m)

拉伸试验过程中试样受到的最大试验力除以试样的原始横截面积得到试样的抗拉强度。

9.7 断面收缩率(Z)

断面收缩率的测定应符合表1中给出的定义。

10 试验报告

试验报告中至少需要包含以下内容：

a) 本标准编号；

b) 材料的描述：材料的鉴别、制造、加工、热处理条件以及相关的冶金信息；

c) 试样的描述：取样位置及取样方向、试样尺寸(包括横截面尺寸、过渡圆角曲率半径、平行长度)；

d) 应变速率：完整试验的位移速率和标称应变速率。如果在试验过程中速率发生改变，注明在速率改变前后的有效标称应变速率；

e) 试验结果：0.2%塑性延伸强度、抗拉强度、断后伸长率及其计算方法、圆柱试样的原始标距与直径的比率以及断面收缩率。

注：以下信息可有选择性提供：在4 K温度下的弹性模量、试验力-位移曲线图、试样的断裂位置及方式、工作条件、制造商、试验材料的平均晶粒度、室温机械性能、包括低温恒温器在内的试验机柔度、试验机类型及参数、低温设备的类型、引伸计的类型及性能(有效的标定范围)、应力-应变曲线图、在0到1%应变下的应力-应变曲线图、不连续屈服强度以及测定时的应变速率，如果试验重复多根试样，注明试验次数、所有测得机械性能的平均值以及数据的分散性。

附 录 A
（资料性附录）
液氦拉伸试样类型

A.1 标准圆柱试样形状和尺寸见图 A.1 和表 A.1。

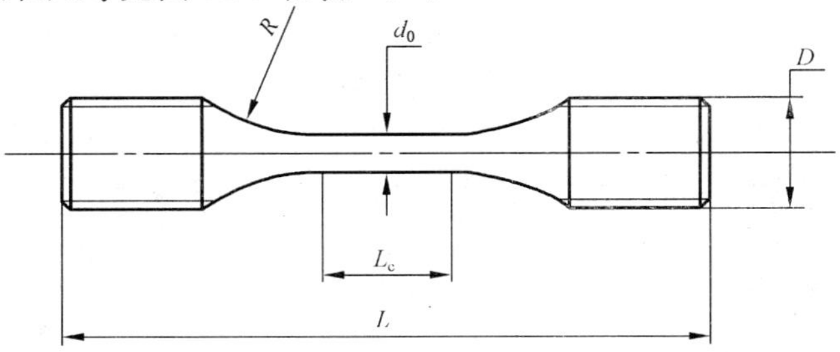

注：试样头部仅为示意性，可根据试验卡具自行设计。

图 A.1 标准圆柱试样

表 A.1 圆形横截面试样 单位为毫米

d_0	D	R	L_c	L
7	M14×2	20	65	105
6.25	M12×1.75	10	40	84
5	M10×1.5	5	30	56
3	M6×1	3	18	38

A.2 矩形横截面试样形状和尺寸见图 A.2 和表 A.2。

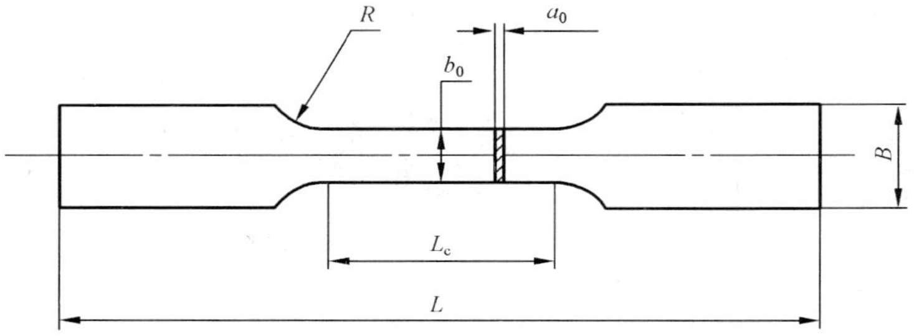

注：试样头部仅为示意性，可根据试验卡具自行设计。

图 A.2 矩形横截面试样

表 A.2 矩形横截面试样 单位为毫米

b_0	B	R	L_c	L
6±0.1	23	12	28	96
3±0.05	12	6	17	48

ICS 77.100
H 11

中华人民共和国国家标准

GB/T 24585—2009

镍铁　磷、锰、铬、铜、钴和硅含量的测定 电感耦合等离子体原子发射光谱法

Ferronickel—Determination of phosphorus, manganese, chromium, copper, cobalt and silicon contents—Inductively coupled plasma atomic emission spectrometric method

2009-10-30 发布　　2010-05-01 实施

中华人民共和国国家质量监督检验检疫总局
中国国家标准化管理委员会　发布

前　言

本标准的附录A和附录B为规范性附录。

本标准由中国钢铁工业协会提出。

本标准由全国生铁及铁合金标准化技术委员会归口。

本标准负责起草单位:酒泉钢铁(集团)有限责任公司、山西太钢不锈钢股份有限公司。

本标准起草人:孙宇光、朱卫华、戴学谦、张瑞霖。

镍铁 磷、锰、铬、铜、钴和硅含量的测定 电感耦合等离子体原子发射光谱法

警告：使用本标准的人员应有正规实验室工作实践经验。本标准未指出所有可能的安全问题。使用者有责任采取适当的安全和健康措施，并保证符合国家有关法规规定的条件。

1 范围

本标准规定了采用电感耦合等离子体原子发射光谱法(ICP-AES)测定磷、锰、铬、钴、铜和硅的含量。

本标准适用于镍铁中磷、锰、铬、钴、铜和硅含量的测定，其测定的各元素含量范围见表1。

本方法测定的硅为酸溶硅。

表1 测定元素含量范围

分析元素	测定范围(质量分数)/%
磷	0.005～0.050
锰	0.05～1.0
铬	0.05～1.0
钴	0.050～2.0
铜	0.010～0.30
硅	0.10～0.55

2 规范性引用文件

下列文件中的条款通过本标准的引用而成为本标准的条款。凡是注日期的引用文件，其随后所有的修改单(不包括勘误的内容)或修订版均不适用于本标准，然而，鼓励根据本标准达成协议的各方研究是否可使用这些文件的最新版本。凡是不注日期的引用文件，其最新版本适用于本标准。

GB/T 4010 铁合金化学分析用试样的采取和制备

GB/T 6379.1 测量方法与结果的准确度(正确度与精密度) 第1部分：总则与定义(GB/T 6379.1—2004,ISO 5725-1:1994,IDT)

GB/T 6379.2 测量方法与结果的准确度(正确度与精密度) 第2部分：确定标准测量方法的重复性和再现性的基本方法

GB/T 6682 分析实验室用水规格和试验方法

GB/T 20066 钢和铁 化学成分测定用试样的取样和制样方法

3 原理

试料用硝酸、盐酸分解，碳高或硅高难溶解的试料加氢氟酸助溶，高氯酸冒烟驱尽硅和氟，硝酸、盐酸溶解盐类，试液稀释至一定体积。用电感耦合等离子体发射光谱仪测量溶液中分析元素的发射光谱强度，根据用标准溶液制作的校准曲线计算出分析元素质量分数。

4 试剂

除非另有说明外，在分析过程中只使用优级纯试剂和符合GB/T 6682中规定的实验室用水。

4.1 高纯度镍，待测元素含量低于0.001%(质量分数)。

4.2 高纯度铁,待测元素含量低于0.001%(质量分数)。

4.3 盐酸,ρ约1.19 g/mL。

4.4 硝酸,ρ约1.42 g/mL。

4.5 硝酸,1+1。

4.6 高氯酸,ρ约1.61 g/mL。

4.7 氢氟酸,ρ约1.14 g/mL。

4.8 标准贮备溶液

4.8.1 磷标准溶液,1 000 μg/mL

称取于105 ℃~110 ℃烘干的4.393 6 g基准磷酸氢二钾,溶于适量水中 ,移入1 000 mL容量瓶中,用水稀释至刻度,混匀。此溶液为1 mL含磷1 000 μg。

4.8.2 锰标准溶液,1 000 μg/mL

称取1.000 0 g电解锰(含量大于99.95%)于250 mL烧杯中,加30 mL硝酸(4.5),盖上表皿,加热溶解,煮沸驱尽氮氧化物,冷却至室温,移入1 000 mL容量瓶中,用水稀释至刻度,混匀。此溶液为1 mL含锰1 000 μg。

4.8.3 铬标准溶液,1 000 μg/mL

称取2.829 0 g预先经150 ℃±5 ℃干燥并冷却至室温的基准重铬酸钾(含量大于99.95%)于250 mL烧杯中,加水溶解后移入1 000 mL容量瓶中,用水稀释至刻度,混匀。此溶液为1 mL含铬1 000 μg。

4.8.4 钴标准溶液,1 000 μg/mL

称取1.000 0 g高纯度钴粉(含量大于99.9%)于600 mL的烧杯,然后加入40 mL硝酸(4.5),盖上表皿,加热使其完全溶解,微沸排出氮气氧化物,冷却至室温,移入盛有160 mL硝酸(4.5)的1 000 mL的容量瓶,用水稀释至刻度,混匀。此溶液为1 mL含钴1 000 μg。

4.8.5 铜标准溶液,1 000 μg/mL

称取1.000 0 g纯铜(含量大于99.9%)于300 mL烧杯中,加入30 mL硝酸(4.5),盖上表皿,低温加热使之分解,冷却至室温,移入1 000 mL的容量瓶中,用水稀释至刻度,混匀。此溶液为1 mL含铜1 000 μg。

4.8.6 硅标准溶液,1 000 μg/mL

将高纯二氧化硅(含量大于99.9%)在1 100 ℃的温度下灼烧至其恒重后,于干燥器中冷却至室温,称取2.139 3 g放入铂金坩埚,加入约10克无水碳酸钠,加热至熔化15 min。取出稍冷,用水溶解熔化物,冷却至室温。移入1 000 mL容量瓶中,用水稀释至刻度,混匀。此溶液为1 mL含硅1 000 μg。

4.8.7 磷标准溶液,250 μg/mL

移取25.00 mL磷标准溶液(4.8.1)于100 mL容量瓶中,用水稀释至刻度,混匀。此溶液为1 mL含磷250 μg。

4.8.8 铜、硅和磷混合标液

分别移取25.00 mL铜标准溶液(4.8.5)、50.00 mL硅标准溶液,(4.8.6)和20.00 mL磷标准溶液,(4.8.7)于一个100 mL容量瓶中,用硝酸(4.5)稀释至刻度,混匀。此溶液每毫升含铜、硅和磷分别为:250 μg、500 μg和50 μg。

5 仪器

5.1 电感耦合等离子体(ICP)光谱仪

光谱仪按7.4.1~7.4.5优化后,符合5.1.2~5.1.5的性能指标,就达到使用要求。光谱仪既可以是同时型的,也可以是顺序型的。

5.1.1 分析线

本标准不指定特殊的分析线，推荐使用的分析线列于表2。在使用时，应仔细检查谱线的干扰情况。

表2 推荐的分析谱线

分析元素	波长/nm	可能的干扰谱线/nm
P	178.287	
	213.618	Cu 213.598
Mn	257.610	
Cr	267.716	
Co	228.616	
Cu	324.754	
Si	288.158	

5.1.2 光谱仪的实际分辨率

计算每条应当使用的波长的带宽。带宽必须小于0.030 nm。

5.1.3 短期稳定性

测定10次每个元素最高的标准溶液的绝对强度的平均值，计算其标准偏差，相对标准偏差应小于1.0%。

5.1.4 长期稳定性

测定3次每个元素浓度最高的标准校准溶液的绝对强度的平均值，计算7个平均值的标准偏差，相对标准偏差应小于2.0%。

5.1.5 背景等效浓度和检出限(见附录A)

按附录A测定，计算背景等效浓度和检出限，其结果必须低于表3中的数值。

表3 背景等效浓度和检测限

分析元素	分析线/nm	BEC/(μg/mL)	DL/(μg/mL)
P	178.287	0.18	0.051
	213.618	0.30	0.06
Mn	257.610	0.31	0.006
Cr	267.716	0.07	0.012
Co	228.616	0.50	0.025
Cu	324.754	0.28	0.023
Si	288.158	0.41	0.037

5.1.6 曲线的线性

校准曲线的线性通过计算相关系数进行检查，相关系数必须大于0.999。

6 取制样

参照GB/T 4010和GB/T 20066的规定进行。

7 分析步骤

7.1 试料量

称取0.50 g试料，精确至0.000 1 g。

7.2 空白试验

随同试料做空白试验。空白试验应使用相当于试料中镍和铁量的纯镍(4.1)和纯铁(4.2)代替试料。

7.3 测定

7.3.1 试料溶液的制备

7.3.1.1 将试料(7.1)置于150 mL锥形瓶中,加入25 mL水、10 mL硝酸(4.4)和4 mL盐酸(4.3),并保持溶解体积40 mL～50 mL,低温加热至完全溶解,冷却至室温,移入100 mL的容量瓶中,用水稀释至刻度,混匀。

7.3.1.2 对高碳、高硅难溶解的试料,则将试料(7.1)置于聚四氟乙烯烧杯中,加入10 mL硝酸(4.4)、4 mL盐酸(4.3)和加5 mL氢氟酸(4.7),低温加热至剧烈反应停止,加5 mL高氯酸(4.6),继续加热冒烟至流动的湿盐状,稍冷,加入10 mL硝酸(4.4)和4 mL盐酸(4.3),溶解盐类,冷却至室温,移入100 mL的容量瓶中,用水稀释至刻度,混匀。此溶液测除硅以外的其他元素。

7.3.1.3 用中速滤纸过滤所有溶液,弃去最初2 mL～3 mL溶液。

7.3.2 校准曲线溶液的制备

用相当于试料中镍和铁量的纯镍(4.1)和纯铁(4.2)代替试料,按照7.3.1.1中操作步骤操作,在最终稀释到100 mL以前,按表4分别加入标准溶液,然后,用水稀释至刻度,混匀。

表4 制作校准曲线的标准溶液系列

加入铜、硅和磷混合标准溶液(4.8.8)体积/mL	加入铬标准溶液(4.8.3)体积/mL	加入锰标准溶液(4.8.2)体积/mL	加入钴标准溶液(4.8.4)体积/mL	相应试料中元素含量/%					
				P	Cu	Si	Cr	Mn	Co
0.00	0.00	0.00	0.00	0	0	0	0	0	0
0.50	0.25	0.25	0.25	0.005	0.025	0.05	0.05	0.05	0.05
1.00	0.50	0.50	1.00	0.01	0.05	0.10	0.10	0.10	0.20
2.00	1.00	1.00	2.50	0.02	0.10	0.20	0.20	0.20	0.50
3.00	2.00	2.00	4.00	0.03	0.15	0.30	0.40	0.40	0.80
4.00	3.00	3.00	5.00	0.04	0.20	0.40	0.60	0.60	1.00
5.00	4.00	4.00	7.50	0.05	0.25	0.50	0.80	0.80	1.50
6.00	5.00	5.00	10.00	0.06	0.30	0.60	1.00	1.00	2.00

7.4 光谱测量

7.4.1 仪器的最优化

开启电感耦合等离子体(ICP)光谱仪,进行测量前至少运行1 h以上。

测量最浓校准溶液,根据仪器厂家提供的操作程序和指南调节仪器参数,选择合适的分析条件,对仪器工作条件进行优化。

准备工作曲线绘制、测量及统计计算等软件。

检查5.1.2～5.1.5中给定的各项仪器性能要求。

7.4.2 发射强度的测量

7.4.2.1 校准溶液的测量

先使用零浓度校准溶液,并按浓度递增的顺序吸入校准溶液,在每次吸入溶液之间吸入去离子水。至少重复测量2次,取2个读数的平均值。

7.4.2.2 试验溶液的测量

校准溶液测量后,立即测量试验溶液,每次测量之间吸入去离子水。其间间隔插入有证标准样品溶液的测量。试验溶液至少应重复进行 2 次。

7.5 分析线中干扰线的校正

先检查各共存元素对被测元素分析线的光谱干扰。有光谱干扰的情况下，按 8.2 求出光谱干扰校正系数，即当共存元素质量分数为 1%时相当的被测元素质量分数。

7.6 校准曲线的绘制

以净强度为 Y 轴，被测元素的浓度（μg/mL）为 X 轴作线性回归。计算相关系数，应符合 5.1.6 的规定。

8 结果计算

8.1 根据校准曲线（7.6），将试液的光谱强度计算出相应测定元素的浓度，以 μg/mL 表示。

被测元素的含量以质量分数 w_M 计，数值以%表示，按式（1）计算：

$$w_M = \frac{(\rho_1 - \rho_0) \times V}{m \times 10^6} \times 100 \quad \cdots\cdots(1)$$

式中：

m——试料质量，单位为克（g）；

ρ_1——试样溶液中分析元素的浓度，单位为微克每毫升（μg/mL）；

ρ_0——空白试验溶液中分析元素的浓度，单位为微克每毫升（μg/mL）；

V——校正和试验溶液的最终体积，单位为毫升（mL）。

注 1：如果发现存在光谱干扰，应按 8.2 规定进行修正。

注 2：如果使用校准曲线漂移校正程序后立即进行试样的分析，可以按附录 B 的规定操作。

8.2 光谱干扰的修正

建议使用合成标准溶液作为对光谱干扰的修正方法，程序如下：

采用与试料基体铁镍含量相当的基体溶液和分析元素“i”配制系列溶液对分析元素“i”绘制校准曲线。

采用分析元素“i”的校准曲线，用与试料基体铁镍含量相当的基体溶液加干扰元素“j”配制系列溶液，采用分析元素“i”的校准曲线来测定干扰元素“j”对分析元素“i”的表观含量。

干扰元素“j”的实际含量（w_j）和干扰元素“j”对分析元素“i”的表观含量（w_{ij}）两者之间的关系用最小二乘法计算。

$$w_{ij} = I_{ij} \cdot w_j + b \quad \cdots\cdots(2)$$

式中：

I_{ij}——元素“j”对分析元素“i”中的光谱干扰系数；

b——常数。

进行干扰元素修正时，每一元素含量，按式（3）计算，用质量分数表示。

$$w_i = \frac{(\rho_1 - \rho_0)V}{m \times 10^6} \times 100 - \sum w_j I_{ij} \quad \cdots\cdots(3)$$

式中：

m——试料质量，单位为克（g）；

ρ_1——试样溶液中分析元素的浓度，单位为微克每毫升（μg/mL）；

ρ_0——空白试验溶液中分析的浓度，单位为微克每毫升（μg/mL）；

w_j——试样中干扰元素的质量分数，%；

I_{ij}——干扰元素“j”对分析元素“i”的光谱干扰系数，相当于干扰元素 1%时分析元素的质量分数，%；

V——校正和试验溶液的最终体积，单位为毫升（mL）。

注：光谱干扰的过度修正是不可取的。允许最大的修正值大约为分析元素分析值标准偏差的10倍。如果修正值大于此数，该修正不适用于电感耦合等离子体原子发射光谱分析。

9 精密度

本标准的精密度是由8个实验室共同试验，并按GB/T 6379.1和GB/T 6379.2规定进行统计分析所确定的结果，精密度见表5。

表5 精密度

元素	含量范围(质量分数)/%	重复性限 r	再现性限 R
P	0.003～0.037	$r=0.1031m+0.0002$	$\lg R=0.7336\lg m-1.1695$
Mn	0.054～1.0	$\lg r=0.5326\lg m-1.7231$	$\lg R=0.5102\lg m-1.1652$
Cr	0.038～0.71	$\lg r=0.5579\lg m-1.5517$	$\lg R=0.84\lg m-1.2087$
Co	0.030～2.25	$\lg r=0.5293\lg m-1.6989$	$R=0.0832m+0.0047$
Cu	0.0079～0.29	$\lg r=0.76\lg m-1.7909$	$R=0.0438m+0.0014$
Si	0.10～0.53	$\lg r=1.0876\lg m-1.5609$	$\lg R=0.6757\lg m-1.0639$
式中：m是分析元素的含量，用质量分数计，以%表示。			

重复性限r、再现性限R按以上表5给出的方程求得。

在重复性条件下，获得的2次独立测试结果的绝对差值不大于重复性限(r)，大于重复性限(r)的情况以不超过5%为前提；

在再现性条件下，获得的2次独立测试结果的绝对差值不大于再现性限(R)，大于再现性限(R)的情况以不超过5%为前提。

10 分析结果的表示

分析结果为2次独立分析结果的平均值，分析结果保留小数点后2位有效数字。

11 试验报告

试验报告应包括下列内容：

a) 识别样品、实验室和试验日期所需的全部资料；
b) 引用标准；
c) 结果与其表示；
d) 使用的分析线；
e) 测定中发现的异常现象；
f) 在测定过程中注意到的任何特性和本标准中没有规定的可能对试样和认证标准物质的结果产生影响的任何操作。

附　录　A
（规范性附录）
电感耦合等离子体光谱仪检出限(DL)、背景等效浓度(BEC)性能试验

A.1　目的

本附录中给出的性能试验目的在于使用不同类型的仪器对等离子体光谱仪检出限(DL)，背景等效浓度(BEC)性能进行适当的测定，允许不同的仪器使用不同的操作条件，但等离子体光谱仪最终能产生一致的结果。

需要试验的元素见表3。

A.2　定义

本标准应用以下定义。

A.2.1　检出限(DL)：当元素产生最小浓度信号时，可以认为超出了任何带有一定规定等级的伪背景信号；另一方面，元素浓度产生信号是背景水平值标准偏差的3倍。

A.2.2　背景等效浓度(BEC)：是产生与背景强度值相等的净强度相当于分析元素的浓度；是对给定波长灵敏度的度量。

A.3　校准溶液

应制备3个与试料基体铁镍含量相当的基体溶液和所有需要试验的元素浓度等级为0×DL(空白)，10×DL，和1 000×DL的校准溶液。

制备校准溶液的DL值可以是实验室值或是表3中给出的估计值。

A.4　程序

该程序用于每一试验元素的操作。

应按制造商的建议和实验室的定量分析的实践经验对等离子体光谱仪进行最初的调节。吸入空白液并取10次强度读数。对另外两种参比溶液重复此操作。

使用式(A.1)计算分析曲线的斜率：

$$M = C_2/(I_2 - I_b) \qquad \cdots\cdots\cdots\cdots (A.1)$$

式中：

M——分析曲线的斜率；

C_2——第二个参比溶液的浓度，比检出限高一级；

I_2——第二个参比溶液10次原始强度读数的平均值；

I_b——空白溶液10次强度读数的平均值。

使用式(A.2)计算DL：

$$\mathrm{DL} = 3S_bM \qquad \cdots\cdots\cdots\cdots (A.2)$$

式中：

DL——检出限，单位为微克每毫升(μg/mL)；

S_b——是10次空白强度读数的标准偏差。

使用式(A.3)计算BEC：

$$\mathrm{BEC} = M \times I_b \qquad \cdots\cdots\cdots\cdots (A.3)$$

式中：

BEC——背景等效浓度，单位为微克每毫升（$\mu g/mL$）。

从原始平均强度（I_3）与空白平均强度 I_b 的差值来计算参比溶液 3 的净平均强度（IN_3），如下：

$$IN_3 = I_3 - I_b \qquad \text{(A.4)}$$

式中：

IN_3——溶液 3（DL 的 1 000 倍）的净平均强度。

附 录 B
(规范性附录)
校准曲线的标准化(漂移校正)

校准曲线的定期检查和校正,按如下操作进行:

取两份校准溶液,各分析元素的含量分别是最低和最高的。

在绘制的校准曲线中,测定这两种校准溶液的光谱强度,按式(B.1)和式(B.2)计算校正系数 α 和 β。

$$\alpha = \frac{I_{H0} - I_{L0}}{I_H - I_L} \quad \cdots\cdots(B.1)$$

$$\beta = I_{L0} - \alpha I_L \quad \cdots\cdots(B.2)$$

式中:

I_{H0}——高含量校准溶液的初始测量强度;

I_{L0}——低含量校准溶液的初始测量强度;

I_H——高含量校准溶液在一定时间间隔后的测量强度;

I_L——低含量校准溶液在一定时间间隔后的测量强度;

测定的试样溶液光谱强度应使用校正系数 α 和 β 校正,按式(B.3)计算:

$$I_C = \alpha \cdot I + \beta \quad \cdots\cdots(B.3)$$

式中:

I_C——经校正后的强度值;

I——测定强度值。

在下次校正前,同一批分析中应使用相同的 α 和 β 值。

注 1:标准化频率取决于仪器的特性。一般,30 min 或每隔 10~20 个试样,用相同的校准溶液校正校准曲线。

注 2:校正后的强度值(I_C)用来计算分析元素含量,该计算通常由计算机来完成。

ICS 73.060.10
D 31

中华人民共和国国家标准

GB/T 24586—2009

铁矿石　表观密度、真密度和孔隙率的测定

Iron ores—Determination of apparent density, true density and porosity

2009-10-30 发布　　　　2010-05-01 实施

中华人民共和国国家质量监督检验检疫总局
中国国家标准化管理委员会　发布

前　言

本标准的附录B和附录D为规范性附录，附录A和附录C为资料性附录。

本标准由中国钢铁工业协会提出。

本标准由全国铁矿石与直接还原铁标准化技术委员会归口。

本标准主要起草单位：宁波检验检疫科学技术研究院、冶金工业信息标准研究院、深圳出入境检验检疫局、上海出入境检验检疫局、山东出入境检验检疫局、天津出入境检验检疫局。

本标准主要起草人：廖海平、应海松、任春生、张志钢、陈自斌、梁烽、李晨、郭兵、谷松海。

铁矿石 表观密度、真密度和孔隙率的测定

警告：使用本标准的人员应有正规实验室工作的实践经验。本标准并未指出所有可能的安全问题。使用者有责任采取适当的安全和健康措施，并保证符合国家有关法规规定的条件。

1 范围

本标准规定了铁矿石表观密度、真密度和孔隙率的测定方法。

本标准适用于球团铁矿表观密度、真密度和孔隙率的测定。

2 规范性引用文件

下列文件中的条款通过本标准的引用而成为本标准的条款。凡是注日期的引用文件，其随后所有的修改单（不包括勘误的内容）或修订版均不适用于本标准，然而，鼓励根据本标准达成协议的各方研究是否可使用这些文件的最新版本。凡是不注日期的引用文件，其最新版本适用于本标准。

GB/T 8170 数值修约规则与极限数值的表示和判定

GB/T 10122 铁矿石（烧结矿、球团矿）物理实验用试样的取样和制样方法

GB/T 10322.1 铁矿石 取样和制样方法（GB/T 10322.1—2000，idt ISO 3082:1998）

3 表观密度

3.1 原理

将水浸入球团矿的孔隙以后，分别称量出样品在空气中和已知密度的水中的质量，根据阿基米德定律计算出体积，用空气中干球质量除以体积计算出试样的表观密度。

3.2 试剂

蒸馏水，新近制备。

3.3 设备和器具

3.3.1 试验篮，作为球团矿浸入蒸馏水时的盛装容器，应由不与蒸馏水反应且不附着气泡的材质制成，见附录A图A.1。悬挂线，用于将试验篮悬挂于水中，悬挂线的直径不大于0.3 mm。

3.3.2 吸水海绵，由两对海绵组成，海绵的表面包着纱布，以吸收球团矿表面上的蒸馏水，见附录A图A.2。

3.3.3 烧杯，用于水中称量球团矿，其体积合适，杯壁不接触试验篮，基体平面面积应足够大，使得称量试样时，不明显改变水位。烧杯座，用于调节烧杯高度，采用木头或金属材质，不能采用可能产生静电的材质，如丙烯酸树脂。

3.3.4 干燥箱，可控温在105 ℃±5 ℃。

3.3.5 天平，精确至1 mg。

3.3.6 温度计，精确至0.5 ℃。

3.4 试样的制备

根据GB/T 10122规定制备试样，试样应在烘箱内烘干（105 ℃±5 ℃，不少于12 h），试验前冷却至室温。使用格槽缩样器对总样品进行等分，该样品应在12.5 mm和10.0 mm试验筛中进行筛分，保留小于12.5 mm且大于10.0 mm试样，随机取18个球团矿构成一份试样。测试样品粒度范围也可由双方商定。

3.5 试验步骤

3.5.1 称量试样的质量,记为 m_1。

3.5.2 将试样放入试验篮里,将盛有试样的试验篮浸入蒸馏水中并摇动试验篮以除去气泡,静置20 min后,记录试样和试验篮质量之和,记为 m_2,见附录 A 图 A.3。

3.5.3 将试验球团从蒸馏水中取出,相互独立地放在一对吸水海绵(3.3.2)里。然后,用手轻轻挤压海绵,以吸收附在试验样上的蒸馏水,称量后记录质量,记为 m_3。

注:使用纱布的新鲜表面。

3.5.4 将空试验篮再次浸入水中,记录试验篮在水中的质量,记为 m_4。

3.5.5 测量容器中水的温度,利用附录 B 中的表格查得该温度下蒸馏水的密度(ρ_1)。

3.6 表观密度计算

用式(1)计算试验样的表观密度 ρ_a,

$$\rho_a = \frac{m_1}{m_3 - (m_2 - m_4)}\rho_1 \qquad \cdots\cdots(1)$$

式中:

ρ_a——表观密度,单位为克每立方厘米(g/cm³);

m_1——试样空气中的质量,单位为克(g);

m_2——试样和试验篮水中质量之和,单位为克(g);

m_3——湿球空气中的质量,单位为克(g);

m_4——试验篮水中的质量,单位为克(g);

ρ_1——试验温度下蒸馏水的密度,单位为克每立方厘米(g/cm³)。

4 真密度

4.1 原理

在已知体积的容器内加入试样,密闭容器后通入一定量氦气,用压力传感器测出容器内压力,然后将容器内的气体向另一已知压力和体积的容器扩散,用压力传感器测出两个连通容器内的平衡压力,根据气体定律得出试样的真实体积,然后用试样质量除以体积计算出真密度。

4.2 试剂

高纯氦气,纯度为 99.99%或以上。

4.3 仪器与设备

4.3.1 真密度仪,结构如附录 A 图 A.4 所示,仪器工作原理见附录 C。

4.3.2 天平,精确至 0.1 mg。

4.3.3 干燥箱,同 3.3.4。

4.3.4 磨样机,可将铁矿石磨至 63 μm 级或更细。

4.4 试样的制备

根据 GB/T 10322.1 规定制备出粒径小于 63 μm 的分析试样,105 ℃干燥 3 h 以上,5 g～30 g 样品构成一份试样。

4.5 分析步骤

按照仪器操作说明书,装好样品,输入样品质量,选好试验参数开始检测,试验完毕后直接读出真密度数据。

5 结果表示

5.1 孔隙率的计算

孔隙率按式(2)计算:

$$P = \frac{\rho - \rho_a}{\rho} \times 100 \qquad \cdots\cdots(2)$$

式中：

P——孔隙率，%；

ρ——真密度，单位为克每立方厘米（g/cm^3），可接受分析值的平均值；

ρ_a——表观密度，单位为克每立方厘米（g/cm^3），可接受分析值的平均值。

5.2 结果的重复性及其验收

两次平行试验的结果之差不应超过表1中给出的值。如果不满足此条件，应根据附录D给出的试验结果验收程序做进一步的平行试验。

表1 重复性

检测项目	重复性 R_d/(g/cm^3)
表观密度	0.080
真密度	0.066

6 试验报告

试验报告包括下列内容：

a) 测试实验室名称和地址；

b) 试验报告发布日期；

c) 本标准的编号；

d) 试样本身必要的详细说明；

e) 分析结果；

f) 测定过程中存在的任何异常特性和在本标准中没有规定的可能对试样或标准样品的分析结果产生影响的任何操作。

附　录　A
（资料性附录）
试验器具及仪器结构示意图

单位为毫米

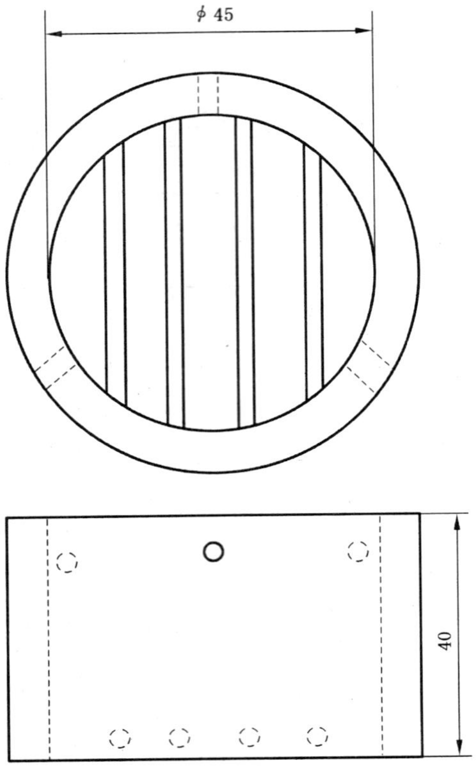

图 A.1　实验盒结构与尺寸示意图

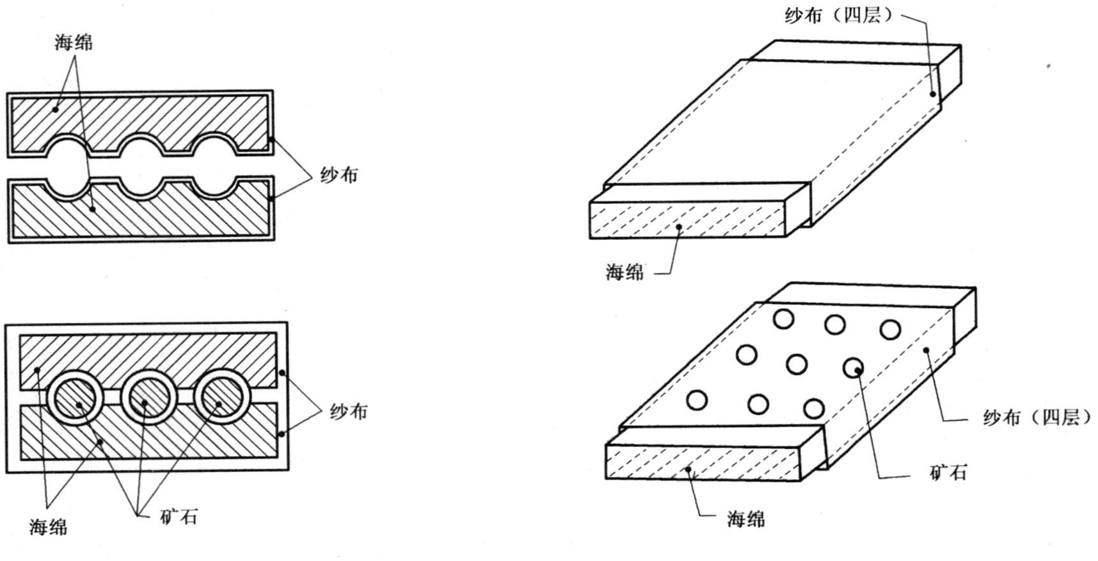

图 A.2　吸水海绵

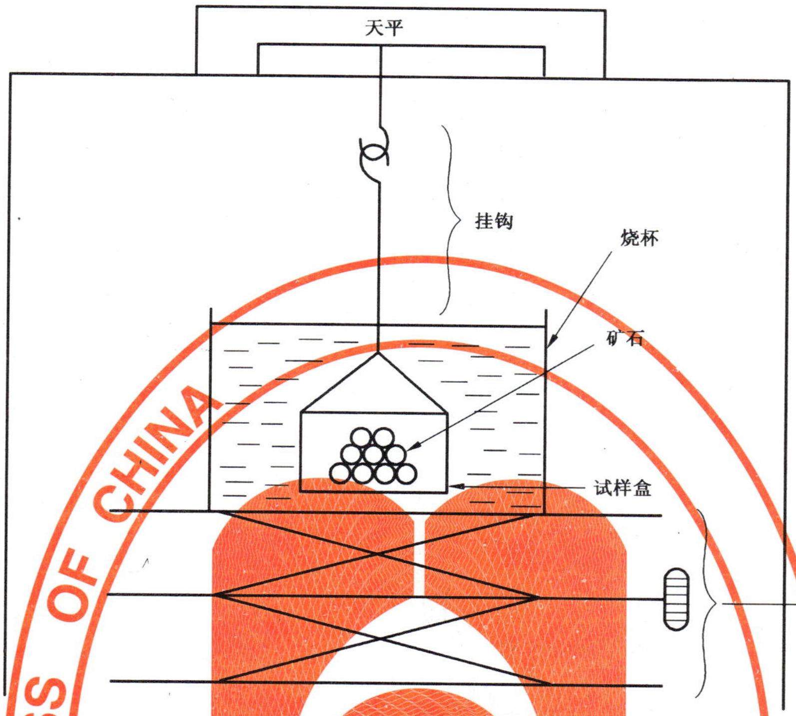

图 A.3 水中测定质量的示意图

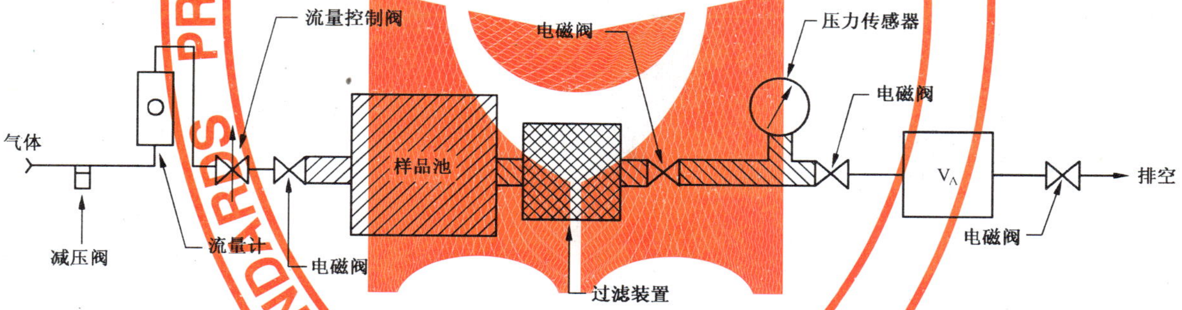

图 A.4 真密度仪结构示意图

附 录 B
（规范性附录）
不同温度下蒸馏水的密度

温度/℃	密度/(g/cm³)	温度/℃	密度/(g/cm³)
9	0.998 43	21	0.997 00
10	0.998 39	22	0.996 80
11	0.998 31	23	0.996 61
12	0.998 23	24	0.996 39
13	0.998 14	25	0.996 18
14	0.998 04	26	0.995 94
15	0.997 93	27	0.995 70
16	0.997 80	28	0.995 45
17	0.997 65	29	0.995 19
18	0.997 54	30	0.994 92
19	0.997 34	31	0.994 64
20	0.997 18	32	0.994 35

附　录　C
（资料性附录）
真密度仪工作方程的推导

如附录A图A.4所示，阴影部分为样品池体积 V_1，V_1 和 V_a 均为已知。将体积为 V 的试验样放入样品池，充入氦气将空气全部赶跑，然后关闭 V_1 和 V_2 之间的电磁阀，继续充入氦气，使样品池压力升至 P(约2个大气压)后关闭流量计和样品池之间的电磁阀，此时，样品池内的气体状态方程可表示为：

$$P(V_1 - V) = nRT \tag{C.1}$$

式中：

T——样品池内温度，单位为开尔文(K)。

然后打开 V_1 和 V_2 之间的电磁阀(V_2 与外界之间的电磁阀处于关闭状态)，平衡后体系压力降至 P_1，气体状态方程可表示为：

$$P_1(V_1 - V + V_a) = nRT + n'RT \tag{C.2}$$

式中：

n' 为 V_a 原来所包含的气体的物质的量。

上式可转化为：

$$P_1(V_1 - V + V_a) = P(V_1 - V) + P_aV_a \tag{C.3}$$

$$(P_1 - P)(V_1 - V) = (P_a - P_1)V_a \tag{C.4}$$

$$(V_1 - V) = \frac{(P_a - P_1)}{P_1 - P}V_a \tag{C.5}$$

$$V = V_1 - \frac{(P_a - P_1)}{(P_1 - P_a) - (P - P_a)}V_a = V_1 + \frac{V_a}{1 - \dfrac{P - P_a}{P_1 - P_a}} \tag{C.6}$$

压力传感器测得的压力为表压(绝对压力减去大气压)，即 P_a 等于0，上式简化为：

$$V = V_1 + \frac{V_a}{1 - P/P_1} \tag{C.7}$$

方程(C.7)即为真密度仪的工作方程。

附 录 D
（规范性附录）
试样分析值验收流程图

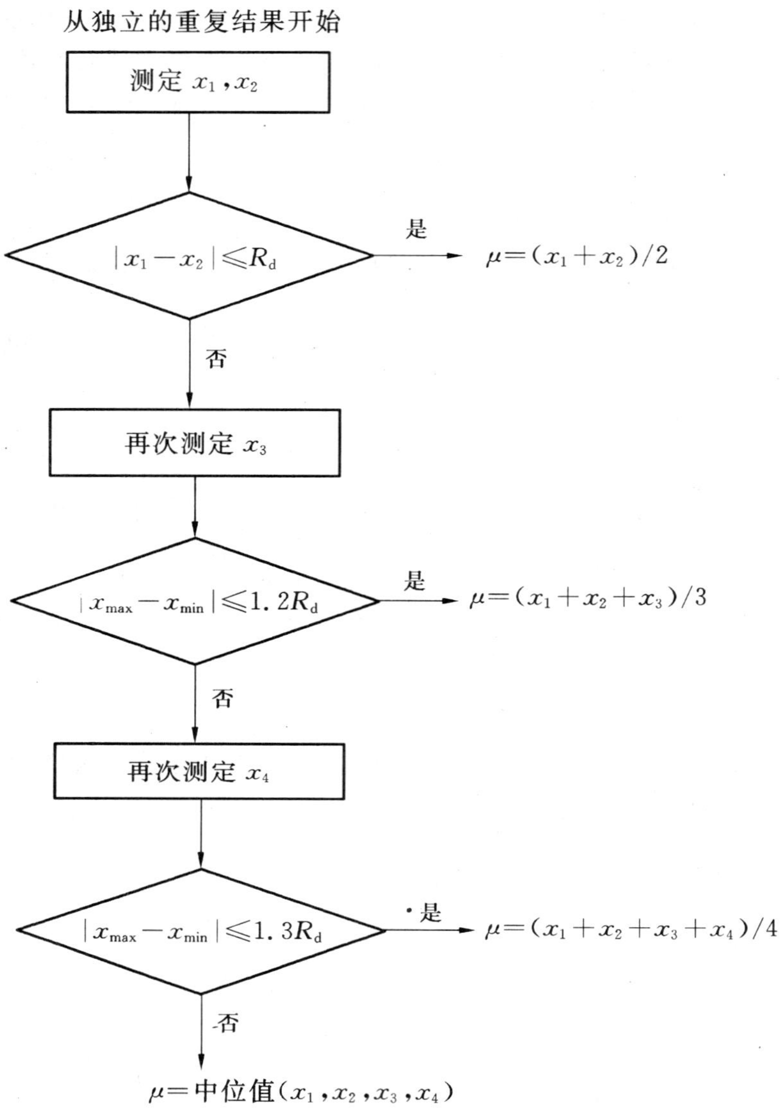

ICS 77.140.60
H 44

中华人民共和国国家标准

GB/T 24587—2009

预应力混凝土钢棒用热轧盘条

Hot-rolled wire rods for prestressing steel bars of concrete

2009-10-30 发布　　　　2010-05-01 实施

中华人民共和国国家质量监督检验检疫总局
中国国家标准化管理委员会　发布

前　言

本标准由中国钢铁工业协会提出。

本标准由全国钢标准化技术委员会归口。

本标准起草单位:天津钢铁有限公司、天津市银龙预应力钢材集团有限公司、唐山钢铁股份有限公司、邢台钢铁有限责任公司、冶金工业信息标准研究院。

本标准主要起草人:吴波、巩文旭、赵玉秀、余景歧、谢志钦、邓翠青、孙晓玲、韩伟旗、王玲君、戴石锋。

预应力混凝土钢棒用热轧盘条

1 范围

本标准规定了预应力混凝土钢棒用热轧盘条的订货内容、尺寸、外形、重量及允许偏差、技术要求、试验方法、检验规则、包装、标志及质量证明书等。

本标准适用于制造预应力混凝土钢棒用热轧盘条。

2 规范性引用文件

下列文件中的条款通过本标准的引用而成为本标准的条款。凡是注日期的引用文件，其随后所有的修改单(不包括勘误的内容)或修订版均不适用于本标准，然而，鼓励根据本标准达成协议的各方研究是否可使用这些文件的最新版本。凡是不注日期的引用文件，其最新版本适用于本标准。

GB/T 222　钢的成品化学成分允许偏差

GB/T 223.3　钢铁及合金化学分析方法　二安替吡啉甲烷磷钼酸重量法测定磷量

GB/T 223.11　钢铁及合金　铬含量的测定　可视滴定或电位滴定法(GB/T 223.11—2008，ISO 4937:1986，MOD)

GB/T 223.12　钢铁及合金化学分析方法　碳酸钠分离-二苯碳酰二肼光度法测定铬量

GB/T 223.18　钢铁及合金化学分析方法　硫代硫酸钠分离-碘量法测定铜量

GB/T 223.19　钢铁及合金化学分析方法　新亚铜灵-三氯甲烷萃取光度法测定铜量

GB/T 223.23　钢铁及合金　镍含量的测定　丁二酮肟分光光度法(GB/T 223.23—2008，ISO 4939:1984，MOD)

GB/T 223.53　钢铁及合金化学分析方法　火焰原子吸收分光光度法测定铜量

GB/T 223.54　钢铁及合金化学分析方法　火焰原子吸收分光光度法测定镍量

GB/T 223.58　钢铁及合金化学分析方法　亚砷酸钠-亚硝酸钠滴定法测定锰量

GB/T 223.59　钢铁及合金　磷含量的测定　铋磷钼蓝分光光度法和锑磷钼蓝分光光度法

GB/T 223.60　钢铁及合金化学分析方法　高氯酸脱水重量法测定硅含量

GB/T 223.61　钢铁及合金化学分析方法　磷钼酸铵容量法测定磷量

GB/T 223.62　钢铁及合金化学分析方法　乙酸丁酯萃取光度法测定磷量

GB/T 223.63　钢铁及合金化学分析方法　高碘酸钠(钾)光度法测定锰量

GB/T 223.64　钢铁及合金　锰含量的测定　火焰原子吸收光谱法

GB/T 223.67　钢铁及合金　硫含量的测定　次甲基蓝分光光度法(GB/T 223.67—2008，ISO 10701:1994，IDT)

GB/T 223.68　钢铁及合金化学分析方法　管式炉内燃烧后碘酸钾滴定法测定硫含量

GB/T 223.69　钢铁及合金　碳含量的测定　管式炉内燃烧后气体容量法(GB/T 223.69—2008，JISG 1211:1986，MOD)

GB/T 223.71　钢铁及合金化学分析方法　管式炉内燃烧后重量法测定碳含量

GB/T 224　钢的脱碳层深度测定法(GB/T 224—1987，eqv ISO 3887:1976)

GB/T 228　金属材料　室温拉伸试验方法(GB/T 228—2002，eqv ISO 6892:1998)

GB/T 2101　型钢验收、包装、标志及质量证明书的一般规定

GB/T 4336　碳素钢和中低合金钢　火花源原子发射光谱分析方法(常规法)

GB/T 10561　钢中非金属夹杂物含量的测定　标准评级图显微检验法(GB/T 10561—2005，ISO 4967:1998，IDT)

GB/T 13298 金属显微组织检验方法

GB/T 14981 热轧盘条尺寸、外形、重量及允许偏差

GB/T 20066 钢和铁 化学成分测定用试样的取样和制样方法(GB/T 20066—2006,ISO 14284:1996,IDT)

3 订货内容

按本标准订货的合同或订单应包括下列内容:

a) 标准编号;
b) 产品名称;
c) 牌号;
d) 规格;
e) 尺寸精度级别;
f) 重量(或数量);
g) 交货状态;
h) 其他特殊要求。

4 尺寸、外形、重量及允许偏差

4.1 盘条的尺寸、外形、重量及允许偏差应符合 GB/T 14981 的规定。

4.2 如对盘条的尺寸、外形、重量有特殊要求,由供需双方协商确定,并在合同中注明。

5 技术要求

5.1 牌号及化学成分

5.1.1 盘条的牌号及化学成分(熔炼分析)应符合表 1 的规定。

5.1.2 在钢坯或盘条上取样进行化学分析时,其化学成分允许偏差应符合 GB/T 222 中的相关规定。

5.1.3 经供需双方协议,并在合同中注明,可供应其他牌号和化学成分的盘条。

5.2 冶炼方法

盘条用钢由氧气转炉或电炉冶炼。

5.3 交货状态

盘条以热轧状态交货。

5.4 力学性能

根据需方要求,盘条可进行力学性能检测,检测项目和性能指标由供需双方协商确定。

表 1 盘条的牌号及化学成分

牌号	化学成分(质量分数)/%							
	C	Si	Mn	P	S	Ni	Cr	Cu
30MnSi	0.28～0.33	0.70～1.10	0.90～1.30	≤0.025	≤0.025	≤0.25	≤0.25	≤0.20
30Si2Mn	0.28～0.33	1.55～1.85	0.60～0.90	≤0.025	≤0.025	≤0.25	≤0.25	≤0.20
35Si2Mn	0.34～0.38	1.55～1.85	0.60～0.90	≤0.025	≤0.025	≤0.25	≤0.25	≤0.20
35Si2Cr	0.34～0.38	1.55～1.85	0.40～0.70	≤0.025	≤0.025	≤0.25	0.30～0.60	≤0.20
40Si2Mn	0.38～0.43	1.45～1.85	0.80～1.20	≤0.025	≤0.025	≤0.25	≤0.25	≤0.20
48Si2Mn	0.46～0.51	1.45～1.85	0.80～1.20	≤0.025	≤0.025	≤0.25	≤0.25	≤0.20
45Si2Cr	0.43～0.48	1.55～1.95	0.40～0.70	≤0.025	≤0.025	≤0.25	0.30～0.60	≤0.20

5.5 脱碳层

根据需方要求，并在合同中注明，盘条可进行脱碳层深度检验，盘条一边总脱碳层（铁素体＋过渡层）分为二组，如表 2 所示，表中 D 为盘条公称直径。组别在合同中注明，未注明者按Ⅱ组执行。

表 2 总脱碳层深度要求

组别	总脱碳层深度
Ⅰ	≤1.0%D
Ⅱ	≤1.5%D

5.6 表面质量

5.6.1 盘条应将头、尾有害缺陷部分切除，其截面不得有缩孔、分层及夹杂。

5.6.2 盘条表面应光滑，不得有裂纹、折叠、耳子、结疤、分层及夹杂，允许有压痕及局部的凸块、划痕、麻面，其深度或高度（从实际尺寸算起）不得大于 0.10 mm。

5.7 特殊要求

根据需方要求，经供需双方协议，可进行显微组织、非金属夹杂物等检验，各项检验的指标由供需双方协商确定，并在合同中注明。

6 试验方法

6.1 钢的化学成分可采用常用方法进行检测，仲裁时，应按照 GB/T 223 的规定进行。

6.2 每批盘条的检验项目，其取样数量、取样方法及部位、试验方法应符合表 3 的规定。

7 检验规则

7.1 检查及验收

盘条的质量检查与验收由供方技术监督部门进行。需方有权按本标准规定进行检查与验收。

7.2 组批规则

盘条应成批验收，每批由同一炉号、同一牌号、同一规格的盘条组成。

表 3 检验项目、取样数量、取样方法及试验方法

序号	检验项目	取样数量/个	取样方法及部位	试验方法
1	化学成分	1/炉	GB/T 20066	GB/T 4336、GB/T 223(见第 2 章)
2	拉伸试验	2	不同根盘条	GB/T 228
3	脱碳	2	不同根盘条	GB/T 224
4	非金属夹杂	2	不同根盘条	GB/T 10561
5	显微组织	2	不同根盘条	GB/T 13298
6	尺寸	逐盘	GB/T 14981	千分尺、游标卡尺
7	表面	逐盘	—	目视

7.3 复验与判定规则

盘条的复验与判定规则应符合 GB/T 2101 的规定。

8 包装、标志和质量证明书

盘条的包装、标志及质量证明书应符合 GB/T 2101 的规定。

ICS 77.140.65
H 49

中华人民共和国国家标准

GB/T 24588—2009

不锈弹簧钢丝

Stainless steel wires for spring

2009-10-30 发布　　2010-05-01 实施

中华人民共和国国家质量监督检验检疫总局
中国国家标准化管理委员会　发布

前　言

本标准修改采用 JIS G 4314:1994《弹簧用不锈钢丝》(英文版)。

为了方便比较,附录 B 中给出了技术差异及其原因的一览表以供参考。

本标准自实施之日起,YB(T)11—1983 废止。

本标准的附录 A 和附录 B 为资料性附录。

本标准由中国钢铁工业协会提出。

本标准由全国钢标准化技术委员会归口。

本标准主要起草单位:东北特殊钢集团有限责任公司、江阴康瑞不锈钢制品有限公司、冶金工业信息标准研究院、法尔胜集团公司、永兴特种不锈钢股份有限公司。

本标准主要起草人:徐效谦、真娟、朱卫、王玲君、刘翔、戴石锋、章建江、徐钦华、朱诚。

不 锈 弹 簧 钢 丝

1 范围

本标准规定了不锈弹簧钢丝的术语和定义、订货内容、牌号与组别、尺寸、外形、重量及允许偏差、技术要求、试验方法、检验规则、包装、标志和质量证明书。

本标准适用于制作弹簧用奥氏体型和沉淀硬化型不锈弹簧钢丝。

2 规范性引用文件

下列文件中的条款通过本标准的引用而成为本标准的条款。凡是注日期的引用文件，其随后所有的修改单(不包括勘误的内容)或修订版均不适用于本标准，然而，鼓励根据本标准达成协议的各方研究是否可使用这些文件的最新版本。凡是不注日期的引用文件，其最新版本适用于本标准。

GB/T 222 钢的成品化学成分允许偏差

GB/T 223.3 钢铁及合金化学分析方法 二安替吡啉甲烷磷钼酸重量法测定磷量

GB/T 223.4 钢铁及合金 锰含量的测定 电位滴定或可视滴定法

GB/T 223.5 钢铁 酸溶硅和全硅含量的测定 还原型硅钼酸盐分光光度法

GB/T 223.8 钢铁及合金化学分析方法 氟化钠分离-EDTA 滴定法测定铝含量

GB/T 223.11 钢铁及合金 铬含量的测定 可视滴定或电位滴定法

GB/T 223.17 钢铁及合金化学分析方法 二安替吡啉甲烷光度法测定钛量

GB/T 223.18 钢铁及合金化学分析方法 硫代硫酸钠分离-碘量法测定铜量

GB/T 223.23 钢铁及合金 镍含量的测定 丁二酮肟分光光度法

GB/T 223.25 钢铁及合金化学分析方法 丁二酮肟重量法测定镍量

GB/T 223.26 钢铁及合金 钼含量的测定 硫氰酸盐分光光度法

GB/T 223.28 钢铁及合金化学分析方法 α-安息香肟重量法测定钼量

GB/T 223.36 钢铁及合金化学分析方法 蒸馏分离-中和滴定法测定氮量

GB/T 223.37 钢铁及合金化学分析方法 蒸馏分离-靛酚蓝光度法测定氮量

GB/T 223.58 钢铁及合金化学分析方法 亚砷酸钠-亚硝酸钠滴定法测定锰量

GB/T 223.59 钢铁及合金 磷含量的测定 铋磷钼蓝分光光度法和锑磷钼蓝分光光度法

GB/T 223.60 钢铁及合金化学分析方法 高氯酸脱水重量法测定硅含量

GB/T 223.61 钢铁及合金化学分析方法 磷钼酸铵容量法测定磷量

GB/T 223.62 钢铁及合金化学分析方法 乙酸丁酯萃取光度法测定磷量

GB/T 223.63 钢铁及合金化学分析方法 高碘酸钠(钾)光度法测定锰量(GB/T 223.63—1998,neq ISO R 629)

GB/T 223.67 钢铁及合金 硫含量的测定 次甲基蓝分光光度法

GB/T 223.68 钢铁及合金化学分析方法 管式炉内燃烧后碘酸钾滴定法测定硫含量

GB/T 223.69 钢铁及合金 碳含量的测定 管式炉内燃烧后气体容量法

GB/T 223.71 钢铁及合金化学分析方法 管式炉内燃烧后重量法测定碳含量

GB/T 223.72 钢铁及合金 硫含量的测定 重量法

GB/T 228 金属材料 室温拉伸试验方法(GB/T 228—2002,eqv ISO 6892:1998)

GB/T 238 金属材料 线材 反复弯曲试验方法(GB/T 238—2002,ISO 7801:1984,IDT)

GB/T 239 金属线材扭转试验方法(GB/T 239—1999,eqv ISO 7800:1984)

GB/T 342—1997 冷拉圆钢丝、方钢丝、六角钢丝尺寸、外形、重量及允许偏差

GB/T 2103—2008 钢丝验收、包装、标志和质量证明书的一般规定

GB/T 2976 金属材料 线材 缠绕试验方法(GB/T 2976—2004,ISO 7802:1983,IDT)

GB/T 4240—2009 不锈钢丝

GB/T 4356 不锈钢盘条

GB/T 11170 不锈钢的光电发射光谱分析方法

GB/T 20066 钢和铁 化学成分测定用试样的取样和制样方法(GB/T 20066—2006,ISO 14284:1996,IDT)

GB/T 20123 钢铁 总碳硫含量的测定 高频感应炉燃烧后红外吸收法(常规方法)(GB/T 20123—2006,ISO 15350:2000,IDT)

GB/T 20124 钢铁 氮含量的测定 惰性气体熔融热导法(常规方法)(GB/T 20124—2006,ISO 15351:1999,IDT)

3 术语和定义

GB/T 4240 中确定的以及下列术语和定义适用于本标准。

3.1

圈距 pitch

从盘卷或线轴上截取几圈钢丝,使其处于自由状态,然后从其中截取一整圈钢丝,取其中点无约束地垂直悬挂,钢丝两端之间圈轴线方向的距离。

3.2

自由圈径 diameter of free ring

从盘卷或线轴上截取几圈钢丝,使其处于自由状态,然后从其中截取一整圈钢丝,无约束地放在水平面上,钢丝圈的外径。

4 订货内容

按本标准订货的合同或订单应包括下列内容:

a) 本标准号;

b) 产品名称;

c) 牌号;

d) 尺寸与外形(见第 6 章);

e) 重量(或数量);

f) 交货状态(见 7.2);

g) 其他要求。

5 牌号与组别

钢丝按牌号和抗拉强度等级分为 4 个组别,各牌号适用强度组别及相应直径范围见表 1。

表 1 钢丝的牌号和组别

牌 号	组 别	公称直径范围/mm
12Cr18Ni9 06Cr19Ni9 06Cr17Ni12Mo2 10Cr18Ni9Ti 12Cr18Mn9Ni5N	A	0.20～10.0

表 1（续）

牌　　号	组　　别	公称直径范围/mm
12Cr18Ni9 06Cr18Ni9N 12Cr18Mn9Ni5N	B	0.20～12.0
07Cr17Ni7Al	C	0.20～10.0
12Cr17Mn8Ni3Cu3N[a]	D	0.20～6.0
[a] 此牌号不宜在耐蚀性要求较高的环境中应用。		

6 尺寸、外形、重量及允许偏差

6.1 钢丝公称直径范围见表 1 所示。

6.2 钢丝直径允许偏差应符合 GB/T 342—1997 表 2 中 h11 级的规定。经双方商定，并在合同中注明，可提供 GB/T 342—1997 表 3 中规定的负偏差或其他级别的钢丝。

6.3 钢丝的不圆度应不大于直径公差之半。

6.4 钢丝以盘卷或缠线轴交货。盘卷应规整，打开盘卷时钢丝不允许散乱、扭曲或呈"∞"字形；线轴应保证放线顺畅，端头有明显标识。其圈距和自由圈径应符合表 2 规定。

表 2　盘卷的圈距和自由圈径

单位为毫米

钢丝公称直径	圈距不大于	收线方式及其自由圈径
≤0.50	60	线轴收线的钢丝： 自由圈径应为盘径的 0.9 倍～2.5 倍。 盘卷收线的钢丝： 自由圈径应为盘径的 0.9 倍～1.5 倍
>0.50～1.0	80	
>1.0～2.0	90	
>2.0	100	

6.5 每盘或每轴钢丝应由一根钢丝组成，其重量应符合表 3 规定。

表 3　钢丝的盘（轴）重

钢丝公称直径/mm	每盘（轴）重量不小于/kg
0.20～0.30	0.3
>0.30～0.60	1.0
>0.60～1.50	3.0
>1.50	5.0

7 技术要求

7.1 牌号及化学成分

7.1.1 钢丝用钢的牌号及化学成分（熔炼分析）应符合表 4 规定。

7.1.2 钢丝的化学成分允许偏差应符合 GB/T 222 的规定。

7.2 交货状态

7.2.1 钢丝以冷拉状态交货。

7.2.2 根据钢丝表面光亮或洁净程度，表面状态可分为雾面、亮面、清洁面和涂（镀）层表面 4 种，需方不作说明时由供方确定表面状态。

7.2.3 经供需双方商定，可提供直条或磨光状态钢丝。

7.3 钢丝用盘条

除化学成分外，钢丝用盘条其他技术要求应符合 GB/T 4356 的规定。

表 4 钢丝的牌号及化学成分(熔炼分析)

牌号	化学成分(质量分数)/%										
	C	Si	Mn	P	S	Cr	Ni	Mo	Cu	N	其他元素
06Cr19Ni9	0.08	1.00	2.00	0.045	0.030	18.00～20.00	8.00～10.50	—	—	0.10	—
12Cr18Ni9	0.15	1.00	2.00	0.045	0.030	17.00～19.00	8.00～10.00	—	—	0.10	—
06Cr19Ni9N	0.08	1.00	2.50	0.045	0.030	18.00～20.00	7.00～10.50	—	—	0.10～0.30	—
07Cr17Ni7Al[a]	0.09	1.00	1.00	0.040	0.030	16.00～18.00	6.50～7.75	—	—	—	Al:0.75～1.50
06Cr17Ni12Mo2	0.08	1.00	2.00	0.045	0.030	16.00～18.00	10.00～14.00	2.00～3.00	—	0.10	—
12Cr18Mn9Ni5N	0.15	1.00	7.50～10.0	0.050	0.030	17.00～19.00	4.00～6.00	—	—	0.05～0.30	—
12Cr17Mn8Ni3Cu3N	0.15	1.00	6.50～9.00	0.060	0.030	15.50～17.50	1.50～3.50	—	2.00～4.00	0.05～0.30	—
注：表中未注明范围的是指最大值。											
[a] 经双方商定，镍质量分数可为 7.00%～8.20%。											

7.4 力学性能

7.4.1 钢丝的抗拉强度应符合表 5 的规定。中间尺寸钢丝的抗拉强度按相邻较大规格的规定执行。

7.4.2 直条或磨光状态钢丝的力学性能允许偏差为±10%。

7.5 工艺性能

7.5.1 扭转试验

经供需双方商定，直径 0.50 mm～4.0 mm 钢丝可进行扭转试验，扭转后钢丝表面不应有裂纹、折叠和起刺，扭转断口应垂直或近似垂直于轴线，不应有开裂或分层。

7.5.2 缠绕试验

经供需双方商定，直径不大于 4.00 mm 的钢丝可进行缠绕试验，沿钢丝直径的芯棒缠绕 8 圈，不应有断裂。直径大于 4.00 mm 但不大于 6.00 mm 的钢丝，沿 2 倍钢丝直径的芯棒缠绕 5 圈，不应有断裂。

7.5.3 弯曲试验

经供需双方商定，直径大于 6.00 mm 的钢丝可进行弯曲试验，沿 $r=10$ mm 的圆弧，向不同方向各弯曲一次 90°，表面不应有裂纹或开裂。

表 5 钢丝的力学性能

单位为兆帕

公称直径 d/mm	A 组	B 组	C 组		D 组
	12Cr18Ni9 06Cr19Ni9 06Cr17Ni12Mo2 10Cr18Ni9Ti 12Cr18Mn9Ni5N	12Cr18Ni9 06Cr18Ni9N 12Cr18Mn9Ni5N	07Cr17Ni7Al[a]		12Cr17Mn8Ni3Cu3N
			冷拉不小于	时效	
0.20	1 700～2 050	2 050～2 400	1 970	2 270～2 610	1 750～2 050
0.22	1 700～2 050	2 050～2 400	1 950	2 250～2 580	1 750～2 050

表 5（续）

单位为兆帕

公称直径 d/mm	A组	B组	C组		D组
	12Cr18Ni9 06Cr19Ni9 06Cr17Ni12Mo2 10Cr18Ni9Ti 12Cr18Mn9Ni5N	12Cr18Ni9 06Cr18Ni9N 12Cr18Mn9Ni5N	07Cr17Ni7Al[a]		12Cr17Mn8Ni3Cu3N
			冷拉 不小于	时效	
0.25	1 700～2 050	2 050～2 400	1 950	2 250～2 580	1 750～2 050
0.28	1 650～1 950	1 950～2 300	1 950	2 250～2 580	1 720～2 000
0.30	1 650～1 950	1 950～2 300	1 950	2 250～2 580	1 720～2 000
0.32	1 650～1 950	1 950～2 300	1 920	2 220～2 550	1 680～1 950
0.35	1 650～1 950	1 950～2 300	1 920	2 220～2 550	1 680～1 950
0.40	1 650～1 950	1 950～2 300	1 920	2 220～2 550	1 680～1 950
0.45	1 600～1 900	1 900～2 200	1 900	2 200～2 530	1 680～1 950
0.50	1 600～1 900	1 900～2 200	1 900	2 200～2 530	1 650～1 900
0.55	1 600～1 900	1 900～2 200	1 850	2 150～2 470	1 650～1 900
0.60	1 600～1 900	1 900～2 200	1 850	2 150～2 470	1 650～1 900
0.63	1 550～1 850	1 850～2 150	1 850	2 150～2 470	1 650～1 900
0.70	1 550～1 850	1 850～2 150	1 820	2 120～2 440	1 650～1 900
0.80	1 550～1 850	1 850～2 150	1 820	2 120～2 440	1 620～1 870
0.90	1 550～1 850	1 850～2 150	1 800	2 100～2 410	1 620～1 870
1.0	1 550～1 850	1 850～2 150	1 800	2 100～2 410	1 620～1 870
1.1	1 450～1 750	1 750～2 050	1 750	2 050～2 350	1 620～1 870
1.2	1 450～1 750	1 750～2 050	1 750	2 050～2 350	1 580～1 830
1.4	1 450～1 750	1 750～2 050	1 700	2 000～2 300	1 580～1 830
1.5	1 400～1 650	1 650～1 900	1 700	2 000～2 300	1 550～1 800
1.6	1 400～1 650	1 650～1 900	1 650	1 950～2 240	1 550～1 800
1.8	1 400～1 650	1 650～1 900	1 600	1 900～2 180	1 550～1 800
2.0	1 400～1 650	1 650～1 900	1 600	1 900～2 180	1 550～1 800
2.2	1 320～1 570	1 550～1 800	1 550	1 850～2 140	1 550～1 800
2.5	1 320～1 570	1 550～1 800	1 550	1 850～2 140	1 510～1 760
2.8	1 230～1 480	1 450～1 700	1 500	1 790～2 060	1 510～1 760
3.0	1 230～1 480	1 450～1 700	1 500	1 790～2 060	1 510～1 760
3.2	1 230～1 480	1 450～1 700	1 450	1 740～2 000	1 480～1 730
3.5	1 230～1 480	1 450～1 700	1 450	1 740～2 000	1 480～1 730
4.0	1 230～1 480	1 450～1 700	1 400	1 680～1 930	1 480～1 730
4.5	1 100～1 350	1 350～1 600	1 350	1 620～1 870	1 400～1 650
5.0	1 100～1 350	1 350～1 600	1 350	1 620～1 870	1 330～1 580

表 5（续） 单位为兆帕

公称直径 d/mm	A组	B组	C组		D组
	12Cr18Ni9 06Cr19Ni9 06Cr17Ni12Mo2 10Cr18Ni9Ti 12Cr18Mn9Ni5N	12Cr18Ni9 06Cr18Ni9N 12Cr18Mn9Ni5N	07Cr17Ni7Al[a]		12Cr17Mn8Ni3Cu3N
			冷拉 不小于	时效	
5.5	1 100～1 350	1 350～1 600	1 300	1 550～1 800	1 330～1 580
6.0	1 100～1 350	1 350～1 600	1 300	1 550～1 800	1 230～1 480
6.3	1 020～1 270	1 270～1 520	1 250	1 500～1 750	—
7.0	1 020～1 270	1 270～1 520	1 250	1 500～1 750	—
8.0	1 020～1 270	1 270～1 520	1 200	1 450～1 700	—
9.0	1 000～1 250	1 150～1 400	1 150	1 400～1 650	—
10.0	980～1 200	1 000～1 250	1 150	1 400～1 650	—
11.0	—	1 000～1 250	—	—	—
12.0	—	1 000～1 250	—	—	—

[a] 钢丝试样时效处理推荐工艺制度为：400 ℃～500 ℃，保温 0.5 h～1.5 h，空冷。

7.6 表面质量

钢丝表面不允许有结疤、折叠、裂纹、毛刺、麻坑、划伤和氧化皮等对使用有害的缺陷，但允许有个别深度不超过尺寸公差之半的麻点和划痕存在。直条钢丝表面允许有螺旋纹和润滑剂残迹存在。

8 试验方法

钢丝各检验项目的取样数量、取样部位和试验方法应符合表 6 的规定。

9 检验规则

9.1 钢丝质量检查与验收由供方质量监督部门进行。

9.2 钢丝应成批验收，每批由同一炉号，同一牌号，同一尺寸和同一交货状态的钢丝组成。

9.3 钢丝的检查和验收执行 GB/T 2103 的规定。

9.4 复验与判定规则

复验与判定规则应符合 GB/T 2103 的规定。力学性能和工艺性能试验结果不合格时，应将钢丝盘两端去掉一定长度后再取双倍试样进行复验，其结果应符合本标准的规定。

表 6 钢丝检验项目的取样数量、取样部位和试验方法

序 号	检验项目	取样数量	取样部位	试 验 方 法
1	化学成分	1 个/炉	GB/T 20066	GB/T 223、GB/T 11170、GB/T 20123、GB/T 20124
2	拉伸	3 个	3 盘一端	GB/T 228
3	扭转	3 个	3 盘一端	GB/T 239 扭转间距：直径≥5.0 mm 取 50d， 直径＜5.0 mm 取 100d
4	缠绕	3 个	3 盘一端	GB/T 2976

表 6（续）

序　号	检验项目	取样数量	取样部位	试 验 方 法
5	弯曲	3 个	3 盘一端	GB/T 238 弯曲圆弧半径 $r=10$ mm
6	尺寸、外形	逐盘(轴)		相应精度的千分尺测量
7	表面质量	逐盘(轴)		目视检查，必要时可用不大于 10 倍的放大镜检查

10　包装、标志和质量证明书

钢丝包装一般按 GB/T 2103—2008 中 C 类或 E 类包装，要求其他类型包装应在合同中注明。标志和质量证明书应符合 GB/T 2103—2008 的要求。

附　录　A
（资料性附录）
新、旧牌号及国外类似牌号对照

A.1　本标准与原标准及国外类似牌号的对照见表 A.1。

表 A.1　新、旧牌号及国外类似牌号对照

本标准	YB(T)11—83	ASTM A313	BS2056	ISO 6931-1	JISG4314
06Cr19Ni9	0Cr19Ni10	S30400(304)	304S31 (BS1554)	—	SUS304
12Cr18Ni9	1Cr18Ni9	S30200(302)	302S26	X9CrNi 18 8	SUS302
06Cr19Ni9N	—	—	—	—	SUS304N1
07Cr17Ni7Al	0Cr17Ni8Al	S17700(631)	301S81	X7CrNiAl 17 8	SUS631J1
06Cr17Ni12Mo2	Cr17Ni12Mo2	S31600(316)	316S33	X5CrNiMo 17 12 2	SUS316
10Cr18Ni10Ti	1Cr18Ni10Ti	S32100(321)	—	—	SUS321
12Cr18Mn9Ni5N	—	S20200(202) (ASTM A595)	202S16 (BS1554)	—	—
12Cr17Mn8Ni3Cu3N	—	S20430(204Cu)	—	—	—

附　录　B
（资料性附录）
本标准与 JIS G4314—1994 标准的技术性差异及其原因

B.1　表 B.1 给出了本标准与 JIS G4314—1994 技术性差异及其原因的一览表。

表 B.1　本标准与 JIS G4314—1994 标准的技术性差异及其原因

本标准的章条编号	技术性差异	原　　因
2	引用我国国家标准	符合我国国家标准编写规则
3	增加"术语和定义"	便于用户使用本标准
4	增加"订货内容"	符合我国产品标准编写结构
5	钢丝的交货状态不同	适合我国国情
6.1	钢丝的公称直径范围不同	适合我国国情
6.2	尺寸精度有所不同	尺寸精度引用我国现有相关基础标准
6.5	增加了重量的要求	适合我国国情
7.1	牌号数量不同，个别牌号成分有所不同	牌号采用我国现行相关基础标准
7.2	交货状态不同	适合我国国情
7.3	增加对拉丝用原料即盘条的要求	应用户的要求而增加
7.4	钢丝的力学性能有所调整	符合我国生产企业和用户的实际情况
7.5.2 7.5.3	增加"缠绕"和"弯曲"试验的要求	适合我国国情
10	增加"包装、标志和质量证明书"的规定	适合我国国情

ICS 77.140.75
H 48

中华人民共和国国家标准

GB/T 24590—2009

高效换热器用特型管

Enhanced tubes for efficient heat exchanger

2009-10-30 发布 2010-05-01 实施

中华人民共和国国家质量监督检验检疫总局
中国国家标准化管理委员会 发布

前　　言

本标准的附录A为资料性附录。

本标准由中国钢铁工业协会提出。

本标准由全国钢标准化技术委员会归口。

本标准主要起草单位：江苏中圣高科技产业有限公司、南京市锅炉压力容器检验研究院、南京工业大学、中国石化集团宁波工程有限公司。

本标准主要起草人：郭宏新、刘丰、张红、梁华、亢万忠、郭文元、业成、刘世平、汪芳。

高效换热器用特型管

1 范围

本标准规定了高效换热器用特型管，包括T型槽管、波纹管、内波外螺纹管、内槽管（以下简称“特型管”）的术语和定义、分类与代号、尺寸、外形、重量、技术要求、试验方法、检验规则、包装、标志、运输、贮存和质量证明书。

本标准适用于制造高效换热器用优质碳素结构钢、奥氏体不锈钢、镍及镍合金、钛及钛合金、铜及铜合金特型管。

2 规范性引用文件

下列文件中的条款通过本标准的引用而成为本标准的条款。凡是注日期的引用文件，其随后所有的修改单（不包括勘误的内容）或修订版均不适用于本标准。然而，鼓励根据本标准达成协议的各方研究是否可使用这些文件的最新版本。凡是不注日期的引用文件，其最新版本适用于本标准。

GB/T 228—2002 金属材料 室温拉伸试验方法（GB/T 228—2002，eqv ISO 6892:1998）

GB/T 241 金属管 液压试验方法

GB/T 2102 钢管的验收、包装、标志和质量证明书

GB/T 2882 镍及镍合金管

GB 3087 低中压锅炉用无缝钢管

GB/T 3620.1 钛及钛合金牌号和化学成分

GB/T 3625 换热器及冷凝器用钛及钛合金管

GB 5310 高压锅炉用无缝钢管

GB 6479 高压化肥设备用无缝钢管

GB/T 8163 输送流体用无缝钢管

GB/T 8180 钛及钛合金加工产品的包装、标志、运输和贮存

GB/T 8888 重有色金属加工产品的包装、标志、运输和贮存

GB/T 8890 热交换器用铜合金无缝管

GB 9948 石油裂化用无缝钢管

GB 13296 锅炉、热交换器用不锈钢无缝钢管

GB/T 14976 流体输送用不锈钢无缝钢管

GB/T 18851（所有部分） 无损检测 渗透检测

GB/T 20878 不锈钢和耐热钢 牌号及化学成分

3 术语和定义

下列术语和定义适用于本标准。

3.1

特型管 enhanced tube

特型管是指通过特殊冷加工工艺在光管管壁上加工出强化传热的各种形状凹槽或波纹的换热管，换热管两端各保留一定长度光管段与管板连接。本标准特型管包括T型槽管、波纹管、内波外螺纹管及内槽管。

3.2

基管　plain tube

用于制造特型管的金属直光管。

3.3

T 型槽管　T-shaped finned tube

基管外壁冷加工成密集的螺旋状 T 型凹槽的特型管。T 型槽管按结构型式分为：Ⅰ型，管外壁呈 T 形槽道，管内表面光滑；Ⅱ型，管外壁呈 T 形槽道，管内表面呈波纹（见图 1）。

单位为毫米

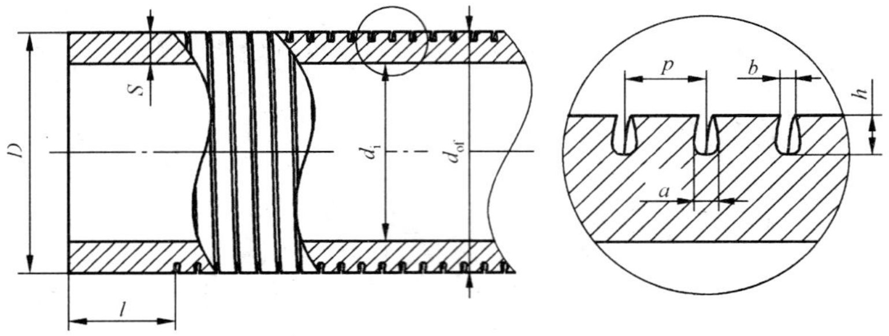

Ⅰ型

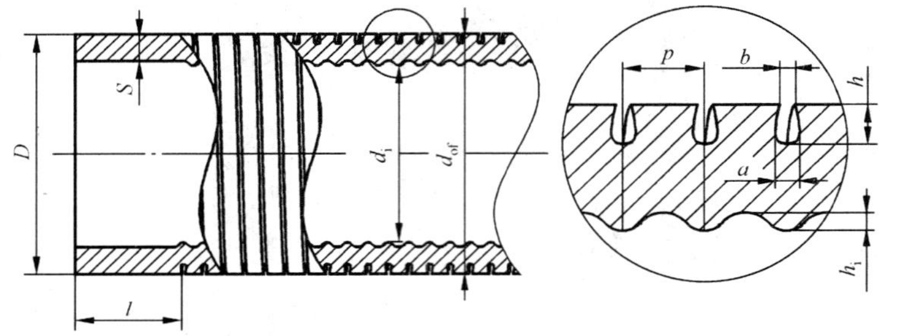

Ⅱ型

a——槽道宽度；

b——平均开口宽度；

D——基管公称外径；

d_i——T 型槽管最小内径；

d_{of}——T 型槽管外径；

h——T 型槽深度；

h_i——T 型槽管内波纹高度；

l——光管长度；

n——每米槽数；

p——槽距（相邻两槽的中心距离）；

S——基管公称壁厚。

图 1　T 型槽管

3.4

波纹管　corrugated tube

基管冷加工成管内外表面均呈波纹的特型管（见图 2）。

3.5

内波外螺纹管　corrugated low finned tube

基管冷加工成管外壁呈螺纹，管内壁呈波纹的特型管（见图 3）。

3.6

内槽管 internally grooved tube

基管内壁冷加工成凹槽的特型管。内槽管按结构形式分为：Ⅰ型，轴向凹槽；Ⅱ型，螺旋状凹槽（见图4）。

4 分类与代号

特型管按形状分为以下四类：

a) T型槽管，代号为TC；

b) 波纹管，代号为BW；

c) 内波外螺纹管，代号为BL；

d) 内槽管，代号为NC。

5 尺寸、外形及重量

5.1 T型槽管的形状和尺寸

T型槽管的形状见图1，尺寸规格应符合表1的规定，尺寸允许偏差应符合表2的规定。

经供需双方协商，可以选用表1规定以外规格的T型槽管。

表1 T型槽管尺寸规格

D/mm	S/mm	p/mm	d_{of}/mm	d_i/mm	a/mm	b/mm	h/mm	h_i/mm	n/(槽/m)
16	2.0	1.6	15.6	9.7	0.6	0.30	1.0	0.30	625
16	2.0	2.0	15.6	9.7	0.6	0.35	1.0	0.30	500
19	2.0	1.6	18.6	12.5	0.6	0.30	1.1	0.45	625
19	2.0	2.0	18.6	12.5	0.6	0.35	1.1	0.45	500
19	2.5	1.6	18.6	11.5	0.6	0.30	1.1	0.45	625
19	2.5	2.0	18.6	11.5	0.6	0.35	1.1	0.45	500
25	2.5	1.6	24.6	17.5	0.6	0.30	1.1	0.45	625
25	2.5	2.0	24.6	17.5	0.6	0.35	1.1	0.45	500
25	3.0	1.6	24.6	16.5	0.6	0.30	1.1	0.45	625
25	3.0	2.0	24.6	16.5	0.6	0.35	1.1	0.45	500
32	2.5	1.6	31.6	24.5	0.6	0.30	1.2	0.50	625
32	2.5	2.0	31.6	24.5	0.6	0.35	1.2	0.50	500
32	3.0	1.6	31.6	23.5	0.6	0.30	1.2	0.50	625
32	3.0	2.0	31.6	23.5	0.6	0.35	1.2	0.50	500

表2 T型槽管尺寸允许偏差

尺寸	p/mm	a/mm	b/mm	h/mm	h_i/mm	n/(槽/m)
允许偏差	±0.1	±0.1	±0.03	±0.1	±0.05	±10

5.2 波纹管的形状和尺寸

波纹管的形状见图2，尺寸规格应符合表3的规定，尺寸允许偏差应符合表4的规定。

经供需双方协商，可以选用表3规定以外规格的波纹管。

单位为毫米

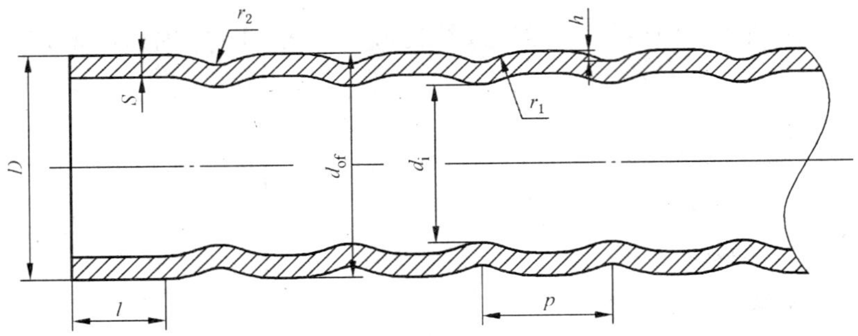

D——基管公称外径；
d_i——波纹管最小内径；
d_{of}——波纹管外波纹波峰直径；
h——波纹高(波峰与波谷之差)；
l——光管长度；
p——波距(相邻两波峰或波谷之间距离)；
r_1,r_2——波纹圆弧半径；
S——基管壁厚。

图2　波纹管

表3　波纹管尺寸规格

单位为毫米

D	S	p	d_{of}	d_i	h	r_1	r_2
16	1.5	10.0	16	11.0	1.0	6.0	2.5
16	1.5	12.0	16	10.8	1.1	10.0	2.5
16	2.0	10.0	16	10.0	1.0	6.0	2.5
16	2.0	12.0	16	9.8	1.1	10.0	2.5
19	1.5	12.0	19	13.8	1.1	10.0	2.5
19	1.5	14.0	19	13.6	1.2	12.0	3.0
19	2.0	12.0	19	12.6	1.2	8.0	2.5
19	2.0	14.0	19	12.6	1.2	12.0	3.0
25	1.5	14.0	25	19.6	1.2	12.0	3.0
25	1.5	18.0	25	19.3	1.4	16.0	3.0
25	1.5	22.0	25	19.0	1.6	24.0	3.0
25	2.0	14.0	25	18.6	1.2	12.0	3.0
25	2.0	18.0	25	18.3	1.4	16.0	3.0
25	2.0	18.0	25	18.0	1.6	14.0	3.0
25	2.0	22.0	25	18.0	1.6	24.0	3.0
25	2.5	14.0	25	17.6	1.2	12.0	3.0
25	2.5	18.0	25	17.3	1.4	16.0	3.0
25	2.5	18.0	25	17.0	1.6	14.0	3.0
25	2.5	22.0	25	17.0	1.6	24.0	3.0

表 3（续）

单位为毫米

D	S	p	d_{of}	d_i	h	r_1	r_2
32	2.0	18.0	32	25.2	1.4	16.0	3.0
32	2.0	22.0	32	25.0	1.6	24.0	3.0
32	2.5	18.0	32	24.2	1.4	16.0	3.0
32	2.5	22.0	32	24.0	1.6	24.0	3.0
38	2.0	22.0	38	31.2	1.4	28.0	3.0
38	2.0	26.0	38	31.0	1.6	38.0	3.0
38	2.5	22.0	38	30.2	1.4	28.0	3.0
38	2.5	26.0	38	30.0	1.6	38.0	3.0

表 4　波纹管尺寸允许偏差

单位为毫米

尺寸	p	d_{of}	h	r_1，r_2
偏差	±0.5	±0.2	±0.1	±0.4

5.3　内波外螺纹管的形状和尺寸

内波外螺纹管形状见图 3，尺寸规格应符合表 5 的规定，尺寸允许偏差应符合表 6 的规定。

单位为毫米

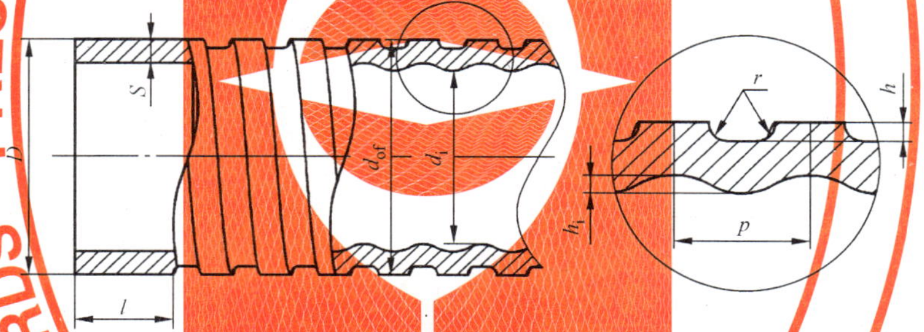

D——基管公称外径；
d_i——内波外螺纹管最小内径；
d_{of}——内波外螺纹管螺纹外径；
h——外螺纹高；
h_i——内波纹高；
l——光管长度；
n——每米槽数；
p——槽距（相邻两槽的中心距离）；
r——外螺纹槽根圆弧半径；
S——基管公称壁厚。

图 3　内波外螺纹管

经供需双方协商，可以选用表 5 规定以外规格的内波外螺纹管。

表 5　内波外螺纹管尺寸规格

D/mm	S/mm	p/mm	d_{of}/mm	d_i/mm	h/mm	h_i/mm	r/mm	n/(槽/m)
16	1.5	4.0	15.8	12.3	0.5	0.3	0.4	250
16	1.5	6.0	15.8	12.0	0.6	0.4	0.5	166

表 5（续）

D/ mm	S/ mm	p/ mm	d_{of}/ mm	d_i/ mm	h/ mm	h_i/ mm	r/ mm	n/ (槽/m)
16	1.5	8.0	15.8	12.0	0.6	0.4	0.5	125
16	2.0	4.0	15.8	11.0	0.6	0.5	0.5	250
16	2.0	6.0	15.8	11.0	0.7	0.5	0.6	166
16	2.0	8.0	15.8	11.0	0.7	0.5	0.6	125
19	1.5	4.0	18.8	15.2	0.6	0.4	0.5	250
19	1.5	6.0	18.8	15.0	0.7	0.5	0.6	166
19	1.5	8.0	18.8	15.0	0.7	0.5	0.6	125
19	2.0	4.0	18.8	14.4	0.6	0.4	0.5	250
19	2.0	6.0	18.8	14.2	0.7	0.5	0.6	166
19	2.0	8.0	18.8	14.0	0.8	0.6	0.7	125
25	1.5	4.0	24.8	21.0	0.7	0.5	0.6	250
25	1.5	6.0	24.8	20.8	0.8	0.6	0.7	166
25	1.5	8.0	24.8	20.8	0.8	0.6	0.7	125
25	2.0	4.0	24.8	19.8	0.8	0.6	0.7	250
25	2.0	6.0	24.8	19.8	0.9	0.6	0.8	166
25	2.0	8.0	24.8	19.8	0.9	0.6	0.8	125
25	2.5	4.0	24.8	18.8	0.8	0.6	0.8	250
25	2.5	6.0	24.8	18.8	0.9	0.6	0.8	166
25	2.5	8.0	24.8	18.8	0.9	0.6	0.8	125
32	2.0	6.0	31.8	26.5	1.1	0.8	1.0	166
32	2.0	8.0	31.8	26.5	1.1	0.8	1.0	125
32	2.0	10.0	31.8	26.5	1.1	0.8	1.0	100
32	2.5	6.0	31.8	26.5	1.1	0.8	1.0	166
32	2.5	8.0	31.8	26.5	1.1	0.8	1.0	125
32	2.5	10.0	31.8	26.5	1.1	0.8	1.0	100

表 6　内波外螺纹管尺寸允许偏差

尺寸	p/ mm	h/ mm	h_i/ mm	n/ (槽/m)
偏差	±0.3	±0.1	±0.1	±5

5.4　内槽管的形状和尺寸

内槽管形状见图 4，尺寸规格应符合表 7 的规定，尺寸允许偏差应符合表 8 的规定。

根据需方要求，经供需双方协商，可以选用表 7 规定以外规格的内槽管。

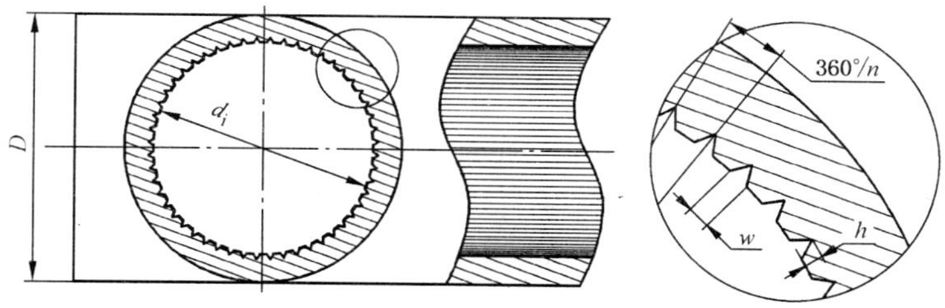

Ⅰ型

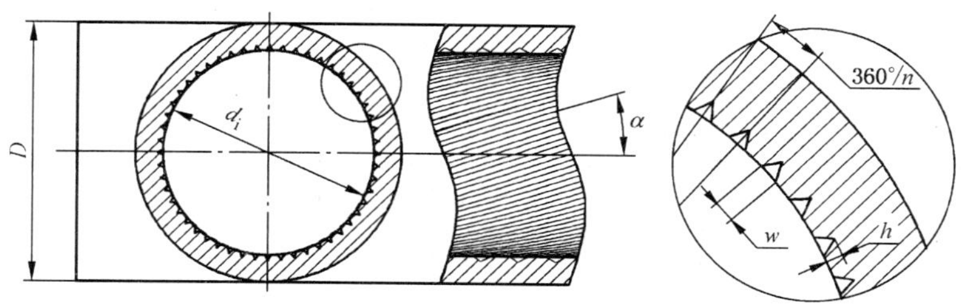

Ⅱ型

D——基管公称外径；
d_i——内槽管最小内径；
h——内槽槽深；
n——内槽槽数；
S——基管公称壁厚；
w——内槽槽宽；
α——螺旋角。

图 4　内槽管

表 7　内槽管尺寸规格

D/ mm	S/ mm	n/ (槽/m)	d_i/ mm	h/ mm	w/ mm	α/ (°)
16	1.5	68	12.8	0.30	0.35	15～30
16	1.5	51	12.8	0.30	0.40	15～30
16	2.0	50	11.8	0.40	0.40	15～30
16	2.0	38	11.8	0.40	0.45	15～30
19	2.0	63	14.8	0.40	0.40	15～30
19	2.0	47	14.8	0.40	0.45	15～30
19	2.0	38	14.8	0.40	0.50	15～30
19	2.5	49	13.8	0.50	0.45	15～30
19	2.5	37	13.8	0.50	0.50	15～30
19	2.5	29	13.8	0.50	0.60	15～30
25	2.5	70	19.8	0.50	0.45	15～30
25	2.5	52	19.8	0.50	0.55	15～30
25	2.5	42	19.8	0.50	0.60	15～30
25	3.0	50	18.8	0.60	0.55	15～30
25	3.0	37	18.8	0.60	0.60	15～30

表7(续)

D/ mm	S/ mm	n/ (槽/m)	d_i/ mm	h/ mm	w/ mm	α/ (°)
25	3.0	30	18.8	0.70	0.70	15～30
32	2.5	94	26.8	0.50	0.45	15～30
32	2.5	71	26.8	0.50	0.55	15～30
32	2.5	57	26.8	0.50	0.60	15～30
32	3.0	68	25.8	0.60	0.55	15～30
32	3.0	51	25.8	0.70	0.65	15～30
32	3.0	41	25.8	0.70	0.75	15～30

表8 内槽管尺寸允许偏差

尺寸	h/ mm	w/ mm	n/ (槽/m)
偏差	±0.05	±0.03	±2

5.5 弯曲度

特型管的弯曲度应不大于1.5 mm/m。

5.6 管端外形

特型管两端端面应与管子轴线垂直,切口毛刺应予清除。

5.7 光管段长度

T型槽管、波纹管、内波外螺纹管的两端外表面应各留出一段光管段与管板连接,其每端长度应为管板厚度加30 mm。订货合同另有规定时,按合同规定执行。

5.8 重量

特型管的重量按基管理论重量计算。

5.9 标记示例

示例1:用公称外径19 mm,公称壁厚2.5 mm的基管制造的槽距1.6 mm,槽深1.1 mm,长度6 000 mm,材料为06Cr19Ni10,管内表面光滑的T型槽管,结构形式为Ⅰ型,其标记为:

TC 19×2.5-1.6/1.1-6000Ⅰ-06Cr19Ni10-GB/T 24590—2009

示例2:用公称外径25 mm,壁厚2.5 mm的基管制造的波距18 mm,波纹高1.6 mm,长度6 000 mm,材料为06Cr19Ni10的波纹管,其标记为:

BW 25×2.5-18/1.6-6000-06Cr19Ni10-GB/T 24590—2009

示例3:用公称外径25 mm,壁厚2.5 mm的基管制造的槽距6 mm,外螺纹高0.9 mm,长度6 000 mm,材料为06Cr19Ni10的内波外螺纹管,其标记为:

BL 25×2.5-6/0.9-6000-06Cr19Ni10-GB/T 24590—2009

示例4:用公称外径19 mm,壁厚为2.5 mm的基管制造的槽数49个,长度6 000 mm,材料为06Cr19Ni10,管内槽为轴向的内槽管,结构形式为Ⅰ型,其标记为:

NC 19×2.5-49-6000Ⅰ-06Cr19Ni10-GB/T 24590—2009

6 技术要求

6.1 材料

6.1.1 制造特型管的基管应为冷拔(轧)无缝管。碳钢管应按GB 3087、GB 5310、GB 6479、GB/T 8163、GB 9948的规定选用,奥氏体不锈钢管应按GB 5310、GB 9948、GB 13296、GB/T 14976的规定选用,钛及钛合金管应按GB/T 3625的规定选用,铜及铜合金管应按GB/T 8890的规定选用,镍及镍合金管应按 GB/T 2882 的规定选用。

常用特型管基管材料的推荐牌号参见附录 A。

6.1.2 加工特型管用基管材料除应符合相应材料标准的规定外，还应进行热处理，热处理应符合相应材料标准的规定。

6.1.3 特型管的加工段应采用整根管子，不允许拼接。

6.2 热处理

根据需方要求，经供需双方协商，并在合同中注明，特型管可进行消除应力热处理，热处理工艺由供需双方协商确定。

6.3 力学性能

特型管的抗拉强度、屈服强度和断后伸长率应符合相应基管标准的规定。

6.4 液压试验

特型管制造完毕后应逐根进行液压试验。特型管单管液压试验的压力按换热器的液压试验压力确定，且应不低于 6 MPa。

在试验压力下，稳压时间应不少于 10 s，特型管不允许出现渗漏和变形现象。

6.5 致密性试验

特型管制造完毕后应逐根进行致密性试验。致密性试验的压力为 0.7 MPa，试验介质为空气。在试验压力下，特型管应完全浸入水中，稳压时间应不少于 5 s，特型管不允许出现泄漏现象。

6.6 无损检测

有色金属材料特型管的外表面应抽样进行渗透检测，渗透检测应符合 GB/T 18851 的规定。

6.7 表面质量

特型管的内外表面不允许有裂纹、折叠、轧折、离层、结疤及镶入物存在。

7 试验方法

7.1 力学性能的检验

特型管的室温拉伸试验按 GB/T 228 的规定进行。分别测试抗拉强度、屈服强度和断后伸长率。试样应在整根有完整槽道或波纹的管段上截取。试验用试样尺寸应符合 GB/T 228—2002 附录 D 的规定。

7.2 液压试验

7.2.1 液压试验按 GB/T 241 的规定进行。

7.2.2 试验液体一般为洁净水。碳钢特型管液压试验时水温应不低于 5 ℃。奥氏体不锈钢特型管液压试验时，水的氯离子含量应不高于 25 mg/L。其他材料特型管按相应基管标准的规定进行。

液压试验完毕后，应将液体排尽并用空气吹干。

7.3 致密性试验

致密性试验应符合 6.5 的规定，试验用水应符合 7.2.2 的规定。

7.4 无损检测

渗透检测方法应按 GB/T 18851 的规定进行。

7.5 外观检查

在充分照明条件下逐根目视检查。当目视判断不清时，应用放大镜检查。

7.6 尺寸和外形检查

特型管的尺寸检查应在产品上取一段有完整槽道或波纹、长度为 150 mm 的管段，沿轴线剖开测量。

特型管的尺寸和外形应采用符合精度要求的量具进行测量。

8 检验规则

8.1 检查和验收

特型管应由供方质量技术部门进行检查和验收。

8.2 组批规则

特型管按批进行检查和验收。每批应由同一规格、同一型号的特型管组成。每批特型管的数量应不超过 400 根。

8.3 取样数量

特型管各项检验的取样数量应符合表 9 的规定。

表 9 特型管各项检验的取样数量

序号	检验项目	取样数量
1	拉伸试验	每批随机在 2 根特型管上各取 1 个试样
2	液压试验	逐根
3	致密性试验	逐根
4	渗透检测	每批次应随机抽样 10%
5	尺寸	每批次应随机抽样 2 根
6	外观	逐根

8.4 判定和复验规则

8.4.1 外观检验、液压试验、致密性试验，检验结果中有一项不合格，按根判为不合格。

8.4.2 若尺寸检查、力学性能检验结果任一项不合格，则应从同一批剩余管中再抽取双倍数量的试样进行不合格项目的复验。若所有复验结果(包括该项目试验所要求的任一指标)均符合规定，则除最初检验的不合格特型管外，该批特型管判为合格。如复验结果不合格，则判该批不合格。

8.4.3 若渗透检测存在不合格特型管，除将不合格管挑出外，还应从同一批剩余管中再抽取双倍数量的特型管进行复验。如复验仍有不合格特型管，则该批剩余管应进行逐根检验。渗透检测出的不合格特型管挑出后，该批其余特型管可判合格。

9 包装、标志及质量证明书

9.1 钢质材料特型管的包装及标志应符合 GB/T 2102 的规定。

9.2 铜及铜合金、镍及镍合金特型管的包装及标志应符合 GB/T 8888 的规定。

9.3 钛及钛合金特型管的包装及标志应符合 GB/T 8180 的规定。

9.4 质量证明书

交货的特型管应附有质量证明书。质量证明书应至少包括以下内容：

a) 制造厂名称；
b) 需方名称；
c) 合同编号；
d) 产品标准号；
e) 型号(标记)；
f) 产品名称、规格、件数；
g) 检验项目及各项检验结果；
h) 质量证明书签发日期；
i) 制造厂质量技术部门印章。

10　运输及贮存

10.1　运输

10.1.1　装运产品的车厢、船舱和集装箱应保持清洁、干燥，无污染物，不允许将产品同腐蚀性化学物品及潮湿性材料装在同一车厢(船舱)内运输。

10.1.2　敞车运输时，应保证产品不被雨(雪)及其他杂物浸入。

10.1.3　产品应采用合适的方式装卸，以防包装损坏和碰伤产品。

10.2　贮存

产品的贮存应防雨、防潮和防腐蚀。堆放时，特型管下边应垫放木方或其他防护垫，垫高应不小于100 mm。

附　录　A
（资料性附录）
常用特型管基管材料推荐牌号

常用的优质碳素结构钢、奥氏体不锈钢、铜及铜合金、钛及钛合金、镍及镍合金特型管基管材料的牌号列于表A.1。GB/T 20878、GB/T 3620.1分别对奥氏体不锈钢、钛及钛合金牌号做了新的规定，为了方便对照，表中同时列出了相对应的旧牌号。

表A.1　常用特型管基管材料推荐牌号

序号	中国			美国 ASME/ASTM	德国 DIN
	新牌号	旧牌号	适用标准		
优质碳素结构钢					
1	10	10	GB 3087 GB 6479 GB/T 8163 GB 9948	SA106 Grade A	1.0112
				SA135 Grade A	1.0110
				SA179 Grade C	1.0305
				SA214 Grade C	1.0305
				SA192	1.0305
				SA226	1.0305
				SA53 Grade A	1.0110
2	20(20G)	20(20G)	GB 3087	SA106 Grade B	1.0405
			GB 5310	SA135 Grade B	1.0130/2
			GB 6479	SA178 Grade C	1.0309
			GB/T 8163	SA210 Grade A-1	1.0309
			GB 9948	SA53 Grade B	1.0130/2
奥氏体不锈钢					
1	12Cr18Ni9	1Cr18Ni9	GB 13296 GB/T 14976 GB 5310	S30200,302	1.4310
2	06Cr19Ni10	0Cr18Ni9	GB 13296 GB/T 14976	S30400,304	1.4301
3	022Cr19Ni10	00Cr19Ni10	GB 13296 GB/T 14976	S30403,304L	1.4306
4	022Cr19Ni10N	00Cr18Ni10N	—	S30453,304LN	1.4311
5	06Cr19Ni10N	0Cr19Ni9N	GB/T 14976	S30451,304N	1.4315
6	16Cr23Ni13	2Cr23Ni13	GB 13296	S30900,309	1.4828
7	06Cr23Ni13	0Cr23Ni13	GB/T 14976	S30908,309S	1.4833
8	20Cr25Ni20	2Cr25Ni20	GB 13296	S31000,310	1.4821
9	06Cr25Ni20	0Cr25Ni20	GB 13296 GB/T 14976	S31008,310S	1.4845

表 A.1（续）

序号	中国			美国 ASME/ASTM	德国 DIN
	新牌号	旧牌号	适用标准		
奥氏体不锈钢					
10	06Cr17Ni12Mo2	0Cr17Ni12Mo2	GB 13296 GB/T 14976	S31600,316	1.4401
11	07Cr17Ni12Mo2	1Cr17Ni12Mo2	GB 13296	S31609,316H	1.4436
12	022Cr17Ni12Mo2	00Cr17Ni14Mo2	GB 13296 GB/T 14976	S31603,316L	1.4404
13	022Cr17Ni12Mo2N	00Cr17Ni13Mo2N	GB/T 14976	S31653,316LN	1.4429
14	06Cr17Ni12Mo2N	0Cr17Ni12Mo2N	GB/T 14976	S31651,316N	—
15	06Cr17Ni12Mo3Ti	0Cr18Ni12Mo3Ti	GB 13296 GB/T 14976	S31635,316Ti	1.4571
16	06Cr19Ni13Mo3	0Cr19Ni13Mo3	GB 13296 GB/T 14976	S31700,317	—
17	022Cr19Ni13Mo3	00Cr19Ni13Mo3	GB 13296 GB/T 14976	S31703,317L	1.4438
18	06Cr18Ni11Ti	0Cr18Ni10Ti	GB 13296 GB/T 14976	S32100,321	1.4541
19	07Cr19Ni11Ti	1Cr18Ni11Ti	GB 13296	S32109,321H	1.4541
20	06Cr18Ni11Nb	0Cr18Ni11Nb	GB 13296 GB/T 14976	S34700,347	1.4550
21	07Cr18Ni11Nb	1Cr19Ni11Nb	GB 13296 GB 5310 GB 9948	S34709,347H	1.4912
22	06Cr18Ni13Si4	0Cr18Ni13Si4	GB 13296	—	—
23	06Cr18Ni12Mo2Cu2	0Cr18Ni12Mo2Cu2	GB/T 14976	—	—
24	022Cr18Ni14Mo2Cu2	00Cr18Ni14Mo2Cu2	GB/T 14976	—	—
铜及铜合金					
1	T2	—	GB/T 1527 GB/T 1528	C11000	2.0065
2	TP2	—	GB/T 1527 GB/T 1528	C12200	2.0090
3	BFe10-1-1	—	GB/T 1527 GB/T 8890	C70600	2.0872
4	BFe30-1-1	—	GB/T 1527 GB/T 8890	C71500	2.0882
5	HA177-2	—	GB/T 8890	C68700	2.0460

表 A.1（续）

序号	中国			美国 ASME/ASTM	德国 DIN
	新牌号	旧牌号	适用标准		
铜及铜合金					
6	HSn70-1	—	GB/T 1527 GB/T 8890	C44300	2.0470
7	HSn70-1B	—	GB/T 8890	C44300	—
8	HSn70-1AB	—	GB/T 8890	C44300	—
9	H68A	—	GB/T 1527 GB/T 8890	C26130	2.0265
10	H70A	—	GB/T 1527 GB/T 8890	—	—
11	H85A	—	GB/T 1527 GB/T 8890	C23000	2.0240
钛及钛合金					
1	TA1	TA0	GB/T 3625	Grade1	3.7035
2	TA2	TA1	GB/T 3625	Grade2	3.7055
3	TA3	TA2	GB/T 3625	Grade3	3.7065
4	TA9	TA9	GB/T 3625	Grade7	3.7235
5	TA10	TA10	GB/T 3625	Grade12	3.7105
镍及镍合金					
1	N6	—	GB/T 2882	N02200	2.4066
2	NCu30	—	JB 4742	N04400	2.4360
3	NS312	1Cr15Ni75Fe8	GB/T 15011	N06600	2.4816
4	NS336	0Cr20Ni65Mo10Nb4	—	N06625	2.4856
5	NS334	00Cr15Ni60Mo16W5Fe5	—	N10276	2.4819

ICS 77.140.75
H 48

中华人民共和国国家标准

GB/T 24591—2009

高压给水加热器用无缝钢管

Seamless steel tubes for high pressure feedwater heater

2009-10-30 发布　　2010-05-01 实施

中华人民共和国国家质量监督检验检疫总局
中国国家标准化管理委员会　发布

前　言

本标准参照 ASME SA-556M《给水加热器用无缝冷拔碳钢管》(2007 版)制定。

本标准的附录 A 为资料性附录，附录 B 为规范性附录。

本标准由中国钢铁工业协会提出。

本标准由全国钢标准化技术委员会归口。

本标准起草单位：江苏银环精密钢管股份有限公司、冶金工业信息标准研究院。

本标准主要起草人：华杨康、王志健、唐鹏、韩敏、吴青松、黄颖。

高压给水加热器用无缝钢管

1 范围

本标准规定了高压给水加热器用无缝钢管(以下简称“钢管”)的尺寸、外形、重量及允许偏差、技术要求、试验方法、检验规则、包装、标志和质量证明书。

本标准适用于高压给水加热器用直管及U形无缝钢管。

2 规范性引用文件

下列文件中的条款通过本标准的引用而成为本标准的条款。凡是注日期的引用文件,其随后所有的修改单(不包括勘误的内容)或修订版均不适用于本标准,然而,鼓励根据本标准达成协议的各方研究是否可使用这些文件的最新版本。凡是不注日期的引用文件,其最新版本适用于本标准。

GB/T 222 钢的成品化学成分允许偏差

GB/T 223.3 钢铁及合金化学分析方法 二安替比林甲烷磷钼酸重量法测定磷量

GB/T 223.5 钢铁 酸溶硅和全硅含量的测定 还原型硅钼酸盐分光光度法(GB/T 223.5—2008,ISO 4829-1:1986,ISO 4829-2:1988,MOD)

GB/T 223.9 钢铁及合金 铝含量的测定 铬天青S分光光度法

GB/T 223.12 钢铁及合金化学分析方法 碳酸钠分离-二苯碳酰二肼光度法测定铬量

GB/T 223.14 钢铁及合金化学分析方法 钽试剂萃取光度法测定钒含量

GB/T 223.18 钢铁及合金化学分析方法 硫代硫酸钠分离-碘量法测定铜量

GB/T 223.19 钢铁及合金化学分析方法 新亚铜灵-三氯甲烷萃取光度法测定铜量

GB/T 223.23 钢铁及合金 镍含量的测定 丁二酮肟分光光度法

GB/T 223.26 钢铁及合金 钼含量测定 硫氰酸盐分光光度法

GB/T 223.59 钢铁及合金 磷含量的测定 铋磷钼蓝分光光度法和锑磷钼蓝分光光度法

GB/T 223.62 钢铁及合金化学分析方法 乙酸丁酯萃取光度法测定磷量

GB/T 223.63 钢铁及合金化学分析方法 高碘酸钠(钾)光度法测定锰量

GB/T 223.68 钢铁及合金化学分析方法 管式炉内燃烧后碘酸钾滴定法测定硫含量

GB/T 223.69 钢铁及合金 碳含量测定 管式炉内燃烧后气体容量法

GB/T 228 金属材料 室温拉伸试验方法(GB/T 228—2002,eqv ISO 6892:1998)

GB/T 230.1 金属洛氏硬度试验 第1部分:试验方法(A、B、C、D、E、F、G、H、K、N、T标尺)(GB/T 230.1—2004,ISO 6508-1:1999,MOD)

GB/T 241 金属管 液压试验方法

GB/T 242 金属管 扩口试验方法(GB/T 242—2007,ISO 8493:1998,IDT)

GB/T 246 金属管 压扁试验方法(GB/T 246—2007,ISO 8492:1998,IDT)

GB/T 2102 钢管的验收、包装、标志和质量证明书

GB/T 2975 钢及钢产品 力学性能试验取样位置及试样制备(GB/T 2975—1998,eqv ISO 377:1997)

GB/T 4336 碳素钢和中低合金钢 火花源原子发射光谱分析方法(常规法)

GB/T 4340.1 金属维氏硬度试验 第1部分:试验方法(GB/T 4340.1—1999,eqv ISO 6507-1:1997)

GB/T 5777 无缝钢管超声波探伤检验方法(GB/T 5777—2008,ISO 9303:1989,MOD)

GB/T 7735—2004 钢管涡流探伤检验方法(ISO 9304:1989,MOD)

GB/T 20066 钢和铁 化学成分测定用试样的取样和取样方法(GB/T 20066—2006,ISO 14284:1996,IDT)

YB/T 5137 高压用热轧和锻制无缝钢管圆管坯

3 分类与代号

3.1 钢管按产品形状分为直管和U形管两类。U形管的外形和尺寸代号见图1。

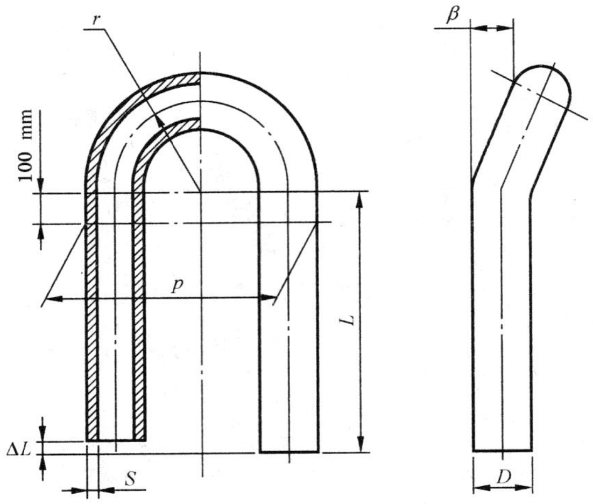

D——钢管的公称外径,mm;

S——钢管公称壁厚,mm;

L——从弯曲切点到管端的直管部分长度,mm;

ΔL——两直管部分长度差,mm;

p——直管部分间距,p的理论值为$2r+D$,mm;

r——弯曲半径,mm;

β——弯头平面度,mm。

图1 U形管图

3.2 代号

"GJ"为"高加"汉语拼音首个大写字母。

4 订货内容

按本标准订购钢管的合同或订单应包括下列内容:

a) 标准编号;

b) 产品名称;

c) 钢的牌号;

d) 尺寸规格(外径×壁厚×直管部分长度,单位为毫米);

e) 订购的数量(总重量或总长度);

f) U形管弯曲半径或图纸;

g) 产品形状(直管或U形管);

h) 包装要求;

i) 其他特殊要求。

5 尺寸、外形、重量及允许偏差

5.1 外径

5.1.1 钢管的外径通常为 12 mm～32 mm。

5.1.2 钢管外径的允许偏差应符合表 1 的规定。

表 1 钢管外径的允许偏差 单位为毫米

钢管公称外径(D)	允 许 偏 差
$D<25$	±0.10
$D\geqslant 25$	±0.15

5.2 壁厚

5.2.1 钢管的壁厚(S)通常为 1.5 mm～4.0 mm。

5.2.2 钢管壁厚的允许偏差为±10% S。根据需方要求，经供需双方协商，并在合同中注明，钢管的壁厚允许偏差可按$^{+20\%}_{0}$S 交货。

5.2.3 钢管弯管部分的壁厚应不小于由式(1)确定的值：

$$S_f = \frac{2rS_{min}}{2r+D} \qquad (1)$$

式中：

D——钢管的公称外径，单位为毫米(mm)；

S_f——钢管弯管部分的壁厚，单位为毫米(mm)；

S_{min}——弯管前的最小允许壁厚，单位为毫米(mm)；

r——U 形管的弯曲半径，单位为毫米(mm)。

5.3 长度

5.3.1 直管以定尺长度交货，长度允许偏差为$^{+10}_{0}$ mm。

5.3.2 U 形管直管部分的长度允许偏差应符合表 2 的规定。两直管部分长度差应符合表 3 的规定。

表 2 U 形管直管部分长度的允许偏差 单位为毫米

直管部分长度(L)	允许偏差
$L\leqslant 6\,000$	$^{+3.2}_{0}$
$6\,000<L\leqslant 9\,000$	$^{+4.0}_{0}$
$9\,000<L\leqslant 15\,000$	$^{+4.8}_{0}$

表 3 U 形管两直管部分长度差 单位为毫米

弯曲半径(r)	两直管部分长度差(ΔL)
$r<250$	≤0.8
$250\leqslant r\leqslant 500$	≤1.5
$r>500$	≤2.5

5.4 外形

5.4.1 钢管两端端面应与钢管轴线垂直，切口毛刺应予清除，管端切斜应不大于 0.40 mm。

5.4.2 U 形管弯管部分的不圆度应符合表 4 的规定。根据需方要求，经供需双方协商，并在合同中注明，可供应表 4 规定以外不圆度的钢管。

表 4　U 形弯管部分的不圆度

弯曲半径(r)	不圆度[a]/%
$1.5D \leqslant r < 2D$	≤15
$2D \leqslant r \leqslant 10D$	≤10
$r > 10D$	≤5
a　椭圆度=(实测最大外径－实测最小外径)/公称外径×100%。	

5.4.3　从距弯曲切点约 100 mm 处测出的直管部分间距 p 与理论值$(2r+D)$的允许偏差应符合表 5 的规定。

表 5　直管部分间距允许偏差　　单位为毫米

直管部分间距理论值$(2r+D)$	允许偏差
<200	±2.0
≥200	±3.0

5.4.4　钢管的实际弯曲半径与规定的弯曲半径之差应不大于 3.0 mm。

5.4.5　直管和 U 形管的直管部分弯曲度应不大于 1.5 mm/m。

5.4.6　在两切点测量的弯头平面度 β 允许偏差应不超过 1.50 mm(见图 1)。经供需双方协商,并在合同中注明,可对弯头平面度 β 做其他规定。

5.5　重量

钢管按理论重量交货。钢管每米的理论重量按式(2)计算:

$$W = 0.02466(D-S)S \qquad (2)$$

式中:

W——钢管每米理论重量,单位为千克每米(kg/m);

D——钢管的公称外径,单位为毫米(mm);

S——钢管的公称壁厚,单位为毫米(mm)。

以最小壁厚交货钢管的理论重量,按最小壁厚加壁厚公差带的一半进行计算。

6　技术要求

6.1　钢的牌号和化学成分

6.1.1　钢的牌号和化学成分(熔炼分析)应符合表 6 的规定。与本标准牌号相近的其他标准的钢牌号参见附录 A。

6.1.2　成品分析的化学成分允许偏差应符合 GB/T 222 的规定。

表 6　钢的牌号和化学成分

序号	牌号	化学成分(质量分数)/%									
		C	Si	Mn	Cr	Mo	V	Ni	Cu	P	S
										不大于	
1	20GJ	0.17～0.23	0.17～0.37	0.35～0.65	≤0.25	≤0.15	≤0.08	≤0.25	≤0.20	0.025	0.020
2	20MnGJ	0.17～0.25	0.17～0.37	0.70～1.06	≤0.25	≤0.15	≤0.08	≤0.25	≤0.20	0.025	0.020
3	15MoGJ	0.12～0.20	0.17～0.37	0.40～0.80	≤0.30	0.25～0.35	—	≤0.30	≤0.20	0.025	0.020

6.2 制造方法

6.2.1 钢的冶炼方法

钢应采用电炉或氧气转炉冶炼，并经真空脱气处理。管坯的制造及检验应符合 YB/T 5137 的规定。

6.2.2 钢管的制造方法

钢管应采用冷拔(轧)无缝方法制造，U 形管应采用冷弯方式进行弯制。

6.3 交货状态

6.3.1 钢管应以热处理状态交货，热处理应在保护气氛中进行。推荐的热处理规范见表 7。经供需双方协商，并在合同中注明，钢管可采用表 7 规定以外的其他热处理规范。实际热处理规范应在质量证明书中注明。

表 7 推荐的热处理制度

序号	牌号	热处理制度
1	20GJ、20MnGJ	880 ℃～940 ℃正火
2	15MoGJ	890 ℃～950 ℃正火

6.3.2 弯曲半径小于 10 倍外径的 U 形管，弯管部分及至少包括 150 mm 的直管段还应进行消除应力热处理，热处理温度应不低于 600 ℃。

6.4 力学性能

6.4.1 交货状态钢管的拉伸性能和硬度(HRB 或 HV)应符合表 8 的规定。

6.4.2 根据需方要求，经供需双方协商，并在合同中注明，供方可做钢管的高温规定塑性延伸强度($R_{p0.2}$)试验，其值应符合附录 B 的规定。

表 8 钢管的力学性能

序号	牌号	拉伸性能			硬度	
		抗拉强度 R_m/MPa	下屈服强度 R_{eL}/MPa	断后伸长率 A_{50}/%	HRB	HV
		不小于			不大于	
1	20GJ	410	245	30	85	163
2	20MnGJ	480	280	30	89	178
3	15MoGJ	450	270	30	89	178

6.5 液压试验

钢管应逐根进行液压试验，U 形管的液压试验应在弯曲成形后进行。液压试验压力按式(3)计算。在试验压力下，稳压时间应不少于 10 s，钢管不允许出现渗漏或管体变形现象。

$$P = 2SR/D \qquad \cdots\cdots (3)$$

式中：

P——试验压力，单位为兆帕(MPa)，当 $P<7$ MPa 时，修约到最接近的 0.5 MPa，当 $P\geq7$ MPa 时，修约到最接近的 1 MPa；

S——钢管的公称壁厚，单位为毫米(mm)；

D——钢管的公称外径，单位为毫米(mm)；

R——允许应力，为表 8 规定的屈服强度的 80%，单位为兆帕(MPa)。

根据需方要求，经供需双方协商，也可按合同中规定压力和稳压时间进行试验。

液压试验的管端盲区应切除。

6.6 工艺性能

6.6.1 压扁试验

钢管应进行压扁试验。将试样压至两平板间距离 H 时，试样上不允许出现裂纹或破裂。H 值按式(4)计算。

$$H = \frac{(1+\alpha)S}{\alpha + S/D} \quad \cdots\cdots (4)$$

式中：

D——钢管的公称外径，单位为毫米(mm)；

H——两平板间的距离，单位为毫米(mm)；

α——单位长度变形系数，取0.08；

S——钢管的公称壁厚，单位为毫米(mm)。

6.6.2 扩口试验

钢管应进行扩口试验。扩口试验的顶芯锥度为60°，扩口后试样的外径扩口率应符合表9的规定，扩口后试样不允许出现裂缝或裂口。

表9 试样的外径扩口率

序号	内径/外径(d/D)	外径扩口率/%
1	≤0.5	39
2	0.6	30
3	0.7	25
4	0.8	22
5	≥0.9	21

6.7 无损检验

钢管应逐根进行涡流探伤检验。用于涡流探伤检验的对比样管人工缺陷应符合GB/T 7735—2004中验收等级B的规定。

涡流探伤检验后，所有钢管都应退磁，在钢管端部沿地理东西方向检查剩磁应不大于10G。

根据需方要求，经供需双方协商，并在合同中注明，钢管可按GB/T 5777的规定进行超声波检验，验收等级由供需方商定。

6.8 通球试验

对于最小弯曲半径的U形管应逐根进行通球试验。试验时所用小球的直径应符合表10的规定。对阻碍小球通过的管子应拒收。

表10 通球试验用小球直径

弯曲半径与公称外径之比(r/D)	小球直径
≤3	直管最小内径[a]的0.80倍
>3	直管最小内径[a]的0.85倍

[a] 直管的最小内径为直管允许的最小外径与直管允许最大壁厚的2倍之差。

6.9 表面质量

6.9.1 钢管的内外表面应清洁光滑，不允许有裂纹、折叠、轧折、离层、结疤、直道和氧化皮。上述缺陷应完全清除，清除处应平滑过渡，且实际壁厚应不小于壁厚所允许的最小值。不超过钢管壁厚负偏差的其他局部缺陷允许存在。

6.9.2 钢管的弯曲部分应平滑过渡，不允许存在表面皱折。

6.9.3 不允许采用焊接的方法来修补缺陷。

7 防锈

应采取有效的防锈措施，以保证在运输和贮存过程中不产生锈蚀。所采用防锈方式可由供方决定，或双方协商并在合同中注明。

8 试验方法

8.1 钢管的尺寸应采用符合精度要求的量具逐根测量。

8.2 钢管的内外表面质量应在充分照明条件下逐根目视检查。

8.3 钢管的检验项目、取样方法和试验方法应符合表11的规定。

表11 钢管的检验项目、取样数量、取样方法和试验方法

序号	检验项目	试验方法	取样方法	取样数量
1	化学成分	GB/T 223、GB/T 4336	GB/T 20066	每炉取1个试样
2	拉伸试验	GB/T 228	GB/T 2975	每批在两根钢管上各取1个试样
3	洛氏硬度试验	GB/T 230.1	GB/T 2975	每批在两根钢管上各取1个试样
4	维氏硬度试验	GB/T 4340.1	GB/T 2975	每批在两根钢管上各取1个试样
5	压扁试验	GB/T 246	GB/T 246	每批在两根钢管上各取1个试样
6	扩口试验	GB/T 242	GB/T 242	每批在两根钢管上各取1个试样
7	液压试验	GB/T 241	—	逐根
8	涡流检验	GB/T 7735	—	逐根
9	超声波检验	GB/T 5777	—	逐根
10	通球试验	本标准6.8	—	最小弯曲半径的所有钢管

9 检验规则

9.1 检查和验收

钢管的检查和验收由供方质量技术监督部门进行。

9.2 组批规则

钢管按批检查和验收。每批应由同一牌号、同一炉号、同一直管规格和同一热处理规范的钢管组成。每批的数量应不超过300根。

9.3 取样数量

每批钢管各项试验的取样数量应符合表11的规定。

9.4 复验与判定规则

钢管的复验与判定规则应符合GB/T 2102的规定。

10 包装、标志和质量证明书

10.1 包装

钢管应用专用的木箱包装，木箱应牢固且能承受长途运输的颠簸，箱盖应便于开启而不同时损坏箱体。钢管装箱应按同件号内最小弯曲半径到最大弯曲半径顺序排列，一个件号的管子应装在一起。具体包装方法,由供需双方协商决定。

10.2 标志

包装木箱上的标识或标记内容应包括制造商名称、商标、标准号、牌号、炉号、批号、尺寸规格。U形管包装木箱上还应标明弯曲半径和直管部分长度。

10.3 质量证明书

钢管的质量证明书中应符合GB/T 2102中的有关规定。

附　录　A
（资料性附录）
与本标准牌号相近的其他标准的钢牌号

表 A.1　与本标准牌号相近的其他标准的钢牌号

序号	本标准中的牌号	其他钢牌号的化学成分(质量分数)/%														
		标准	钢牌号	C	Si	Mn	Cr	Mo	V	Ti	Ni	Al	Cu	Nb	P	S
															不大于	
1	20GJ 20MnGJ	ASME SA-556	B2	≤0.27	≥0.10	0.20～0.93	—	—	—	—	—	—	—	—	0.035	0.035
2		ASME SA-556	C2	≤0.30	≥0.10	0.29～1.06	≤0.40	≤0.15	≤0.08	—	≤0.40	—	≤0.40	—	0.035	0.035
3		EN 10216-2:2002	P235GH	≤0.16	≤0.35	≤1.20	≤0.30	≤0.08	≤0.02	≤0.040	≤0.30	≥0.020	≤0.30	≤0.01	0.025	0.025
4	15MoGJ	EN 10216-2:2002	16Mo3	0.12～0.20	≤0.35	0.40～0.90	≤0.30	0.25～0.35	—	—	≤0.30	≤0.040	≤0.30	—	0.025	0.025
5		ASME SA-209	T1a	0.15～0.25	0.10～0.50	0.30～0.80	—	0.44～0.65	—	—	—	—	—	—	0.025	0.025

附 录 B
（规范性附录）
高温规定塑性延伸强度

表 B.1 列出了钢管的高温规定塑性延伸强度（$R_{p0.2}$）。

表 B.1 高温规定塑性延伸强度

序号	牌号	高温规定塑性延伸强度 $R_{p0.2}$/MPa 不小于								
		100 ℃	150 ℃	200 ℃	250 ℃	300 ℃	350 ℃	400 ℃	450 ℃	500 ℃
1	20GJ	—	—	215	196	177	157	137	98	49
2	20MnGJ	252	245	237	226	210	201	192	179	172
3	15MoGJ	—	—	225	205	180	170	160	155	150

ICS 77.140.75
H 48

中华人民共和国国家标准

GB/T 24592—2009

聚乙烯用高压合金钢管

High pressure alloy steel tubes for polyethylene service

2009-10-30 发布　　2010-05-01 实施

中华人民共和国国家质量监督检验检疫总局
中国国家标准化管理委员会　发布

前　　言

本标准的附录 A 为规范性附录。

本标准由中国钢铁工业协会提出。

本标准由全国钢标准化技术委员会归口。

本标准主要起草单位：内蒙古北方重工业集团有限公司、冶金工业信息标准研究院。

本标准主要起草人：袁淑清、胡永平、董波、张奇志、黄颖、王海岭、吴月成。

聚乙烯用高压合金钢管

1 范围

本标准规定了聚乙烯用高压合金钢管(以下简称钢管)的尺寸、外形、重量、技术要求、试验方法、检验规则、包装、标志和质量证明书。

本标准适用于工作压力不大于 260 MPa、工作温度不高于 350 ℃的聚乙烯用高压合金钢管。

2 规范性引用文件

下列文件中的条款通过本标准的引用而成为本标准的条款。凡是注日期的引用文件,其随后所有的修改单(不包括勘误的内容)或修订版均不适用于本标准,然而,鼓励根据本标准达成协议的各方研究是否可使用这些文件的最新版本。凡是不注日期的引用文件,其最新版本适用于本标准。

GB/T 223.5 钢铁 酸溶硅和全硅含量的测定 还原型硅钼酸盐分光光度法(GB/T 223.5—2008,ISO 4829-1:1986,ISO 4829-2:1988,MOD)

GB/T 223.9 钢铁及合金 铝含量的测定 铬天青 S 分光光度法

GB/T 223.11 钢铁及合金 铬含量的测定 可视滴定或电位滴定法(GB/T 223.11—2008,ISO 4937:1986,MOD)

GB/T 223.12 钢铁及合金化学分析方法 碳酸钠分离-二苯碳酰二肼光度法测定铬量

GB/T 223.13 钢铁及合金化学分析方法 硫酸亚铁铵滴定法测定钒含量

GB/T 223.14 钢铁及合金化学分析方法 钽试剂萃取光度法测定钒含量

GB/T 223.18 钢铁及合金化学分析方法 硫代硫酸钠分离-碘量法测定铜量

GB/T 223.23 钢铁及合金 镍含量的测定 丁二酮肟分光光度法

GB/T 223.26 钢铁及合金 钼含量的测定 硫氰酸盐分光光度法

GB/T 223.53 钢铁及合金化学分析方法 火焰原子吸收分光光度法测定铜量

GB/T 223.54 钢铁及合金化学分析方法 火焰原子吸收分光光度法测定镍量

GB/T 223.58 钢铁及合金化学分析方法 亚砷酸钠-亚硝酸钠滴定法测定锰量

GB/T 223.59 钢铁及合金 磷含量的测定 铋磷钼蓝分光光度法和锑磷钼蓝分光光度法

GB/T 223.60 钢铁及合金化学分析方法 高氯酸脱水重量法测定硅含量

GB/T 223.62 钢铁及合金化学分析方法 乙酸丁酯萃取光度法测定磷量

GB/T 223.63 钢铁及合金化学分析方法 高碘酸钠(钾)光度法测定锰量

GB/T 223.64 钢铁及合金 锰含量的测定 火焰原子吸收光谱法(GB/T 223.64—2008,ISO 10700:1994,IDT)

GB/T 223.67 钢铁及合金 硫含量的测定 次甲基蓝分光光度法(GB/T 223.67—2008,ISO 10701:1994,IDT)

GB/T 223.68 钢铁及合金化学分析方法 管式炉内燃烧后碘酸钾滴定法测定硫含量

GB/T 223.69 钢铁及合金 碳含量的测定 管式炉内燃烧后气体容量法

GB/T 223.71 钢铁及合金化学分析方法 管式炉内燃烧后重量法测定碳含量

GB/T 223.72 钢铁及合金 硫含量的测定 重量法

GB/T 223.76 钢铁及合金化学分析方法 火焰原子吸收光谱法测定钒量

GB/T 226 钢的低倍组织及缺陷酸蚀检验法

GB/T 228 金属材料 室温拉伸试验方法(GB/T 228—2002,eqv ISO 6892:1998)

GB/T 229　金属材料　夏比摆锤冲击试验方法(GB/T 229—2007,ISO 148-1:2006,MOD)

GB/T 231.1　金属布氏硬度试验　第1部分:试验方法(GB/T 231.1—2002,ISO 6506-1:1999,EQV)

GB/T 1979　结构钢低倍组织缺陷评级图

GB/T 2102　钢管的验收、包装、标志和质量证明书

GB/T 2975　钢及钢产品　力学性能试验取样位置及试样制备(GB/T 2975—1998,eqv ISO 377:1997)

GB/T 4338　金属材料高温拉伸试验方法(GB/T 4338—2006,ISO 783:1999,MOD)

GB/T 5777　无缝钢管超声波探伤检验方法(GB/T 5777—2008,ISO 9303:1989,MOD)

GB/T 6060.2　表面粗糙度比较样块磨、车、镗、铣插及刨加工表面

GB/T 6394　金属平均晶粒度测定方法

GB/T 7735　钢管涡流探伤检验方法(GB/T 7735—2004,ISO 9304:1989,MOD)

GB/T 10561—2005　钢中非金属夹杂物含量的测定　标准评级图显微检验法(ISO 4967:1998,IDT)

GB/T 13298　金属显微组织检验方法

GB/T 17395　无缝钢管尺寸、外形、重量及允许偏差(GB/T 17395—2008,ISO 4200:1991、ISO 5252:1991、ISO 1127:1992,NEQ)

GB/T 20066　钢和铁　化学成分测定用试样的取样和制样方法(GB/T 20066—2006,ISO 14284:1996,IDT)

JB/T 4730.4　承压设备无损检测　第4部分　磁粉检测

3　订货内容

按本标准订购钢管的合同或订单应包括下列内容:

a) 标准编号;

b) 产品名称;

c) 钢的牌号;

d) 尺寸规格;

e) 订购数量(长度、重量或根数);

f) 特殊要求。

4　尺寸、外形、重量

4.1　外径、壁厚及允许偏差

钢管外径、壁厚及允许偏差应符合表1的规定。根据需方要求,经供需双方协商,可供应表1规定以外尺寸和/或允许偏差的钢管。

表1　钢管的外径、壁厚及允许偏差　　单位为毫米

外径	壁厚	外径允许偏差	壁厚允许偏差
76	23	±1	±1
89	26	±1	±1
95	28	±1	±1
102	30	±1	±1
108	32	±1	±1

表 1（续）

单位为毫米

外径	壁厚	外径允许偏差	壁厚允许偏差
114	32	±1	±1
127	37	±1	±1
140	40	±1	±1
152	44	±1	±1
168	48	±1	±1
203	60	±1	±1

4.2 长度

钢管的通常长度为 8 000 mm～15 000 mm。定尺长度应在通常长度的范围内，其允许偏差为$^{+10}_{0}$ mm。

4.3 直线度

钢管外圆轴线每 300 mm 直线度误差不大于 0.30 mm。长度不大于 12 000 mm 的钢管全长直线度误差不大于 8 mm；长度大于 12 000 mm 的钢管全长直线度误差不大于 10 mm。

4.4 重量

钢管按理论重量交货，亦可按实际重量交货。钢管每米理论重量的计算按 GB/T 17395 的规定，钢的密度取 7.85 kg/dm^3。

5 技术要求

5.1 钢的牌号和化学成分

钢管成品化学成分应符合表 2 的规定。根据需方要求，经供需双方协商，可供应其他牌号的钢管。

表 2 钢的牌号和化学成分

牌号	化学成分(质量分数)/%										
	C	Si	Mn	Cr	Ni	Mo	V	Cu	Al_t	P	S
35CrNi3MoV	0.30～0.40	0.10～0.35	0.20～0.80	0.50～1.20	2.50～3.30	0.40～0.70	0.10～0.25	≤0.20	≤0.015	≤0.012	≤0.005

5.2 制造方法

5.2.1 钢应采用电炉冶炼，并经炉外精炼及电渣重熔。

5.2.2 钢管可采用锻造圆坯或轧制圆坯经机械加工的方法制造，亦可采用热轧（挤、顶）无缝方法制造。

5.3 交货状态

钢管应经调质热处理和机械加工后交货。

5.4 力学性能

5.4.1 成品钢管的力学性能应符合表 3 的规定。

表 3 力学性能

牌号	规定非比例延伸强度 $R_{p0.2}$/MPa	抗拉强度 R_m/MPa	断后伸长率 A/%	断面收缩率 Z/%	−40 ℃夏比 V 型缺口冲击吸收能量[a] KV_2/J	
	纵向(常温)				纵向	横向
35CrNi3MoV	930～1 035	≤1 130	≥15	≥50	≥70	≥50

[a] 冲击试验试样应优先采用横向试样，当无法制取横向试样时，允许采用纵向试样。

5.4.2 成品钢管应做高温拉伸试验，具体指标由供需双方协商确定，并在合同中注明。

5.4.3 如需方对力学性能有特殊要求，应在合同中注明。

5.5 硬度

成品钢管应逐支检测表面硬度。单支钢管的表面硬度差应不大于 30 HBW，每批钢管的表面硬度差应不大于 40 HBW。

5.6 显微组织

成品钢管的显微组织应为回火索氏体。特殊要求在合同中注明。

5.7 晶粒度

成品钢管的实际晶粒度级别应不小于 5 级，同一视场晶粒度级差应不超过 3 级。

5.8 非金属夹杂物

钢管的非金属夹杂物应按 GB/T 10561—2005 中的 A 法评级，合格级别应符合表 4 的规定。

表 4 非金属夹杂物合格级别

A 类夹杂物(级)		B 类夹杂物(级)		C 类夹杂物(级)		D 类夹杂物(级)	
粗系	细系	粗系	细系	粗系	细系	粗系	细系
≤1.5	≤1.5	≤1.5	≤1.5	≤1.5	≤1.5	≤1.0	≤1.0

5.9 低倍组织缺陷

钢管横截面酸浸低倍组织试片上不允许有目视可见的白点、夹杂、裂纹、异金属、皮下气泡、翻皮和分层。一般疏松和锭型偏析应分别不大于 1.0 级。

5.10 表面质量

5.10.1 钢管内表面粗糙度值应不大于 *Ra*1.25 μm，外表面粗糙度值应不大于 *Ra*1.6 μm。特殊要求由供需双方协商，并在合同中注明。

5.10.2 钢管内外表面不允许有裂纹、划伤、锈蚀。钢管外表面缺陷允许清除，但清除部位应圆滑过渡，且外径和壁厚应在公差范围内。

5.10.3 钢管两端应无毛刺。

5.11 无损检测

5.11.1 成品钢管应逐根进行涡流探伤检验、超声波探伤检验和磁粉检测。

5.11.2 无损检的验收级别由供需双方协商确定，并在合同中注明。

6 试验方法

6.1 钢管的尺寸和外形应采用符合精度要求的量具逐根测量。

6.2 钢管内表面应采用内窥镜逐根进行检查，外表面应在充分照明条件下逐根目视检查。

6.3 钢管的粗糙度应采用粗糙度仪或按 GB/T 6060.2 规定的样块逐根进行对比检验。

6.4 钢管其他检验项目的试验方法及取样方法应符合表 5 的规定。

表 5 钢管的试验方法、取样方法及取样数量

序号	检验项目	试验方法	取样方法	取样数量
1	化学成分	GB/T 223	GB/T 20066	每炉取 1 个试样
2	拉伸试验	GB/T 228	GB/T 2975	每批在单点硬度最高和最低的钢管上各取 1 个试样
		GB/T 4338	GB/T 2975	每批在单点硬度最低的钢管上取 3 个试样

表 5（续）

序号	检验项目	试验方法	取样方法	取样数量
3	冲击试验	GB/T 229	GB/T 2975	每批在单点硬度最高和最低的钢管上各取 1 组 3 个试样
4	硬度	GB/T 231.1	GB/T 2975	逐根沿全长取 5 点
5	低倍组织缺陷	GB/T 1979	GB/T 226	每批在两根钢管上各取 1 个试样
6	显微组织	GB/T 13298	GB/T 13298	每批在两根钢管上各取 1 个试样
7	晶粒度	GB/T 6394	GB/T 6394	每批在两根钢管上各取 1 个试样
8	非金属夹杂物	GB/T 10561—2005	GB/T 10561—2005	每批在两根钢管上各取 1 个试样
9	磁粉检测	JB/T 4730.4	—	逐根
10	超声波探伤	接触法检测见附录 A。 自动检测由供需双方商定	—	逐根
11	涡流探伤	GB/T 7735	—	逐根

7 检验规则

7.1 检查和验收

钢管的检查和验收应由供方质量技术监督部门进行。

7.2 组批规则

钢管应按批检查和验收。每批应由同一牌号、同一炉号（电炉号）、同一规格、同一热处理炉次的钢管组成。每批钢管的数量应不超过 50 根。

7.3 取样数量

每批钢管各项检验的取样数量应符合表 5 规定。

7.4 复验和判定规则

钢管的复验和判定规则应符合 GB/T 2102 的规定。

8 包装、标志和质量证明书

钢管的包装、标志和质量证明书应符合 GB/T 2102 的规定。

附 录 A
（规范性附录）
接触法超声波检测方法

A.1 一般要求

检测人员、探伤仪、探头应符合 GB/T 5777 中的相关规定。

A.2 探头选择

A.2.1 一般选择带有机玻璃楔块的斜探头，楔块应加工成与钢管相吻合的曲面。
A.2.2 斜角检测应根据钢管壁厚与外径之比选择探头的折射角，保证超声波横波主声束能探测到内壁缺陷，并和内壁相切。

A.3 对比试块制作要求

A.3.1 对比试块公称直径、壁厚、材质、表面粗糙度、热处理状态及声学特性应与被检钢管相同，截取长度适中，对比试块上不应有影响检测的自然缺陷。
A.3.2 对比试块人工槽的形状可为 V 型槽、U 型槽、矩型槽。人工槽的长度、深度和宽度（若是 V 型槽还包括角度）等供需双方商定。
A.3.3 人工槽位置在对比试块内、外壁上，见图 A.1。
A.3.4 人工槽深度可用光学法、覆形法或商定的其他方法测量。人工槽深度的加工精度应在规定值的＋10％～－15％范围内。
A.3.5 人工槽宽度应尽可能窄，但不允许超过深度的两倍。
A.3.6 对比试块形状尺寸，见图 A.1。

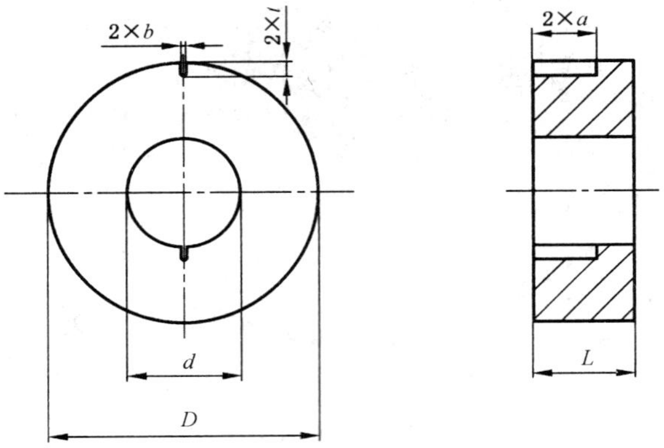

D——钢管外径；
d——钢管内径；
L——对比试块长度；
a——人工槽长；
b——人工槽宽；
t——人工槽深。

图 A.1

A.4 扫描速度及灵敏度调整

A.4.1 探头入射角大于等于第一临界角属纯横波检测。调整扫描速度时，一般按声程调节，在对比试块上找到人工槽反射回波，根据该人工槽的实际声程将反射回波按比例调整在荧光屏上，直接读出人工槽反射回波的声程。

A.4.2 当探头入射角小于第一临界角，此时钢管中既有横波也有纵波。调整扫描速度时，一般以横波为主调整，在对比试块上找到人工内壁槽的反射回波，根据该人工内壁槽的实际声程将波形调整到荧光屏某一位置，再找到对比试块人工外壁槽的反射回波，再根据其实际声程将该波形按比例调整到荧光屏上。

A.4.3 扫描速度调整后，将对比试块人工槽的反射波调至荧光屏满刻度的80%作为基准灵敏度，再提高6 dB～10 dB作为检测扫查灵敏度。

A.5 检测结果评定

A.5.1 存在任何裂纹、白点、折叠等缺陷为不合格。

A.5.2 缺陷反射波高大于或等于对比试块人工槽反射波高时为不合格。

A.5.3 检测不合格的钢管在尺寸公差范围内允许消除缺陷，然后对清除缺陷的区域复探。